现代数学基础丛书·典藏版 21

线性代数群表示导论

上 册

曹锡华 王建磐 著

科学出版社

北 京

内 容 简 介

线性代数群表示论是近代数学中极为活跃、发展十分迅速的数学分支，新的思想、方法和成果不断出现，并对其他数学领域产生了深刻的影响.

本书阐述线性代数群的表示理论, 包括由 Chevalley, Borel, Steinberg 等人在 50—60 年代建立起来的经典理论，以及 70 年代以后这一理论的新发展，并提出一些未解决的问题和一些猜想. 全书的重点在代数群表示理论的新发展上，特别着重于上同调方法的应用以及由此得出的一系列深刻的结果

全书共分六章. 上册包括三章，分别是：经典表示理论，仿射群概形与超代数, 上同调方法

本书可供有关专业的数学工作者、大学教师和高年级学生、研究生阅读.

图书在版编目(CIP)数据

线性代数群表示导论. 上册/曹锡华，王建磐著. —北京：科学出版社，2015. 11

(现代数学基础丛书 · 典藏版；21)

ISBN 978-7-03-046417-0

Ⅰ. ①线… Ⅱ. ①曹… ②王… Ⅲ. ①线性代数群－研究 Ⅳ. ①O187. 2

中国版本图书馆 CIP 数据核字(2015) 第 277028 号

责任编辑：张 扬／责任校对：林青梅

责任印制：徐晓晨／封面设计：王 浩

科学出版社 出版

北京东黄城根北街 16 号

邮政编码：100717

http://www.sciencep.com

北京厚诚则铭印刷科技有限公司印刷

科学出版社发行 各地新华书店经销

*

2015 年 11 月第 一 版 开本：B5(720×1000)

2016 年 6 月 印 刷 印张：25 1/4

字数：323 000

定价：178. 00 元

(如有印装质量问题，我社负责调换)

序　　言

线性代数群的表示理论是近年来十分活跃、发展非常迅速的一个数学领域，新的思想、新的方法和新的结果不断出现，面貌日新月异．但是，无论国内国外，至今尚未出现一本比较系统的入门书．要想掌握这一学科的基本思想和方法，了解迄今为止的主要成果和尚待解决的问题，只能从浩如烟海的原始论文中去寻径问踪，这给初学者和希望了解代数群表示的其他领域的数学工作者造成很大的困难．在学习、教学和科研实践中，我们也深切地体会到这个困难．因此，我们决定尝试着写一部线性代数群表示理论的入门书．现在奉献给读者的就是这部书的上册．

本书的上册共分三章．第一章是代数群表示的经典理论，介绍基本概念和初步结果．我们着重建立了不可约模与支配权之间的一一对应，讨论了表示的微分与著名的 Steinberg 张量积定理．我们的表述并不完全按照经典的方式进行，例如在定义表示的微分时，以余代数的余模作为中间媒介，在证明张量积定理时，也采用了最新的处理方法．第二章介绍仿射群概形与超代数．仿射群概形是线性代数群的推广，就像仿射概形是仿射代数簇的推广一样，不过我们采用更为形式的函子的语言．代数群表示理论的许多结果，可以推广到仿射群概形的表示；反过来，仿射群概形的表示(特别是代数群的 Frobenius 核的表示)又是研究代数群表示的一个有效的工具．然而，仿射群概形的表示只能表述为函子的自然变换或余模，既不直观也不方便，因此，我们又引进超代数的概念，把函子的自然变换或余模变成一个代数的模．第三章是上同调方法．代数学的最新发展似乎与同调或上同调理论结下了不解之缘，代数群表示也是如此．本章介绍代数群表示理论中最常用的一些上同调方法——诱导函子及其导函子、有理 (Hochschild)

上同调、有理扩张函子以及诱导层的上同调，给出了它们的定义并讨论了它们的基本性质和相互关系. 在新概念或新理论出现的时候，我们往往举出具体的例子，以帮助读者领会和掌握这些新概念和新理论.

在下册中，我们将用上册所介绍的各种方法和工具，比较深入地讨论代数群表示理论中的一些重要问题，主要有分块理论（包括连接原理）、Weyl 模的一般分解模式（包括平移原理）以及 Lusztig 猜想等. 最后，我们还将简介代数群的表示与有限 Chevalley 群表示的关系.

本书可供有关专业的数学工作者和研究生阅读. 我们假定读者熟悉线性代数群结构与分类的基本理论，熟悉范畴与函子的语言，并有一定的代数几何学基础. 当然，同调代数的一般理论是阅读第三章所必备的预备知识，但我们以一节篇幅（§ 11）阐述了有关的理论，希望没有系统学过同调代数的读者读了这一节以后，能够毫无困难地理解后面的内容. 为了同样的目的，我们还用一小节（§ 14.1）篇幅介绍所牵涉到的代数几何学的概念与结论，但与 § 11 不同的是，我们没有给出所引结论的证明，这是因为代数几何学本身是非常庞大的理论体系，不可能用较小的篇幅来证明所需的结论.

写一本代数群表示理论的著作是十分困难的，因为这个理论还处于发展之中，许多重要的问题还未完全解决，许多新的思想、方法的生命力还有待于时间的考验，整个理论还没有完善；更何况我们在这方面的研究工作还刚刚起步，水平有限. 总之，这是一本勉为其难之作，因此，一定有不少错误和不足之处. 此外，本书初稿是结合教学过程断断续续地写成的，内容前后不呼应，符号术语前后不统一之处还不少，在修改定稿的时候虽然努力弥补这方面的缺陷，但不尽如意之处仍在所难免. 所有这些，希望数学界同行批评指正.

作者非常感谢国内外的许多同行. 我们首先向 J. E. Humphreys 教授表示诚挚的谢意， 他于 1980 年春在华东师范大学所作的精采的讲演使我们受益匪浅，本书(特别是第一章)的形成是深受他的讲演的影响的．同样，A. Borel 教授、黎景辉教授、黄和伦(W. J. Wong) 教授、J. C. Jantzen 教授等学者在国内的讲学都给我们以深刻的启示，特别是 J. C. Jantzen 教授，虽然他的讲演是在本书初稿形成之后，但由于他的讲演，使我们有可能在定稿时作了若干处较为满意的修改． 在此谨向这些学者表示我们的谢意． 此外，许多尚未见面的国外同行及时地给我们寄来他们已经发表和尚未发表的论文，使我们能比较迅速地了解国外的科研动态，作者也向他们表示感谢．他们中间主要有： H. H. Andersen 教授、E. Cline 教授、S. Donkin 教授、B. Parshall 教授、G. Lusztig 教授与 R. Steinberg 教授等．

在国内同行中，作者非常感谢万哲先研究员和武小龙博士，他们仔细阅读了本书的初稿，提出了宝贵的意见． 作者还感谢华东师范大学数学系（特别是代数教研室）的同事们在作者写作此书时所给予的支持和帮助． 博士研究生杜杰和温克辛仔细校读了手稿，并协助编写书末的符号表和索引，我们也在此表示感谢．

作者

1985 年 4 月于华东师范大学

目　　录

第一章　经典表示理论

线性代数群的表示理论与它的结构理论几乎是同时出现的. 事实上,研究线性代数群结构的一个重要方法就是表示论. 例如,线性化定理、Jordan 分解的定义与性质、可解群的结构、根系的定义与半单群的分类等问题的讨论，都离不开表示论的方法. 本章主要叙述线性代数群表示理论的早期的主要结果，有两点必须说明: 其一，本章与线性代数群结构方面的著作（例如 [Bor1], [Hum2], [Sp1]）在内容上有少许重复. 我们认为这种重复是必要的,因为在结构方面的著作中涉及表示理论,不是按表示理论本身的逻辑展开的,而只是作为工具在需要的地方引用一下;我们这里则是按表示理论本身的逻辑叙述这些内容. 其二，虽然我们所介绍的主要结果是经典的，但所采用的叙述与证明的方法并不完全是经典的. 如表示微分的定义、Steinberg 张量积定理的证明等,都采用了最新的处理方法.

§1. 线性代数群表示理论的基本概念

线性代数群表示理论所研究的是线性代数群的有理表示. 但是,有理表示的概念有一个发展过程. 在经典表示理论中,一般说来,有理表示是有限维的;后来,由于上同调方法的引进,就不得不考虑一些无限维表示——局部有限、局部(在经典意义下)有理的无限维表示. 因此,就有必要把有理表示的概念推广. 不过,我们现在先给出经典的有理表示的定义,推广的概念参看 (4.1.1) 证明后面所给的定义.

1.1　定义与基本性质

本书中,字母 $\mathscr{K}$ 自始至终表示一个固定的代数闭域，除非特殊指出，它的特征可以是任意的. 现在设G是$\mathscr{K}$上的线性代数群，V是$\mathscr{K}$上的有限维向量空间. 代数群同态 $\sigma: G \to GL(V)$称为G的一个**有理表示**，V称为**有理G模.**

必须注意的是，表示空间总是基域$\mathscr{K}$上的向量空间.

回忆一下，两个代数群之间的一个映射是代数群同态当且仅当 (1) 它是群同态，(2) 它是代数簇的态射. 据此，我们知道，群G的一个有限维线性表示 $\sigma: G \to GL(V)$ 是有理表示当且仅当如下条件满足：给定V的一组基，把每个 $g \in G$对应的的线性变换 $\sigma(g)$ 关于这组基表成矩阵的形式 $(\sigma_{ij}(g))$，则 $\sigma_{ij}: G \to \mathscr{K}$是$G$上的正则函数，即 $\sigma_{ij} \in \mathscr{K}[G]$. 选定哪一组基是无关紧要的，因为矩阵的相似变换只引起这些σ_{ij}的线性组合.

有理G模之间的任何G模同态都在我们的讨论范围之内. 换句话说，我们所讨论的有理G模范畴是G模范畴的一个完全子范畴.

(1.1.1) 命题. 有理G模的子模、商模、有限直和与张量积都是有理G模. 如果V与V'是有理G模，对 $f \in \mathrm{Hom}_{\mathscr{K}}(V, V')$，$g \in G$，定义

$$(g \cdot f)(v) = g \cdot (f(g^{-1} \cdot v)), \qquad \forall v \in V,$$

则 $\mathrm{Hom}_{\mathscr{K}}(V, V')$ 也是有理G模. 特别，有理G模的反轭模V^*也是有理G模. 此外，若 $\varphi: G' \to G$ 是代数群同态而V是有理G模，通过φ在V上定义一个G'模结构，则这个模是有理G'模. 特别，有理G模在G的闭子群的限制是有理的.

证明. 如果V_0是有理G模V的子模，则可以选择V的基，使G在V上的表示矩阵成为拟三角阵

$$\begin{pmatrix} B & * \\ 0 & A \end{pmatrix}$$

的形式，其中A为G在V_0上的表示矩阵，B为G在V/V_0上的表示矩阵. 由此可见，G在V_0或V/V_0上的表示矩阵中所出现的函数均在V上的表示矩阵中出现. 于是，从V的有理性立即推出V_0与V/V_0的有理性.

若V与V'为有理G模，则G在 $V\oplus V'$ 上的矩阵是以在V与V'上的矩阵为主对角线子阵的拟对角阵，所以 $V\oplus V'$ 是有理的；而G在 $V\otimes V'$ 上的矩阵是在V与V'上的矩阵的张量积，矩阵中出现的函数不过是原来两个矩阵中出现的函数的积，所以 $V\otimes V'$ 的有理性也立即可得.

关于 $\mathrm{Hom}_{\mathscr{K}}(V, V')$ 的结论只要对 $V'=\mathscr{K}$ 是平凡G模，即对 $\mathrm{Hom}_{\mathscr{K}}(V, \mathscr{K})=V^*$ 的情况来证明即可，因为对于一般的有理G模V'，$\mathrm{Hom}_{\mathscr{K}}(V, V')\cong V^*\otimes V'$.

如果采用对偶基，$g\in G$ 在V^*上的矩阵是g在V上的矩阵的转置逆，即，如果g在V上的矩阵为 $(\sigma_{ij}(g))$，则它在V^*上的矩阵为 $(\sigma_{ji}(g^{-1}))$. 如所周知，当 $\sigma_{ij}\in\mathscr{K}[G]$ 时，函数 $g\longmapsto\sigma_{ij}(g^{-1})$ 仍然是G上的正则函数，所以从V的有理性可推出V^*的有理性.

从有理表示的定义出发，剩下的结论已经是显然的了，因为代数群同态的合成仍然是代数群同态. 证毕.

(1.1.2) 推论. 有理G模范畴是 Abel 范畴.

证明. 有理G模范畴是G模范畴(如所周知，这是个 Abel 范畴)的完全子范畴，并且在取子模、商模与有限直和下封闭（据(1.1.1)），所以是 Abel 范畴. 证毕.

现在我们来举一些有理表示与非有理表示的例.

例 1. $GL(n, \mathscr{K})$及其闭子群在n维向量空间上的自然表示是有理的.

例 2. $GL(n, \mathscr{K})$ 在它的 Lie 代数 $\mathfrak{gl}(n, \mathscr{K})$ 上的伴随表示是有理的. 代数群G的伴随表示是这样实现的：对每个 $x\in G$，用x的共轭导出G的代数群自同构 $i_x: G\rightarrow G$，把 $y\in G$映到 xyx^{-1}. 这个自同构的微分 Adx 是G的 Lie 代数 $\mathfrak{L}(G)$ 的自同构. 特别，$Adx\in GL(\mathfrak{L}(G))$. 于是，得到映射 $Ad: G\rightarrow GL(\mathfrak{L}(G))$. 容易验证 Ad 是群同态. 特别，当 $G=GL(n, \mathscr{K})$ 时，$\mathfrak{L}(G)=\mathfrak{gl}(n, \mathscr{K})$，而对任意 $x\in G$，$Z\in\mathfrak{gl}(n, \mathscr{K})$，$Adx(Z)=xZx^{-1}$. 下文我们还将从另一角度来讨论伴随表示，使最后这个等式成为显然的(参看(5.3.5)). 现在我们说明 $GL(n, \mathscr{K})$ 的伴随表示的有理性：取一个n维向量空间V及V的一组基，把 $GL(n, \mathscr{K})$ 等同于 $GL(V)$，则 $\mathfrak{gl}(n, \mathscr{K})$ 就等同于 $\mathrm{Hom}_{\mathscr{K}}(V, V)$. 此时 $GL(n, \mathscr{K})$ 在 $\mathfrak{gl}(n, \mathscr{K})$ 上的伴随作用正

好是命题(1.1.1)所定义的作用,所以是有理的.

例 3. 这是例 2 的推广: 任意线性代数群在它的 Lie 代数 $\mathfrak{L}(G)$ 上的伴随表示是有理的. 不失普遍性地设 G 为 $GL(n, \mathscr{K})$ 的闭子群,则 $\mathfrak{L}(G)$ 是 $\mathfrak{gl}(n, \mathscr{K})$ 的子代数. G 在 $\mathfrak{L}(G)$ 上的伴随表示可以这样得到: 把 $GL(n, \mathscr{K})$ 在 $\mathfrak{gl}(n, \mathscr{K})$ 上的伴随作用限制于 G, 得到 G 在 $\mathfrak{gl}(n, \mathscr{K})$ 上的一个有理表示, 而 $\mathfrak{L}(G)$ 则是有理 G 模 $\mathfrak{gl}(n, \mathscr{K})$ 的子模, 所以是有理的.

例 4. 设 $\sigma: GL(n, \mathbb{C}) \rightarrow GL(n, \mathbb{C})$ 是复数域 $\mathbb{C}$ 的共轭自同构 $a + bi \mapsto a - bi$ 导出的 $GL(n, \mathbb{C})$ 的自同构,则 σ 不是 $GL(n, \mathbb{C})$ 的有理表示.

例 5. 设 G 是复数域的加法群, $\exp: G \rightarrow GL(1, \mathbb{C})$ 是把 $a \in \mathbb{C}$ 映到 $e^a \in \mathbb{C}^* = GL(1, \mathbb{C})$ 的映射. exp 是 G 的表示,但不是有理表示.

例 6. 设 $\operatorname{char}\mathscr{K} = p > 0$, $\sigma: GL(n, \mathscr{K}) \rightarrow GL(n, \mathscr{K})$ 是把矩阵 (a_{ij}) 映到 $(a_{ij}{}^{1/p})$ 的映射. σ 是 $GL(n, \mathscr{K})$ 的表示,但不是有理表示. 我们知道, σ 是 $GL(n, \mathscr{K})$ 的 Frobenius 自同态的逆映射, 它不是 $GL(n, \mathscr{K})$ 作为代数群的自同态.

例子就举到这里. 我们还要做一个约定: 下文如无特殊声明,模与表示都是有理的(在有理表示概念推广之前, 都有有限维的约定),但为方便起见,常省略“有理”二字. 另外,在行文中我们自由地应用表示与模的语言,但更多地采用模的语言.

1.2 特征标与形式特征标

最简单的表示当然是 1 维的, 这种表示本质上是一个代数群同态

$$\chi: G \rightarrow \mathbb{G}_m,$$

这里 $\mathbb{G}_m$ 表示 $\mathscr{K}$ 的乘法群 (它可等同于 $GL(1, \mathscr{K})$). 这样的同态称为 G 的(有理)**特征标**. 如果 χ 与 λ 都是 G 的特征标, 定义

$$(\chi + \lambda)(g) = \chi(g)\lambda(g), \qquad \forall g \in G,$$

则 $\chi + \lambda$ 也是 G 的特征标. 特征标间的这个运算显然是交换的与结合的;平凡特征标 $0: g \longmapsto 1$(对所有 $g \in G$) 是恒等元;特征标 χ 的负元是

$$(-\chi)(g) = \chi(g)^{-1}, \qquad \forall g \in G.$$

由此可见,G的特征标全体成为一个 Abel 群。这个群称为G的**特征标群**,记为 $\mathfrak{X}(G)$.

读者不难看到，特征标$\chi+\lambda$所对应的G模是χ所对应的G模与λ所对应的G模的张量积；特征标$-\chi$所对应的G模是χ所对应的G模的反轭模。另外，特征标显然是一个正则函数,因此$\mathfrak{X}(G)\subset\mathscr{K}[G]$. 不过要十分小心，$\mathfrak{X}(G)$ 中的加法对应的是$\mathscr{K}[G]$ 中的乘法.

若 $\varphi:G'\to G$ 是线性代数群 G' 到G的同态，$\chi\in\mathfrak{X}(G)$，则$\chi\circ\varphi\in\mathfrak{X}(G')$. 因此,$\mathfrak{X}$ 是线性代数群范畴到 Abel 群范畴的反变函子. 下面的命题总结了 $\mathfrak{X}(G)$ 的一些性质.

(1.2.1) 命题. (1) 作为 $\mathscr{K}[G]$ 的元素,特征标线性无关;

(2) $\mathfrak{X}(G)$ 是有限生成的 Abel 群;

(3) 若G连通,则 $\mathfrak{X}(G)$ 是自由 Abel 群;

(4) 若G是幂么群或 $G=(G,G)$(例如G半单),则 $\mathfrak{X}(G)=0$；若G连通可解，T是它的一个极大环面,则 $\mathfrak{X}(G)=\mathfrak{X}(T)$;

(5) G可对角化$\Longleftrightarrow\mathfrak{X}(G)$ 是 $\mathscr{K}[G]$ 的基;

(6) G是环面$\Longleftrightarrow\mathfrak{X}(G)$ 自由，且是 $\mathscr{K}[G]$ 的基；此时 $\dim G=\operatorname{rank}\mathfrak{X}(G)$.

(7) 若H是可对角化群G的闭子群,则由嵌入同态$H\hookrightarrow G$导出的特征标群的同态 $\mathfrak{X}(G)\to\mathfrak{X}(H)$ 是满射.

证明. (1) 假如结论不成立，可以找到一组个数最少的线性相关的特征标 $\{\chi_1,\cdots,\chi_n\}$. 显然 $n>1$，因此 $\chi_1\neq\chi_n$，从而有 $g_0\in G$，使 $\chi_1(g_0)\neq\chi_n(g_0)$. 我们有非零的 $a_1,\cdots,a_{n-1}\in\mathscr{K}$，使

$$\chi_n=\sum_{i=1}^{n-1}a_i\chi_i.$$

把两边的函数都作用在 g_0g 上,这里 g 是G的任意元素,则得

$$\chi_n(g_0)\chi_n(g)=\sum_{i=1}^{n-1}a_i\chi_i(g_0)\chi_i(g);$$

又把同样的函数等式两边作用在 g 上，再两边同乘以 $\chi_n(g_0)$，便

得到

$$\chi_n(g_0)\chi_n(g) = \sum_{i=1}^{n-1} a_i\chi_n(g_0)\chi_i(g).$$

把得到的两个式子相减,便得到

$$\sum_{i=1}^{n-1} a_i(\chi_n(g_0) - \chi_i(g_0))\chi_i(g) = 0, \qquad \forall g \in G.$$

于是,作为 $\mathscr{K}[G]$ 的元素,

$$\sum_{i=1}^{n-1} a_i(\chi_n(g_0) - \chi_i(g_0))\chi_i = 0,$$

其中至少有一个系数 $a_1(\chi_n(g_0) - \chi_1(g_0)) \neq 0$,因此这是 $\chi_1, \cdots, \chi_{n-1}$ 的非平凡线性关系. 这与 n 的取法矛盾.

(2) 先设 G 是可对角化群,可以认为 G 是 $D(n, \mathscr{K})$ 的闭子群. 令 $\chi_1, \cdots, \chi_n$ 为 $D(n, \mathscr{K})$ 的坐标函数, 则 χ_i 都是 $D(n, \mathscr{K})$ (从而 G) 的特征标. 我们将证明这些 χ_i 生成 $\mathfrak{X}(G)$. 设这些 χ_i 生成的 $\mathfrak{X}(G)$ 的子群为 $\mathfrak{X}'$, 只要证 $\mathfrak{X}(G) \subset \mathfrak{X}'$. 我们已经知道 $\mathscr{K}[G]$ 的元素都是这些 χ_i 的 Laurent 多项式,且其中的单项式都是 $\mathfrak{X}'$ 的元素. 如果 $\lambda \in \mathfrak{X}(G)$, 则 $\lambda \in \mathscr{K}[G]$, 从而是 $\mathfrak{X}'$ 元素的线性组合. 由 (1), λ 不得不等于 $\mathfrak{X}'$ 的某个元素, 从而 $\lambda \in \mathfrak{X}'$.

现在设 G 是任意线性代数群. 考虑

$$H = \bigcap_{\chi \in \mathfrak{X}(G)} \mathrm{Ker}\chi.$$

因为 H 是群同态的核的交,所以是 G 的闭子群;又因为对任意 $g_1, g_2 \in G$, $\chi \in \mathfrak{X}(G)$, 有 $\chi(g_1g_2g_1^{-1}g_2^{-1}) = \chi(g_1)\chi(g_2)\chi(g_1)^{-1}\chi(g_2)^{-1} = 1$, 所以 $(G, G) \subset H$, 从而 H 在 G 中正规, 且商群 G/H 是 Abel 群. 此外, H 含有 G 的所有幂么元,这是因为幂么元 u 只有特征值 1, 从而对任何 $\chi \in \mathfrak{X}(G)$ 均有 $\chi(u) = 1$. 由此可见, G/H 是只由半单元组成的 Abel 群,即可对角化群. 据上段证明, $\mathfrak{X}(G/H)$ 是有限生成的. 但我们可以建立群同构 $\mathfrak{X}(G) \cong \mathfrak{X}(G/H)$: 群同态 $G \to G/H$ 导出了群同态 $\mathfrak{X}(G/H) \to \mathfrak{X}(G)$; 反过来, $\mathfrak{X}(G)$

的每个元素在H上都是平凡的，从而都可以导出 $\mathfrak{X}(G/H)$ 的一个元素，这样建立的映射 $\mathfrak{X}(G)\rightarrow\mathfrak{X}(G/H)$ 显然与上面的群同态互逆. 据此，我们证明了 $\mathfrak{X}(G)$ 是有限生成的.

(3) 只要再证当G连通时 $\mathfrak{X}(G)$ 无挠. 设 $\chi\in\mathfrak{X}(G)$，则 $\chi(G)$ 连通，从而 $\chi(G)=\mathbf{G}_m$ 或 $\{1\}$. 若 $\chi(G)=\{1\}$，则 $\chi=0$；若 $\chi(G)=\mathbf{G}_m$，则

$$(n\chi)(G)=\{a^n\mid a\in\mathbf{G}_m\}=\mathbf{G}_m,$$

所以 $n\chi\neq 0$，对所有 $n\in\mathbf{Z}$.

(4) 设H如 (2) 的证明. 当G是幂么群或 $G=(G,G)$ 时，我们已经知道 $G\subset H$，从而只能 $G=H$，于是 $\mathfrak{X}(G)\cong\mathfrak{X}(G/H)=0$. 现在设$G$连通可解，则 $G=T\ltimes R_u(G)$，这里 $R_u(G)$ 为G的幂么根基（以后同，不再说明），且 (2) 中已证 $R_u(G)\subset H$，故G的特征标限制到T与T的特征标提升到G给出了 $\mathfrak{X}(G)$ 与 $\mathfrak{X}(T)$ 的同构.

(5) ⇒：(1) 结合 (2) 的证明的前半部分即得.

⇐：取 $\mathfrak{X}(G)$ 的一组生成元 $\{\chi_1,\cdots,\chi_n\}$，则它们也生成 $\mathscr{K}[G]$. 定义

$$\begin{aligned}\varphi:G&\longrightarrow\overbrace{\mathbf{G}_m\times\mathbf{G}_m\times\cdots\times\mathbf{G}_m}^{n\text{个}}\\ g&\longmapsto(\chi_1(g),\chi_2(g),\cdots,\chi_n(g)).\end{aligned}$$

φ是代数群同态. 若 $g\in\mathrm{Ker}\varphi$，则 $\chi_i(g)=\chi_i(1)$，从而对所有 $f\in\mathscr{K}[G]$ 均有 $f(g)=f(1)$，推及 $g=1$. 由此可见φ是内射. 因此我们可以得出两点结论：i) G是 Abel 群；ii) G由半单元组成(否则，G有幂么元 $u\neq 1$，则 $\varphi(u)$ 也是个 $\neq 1$ 的幂么元，矛盾). 这两点即表明G是可对角化群.

(6) ⇒：据 (3) 与 (5).

⇐：据 (5)，只要再证G连通，但这是显然的，因为 $\mathscr{K}[G]$ 为自由 Abel 群 $\mathfrak{X}(G)$ 的群代数[1)]，必定是整区.

1) 在本书中，群代数指的是以群的元素为基并且基元素之间的乘法就是群运算的代数，而不是指群上的函数所成的代数.

还要证 $\dim G = \operatorname{rank} \mathfrak{X}(G)$. 为此，取 $\mathfrak{X}(G)$ 的基 $\chi_1,\cdots,\chi_n$，$n = \operatorname{rank} \mathfrak{X}(G)$. 类似上文定义同态 φ，则 φ 是内射. 又，$\mathscr{K}[G]$ 是代数无关元 $\chi_1,\cdots,\chi_n$ 上的 Laurent 多项式环，所以，任意给定 $\mathbf{G}_m$ 的 n 个元素 $m_1,\cdots,m_n$，令 $\chi_i \longmapsto m_i$，便可得到一个 $\mathscr{K}$ 代数同态 $\mathscr{K}[G] \to \mathbf{G}_m$，从而得到一个元素 $g \in G$，使在 g 的赋值就是这个代数同态. 对于这个 g，$\chi_i(g) = m_i$. 由此可见 φ 是满射. 于是

$$\dim G = \dim(\overbrace{\mathbf{G}_m \times \cdots \times \mathbf{G}_m}^{n\text{ 个}}) = n = \operatorname{rank} \mathfrak{X}(G).$$

(7) 因为 H 为 G 的闭子群，所以由嵌入映射 $H \hookrightarrow G$ 导出的正则函数环的同态 $\mathscr{K}[G] \to \mathscr{K}[H]$ 是满射. 设 $\mu \in \mathfrak{X}(H)$，作为 $\mathscr{K}[H]$ 的元素，μ 在 $\mathscr{K}[G]$ 中有原象 f. 又由(5)，f 可写成

$$f = \sum_{\lambda \in \mathfrak{X}(G)} a_\lambda \lambda,$$

其中 $a_\lambda \in \mathscr{K}$ 且只有有限个 $a_\lambda \neq 0$. 等式两边都限制到 H 上(即作用上述同态 $\mathscr{K}[G] \to \mathscr{K}[H]$)，得到

$$\mu = \sum_{\lambda \in \mathfrak{X}(H)} \Big(\sum_{\chi|_H = \lambda} a_\chi\Big) \lambda.$$

据(1)，右式除 $\lambda = \mu$ 的情况外，均有

$$\sum_{\chi|_H = \lambda} a_\chi = 0,$$

而

$$\sum_{\chi|_H = \mu} a_\chi = 1.$$

可见有 $\chi \in \mathfrak{X}(G)$ 使 $\chi|_H = \mu$. 证毕.

注意，在命题的证明中我们只用“环面是连通的可对角化群”这个定义.

设 T 是个环面. 由于环面在代数群同态下的象仍然是环面，所以任何 T 模都是完全可约的，且任何不可约 T 模都是 1 维的，从

而对应 $\mathfrak{X}(T)$ 的一个元素. 若 V 是 T 模, $\chi\in\mathfrak{X}(T)$, 令

$$V_\chi=\{v\in V\mid tv=\chi(t)v\},$$

则 V 是这些 V_χ 的直和. 这些 V_χ 称为 V 的**权空间**;若 $V_\chi\neq 0$, χ 称为 V 的**权**; V_χ 中的非零向量称为**权向量**;而 $\dim V_\chi$ 称为权 χ 的**重数**. 群环 $\mathbf{Z}\mathfrak{X}(T)$ 的元素

$$\mathrm{ch}V=\sum_{\chi\in\mathfrak{X}(T)}(\dim V_\chi)e(\chi)$$

称为 T 模 V 的**形式特征标**, 这里 $e(\chi)$ 表示 χ 所对应 $\mathbf{Z}\mathfrak{X}(T)$ 的典范基元素. 注意,这里只有有限个 $\dim V_\chi\neq 0$.

我们有

(1.2.2) 命题. (1) ch 导出有理 T 模范畴的 Grothendieck 环到群环 $\mathbf{Z}\mathfrak{X}(T)$ 的同构.

(2) 若$\sigma: T\to GL(V)$ 导出 T 到 $\sigma(T)$ 的同构,则 $\mathfrak{X}(T)$ 由 T 模 V 的权生成.

证明. (1) 要证明这个结论,我们要证明

i) ch 是从有理 T 模范畴的 Grothendieck 环到 $\mathbf{Z}\mathfrak{X}(T)$ 的映射,即验证: T 模 V_1 与 V_2 有相同的合成因子$\Rightarrow\mathrm{ch}V_1=\mathrm{ch}V_2$.

ii) ch 是内射,即验证 i) 的逆: $\mathrm{ch}V_1=\mathrm{ch}V_2\Rightarrow V_1$ 与 V_2 有相同的合成因子.

iii) ch 是满射,即验证 $\mathbf{Z}\mathfrak{X}(T)$ 的元素总可以写成 $\mathrm{ch}V_1-\mathrm{ch}V_2$ 的形式, V_1 与 V_2 是 T 模.

iv) ch 是加性的,即对 T 模正合列

$$0\to V_1\to V\to V_2\to 0,$$

有 $\mathrm{ch}V=\mathrm{ch}V_1+\mathrm{ch}V_2$.

v) ch 保持乘法,即对 T 模 V_1 与 V_2, 有 $\mathrm{ch}(V_1\otimes V_2)=\mathrm{ch}V_1\cdot\mathrm{ch}V_2$.

根据形式特征标的定义, i) 与 ii) 是十分显然的; iii) 也显然, 因为 $\mathbf{Z}\mathfrak{X}(T)$ 的典范基 $e(\chi)$ 便具有 $\mathrm{ch}(V)$ 的形式; 对于 iv), 由于完全可约性, 正合列变成了直和 $V\cong V_1\oplus V_2$, 于是由形式特征标的定义即得结论;要证 v), 只要注意到 $V_1\otimes V_2$ 中权

χ 的重数是

$$\sum_{\lambda+\mu=\chi} \dim V_{1,\lambda} \cdot \dim V_{2,\mu},$$

而它正好是 $\mathrm{ch}V_1 \cdot \mathrm{ch}V_2$ 中 $e(\chi)$ 的系数，结论也得出。

(2) 用 $\sigma(T)$ 代替 T，并且取 V 的由权向量组成的基，则可设 T 为 $D(n, \mathscr{K})$ 的闭子群，$n = \dim V$，而 V 的权正好是 $D(n, \mathscr{K})$ 的坐标函数的限制，所以 (1.2.1(2)) 的证明的前半部分可以照搬到这里。证毕。

(1.2.2(1)) 对有理 T 模范畴的 Grothendieck 环给出一个很好的描述。对任意的连通线性代数群 G，我们也想做这件事。为此，设 G 是任意的连通线性代数群，T 是它的极大环面。如果 V 是 G 模，我们把 $\mathrm{ch}(V|_T)$ 称为 V 的形式特征标，并简记为 $\mathrm{ch}V$，把 $V|_T$ 的权、权向量与权空间也分别称为 G 模 V 的 (T) 权、(T) 权向量与 (T) 权空间。显然我们得到了从有理 G 模范畴的 Grothendieck 环到群环 $\mathbf{Z}\mathfrak{X}(T)$ 的一个同态，因为 (1.2.2(1)) 证明中的 (i), (iv), (v) (把"T 模"全换成"G 模")仍然成立。我们现在要设法找出 ch 的象，再设法证明 ch 是有理 G 模范畴的 Grothendieck 环到它的象的同构。问题的完全解决要到 (3.3.3)，到那时我们可以看到形式特征标是线性代数群表示理论中的一个十分重要的概念，它相当于有限群常表示理论中的特征标概念或模表示理论中的 Brauer 特征标概念。但是，当 G 不连通时，如果也用类似的方法定义形式特征标，则不能期望它也有这么重要的意义。例如，$\mathrm{ch}(V)$ 就不能反映出 G 模 V 的合成因子情况。举一简单的反例如下：设 G 是有限群 (当然可以看成离散的线性代数群)，则 T 只由恒等元组成，任何 G 模限制到 T 上都是平凡模的直和；但是，只要 G 的阶不是 $\mathrm{char}\mathscr{K}$ 的幂，G 就不只一个不可约模同构类。

设 G 连通，现在我们开始寻找 ch 的象的努力。用 $C_G(T)$ 与 $N_G(T)$ 分别表示 T 在 G 中的中心化子与正规化子。我们知道，$C_G(T)$ 叫做 G 的 Cartan 子群，而 $W = N_G(T)/C_G(T)$ 是个有限群，叫做 G (关于 T) 的 Weyl 群，它是由 T 的自同构组成的群：对

于 $w\in W$，$t\in T$，令 $t^w=\dot{w}^{-1}t\dot{w}$，这里 $\dot{w}$ 为 w 在 $N_G(T)$ 中的任一代表元. W 在 T 上的这个作用导出了 W 在 $\mathfrak{X}(T)$ 上的作用:

$$(w\lambda)(t)=\lambda(t^w),\qquad \forall w\in W,\ t\in T,\ \lambda\in\mathfrak{X}(T).$$

容易验证 W 的元素是作为群自同构作用在 $\mathfrak{X}(T)$ 上. 于是，经过 $\mathbf{Z}$ 线性扩充，W 的元素则作为环自同构作用在群环 $\mathbf{Z}\mathfrak{X}(T)$ 上，因而，在 W 的这个作用下不动点的集合 $\mathbf{Z}\mathfrak{X}(T)^W$ 是 $\mathbf{Z}\mathfrak{X}(T)$ 的子环.

(1.2.3) 命题. 设 G 是连通线性代数群，T 是它的极大环面，W 是 G 关于 T 的 Weyl 群，V 是 G 模，则 G 在 V 上的作用导出 W 在权空间集合上的一个置换作用，且对 $\lambda\in\mathfrak{X}(T)$ 与 $w\in W$，有 $w(V_\lambda)=V_{w\lambda}$. 特别，我们有 $\dim V_\lambda=\dim_{w\lambda}$，因而 $\mathrm{ch}(V)\in\mathbf{Z}\mathfrak{X}(T)^W$.

证明. 设 $v\in V_\lambda$，$t\in T$；又设 $\dot{w}\in N_G(T)$ 是 $w\in W$ 的任一代表元，则

$$\begin{aligned}t(\dot{w}v)&=\dot{w}((\dot{w}^{-1}t\dot{w})v)=\dot{w}(\lambda(t^w)v)\\&=\lambda(t^w)(\dot{w}v)=(w\lambda)(t)(\dot{w}v).\end{aligned}$$

可见 $\dot{w}v\in V_{w\lambda}$，从而 $\dot{w}(V_\lambda)\subset V_{w\lambda}$. 两边再作用 $\dot{w}^{-1}$，便得

$$V_\lambda\subset\dot{w}^{-1}(V_{w\lambda})\subset V_{w^{-1}w\lambda}=V_\lambda,$$

迫使等号成立，从而 $\dot{w}(V_\lambda)=V_{w\lambda}$. $N_G(T)$ 在权空间集合上的这个作用只与每个元素在 W 中的象有关，因此导出 W 在权空间集合上的置换作用：只要令 $w(V_\lambda)=\dot{w}(V_\lambda)$. 剩下的结论都已显然. 证毕.

这个命题表明有理 G 模范畴的 Grothendieck 环在映射 ch 下的象在 $\mathbf{Z}\mathfrak{X}(T)^W$ 中. 下面举一个具体的例子说明它的象就是 $\mathbf{Z}\mathfrak{X}(T)^W$. 当然，举这个例子的主要目的还是在于使读者对本小节所介绍的概念有比较直观的模型，以便加深理解.

例 7. 设 $G=SL(2,\mathscr{K})$，V 是 $\mathscr{K}$ 上的 2 维向量空间，$\sigma:G\longrightarrow GL(V)$ 是自然表示. 选定 V 的基底 $\{x,y\}$，令 T 为对应此基底的对角子群. 再令

$$h(m)=\begin{pmatrix}m&0\\0&m^{-1}\end{pmatrix},\qquad m\in\mathscr{K}^*,$$

则

$$h(m)x = mx, \qquad h(m)y = m^{-1}y.$$

因此，V 有两个权：

$$\omega: h(m) \mapsto m,$$
$$-\omega: h(m) \mapsto m^{-1},$$

权空间都是 1 维，分别由权向量 x 与 y 张成．于是

$$\mathrm{ch}(V) = e(\omega) + e(-\omega).$$

更一般地，对非负整数 n，设 $V^{[n]}$ 为关于 x, y 的 n 次齐次多项式空间，于是 $\dim V^{[n]} = n + 1$，它有一组基底

$$\{x^n, x^{n-1}y, \cdots, xy^{n-1}, y^n\}.$$

G 在 V 上的作用自然地导出 G 在 $V^{[n]}$ 上的作用，只要定义

$$g(x^i y^j) = (gx)^i (gy)^j, \qquad \forall g \in G$$

即可． $V^{[n]}$ 是有理 G 模，因为它是 G 模 V 的 n 次张量积的商． 现在考虑 T 对 $V^{[n]}$ 的上述基底的作用．我们有

$$\begin{aligned} h(m)(x^{n-i}y^i) &= (h(m)x)^{n-i}(h(m)y)^i \\ &= (mx)^{n-i}(m^{-1}y)^i \\ &= m^{n-2i}(x^{n-i}y^i). \end{aligned}$$

由此可见上述基向量都是权向量，$x^{n-i}y^i$ 的权是 $(n-2i)\omega$，权空间都是 1 维的．因此

$$\mathrm{ch}(V^{[n]}) = e(n\omega) + e((n-2)\omega) + \cdots + e(-(n-2)\omega) + e(-n\omega).$$

G 的 Weyl 群只有两个元素，其中非平凡元素 s 的代表元可取为 $\dot{s} = \begin{pmatrix} 0 & -1 \\ 1 & 0 \end{pmatrix}$，而 $\dot{s}^{-1}h(m)\dot{s} = h(m^{-1})$，所以 $s\omega = -\omega$.

又据 (1.2.2(2))，$\mathfrak{X}(T)$ 由 ω 生成．容易看出 $\Sigma n(\lambda)e(\lambda) \in \mathbb{Z}\mathfrak{X}(T)^W$ 当且仅当 $n(\lambda) = n(-\lambda)$． 因此 $\mathbb{Z}\mathfrak{X}(T)^W$ 有基

$$\{e(0), e(\omega) + e(-\omega), e(2\omega) + e(-2\omega), \cdots, e(n\omega) + e(-n\omega), \cdots\}.$$

不难归纳地证明，$\mathbb{Z}\mathfrak{X}(T)^W$ 的这组基的元素都是某些 $\mathrm{ch}(V^{[n]})$ 的 $\mathbb{Z}$ 线性组合，从而 $\mathrm{ch}(V^{[n]})(n \geqslant 0)$ 张成了 $\mathbb{Z}\mathfrak{X}(T)^W$（事实上，所有 $\mathrm{ch}(V^{[n]})(n \geqslant 0)$ 也组成 $\mathbb{Z}\mathfrak{X}(T)^W$ 的一组基，因为不难验证它们是线性无关的）．于是，就 $G = SL(2, \mathscr{K})$ 这一简单情形，我们证明了有理 G 模范畴的 Grothendieck 环在同态 ch 下的象就是 $\mathbb{Z}\mathfrak{X}(T)^W$.

我们记得，G 的伴随表示的非零权集合 Φ 称为 G 的根系．我们现在还可以找一找 $SL(2, \mathscr{K})$ 的根系由哪些权组成．为此，取 $SL(2, \mathscr{K})$ 的 Lie 代

数 $\mathfrak{sl}(2,\mathscr{K})$ 的基

$$\left\{X=\begin{pmatrix}0&1\\0&0\end{pmatrix},\quad H=\begin{pmatrix}1&0\\0&-1\end{pmatrix},\quad Y=\begin{pmatrix}0&0\\1&0\end{pmatrix}\right\},$$

其中H是零权的权向量．对于X与Y，有

$$\mathrm{Ad}h(m)\cdot X=h(m)Xh(m)^{-1}=m^2X,$$

$$\mathrm{Ad}h(m)\cdot Y=h(m)Yh(m)^{-1}=m^{-2}Y.$$

所以X与Y的权分别是 2ω 与 -2ω，即 $\{2\omega,-2\omega\}$ 为 $SL(2,\mathscr{K})$ 的根系，而

$$\mathrm{ch}(\mathfrak{sl}(2,\mathscr{K}))=e(2\omega)+e(0)+e(-2\omega).$$

一般地，如果G是连通简约线性代数群，T是它的极大环面，$\mathfrak{L}(G)$ 是G的 Lie 代数，则伴随表示 $Ad:G\to GL(\mathfrak{g})$ 的形式特征标是

$$\mathrm{ch}(\mathfrak{L}(G))=(\dim T)e(0)+\sum_{\alpha\in\Phi}e(\alpha),$$

这里Φ为G关于T的根系．上面 $\mathrm{ch}(\mathfrak{sl}(2,\mathscr{K}))$ 的形式特征标公式是这个公式的最简单的特例．

1.3 连通可解群的表示

上一小节从本质上说研究的是环面的表示，连通群的模的形式特征标也只跟该群的极大环面的作用有关．环面的表示是线性代数群表示的最简单的情况．现在，我们要进而研究稍微复杂一些的群——连通可解群的表示．

关于连通可解群的表示，最重要的结论是下面的 Lie-Kolchin 定理．

(1.3.1) 定理 (Lie-Kolchin)． 设 G 是连通可解群，$\sigma:G\to GL(V)$ 是它的表示，则有非零向量 $v\in V$，使直线 $\mathscr{K}v$ 是G稳定的．

满足定理结论的向量v称为V中的G半不变向量．

设 $\mathrm{P}(V)$ 是V中一维向量子空间全体所成的射影空间，则G在V上的作用导出它在 $\mathrm{P}(V)$ 上的作用，此时V的G稳定一维子空间一一对应于 $\mathrm{P}(V)$ 的G不动点．因此，要证 (1.3.1)，只要证

(1.3.2) 定理． 设G是连通可解群，作用在完备簇X上，则 $X^G\neq\varnothing$．

证明．对 $\dim G$ 用归纳法．当 $\dim G=0$ 时，G 只有恒等元，结论是平凡的．现在设 $\dim G>0$．据连通可解群的性质，$H=(G,G)$ 是维数较小的连通可解群，所以可用归纳假设，得到 $Y=X^H\neq\varnothing$．

Y 是 X 的闭子簇，从而也是完备的；又因为 H 是 G 的正规子群，所以 G 保持 Y 稳定，于是，导出 G 在 Y 上的作用．我们只要证 $Y^G\neq\varnothing$ 就可以了．

每一点 $y\in Y$ 在 G 中的稳定子群 $G_y\supset H$，所以都是 G 的正规子群，从而 G/G_y 仍为仿射的．现在在 Y 中找一个维数最小的 G 轨道 Z，我们知道 Z 在 Y 中是闭的，所以仍是完备簇．仍取 $z\in Z$，则有双射的态射 $G/G_z\to Z$，把陪集 gG_z 对应到 gz．G/G_z 是仿射的，而 Z 是完备的，并且都是连通的，迫使它们都只有一个点，即 $G=G_z$，从而 $z\in Y^G$．证毕．

根据 Lie-Kolchin 定理，连通可解群的不可约表示就完全清楚了：

(1.3.3) 推论． 若 G 是连通可解群，则 G 的不可约表示都是一维的，其同构类与 $\mathfrak{X}(G)$ 的元素一一对应．特别，若 G 是连通幂幺群，则 G 只有一个不可约表示，即平凡的一维表示．

证明．据 Lie-Kolchin 定理，任何 G 模都有一维子模．所以不可约 G 模只能是一维的．又据 $\mathfrak{X}(G)$ 的定义，G 的一维表示的同构类与 $\mathfrak{X}(G)$ 的元素一一对应．

至于后一结论，只要忆及幂幺群是可解的，并且只有平凡特征标 (1.2.1(4))，结论即得．证毕．

如果 T 是连通可解群 G 的一个极大环面，仍由 (1.2.1(4)) 得知 $\mathfrak{X}(G)=\mathfrak{X}(T)$，因此也可以说 G 的不可约表示的同构类与 $\mathfrak{X}(T)$ 的元素一一对应，当然也就是与 T 的不可约表示的同构类一一对应．但这并不意味着 G 的表示与 T 的表示是一回事，因为 T 的表示还有完全可约性，但对一般的连通可解群 G，就不一定有完全可约性了．不过，可以肯定的一点是，有理 G 模范畴与有理 T 模范畴有相同的 Grothendieck 环，它是 $\mathbb{Z}\mathfrak{X}(G)=\mathbb{Z}\mathfrak{X}(T)$ (对连通可解群而言，Weyl 群仍是平凡的，所以这里的断言并不与 (1.2.3) 矛盾).

为了以后的应用，我们现在考虑一类特殊的连通可解群的一类特殊的表示．注意，简约群的 Borel 子群都是我们所考虑的这一类的群.

(1.3.4) 命题. 设 G 是连通可解线性代数群，T 是它的极大环面．设 G 具有如下性质：(1) $C_G(T)=T$；(2) $R_u(G)$ 由一些在 T 的共轭下稳定的一维连通子群生成．又设 V 是个 G 模，T 的每个元素在 V 上的作用都是纯量，则 $R_u(G)$ 的元素在 V 上的作用都是平凡的，从而 V 是一些彼此同构的不可约 G 模(当然都是一维的)的直和.

证明．设生成 $R_u(G)$ 的那批 T 稳定的一维连通子群是 $\{U_\alpha\}$．对每个 α，固定一个代数群同构 $\varepsilon_\alpha: \mathbf{G}_a \to U_\alpha$，这里 $\mathbf{G}_a$ 是 $\mathscr{K}$ 的加法群．由于稳定性，有

$$t\varepsilon_\alpha(a)t^{-1}=\varepsilon_\alpha(\alpha(t)a), \qquad \forall a\in\mathscr{K}, \qquad t\in T.$$

显然 $\alpha\in\mathfrak{X}(T)$ 且 $\alpha\neq 0$ (否则 $t\varepsilon_\alpha(a)t^{-1}=\varepsilon_\alpha(a)$，对所有 $a\in\mathscr{K}$ 与 $t\in T$，从而 $U_\alpha\subset C_G(T)$，与假设 (1) 矛盾)．因此 $\alpha(T)=\mathscr{K}^*$.

设 $\varepsilon_\alpha(a)$ 在 V 的某一组基下的矩阵为 $(f_{ij}(a))$，则 f_{ij} 是 a 的多项式．$t\varepsilon_\alpha(a)t^{-1}$ 的矩阵为 $(f_{ij}(\alpha(t)a))$．但是，因为 t 的作用是纯量，$t\varepsilon_\alpha(a)t^{-1}$ 的作用与 $\varepsilon_\alpha(t)$ 相同，所以

$$f_{ij}(a)=f_{ij}(\alpha(t)a), \qquad \forall a\in\mathscr{K}, \qquad t\in T.$$

由于 $\alpha(T)=\mathscr{K}^*$，当 $a\neq 0$ 时，$\alpha(t)a$ 可取遍整个 $\mathscr{K}^*$，因此 f_{ij} 只能是常多项式．特别，

$$(f_{ij}(a))=(f_{ij}(0)), \qquad \forall a\in\mathscr{K}.$$

$(f_{ij}(0))$ 是恒等矩阵，因为 $\varepsilon_\alpha(0)$ 是 G 的恒等元．由此可见，任意 $\varepsilon_\alpha(a)$ 在 V 上的作用都是平凡的．所有结论立即得出．证毕.

1.4 连通线性代数群的不可约表示——归结为半单的情况

有了 § 1.3 的结论，我们可以把任意连通线性代数群的不可约

表示问题归结为半单线性代数群的不可约表示问题.

(1.4.1) 引理. 设 G 是连通线性代数群, V 是不可约 G 模, 则 G 的根基 $R(G)$ 的元素在 V 上的作用是纯量. 特别, $R_u(G)$ 的元素平凡地作用在 V 上.

证明. 先回忆线性代数群结构方面的一个结论: 若 $x\in R(G)$, $g\in G$, 则 $g^{-1}xg\equiv x(\mathrm{mod} R_u(G))$. 这是因为 $R(G)/R_u(G)$ 是简约群 $G/R_u(G)$ 的根基, 所以含于 $G/R_u(G)$ 的中心, 从而陪集 $xR_u(G)$ 与 $gR_u(G)$ 可换, 亦即 $g^{-1}xgR_u(G)=xR_u(G)$, 此即所需之结论.

据 Lie-Kolchin 定理, V 中有一个非零向量 v, 使 $xv=\lambda(x)v$ 对某个 $\lambda\in\mathfrak{X}(R(G))$ 及所有 $x\in R(G)$ 成立. 于是, 对任意 $g\in G$, 我们有

$$\begin{aligned}x(gv)&=g((g^{-1}xg)v)=g((xu)v)\\&=g\lambda(xu)v=\lambda(x)\lambda(u)gv\\&=\lambda(x)gv,\end{aligned}$$

这里 $u\in R_u(G)$ 使 $g^{-1}xg=xu$. 但 V 是不可约 G 模, $gv(g\in G)$ 形式的向量张成了 V, 所以 x 在整个 V 上的作用都是纯量 $\lambda(x)$. 证毕.

(1.4.2) 命题. (1) 设 G 是连通线性代数群, $\pi: G\to G/R_u(G)$ 是典范同态, $\sigma: G/R_u(G)\to GL(V)$ 是 $G/R_u(G)$ 的表示, 则 $\sigma\circ\pi: G\to GL(V)$ 是 G 的表示. 这个对应导出了不可约 $G/R_u(G)$ 模同构类与不可约 G 模同构类之间的一一对应.

(2) 设 G 是连通简约线性代数群, $G'=(G, G)$ 是它的换位子群, 则任一不可约 G 模在 G' 的限制仍然不可约, 这个对应是不可约 G 模同构类集合到不可约 G' 模同构类集合的满射对应. 更精确地说, 设 $\zeta: \mathfrak{X}(R(G))\to\mathfrak{X}(R(G)\cap G')$ 是由嵌入同态 $R(G)\cap G'\hookrightarrow R(G)$ 导出的特征标群之间的同态, 则 ζ 是满同态; 另一方面, 在每个不可约 G' 模 V 上, $R(G)\cap G'$ 的作用是纯量, 从而对应一个 $\lambda_V\in\mathfrak{X}(R(G)\cap G')$. 那么, 不可约 G 模的同构类与二元组 (V, μ) 一一对应, 这里 V 取遍不可约 G' 模的同构类代表元

系，而μ取遍 $\zeta^{-1}(\lambda_V)$，$R(G)$ 的元素通过特征标μ作用在V上而把 G' 的作用扩张为G的作用.

证明. (1) 由 (1.4.1)，$R_u(G)$ 在G的每个不可约表示的核中，所以所述的结论是显然的.

(2) ζ的满射性是(1.2.1(7))的结论，因为对简约群 G，$R(G)$ 是环面. 据(1.4.1)，在不可约G模V上，$R(G)$ 是纯量，而我们知道 $G=G'\cdot R(G)$，所以V的不可约性在 G' 上已经显示出来了，并且显然任一不可约G模都可对应命题所述的一个二元组. 反过来，设 $\sigma':G'\to GL(V)$ 是 G' 的不可约表示，因为 $R(G)\cap G'\subset Z(G')$，据 Schur 引理，$R(G)\cap G'$在V上是纯量，所以有 $\lambda_V\in\mathfrak{X}(R(G)\cap G')$ 使 $\sigma'|_{R(G)\cap G'}=\lambda_V$. 设 $\mu\in\zeta^{-1}(\lambda_V)$，则可定义直积 $G'\times R(G)$ 的表示 $\tilde{\sigma}:G'\times R(G)\to GL(V)$，只要令$(g,x)$ 对应到 $\mu(x)\sigma'(g)$，对所有 $g\in G'$，$x\in X$. 商映射 $G'\times R(G)\to G$ 的核是

$$K=\{(x,x^{-1})\mid x\in R(G)\cap G'\},$$

由于 $\mu\in\zeta^{-1}(\lambda_V)$，我们有 $K\subset\mathrm{Ker}\tilde{\sigma}$. 所以$\tilde{\sigma}$导出了$G$的表示 $\sigma:G\to GL(V)$，把G的元素gx对应到 $\mu(x)\sigma'(g)$，它正是按照命题所述的方式把 G' 在V上的作用扩张到G的作用. 显然，如果不可约 G' 模 V_1 与 V_2 不同构，或 $\mu_1\neq\mu_2$，则二元组 (V_1,μ_1) 与 (V_2,μ_2) 对应的不可约G模是互不同构的. 这样，我们就建立了如命题所述的一一对应. 证毕.

$G/R_u(G)$ 是简约群，所以(1.4.2(1))把任意连通线性代数群的不可约表示问题归结为连通简约群的不可约表示问题. 又，连通简约群的换位子群是半单群，所以(1.4.2(2))进一步把问题基本上归结到半单群的情况——根基的作用只是纯量，毕竟是比较容易讨论的. 由此可见，研究线性代数群的不可约表示，主要地是研究半单线性代数群的不可约表示. 从而，半单线性代数群的不可约模的结构与分类问题，就成为线性代数群表示理论的中心课题之一.

§2. 半单线性代数群不可约表示初探

我们已经把连通线性代数群的不可约表示问题基本上归结为半单线性代数群的不可约表示问题。第一章剩下的篇幅(§5除外)则主要是讨论半单群的不可约表示的问题,如不可约模的结构、分类、构作等。作为开始,本节先讨论不可约模的一些基本性质,介绍一些有关的概念,并证明不可约模分类定理的一部分(其余部分在§3与§4中证明)。有些结论并不是只对不可约模成立的,所以我们还是从任意一个模开始。

本节内约定G表示$\mathscr{K}$上的半单线性代数群,T是它的极大环面,Φ是G关于T的根系,即G的伴随表示的非零权的集合。

2.1 权的整性

设 $\mathfrak{E}=\mathbb{R}\otimes_{\mathbb{Z}}\mathfrak{X}(T)$. 半单线性代数群结构理论告诉我们,$\Phi$是实空间$\mathfrak{E}$中的一个抽象意义的根系,$G$关于$T$的 Weyl 群 $W=N_G(T)/T$ 在 $\mathfrak{X}(T)$ 上的作用$\mathbb{R}$线性扩充为在$\mathfrak{E}$上的作用,它正好是根系Φ的 Weyl 群. 我们用$\mathfrak{X}_r$表示$\mathfrak{E}$中由Φ张成的格,即Φ的根格;又用$\mathfrak{X}_w$表示Φ的抽象意义的权格. $\mathfrak{X}_w$是这样得到的:在$\mathfrak{E}$上引进一个W不变的 Euclid 内积$\langle,\rangle$,对每个 $\alpha\in\Phi$, 令 $\alpha^\vee=2\alpha/\langle\alpha,\alpha\rangle$ 并称之为α的对偶根,那么

$$\mathfrak{X}_w=\{\chi\in\mathfrak{E}\,|\,\langle\chi,\alpha^\vee\rangle\in\mathbb{Z},\ \forall\alpha\in\Phi\}.$$

$\mathfrak{X}(T)$ 当然也是$\mathfrak{E}$中的格.它是处于什么位置的格呢? §1的例7告诉我们,对 $G=SL(2,\mathscr{K})$, $\mathfrak{X}(T)=\mathfrak{X}_w$; 又从 (1.2.2(2)) 知道,如果$G$是伴随型的,即 $G\cong \mathrm{Ad}G$, 则 $\mathfrak{X}(T)=\mathfrak{X}_r$. 这些信息使我们作如下猜想:

$$\mathfrak{X}_r\subset\mathfrak{X}(T)\subset\mathfrak{X}_w.$$

事实上这个结论总是成立的. $\mathfrak{X}_r\subset\mathfrak{X}(T)$ 是显然的, 因为伴随表示是有理的(§1的例3), 它的权(即根)当然都是T的有理特征标. 要证明$\mathfrak{X}(T)\subset\mathfrak{X}_w$, 就要证明对 $\chi\in\mathfrak{X}(T)$ 与$\alpha\in\Phi$, $\langle\chi,\alpha^\vee\rangle$

总是整数，或证明 $s_\alpha(\chi)-\chi$ 是 α 的整数倍，这里 $s_\alpha\in W$ 是 α 所对应的反射。

设 U_α 是根 α 对应的根子群，则我们有代数群同构 $\varepsilon_\alpha:\mathbf{G}_a\to U_\alpha$，使

$$t\varepsilon_\alpha(a)t^{-1}=\varepsilon_\alpha(\alpha(t)a),\qquad \forall a\in\mathbf{G}_a,\ t\in T.$$

我们知道 s_α 有一个代表元在由 U_α 与 $U_{-\alpha}$ 生成的子群 G_α 中。因此，我们先考虑 U_α 在权空间上的作用。为了同时考虑 T 与 U_α，当然最方便的是考虑它们生成的子群 $B_\alpha=T\ltimes U_\alpha$。

(2.1.1) 引理. 设 $\sigma: B_\alpha\to GL(V)$ 是 B_α 的表示，则对任何 $\chi\in\mathfrak{X}(T)$，$v\in V_\chi$ 与 $a\in\mathbf{G}_a$，有

$$\varepsilon_\alpha(a)v=v+v',$$

其中

$$v'\in\sum_{m\in\mathbf{Z}^+\setminus\{0\}}V_{\chi+m\alpha}.$$

证明. 作为第一步，先证明

$$U_\alpha\cdot V_\chi\subset\sum_{m\in\mathbf{Z}^+}V_{\chi+m\alpha}.$$

选择 V 的由权向量组成的基 $\{v_1,\cdots,v_n\}$，$n=\dim V$，则对 $t\in T$，可令

$$\sigma(t)=\mathrm{diag}(t_1,t_2,\cdots,t_n).$$

对于 $a\in\mathbf{G}_a$，令 $\sigma(\varepsilon_\alpha(a))=(f_{ij}(a))$，则

$$\sigma(t\varepsilon_\alpha(a)t^{-1})=(t_it_j^{-1}f_{ij}(a));$$

由于 $t\varepsilon_\alpha(a)t^{-1}=\varepsilon_\alpha(\alpha(t)a)$，我们又有

$$\sigma(t\varepsilon_\alpha(a)t^{-1})=(f_{ij}(\alpha(t)a)).$$

由此可见

$$t_it_j^{-1}f_{ij}(a)=f_{ij}(\alpha(t)a).$$

$f_{ij}(a)$ 是 a 的多项式。如果 $f_{ij}\neq 0$，可设

$$f_{ij}(a)=c_0+c_1a+\cdots+a_ma^m,\quad c_i\in\mathscr{K},\quad c_m\neq 0.$$

于是，上面等式成为

$$t_it_j^{-1}(c_0+c_1a+\cdots+c_ma^m)$$

$$= c_0 + c_1\alpha(t)a + \cdots + c_m\alpha(t)^m a^m.$$

这个等式对所有 $a \in G_a$ 都成立，所以是恒等式，从而

$$t_i t_j^{-1} c_r = c_r \alpha(t)^r.$$

因为 $c_m \neq 0$，所以 $(m\alpha)(t) = \alpha(t)^m = t_i t_j^{-1}$，$\forall t \in T$，若设 v_i 的权为 χ_i，即 $\chi_i(t) = t_i$，则上式表明 $m\alpha = \chi_i - \chi_j$，即 $\chi_i = \chi_j + m\alpha$。

我们有

$$\varepsilon_\alpha(a)v_j = \Sigma f_{ij}(a)v_i,$$

上段证明了若 $f_{ij} \neq 0$，则 $\chi_i = \chi_j + m\alpha$，对某个 $m \in \mathbf{Z}^+$，于是

$$\varepsilon_\alpha(a)v_j \in \sum_{m \in \mathbf{Z}^+} V_{\chi_j + m\alpha}.$$

由此得出

$$U_\alpha \cdot V_\chi \subset \sum_{m \in \mathbf{Z}^+} V_{\chi + m\alpha}.$$

现在令

$$V' = \sum_{m \in \mathbf{Z}^+} V_{\chi + m\alpha}, \quad V'' = \sum_{m \in \mathbf{Z}^+ \setminus \{0\}} V_{\chi + m\alpha}.$$

据我们已证的结果，V' 与 V'' 都是 V 的 B_α 子模。考虑 V'/V''。作为 T 模，它同构于 V_χ，所以 T 的作用是纯量。又，B_α 显然满足 (1.3.4) 的要求，所以 $U_\alpha = R_u(B_\alpha)$ 平凡地作用在 V'/V'' 上，从而对所有 $v \in V_\chi$，均有 $\varepsilon_\alpha(a)v = v + v'$，其中

$$v' \in \sum_{m \in \mathbf{Z}^+ \setminus \{0\}} V_{\chi + m\alpha}.$$

证毕.

(2.1.2) 定理. $\mathfrak{X}_r \subset \mathfrak{X}(T) \subset \mathfrak{X}_w$.

证明. 据 (1.2.2(2))，只要证明，对任一 G 模 V 的任一权 χ，$s_\alpha(\chi) - \chi$ 都是 α 的整数倍. 据(2.1.1)，由 U_α 与 $U_{-\alpha}$ 生成的子群 G_α 稳定 V 的子空间 $\sum_{m \in \mathbf{Z}} V_{\chi + m\alpha}$. 因为 s_α 有一个代表元在 G_α 中，所以

$$s_\alpha(V_\chi) = V_{s_\alpha(\chi)} \in \{V_{\chi+m\alpha} | m \in \mathbf{Z}\},$$

从而 $s_\alpha(\chi) - \chi = m\alpha$, 对某个 $m \in \mathbf{Z}$. 证毕.

由于 $\mathfrak{X}(T)$ 含于 Φ 的抽象权格中,所以我们把 $\mathfrak{X}(T)$ 的元素称为权是合理的.

我们回忆一下半单线性代数群分类理论方面的一些结果与定义. 上面的 (2.1.2) 实际上是半单线性代数群分类定理的一部分. 定理的完整叙述是:

半单线性代数群分类定理. 半单线性代数群的同构类与二元对 $(\Phi, \mathfrak{X})$ 的同构类[1]成一一对应,这里 Φ 是一个抽象根系, $\mathfrak{X}$ 是 Φ 张成的 Euclid 空间中介于权格 $\mathfrak{X}_w$ 与根格 $\mathfrak{X}_r$ 之间的一个格(这样的格总是 W 稳定的). 具体地说,给定一个这样的二元对 $(\Phi, \mathfrak{X})$, 在同构意义下存在唯一的半单线性代数群 G, 使 G 关于它的极大环面 T 的根系为 Φ, 而 $\mathfrak{X}(T)$ 等同于 $\mathfrak{X}$.

当 $\mathfrak{X}(T) = \mathfrak{X}_r$ 时, G 称为伴随型的,因为此时 $G \cong \mathrm{Ad}G$; 当 $\mathfrak{X}(T) = \mathfrak{X}_w$ 时, G 称为普遍型的,或单连通的. 半单线性代数群也可以按其根系进行较粗的分类, 即把具有相同根系的半单线性代数群作为一类,这样的类称为**同宗类**. 如果 G 与 G' 在同一同宗类中, 并且 $\mathfrak{X}(T) \supset \mathfrak{X}(T')$ (这里 T 与 T' 分别为 G 与 G' 的极大环面),则存在代数群的可分满同态 $\varphi: G \to G'$, 使它的核是有限的(从而也是中心的),并且 $\varphi(T) = T'$. 特别,从一个单连通半单线性代数群到同一同宗类中的任何一个群都有这样的同态存在, 而任何一个半单线性代数群到同一同宗类中的伴随群也都存在这样的同态.

现在设 G 与 G' 在同一同宗类中, 其中 G 单连通, 于是有有限核的可分满同态 $\varphi: G \to G'$. 给定一个 G' 模 V, 则可通过 φ, 在 V 上定义一个 G 模结构(这个 G 模可表为 $\mathrm{Res}_\varphi V$). 由此可见, 单连通半单线性代数群的表示把同一同宗类中所有其他群的表示都"包括"在内. 因而,研究半单线性代数群的表示,最主要是研究

1) 二元对 $(\Phi_1, \mathfrak{X}_1)$ 与 $(\Phi_2, \mathfrak{X}_2)$ 称为同构的, 如果存在根系的同构 $\sigma: \Phi_1 \to \Phi_2$, 使 σ 的线性扩充把 $\mathfrak{X}_1$ 同构地映到 $\mathfrak{X}_2$ 上.

单连通半单线性代数群的表示. 因此,我们把 § 1.4 的归结过程更深入地进行了一步. 但有一个反过来的问题: 在什么情况下一个 G 模可以看成 G' 模? 由 φ 的可分性, $G' \cong G/\mathrm{Ker}\varphi$. 因此, G 模 V 可以看成 G' 模当且仅当 $\mathrm{Ker}\varphi$ 在 V 上平凡作用. 这个条件可用权的语言表述如下:

(2.1.3) 命题. 设 G 与 G' 是在同一同宗类中的两个半单线性代数群, T 与 T' 分别是 G 与 G' 的极大环面, 并且 $\mathfrak{X}(T) \supset \mathfrak{X}(T')$. 又设 $\varphi: G \to G'$ 是有限核的可分满同态,并且 $\varphi(T) = T'$. 那么,一个 G 模 V 可以赋于与 φ 相容的 G' 模结构当且仅当 V 的权都在 $\mathfrak{X}(T')$ 中.

证明. 因为 $\mathrm{Ker}\varphi$ 是中心的,所以 $\mathrm{Ker}\varphi \subset T$. 因此, $\mathrm{Ker}\varphi$ 在 V 上是平凡作用当且仅当 V 的每个权在 $\mathrm{Ker}\varphi$ 上的限制都是平凡的. 另一方面, $T' \cong T/\mathrm{Ker}\varphi$, 从而 T 的特征标可以通过 T' 分解当且仅当它在 $\mathrm{Ker}\varphi$ 上是平凡的. 换言之,

$$\mathfrak{X}(T') = \{\chi \in \mathfrak{X}(T) \mid \chi|_{\mathrm{Ker}\varphi} = 0\}.$$

因此 $\mathrm{Ker}\varphi$ 在 V 上平凡作用当且仅当 V 的权都在 $\mathfrak{X}(T')$中. 证毕.

2.2 最高权与极大向量;最高权模

给定根系 Φ 的一个基 Σ, 设 Φ^+ 是关于 Σ 的正根集合, 则在 Euclid 空间 $\mathfrak{E}$ 中定义了一个半序: $x \geqslant y \Longleftrightarrow x - y$ 是正根 (等价地,单根)的非负整线性组合. 设 $\mathfrak{C}_0$ 是关于 Σ 的基本 Weyl 房,即

$$\mathfrak{C}_0 = \{x \in \mathfrak{E} \mid \langle x, \alpha^\vee \rangle > 0, \ \forall \alpha \in \Sigma\}.$$

我们知道 $\bar{\mathfrak{C}}_0$ ("-"表示 Euclid 闭包)是 Weyl 群作用的基本区域, 即每个 $x \in \mathfrak{E}$ 在 W 的作用下共轭于 $\bar{\mathfrak{C}}_0$ 的唯一元素 x_0. 再令 $\mathfrak{X}(T)^+ = \bar{\mathfrak{C}}_0 \cap \mathfrak{X}(T)$. $\mathfrak{X}(T)^+$ 中的元素称为(关于 Σ 的)**支配权**. 因为 $\mathfrak{X}(T)$ 在 W 的作用下稳定,所以 $\mathfrak{X}(T)$ 中的任何一个元素在 W 的作用下共轭于唯一的支配权. 此外,对每个 $\lambda \in \mathfrak{X}(T)^+$ 以及每个 $w \in W$, 均有 $w\lambda \leqslant \lambda$. 事实上,把 λ 换成任意的 $x \in \bar{\mathfrak{C}}_0$, 结论仍然成立,这是根系理论中的一个简单结论.

从代数群结构理论还可得知,给定 Φ^+ 以后,便有含 T 的 Borel

子群 B 与之对应. $B = T \ltimes U^+$，其中

$$U^+ = \prod_{\alpha \in \Phi^+} U_\alpha,$$

乘积可以取任何顺序. 另外，令

$$U^- = \prod_{\alpha \in \Phi^+} U_{-\alpha},$$

则 $\Omega = U^- B$ 是 G 的仿射开子集，从而它在 G 中稠密.

另据(1.2.1(4))，$\mathfrak{X}(B)$ 与 $\mathfrak{X}(T)$ 可以典范地等同. 今后如果把一个 $\lambda \in \mathfrak{X}(T)$ 作用到 B 的元素上，就是通过这个等同实现的.

现在设 V 是 G 模. 因为 V 有限维，它只有有限个权，所以其中必有极大元素. 这样的极大元素称为 V 的**极大权**；极大权的权空间中的非零向量称为 V 的**极大向量**.

另一方面，据 Lie-Kolchin 定理，必有非零向量 $v \in V$，使 $\mathscr{K}v$ 是 B 稳定的. 这样的 v 称为 V 的**本原向量**.

(2.2.1) 命题. 在任一 G 模中，

(1) 极大向量一定是本原向量；

(2) 本原向量的权一定是支配权，特别，极大权是支配权.

证明. (1) 设 λ 是 G 模 V 的极大权，则对任何正整数 m 与正根 α，$\lambda + m\alpha$ 不是 V 的权. 因此(2.1.1)的结论变成

$$\varepsilon_\alpha(a)v = v, \quad \forall a \in \mathbf{G}_a, \quad v \in V_\lambda, \quad \alpha \in \Phi^+.$$

这里 $\varepsilon_\alpha(a)$ 的意义仍同(2.1.1). 由此可见 U_α(从而整个 U^+)平凡地作用在 $\mathscr{K}v$ 上. T 当然稳定 $\mathscr{K}v$，因为 v 是权向量. 于是整个 B 稳定 $\mathscr{K}v$，即 v 是本原向量(只需 $v \neq 0$).

(2) 设 $v \in V_\mu$ 是权 μ 的本原向量，即 $v \neq 0$ 且 $bv = \mu(b)v$，对所有 $b \in B$. 令 V' 为 v 生成的子模. 考虑 Ωv. 因为 Ω 在 G 中稠密，所以 Ωv 在 Gv 中稠密. 特别，V' 上的线性函数 f 如果使 $f|_{\Omega v} = 0$，则 $f|_{Gv} = 0$. 但 Gv 张成了 V'，所以 $f = 0$. 由此可见 Ωv 也张成了 V. 但

$$\mathscr{K}\Omega v = \mathscr{K}U^- Bv = \mathscr{K}U^- v.$$

据 (2.1.1),

$$U^-v \subset \sum_{\tau \leqslant \mu} V_\tau,$$

从而

$$V' = \mathscr{K} U^- v \subset \sum_{\tau \leqslant \mu} V_\tau.$$

因此, μ 在 V' 的权中是最大的. 又由 (1.2.3), 对所有 $w \in W$, $w\mu$ 都是 V' 的权, 从而

$$w\mu \leqslant \mu, \quad \forall w \in W.$$

迫使 $\mu \in \mathfrak{X}(T)^+$. 证毕.

从 (2.2.1) 的证明可得如下结论.

(2.2.2) 推论. 如果 V 是由权 λ 的本原向量 v 生成的 G 模, 则 V 的任何权 μ 都满足 $\mu \leqslant \lambda$. 特别, v 是 V 的极大向量. 此外, $\dim V_\lambda = 1$.

证明. 除了 $\dim V_\lambda = 1$ 外, 其余结论在 (2.2.1) 的证明中已证. 令 $V' = \sum_{\mu \neq \lambda} V_\mu$, 据 (2.1.1), U^-保持 $\mathscr{K}v + V'$ 稳定; 但是, 如 (2.2.2) 的证明, U^-v 张成了 V, 所以

$$V = \mathscr{K} U^- v \subset \mathscr{K} v + V' \subset V.$$

迫使 $V = \mathscr{K}v + V'$, 从而 $V_\lambda = \mathscr{K}v$. 由此得出 $\dim V_\lambda = 1$. 证毕.

据此,我们把由一个本原向量生成的 G 模称为**最高权模**(或**标准循环模**), 这个本原向量的权称为这个模的**最高权**. 采用术语"最高"是合理的, 因为这个权确实是这个 G 模的最大的权. 这个本原向量及其纯量倍自然是这个 G 模的极大向量; 显然, 这个 G 模的极大向量必定是这个本原向量的纯量倍, 因此, 除纯量因子外唯一确定.

关于最高权模, 有如下重要性质.

(2.2.3) 命题. (1) 最高权模的商模仍是最高权模, 且具有同样的最高权;

(2) 任一最高权模都有唯一的极大真子模，对应的商模是不可约的.

证明. (1)若最高权模 V 由本原向量 v 生成，则对 V 的任何子模 V'，商模 V/V' 由 v 的陪集生成. 这个陪集仍为本原向量，且具有与 v 相同的权. (1) 的结论即得.

(2) 设最高权模 V 的最高权为 λ，则 $\dim V_\lambda = 1$ 且 V_λ 中的任一非零向量均生成 V. 所以 V 的任何真子模不能有权 λ 的权向量，从而都含于 $\sum\limits_{\mu\neq\lambda} V_\mu$. 因此，$V$ 的所有真子模的和仍含于 $\sum\limits_{\mu\neq\lambda} V_\mu$，从而也是 V 的真子模. 它显然是 V 的唯一的极大真子模. 商模的不可约性也是显然的. 证毕.

由本命题可以看出，最高权模十分"接近"不可约模. 因此在今后的讨论中将占据相当大的篇幅.

2.3 关于不可约模的初步结果

我们有如下的定理.

(2.3.1) 定理. 设 V 是不可约 G 模，则

(1) V 是最高权模，其最高权 $\lambda \in \mathfrak{X}(T)^+$;

(2) $\dim V_\lambda = 1$ 且 V_λ 中的非零向量是 V 中仅有的本原向量;

(3) V 在 G 的任一 Borel 子群上的限制都是不可分解的;

(4) 若 V_1 与 V_2 都是具有最高权 λ 的不可约 G 模，则 $V_1 \cong V_2$.

证明. (1) 因为 V 可由任一非零向量生成，所以可由本原向量(它当然存在，据 Lie-Kolchin 定理，或参看 (2.2.1)) 生成. 再用 (2.2.1) 与 (2.2.2) 的结论.

(2) 用 (2.2.2) 即得第一个结论. 第二个结论可以这样得到: 若 v' 是权 μ 的本原向量，则因 V 也可由 v' 生成，(2.2.2) 断言 μ 是 V 的最高权，只能 $\mu = \lambda$，从而 $v' \in V_\lambda$.

(3) 因为 Borel 子群互相共轭，可以不失普遍性地取(对应正根的 Borel 子群) B 为代表. 若 V 可分解，据 Lie-Kolchin 定理，V

中至少有两个线性无关的本原向量，与 (2) 矛盾.

(4) 任取 V_1 与 V_2 的极大向量 v_1 与 v_2，则 $v_1 + v_2$ 是 $V_1 \oplus V_2$ 中权 λ 的本原向量，令 V 为 $v_1 + v_2$ 生成的 G 子模，则 V 是最高权 λ 的最高权模. 据 (2.2.2)，$\dim V_\lambda = 1$. 另一方面，$(V_1 \oplus V_2)_\lambda = (V_1)_\lambda \oplus (V_2)_\lambda$，所以 $\dim (V_1 \oplus V_2)_\lambda = 2$，由此可见，$V \neq V_1 \oplus V_2$. $V_1 \oplus V_2$ 只有两个合成因子，又显然，$V \neq 0$，迫使 V 是不可约 G 模.

令 $\mathrm{pr}_i: V_1 \oplus V_2 \to V_i (i = 1, 2)$ 是直和的射影，则 pr_i 是 G 模同态，并且 $\mathrm{pr}_i(v_1 + v_2) = v_i$，从而 $\mathrm{pr}_i|_V$ 不是零同态. 因为 V 与 V_i 都是不可约 G 模，迫使 $V \cong V_i$，从而 $V_1 \cong V_2$. 证毕.

根据这个定理，在同构意义下不可约 G 模被它的最高权唯一决定. 因此，下文我们把具有最高权 λ 的不可约 G 模记为 $M(\lambda)$. $M(\lambda)$ 存在的一个必要条件是 $\lambda \in \mathfrak{X}(T)^+$. 这个条件是否充分? 回答也是肯定的，证明的方法是对每个 $\lambda \in \mathfrak{X}(T)^+$ 作出 $M(\lambda)$ 来. 实际上只要作出一个 G 模，使它含有一个权 λ 的本原向量就可以了. 因为这个本原向量生成的子模是具有最高权 λ 的最高权模，再据 (2.2.3)，它有不可约商 $M(\lambda)$. 我们就是这样间接地得到这些 $M(\lambda)$ 的. 具体的方法有两种，分别在 §3 与 §4 中介绍. 这里我们先以 $SL(2, \mathscr{K})$ 为例，看看不可约模与最高权模的结构.

例 1. 继续 §1 例 7 的讨论. 设 $G = SL(2, \mathscr{K})$，我们已经有了一批 G 模 $V^{[n]}$，它的基是

$$\{x^n, x^{n-1}y, \cdots, xy^{n-1}, y^n\},$$

其中 $x^{n-i}y^i$ 的权是 $(n - 2i)\omega$. 令

$$\varepsilon_\alpha(a) = \begin{pmatrix} 1 & a \\ 0 & 1 \end{pmatrix}, \quad \varepsilon_{-\alpha}(a) = \begin{pmatrix} 1 & 0 \\ a & 1 \end{pmatrix}, \quad \forall a \in \mathscr{K},$$

则 $\varepsilon_\alpha(a)$ 在 $V = V^{[1]}$ 上的作用是

$$x \mapsto x, \qquad y \mapsto y + ax;$$

而 $\varepsilon_{-\alpha}(a)$ 在 V 上的作用是

$$x \mapsto x + ay, \qquad y \mapsto y.$$

因此，$\varepsilon_\alpha(a)$ 与 $\varepsilon_{-\alpha}(a)$ 在 $V^{[n]}$ 的基向量 $x^{n-i}y^i$ 上的作用是

$$\varepsilon_\alpha(a)(x^{n-i}y^i) = x^{n-i}(y+ax)^i = \sum_{j=0}^{i}\binom{i}{j}a^{i-j}x^{n-j}y^j,$$

$$\varepsilon_{-\alpha}(a)(x^{n-i}y^i) = (x+ay)^{n-i}y^i = \sum_{j=i}^{n}\binom{n-i}{n-j}a^{j-i}x^{n-j}y^j,$$

由此立即看出，这些基向量中只有 x^n 是 U_α 不变的. 再根据 $V^{[n]}$ 的权空间都是 1 维，而我们所取的基是由权向量组成这两个事实，我们进一步得知 $V^{[n]}$ 中的本原向量只有 x^n 及其非零纯量倍. 特别,因为 x^n 的权是 $n\omega$，所以由 x^n 生成的 G 子模有不可约商 $M(n\omega)$. 事实上，由 x^n 生成的 G 子模本身就是 $M(n\omega)$. 这是因为如果这个子模不是不可约的，则必有不可约真子模. 这个不可约真子模的最高权异于 $n\omega$，因此它的极大向量（也是 $V^{[n]}$ 的本原向量）不是 x^n 的纯量倍. 这便产生了矛盾，因为 $V^{[n]}$ 只有本原向量 x^n 及其非零纯量倍.

由于 $\mathfrak{X}(T)^+ = \{n\omega \mid n\in\mathbb{Z}^+\}$. 所以对每个 $\lambda\in\mathfrak{X}(T)^+$，我们都已作出了 $M(\lambda)$.

我们再来考察 $M(n\omega)$ 由哪些向量张成. 由于 $V^{[n]}$ 的每个权空间都是 1 维的,而任何子模都是权空间的直和,所以 $M(n\omega)$ 必由某些 $x^{n-i}y^i$ 张成. 另一方面,我们已经知道 $M(n\omega)$ 由本原向量 x^n 生成，从而由 $U_{-\alpha}x^n$ 张成 因此,只要看看每个 $\varepsilon_{-\alpha}(a)x^n$ 写成上述基向量的和的时候,哪些向量的系数不是零. 这些非零系数所对应的向量便张成了 $M(n\omega)$.

因为

$$\varepsilon_{-\alpha}(a)x^n = (x+ay)^n = \sum_{i=1}^{n}\binom{n}{i}a^i x^{n-i}y^i,$$

所以 $M(n\omega)$ 由下列向量张成:

$$\left\{x^{n-i}y^i \,\middle|\, \binom{n}{i}\not\equiv 0 \mod (\mathrm{char}\mathscr{K})\right\}.$$

若 $\mathrm{char}\mathscr{K}=0$，则 $V^{[n]}$ 本身不可约,即 $V^{[n]}$ 就是不可约 G 模 $M(n\omega)$.

若 $\mathrm{char}\mathscr{K}=p>0$，情况就有所不同. 我们需要如下引理:

(2.3.2) 引理. 设 $m, n\in\mathbb{Z}^+$，p 为素数，

$$m=\sum_{i\geqslant 0}a_ip^i,\qquad n=\sum_{i\geqslant 0}b_ip^i$$

是 m 与 n 的 p 进展开式,则

$$\binom{n}{m}\equiv\prod_{i\geqslant 0}\binom{b_i}{a_i}(\mathrm{mod}\,p).$$

特别，

$$\binom{n}{m} \equiv 0 \pmod p$$

当且仅当存在 $i \geqslant 0$ 使 $b_i < a_i$.

证明．在特征 p 的域上，

$$(X+Y)^n = \prod_{i\geqslant 0}(X+Y)^{b_ip^i} = \prod_{i\geqslant 0}(X^{p^i}+Y^{p^i})^{b_i}.$$

把第一个式子与第三个式子分别用二项式定理展开．第一式的展开式中 X^mY^{n-m} 项的系数是 $\binom{n}{m}$，而第三式的展开式中 X^mY^{n-m} 项的系数是 $\prod_{i\geqslant 0}\binom{b_i}{a_i}$，于是得出前一结论．对于后一结论，由所得的同余式，"当"部分是显然的；再注意到若 $p > b_i \geqslant a_i \geqslant 0$，则 $\binom{b_i}{a_i} \not\equiv 0 \pmod p$，"仅当"部分也得出．证毕．

例 1（续）．现在，只要把 n 与 i 分别展开为 p 进形式，如果 n 的展开式系数均不小于 i 的对应系数，则 $x^{n-i}y^i \in M(n\omega)$；否则，$x^{n-i}y^i \notin M(n\omega)$．这样，只要给定了具体的 n 与 p，我们就可以把 $M(n\omega)$ 的基向量列出来．例如：

(1) 若 $n<p$，则 n 与任何满足 $0\leqslant i \leqslant n$ 的整数 i 的 p 进展开式中只有 p^0 项系数非零——就是 n 或 i 本身．因此，条件 $i \leqslant n$ 保证了

$$\binom{n}{i} \not\equiv 0 \pmod p,$$

所以 $V^{[n]}$ 本身不可约，即 $V^{[n]} = M(n\omega)$.

(2) 若有某个 $r \in \mathbb{Z}^+\backslash\{0\}$，使 $n = p^r - 1$，则 n 的 p 进展开式为

$$n = (p-1) + (p-1)p + (p-1)p^2 + \cdots + (p-1)p^{r-1}.$$

由此可见，任何满足 $0\leqslant i \leqslant n$ 的整数 i 的 p 进展开式的每一个系数不能超过 n 的对应系数，从而也有 $V^{[n]} = M(n\omega)$．这个模称为 G 的第 r 个 Steinberg 模．

(3) 不要认为总有 $V^{[n]} = M(n\omega)$，事实上 $V^{[n]} \neq M(n\omega)$ 的情况更经常出现．以 $n = p$ 为例．此时，如果 $0< i <p$，则

$$\binom{n}{i} \equiv \binom{0}{i}\binom{1}{0} \equiv 0 \pmod p,$$

所有这些 $x^{p-i}y^i$ 都不在 $M(p\omega)$ 中，从而 $M(p\omega)$ 只有 2 维，由 x^n 与 y^n 张成. 因此

$$\mathrm{ch}(M(p\omega)) = e(p\omega) + e(-p\omega).$$

(4) 比 (3) 更一般地考虑 $n = p + r$, $0 \leqslant r < p$. 那么对 $i < p$, 有

$$\binom{n}{i} \equiv \binom{r}{i}\binom{1}{0}\begin{cases}\not\equiv 0 \pmod p, & \text{当 } i \leqslant r \text{ 时},\\ \equiv 0 \pmod p, & \text{当 } r < i (< p) \text{ 时}.\end{cases}$$

对于 $i \geqslant p$, 可令 $i = p + s$, 则总有 $s \leqslant r$ (因为我们只考虑满足 $0 \leqslant i \leqslant n$ 的 i). 此时总有

$$\binom{n}{i} \equiv \binom{r}{s}\binom{1}{1} \not\equiv 0 \pmod p.$$

由此可见, $x^{n-i}y^i \in M((p+r)\omega)$ 当且仅当 $i \leqslant r$ 或 $i \geqslant p$. 可以把 $M((p+r)\omega)$ 的形式特征标写成

$$\begin{aligned}\mathrm{ch}(M((p+r)\omega)) &= \sum_{i=0}^{r} e((p+r-2i)\omega) + \sum_{j=0}^{r} e((p+r-2p-2j)\omega)\\ &= \sum_{i=0}^{r} [e((p+r-2i)\omega) + e((-p-r+2i)\omega)],\end{aligned}$$

我们作了一个代换 $j = r - i$. 特别,从以上讨论我们立即知道, $V^{[p+r]}$ (其中 $0 \leqslant r < p$) 不可约当且仅当 $r = p - 1$.

从例 1 可以看出,一个 G 模只有唯一的(可差纯量因子)本原向量,还不能判断它是不可约的. 我们只能肯定它只有唯一的不可约子模. 但是,如果一个最高权模只有唯一的本原向量,则它一定是不可约的,其理由在例 1 中已经说明.

还容易看出,如果 $V^{[n]}$ 不是不可约的,则它一定不是最高权模. 因为最高权模必可由它的极大向量生成,但 $V^{[n]}$ 中的极大向量 x^n 只能生成一个不可约子模. 因此,在例 1 中我们还未见到非不可约的最高权模. 在例 2 中我们要举一些这方面的例子. 但在此之前,我们先讨论反轭模的一些性质. 在命题中 G 与 T 仍如本节开头所约定的.

(2.3.3) 命题. (1) 设 V 是 n 维 T 模, $\{v_1, \cdots, v_n\}$ 为由权向量组成的基, v_i 的权为 λ_i; 又设 V^* 为 V 的反轭模, $\{f_1, \cdots, f_n\}$

为对偶基，即满足 $f_i(v_j)=\delta_{ij}$ 的基，则 f_i 也是权向量，它的权是 $-\lambda_i$. 特别，对所有 $\lambda\in\mathfrak{X}(T)$，$\dim V_\lambda=\dim V^*_{-\lambda}$.

(2) $M(\lambda)^*=M(\lambda^*)$，这里 $\lambda^*=-w_0\lambda$，w_0 是 W 中最长的元素，即把所有正根都变到负根的元素.

(3) 设 V 是 G 模，则 V 是最高权模当且仅当 V^* 只有唯一的不可约子模，且这个子模的最高权是 V^* 的极大权. 此时，若 V 的最高权为 λ，则 V^* 的不可约子模的最高权为 λ^*.

证明. (1) 设 $t\in T$，则

$$\begin{aligned}(tf_i)(v_j)&=f_i(t^{-1}v_j)=f_i((-\lambda_j)(t)v_j)\\&=(-\lambda_j)(t)f_i(v_j)=\delta_{ij}(-\lambda_i)(t).\end{aligned}$$

由此可见 $tf_i=(-\lambda_i)(t)f_i$，对所有 $t\in T$. 结论立即得出.

(2) 显然不可约 G 模的反轭模仍为不可约 G 模. 所以只要找出 $M(\lambda)^*$ 的最高权即可. 据 (1)，$M(\lambda)^*$ 的权集是

$$\{-\mu\mid\mu \text{ 为 } M(\lambda) \text{ 的权}\}.$$

又据 (1.2.3)，这个集合是 W 不变的，所以可以改写成

$$\{-w_0\mu\mid\mu \text{ 为 } M(\lambda) \text{ 的权}\}.$$

但映射 $\mu\longmapsto -w_0\mu$ 是 $\mathfrak{X}(T)$ 到 $\mathfrak{X}(T)$ 的保序变换. 因此，$M(\lambda)$ 的最高权 λ 经这个变换得到的权 $-w_0\lambda$ 是上述权集中最大的权，从而是 $M(\lambda)^*$ 的最高权，即 $M(\lambda)^*=M(\lambda^*)$.

(3) 由反轭模的一般理论得知，V 的不可约商模与 V^* 的不可约子模是一一对应的；若 V 的某个不可约商模同构于不可约模 M，则 V^* 的对应不可约子模同构于 M^*.

现在设 V 是最高权 λ 的最高权模，则 V 只有唯一的不可约商模 $M(\lambda)$，从而 V^* 只有唯一的不可约子模 $M(\lambda)^*=M(\lambda^*)$. 因为 λ 是 V 的最高权，与 (2) 类似地可证 λ^* 是 V^* 中最大的权.

反之，设 V^* 只有唯一的不可约子模 $M(\lambda^*)$，且它的最高权 λ^* 是 V^* 的极大权，则 V 只有唯一的不可约商模 $M(\lambda)$，它的最高权 λ 是 V 的极大权. 据 (2.2.1)，V_λ 中的非零向量都是本原向量. 取非零的 $v\in V_\lambda$，使 v 的陪集生成 V 的不可约商模，这当然是可以办到的. 我们只要再证 v 生成了 V. 设 v 生成的子模为 V_0，若

$V \neq V_0$，取包含 V_0 的极大真子模 V_1，则 V/V_1 是 V 的不可约商模，但它不同于原来的不可约商模，因为在 V/V_1 中 v 的陪集为 0，而在原来的不可约商模中 v 的陪集是生成元．这与 V 只有唯一的不可约商模矛盾． 因此，$V = V_0$，即 V 由权 λ 的本原向量 v 生成，从而是最高权 λ 的最高权模．证毕．

现在要构作一些非不可约的最高权模的例子已不是难事了．

例2．继续例 1 的讨论，仍设 $G = SL(2, \mathscr{K})$．我们已经知道 $V^{[n]}$ 只有唯一的不可约子模，它的最高权 $n\omega$ 也是 $V^{[n]}$ 的最大的权．因此，由 (2.3.3 (3))，$V^{[n]}$ 的反轭模是最高权 $(n\omega)^* = n\omega$ 的最高权模． $V^{[n]}$ 的反轭模将记为 $V(n)$，并称为最高权 $n\omega$ 的 Weyl 模．Weyl 模不一定是不可约的，因为我们已经知道 $V^{[n]}$ 不一定是不可约的．

对一般的半单线性代数群如何定义与构作 Weyl 模，并通过 Weyl 模构作出不可约模，这将是 § 3 讨论的主题．

§ 3. 不可约模的构作（无穷小方法）

$\mathscr{K}$ 上的半单线性代数群可以看成 $\mathscr{K}$ 上的 Chevalley 群，反过来也对． 因此，半单线性代数群的表示可以从复半单 Lie 代数的有限维表示出发，经过某一个整格，再与 $\mathscr{K}$ 作张量积而得到．这个方法在构作 Chevalley 群时已经用过， 这里再简单地回顾一下．

3.1 Chevalley 群

有关 Chevalley 群的内容足够写上一大厚本专著， 但这不是我们的主题． 我们只能在这里就与我们关系密切的问题作一简述，有兴趣的读者可以参看 [St1]、[Cae1]． 根据我们的目的，本小节内除了一般理论的概述外，只证明了代数闭域上的 Chevalley 群是线性代数群．

设 $\mathfrak{g}$ 是一个复半单 Lie 代数，其根系为 Φ．取 $\mathfrak{g}$ 的一个 Cartan 子代数 $\mathfrak{h}$，$\mathfrak{g}$ 可以作如下根空间分解（或称 Cartan 分解）：

$$\mathfrak{g} = \mathfrak{h} \oplus \coprod_{\alpha \in \Phi} \mathfrak{g}_\alpha,$$

其中

$$\mathfrak{g}_\alpha = \{X \in \mathfrak{g} \mid [H, X] = \alpha(H)X, \ \forall H \in \mathfrak{h}\},$$

它称为 α 的根空间. 我们有如下事实:

(1) $\dim \mathfrak{g}_\alpha = 1$, $\forall \alpha \in \Phi$;

(2) 若 $\alpha + \beta \neq 0$, 则 $[\mathfrak{g}_\alpha, \mathfrak{g}_\beta] \subset \mathfrak{g}_{\alpha+\beta}$, 这里约定当 $\alpha + \beta \notin \Phi$ 时 $\mathfrak{g}_{\alpha+\beta} = 0$;

(3) $[\mathfrak{g}_\alpha, \mathfrak{g}_{-\alpha}] \subset \mathfrak{h}$, $\forall \alpha \in \Phi$.

下面的 Chevalley 定理是 Chevalley 群构作的理论基础,关于它的证明,除参看 Chevalley 的原始论文 [Che2] 外,还可在 [St1]、[Cae1] 或 [Hum1] 中找到.

(3.1.1) 定理 (Chevalley). 选定 Φ 的一个基 $\Sigma = \{\alpha_1, \cdots, \alpha_l\}$, $l = \dim \mathfrak{h}$. 我们可以取到 $X_\alpha \in \mathfrak{g}_\alpha (\alpha \in \Phi)$, 并令 $H_i = [X_{\alpha_i}, X_{-\alpha_i}]$ $(i = 1, \cdots, l)$, 使 $\mathfrak{g}$ 关于基 $\{X_\alpha (\alpha \in \Phi); H_i (i = 1, \cdots, l)\}$ 的结构常数都是有理整数. 更精确地说,我们有

(1) $[H_i, H_j] = 0$, $\forall i, j \in \{1, \cdots, l\}$;

(2) $[H_i, X_\alpha] = \langle \alpha, \alpha_i^\vee \rangle X_\alpha$, $\forall i \in \{1, \cdots, l\}$, $\alpha \in \Phi$;

(3) $[X_\alpha, X_{-\alpha}] \in \sum_{i=1}^{l} \mathbf{Z} H_i$, $\forall \alpha \in \Phi$;

(4) 若 $\alpha, \beta \in \Phi$ 且 $\alpha + \beta \neq 0$, 令 r 是使 $\beta - r\alpha \in \Phi$ 的最大非负整数,则

$$[X_\alpha, X_\beta] = \begin{cases} 0, & 若\ \alpha + \beta \notin \Phi, \\ \pm (r+1) X_{\alpha+\beta}, & 若\ \alpha + \beta \in \Phi. \end{cases}$$

$\mathfrak{g}$ 的上述基称为它的 **Chevalley 基**.

令 $\mathfrak{T}$ 为 $\mathfrak{g}$ 的张量代数 (即由向量空间 $\mathfrak{g}$ 生成的自由结合代数),又令 $\mathfrak{J}$ 为 $\mathfrak{T}$ 中由所有 $X \otimes Y - Y \otimes X - [X, Y] (X, Y \in \mathfrak{g})$ 生成的理想,则 $\mathfrak{U} = \mathfrak{T}/\mathfrak{J}$ 称为 $\mathfrak{g}$ 的**普遍包络代数**. $\mathfrak{g}$ 可以典范地等同于 $\mathfrak{U}$ 的一个 Lie 子代数. $\mathfrak{U}$ 被如下的普遍性质完全刻划: 设 $\mathfrak{A}$ 是带 1 的结合 $\mathbf{C}$ 代数, φ: $\mathfrak{g} \to \mathfrak{A}$ 是 $\mathbf{C}$ 线性映射,并满足

$$\varphi([X, Y]) = \varphi(X)\varphi(Y) - \varphi(Y)\varphi(X), \ \forall X, \ Y \in \mathfrak{g},$$
则 φ 可唯一地扩充为结合代数同态 $\tilde{\varphi}: \mathfrak{U} \to \mathfrak{A}$. 根据这个性质不难推出，每个 $\mathfrak{g}$ 模可以自然地赋予 $\mathfrak{U}$ 模结构，反之，对每 $\mathfrak{U}$ 模只要进行纯量限制，就可自然地得出一个 $\mathfrak{g}$ 模结构. 因此，$\mathfrak{U}$ 模范畴与 $\mathfrak{g}$ 模范畴可以典范地等同起来. 可见，李代数与它的普遍包络代数的关系就同群与它的群代数的关系相类似.

至于 $\mathfrak{U}$ 的结构，我们有著名的 Poincaré-Birkhoff-Witt 定理(参看 [Hum 1, §17]). 根据这个定理，如果我们固定正根集 Φ^+ 的一个顺序，则 $\mathfrak{U}$ 有基

$$\{\boldsymbol{Y_a H_b X_c}\},$$

其中 $\boldsymbol{a} = (a_\alpha)_{\alpha\in\Phi^+}$ 与 $\boldsymbol{c} = (c_\alpha)_{\alpha\in\Phi^+}$ 都是 $\mathbf{Z}^+$ 的 $|\Phi^+|$ 元有序组，而

$$\boldsymbol{Y_a} = \prod_{\alpha\in\Phi^+} (X_{-\alpha}^{a_\alpha}/a_\alpha!), \qquad \boldsymbol{X_c} = \prod_{\alpha\in\Phi^+} (X_\alpha^{c_\alpha}/c_\alpha!),$$

乘积按 Φ^+ 中所固定的顺序取的；又，$\boldsymbol{b} = (b_1, \cdots, b_l)$ 是 $\mathbf{Z}^+$ 的 l 元有序组，而

$$\boldsymbol{H_b} = \prod_{i=1}^{l} \binom{H_i}{b_i},$$

其中

$$\binom{H_i}{b_i} = \frac{H_i(H_i - 1)\cdots(H_i - b_i + 1)}{b_i!}.$$

在 Chevalley 工作的基础上，Kostant [Ko2] 进而证明了如下的定理(亦可参看 [Hum 1, §26]):

(3.1.2) 定理 (Kostant). 所有 $\boldsymbol{Y_a H_b X_c}$ 的 $\mathbf{Z}$ 张成 $\mathfrak{U}_\mathbf{Z}$ 是 $\mathfrak{U}$ 中由所有 $X_\alpha^r/r!(\alpha\in\Phi, r\in\mathbf{Z}^+)$ 生成的子环. 特别，$\mathfrak{U}_\mathbf{Z}$ 与 Φ^+ 中顺序的选取无关.

$\mathfrak{U}_\mathbf{Z}$ 称为 $\mathfrak{U}$ 的 **Kostant Z 形式.**

$\mathfrak{g}$ 与它的普遍包络代数 $\mathfrak{U}$ 都有适当的 $\mathbf{Z}$ 结构了. 我们希望任何有限维 $\mathfrak{g}$ 模也有"相容"的 $\mathbf{Z}$ 结构. 所谓"相容"，其严格意义如下：设 $V_\mathbf{Z}$ 为有限维 $\mathfrak{g}$ 模 V 的一个 $\mathbf{Z}$ 格(即由 V 的一组基生成的自

由 $\mathbb{Z}$ 模),并且 $\mathfrak{U}_{\mathbf{Z}}V_{\mathbf{Z}}\subset V_{\mathbf{Z}}$，则称 $V_{\mathbf{Z}}$ 为 V 的 $\mathfrak{U}_{\mathbf{Z}}$ **容许格.**

(3.1.3) 定理. 设 V 为有限维 $\mathfrak{g}$ 模,则

(1) V 有 $\mathfrak{U}_{\mathbf{Z}}$ 容许格;

(2) 设 $V_{\mathbf{Z}}$ 为 V 的任一 $\mathfrak{U}_{\mathbf{Z}}$ 容许格，对 $\mu\in\mathfrak{X}_w$ (Φ 的抽象权格),令 $V_{\mathbf{Z},\mu}=V_{\mathbf{Z}}\cap V_{\mu}$，这里 V_{μ} 为权 μ 的 $\mathfrak{h}$ 权空间,即

$$V_{\mu}=\{v\in V\,|\,Hv=\mu(H)v,\ \forall H\in\mathfrak{h}\},$$

则

$$V_{\mathbf{Z}}=\coprod_{\mu\in\mathfrak{X}_w}V_{\mathbf{Z},\mu}.$$

其证明可以在 [Hum1, § 27] 中找到. 特别, 在证明(1)的过程中,证明了更强的结果:

(3.1.4) 命题. 设 $V(\lambda)_0$ 是最高权 $\lambda\in\mathfrak{X}_w^+$ 的不可约 $\mathfrak{g}$ 模，v^+ 是(权 λ 的)极大向量,则

$$V(\lambda)_{\mathbf{Z}}=\mathfrak{U}_{\mathbf{Z}}v^+$$

是 $V(\lambda)_0$ 的 $\mathfrak{U}_{\mathbf{Z}}$ 容许格.

有了这些结果,我们就可以构作 Chevalley 群了.

设给定 $\mathfrak{g}$ 的一个有限维忠实表示 $\pi:\mathfrak{g}\to\mathfrak{gl}(V)$，$\pi$ 可以扩充为 $\mathfrak{U}$ 的表示 $\pi:\mathfrak{U}\to\mathrm{End}_{\mathbf{C}}(V)$. 再取 V 的一个容许格 $V_{\mathbf{Z}}$，便得到 $\mathfrak{U}_{\mathbf{Z}}$ 的一个整表示 $\pi_{\mathbf{Z}}:\mathfrak{U}_{\mathbf{Z}}\to\mathrm{End}_{\mathbf{Z}}(V_{\mathbf{Z}})$. 若给定任意一个域 $\mathscr{R}$，则令

$$\mathfrak{U}_{\mathscr{R}}=\mathfrak{U}_{\mathbf{Z}}\otimes_{\mathbf{Z}}\mathscr{R},\qquad V_{\mathscr{R}}=V_{\mathbf{Z}}\otimes_{\mathbf{Z}}\mathscr{R},$$

我们得到 $\mathfrak{U}_{\mathscr{R}}$ 的一个表示 $\pi_{\mathscr{R}}:\mathfrak{U}_{\mathscr{R}}\to\mathrm{End}_{\mathscr{R}}(V_{\mathscr{R}})$，这里 $\pi_{\mathscr{R}}=\pi_{\mathbf{Z}}\otimes\mathrm{id}_{\mathscr{R}}$.

我们将用 $X_{\alpha,r}$ 表示 $\mathfrak{U}_{\mathscr{R}}$ 的元素 $(X_\alpha^r/r!)\otimes1$，用 $H_{i,r}$ 表示 $\mathfrak{U}_{\mathscr{R}}$ 的元素 $\binom{H_i}{r}\otimes1$，这里 $\alpha\in\Phi$，$r\in\mathbf{Z}^+$，$i=1,\cdots,l$; 我们仍用 $\boldsymbol{Y}_a$ 表示 $\mathfrak{U}_{\mathscr{R}}$ 的元素 $\boldsymbol{Y}_a\otimes1$，记号 $\boldsymbol{H}_b$ 与 $\boldsymbol{X}_c$ 也仍旧保持下来. 那么不难看出 $\mathfrak{U}_{\mathscr{R}}$ 由所有 $X_{\alpha,r}(\alpha\in\Phi,\ r\in\mathbf{Z}^+)$ 作为 $\mathscr{R}$ 代数生成，且有 $\mathscr{R}$ 基

$$\{\boldsymbol{Y}_a\boldsymbol{H}_b\boldsymbol{X}_c\},$$

这里 $\boldsymbol{a}$ 与 $\boldsymbol{c}$ 仍然取遍 $\mathbf{Z}^+$ 的 $|\Phi^+|$ 元组，而 $\boldsymbol{b}$ 取遍 $\mathbf{Z}^+$ 的 l 元组.

(3.1.5) 引理. 设 V 是 n 维 $\mathfrak{g}$ 模，$\{v_1^0, v_2^0, \cdots, v_n^0\}$ 是 V 的 $\mathfrak{U}_{\mathbf{Z}}$ 容许格 $V_{\mathbf{Z}}$ 的 $\mathbf{Z}$ 基，并具有如下性质：(i) v_i^0 都是 V 的权向量(据 (3.1.3(2))，这是可以办到的)；(ii) v_i^0 的权在 $\{v_i^0, v_{i+1}^0, \cdots, v_n^0\}$ 的权中是极大的. 对给定的域 $\mathscr{R}$，令 $v_i = v_i^0 \otimes 1$，这里 $1 \in \mathscr{R}$. 那么

(1) $\{v_1, v_2, \cdots, v_n\}$ 是 $V_{\mathscr{R}} = V_{\mathbf{Z}} \otimes_{\mathbf{Z}} \mathscr{R}$ 的基，在这组基下，$\pi_{\mathscr{R}}(X_{\alpha,r})$ 是严格上(对应地，下)三角矩阵，这里 $\alpha \in \Phi^+$ (对应地，$\alpha \in -\Phi^+$)，$r \in \mathbf{Z}^+ \backslash \{0\}$；

(2) 当 r 充分大时，$\pi_{\mathscr{R}}(X_{\alpha,r}) = 0$.

证明. (1) 显然 $\{v_1, v_2, \cdots, v_n\}$ 成为 $V_{\mathscr{R}}$ 的基. 因为 $\pi_{\mathscr{R}} = \pi_{\mathbf{Z}} \otimes \mathrm{id}_{\mathscr{R}}$，所以 $\pi_{\mathscr{R}}(X_{\alpha,r}) = \pi_{\mathbf{Z}}(X_\alpha^r / r!) \otimes 1$. 要讨论 $\pi_{\mathscr{R}}(X_{\alpha,r})$ 对 $V_{\mathscr{R}}$ 的上述基的作用，只要讨论 $\pi_{\mathbf{Z}}(X_\alpha^r / r!)$ 对 $V_{\mathbf{Z}}$ 的基 $\{v_1^0, v_2^0, \cdots, v_n^0\}$ 的作用. 设 v_i^0 的权为 μ_i，则对 $\alpha \in \Phi$，$H \in \mathfrak{h}$，有

$$\begin{aligned} H(X_\alpha v_i^0) &= ([H, X_\alpha] + X_\alpha H) v_i^0 \\ &= \alpha(H) X_\alpha v_i^0 + X_\alpha(\mu_i(H) v_i^0) \\ &= (\alpha + \mu_i)(H)(X_\alpha v_i^0). \end{aligned}$$

特别，我们得到 $X_\alpha v_i^0 \in V_{\mathbf{Z}, \mu_i + \alpha}$. 于是，归纳地得到

$$(X_\alpha^r / r!) v_i^0 \in V_{\mathbf{Z}, \mu_i + r\alpha}.$$

根据基向量的排列顺序，若 $r > 0$，$\alpha \in \Phi^+$，则 $V_{\mathbf{Z}, \mu_i + r\alpha}$ 由某些 $v_j^0 (j < i)$ 张成；若 $r > 0$，$\alpha \in -\Phi^+$，则 $V_{\mathbf{Z}, \mu_i + r\alpha}$ 由某些 $v_j^0 (j > i)$ 张成. (1) 的结论即得.

对于 (2)，只要注意到因为 V 有限维，总有充分大的 r 使 $\mu_i + r\alpha$ 不是 V 的权，对所有的 i. 于是

$$(X_\alpha^r / r!) v_i^0 \in V_{\mathbf{Z}, \mu_i + r\alpha} = 0, \quad \forall i,$$

由此即得 $\pi_{\mathbf{Z}}(X_\alpha^r / r!) = 0$，从而 $\pi_{\mathscr{R}}(X_{\alpha,r}) = \pi_{\mathbf{Z}}(X_\alpha^r / r!) \otimes 1 = 0$. 证毕.

再回到 Chevalley 群的构作. 设 $\alpha \in \Phi$，$a \in \mathscr{R}$，令

$$\varepsilon_\alpha^\pi(a) = 1 + a\pi_{\mathscr{R}}(X_{\alpha,1}) + a^2 \pi_{\mathscr{R}}(X_{\alpha,2}) + \cdots.$$

由 (3.1.5(2))，右边只有有限项不是零，所以 $\varepsilon_\alpha^\pi(a)$ 是 $V_{\mathscr{R}}$ 上一个完全有定义的线性变换．又因为 $\varepsilon_\alpha^\pi(a)$ 是按"指数级数"形式构作的，所以 $\varepsilon_\alpha^\pi(a)\varepsilon_\alpha^\pi(a')=\varepsilon_\alpha^\pi(a+a')$．特别，$\varepsilon_\alpha^\pi(a)$ 可逆，其逆元为 $\varepsilon_\alpha^\pi(-a)$．因此 $\varepsilon_\alpha^\pi(a)\in GL(V_{\mathscr{R}})$．所有 $\varepsilon_\alpha^\pi(a)(\alpha\in\Phi, a\in\mathscr{R})$ 生成的 $GL(V_{\mathscr{R}})$ 的子群 $G_\pi(\mathscr{R})$ 称为 $\mathscr{R}$ 上的一个 **Chevalley 群.**

$G_\pi(\mathscr{R})$ 的一些子群特别引起我们的兴趣．它们是

$T_\pi(\mathscr{R})$：所谓对角子群，它是由 $G_\pi(\mathscr{R})$ 中关于 (3.1.5) 的基表为对角矩阵的元素全体组成；

$U_{\pi,\alpha}(\mathscr{R})=\{\varepsilon_\alpha^\pi(a), a\in\mathscr{R}\}$，在(3.1.5)的基下，$U_{\pi,\alpha}(\mathscr{R})$ 的元素都是主对角线元素为 1 的上三角矩阵(当 $\alpha\in\Phi^+$ 时) 或下三角矩阵(当 $\alpha\in-\Phi^+$ 时)；

$U_\pi^+(\mathscr{R})$：由所有 $U_{\pi,\alpha}(\mathscr{R})(\alpha\in\Phi^+)$ 生成的子群，显然 $U_\pi^+(\mathscr{R})$ 的元素也都是主对角线元素为 1 的上三角矩阵；类似地定义 $U_\pi^-(\mathscr{R})$；

$B_\pi(\mathscr{R})$：由 $T_\pi(\mathscr{R})$ 与 $U_\pi^+(\mathscr{R})$ 生成，于是，它的元素都是上三角矩阵.

还有一个重要的子群 $N_\pi(\mathscr{R})$ 必须在下面的定理中才能定义 (参看 (3.1.6(4)).

我们把 Chevalley 群的主要性质总结为如下的 (3.1.6) 与 (3.1.7)．其中 (3.1.6) 基本上是关于 Chevalley 群的结构的，其证明可参看 Chevalley 群的专著，如 [St1] 与 [Cae1]；(3.1.7) 讨论 $\mathfrak{h}$ 的表示与 $T_\pi(\mathscr{R})$ 的表示的关系，我们给出它的证明.

(3.1.6) 定理. (1) 给定 Φ 与 $\mathscr{R}$ 后，$G_\pi(\mathscr{R})$ 只与 π 的权所生成的格 $\mathfrak{X}_\pi$ (它显然是介于 $\mathfrak{X}_r$ 与 $\mathfrak{X}_w$ 之间的一个格)有关，而与 π 以及容许格 $V_{\mathbf{Z}}$ 的选取无关；如果 π' 是 $\mathfrak{g}$ 的另一个有限维表示，且 $\mathfrak{X}_{\pi'}\subset\mathfrak{X}_\pi$，则有满同态 $\theta:G_\pi(\mathscr{R})\to G_{\pi'}(\mathscr{R})$，使

$$\theta(\varepsilon_\alpha^\pi(a))=\varepsilon_\alpha^{\pi'}(a),\qquad \forall\alpha\in\Phi,\ a\in\mathscr{R}.$$

(2) 对每个 $\alpha\in\Phi$，有一个群同态 $\varphi_\alpha^\pi:SL(2,\mathscr{R})\to G_\pi(\mathscr{R})$，使

$$\varphi_\alpha^\pi\begin{pmatrix}1 & a\\ 0 & 1\end{pmatrix}=\varepsilon_\alpha^\pi(a),\quad \varphi_\alpha^\pi\begin{pmatrix}1 & 0\\ a & 1\end{pmatrix}=\varepsilon_{-\alpha}^\pi(a),\ \forall a\in\mathscr{R},$$

且 $\mathrm{Ker}\varphi_\alpha^\pi$ 有限.

(3) 设在 (2) 的同态 φ_α^π 下, $\begin{pmatrix}m & 0\\ 0 & m^{-1}\end{pmatrix}$ $(m\in\mathscr{R}^*)$ 的象为 $\tau_\alpha^\pi(m)$, 则 $\tau_\alpha^\pi(m)\in T_\pi(\mathscr{R})$, 且所有 $\tau_\alpha^\pi(m)\,(\alpha\in\Sigma, m\in\mathscr{R}^*)$ 生成了 $T_\pi(\mathscr{R})$; 特别,如果 $\mathfrak{X}_\pi=\mathfrak{X}_w$, 则 $T_\pi(\mathscr{R})$ 是子群 $\{\tau_\alpha^\pi(m)|m\in\mathscr{R}^*\}(\alpha\in\Sigma)$ 的直积.

(4) 对每个 $\alpha\in\Phi$, 令 $n_\alpha^\pi=\varphi_\alpha^\pi\begin{pmatrix}0 & 1\\ -1 & 0\end{pmatrix}$, 再令 $N_\pi(\mathscr{R})$ 为 $T_\pi(\mathscr{R})$ 与所有 $n_\alpha^\pi(\alpha\in\Phi)$ 生成的子群, 则 $N_\pi(\mathscr{R})$ 正规化 $T_\pi(\mathscr{R})$, 并且商群 $N_\pi(\mathscr{R})/T_\pi(\mathscr{R})\cong W$($\Phi$ 的 Weyl 群), n_α^π 的陪集是 α 所对应的反射 s_α.

(5) 取定 Φ^+ 的一个顺序,则 $U_\pi^+(\mathscr{R})$ 的元素可以唯一地写成 $\prod\limits_{\alpha\in\Phi}\varepsilon_\alpha^\pi(a_\alpha)$ 的形式, $a_\alpha\in\mathscr{R}$; 对 $U_\pi^-(\mathscr{R})$ 也有类似结论.

(6) $B_\pi(\mathscr{R})=T_\pi(\mathscr{R})\ltimes U_\pi^+(\mathscr{R})$; 此外, $B_\pi(\mathscr{R})$ 与 $N_\pi(\mathscr{R})$ 组成 $G_\pi(\mathscr{R})$ 的 BN 对,因此 $G_\pi(\mathscr{R})$ 有 Bruhat 分解

$$G_\pi(\mathscr{R})=\bigcup_{w\in W}B_\pi(\mathscr{R})wB_\pi(\mathscr{R}),$$

且 $B_\pi(\mathscr{R})wB_\pi(\mathscr{R})=B_\pi(\mathscr{R})w'B_\pi(\mathscr{R})$ 当且仅当 $w=w'$.

(7) $G_\pi(\mathscr{R})$ 的子群含有 $B_\pi(\mathscr{R})$ 当且仅当这个子群具有 $P_{\pi,J}(\mathscr{R})$ 的形式,对某个 $J\subset\Sigma$, 这里

$$P_{\pi,J}(\mathscr{R})=\bigcup_{w\in W_J}B_\pi(\mathscr{R})wB_\pi(\mathscr{R}),$$

其中 W_J 是由单反射 $s_\alpha(\alpha\in J)$ 生成的W的子群.

(8) $G_\pi(\mathscr{R})$ 的中心 $Z_\pi(\mathscr{R})$ 有限,且含于 $T_\pi(\mathscr{R})$, 特别,当 $\mathfrak{X}_\pi=\mathfrak{X}_r$ 时, $Z_\pi(\mathscr{R})=\{1\}$; 此外,除了域的元素个数很少的若干特殊情况外, $G_\pi(\mathscr{R})$ 的任一可解正规子群都含于 $Z_\pi(\mathscr{R})$.

(9) 若Φ是不可分解根系, 则除了域的元素个数很少的若干特殊情况外, $G_\pi(\mathscr{R})/Z_\pi(\mathscr{R})$ 是单群 (这些单群称为 **Lie 型单**

群).

(3.1.7) 定理. 设 $\mathfrak{H}_{\mathscr{R}}$ 是 $\mathfrak{U}_{\mathscr{R}}$ 中由所有 $H_{i,r}(1 \leqslant i \leqslant l, r \in \mathbf{Z}^+)$ 生成的 $\mathscr{R}$ 子代数，$\Sigma = \{\alpha_1, \cdots, \alpha_l\}$ 是 Φ 的基，其余记号同前，则

(1) 如果 $\mu \in \mathfrak{X}_w$，则 μ 导出 $\mathscr{R}$ 代数同态 $\mathfrak{H}_{\mathscr{R}} \to \mathscr{R}$，把 $H_{i,r}$ 映到 $\binom{\langle \mu, \alpha_i^\vee \rangle}{r}$ 在 $\mathscr{R}$ 中的象,这个同态仍记为 μ;

(2) $V_{\mathbf{Z},\mu} \otimes \mathscr{R} = \{\bar{v} \in V_{\mathscr{R}} \mid H\bar{v} = \mu(H)\bar{v}, \forall H \in \mathfrak{H}_{\mathscr{R}}\}$;

(3) 如果 $\mu \in \mathfrak{X}_\pi$，则 μ 进一步导出群同态 $T_\pi(\mathscr{R}) \to \mathscr{R}^*$，把 $\prod_{i=1}^{l} \tau_{\alpha_i}^\pi(m_i)$ 映到 $\prod_{i=1}^{l} m_i^{\langle \mu, \alpha_i^\vee \rangle}$，这里 $m_i \in \mathscr{K}^*$，这个群同态也记为 μ;

(4) 如果 $\pi': \mathfrak{g} \to \mathfrak{gl}(V')$ 是 $\mathfrak{g}$ 的有限维表示,使 $\mathfrak{X}_{\pi'} \subset \mathfrak{X}_\pi$，通过 (3.1.6(1)) 的同态 θ 把 $V'_{\mathscr{R}}$ 看成 $G_\pi(\mathscr{R})$ 模,设 $v \in V'_{\mathbf{Z},\mu}$，则

$$t(v \otimes 1) = \mu(t)(v \otimes 1), \ \forall t \in T_\pi(\mathscr{R});$$

(5) 对 $\alpha \in \Phi$，$a \in \mathscr{R}$ 与 $t \in T_\pi(\mathscr{R})$，有

$$t\varepsilon_\alpha^\pi(a)t^{-1} = \varepsilon_\alpha^\pi(\alpha(t)a);$$

(6) 如果 $\dot{w} \in N_\pi(\mathscr{R})$ 是 $w \in W$ 的代表元，则对 $\mu \in \mathfrak{X}_\pi$ 有

$$\mu(\dot{w}^{-1}t\dot{w}) = (w\mu)(t), \ \forall t \in T_\pi(\mathscr{R}).$$

证明. (1) $\mathfrak{H}_{\mathbf{C}}$ 是 $\mathbf{C}$ 上带不定元 $H_1, \cdots, H_l$ 的多项式代数,所以对应 $H_i \longmapsto \mu(H_i) = \langle \mu, \alpha_i^\vee \rangle$可以扩充为 $\mathbf{C}$ 代数同态 $\mu: \mathfrak{H}_{\mathbf{C}} \to \mathbf{C}$，这个同态把 $\binom{H_i}{r}$ 映到 $\mathbf{Z}$ 内,从而它的限制是 $\mathfrak{H}_{\mathbf{Z}}$ 到 $\mathbf{Z}$ 的 $\mathbf{Z}$ 代数同态,$\mathfrak{H}_{\mathbf{Z}}$ 是 $\mathfrak{H}_{\mathbf{C}}$ 中由$\binom{H_i}{r}$ $(i = 1, \cdots, l, r \in \mathbf{Z}^+)$ 生成的 $\mathbf{Z}$ 子代数. 最后,μ 又导出 $\mathfrak{H}_{\mathscr{R}} = \mathfrak{H}_{\mathbf{Z}} \otimes_{\mathbf{Z}} \mathscr{R}$ 到 $\mathscr{R}$ 的 $\mathscr{R}$ 代数同态,把 $H_{i,r}$ 映到 $\binom{\langle \mu, \alpha_i^\vee \rangle}{r}$ 在 $\mathscr{R}$ 中的象,正如所求.

(2) 显然对 $\bar{v} \in V_{\mathbf{Z},\mu} \otimes \mathscr{R}$ 有 $H\bar{v} = \mu(H)\bar{v}$，且 $V_{\mathscr{R}}$ 是 $V_{\mathbf{Z},\mu} \otimes \mathscr{R}$ 的直和. 我们只要再证如果 $\mu_1, \cdots, \mu_n \in \mathfrak{X}_w$ 且互不相同，非零

的 $\bar{v}_i \in V_{\mathscr{R}}$ 使 $H\bar{v}_i = \mu_i(H)\bar{v}$ 对所有 $H \in \mathfrak{h}_{\mathscr{R}}$ 成立，则 $\bar{v}_i$ 线性无关. 设 $\sum_{j=1}^{n} a_j\bar{v}_j = 0$ 是 $\bar{v}_j$ 之间的一个线性关系. 可设 $r_i = \langle \mu_1, \alpha_i^\vee \rangle \geqslant \langle \mu_j, \alpha_i^\vee \rangle$，对所有 i 与 j. 令 $H = \prod_{i=1}^{l} \binom{H_i}{r_i}$，则 $H\bar{v}_j = \prod_{i=1}^{l} \binom{\langle \mu_j, \alpha_i^\vee \rangle}{r_i} \bar{v}_j$. 当 $j = 1$ 时，右边 $\bar{v}_j$ 的系数是 1；当 $j > 1$ 时，至少有一个 $\langle \mu_j, \alpha_i^\vee \rangle < r_i$，从而该系数为 0. 于是

$$a_1\bar{v}_1 = H\left(\sum_j a_j\bar{v}_j\right) = 0,$$

推及 $a_1 = 0$. 如此续行，可推出所有 $a_i = 0$.

（4）分四个步骤证明.

i）根系的 Weyl 群 W 作为 Lie 代数的自同构作用在 $\mathfrak{h}$ 上，使 $\mu(wH) = (w^{-1}\mu)(H)$，对所有 $w \in W$，$H \in \mathfrak{h}$ 与 $\mu \in \mathfrak{X}_w$. 于是，W 作为 $\mathbb{C}$ 代数自同构作用在 $\mathfrak{H}_{\mathbb{C}}$ 上，容易验证这个作用稳定 $\mathfrak{H}_{\mathbb{Z}}$，从而与 (1) 类似地导出了 W 在 $\mathfrak{H}_{\mathscr{R}}$ 上的作用，使 $\mu(wH) = (w^{-1}\mu)(H)$，这里 $H \in \mathfrak{H}_{\mathscr{R}}$，$\mu$ 与 w 同前.

ii）把 (3.1.6(4)) 的记号推广，对 $m \in \mathscr{R}^*$，定义

$$n_\alpha^\pi(m) = \varphi_\alpha^\pi \begin{pmatrix} 0 & m \\ -m^{-1} & 0 \end{pmatrix},$$

则 $n_\alpha^\pi = n_\alpha^\pi(1)$. 作一些 2 阶矩阵的简单运算，便可得出

$$\tau_\alpha^\pi(m) = n_\alpha^\pi(m)n_\alpha^\pi(-1) = n_\alpha^\pi(-m)^{-1}n_\alpha^\pi(-1),$$

$$n_\alpha^\pi(m) = \varepsilon_\alpha^\pi(m)\varepsilon_{-\alpha}^\pi(-m^{-1})\varepsilon_\alpha^\pi(m).$$

我们将证明，作为 $V_{\mathscr{R}}$ 上的变换，

（＊）　$n_\alpha^\pi(m)^{-1}Hn_\alpha^\pi(m) = s_\alpha(H), \forall m \in \mathscr{R}^*, H \in \mathfrak{H}_{\mathscr{R}}, \alpha \in \Phi.$

仍先在 $\mathbb{C}$ 上讨论. 令 $H_\alpha = [X_\alpha, X_{-\alpha}]$（当 $\alpha = \alpha_i$ 时，$H_\alpha = H_i$）. 显然 $\mathfrak{h} = H_\alpha \oplus \mathrm{Ker}\alpha$. 如果 $H \in \mathrm{Ker}\alpha$，则 $s_\alpha(H) = H$；另一方面，$X_{\pm\alpha}$ 与 H 可换，所以 $\varepsilon_\alpha^\pi(a)$ 与 $\varepsilon_{-\alpha}^\pi(a)$ 均与 H 可换，推及 $n_\alpha^\pi(m)$ 与 H 可换，所以 $n_\alpha^\pi(m)^{-1}Hn_\alpha^\pi(m) = H$，（＊）成立. 如果 $H = H_\alpha$，则我们涉及的只是 $\mathfrak{U}$ 中由 X_α，H_α 与 $X_{-\alpha}$ 生成

的子代数．可以作 Lie 代数同态 $\mathfrak{sl}(2,\mathbf{C})\to\mathfrak{g}$，把 $\begin{pmatrix}0&1\\0&0\end{pmatrix}$，$\begin{pmatrix}1&0\\0&-1\end{pmatrix}$ 与 $\begin{pmatrix}0&0\\1&0\end{pmatrix}$ 分别映到 X_α，H_α 与 $X_{-\alpha}$，通过这个同态把 V 看成 $\mathfrak{sl}(2,\mathbf{C})$ 模．显然 φ_α^π 就是由这个 Lie 代数同态导出的，因此，如下的矩阵等式就说明了(＊)当 $H=H_\alpha$ 时也成立：

$$\begin{pmatrix}0&m\\-m^{-1}&0\end{pmatrix}^{-1}\begin{pmatrix}1&0\\0&-1\end{pmatrix}\begin{pmatrix}0&m\\-m^{-1}&0\end{pmatrix}=\begin{pmatrix}-1&0\\0&1\end{pmatrix}=s_\alpha\begin{pmatrix}1&0\\0&-1\end{pmatrix}.$$

$\mathbf{C}$ 代数同态 $H\longmapsto n_\alpha^\pi(m)^{-1}Hn_\alpha^\pi(m)$ 与 $H\longmapsto s_\alpha(H)$ 在 $\mathfrak{H}_\mathbf{C}$ 的生成元上一致，所以在整个 $\mathfrak{H}_\mathbf{C}$ 上一致．

显然可以通过 $\mathfrak{H}_\mathbf{Z}$ 把(＊)转移到 $\mathfrak{H}_\mathscr{R}$ 上．

iii) 因为 $\theta(\tau_\alpha^\pi(m))=\tau_\alpha^{\pi'}(m)$，不妨设 $\pi=\pi'$ 来证明我们的结论．取 $v\in V_{\mathbf{Z},\mu}$，$\bar{v}=v\otimes 1\in V_\mathscr{R}$．由于 $n_\alpha^\pi(m)=\varepsilon_\alpha^\pi(m)\cdot\varepsilon_{-\alpha}^\pi(-m^{-1})\varepsilon_\alpha^\pi(m)$，我们有

$$n_\alpha^\pi(m)\bar{v}=\sum_{i,j,k}(-1)^j m^{i-j+k}X_{\alpha,i}X_{-\alpha,j}X_{\alpha,k}\bar{v}$$

(当然只有有限项不是零)．令

$$\bar{v}_n=\sum_{i-j+k=n}(-1)^jX_{\alpha,i}X_{-\alpha,j}X_{\alpha,k}\bar{v},$$

则 $\bar{v}_n\in V_{\mathbf{Z},\mu+n\alpha}\otimes\mathscr{R}$，并且与 m 无关．我们得到

$$n_\alpha^\pi(m)\bar{v}=\sum_n m^n\bar{v}_n.$$

另一方面，对所有 $H\in\mathfrak{H}_\mathscr{R}$，

$$\begin{aligned}Hn_\alpha^\pi(m)\bar{v}&=n_\alpha^\pi(m)n_\alpha^\pi(m)^{-1}Hn_\alpha^\pi(m)\bar{v}=n_\alpha^\pi(m)(s_\alpha(H))\bar{v}\\&=\mu(s_\alpha(H))n_\alpha^\pi(m)\bar{v}=(s_\alpha\mu)(H)n_\alpha^\pi(m)\bar{v}\\&=(\mu-\langle\mu,\alpha^\vee\rangle\alpha)(H)n_\alpha^\pi(m)\bar{v}.\end{aligned}$$

据(2)，$n_\alpha^\pi(m)\bar{v}\in V_{\mathbf{Z},\mu-\langle\mu,\alpha^\vee\rangle\alpha}\otimes\mathscr{R}$．两方面结论相比较，得出 $n_\alpha^\pi(m)\bar{v}=m^{-\langle\mu,\alpha^\vee\rangle}\bar{v}_n$，$\bar{v}_n$ 与 m 无关．

iv) 从 iii) 得出 $n_\alpha^\pi(m)^{-1}\bar{v}_n=m^{\langle\mu,\alpha^\vee\rangle}\bar{v}$．因为 $\tau_\alpha^\pi(m)=n_\alpha^\pi(-m)^{-1}n_\alpha^\pi(-1)$，所以

$$\tau_\alpha^\pi(m)\bar{v}=n_\alpha^\pi(-m)^{-1}\cdot(-1)^{-\langle\mu,\alpha^\vee\rangle}\bar{v}_n$$

$$= (-m)^{\langle\mu,\alpha^\vee\rangle}(-1)^{-\langle\mu,\alpha^\vee\rangle}\bar{v} = m^{\langle\mu,\alpha^\vee\rangle}\bar{v}.$$

特别,取 $\alpha = \alpha_i$, 就推出 (4) 的结论.

(3) 总可以取到 $\mathfrak{g}$ 的有限维表示 $\pi':\mathfrak{g} \to \mathfrak{gl}(V')$, 使 μ 是 V' 的权, 且 $\mathfrak{X}_{\pi'} \subset \mathfrak{X}_\pi$ (例如, 取 V' 为最高权 W 共轭于 μ 的不可约 $\mathfrak{g}$ 模). 据 (4), 在 $V'_{\mathbf{Z},\mu} \otimes \mathscr{R}$ 上 $T_\pi(\mathscr{R})$ 通过 μ 作用,从而推出 μ 是完全定义的群同态.

(5) 定义 $\mathfrak{g}$ 在 $\mathfrak{U}$ 上的伴随作用为 $(adX)(Y) = XY - YX$, 对所有 $X \in \mathfrak{g}$, $Y \in \mathfrak{U}$, 则容易验证 (i) $\mathfrak{U}$ 是局部有限的, $\mathfrak{U}_\mathbf{Z}$ 是 $\mathfrak{U}_\mathbf{Z}$ 容许格; (ii) $\dfrac{X_\alpha^n}{n!}$ 是权 $n\alpha$ 的权向量; (iii) $\dfrac{(adX)^n}{n!}(Y) = \sum\limits_{r+s=n} \dfrac{X^r}{r!} Y \dfrac{(-X)^s}{s!}$, X 与 Y 同前, 其中右式是 $\mathfrak{U}$ 中的乘法. 据 (i), 可以构作 $\mathfrak{U}_\mathscr{R}$ 上的线性变换 $\varepsilon_\alpha^{ad}(a)$, $a \in \mathscr{R}$; 如果 $\bar{Y} \in \mathfrak{U}_\mathscr{R}$, 据 (iii),作为 $V_\mathscr{R}$ 上的线性变换,有

$$\begin{aligned}\varepsilon_\alpha^{ad}(a)(\bar{Y}) &= \left(\sum_n a^n adX_{\alpha,n}\right)\bar{Y} \\ &= \sum_n \sum_{r+s=n} (a^r X_{\alpha,r})\bar{Y}(a^s(-X_{\alpha,s})^s) \\ &= \left(\sum_r a^r X_{\alpha,r}\right)\bar{Y}\left(\sum_s (-a)^s X_{\alpha,s}\right) \\ &= \varepsilon_\alpha^\pi(a)\bar{Y}\varepsilon_\alpha^\pi(a)^{-1},\end{aligned}$$

由此推出,作为 $V_\mathscr{R}$ 上的线性变换,

$$\tau_{\alpha_i}^{ad}(m)X_{\alpha,r} = \tau_{\alpha_i}^\pi(m)X_{\alpha,r}\tau_{\alpha_i}^\pi(m)^{-1}.$$

据 (ii) 及本定理的 (4), $\tau_{\alpha_i}^{ad}(m)X_{\alpha,r} = m^{\langle r\alpha,\alpha_i^\vee\rangle}X_{\alpha,r}$, 于是

$$\sum (m^{\langle\alpha,\alpha_i^\vee\rangle})^r a^r X_{\alpha,r} = \tau_{\alpha_i}^\pi(m)\left(\sum_r a^r X_{\alpha,r}\right)\tau_{\alpha_i}^\pi(m)^{-1},$$

即 $\varepsilon_\alpha^\pi(m^{\langle\alpha,\alpha_i^\vee\rangle}a) = \tau_{\alpha_i}^\pi(m)\varepsilon_\alpha^\pi(a)\tau_{\alpha_i}^\pi(m)^{-1}$,据 (3.1.6(3)), 最终得到 $t\varepsilon_\alpha^\pi(a)t^{-1} = \varepsilon_\alpha^\pi(\alpha(t)a)$, 对所有 $t \in T_\pi(\mathscr{R})$.

(6) 只要对 $w = s_\alpha$ 是个反射证明,此时可取 $\dot{w} = n_\alpha^\pi$. 如果 μ 是 V 的权, 取非零的 $\bar{v} \in V_{\mathbf{Z},\mu} \otimes \mathscr{R}$,据 (4) 的证明的 (iii),

$n_\alpha^\pi \bar{v} \in V_{\mathbf{Z}, s_\alpha\mu} \otimes V$，再据 (4)，$tn_\alpha^\pi \bar{v} = (s_\alpha\mu)(t) n_\alpha^\pi \bar{v}$，对 $t \in T_\pi(\mathscr{R})$，两边再作用 $(n_\alpha^\pi)^{-1}$，即得

$$\mu((n_\alpha^\pi)^{-1} t n_\alpha^\pi)\bar{v} = (n_\alpha^\pi)^{-1} t n_\alpha^\pi \bar{v} = (s_\alpha\mu)(t)\bar{v}.$$

因为 $\bar{v} \neq 0$，所以 $\mu((n_\alpha^\pi)^{-1} t n_\alpha^\pi) = (s_\alpha\mu)(t)$，于是对这样的 μ 结论成立. 因为 $\mathfrak{X}_\pi$ 由 π 的权生成，而从 μ_1 与 μ_2 使等式成立立即推出 $\mu_1 \pm \mu_2$ 也使等式成立. 所以 (6) 也得证. 证毕.

现在我们来证明下面的定理:

(3.1.8) 定理. 设 $\mathscr{K}$ 是代数闭域，则

(1) 对 $\alpha \in \Phi$，$\varepsilon_\alpha^\pi: \mathrm{G}_a \to GL(V_\mathscr{K})$ 是代数群同态，并且它导出了 G_a 到它的象 $U_{\pi,\alpha}(\mathscr{K})$ 的代数群同构;

(2) $G_\pi(\mathscr{K})$ 是 $GL(V_\mathscr{K})$ 的连通闭子群，它是半单的线性代数群;

(3) $B_\pi(\mathscr{K})$ 是 $G_\pi(\mathscr{K})$ 的 Borel 子群;

(4) $T_\pi(\mathscr{K})$ 是 $G_\pi(\mathscr{K})$ 的极大环面;

(5) (3.1.7(3)) 定义的群同态 $\mu: T_\pi(\mathscr{K}) \to \mathscr{K}^*(\mu \in \mathfrak{X}_\pi)$ 是 $T_\pi(\mathscr{K})$ 的有理特征标，由此导出的映射 $\mathfrak{X}_\pi \to \mathfrak{X}(T_\pi(\mathscr{K}))$ 是 Abel 群的同构;

(6) $G_\pi(\mathscr{K})$ 关于 $T_\pi(\mathscr{K})$ 的根系是 Φ;

(7) 若如 (3.1.6(1)) 所述，有 $\mathfrak{X}_\pi \subset \mathfrak{X}_{\pi'}$，则把 $\varepsilon_\alpha^{\pi'}(a)$ 映到 $\varepsilon_\alpha^\pi(a)(a \in \mathscr{K})$ 的同态 $\theta: G_{\pi'}(\mathscr{K}) \to G_\pi(\mathscr{K})$ 是代数群同态.

证明. 在证明本定理之前，先回忆代数群结构理论中的如下命题:

(**)　在线性代数群中，由一族连通闭子群生成的子群是原代数群的连通闭子群.

该命题是 [Hum 2, §7.5, Prop.] 的特殊情况. 下面开始证明我们的定理.

(1) 每个 $\pi_\mathscr{K}(X_{\alpha,r})$ 是 $V_\mathscr{K}$ 上固定的线性变换，而 $\varepsilon_\alpha^\pi(a)$ 是以某些 $\pi_\mathscr{K}(X_{\alpha,r})$ 为系数的 a 的多项式，所以，对 $V_\mathscr{K}$ 的任何一组基，$\varepsilon_\alpha^\pi(\mathscr{K})$ 的矩阵元素都是 a 的多项式，系数在 $\mathscr{K}$ 中. 由此可见 $\varepsilon_\alpha^\pi: \mathrm{G}_a \to GL(V_\mathscr{K})$ 是代数群同态，从而 $U_{\pi,\alpha}(\mathscr{K}) = \mathrm{Im}\varepsilon_\alpha^\pi$

是 $GL(V_{\mathscr{K}})$ 的连通闭子群.

为了证明 ε_α^π 是 $\mathbf{G}_a$ 到 $U_{\pi,\alpha}(\mathscr{K})$ 的代数群同构，只要证明在 $V_{\mathscr{K}}$ 的某组基下，$\varepsilon_\alpha^\pi(a)=(f_{ij}(a))$ 的矩阵表达式中有一个 f_{ij}（比方说 $f_{i_0j_0}$）是 a 的一次多项式，因为这样就可以找到一元多项式 g，使 $g(f_{i_0j_0}(a))=f_{i_0j_0}(g(a))=a$，对所有 $a\in\mathscr{K}$. 此时，定义

$$\eta: U_{\pi,\alpha}(\mathscr{K})\to\mathbf{G}_a$$
$$(x_{ij})\longmapsto g(x_{i_0j_0}),$$

则显然 η 是代数簇的态射，并且容易验证它与 ε_α^π 互逆，于是 ε_α^π 是代数群同构.

先证 $\pi_{\mathscr{K}}(X_{\alpha,1})$ 不是 $V_{\mathscr{K}}$ 的零变换. 如果 $\pi_{\mathscr{K}}(X_{\alpha,1})=0$，当 $\mathrm{char}\mathscr{K}=0$ 时即表明 $\pi_{\mathbf{Z}}(X_\alpha)=0$，与 π 的忠实性矛盾；当 $\mathrm{char}\mathscr{K}=p>0$ 时，表明 $\pi_{\mathbf{Z}}(X_\alpha)$ 在 $V_{\mathbf{Z}}$ 的任何基下矩阵元素都有公因子 p，于是对 $r>0$，$\pi_{\mathbf{Z}}(X_\alpha^r)$ 的矩阵元素有公因子 p^r. 如所周知，$r!$ 中因子 p 的重数小于 r，所以 $\pi_{\mathbf{Z}}(X_\alpha^r/r!)$ 的矩阵元素仍有公因子 p，推及 $\pi_{\mathscr{K}}(X_{\alpha,r})=0$，对所有 $r>0$，从而 $\varepsilon_\alpha^\pi(a)=1$，对所有 $a\in\mathscr{K}$. 这与 (3.1.6(5)) 矛盾.

现在采用 (3.1.5) 的基，并设 v_i 的权为 μ_i. 因为 $\pi_{\mathscr{K}}(X_{\alpha,1})\neq 0$，必有 v_{i_0} 使 $X_{\alpha,1}v_{i_0}\neq 0$. 但 $X_{\alpha,1}v_{i_0}$ 为权 $\mu_{i_0}+\alpha$ 的权向量，所以可设 $X_{\alpha,1}v_{i_0}=v_{j_0}$. 因此，若 $\pi_{\mathscr{K}}(X_{\alpha,1})$ 的矩阵为 (x_{ij})，则 $x_{i_0j_0}\neq 0$. 若 $r\neq 1$，则 $x_{\alpha,r}v_{i_0}$ 的权为 $\mu_{i_0}+r\alpha\neq\mu_{j_0}$，所以不可能有 v_{j_0} 分量，从而 $\pi(X_{\alpha,r})$ 的矩阵中 i_0j_0 元素为零. 因此，在上述基下，$\varepsilon_\alpha^\pi(a)$ 矩阵的 i_0j_0 元素为 $f_{i_0j_0}(a)=x_{i_0j_0}a$（其中 $x_{i_0j_0}$ 是常数），它是 a 的一次多项式，正如所求.

(2) $G_\pi(\mathscr{K})$ 由 $GL(V_{\mathscr{K}})$ 的连通闭子群 $U_{\pi,\alpha}(\mathscr{K})(\alpha\in\Phi)$ 生成，据(∗)，它也是 $GL(V_{\mathscr{K}})$ 的连通闭子群，所以是连通线性代数群. 再由 (3.1.6(8))，$R(G_\pi(\mathscr{K}))\subset Z_\pi(\mathscr{K})$，而后者是有限的，迫使 $R(G_\pi(\mathscr{K}))=\{1\}$. 所以 $G_\pi(\mathscr{K})$ 是半单线性代数群.

(3) 与 (4)：从 $\varphi_\alpha^\pi: SL(2,\mathscr{K})\to G_\pi(\mathscr{K})$ 导出一个群同态

$$\tau_\alpha^\pi: \mathbf{G}_m \to G_\pi(\mathscr{K})$$

$$m \longmapsto \varphi_\alpha^\pi \begin{pmatrix} m & 0 \\ 0 & m^{-1} \end{pmatrix}.$$

我们希望它是代数群同态. 因为

$$\tau_\alpha^\pi(m) = \varepsilon_\alpha^\pi(m)\varepsilon_{-\alpha}^\pi(-m^{-1})\varepsilon_\alpha^\pi(m)(n_\alpha^\pi)^{-1},$$

对 $V_\mathscr{K}$ 的任一基，右边变换的矩阵的元素显然是 m 与 m^{-1} 的多项式，所以 τ_α^π 确实是代数群同态. 由此推知 $G_\pi(\mathscr{K})$ 的子群 $\mathrm{Im}\tau_\alpha^\pi$ 都是连通与闭的. 但 $T_\pi(\mathscr{K})$ 由这些 $\mathrm{Im}\tau_\alpha^\pi$ 生成(见 3.1.6(3))，又据(*)，$T_\pi(\mathscr{K})$ 是 $G_\pi(\mathscr{K})$ 的连通闭子群. 但 $T_\pi(\mathscr{K})$ 在 (3.1.5) 所取的基下是对角矩阵组成的子群，所以 $T_\pi(\mathscr{K})$ 是 $G_\pi(\mathscr{K})$ 的环面.

同理，因为 $B_\pi(\mathscr{K})$ 由 $T_\pi(\mathscr{K})$ 与 $U_{\pi,\alpha}(\mathscr{K})(\alpha\in\Phi^+)$ 生成，所以也是 $G_\pi(\mathscr{K})$ 的连通闭子群. 如果采用 (3.1.5) 的基，则 $B_\pi(\mathscr{K})$ 的元素都是上三角矩阵，所以 $B_\pi(\mathscr{K})$ 是可解群.

任取 $G_\pi(\mathscr{K})$ 的含 $B_\pi(\mathscr{K})$ 的子群. 据 (3.1.6(9))，这个子群具有 $P_{\pi,J}(\mathscr{K})$ 的形式，对某个 $J\subset\Sigma$. 若 $P_{\pi,J}(\mathscr{K})\neq B_\pi(\mathscr{K})$，则显然 $J\neq\varnothing$，因此至少有一个 $\alpha\in J$. 不难看出 φ_α^π 的象落在 $P_{\pi,J}(\mathscr{K})$ 中. 这个象（至少作为抽象群）同构于 $SL(2,\mathscr{K})/\mathrm{Ker}\varphi_\alpha^\pi$，后者是半单线性代数群，因为据 (3.1.6(2))，$\mathrm{Ker}\varphi_\alpha^\pi$ 有限. 由此可见，$P_{\pi,J}(\mathscr{K})$ 含有一个不可解的子群，从而 $P_{\pi,J}(\mathscr{K})$ 不可解. 于是，我们证明了 $B_\pi(\mathscr{K})$ 是 $G_\pi(\mathscr{K})$ 的极大连通可解子群，即 Borel 子群.

再回到 $T_\pi(\mathscr{K})$. 设 T 是 $B_\pi(\mathscr{K})$ 的含 $T_\pi(\mathscr{K})$ 的极大环面，则

$$B_\pi(\mathscr{K}) = T_\pi(\mathscr{K})\ltimes U_\pi^+(\mathscr{K}) = T\ltimes R_u(B_\pi(\mathscr{K})).$$

因为 $T_\pi(\mathscr{K})\subset T$，$U_\pi^+(\mathscr{K})\subset R_u(B_\pi(\mathscr{K}))$（因为 $U_\pi^+(\mathscr{K})$ 由幂么元组成)，迫使 $T_\pi(\mathscr{K})=T$，$U_\pi^+(\mathscr{K})=R_u(B_\pi(\mathscr{K}))$.

(5) 设 μ 是 $\mathfrak{g}$ 模 V 的权，则由 (3.1.7(4))，μ 是 $G_\pi(\mathscr{K})$ 在 $V_\mathscr{K}$ 上的自然表示的 $T_\pi(\mathscr{K})$ 权. 因为自然表示是有理的，所以 μ 是 $T_\pi(\mathscr{K})$ 的有理特征标. 由此可见，$\mathfrak{X}_\pi$ 的一组生成元在我

们所建立的映射下映到了 $\mathfrak{X}(T_\pi(\mathscr{K}))$ 内. 又,根据我们的作法,这个映射显然保持运算,于是,我们得到了从 $\mathfrak{X}_\pi$ 到 $\mathfrak{X}(T_\pi(\mathscr{K}))$ 的 Abel 群同态. 据 (1.2.2(2)), $\mathfrak{X}(T_\pi(\mathscr{K}))$ 由 $V_{\mathscr{K}}$ 的权生成,即由 $\mathfrak{X}_\pi$ 的一组生成元的象生成,所以上述群同态是满的. 最后,设 $\mu\in\mathfrak{X}_\pi$ 在此同态的核中,则对任意一组 $m_1, m_2, \cdots, m_l(m_i\in\mathscr{K}^*)$, 均有

$$m_1^{\langle\mu,\alpha_1^\vee\rangle}m_2^{\langle\mu,\alpha_2^\vee\rangle}\cdots m_l^{\langle\mu,\alpha_l^\vee\rangle}=1,$$

由于 $\mathscr{K}$ 是无限域,迫使所有 $\langle\mu,\alpha_i^\vee\rangle=0$, 即 $\mu=0$. 所以所建立的 Abel 群同态也是内射. (5) 得证.

(6) 为找出$G_\pi(\mathscr{K})$关于$T_\pi(\mathscr{K})$的根系,只要考虑 $T_\pi(\mathscr{K})$ 在 Borel 子群 $B_\pi(\mathscr{K})$的 Lie 代数上的伴随作用. 用 $\mathfrak{L}$ 表示代数群的 Lie 代数,则有

$$\begin{aligned}\mathfrak{L}(B_\pi(\mathscr{K}))&=\mathfrak{L}(T_\pi(\mathscr{K}))\oplus\mathfrak{L}(U_\pi^+(\mathscr{K}))\quad(\text{据 }(3.1.6(6))\\&=\mathfrak{L}(T_\pi(\mathscr{K}))\oplus\Big(\coprod_{\alpha\in\Phi^+}\mathfrak{L}(U_{\pi,\alpha}(\mathscr{K}))\Big).\end{aligned}$$

(据 (3.1.6(5))

因为 $U_{\pi,\alpha}(\mathscr{K})\cong\mathbb{G}_a$, 所以 $\dim\mathfrak{L}(U_{\pi,\alpha}(\mathscr{K}))=1$. 又据 (3.1.7(5)), $t\in T_\pi(\mathscr{K})$在$U_{\pi,\alpha}(\mathscr{K})$上的共轭作用稳定 $U_{\pi,\alpha}(\mathscr{K})$,它只相当于用非零纯量$\alpha(t)$乘在 $\mathbb{G}_a$ 的元素上,所以 t 在 $\mathfrak{L}(U_{\pi,\alpha}(\mathscr{K}))$ 上的作用也只是乘纯量 $\alpha(t)$. 这表明, 上述后一个分解式是 $\mathfrak{L}(B_\pi(\mathscr{K}))$ 的根空间分解, $\mathfrak{L}(U_{\pi,\alpha}(\mathscr{K}))$ 是根 α 的根空间. 所以在 $\mathfrak{L}(B_\pi(\mathscr{K}))$ 中出现的根正好是 Φ^+, 从而 $G_\pi(\mathscr{K})$ 关于 $T_\pi(\mathscr{K})$ 的整个根系是 Φ.

(7) 设 $\mathfrak{X}_\pi\subset\mathfrak{X}_{\pi'}$, 则有群同态 $\theta: G_{\pi'}(\mathscr{K})\to G_\pi(\mathscr{K})$, 如 (3.1.6(1)) 所述. 我们还要证明 θ 是代数簇的态射.

先证 $\theta|U_{\pi'}^+(\mathscr{K})$ 与 $\theta|U_{\pi'}^-(\mathscr{K})$ 是到它的象的代数簇的同构. 由于(3.1.6(5)), $U_{\pi'}^+(\mathscr{K})$作为代数簇同构于 $\coprod_{\alpha\in\Phi^+}U_{\pi',\alpha}(\mathscr{K})$ (按某一固定顺序作 Zariski 积),又由(1), $\varepsilon_\alpha^{\pi'}$ 是 $\mathbb{G}_a$ 到 $U_{\pi',\alpha}(\mathscr{K})$ 的同构,所以可把 $\theta|U_{\pi'}^+(\mathscr{K})$ 分解为

$$U^+_{\pi'}(\mathscr{K}) \xrightarrow{\sim} \prod_{\alpha\in\Phi^+} U_{\pi',\alpha}(\mathscr{K}) \xrightarrow[\sim]{\Pi(\varepsilon^{\pi'}_\alpha)^{-1}} \prod_{\alpha\in\Phi^+} \mathbb{G}_a$$

$$\xrightarrow[\sim]{\Pi\varepsilon^{\pi}_\alpha} \prod_{\alpha\in\Phi^+} U_{\pi,\alpha}(\mathscr{K}) \Longrightarrow U^+_\pi(\mathscr{K}).$$

由此可见 $\theta|U^+_{\pi'}(\mathscr{K})$ 是 $U^+_{\pi'}(\mathscr{K})$ 到 $U^+_\pi(\mathscr{K})$的代数簇（从而也是代数群)同构. 对 $\theta|U^-_{\pi'}(\mathscr{K})$，情况完全一样.

现在再证 $\theta|T_{\pi'}(\mathscr{K})$ 是代数簇的态射. 考虑从 $SL(2,\mathscr{K})$ 到 $G_\pi(\mathscr{K})$ 的两个群同态 φ^π_α 与 $\theta\circ\varphi^{\pi'}_\alpha$. 它们在 $SL(2,\mathscr{K})$ 的生成元上是一致的,从而 $\varphi^\pi_\alpha=\theta\circ\varphi^{\pi'}_\alpha$. 特别，对 $m\in\mathbb{G}_m$，我们有 $\theta(\tau^{\pi'}_\alpha(m))=\tau^\pi_\alpha(m)$. 现在若 $\mu\in\mathfrak{X}_\pi=\mathfrak{X}(T_\pi(\mathscr{K}))$，则 $\mu\circ\theta$ 为如下映射:

$$\prod_{i=1}^{l}\tau^{\pi'}_{\alpha_i}(m_i) \overset{\theta}{\longmapsto} \prod_{i=1}^{l}\tau^{\pi}_{\alpha_i}(m_i) \overset{\mu}{\longmapsto} \prod_{i=1}^{l} m_i^{\langle\mu,\alpha_i^\vee\rangle},$$

这正是把 μ 直接看成 $\mathfrak{X}_{\pi'}=\mathfrak{X}(T_{\pi'}(\mathscr{K}))$ 的元素而得到的同态 $T_{\pi'}(\mathscr{K})\to\mathbb{G}_m$. 由此可见 $\mu\circ\theta$ 是 $T_{\pi'}(\mathscr{K})$ 上的正则函数. 但 $\mathfrak{X}_\pi$ 生成了 $\mathscr{K}[T_\pi(\mathscr{K})]$（见(1.2.1(6)))，所以对所有 $f\in\mathscr{K}[T_\pi(\mathscr{K})]$,均有 $f\circ\theta\in\mathscr{K}[T_{\pi'}(\mathscr{K})]$. 可见 $\theta|T_{\pi'}(\mathscr{K})$ 是代数簇的态射.

现在考虑 $G_{\pi'}(\mathscr{K})$的开集 $\Omega_{\pi'}=U^-_{\pi'}(\mathscr{K})T_{\pi'}(\mathscr{K})U^+_{\pi'}(\mathscr{K})$. 作为代数簇,它同构于 $U^-_{\pi'}(\mathscr{K})\times T_{\pi'}(\mathscr{K})\times U^+_{\pi'}(\mathscr{K})$，于是可把 $\theta|\Omega_{\pi'}$ 分解为

$$\Omega_{\pi'} \xrightarrow{\sim} U^-_{\pi'}(\mathscr{K}) \times T_{\pi'}(\mathscr{K}) \times U^+_{\pi'}(\mathscr{K})$$

$$\xrightarrow{\theta|U^-_{\pi'}(\mathscr{K})\times\theta|T_{\pi'}(\mathscr{K})\times\theta|U^+_{\pi'}(\mathscr{K})} U^-_\pi(\mathscr{K}) \times T_\pi(\mathscr{K}) \times U^+_\pi(\mathscr{K})$$

$$\xrightarrow{\sim} \Omega_\pi \hookrightarrow G_\pi(\mathscr{K}).$$

由此可见 $\theta|\Omega_{\pi'}$ 是代数簇的态射.

最后,对任意 $g\in G_{\pi'}(\mathscr{K})$，$\theta|g\Omega_{\pi'}$ 可以分解如下:

$$g\Omega_{\pi'} \xrightarrow{\text{左乘}g^{-1}} \Omega_{\pi'} \xrightarrow{\theta|\Omega_{\pi'}} G_\pi(\mathscr{K}) \xrightarrow{\text{左乘}\theta(g)} G_\pi(\mathscr{K}).$$

所以 $\theta|g\Omega_{\pi'}$ 是代数簇的态射. 但所有形如 $g\Omega_{\pi'}$ 的开集覆盖了

$G_{\pi'}(\mathscr{K})$，所以 θ 本身是代数簇的态射，从而 θ 是代数群同态. 证毕.

我们还有两点说明：其一，采用类似于上面 (7) 的证法，可以证明 $\varphi_\alpha^\pi: SL(2,\mathscr{K}) \to G_\pi(\mathscr{K})$ 是代数群同态. 其二，如果 π 不是忠实的，仍可构作出群 $G_\pi(\mathscr{R})$，它或者是平凡的，或者仍是个 Chevalley 群，这是因为 π 可以看成 $\mathfrak{g}/\mathrm{Ker}\pi$ 的忠实表示，而 $\mathfrak{g}/\mathrm{Ker}\pi$ 或者是平凡的，或者仍是个复半单 Lie 代数，在后一种情况，$G_\pi(\mathscr{R})$ 为对应 $\mathfrak{g}/\mathrm{Ker}\pi$ 的 Chevalley 群. 对这种一般情况，如果 $\mathfrak{X}_\pi \subset \mathfrak{X}_{\pi'}$，则仍有群同态 $\theta: G_{\pi'}(\mathscr{R}) \to G_\pi(\mathscr{R})$，把 $\varepsilon_\alpha^{\pi'}(a)$ 映到 $\varepsilon_\alpha^\pi(a)$，不过可能有某些 $\varepsilon_\alpha^{\pi'}(a)$ 或 $\varepsilon_\alpha^\pi(a)$ 形式的元素是平凡的. 若 $\mathscr{R} = \mathscr{K}$ 是代数闭域，(3.1.8) 中除了 (1) 与 (6) 要稍作修改外，其余结论仍然成立. 其中 (2)—(5) 只要用 $\mathfrak{g}/\mathrm{Ker}\pi$ 代替 $\mathfrak{g}$，结论直接得出；对于 (7)，显然有 $\mathrm{Ker}\pi' \subset \mathrm{Ker}\pi$，用 $\mathfrak{g}/\mathrm{Ker}\pi'$ 代替 $\mathfrak{g}$，可设 π' 是忠实的，原证明仍然可用. (3.1.8) 的 (1) 要改为 $\varepsilon_\alpha^\pi: \mathrm{G}_a \to U_{\pi,\alpha}(\mathscr{K})$ 或者是同构，或者把整个 G_a 映到 $\{1\}$，这取决于 $\pi_{\mathscr{K}}(X_{\alpha,1})$ 是否为零变换. (6) 改成 $G_\pi(\mathscr{K})$ 的根系为 Φ 的某些不可约分支的并，即 $\mathfrak{g}/\mathrm{Ker}\pi$ 的根系. 我们这里强调一下非忠实的情况，是因为下文确实需要讨论非忠实表示.

3.2 Weyl 模与不可约模

我们先把 § 3.1 的结果表述成模的语言.

(3.2.1) 命题. 设 G 是半单线性代数群，T 是它的极大环面，Φ 是 G 关于 T 的根系. 又设 $\mathfrak{g}$ 是具有根系 Φ 的复半单 Lie 代数，$\pi: \mathfrak{g} \to \mathfrak{gl}(V)$ 是 $\mathfrak{g}$ 的有限维表示，且 $\mathfrak{X}_\pi \subset \mathfrak{X}(T)$，$V_\mathbf{Z}$ 是 V 的任一 $\mathfrak{U}_\mathbf{Z}$ 容许格，$V_\mathscr{K} = V_\mathbf{Z} \otimes_\mathbf{Z} \mathscr{K}$，则 $V_\mathscr{K}$ 典范地具有一个有理 G 模结构，并且 $\mathrm{ch}(V_\mathscr{K}) = \mathrm{ch}(V)$，其中 $\mathrm{ch}(V)$ 是 $\mathfrak{g}$ 模 V 的形式特征标.

证明. 因为 $\mathfrak{X}(T)$ 是介于 $\mathfrak{X}_r$ 与 $\mathfrak{X}_w$ 之间的一个格，据 Lie 代数表示理论知道，可以找到 $\mathfrak{g}$ 的一个有限维忠实表示 $\pi': \mathfrak{g} \to \mathfrak{gl}(V')$，使 $\mathfrak{X}_{\pi'} = \mathfrak{X}(T)$. 按 § 3.1 作出 Chevalley 群 $G_{\pi'}(\mathscr{K})$ 与

它的极大环面 $T_{\pi'}(\mathscr{K})$，据 (3.1.8)，$G_{\pi'}(\mathscr{K})$ 关于 $T_{\pi'}(\mathscr{K})$ 的根系为 Φ，且 $\mathfrak{X}(T_{\pi'}(\mathscr{K}))=\mathfrak{X}_{\pi'}=\mathfrak{X}(T)$. 根据半单线性代数群分类定理，$G_{\pi'}(\mathscr{K})$ 作为代数群同构于 G，并且可以建立一个同构使 $T_{\pi'}(\mathscr{K})$ 的象就是 T. 因此，我们可以直接认为 G 就是 $G_{\pi'}(\mathscr{K})$，T 就是 $T_{\pi'}(\mathscr{K})$.

由于 $\mathfrak{X}_{\pi}\subset\mathfrak{X}_{\pi'}$，所以有典范的代数群同态 $\theta: G_{\pi'}(\mathscr{K})\to G_{\pi}(\mathscr{K})\subset GL(V_{\mathscr{K}})$，这就给 $V_{\mathscr{K}}$ 以典范的有理 G 模结构. 因为 θ 把 $\prod_{i=1}^{l}\tau_{\alpha_i}^{\pi'}(m_i)$ 映到 $\prod_{i=1}^{l}\tau_{\alpha_i}^{\pi}(m_i)$，再据 (3.1.7(4)) 得知，在 $\mathfrak{g}$ 模 V 的 $\mathfrak{h}$ 权空间 V_{μ} 上，$T_{\pi'}(\mathscr{K})$ 的元素也是通过权 μ 作用的，所以 $\mathrm{ch}(V_{\mathscr{K}})=\mathrm{ch}(V)$. 证毕.

一般说来，G 模 $V_{\mathscr{K}}$ 的结构与容许格 $V_{\mathbf{Z}}$ 的选取有关，但 $V_{\mathscr{K}}$ 的合成因子却是被 V 的 $\mathfrak{g}$ 模结构（以及 $\mathscr{K}$）完全确定了. 这实际上就是 Brauer 的理论(参看 [Ser 1, Th.32]). 但如果我们证明了不可约 G 模的形式特征标组成了 $\mathbf{Z}\mathfrak{X}(T)^{W}$ 的基（参看下文 (3.3.1)），这个结论只是它的简单推论了，因为从 (3.2.1) 已经知道 $\mathrm{ch}(V_{\mathscr{K}})$ 与 $V_{\mathbf{Z}}$ 的选取无关.

现在考虑 V 是有限维不可约 $\mathfrak{g}$ 模的特殊情况. 我们从 Lie 代数表示理论知道，有限维不可约 $\mathfrak{g}$ 模可以用 $\mathfrak{X}_{w}^{+}$ 的元素作指标：每个 $\lambda\in\mathfrak{X}_{w}^{+}$ 对应唯一的有限维不可约 $\mathfrak{g}$ 模(在同构意义下) $V(\lambda)_0$，它以 λ 为最高权；反之，每个有限维不可约 $\mathfrak{g}$ 模必具有 $V(\lambda)_0(\lambda\in\mathfrak{X}_{w}^{+})$ 的形式.

仍设给定具有与 $\mathfrak{g}$ 相同的根系的半单线性代数群 G 及其极大环面 T. 设 $\lambda\in\mathfrak{X}(T)^{+}$，于是有一个不可约 $\mathfrak{g}$ 模 $V(\lambda)_0$. 取定它的一个极大向量(当然是权 λ 的) v^{+}. 据 (3.1.4)，$V(\lambda)_{\mathbf{Z}}=\mathfrak{U}_{\mathbf{Z}}v^{+}$ 是 $V(\lambda)_0$ 的 $\mathfrak{U}_{\mathbf{Z}}$ 容许格. 令

$$V(\lambda)=V(\lambda)_{\mathbf{Z}}\otimes\mathscr{K}.$$

因为 $V(\lambda)_0$ 的权都是 λ 减去某些正根和的形式，所以 $V(\lambda)_0$ 的权都在 $\mathfrak{X}(T)$ 中. 于是，据 (3.2.1)，$V(\lambda)$ 成为一个有理 G 模. 这样构作出来的 G 模 $V(\lambda)(\lambda\in\mathfrak{X}(T)^{+})$ 称为 G 的带最高权 λ 的

Weyl 模.

因为 $V(\lambda)_0$ 中 λ 的权空间只有一维，不同的 v^+ 只差一个纯量倍数，所以所得到的容许格 $\mathfrak{U}_\mathbf{Z}v^+$ 彼此间也只差一个纯量倍数，从而彼此同构. 由此可见，$V(\lambda)$ 的 G 模结构被 $V(\lambda)_0$，也就是被 λ 唯一确定了. 因此，G 的 Weyl 模可以用 $\mathfrak{X}(T)^+$ 的元素作指标，每个 $\lambda\in\mathfrak{X}(T)^+$ 对应唯一的 Weyl 模 $V(\lambda)$.

(3.2.2) 命题. Weyl 模 $V(\lambda)$ 是最高权 λ 的最高权模.

证明. 因为 $\mathrm{ch}(V(\lambda))=\mathrm{ch}(V(\lambda)_0)$，所以 λ 在 $V(\lambda)$ 的权中是最大的，且 $V(\lambda)_\lambda$ 由向量 $\bar{v}^+=v^+\otimes 1$ 张成. 因此，只要证 $V(\lambda)$ 作为 G 模被 $\bar{v}^+$ 生成就可以了.

因为 $V(\lambda)_\mathbf{Z}=\mathfrak{U}_\mathbf{Z}v^+$，所以

$$\begin{aligned}V(\lambda)&=V(\lambda)_\mathbf{Z}\otimes\mathscr{K}=\mathfrak{U}_\mathbf{Z}v^+\otimes\mathscr{K}\\&=(\mathfrak{U}_\mathbf{Z}\otimes\mathscr{K})\bar{v}^+=\mathfrak{U}_\mathscr{K}\bar{v}^+.\end{aligned}$$

所以 $V(\lambda)$ 作为 $\mathfrak{U}_\mathscr{K}$ 模被 $\bar{v}^+$ 生成. 于是我们只要证明 $\mathfrak{U}_\mathscr{K}$ 的生成元 $X_{\alpha,r}(\alpha\in\Phi,r\in\mathbf{Z}^+)$ 所对应的 $V_\mathscr{K}$ 上的线性变换 $\pi_\mathscr{K}(X_{\alpha,r})$ 可以写成 G 的元素所对应的线性变换的线性组合，这里 $\pi:\mathfrak{g}\to\mathfrak{gl}(V(\lambda)_0)$ 是给定的 $\mathfrak{g}$ 的不可约表示. 因为只考虑 G 在 $V(\lambda)$上的作用，可以把 G 换成 $G_\pi(\mathscr{K})$. 据 (3.1.5(2)) 及 Φ 的有限性，可以找到一个 $r_0\in\mathbf{Z}^+$，使得对所有 $\alpha\in\Phi$ 与 $r>r_0$，均有 $\pi_\mathscr{K}(X_{\alpha,r})=0$. 所以我们只要考虑满足 $r\leqslant r_0$ 的 $X_{\alpha,r}$. 对所有 $a\in\mathscr{K}$，

$$\begin{aligned}\varepsilon_\alpha^\pi(a)&=1+a\pi_\mathscr{K}(X_{\alpha,1})+a^2\pi_\mathscr{K}(X_{\alpha,2})+\cdots\\&=1+a\pi_\mathscr{K}(X_{\alpha,1})+a^2\pi_\mathscr{K}(X_{\alpha,2})+\cdots+a^{r_0}\pi_\mathscr{K}(X_{\alpha,r_0})\end{aligned}$$

是 $G_\pi(\mathscr{K})$ 的元素. 因为 $\mathscr{K}$ 是无限域，可以取到 r_0+1 个不同的 $a_i\in\mathscr{K}(i=0,1,\cdots,r_0)$，得到 r_0+1 个关于 $\pi_\mathscr{K}(X_{\alpha,r})$ 的线性方程组成的方程组:

$$\begin{cases}\pi_\mathscr{K}(X_{\alpha,0})+a_0\pi_\mathscr{K}(X_{\alpha,1})+a_0^2\pi_\mathscr{K}(X_{\alpha,2})+\cdots\\\quad+a_0^{r_0}\pi_\mathscr{K}(X_{\alpha,r_0})=\varepsilon_\alpha^\pi(a_0),\\\pi_\mathscr{K}(X_{\alpha,0})+a_1\pi_\mathscr{K}(X_{\alpha,1})+a_1^2\pi_\mathscr{K}(X_{\alpha,2})+\cdots\\\quad+a_1^{r_0}\pi_\mathscr{K}(X_{\alpha,r_0})=\varepsilon_\alpha^\pi(a_1),\end{cases}$$

$$
\left\{\begin{array}{l}
\cdots\cdots\cdots\cdots \\
\pi_{\mathscr{K}}(X_{\alpha,0}) + a_{r_0}\pi_{\mathscr{K}}(X_{\alpha,1}) + a_{r_0}^2\pi_{\mathscr{K}}(X_{\alpha,2}) + \\
\quad \cdots + a_{r_0}^{r_0}\pi_{\mathscr{K}}(X_{\alpha,r_0}) = \varepsilon_\alpha^\pi(a_{r_0}),
\end{array}\right.
$$

它的系数行列式是 Vandermonde 行列式，所以非零. 从这个方程组即可解出 $\pi_{\mathscr{K}}(X_{\alpha,r})$，即把它表示成 $\varepsilon_\alpha^\pi(a_i)\in G_\pi(\mathscr{K})$ 的线性组合. 证毕.

(3.2.3) 定理. 设 $\lambda\in \mathfrak{X}(T)^+$，则存在以 λ 为最高权的不可约 G 模 $M(\lambda)$.

证明. 我们已有最高权 λ 的 Weyl 模 $V(\lambda)$，据 (3.2.2)，它是最高权模. 于是，$V(\lambda)$ 关于其唯一的极大真子模的商模就是最高权 λ 的不可约 G 模(参看 (2.2.3(2))). 证毕.

例 1. 本例是 § 2 例 1 与例 2 的继续，目的在于：(1) 说明 §3.1 与 §3.2 的有关概念与构作过程，特别在于表明一个 $\mathfrak{g}$ 模 V 可以有互不同构的 $\mathfrak{U}_{\mathbf{Z}}$ 容许格，从而可以构作出不同的 G 模 $V_{\mathscr{K}}$；(2) 证明 § 2 例 2 针对 $SL(2,\mathscr{K})$ 所定义的 Weyl 模确实是本节意义下的 Weyl 模.

现在设 $G=SL(2,\mathscr{K})$，而 $\mathfrak{g}=\mathfrak{sl}(2,\mathbb{C})$. $\mathfrak{g}$ 的 Chevalley 基可以取为

$$
X_\alpha=\begin{pmatrix}0 & 1\\ 0 & 0\end{pmatrix},\quad H=\begin{pmatrix}1 & 0\\ 0 & -1\end{pmatrix},\quad X_{-\alpha}=\begin{pmatrix}0 & 0\\ 1 & 0\end{pmatrix}.
$$

设 $\pi:\mathfrak{g}\longrightarrow \mathfrak{gl}(V_0)$ 是 $\mathfrak{g}$ 的 2 维自然表示，$\{x_0, y_0\}$ 是取上述矩阵时所用的基. 又设 $V_0^{[n]}$ 为关于 x_0,y_0 的 n 次齐次多项式空间，$\mathfrak{g}$"微分地"作用在 $V_0^{[n]}$ 上，则不难验证 $V^{[n]}$ 是最高权 $n\omega$ 的不可约 $\mathfrak{g}$ 模，这里 ω 是由 $H\mapsto 1$ 决定的权. 令 $v_i=x_0^{n-i}y_0^i$，$i=0,1,\cdots,n$，则 $\{v_0,v_1,\cdots,v_n\}$ 是 $V_0^{[n]}$ 的一组基. 容易验证，H,X_α 与 $X_{-\alpha}$ 在基向量上的作用是

$$
\begin{cases}
Hv_i=(n-2i)v_i,\\
X_\alpha v_i=iv_{i-1},\\
X_{-\alpha}v_i=(n-i)v_{i+1}.
\end{cases}
$$

这里约定当 $i<0$ 或 $i>n$ 时 $v_i=0$. 利用这些关系式，可以归纳地证明，对 $r\in\mathbf{Z}^+$，有

$$
\begin{cases}
(X_\alpha^r/r!)v_i=\begin{pmatrix} i\\ r\end{pmatrix}v_{i-r},\\[2ex]
(X_{-\alpha}^r/r!)v_i=\begin{pmatrix} n-i\\ r\end{pmatrix}v_{i+r}.
\end{cases}
$$

由此可见 $\{v_0, v_1, \cdots, v_n\}$ 的 $\mathbb{Z}$ 张成是 $V_0^{[n]}$ 的 $\mathfrak{U}_\mathbf{Z}$ 容许格，记之为 $V_\mathbf{Z}^{[n]}$. 因为 G 的权格为 $\mathfrak{X}_W$，所以通过 $V_\mathbf{Z}^{[n]}$ 可得到一个有理 G 模 $V_{\mathscr{K}}^{[n]} = V_\mathbf{Z}^{[n]} \otimes_\mathbf{Z} \mathscr{K}$. 令 $\bar{v}_i = v_i \otimes 1$，则由以下公式可推出 $\varepsilon_\alpha^\pi(a)$ 与 $\varepsilon_{-\alpha}^\pi(a)$ 在 $\bar{v}_i$ 上的作用:

$$\begin{cases} \varepsilon_\alpha^\pi(a)\bar{v}_i = \sum\limits_{j=0}^{i} \begin{pmatrix} i \\ j \end{pmatrix} a^{i-j}\bar{v}_j, \\ \varepsilon_{-\alpha}^\pi(a)\bar{v}_i = \sum\limits_{j=i}^{n} \begin{pmatrix} n-i \\ n-j \end{pmatrix} a^{j-i}\bar{v}_j. \end{cases}$$

与 § 2 例 1 中 $\varepsilon_{\pm\alpha}(a)$ 在 $x^{n-i}y^i$ 上的作用公式相比，则可知道我们所得到的 G 模 $V_{\mathscr{K}}^{[n]}$ 同构于那里的 $V^{[n]}$.

因为 v_0 是 $V_0^{[n]}$ 的极大向量，如果取 $\mathfrak{U}_\mathbf{Z}$ 容许格 $\mathfrak{U}_\mathbf{Z}v_0$，则 $\mathfrak{U}_\mathbf{Z}v_0 \otimes_\mathbf{Z} \mathscr{K}$ 将成为 G 的 Weyl 模 $V(n\omega)$. 因为 $X_\alpha^r/r!$ 与 $\begin{pmatrix} H \\ r \end{pmatrix}$ 在 v_0 上都只是纯量，所以 $\mathfrak{U}_\mathbf{Z}v_0$ 是 $(X_{-\alpha}^i/i!)v_0 (i \geqslant 0)$ 的 $\mathbb{Z}$ 张成. 当 $i > n$ 时 $n\omega - i\alpha = (n-2i)\omega$ 不是 $V_0^{[n]}$ 的权，所以此时 $(X_{-\alpha}^i/i!)v_0 = 0$，因此 $\mathfrak{U}_\mathbf{Z}v_0$ 由 $v_i' = (X_{-\alpha}^i/i!)v_0$ $(i = 0, 1, \cdots, n)$ 张成. 这里总共就 $n+1 = \dim V_0^{[n]}$ 个向量，迫使 $\{v_0', v_1', \cdots, v_n'\}$ 成为 $\mathfrak{U}_\mathbf{Z}v_0$ 的 $\mathbb{Z}$ 基. 根据上文 $X_{-\alpha}^r/r!$ 在 v_i 上的作用公式得出

$$v_i' = \begin{pmatrix} n \\ i \end{pmatrix} v_i = \begin{pmatrix} n \\ i \end{pmatrix} x_0^{n-i} y_0^i.$$

对于这组基，有

$$\begin{cases} Hv_i' = (n-2i)v_i', \\ X_\alpha v_i' = (n-i+1)v_{i-1}', \\ X_{-\alpha}v_i' = (i+1)v_{i+1}'. \end{cases}$$

关于下标的约定如 v_i. 我们可归纳地证得

$$\begin{cases} (X_\alpha^r/r!)v_i' = \begin{pmatrix} n-i+r \\ r \end{pmatrix} v_{i-r}', \\ (X_{-\alpha}^r/r!)v_i' = \begin{pmatrix} i+r \\ r \end{pmatrix} v_{i+r}', \end{cases}$$

由这些公式可以看出，一般地说，$\mathfrak{U}_\mathbf{Z}v_0$ 与上文的 $V_\mathbf{Z}^{[n]}$ 是两个互不同构的容许格. 再用 $\bar{v}_i'$ 表示 $\mathfrak{U}_\mathbf{Z}v_0 \otimes_\mathbf{Z} \mathscr{K}$ 的基向量 $v_i' \otimes 1$，则可推得

$$\begin{cases} \varepsilon_\alpha^\pi(a)\bar{v}_i' = \sum\limits_{j=0}^{i} \begin{pmatrix} n-j \\ n-i \end{pmatrix} a^{i-j}\bar{v}_j', \\ \varepsilon_{-\alpha}^\pi(a)\bar{v}_i' = \sum\limits_{j=i}^{n} \begin{pmatrix} j \\ i \end{pmatrix} a^{j-i}\bar{v}_j'. \end{cases}$$

读者可以验证，G 模 $V(\lambda)$ 与 $V_{\mathscr{K}}^{[n]}$ 互为反轭模：在 $(V_0^{[n]})^*$ 中取 $f_0, f_1, \cdots, f_n$ 是对偶于 $(-1)^n v_n, (-1)^{n-1} v_{n-1}, \cdots, v_0$ 的基，即满足

$$f_{n-j}((-1)^i v_i) = \delta_{ij}$$

的基，则 $\varepsilon_\alpha(a)$ 与 $\varepsilon_{-\alpha}(a)$ 的作用公式正是如上所述（$\bar{v}_i'$ 换成 f_i）。因此，§2 例 2 中称 $V^{[n]}$ 的反轭模为 Weyl 模是合理的.

最后，提醒读者注意，只要 $V_{\mathscr{K}}^{[n]}$ 不是不可约，它与它的反轭模不同构. 而我们知道，在很多情况下 $V_{\mathscr{K}}^{[n]}$ 不是不可约的（参看 §2 例 1）. 因此，我们确实从一个 $\mathfrak{g}$ 模出发，通过不同的容许格，得到不同构的 G 模.

把 (3.2.3) 与 (2.3.1) 结合起来，就可以对半单线性代数群 G 的不可约模的分类作一个很好的描述. 这个描述可以在更广泛的意义下进行（参看 (3.2.5)）. 暂时我们先简单考察一下在构作不可约 G 模时得到的副产品 Weyl 模. 它们似乎只是为了构作不可约 G 模而出现的，但实际上远非如此——Weyl 模本身是一类非常重要的 G 模. 其一，它们的形式特征标与复半单 Lie 代数的对应不可约模的形式特征标一样，因此可用 Weyl 公式、Kostant 公式或 Freudenthal 公式（参看 [Hum1]）等大家熟悉的公式算出. 因此，很自然地想用 Weyl 模的形式特征标公式去推导不可约 G 模的形式特征标公式. 其二，Weyl 模有一个很好的普遍性质：任何最高权模都是具有同一最高权的 Weyl 模的商模. 这个结论虽然简单，但它的证明却要用到层上同调，我们将在第四章证明之.

现在我们把 (3.2.3) 与 (2.3.1) 的主要结论推广到任意连通线性代数群. 为此，必须先定义 $\mathfrak{X}(T)^+$.

任何连通线性代数群 G 的极大环面总是同构地映到简约群 $G/R_u(G)$ 内，所以只要对连通简约群定义 $\mathfrak{X}(T)^+$ 就可以了. 现在直接设 G 是连通简约群，T 是它的极大环面. 取定 G 关于 T 的根系 Φ 的基 Σ，则可以象半单的情况一样在 $\mathfrak{X}(T)$ 中定义一个半序：$\lambda \geqslant \mu$ 当且仅当 $\lambda - \mu$ 为正根（或单根）的非负整线性组合. 如果仍用 W 表示 G 关于 T 的 Weyl 群，则可令

$$\mathfrak{X}(T)^+ = \{\chi \in \mathfrak{X}(T) \mid \chi \geqslant w\chi, \ \forall w \in W\}.$$

在半单的情况这与原定义等价.

另一方面，设 $G' = (G,G)$，$T' = G' \cap T$，则 G' 是半单群，T' 是它的极大环面，G' 关于 T' 的根系也是 Φ. 于是 T' 关于 Φ 的基 Σ 的支配权集 $\mathfrak{X}(T)^+$ 就完全确定了.

显然，群的包含关系导出了如下 Abel 群同态的交换图:

$$\begin{array}{ccc} \mathfrak{X}(T) & \xrightarrow{\eta} & \mathfrak{X}(R(G)) \\ \rho\downarrow & & \downarrow\zeta \\ \mathfrak{X}(T') & \xrightarrow{\xi} & \mathfrak{X}(G' \cap R(G)) \end{array}$$

(3.2.4) 引理. (1) 上图是后络方图，即如果有 $\lambda \in \mathfrak{X}(T')$，$\mu \in \mathfrak{X}(R(G))$，使 $\xi(\lambda) = \zeta(\mu)$，则有唯一的 $\chi \in \mathfrak{X}(T)$，使 $\rho(\chi) = \lambda$，$\eta(\chi) = \mu$.

(2) 设 $\chi_1, \chi_2 \in \mathfrak{X}(T)$ 且 $\chi_1 - \chi_2 \in \mathrm{Ker}\eta$，则 $\chi_1 \geqslant \chi_2$ 当且仅当 $\rho(\chi_1) \geqslant \rho(\chi_2)$；特别，$\chi \in \mathfrak{X}(T)^+$ 当且仅当 $\rho(\chi) \in \mathfrak{X}(T')^+$.

证明. (1) 设有 λ, μ 如引理所述，则

$$(\lambda, \mu): T' \times R(G) \xrightarrow{\lambda \times \mu} \mathbf{G}_m \times \mathbf{G}_m \xrightarrow{\text{乘 法}} \mathbf{G}_m$$

是 $T' \times R(G)$ 的有理特征标，并且在商映射 $T' \times R(G) \to T$ 的核 $\{(x, x^{-1}) \mid x \in G' \cap R(G)\}$ 上是平凡的，所以导出一个有理特征标 $\chi: T \to \mathbf{G}_m$. 显然 $\rho(\chi) = \lambda$，$\eta(\chi) = \mu$. χ 的唯一性也是显然的，因为 χ 在 T 与 $R(G)$ 上的作用已被 λ 与 μ 确定了，而 T 由 T' 与 $R(G)$ 生成.

(2) 显然 ρ 是保序的，所以从 $\chi_1 \geqslant \chi_2$ 总可以推出 $\rho(\chi_1) \geqslant \rho(\chi_2)$. 现在设 $\chi_1 - \chi_2 \in \mathrm{Ker}\eta$ 且 $\rho(\chi_1) \geqslant \rho(\chi_2)$. 可设

$$\rho(\chi_1) - \rho(\chi_2) = \sum_{\alpha \in \Phi^+} n_\alpha \alpha,$$

其中 $n_\alpha \in \mathbf{Z}^+$. 我们断言

$$\chi_1 - \chi_2 = \sum_{\alpha \in \Phi^+} n_\alpha \alpha.$$

这是因为根在 $R(G)$ 上都是平凡的，除了

$$\rho(\chi_1 - \chi_2) = \rho\left(\sum_{\alpha \in \Phi^+} n_\alpha \alpha\right)$$

外，我们还有

$$\eta(\chi_1-\chi_2)=\eta\left(\sum_{\alpha\in\Phi^+}n_\alpha\alpha\right)=0,$$

由 (1) 即得所需的等式. 又，显然 ρ 与W的作用可换，而对任意 $\chi\in\mathfrak{X}(T)$ 与 $w\in W$，总有 $\chi-w\chi\in\operatorname{Ker}\eta$，所以 $\chi\geqslant w\chi$ 当且仅当 $\rho(\chi)\geqslant w\rho(\chi)$. 由此即知 $\chi\in\mathfrak{X}(T)^+$ 当且仅当 $\rho(\chi)\in\mathfrak{X}(T')^+$. 证毕.

(3.2.5) 定理. 设G是连通线性代数群，T 是它的极大环面，$\mathfrak{X}(T)^+$ 如上所定义，那么，不可约G模的同构类与 $\mathfrak{X}(T)^+$ 的元素一一对应. 精确地说，若 $\chi\in\mathfrak{X}(T)^+$，则存在唯一的不可约G模 $M(\chi)$，使χ成为 $M(\chi)$ 的最大的权；反之，任何不可约G模都具有 $M(\chi)$，$\chi\in\mathfrak{X}(T)^+$ 的形式.

证明. 据 (3.2.3) 与 (2.3.1)，对半单群结论已经成立. 又据 (1.4.2(1))，可以直接假定G是连通简约群. 再用 (1.4.2(2)) 以及关于半单群的本定理结论，可知不可约G模的同构类与二元对 (λ,μ) 成一一对应，这里 $\lambda\in\mathfrak{X}(T')^+$，$\mu\in\mathfrak{X}(R(G))$ 且 $\xi(\lambda)=\zeta(\mu)$. λ 是该不可约G模在 G' 的限制的最高权，而 $R(G)$ 通过 μ 作用. 据 (3.2.4) 的两个结论，上述二元对正好与 $\mathfrak{X}(T)^+$ 的元素一一对应. 所以不可约G模的同构类与 $\mathfrak{X}(T)^+$ 的元素一一对应. 设不可约模V对应 χ，根据我们的对应法，$\rho(\chi)$ 是 $V|_{G'}$ 的最高权；又由于 $R(G)$ 在V上是纯量，所以V的任意两权的差都在 $\operatorname{Ker}\eta$ 中，再次用 (3.2.4(2))，χ 是V中最大的权. 证毕.

$M(\chi)$ 作为 $(G/R_u(G),\ G/R_u(G))$ 模已由一个权 χ 的权向量生成，所以作为G模它也是由这个权向量生成，并且这个权向量对于对应正根的 Borel 子群B是半不变的. 与半单的情况类似，我们也把由一个B半不变的向量 v 生成的G模V称为最高权模. 不难证明，在V上 $R(G)$ 只是纯量(从而 $R_u(G)$ 平凡作用)，所以作为 $(G/R_u(G),G/R_u(G))$ 模已是最高权模了. 据此可进一步证明，v 的权 χ 在V的权中是最大的，从而也把 χ 称为V的最高权. 最高权模的同构类与二元对 (V,μ) 一一对应，这里V为最高权 $\lambda\in\mathfrak{X}(T')^+$ 的最高权 $(G/R_u(G),\ G/R_u(G))$ 模，$\mu\in\zeta^{-1}(\xi(\lambda))$.

(V,μ) 的最高权 χ 就是 λ 与 μ 的"后络"． 根据最高权模的定义，$M(\chi)$ 是最高权 χ 的最高权模．

例2. 设 G 是连通可解群，则 $G/R_u(G)$ 是环面，从而 $(G/R_u(G), G/R_u(G))$ 平凡，所以 T' 也是平凡的．由此可见任何 $\lambda \in \mathfrak{X}(T)$ 在 $\mathfrak{X}(T')$ 中的象都是 0，从而 λ 都是支配的．在这种情形 $\mathfrak{X}(T)^+ = \mathfrak{X}(T)$，(3.2,5) 的结论特殊化到这种情形就是 (1.3.3)．

例3. 设 $G = GL(2, \mathscr{K})$，T 为 G 的对角子群，则

$$\omega_1: \begin{pmatrix} m_1 & 0 \\ 0 & m_2 \end{pmatrix} \mapsto m_1, \qquad \omega_2: \begin{pmatrix} m_1 & 0 \\ 0 & m_2 \end{pmatrix} \mapsto m_2 \quad (m_1, m_2 \in \mathscr{K}^*)$$

是 $\mathfrak{X}(T)$ 的 $\mathbb{Z}$ 基． $G' = (G, G) = SL(2, \mathscr{K})$，$T'$ 是 G' 的对角子群． 此时 $\rho(\omega_1) = \omega, \rho(\omega_2) = -\omega$（$\omega$ 同 §1 的例 7)，因此

$$\rho(n_1\omega_1 + n_2\omega_2) = (n_1 - n_2)\omega.$$

可见 $n_1\omega_1 + n_2\omega_2 \in \mathfrak{X}(T)^+$ 当且仅当 $n_1 - n_2 \in \mathbf{Z}^+$． 于是不可约 G 模的同构类与满足 $n_1 - n_2 \in \mathbb{Z}^+$ 的整数对 (n_1, n_2) 一一对应．不可约 G 模 $M(n_1\omega_1 + n_2\omega_2)$（其中 $n_1 - n_2 \in \mathbb{Z}^+$）的实现也是很容易的：在不可约 G' 模 $M((n_1 - n_2)\omega)$ 上用权

$$\eta(n_1\omega_1 + n_2\omega_2) = (n_1 + n_2)\tilde{\omega}: \begin{pmatrix} m & 0 \\ 0 & m \end{pmatrix} \mapsto m^{n_1+n_2}, \qquad \forall m \in \mathscr{K}^*$$

定义 $R(G)$ 的作用即可． 如果从不可约 G' 模 $M(n\omega)$ 出发，可以如何定义 $R(G)$ 的作用使得 G' 与 $R(G)$ 的作用可以合并成 G 的作用呢？根据以上分析可知，当且仅当 $R(G)$ 的作用通过 $\tilde{n}\tilde{\omega}$ 定义时，两个作用可以合并，这里 $\tilde{n} \in \mathbf{Z}$ 且 $\tilde{n} \equiv n \pmod 2$，因为当且仅当此时方程组

$$\begin{cases} n_1 + n_2 = \tilde{n}, \\ n_1 - n_2 = n \end{cases}$$

才有整数解． 这个条件实质上就是 $\xi(n\omega) = \xi(\tilde{n}\tilde{\omega})$． 这个结论可以推广到 G' 的任意最高权模上：在以 $n\omega$ 为最高权的最高权模 V（例如 Weyl 模 $V(n\omega)$）上，当且仅当用权 $\tilde{n}\tilde{\omega}$ 定义 $R(G)$ 的作用时，两个作用才能合并，使得 V 成为 G 的最高权模，这里 $n \equiv \tilde{n} \pmod 2$．

3.3 有理 G 模范畴的 Grothendieck 环

本小节内 G 是连通线性代数群，T 是 G 的极大环面，W 是 G 关于 T 的 Weyl 群．

在§1中我们曾经说过，ch导出了有理G模范畴的 Grothendieck 环到 $\mathbf{Z}\mathfrak{X}(T)^W$ 的同态；当时我们还说过，我们最终将证明 ch 是环同构. 本小节就是为了解决这个问题的.

(3.3.1) 定理. 对任一连通线性代数群 G，不可约 G 模的形式特征标组成 $\mathbf{Z}\mathfrak{X}(T)^W$ 的一组 $\mathbf{Z}$ 基；若 G 半单，则 Weyl 模的形式特征标也组成 $\mathbf{Z}\mathfrak{X}(T)^W$ 的一组 $\mathbf{Z}$ 基.

为了把问题归结为简约群的情况，我们需要一个引理.

(3.3.2) 引理. 设 $\bar{G}=G/R_u(G)$，$\bar{T}$ 为 T 在 $\bar{G}$ 中的典范象，则有典范的群同构

$$N_G(T)/C_G(T)\cong N_{\bar{G}}(\bar{T})/C_{\bar{G}}(\bar{T}).$$

证明. 显然 $N_G(T)$ 在 $\bar{G}$ 中的象含于 $N_{\bar{G}}(\bar{T})$，$C_G(T)$ 在 $\bar{G}$ 中的象含于 $C_{\bar{G}}(\bar{T})$，所以典范同态 $G\to\bar{G}$ 导出 Weyl 群的同态

$$\phi: N_G(T)/C_G(T)\to N_{\bar{G}}(\bar{T})/C_{\bar{G}}(\bar{T}).$$

现在证 ϕ 是群同构. 为方便计，把 $g\in G$ 在 $\bar{G}$ 中的象用 $\bar{g}$ 表示.

ϕ 的内射性：设 $n\in N_G(T)$ 使 $\phi(nC_G(T))=C_{\bar{G}}(\bar{T})$，即 $\bar{n}\in C_{\bar{G}}(\bar{T})$，则对任意 $t\in T$，有 $\overline{ntn^{-1}}=\bar{t}$，所以 $ntn^{-1}=tu$，对某个 $u\in R_u(G)$. 但 $n\in N_G(T)$ 迫使 $tu\in T$，从而 $u\in T\cap R_u(G)=\{1\}$，即 $u=1$. 所以 $ntn^{-1}=t$，即 $nC_G(T)=C_G(T)$. 可见 ϕ 是内射的.

ϕ 的满射性：设 $g\in G$ 使 $\bar{g}\in N_{\bar{G}}(\bar{T})$，即 $\bar{g}^{-1}\bar{T}\bar{g}=\bar{T}$，所以 $g^{-1}Tg\subset T\ltimes R_u(G)$. 可见 T 与 $g^{-1}Tg$ 都是 $T\ltimes R_u(G)$ 的极大环面. 由环面的共轭定理，必有 $t\in T$，$u\in R_u(G)$，使

$$(tu)^{-1}g^{-1}Tgtu=T,$$

由此推及 $gtu\in N_G(T)$. 但 $\phi(gtuC_G(T))=\bar{g}C_{\bar{G}}(\bar{T})$，所以 ϕ 是满的. 证毕.

(3.3.1) 的证明. $R_u(G)$ 在证明中已不起任何作用了：它不影响 Weyl 群，不影响 $\mathfrak{X}(T)$，也不影响不可约 G 模. 所以，可以直接假定 G 是简约群.

$\mathfrak{X}(T)^+$ 中比一个固定的 χ 小的权只有有限个. 对半单群，这

是熟知的结果. 对任意简约群，仍用(3.2.4)的后络方图：每个 $\chi\in\mathfrak{X}(T)$ 可以唯一地写成 (λ, μ) 的形式，$\lambda\in\mathfrak{X}(T')$，$\mu\in\mathfrak{X}(R(G))$，且 $\xi(\lambda)=\zeta(\mu)$. 因为 $\chi_1\leqslant\chi_2$ 的一个必要条件是 $\chi_1-\chi_2\in\mathrm{Ker}\eta$，所以 $(\lambda_1,\mu_1)\leqslant(\lambda_2,\mu_2)$ 的一个必要条件是 $\mu_1=\mu_2$. 再用(3.2.4(2))，得如下条件是等价的：

(i) (λ_1, μ_1) 与 $(\lambda_2, \mu_2)\in\mathfrak{X}(T)^+$，且 $(\lambda_1, \mu_1)\leqslant(\lambda_2, \mu_2)$；

(ii) $\mu_1=\mu_2$，λ_1 与 $\lambda_2\in\mathfrak{X}(T')^+$，且 $\lambda_1\leqslant\lambda_2$.

可见对于 $\chi\in\mathfrak{X}(T)^+$，$\mathfrak{X}(T)^+$ 中 $\leqslant\chi$ 的权与 $\mathfrak{X}(T')^+$ 中 $\leqslant\rho(\chi)$ 的权是一一对应的. 从而 $\mathfrak{X}(T)^+$ 中比 χ 小的权也只有有限个. 据此，我们可以在 $\mathfrak{X}(T)^+$ 中对所定义的半序用归纳法.

因为 $\mathfrak{X}(T)$ 的每一 W 轨道有唯一的支配权，所以 $\mathbf{Z}\mathfrak{X}(T)^W$ 有一组显然的 $\mathbf{Z}$ 基：

$$\left\{S_\chi=\sum_{\mu\in W\chi}e(\mu)\,\middle|\,\chi\in\mathfrak{X}(T)^+\right\}.$$

我们先证 S_χ 可以写成不可约 G 模形式特征标的有限 $\mathbf{Z}$ 线性组合.

若 $\chi\in\mathfrak{X}(T)^+$ 是极小的，则 $M(\chi)$ 的权都在 $W\chi$ 中. 因为最高权空间是1维的(在 $G'=(G, G)$ 上的限制已经具有这个性质，参看(2.3.1(2)))，又据(1.2.3)，对 $\mu\in W\chi$，有 $\dim M(\chi)_\mu=\dim M(\chi)_\chi=1$. 由此可见

$$\mathrm{ch}(M(\lambda))=\sum_{\mu\in W\chi}e(\mu)=S_\chi.$$

现在考虑任意 $\chi\in\mathfrak{X}(T)^+$. 类似的理由说明 $\mathrm{ch}(M(\chi))$ 可以写成

$$\mathrm{ch}(M(\chi))=S_\chi+\sum_{\substack{\lambda\lneqq\chi\\ \in\mathfrak{X}(T)^+}}n_\lambda S_\lambda,\quad n_\lambda\in\mathbf{Z}^+$$

于是

$$S_\chi=\mathrm{ch}(M(\chi))-\sum_{\substack{\lambda\lneqq\chi\\ \lambda\in\mathfrak{X}(T)^+}}n_\lambda S_\lambda.$$

由归纳假设，对所有 $\lambda\in\mathfrak{X}(T)^+$，$\lambda\lneqq\chi$，$S_\lambda$ 都是不可约 G 模的形式特征标的有限 $\mathbf{Z}$ 线性组合，所以 S_χ 也是这样的线性组合.

现在再证不可约 G 模的形式特征标线性无关． 若有 $\chi_1, \chi_2, \cdots, \chi_r \in \mathfrak{X}(T)^+$ 以及 $c_1, c_2, \cdots, c_r \in \mathbb{Z}\backslash\{0\}$，使

$$\sum_{i=1}^{r} c_i \operatorname{ch}(M(\chi_i)) = 0,$$

不妨设 χ_1 是其中极大的权，则把上式左边写成 S_χ 的线性组合时，S_{χ_1} 的系数为 $c_1 \neq 0$． 这是不可能的，因为 $\{S_\chi\}$ 为 $\mathbb{Z}\mathfrak{X}(T)^W$ 的 $\mathbb{Z}$ 基．所以不可约 G 模的形式特征标线性无关．

综上所述，不可约 G 模的形式特征标组成 $\mathbb{Z}\mathfrak{X}(T)^W$ 的 $\mathbb{Z}$ 基．

更一般地，如果对每个 $\chi \in \mathfrak{X}(T)^+$，选定一个最高权 χ 的最高权模，则所有这些模的形式特征标也组成 $\mathbb{Z}\mathfrak{X}(T)^W$ 的一组 $\mathbb{Z}$ 基．证明的过程完全一样．特别，当 G 半单时，所有 Weyl 模的形式特征标也组成 $\mathbb{Z}\mathfrak{X}(T)^W$ 的一组 $\mathbb{Z}$ 基．证毕．

(3.3.3) 推论． ch 导出有理 G 模范畴的 Grothendieck 环与 $\mathbb{Z}\mathfrak{X}(T)^W$ 的同构．

证明．不可约 G 模组成了 Grothendieck 环的一组 $\mathbb{Z}$ 基，而环同态 ch 把这组 $\mathbb{Z}$ 基映到 $\mathbb{Z}\mathfrak{X}(T)^W$ 的一组 $\mathbb{Z}$ 基上，所以它是这两个环之间的同构．证毕．

(3.3.4) 推论． 连通线性代数群两个模的合成因子（包括重数）相同当且仅当它们有相同的形式特征标．特别，由复半单 Lie 代数的同一个模通过不同容许格构作的半单线性代数群的模具有相同的合成因子．

证明．从不可约 G 模形式特征标的线性无关性即得第一个结论；第二个结论从第一个结论及 (3.2.1) 推出．证毕．

§4. 不可约模的构作(整体方法)

上一节对每个 $\lambda \in \mathfrak{X}(T)^+$ 构作了不可约 G 模 $M(\lambda)$，从而证明了 $\mathfrak{X}(T)^+$ 与不可约 G 模同构类之间的一一对应关系． 但我们仍不无遗憾，因为所用的方法过多地依赖于复半单 Lie 代数的表示理论．是否有纯代数群的方法构作这些不可约 G 模呢？回答是

肯定的．本节就介绍这个方法．

本节开始接触到G的无限维表示了，我们还将在这一节里把有理表示的概念推广，使得所接触到的这些无限维表示也被包括在内．

4.1 函数的平移与G的正则表示

暂时先设G是任意线性代数群．若$f\in\mathscr{K}[G]$，$x\in G$，定义

$$(L_xf)(g)=f(x^{-1}g),\qquad \forall g\in G,$$
$$(R_xf)(g)=f(gx),\qquad \forall g\in G.$$

显然L_xf与R_xf仍在$\mathscr{K}[G]$中，并且L_x与R_x都是$\mathscr{K}[G]$上的线性变换．L_x与R_x分别称为由x确定的**左平移与右平移**．我们还有

$$\begin{aligned}((L_x\circ L_y)f)(g)&=(L_x(L_yf))(g)\\&=(L_yf)(x^{-1}g)\\&=f(y^{-1}x^{-1}g)\\&=f((xy)^{-1}g)\\&=(L_{xy}f)(g),\end{aligned}$$

这里x，y与g都是G的任意元素，$f\in\mathscr{K}[G]$．由此可见，

$$L_x\circ L_y=L_{xy},\qquad \forall x,y\in G,$$

亦即$L:x\longmapsto L_x$定义了G的一个表示$L:G\to GL(\mathscr{K}[G])$，使$\mathscr{K}[G]$成为一个$G$模。$L$称为$G$的**左正则表示**．同理，$R:x\longmapsto R_x$也定义了$G$的一个表示$R:G\to GL(\mathscr{K}[G])$，这个表示称为$G$的**右正则表示**．

当然,一般说来$\mathscr{K}[G]$是无限维的，所以我们暂时还不能把L或R叫做G的有理表示．不过,我们有

(4.1.1) 命题． G的左正则表示与右正则表示的模$\mathscr{K}[G]$都具有如下性质：

(1) 它是局部有限的，即任一向量生成的G子模都是有限维的；

(2) 它是局部有理的，即任一有限维G子模都是有理的.

此外，G的左正则表示与右正则表示同构.

证明. 关于(1)、(2)，对左、右正则表示证明完全一样，我们以左正则表示为例证明(当然，证明了左、右正则表示同构之后，就没有必要再对右正则表示证明(1)、(2)了).

(1) 任取 $f\in\mathscr{K}[G]$，则

$$(x,y)\longmapsto x^{-1}y\longmapsto f(x^{-1}y),\qquad \forall x,y\in G$$

定义了$G\times G$上的一个正则函数.因为 $\mathscr{K}[G\times G]\cong\mathscr{K}[G]\otimes\mathscr{K}[G]$，这个正则函数可以写成 $\sum_{i=1}^{n} f_i\otimes f_i'$，其中 f_i，$f_i'\in\mathscr{K}[G]$. 于是

$$\sum_{i=1}^{n} f_i(x)f_i'(y)=f(x^{-1}y),\qquad \forall x,y\in G.$$

设V是由所有 $\sum_{i=1}^{n} f_i(x)f_i'$ $(x\in G)$ 张成的 $\mathscr{K}[G]$ 的子空间. 这个子空间含于由 $f_1', f_2', \cdots, f_n'$ 张成的子空间内，所以它的维数不超过n. 现在我们来证明: i) V 是 $\mathscr{K}[G]$ 的G子模; ii) $f\in V$.

i) 设 $g,x,y\in G$，我们有

$$\begin{aligned}\left(L_y\left(\sum_i f_i(x)f_i'\right)\right)(g)&=\sum_i f_i(x)(L_yf_i')(g)\\&=\sum_i f_i(x)f_i'(y^{-1}g)=f(x^{-1}y^{-1}g)\\&=f((yx)^{-1}g)=\sum_i f_i(yx)f_i'(g)\\&=\left(\sum_i f_i(yx)f_i'\right)(g),\end{aligned}$$

由此可见 $L_y\left(\sum_i f_i(x)f_i'\right)=\sum_i f_i(yx)f_i'\in V$. 所以$V$是$\mathscr{K}[G]$的子模.

ii) 因为

$$f(g)=\sum_i f_i(1)f_i'(g)=\left(\sum_i f_i(1)f_i'\right)(g),$$

所以

$$f=\sum_i f_i(1)f'_i\in V.$$

由以上论证可知，由 f 生成的 G 子模含于 V，从而是有限维的.

(2) 设 V 是 $\mathscr{K}[G]$ 的 n 维子模. 取 V 的一组基 $\{f_1,f_2,\cdots,f_n\}$，再把它扩充为 $\mathscr{K}[G]$ 的基 $\{f_\alpha\}_{\alpha\in I}$，这里 $I\supset\{1,2,\cdots,n\}$. 设 $i\in\{1,2,\cdots,n\}$，考虑 $L_xf_i(x\in G)$. 因为

$$(x,y)\longmapsto(L_xf_i)(y)=f_i(x^{-1}y),\qquad \forall x,y\in G$$

是 $G\times G$ 上的正则函数，所以有 $h_{i\alpha}\in\mathscr{K}[G](\alpha\in I$ 且只有有限个 $f_{i\alpha}\neq 0)$，使这个函数可以写成 $\sum_\alpha h_{i\alpha}\otimes f_\alpha$，即对 $x,y\in G$ 有

$$\sum_\alpha h_{i\alpha}(x)f_\alpha(y)=f_i(x^{-1}y),$$

即

$$\left(\sum_\alpha h_{i\alpha}(x)f_\alpha\right)(y)=(L_xf_i)(y).$$

由此可见

$$L_xf_i=\sum_\alpha h_{i\alpha}(x)f_\alpha.$$

因为 $L_xf_i\in V$，所以当 $\alpha\notin\{1,2,\cdots,n\}$ 时，便有 $h_{i\alpha}(x)=0$，对所有 $x\in G$，可见这些 $h_{i\alpha}=0$. 于是

$$L_xf_i=\sum_{j=0}^{n}f_{ij}(x)f_j,$$

其中 $f_{ij}\in\mathscr{K}[G]$. 所以在基 $\{f_1,f_2,\cdots,f_n\}$ 下，L_x 的矩阵为 $(f_{ij}(x))$. 由此得知 V 是有理 G 模.

现在证明左正则表示与右正则表示的同构. 设 $\eta:\mathscr{K}[G]\to\mathscr{K}[G]$ 是由 G 的求逆运算导出的 $\mathscr{K}[G]$ 的自同构（即 $(\eta(f))(g)=f(g^{-1})$，对所有 $f\in\mathscr{K}[G],g\in G$）. 我们断言，$\eta$ 就是左正则表示与右正则表示之间的同构. 为证明这一断言，设 $f\in\mathscr{K}[G]$，x，$g\in\mathscr{K}[G]$，则有

$$(\eta(L_x f))(g) = (L_x f)(g^{-1}) = f(x^{-1}g^{-1})$$
$$= (\eta f)(gx) = (R_x(\eta f))(g),$$

可见 $\eta\circ L_x = R_x\circ\eta$，结论得证．证毕．

以后我们把具有（4.1.1）性质（1）与（2）的抽象 G 模都称为**有理 G 模**，对应的表示称为 G 的**有理表示**．根据这个新的定义，G 的左、右正则表示都是有理表示．以后我们将看到，有理表示的概念作此推广是完全必要的，否则，不可能在代数群表示理论中采用上同调方法．

必须指出的是，有理表示的概念推广以后，(1.1.1) 中除了关于 $\mathrm{Hom}_{\mathscr{K}}(V, V')$ 与 V^* 的结论外，其余结论仍然成立．特别，其中关于有限直和的结论可以加强为对无限直和都成立，因为我们容易得知：有理 G 模的正向极限仍是有理 G 模．关于 $\mathrm{Hom}_{\mathscr{K}}(V, V')$ 与 V^* 的结论成立的充分条件是 V 为有限维有理 G 模．由这些结论可以进一步推知，扩张后的有理 G 模范畴仍是 Abel 范畴．下文我们还将从另一角度导出这些结论(参看(5.1.4)与(5.2.2))．

若 G 是有限群，则 G 上任何 $\mathscr{K}$ 值函数都是正则函数，所以 $\mathscr{K}[G]$ 就是 G 上的 $\mathscr{K}$ 值函数全体所成的代数[1]，作为向量空间，它是 G 的群代数 $\mathscr{K}G$ 的对偶空间，而 G 作为代数群在 $\mathscr{K}[G]$ 上的正则表示正好是 G 作为有限群在 $\mathscr{K}G$ 上的正则表示的反轭．由于 $\mathscr{K}G$ 是对称代数，$\mathscr{K}G$ 的反轭模仍与 $\mathscr{K}G$ 同构．由此可见，G 作为代数群的正则表示与 G 作为有限群的正则表示是一致的．在这种特殊情况下，有限群表示论告诉我们，G 的每一个不可约模 V 到 $\mathscr{K}[G]$ 有 $\dim V$ 个无关的嵌入，亦即

$$\dim \mathrm{Hom}_G(V, \mathscr{K}[G]) = \dim V.$$

这个结论也可以推广到任意线性代数群．

(4.1.2) 命题． 设 V 是不可约 G 模，则

---

1) 这个代数具有 $\mathscr{K}$ 基 $\{f_x(x\in G)\}$，这里 f_x 是 x 的特征函数，即满足 $f_x(y)=\delta_{xy}$．乘法规则是 $f_xf_y=\delta_{xy}f_x$，即这些 f_x 是两两正交的幂等元．在某些文献与专著中把这个代数称为 G 的群代数，但根据本书的约定（参看第 7 页注），这个代数不称为 G 的群代数．如果用 § 8 的语言，这个代数是群代数的对偶代数(还可参看 § 5 例 1)．

$$\dim \mathrm{Hom}_G(V, \mathscr{K}[G]) = \dim V.$$

证明. 设 V^* 为 V 的反轭模. 对 $\sigma \in V^*$, $v \in V$, 定义

$$f_{\sigma,v}(g) = \sigma(g^{-1}v), \qquad \forall g \in G.$$

显然 $f_{\sigma,v} \in \mathscr{K}[G]$. 我们希望证明:

i) 若固定 σ, 把 v 映到 $f_{\sigma,v}$ 的映射 $\varphi_\sigma: V \to \mathscr{K}[G]$ 是 V 到 $\mathscr{K}[G]$ (左平移作用)的同态;

ii) 若固定 $v \neq 0$, 把 σ 映到 $f_{\sigma,v}$ 的映射 $\psi_v: V^* \to \mathscr{K}[G]$ 是 V^* 到 $\mathscr{K}[G]$ (右平移作用)的嵌入同态;

iii) 每个 G 模同态 $\varphi: V \to \mathscr{K}[G]$ (左平移作用)必具有 φ_σ 的形式,这里 $\sigma \in V^*$.

如果这三点得证, 结论立即得到. 这是因为若固定 $v \in V$, $v \neq 0$, 则 G 模同态 $\varphi: V \to \mathscr{K}[G]$ 被 v 的象 $\varphi(v)$ 唯一确定, 即 $v \longmapsto \varphi(v)$ 是 $\mathrm{Hom}_G(V, \mathscr{K}[G])$ 到 $\mathscr{K}[G]$ 的某个子空间的同构. 据 (i), (iii), 这个子空间是 $\{f_{\sigma,v} | \sigma \in V^*\}$; 据 (2), 这个子空间同构于 V^*, 从而维数是 $\dim V^* = \dim V$.

现在依次证明 (i), (ii) 与 (iii). 显然 φ_σ 与 ψ_v 都是线性映射.

i) 对 $x, g \in G$, 有

$$\begin{aligned}(L_x f_{\sigma,v})(g) &= f_{\sigma,v}(x^{-1}g) = \sigma(g^{-1}xv) \\ &= f_{\sigma,xv}(g),\end{aligned}$$

可见 $L_x f_{\sigma,v} = f_{\sigma,xv}$, 亦即 $L_x \circ \varphi_\sigma(v) = \varphi_\sigma(xv)$, 所以 (i) 得证.

ii) 对 $x, g \in G$, 有

$$\begin{aligned}(R_x f_{\sigma,v})(g) &= f_{\sigma,v}(gx) = \sigma(x^{-1}g^{-1}v) \\ &= (x\sigma)(g^{-1}v) = f_{x\sigma,v}(g),\end{aligned}$$

可见 $R_x f_{\sigma,v} = f_{x\sigma,v}$, 即 $R_x \circ \psi_v(\sigma) = \psi_v(x\sigma)$, 所以 ψ_v 是 G 模同态. 容易看出, 若 $v \neq 0$, $\sigma \neq 0$, 则 $f_{\sigma,v} \neq 0$ (因为 Gv 张成了 V), 所以 ψ_v 是非零同态. 但 V^* 是不可约的, 迫使 ψ_v 是内射.

iii) 设 $\varphi: V \to \mathscr{K}[G]$ 是 G 模同态. 对 $v \in V$, 定义 $\sigma(v) = \varphi(v)(1)$. 显然 $\sigma \in V^*$, 且对 $g \in G$ 有

$$f_{\sigma,v}(g) = \sigma(g^{-1}v) = \varphi(g^{-1}v)(1)$$

$$= (L_{g^{-1}}(\varphi(v)))(1) = \varphi(v)(g).$$

所以 $f_{\sigma,v} = \varphi(v)$，可见 $\varphi = \varphi_\sigma$，(iii) 也得证. 证毕.

以后如无特殊声明，$\mathscr{K}[G]$ 总是通过左平移看成 G 模，并且把 $L_x f$ 简记为 xf. 当然，由于左右正则表示同构，所有的结论也都可以用右平移来表述.

现在假设 G 是半单线性代数群，T 是 G 的极大环面，B 与 B^- 都是含 T 的 Borel 子群，分别对应正根与负根. 又设 $U = R_u(B), U^- = R_u(B^-)$. 为了下一小节的应用，我们先证明两个引理.

从 (2.3.1) 知道，不可约 G 模都具有 $M(\lambda)(\lambda \in \mathfrak{X}(T)^+)$ 的形式，并且

$$M(\lambda) = M(\lambda)_\lambda \oplus M(\lambda)',$$

这里

$$\dim M(\lambda)_\lambda = 1, \qquad M(\lambda)' = \coprod_{\mu \lneq \lambda} M(\lambda)_\mu.$$

取非零的 $v^+ \in M(\lambda)_\lambda$，令 $\sigma_\lambda \in M(\lambda)^*$ 为 $\sigma_\lambda(v^+) = 1$ 且 $\sigma_\lambda|_{M(\lambda)'} = 0$. 据 (4.1.2) 的证明，$\sigma_\lambda$ 决定了一个 G 模同态 $\varphi_\lambda = \varphi_{\sigma_\lambda}$: $M(\lambda) \hookrightarrow \mathscr{K}[G]$. 于是 $M(\lambda)$ 同构于 $\mathscr{K}[G]$ 中由 $f_{\sigma_\lambda} = \varphi_\lambda(v^+) = f_{\sigma_\lambda, v^+}$ 所生成的子模. 由此可见，要构作 $M(\lambda)$，弄清楚 f_{σ_λ} 的性质进而找出 f_{σ_λ} 存在的充要条件是十分必要的.

(4.1.3) 引理. 采用以上记号与约定，且把 $\mathfrak{X}(T)$ 的元素典范地看成 $\mathfrak{X}(B)$ 与 $\mathfrak{X}(B^-)$ 的元素，则

$$(*) \qquad f_{\sigma_\lambda}(b_1 x b_2) = \lambda(b_1)^{-1} f_{\sigma_\lambda}(x) \lambda(b_2)^{-1}, \quad \forall b_1 \in B,\ x \in G,\ b_2 \in B^-.$$

特别，$f_{\sigma_\lambda}(1) \neq 0$. 反之，若 $\lambda \in \mathfrak{X}(T)$，且有 $f_\lambda \in \mathscr{K}[G]$ 使

$$(**) \qquad f_\lambda(u_1 t u_2) = \lambda(t)^{-1}, \qquad \forall u_1 \in U,\ t \in T,\ u_2 \in U^-,$$

则 $\lambda \in \mathfrak{X}(T)^+$，$f_\lambda$ 生成的子模同构于 $M(\lambda)$，而且，若从 $M(\lambda)$ 再作出 f_{σ_λ}，则 f_λ 是 f_{σ_λ} 的纯量倍；特别，f_λ 满足 $(*)$.

证明. 我们已经知道 B 通过权 λ 作用在 v^+ 上；又据 (2.1.1)，对 $u \in U^-$，有 $uv^+ \equiv v^+ (\bmod M(\lambda)')$，所以对 $b \in B$ 也有

$$bv^+ \equiv \lambda(b)v^+(\mathrm{mod} M(\lambda)'),$$
并且 B^- 保持 $M(\lambda)'$ 稳定;再者,根据 σ_λ 的定义,有

$$x^{-1}v^+ = \sigma_\lambda(x^{-1}v^+)v^+ + v' = f_{\sigma_\lambda}(x)v^+ + v', \qquad \forall x \in G,$$

其中 $v' \in M(\lambda)'$. 根据所有这些,对 $x \in G$, $b_1 \in B$, $b_2 \in B^-$ 我们有

$$\begin{aligned} f_{\sigma_\lambda}(b_1xb_2) &= \sigma_\lambda(b_2^{-1}x^{-1}b_1^{-1}v^+) \\ &= \sigma_\lambda(b_2^{-1}x^{-1}\lambda(b_1)^{-1}v^+) \\ &= \lambda(b_1)^{-1}\sigma_\lambda(b_2^{-1}x^{-1}v^+) \\ &= \lambda(b_1)^{-1}\sigma_\lambda(b_2^{-1}(f_{\sigma_\lambda}(x)v^+ + v')) \qquad (v' \in M(\lambda)') \\ &= \lambda(b_1)^{-1}\sigma_\lambda(f_{\sigma_\lambda}(x)b_2^{-1}v^+ + b_2^{-1}v') \\ &= \lambda(b_1)^{-1}\sigma_\lambda(f_{\sigma_\lambda}(x)\lambda(b_2)^{-1}v^+ + v'') \quad (v'' \in M(\lambda)') \\ &= \lambda(b_1)^{-1}f_{\sigma_\lambda}(x)\lambda(b_2)^{-1}, \end{aligned}$$

于是(＊)得证. 特别,若 $x = 1$, 则

$$f_{\sigma_\lambda}(b_1b_2) = \lambda(b_1)^{-1}f_{\sigma_\lambda}(1)\lambda(b_2)^{-1}.$$

$b_1 b_2$ 可取遍 G 的开集 BB^-, 所以由 $f_{\sigma_\lambda} \neq 0$ 即知 $f_{\sigma_\lambda}(1) \neq 0$.

反之,设 $f_\lambda \in \mathscr{K}[G]$ 满足(＊＊), 对某个 $\lambda \in \mathfrak{X}(T)$. 任取 $t, t' \in T$, u', $u_1 \in U$, $u_2 \in U^-$, 我们有

$$\begin{aligned} (t'u'f_\lambda)(u_1tu_2) &= f_\lambda(u'^{-1}t'^{-1}u_1tu_2) \\ &= f_\lambda((u'^{-1}t'^{-1}u_1t')(t'^{-1}t)u_2) \\ &= \lambda(t'^{-1}t)^{-1} \\ &= \lambda(t')\lambda(t)^{-1} \\ &= (\lambda(t')f_\lambda)(u_1tu_2). \end{aligned}$$

所以在 G 的开集 BB^- 上, $t'u'f_\lambda = \lambda(t')f_\lambda$, 从而在整个 G 上这个等式成立. 因为显然 $f_\lambda \neq 0$, 所以 f_λ 是权 λ 的本原向量,从而它生成的子模是权 λ 的最高权模. 特别,我们得出 $\lambda \in \mathfrak{X}(T)^+$, 并且 $M(\lambda)$ 存在.

再从 $M(\lambda)$ 出发,在 $\mathscr{K}[G]$ 中找到一个 $f_{\sigma_\lambda} \neq 0$, 则 f_{σ_λ} 满足(＊)并且生成同构于 $M(\lambda)$ 的子模. 因此,只要再证 f_λ 是 f_{σ_λ} 的纯量倍,所有结论都得到了.

从(＊)可以推出,对 $u_1 \in U$, $t \in T$ 与 $u_2 \in U^-$, 有

$$f_{\sigma_\lambda}(u_1tu_2) = \lambda(t^{-1})f_{\sigma_\lambda}(1),$$
且我们已知 $f_{\sigma_\lambda}(1) \neq 0$. 于是在开集 BB^- 上,
$$f_\lambda = \frac{1}{f_{\sigma_\lambda}(1)} f_{\sigma_\lambda}.$$
因为左右两边都是G上的正则函数,所以在整个G上这个等式成立. 证毕.

由论证可以知道,f_λ是所有不同的f_{σ_λ}的"正规化",即它是在所有f_{σ_λ}(以及 0) 组成的一维向量空间中使 $f_\lambda(1) = 1$ 的唯一向量. 但不要造成如下的错觉: $M(\lambda)$ 到 $\mathscr{K}[G]$ 的同态除纯量因子外唯一确定. 事实上,从 (4.1.2) 已经知道,我们有 $\dim M(\lambda)$ 个线性无关的嵌入同态 $M(\lambda) \hookrightarrow \mathscr{K}[G]$.

$\mathrm{Im}\varphi_\lambda$ 当然是由 f_{σ_λ} 生成的子模. 但我们还希望找出 $\mathrm{Im}\varphi_\lambda$ 中的函数所具有的共同特点. 为此,对 $\lambda \in \mathfrak{X}(T)$, 令
$$F_\lambda = \{f \in \mathscr{K}[G] \mid f(gb) = \lambda(b)^{-1}f(g),\ \forall g \in G,\ b \in B^-\}.$$
我们有:

(4.1.4) 引理. (1) F_λ 是 $\mathscr{K}[G]$ 的子模.

(2) 若 $M(\lambda)$ 存在,则 $\varphi_\lambda: M(\lambda) \hookrightarrow \mathscr{K}[G]$的象含于 F_λ.

(3) 以下条件是等价的:

i) $M(\lambda)$ 存在;

ii) 满足(**)的正则函数 f_λ 存在;

iii) $F_\lambda \neq 0$.

特别,当 $\lambda \notin \mathfrak{X}(T)^+$ 时, $F_\lambda = 0$.

证明. (1) 若 $f \in F_\lambda$, $x, g \in G$, $b \in B^-$, 我们有
$$\begin{aligned}(xf)(gb) &= f(x^{-1}gb) = \lambda(b)^{-1}f(x^{-1}g) \\ &= \lambda(b)^{-1}(xf)(g),\end{aligned}$$
由此可见 $xf \in F_\lambda$.

(2) 据 (4.1.3) 的(*), $f_{\sigma_\lambda} \in F_\lambda$, 再据 (1) 即得 $\mathrm{Im}\varphi_\lambda \subset F_\lambda$.

(3) (i)$\Longleftrightarrow$(ii)$\Longrightarrow$(iii) 都已是显然的了. 下面证 (iii)$\Longrightarrow$(ii).

若 $F_\lambda \neq 0$, 据 (4.1.1), F_λ 有有限维子模, 而有限维子模必

有本原向量．不妨设 $f\in F_\lambda$ 是本原向量，则对 $u_1\in U$，$t\in T$，$u_2\in U^-$，有

$$\begin{aligned} f(u_1tu_2) &= \lambda(tu_2)^{-1}f(u_1) && \text{（因为 } f\in F_\lambda\text{）}\\ &= \lambda(t)^{-1}((u_1^{-1}f)(1)) \\ &= \lambda(t)^{-1}f(1). && \text{（因为 } f \text{ 是本原的）}\end{aligned}$$

特别，$f(1)\neq 0$，否则 $f|_{BB^-}=0$，从而 $f=0$，引起矛盾．于是 $\frac{1}{f(1)}f$ 就是满足(＊＊)的 f_λ．(ii) 得出．

最后，因为我们已知当 $\lambda\notin\mathfrak{X}(T)^+$ 时 $M(\lambda)$ 不存在，由等价条件得知此时 $F_\lambda=0$．证毕．

从上述两个引理及其证明，我们得出

(4.1.5) 推论． 若 $F_\lambda\neq 0$，则它只有唯一的 B 稳定直线，由 f_λ 张成，它的权是 λ．因此 F_λ 只有唯一的不可约 G 子模，它同构于 $M(\lambda)$．

证明．在 (4.1.4(3)) 的证明中，任取本原向量 $f\in F_\lambda$，都得出 f 为 f_λ 的纯量倍．所以在 F_λ 中只有由 f_λ 张成的直线是 B 稳定的．其余结论在两个引理中已有论述．证毕．

例 1． 再一次考察 $G=SL(2,\mathscr{K})$ 的情况．仍记

$$g_\alpha(a)=\begin{pmatrix}1 & a\\ 0 & 1\end{pmatrix},\quad h(m)=\begin{pmatrix}m & 0\\ 0 & m^{-1}\end{pmatrix},\quad g_{-\alpha}(a)=\begin{pmatrix}1 & 0\\ a & 1\end{pmatrix},$$

这里 $a\in\mathscr{K}$，$m\in\mathscr{K}^*$．再设

$$x_1:\begin{pmatrix}a_{11} & a_{12}\\ a_{21} & a_{22}\end{pmatrix}\mapsto -a_{21},\qquad x_2:\begin{pmatrix}a_{11} & a_{12}\\ a_{21} & a_{22}\end{pmatrix}\mapsto -a_{22},$$

$$y_1:\begin{pmatrix}a_{11} & a_{12}\\ a_{21} & a_{22}\end{pmatrix}\mapsto a_{11},\qquad y_2:\begin{pmatrix}a_{11} & a_{12}\\ a_{21} & a_{22}\end{pmatrix}\mapsto a_{12},$$

其中 $\begin{pmatrix}a_{11} & a_{12}\\ a_{21} & a_{22}\end{pmatrix}\in G$．那么 $x_1y_2-x_2y_1=1$，并且 $\mathscr{K}[G]$ 作为 $\mathscr{K}$ 代数由 x_1, x_2, y_1, y_2 生成．因为

$$\begin{pmatrix}1 & -a\\ 0 & 1\end{pmatrix}\begin{pmatrix}a_{11} & a_{12}\\ a_{21} & a_{22}\end{pmatrix}=\begin{pmatrix}a_{11}-aa_{21} & a_{12}-aa_{22}\\ a_{21} & a_{22}\end{pmatrix},$$

所以

$$\varepsilon_\alpha(a)x_1 = x_1, \qquad \varepsilon_\alpha(a)x_2 = x_2,$$
$$\varepsilon_\alpha(a)y_1 = y_1 + ax_1, \qquad \varepsilon_\alpha(a)y_2 = y_2 + ax_2.$$

同理求得

$$\varepsilon_{-\alpha}(a)x_1 = x_1 + ay_1, \qquad \varepsilon_{-\alpha}(a)x_2 = x_2 + ay_2,$$
$$\varepsilon_{-\alpha}(a)y_1 = y_1, \qquad \varepsilon_{-\alpha}(a)y_2 = y_2;$$
$$h(m)x_1 = mx_1, \qquad h(m)x_2 = mx_2,$$
$$h(m)y_1 = m^{-1}y_1, \qquad h(m)y_2 = m^{-1}y_2.$$

这样，G 在 $\mathscr{K}[G]$ 上的作用就可以导出了．例如，我们可以推知，x_1, x_2, y_1, y_2 的单项式都是对角子群 T 的权向量，$x_1^{r_1}x_2^{r_2}y_1^{s_1}y_2^{s_2}$ 的权是 $(r_1 + r_2 - s_1 - s_2)\omega$，这里 $\omega: h(m) \mapsto m$；又如，只含 x_1 与 x_2 的单项式是 B 半不变的，而只含 y_1 与 y_2 的单项式是 B^- 半不变的．我们还可以证明，$\mathscr{K}[G]$ 中的向量是 B 半不变的当且仅当它是 x_1 与 x_2 的齐次多项式，而一个向量是 B^- 半不变的当且仅当它是 y_1 与 y_2 的齐次多项式．所述的齐次多项式显然满足要求，下面就 B 的情况证明反过来的结论．

设 $f \in \mathscr{K}[G]$ 是 B 半不变的．可令 $f = \sum a_{r_1r_2s_1s_2}x_1^{r_1}x_2^{r_2}y_1^{s_1}y_2^{s_2}$（写法可能不唯一）．首先，$f$ 是 T 权向量，因此所有使 $a_{r_1r_2s_1s_2} \neq 0$ 的 $x_1^{r_1}x_2^{r_2}y_1^{s_1}y_2^{s_2}$ 有相同的权．设这个权为 $n\omega$，则 $r_1 + r_2 - s_1 - s_2 = n$．所以

$$f = \sum_{r_1+r_2-s_1-s_2=n} a_{r_1r_2s_1s_2}x_1^{r_1}x_2^{r_2}y_1^{s_1}y_2^{s_2}.$$

我们还要证明所有 $s_1 + s_2 = 0$．为此，把 f 写成

$$f = \sum_s f_s,$$

这里

$$f_s = \sum_{\substack{s_1+s_2=s \\ r_1+r_2=n+s}} a_{r_1r_2s_1s_2}x_1^{r_1}x_2^{r_2}y_1^{s_1}y_2^{s_2}.$$

我们有

$$\varepsilon_\alpha(1)f_s = \sum_{\substack{s_1+s_2=s \\ r_1+r_2=n+s}} a_{r_1r_2s_1s_2}x_1^{r_1}x_2^{r_2}(y_1 + x_1)^{s_1}(y_2 + x_2)^{s_2}.$$

若把右边展开，并写成权向量之和，则权最大的分量是

$$h_s = \sum_{\substack{s_1+s_2=s \\ r_1+r_2=n+s}} a_{r_1r_2s_1s_2}x_1^{r_1+s_1}x_2^{r_2+s_2},$$

它的权是 $(n+2s)\omega$. 因为不同的 $x_1^i x_2^j$ 是线性无关的，所以当 $f_s \neq 0$ 时 h_s 也不是零. 现在取 s 为使 $f_s \neq 0$ 的最大整数，则显然 h_s 就是 $\varepsilon_\alpha(1)f$ 的权 $(n+2s)\omega$ 的分量. 如果 $s>0$, h_s 的权与 f 的权不同. 由此推出 $\varepsilon_\alpha(1)^f \neq f$, 这与 f 是 B 半不变的矛盾. 因此只能 $s=0$, 即 $s_1=s_2=0$. 此时 $r_1+r_2=n$ 是固定的,所以 f 是 x_1 与 x_2 的 n 次齐次多项式. 正如所求.

以上我们都假定 G 通过左平移作用在 $\mathscr{K}[G]$ 上. 如果 G 通过右平移作用，当然也可以用类似的方法得出一系列对应的结果. 我们也可以用由 $(\eta f)(g)=f(g^{-1})$ 定义的左、右正则表示之间的同构 $\eta:\mathscr{K}[G]\to\mathscr{K}[G]$ 把关于左平移的结论搬到右平移的情况. 因为对 G 的元素 $\begin{pmatrix} a_{11} & a_{12} \\ a_{21} & a_{22} \end{pmatrix}$ 均有

$$\begin{pmatrix} a_{11} & a_{12} \\ a_{21} & a_{22} \end{pmatrix}^{-1} = \begin{pmatrix} a_{22} & -a_{12} \\ -a_{21} & a_{11} \end{pmatrix},$$

容易推出

$$\eta(x_1) = -x_1, \qquad \eta(x_2) = -y_1,$$
$$\eta(y_1) = -x_2, \qquad \eta(y_2) = -y_2.$$

由此进一步推知，x_1 与 y_1 在 T 的右平移作用下的权是 ω, 而 x_2 与 y_2 在 T 的右平移作用下的权是 $-\omega$; $\mathscr{K}[G]$ 的向量在 B 的右平移作用下半不变当且仅当它是 x_1 与 y_1 的齐次多项式; $\mathscr{K}[G]$ 的向量在 B^- 的右平移作用下半不变当且仅当它是 x_2 与 y_2 的齐次多项式.

现在考虑 $F_{n\omega}$, 这里 $n\in\mathbf{Z}^+$. 从定义可以看出，$F_{n\omega}$ 正好由 B^- 右平移作用下权 $-n\omega$ 的半不变向量组成. 由上段结论得出，$F_{n\omega}$ 正好是 x_2 与 y_2 的 n 次齐次多项式空间. 特别，F_ω 是由 x_2 与 y_2 张成的 2 维向量空间. 根据上文所列的 $\varepsilon_\alpha(a)$, $\varepsilon_{-\alpha}(a)$ 以及 $h(m)$ 在 x_2 与 y_2 上的（左平移）作用公式（并与 § 2 例 1 的公式比较）得知，G 模 F_ω（左平移作用）同构于 G 的自然表示的模 V. 于是 $F_{n\omega}$ 同构于 § 1 例 7、§ 2 例 1 与 § 3 例 1 等例题所讨论的 G 模 $V^{[n]}$. 特别，我们知道了 $\dim F_{n\omega}=n+1$, 且 $F_{n\omega}$ 是 Weyl 模 $V(n\omega)$ 的反轭模（参看 § 3 例 1).

此外，$f_{n\omega}$ 不难求出，它是 $(-x_2)^n$.

上例可能使读者猜想 F_λ 是有限维的，或者更进一步猜想，F_λ 是某个 Weyl 模（假如比较一下最高权，不难猜想，这个 Weyl 模应是 $V(\lambda^*)$）的反轭模，从而它的形式特征标也可以用 Weyl 公式计算. 实际上这些猜想都是正确的，但要证明它们却要用到层

上同调与代数几何学的一些重要结论．其中前一个猜想将在第三章证明(参看 (14.3.2))，而后一个猜想则要到第四章才能证明．

上例至少已经使我们了解到 F_λ 一般说来要比 $\mathrm{Im}\varphi_\lambda$ 大，因为 F_λ 不一定是不可约的(参看 § 2例 1)．但是，根据 (4.1.4(3))，要构作 $M(\lambda)$，只要证明 $F_\lambda \neq 0$，或证明 f_λ 存在．我们在下一小节将进行这方面的讨论．

4.2 不可约模的构作

我们需要如下著名的定理．

(4.2.1) 定理 (Chevalley)．设 G 是任一线性代数群，H 是它的闭子群，则有 G 的有限维有理表示 $\sigma: G \to GL(V)$ 以及 V 中的一维子空间 L，使

$$H = \{x \in G \mid xL = L\}.$$

证明．设

$$I = \{f \in \mathscr{K}[G] \mid f(x) = 0, \forall x \in H\},$$

则 I 是 $\mathscr{K}[G]$ 的理想，并且

$$H = \{x \in G \mid f(x) = 0, \forall f \in I\}.$$

由于 $\mathscr{K}[G]$ 是 Noether 环，I 是有限生成的．设 $f_1, \cdots, f_r$ 是 I 的一组生成元．据 (4.1.1)，f_i 生成的 G 子模 V_i 是 $\mathscr{K}[G]$ 的有限维子模，所以

$$V' = \sum_{i=1}^{r} V_i$$

也是 $\mathscr{K}[G]$ 的有限维子模．再据 (4.1.1)，V' 还是有理的．现在令 $M = V' \cap I$，则所有 $f_i \in M$，所以 M 生成 I，从而

$$H = \{x \in G \mid f(x) = 0, \forall f \in M\}.$$

设

$$\widetilde{H} = \{x \in G \mid xM = M\}.$$

我们断言 $H = \widetilde{H}$．事实上，对于 $f \in I$，$x, y \in H$，有

$$(xf)(y) = f(x^{-1}y) = 0,$$

所以 $xf \in I$，可见 I 是 $\mathscr{K}[G]$ 的 H 子模，从而 $M = V' \cap I$ 是

H稳定的，推及 $H\subset\widetilde{H}$；反之，若 $x\in\widetilde{H}$，则对 $f\in M$ 有

$$f(x^{-1})=f(x^{-1}\cdot 1)=(xf)(1)=0,$$

所以 $x^{-1}\in H$，从而 $x\in H$，推及 $\widetilde{H}\subset H$. 由此可见 $H=\widetilde{H}$，正如所断言的.

设 $\dim M=d$，令 $V=\wedge^d V'$（即 V' 的 d 次外积），则 V 是有理 G 模，因为它是 V' 的 d 重张量积的商模(参看(1.1.1)). 再令 $L=\wedge^d M$，则 L 是 V 的一维子空间. 我们已经知道 H 是 M 的稳定子，所以，要证 H 是 L 的稳定子，只要证

$$xL=L\Longleftrightarrow xM=M.$$

$\Leftarrow$：显然.

$\Rightarrow$：可以取到 V 的满足如下性质的基：$v_1, v_2, \cdots, v_d$ 是 M 的基；对某个 $s\in\mathbf{Z}^+$，$v_{s+1}, v_{s+2}, \cdots, v_{s+d}$ 是 xM 的基；余下的基向量可任取. 此时 L 由 $v_1\wedge v_2\wedge\cdots\wedge v_d$ 张成，而 xL 由 $v_{s+1}\wedge v_{s+2}\wedge\cdots\wedge v_{s+d}$ 张成. 根据外积的性质知道，如果 $s\neq 0$，则 $v_1\wedge v_2\wedge\cdots\wedge v_d$ 与 $v_{s+1}\wedge v_{s+2}\wedge\cdots\wedge v_{s+d}$ 线性无关. 这与 $xL=L$ 矛盾，所以 $s=0$，从而 $xM=M$. 证毕.

现在我们可以证明如下的定理了.

(4.2.2) 定理. 设 G 是单连通半单线性代数群，T 是 G 的极大环面，B 与 B^- 都是含 T 的 Borel 子群，分别对应正根与负根. 把 $\mathfrak{X}(T)$ 等同于 G 关于 T 的根系 Φ 的抽象权格 $\mathfrak{X}_w$，并设 $\lambda\in\mathfrak{X}_w$，则 $F_\lambda\neq 0$ 当且仅当 $\lambda\in\mathfrak{X}_w^+$.

证明. 从(4.1.4)已经知道，若 $F_\lambda\neq 0$，则 $\lambda\in\mathfrak{X}_w^+$.

反之，若 $\lambda\in\mathfrak{X}_w^+$，则 λ 可以写成基本支配权 ω_α（这里 $\alpha\in\Sigma$，ω_α 是满足 $\langle\omega_\alpha, \beta^\vee\rangle=\delta_{\alpha\beta}$，对所有 $\beta\in\Sigma$ 的权)的非负整线性组合：

$$\lambda=\sum_{\alpha\in\Sigma} n_\alpha\omega_\alpha,\qquad n_\alpha\in\mathbf{Z}^+.$$

如果对每个 ω_α 都能找到 f_{ω_α}，则容易验证 $\prod_{\alpha\in\Sigma} f_{\omega_\alpha}^{n_\alpha}\in\mathscr{K}[G]$ 就是所求的 f_λ，从而 $F_\lambda\neq 0$.

因此，只要对 $\alpha\in\Sigma$ 证明 f_{ω_α} 存在. 回忆一下，f_{ω_α} 具有性质

$$f_{\omega_\alpha}(u_1tu_2)=\omega_\alpha(t)^{-1},\quad \forall u_1\in U,\ t\in T,\ u_2\in U^-.$$

因为 BB^- 作为代数簇同构于 $U\times T\times U^-$，用映射 $u_1tu_2\longmapsto\omega_\alpha(t)^{-1}$（记号意义同上）定义了一个函数 $BB^-\to\mathscr{K}$，我们就把这个函数记为 f_{ω_α}. 我们立刻可以肯定 $f_{\omega_\alpha}\in\mathscr{K}[BB^-]$，因为它可以分解为

$$BB^-\xrightarrow{\sim}U\times T\times U^-\xrightarrow{\mathrm{pr}_2}T\xrightarrow{-\omega_\alpha}\mathscr{K}^*\hookrightarrow\mathscr{K}$$

其中 pr_2 是 Zariski 积 $U\times T\times U^-$ 到第二个坐标 T 的射影，$\mathscr{K}^*\hookrightarrow\mathscr{K}$ 是典范嵌入. 因为 BB^- 是 G 的开集，我们可以进一步肯定 $f_{\omega_\alpha}\in\mathscr{K}(G)$（即 $\mathscr{K}[G]$ 的分式域).

由于 G 是光滑的代数簇，G 的构造层 $\mathscr{O}_G$ 在每一点 $x\in G$ 的局部环都是正则局部环，从而都是整闭整区(参看 [Hum 2, §5.3, Th. A]). 但整闭是局部性质(参看 [AtM 1, Prop. 5.13])，所以 $\mathscr{K}[G]$ 是整闭整区. 据此，如能找到一个正整数 n 使 $f^n_{\omega_\alpha}\in\mathscr{K}[G]$，则可断定 $f_{\omega_\alpha}\in\mathscr{K}[G]$. 但 $f^n_{\omega_\alpha}\in\mathscr{K}[G]$ 等价于存在不可约 G 模 $M(n\omega_\alpha)$（参看(4.1.4(3))). 因此，只要能对某个正整数 n 构作出 $M(n\omega_\alpha)$，则我们所需的结论都得以证明了. $M(n\omega_\alpha)$ 的构作可借助于 Chevalley 定理(4.2.1).

令 $J=\Sigma\backslash\{\alpha\}$，$P_J$ 为 B 与所有根子群 $U_{-\beta}(\beta\in J)$ 生成的 G 的极大抛物子群. 据(4.2.1)，存在一个有理 G 模 V 以及 V 的一维子空间 L，使 P_J 为 L 在 G 中的稳定子群. 因为 $P_J\supset B$，L 中的非零向量 v 是本原的. 我们来考察 v 的权 λ. 对 $\beta\in J$，$U_{\pm\beta}$ 都在 P_J 中，所以对应 β 的单反射 s_β 有一个代表元 $\dot{s}_\beta\in P_J$. 据(1.2.3)，

$$\dot{s}_\beta v\in V_{s_\beta(\lambda)};$$

另一方面，$\dot{s}_\beta\in P_J$ 使得

$$\dot{s}_\beta v\in L\subset V_\lambda.$$

迫使 $s_\beta(\lambda)=\lambda$. 由此可见，对所有 $\beta\in J$ 都有 $\langle\lambda,\beta^\vee\rangle=0$，从而 $\lambda=n\omega_\alpha$，对某个 $n\in\mathbf{Z}^+$（据(2.2.1)，λ 必须是支配的，所以不可能出现 $n<0$ 的情况). 但 $n\neq 0$，否则 L 的稳定子将是 G

而不只是 P_J. 所以,我们作出了一个 G 模, 它有一个权 $n\omega_\alpha(n>0)$ 的本原向量 v. 由 v 生成的 G 子模是最高权 $n\omega_\alpha$ 的最高权模, 它的不可约商就是 $M(n\omega_\alpha)$. 证毕.

(4.2.3)推论(同(3.2.3)). 设 G 是半单线性代数群, $\lambda\in\mathfrak{X}(T)^+$, 则存在以 λ 为最高权的不可约 G 模 $M(\lambda)$.

证明. 若 G 单连通, 从 (4.2.2) 与 (4.1.4(3)) 即得结论.

对一般情况, 设 $\tilde{G}$ 是与 G 同宗的单连通群, 我们则有一个可分的满同态 $\tilde{G}\twoheadrightarrow G$, 由 $\mathfrak{X}(T)$ 到 $\mathfrak{X}_w$ 的典范嵌入导出. 据 (2.1.3), $\tilde{G}$ 模 $M(\lambda)$ 可以赋于相容的 G 模结构当且仅当 $M(\lambda)$ 的权都在 $\mathfrak{X}(T)$ 中. 对不可约模(或更一般地, 最高权模)的情况, 要求它的所有权都在 $\mathfrak{X}(T)$ 中显然等价于要求它的最高权在 $\mathfrak{X}(T)^+$ 中. 所以, 对 $\lambda\in\mathfrak{X}_w^+$, $\tilde{G}$ 模 $M(\lambda)$ 可以赋于相容的 G 模结构当且仅当 $\lambda\in\mathfrak{X}(T)^+$. 由此可见, 对每个 $\lambda\in\mathfrak{X}(T)^+$, 我们都得到一个不可约 G 模 $M(\lambda)$. 证毕.

§5. 表示的微分

通过 §2—§4 的讨论, 在连通线性代数群的表示方面, 我们似乎已经有了相当满意的结论了——不可约表示的同构类与 $\mathfrak{X}(T)^+$ 的元素一一对应. 但仔细考虑一下, 我们可以发现情况并不如想象的那么好. 例如, 构作不可约 G 模 $M(\lambda)$ 的方法都是间接的(先构作另外一个 G 模, 再取这个 G 模的不可约商模或子模), 无法提供不可约 G 模结构方面比较有用的信息, 甚至连它们的形式特征标也无法确定出来. 而对于特征零的代数闭域上的 Lie 代数, 我们的理论要好得多——有关于完全可约性的 Weyl 定理, 有用以计算不可约模形式特征标的各种公式. 因此, 一个自然的想法是把线性代数群的表示与它的 Lie 代数的表示联系起来. 后面将看到, 这确是一个行之有效的方法, 它至少把问题大大简化了.

进行这种联系的方法当然是把表示微分, 得到 Lie 代数的表示. 经典的方法是: 把 G 的有限维表示 $\sigma: G\to GL(V)$ 作为代数簇的态射在恒等元处微分，得到 $\sigma: \mathfrak{L}(G) \to \mathfrak{gl}(V)$，它便是 G 的 Lie 代数 $\mathfrak{L}(G)$ 的表示. 这个方法有其局限性，例如当 V 无限维时，无法给出 σ 的微分，因为此时 $GL(V)$ 不再是线性代数群，σ 也不再是代数簇的态射了. 但是，在 § 4 中我们说过，无限维有理表示确实是我们研究的重要内容. 因此，有必要用新的方法来定义表示的微分，使其对无限维有理表示也能发挥作用. 这是本节的目的. 在新的定义中，要用到余代数与余模的概念. 它们是代数群表示论中的重要工具之一，并且在代数的其他领域也有重要的应用.

5.1 余代数与余模

我们从余代数的定义开始，并暂时把代数闭域 $\mathscr{K}$ 换成一个交换环(带 1) $\mathscr{R}$，使我们的定义与一些结果能在更广泛的意义下使用.

设 C 是 $\mathscr{R}$ 模，并且存在如下两个 $\mathscr{R}$ 线性映射

(i) **余乘法** $\Delta_C: C \to C \otimes_{\mathscr{R}} C$;

(ii) **增广映射**(或称**余单位**) $\varepsilon_C: C \to \mathscr{R}$，使如下两图交换:

$$\begin{array}{ccc}
C & \xrightarrow{\ \Delta_C\ } & C \otimes_{\mathscr{R}} C \\
{\scriptstyle \Delta_C}\downarrow & & \downarrow{\scriptstyle \mathrm{id}_C \otimes \Delta_C} \\
C \otimes_{\mathscr{R}} C & \xrightarrow{\ \Delta_C \otimes \mathrm{id}_C\ } & C \otimes_{\mathscr{R}} C \otimes_{\mathscr{R}} C
\end{array}$$

$$\begin{array}{ccc}
C \otimes_{\mathscr{R}} C & \xrightarrow{\ \mathrm{id}_C \otimes \varepsilon_C\ } & C \otimes_{\mathscr{R}} \mathscr{R} \\
{\scriptstyle \Delta_C}\uparrow & & \downarrow{\scriptstyle \wr} \\
C & \xrightarrow{\ \mathrm{id}_C\ } & C \\
{\scriptstyle \Delta_C}\downarrow & & \uparrow{\scriptstyle \wr} \\
C \otimes_{\mathscr{R}} C & \xrightarrow{\ \varepsilon_C \otimes \mathrm{id}_C\ } & \mathscr{R} \otimes_{\mathscr{R}} C
\end{array}$$

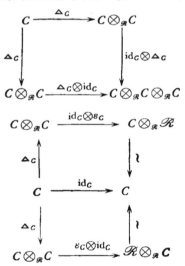

那么，称 C 为 $\mathscr{R}$ 上的**余代数**. 上面两个交换图依次称为余代数 C 的**余结合律**与**增广律**(或称**余单位律**).

$\mathscr{R}$ 上两个余代数 C 与 C' 之间的 R 线性映射 $\phi: C \to C'$ 如果使图

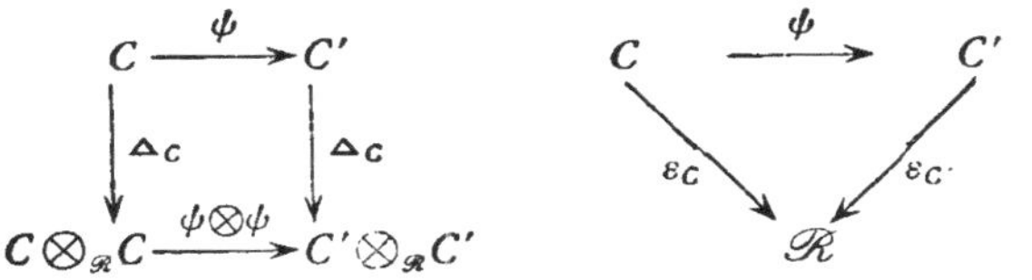

交换,则称为 C 到 C' 的**余代数同态**. 据此，余代数同构的概念立即得出.

余代数概念是代数概念的对偶概念，这从下面的命题可以清楚地看出.

(5.1.1) 命题. 如果 C 是 $\mathscr{R}$ 上的余代数，则其对偶 $C^* = \mathrm{Hom}_{\mathscr{R}}(C, \mathscr{R})$ 典范地具有结合 $\mathscr{R}$ 代数的结构；如果 $\phi: C \to C'$ 是余代数同态，则其对偶映射 $\phi^*: C'^* \to C^*$ (把 $f \in C'^*$ 映到 $f \circ \phi \in C^*$) 是 $\mathscr{R}$ 代数同态.

证明. 设 $f, g \in C^*$，它们都是 C 上的 $\mathscr{R}$ 线性函数. 定义 $fg = \mu_R \circ (f \otimes g) \circ \Delta_C$，这里 $\mu_{\mathscr{R}}$ 为 $\mathscr{R}$ 的乘法(它可以省略不写，直接把 $\mathscr{R} \otimes_{\mathscr{R}} \mathscr{R}$ 等同于 $\mathscr{R}$)。 亦即，fg 是如下的合成映射:

$$C \xrightarrow{\Delta_C} C \otimes_{\mathscr{R}} C \xrightarrow{f \otimes g} \mathscr{R} \otimes_{\mathscr{R}} \mathscr{R} \xrightarrow[\sim]{\mu_R} \mathscr{R}.$$

显然 $fg \in C^*$. 我们希望 $\mathscr{R}$ 模 C^* 带运算 $(f, g) \longmapsto fg$ 成为一个结合 $\mathscr{R}$ 代数. 验证如下:

(1) 乘法的结合性: 设 $f, g, h \in C^*$，利用 C 的余结合律与 $\mathscr{R}$ 中的乘法结合律,容易验证下图是交换的(张量积号的下标 $\mathscr{R}$ 都省略不写了;今后，当对哪个环作张量积是显然的时候，张量积号的下标通常省略):

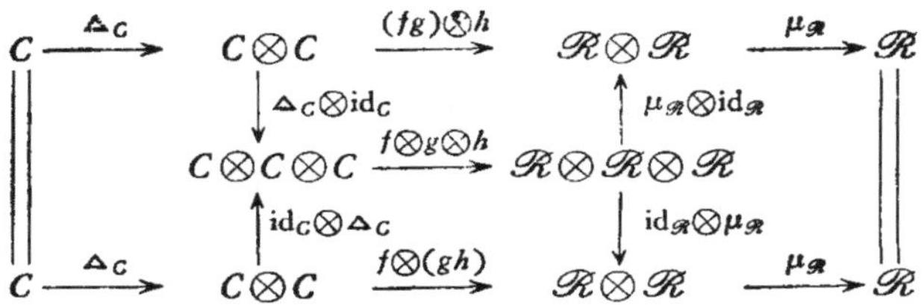

顶上一行的合成映射是 $(fg)h$，而底下一行的合成映射是 $f(gh)$，因此 $(fg)h=f(gh)$.

（2）乘法的双线性：显然.

（3）乘法单位律：我们希望 $\varepsilon_C: C\to\mathscr{R}$ 是 C^* 的恒等元.设 $f\in C^*$. 根据增广律以及 f 是线性函数的事实，我们有如下交换图：

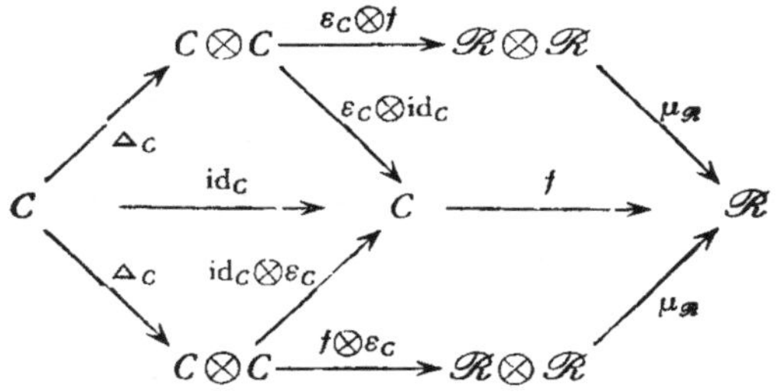

该图即表明 $\varepsilon_C f=f=f\varepsilon_C$，所以 ε_C 为 C^* 的恒等元.

现在设给定余代数同态 $\phi: C\to C'$，则得到 $\mathscr{R}$ 线性映射 $\phi^*: C'^*\to C^*$. 要证 ϕ^* 是 $\mathscr{R}$ 代数同态，只要证它对乘法是分配的，并保持恒等元. 设 $f, g\in C'^*$，根据余代数同态定义的第一个交换图，有

$$\begin{aligned}\phi^*(fg)&=\mu_{\mathscr{R}}\circ(f\otimes g)\circ\Delta_{C'}\circ\phi=\mu_{\mathscr{R}}\circ(f\otimes g)\circ(\phi\otimes\phi)\circ\Delta_C\\&=\mu_{\mathscr{R}}(f\circ\phi\otimes g\circ\phi)\circ\Delta_C=\phi^*(f)\phi^*(g);\end{aligned}$$

据第二个交换图，有

$$\phi^*(\varepsilon_{C'})=\varepsilon_{C'}\circ\phi=\varepsilon_C,$$

正如所求. 证毕.

例 1. 设 Γ 是个有限群，$C=\mathscr{R}\Gamma$ 是 Γ 在 $\mathscr{R}$ 上的群代数. 如所周知，$\mathscr{R}\Gamma$ 是具有典范基 $\{e(x)\mid x\in\Gamma\}$ 及乘法公式 $e(x)e(y)=e(xy)$ 的 $\mathscr{R}$ 代数. C 还是 $\mathscr{R}$ 上的余代数，只要定义

$$\Delta_C(e(x))=e(x)\otimes e(x),\qquad \varepsilon_C(e(x))=1,$$

并 $\mathscr{R}$ 线性地扩张为映射 $\Delta_C:C\to C\otimes C$ 与 $\varepsilon_C:C\to\mathscr{R}$. 两个交换图只要在基元素 $e(x)$ 上验证就可以了；而对于基元素，这个验证是十分简单的事.

C^* 作为向量空间可等同于 Γ 上的 $\mathscr{R}$ 值函数空间. 如果 $f,g\in C^*$，本节所定义的乘积 fg 在 $x\in\Gamma$ 上的作用应是

$$\begin{aligned}(fg)(x)&=(fg)(e(x))=\mu_{\mathscr{R}}\circ(f\otimes g)\circ\Delta_C(e(x))\\&=\mu_{\mathscr{R}}\circ(f\otimes g)(e(x)\otimes e(x))=\mu_{\mathscr{R}}(f(x)\otimes g(x))\\&=f(x)g(x),\end{aligned}$$

这就是普通的函数乘法. 据此我们得知 C^* 是具有典范基 $\{f_x\mid x\in\Gamma\}$ 及乘法公式 $f_xf_y=\delta_{xy}f_x$ 的 $\mathscr{R}$ 代数.

例 2. 设 f 是 $\mathscr{R}$ 上的不定元，$C=\mathscr{R}[f]$ 是 $\mathscr{R}$ 上的多项式环. 定义 $\Delta_C(f)=1\otimes f+f\otimes 1$，$\varepsilon_C(f)=0$，并扩张为 $\mathscr{R}$ 代数同态 $\Delta_C:C\to C\otimes C$，$\varepsilon_C:C\to\mathscr{R}$，则可验证 C 成为 $\mathscr{R}$ 上的余代数. 事实上，只要对 C 的生成元 f 验证就可以了. 例如

$$\begin{aligned}(\mathrm{id}_C\otimes\Delta_C)\circ\Delta_C(f)&=1\otimes 1\otimes f+1\otimes f\otimes 1+f\otimes 1\otimes 1\\&=(\Delta_C\otimes\mathrm{id}_C)\circ\Delta_C(f),\end{aligned}$$

第一个交换图得证；第二个交换图更容易验证.

不难看出，C^* 的元素与无限序列 $\boldsymbol{a}=(a_n)_{n\in\mathbf{Z}^+}$（其中 $a_i\in\mathscr{R}$）是一一对应的，这个无限序列所对应的 C^* 的元素把 f^n 映到 a_n. 我们直接把这样的无限序列看成 C^* 的元素，并设 $\boldsymbol{a}=(a_n)_{n\in\mathbf{Z}^+}$，$\boldsymbol{b}=(b_n)_{n\in\mathbf{Z}^+}$，$a_n,b_n\in\mathscr{R}$，则

$$\begin{aligned}(\boldsymbol{ab})(f^n)&=\mu_{\mathscr{R}}\circ(\boldsymbol{a}\otimes\boldsymbol{b})\circ\Delta_C(f^n)=\mu_{\mathscr{R}}\circ(\boldsymbol{a}\otimes\boldsymbol{b})((1\otimes f+f\otimes 1)^n)\\&=\mu_{\mathscr{R}}\circ(\boldsymbol{a}\otimes\boldsymbol{b})\left(\sum_{i+j=n}\binom{n}{i}f^i\otimes f^j\right)=\sum_{i+j=n}\binom{n}{i}a_ib_j.\end{aligned}$$

由此可见，若令 $\boldsymbol{ab}=\boldsymbol{c}=(c_n)_{n\in\mathbf{Z}^+}$，则

$$c_n=\sum_{i+j=n}\binom{n}{i}a_ib_j.$$

这样，C^* 的代数结构就清楚了. 特别，如果 $\mathscr{R}$ 本身是个 $\mathbf{Q}$ 代数，则可以改变 C^* 的元素的写法，使 $\boldsymbol{a}=(a'_n)_{n\in\mathbf{Z}^+}$（其中 $a'_n\in\mathscr{R}$）在 f^n 上的作用是

$a(f^n)=n!a_n'$，此时

$$(ab)(f^n)=\mu_{\mathscr{R}}\circ(a\otimes b)\left(\sum_{i+j=n}\frac{n!}{i!j!}f^i\otimes f^j\right)$$

$$=n!\left(\sum_{i+j=n}a_i'b_j'\right),$$

所以，如果 $ab=c=(c_n')_{n\in\mathbf{Z}^+}$，则

$$c_n'=\sum_{i+j=n}a_i'b_j'.$$

由此可见，C^* 是 $\mathscr{R}$ 上的形式幂级数环 $\mathscr{R}[[x]]$.

例 3. 设 f 是 $\mathscr{R}$ 上的不定元，$C=\mathscr{R}[f,f^{-1}]$. 定义 $\Delta_C(f)=f\otimes f$，$\varepsilon_C(f)=1$，并扩张为 $\mathscr{R}$ 代数同态 $\Delta_C:C\to C\otimes C$，$\varepsilon_C:C\to\mathscr{R}$，则 C 也成为 $\mathscr{R}$ 上的余代数，例如，我们有

$$(\mathrm{id}_C\otimes\Delta_C)\circ\Delta_C(f)=f\otimes f\otimes f=(\Delta_C\otimes\mathrm{id}_C)\circ\Delta_C(f).$$

与例 2 类似，C^* 可等同于无限序列 $a=(a_n)_{n\in\mathbf{Z}}$（其中 $a_n\in\mathscr{R}$）的集合，$a(f^n)=a_n$，对所有 $n\in\mathbb{Z}$. 若 $a=(a_n)_{n\in\mathbf{Z}}$，$b=(b_n)_{n\in\mathbf{Z}}$，其中 a_n，$b_n\in\mathscr{R}$，则

$$(ab)(f^n)=\mu_{\mathscr{R}}\circ(a\otimes b)\circ\Delta_C(f^n)=\mu_{\mathscr{R}}\circ(a\otimes b)(f^n\otimes f^n)$$
$$=a_nb_n,$$

所以 C^* 的乘法也是按分量进行. 由此可见 C^* 是 $\mathscr{R}$ 代数的直积

$$C^*\cong\prod_{i\in\mathbf{Z}}\mathscr{R}_i,$$

每个 $\mathscr{R}_i\cong\mathscr{R}$.

$\mathscr{R}[f]$ 成为 C 的子余代数，不过这时 $\mathscr{R}[f]$ 上的余代数结构与例 2 所述的不同. 对于这里的余代数结构，我们显然有

$$\mathscr{R}[x]^*\cong\prod_{i\in\mathbf{Z}^+}\mathscr{R}_i,$$

每个 $\mathscr{R}_i\cong\mathscr{R}$.

以上三例中的余代数 C 作为 $\mathscr{R}$ 模都是自由的，这种余代数称为 $\mathscr{R}$ 上的**自由余代数**. 我们感兴趣的主要是自由余代数. 例如，当 $\mathscr{R}$ 是域时，所有 $\mathscr{R}$ 上的余代数都是自由的了.

现在仍考虑一般的 $\mathscr{R}$ 与 $\mathscr{R}$ 上的余代数 C. 如果 V 是个 $\mathscr{R}$ 模，并有 $\mathscr{R}$ 线性映射 $\tau_V:V\to V\otimes C$，使图

$$\begin{array}{ccc} V & \xrightarrow{\tau_V} & V\otimes C \\ {\scriptstyle\tau_V}\downarrow & & \downarrow{\scriptstyle\tau_V\otimes \mathrm{id}_C} \\ V\otimes C & \xrightarrow{\mathrm{id}_V\otimes\Delta_C} & V\otimes C\otimes C \end{array} \qquad \begin{array}{ccc} V & \xrightarrow{\tau_V} & V\otimes C \\ & {\scriptstyle\mathrm{id}_V}\searrow & \downarrow{\scriptstyle\mathrm{id}_V\otimes\varepsilon_C} \\ & & V \end{array}$$

交换，则称 V 是一个(**左**) C **余模**. 两个(左) C 余模 V 与 V' 之间的 $\mathscr{R}$ 线性映射 $\varphi: V\to V'$ 如果使图

$$\begin{array}{ccc} V & \xrightarrow{\varphi} & V' \\ {\scriptstyle\tau_V}\downarrow & & \downarrow{\scriptstyle\tau_{V'}} \\ V\otimes C & \xrightarrow{\varphi\otimes \mathrm{id}_C} & V'\otimes C \end{array}$$

交换，则称为 C **余模同态**.

例 4. C 本身关于 Δ_C 成为一个(左) C 余模，它称为 C 的 (**左**) **正则余模**.

余模是模的对偶概念，这可以从如下命题看出.

(5.1.2) 命题. 每个 C 余模具有典范的 C^* 模结构. 如果 V 与 V' 是 C 余模，并被典范地赋于 C^* 模结构，则

(1) 每个 C 余模同态 $\varphi: V\to V'$ 都是 C^* 模同态；

(2) 如果 C 是自由余代数，则 (1) 的逆也成立，即每个 C^* 模同态 $\varphi: V\to V'$ 都是 C 余模同态.

证明. (1)设 V 是 C 余模. 对 $f\in C^*$，令 $\tau_V^*(f)=(\mathrm{id}_V\otimes f)\circ\tau_V$，即，若

$$\tau_V(v)=\sum_i v_i\otimes c_i,$$

则

$$\tau_V^*(f)v=\sum_i f(c_i)v_i.$$

因为 τ_V 与 f 都是 $\mathscr{R}$ 线性的，所以 $\tau_V^*(f)$ 也是 $\mathscr{R}$ 线性的. 从而我们有一个映射 τ_V^*: $C^*\to \mathrm{End}_{\mathscr{R}}(V)$. 我们还要证明 τ_V^* 是 $\mathscr{R}$ 代数同态. τ_V^* 显然是 $\mathscr{R}$ 线性的，所以只要再证 τ_V^* 对乘法分配并保

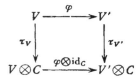

持恒等元. 设 $f, g \in C^*$, 则 $fg = (f\otimes g)\circ\Delta_C$ (以后 $\mu_{\mathscr{R}}$ 均省略不写),从而

$$\begin{aligned}\tau_V^*(fg) &= (\mathrm{id}_V\otimes fg)\circ\tau_V\\ &= (id_V\otimes((f\otimes g)\circ\Delta_C))\circ\tau_V\\ &= (\mathrm{id}_V\otimes f\otimes g)\circ(\mathrm{id}_V\otimes\Delta_C)\circ\tau_V\\ &= (\mathrm{id}_V\otimes f\otimes g)\circ(\tau_V\otimes\mathrm{id}_C)\circ\tau_V\\ &= (((\mathrm{id}_V\otimes f)\circ\tau_V)\otimes g)\circ\tau_V\\ &= (\tau_V^*(f)\otimes g)\circ\tau_V\\ &= \tau_V^*(f)\circ(\mathrm{id}_V\otimes g)\circ\tau_V\\ &= \tau_V^*(f)\circ\tau_V^*(g),\end{aligned}$$

即 τ_V^* 对乘法分配;又, C^* 的恒等元是 ε_C, 而

$$\tau_V^*(\varepsilon_C) = (\mathrm{id}_V\otimes\varepsilon_C)\circ\tau_V = \mathrm{id}_V,$$

所以 τ_V^* 保持恒等元. 由此可见, τ_V^* 是 $\mathscr{R}$ 代数同态,从而在 V 上定义了典范的 C^* 模结构.

现在设 V 与 V' 都是 C 余模, φ: $V\to V'$ 是 C 余模同态. 设 $f\in C^*$, 则

$$\begin{aligned}\varphi\circ\tau_V^*(f) &= \varphi\circ(\mathrm{id}_V\otimes f)\circ\tau_V\\ &= (\mathrm{id}_{V'}\otimes f)\circ(\varphi\otimes\mathrm{id}_C)\circ\tau_V \qquad \text{(因}\varphi\text{是}\mathscr{R}\text{线性的)}\\ &= (\mathrm{id}_{V'}\otimes f)\circ\tau_{V'}\circ\varphi\\ &= \tau_{V'}^*(f)\circ\varphi,\end{aligned}$$

所以 φ 是 C^* 模同态.

进一步设 C 是自由的, $\{c_i\}_{i\in I}$ 是它的一组 $\mathscr{R}$ 基; 并设 φ: $V\to V'$ 是 C 余模 V 与 V' 之间的 C^* 模同态. 任取 $v\in V$, 则可写

$$\tau_V(v) = \sum_{i\in I} v_i\otimes c_i, \quad \tau_{V'}(\varphi(v)) = \sum_{i\in I} v_i'\otimes c_i,$$

其中 $v_i\in V$ 是唯一确定的,并只有有限个不是零; $v_i'\in V'$ 也类似. 取由等式 $f_i(c_j) = \delta_{ij}$ (对所有 $i, j\in I$) 定义的线性函数 $f_i\in C^*$

$$\tau_V^*(f_i)v = v_i, \qquad \tau_{V'}^*(f_i)\circ\varphi(v) = v_i'.$$

由于 φ 是 C^* 模同态,我们有 $\varphi(v_i) = v_i'$. 此即证明了

$$(\varphi\otimes\mathrm{id}_C)\circ\tau_V(v)=\sum_{i\in I}\varphi(v_i)\otimes c_i$$

$$=\sum_{i\in I}v'_i\otimes c_i=\tau_{V'}\circ\varphi(v),$$

所以 φ 是 C 余模同态. 证毕.

对于模,有子模与商模的概念,对余模也可以类似地定义子余模与商余模: 设 $\mathscr{R}$ 模 V 在 $\mathscr{R}$ 线性映射 τ_V: $V\to V\otimes C$ 下成为 C 余模, V' 为 V 的 $\mathscr{R}$ 子模. 如果 $\tau_V(V')\subset V'\otimes C$,则显然 $\tau_{V'}=\tau_V|_{V'}$: $V'\to V'\otimes C$ 使 V' 也成为 C 余模,它称为 V 的**子余模**; 此时,还容易验证 τ_V 导出 $\mathscr{R}$线性映射 $\tau_{V/V'}$:$V/V'\to(V/V')\otimes C$, 使 V/V' 也成为 C 余模,它称为 V 关于 V' 的**商余模**.

我们有如下的命题. 其中所谓有限型 C 余模指的是这个余模作为 $\mathscr{R}$ 模是有限生成的;特别,如果 $\mathscr{R}$ 是域,则有限型 C 余模就是 $\mathscr{R}$ 上有限维的 C 余模.

(5.1.3) 命题. 设 C 为 $\mathscr{R}$ 上自由余代数, V 为 C 余模,则:

(1) V 是局部有限的, 即每个 $v\in V$ 都含于某个有限型子余模中.

(2) 设 V' 为 V 的 $\mathscr{R}$ 子模, 则 V' 是 C 子余模当且仅当 V' 是 C^* 子模; 若这个条件满足,商余模 V/V' 上的 C^* 模结构与 C^* 模 V 关于子模 V' 的商模 V/V' 一致.

证明. (1) 像 (5.1.2) 的证明那样, 取 C 的 $\mathscr{R}$ 基 $\{c_i\}_{i\in I}$, 并设

$$\tau_V(v)=\sum_{i\in I}v_i\otimes c_i,$$

有限个 $v_i\neq 0$. 设 V' 为这有限个非零的 v_i 生成的 $\mathscr{R}$ 子模,只要证明 V' 是 V 的子余模并且 $v\in V'$ 就可以了.

对 $k\in I$, 令

$$\Delta_C(c_k)=\sum_{i,j\in I}r_{ijk}c_j\otimes c_i,$$

这里 $r_{ijk}\in\mathscr{R}$. 那么

$$\sum_{i\in I}\tau_V(v_i)\otimes c_i=(\tau_V\otimes \mathrm{id}_C)\circ\tau_V(v)$$
$$=(\mathrm{id}_V\otimes\Delta_C)\circ\tau_V(v)$$
$$=\sum_{k\in I}v_k\otimes\Delta_C(c_k)$$
$$=\sum_{k\in I}v_k\otimes\left(\sum_{i,j\in I}r_{ijk}c_j\otimes c_i\right)$$
$$=\sum_{i\in I}\left(\sum_{j,k\in I}v_k\otimes r_{ijk}c_j\right)\otimes c_i,$$

由于 c_i 是基，所以推出

$$\tau_V(v_i)=\sum_{j,k\in I}v_k\otimes r_{ijk}c_j\in V'\otimes C,$$

可见 V' 为 V 的子余模. 再者,

$$v=(\mathrm{id}_V\otimes\varepsilon_C)\circ\tau_V(v)=\sum_{i\in I}\varepsilon_C(c_i)v_i\in V',$$

所以 (1) 得证.

(2) 如果V'是 C 子余模，则嵌入映射$V'\hookrightarrow V$与商映射$V\twoheadrightarrow V/V'$ 都是余模同态，这里 V/V' 赋于商余模结构. 据 (5.1.2), 当所有这些余模都赋于典范的 C^* 模结构时，这些映射都是 C^* 模同态. 由此推及 V' 是 V 的 C^* 子模，由余模 V/V' 导出的 C^* 模结构就是 C^* 模 V 关于子模 V' 的商模结构 (这些结论并不依赖于 C 的自由性). 于是，我们只要再证若 V' 是 V 的 C^* 子模，则 V'是 V 的 C 子余模. 仍取 C 的 $\mathscr{R}$ 基 $\{c_i\}_{i\in I}$, 并设 $f_i\in C^*$ 使 $f_i(c_j)=\delta_{ij}$. 如果 $v\in V'$, 设

$$\tau_V(v)=\sum_{i\in I}v_i\otimes c_i,$$

那么

$$\tau_V^*(f_i)v=v_i.$$

由于 V' 是 C^*子模，我们推知所有的 $v_i\in V'$，从而 $\tau_V(V')\subset V'\otimes C$, 可见 V' 为 C 子余模. 证毕.

关于 C 余模范畴的性质，我们有

(5.1.4) 命题. 设 C 是 R 上自由余代数，则 C 余模范畴是 Abel

范畴，在此范畴中任意直和与正向极限存在.

证明. 从(5.1.2)与(5.1.3)可以知道，C余模范畴是C^*模范畴的完全子范畴，并且对取子模与商模封闭. 因此，要证明C余模范畴是 Abel 的，只要再证C余模范畴中存在有限直和. 这也是显然的：若V与V'在τ_V与$\tau_{V'}$下成为C余模，令

$$\tau_{V\oplus V'}(v+v')=\tau_V(v)+\tau_{V'}(v'),\qquad \forall v\in V,\quad v'\in V',$$

则容易验证$\mathscr{R}$模$V\oplus V'$在$\tau_{V\oplus V'}$下成为C余模，并且满足直和的普遍性质.

现在，只要再证C余模范畴中存在正向极限就可以了. 设$\{V_\alpha;\ \mu_{\alpha\beta}\}$是$C$余模(从而是$\mathscr{R}$模)的正向系统，则$\{V_\alpha\otimes C;\ \mu_{\alpha\beta}\otimes \mathrm{id}_C\}$是$\mathscr{R}$模的正向系统，并且这两个$\mathscr{R}$模系统之间有态射$\{\tau_\alpha\}$，这里

$$\tau_\alpha:\ V_\alpha\to V_\alpha\otimes C$$

是定义余模结构的$\mathscr{R}$线性映射. 根据$\underrightarrow{\lim}$的函子性质，这个态射$\{\tau_\alpha\}$导出$\mathscr{R}$线性映射

$$\tau=\underrightarrow{\lim}\,\tau_\alpha:\underrightarrow{\lim}\,V_\alpha\to\underrightarrow{\lim}(V_\alpha\otimes C)\cong(\underrightarrow{\lim}\,V_\alpha)\otimes C,$$

这里的极限都在$\mathscr{R}$模范畴中取. 容易验证，$\underrightarrow{\lim}\,V_\alpha$在映射$\tau$下成为正向系统$\{V_\alpha;\ \mu_{\alpha\beta}\}$在$C$余模范畴中的极限. 证毕.

5.2 有理G模的余模描述

现在回到我们的主题. 设G是$\mathscr{K}$上的线性代数群，考虑$\mathscr{K}[G]$. 我们有

(5.2.1) 命题. 设μ_G: $G\times G\to G$是G的乘法态射，$\Delta_{\mathscr{K}[G]}$: $\mathscr{K}[G]\to\mathscr{K}[G]\otimes\mathscr{K}[G]$是它的余态射；又设$\varepsilon_{\mathscr{K}[G]}:\mathscr{K}[G]\to\mathscr{K}$为$\varepsilon_{\mathscr{K}[G]}(f)=f(1)$，对所有$f\in\mathscr{K}[G]$. 那么，关于$\Delta_{\mathscr{K}[G]}$与$\varepsilon_{\mathscr{K}[G]}$，$\mathscr{K}[G]$成为$\mathscr{K}$上的余代数，因而$\mathscr{K}[G]^*$典范地成为结合$\mathscr{K}$代数. 如果把$G$等同于$\mathrm{Hom}_{\mathscr{K}\text{-alg.}}(\mathscr{K}[G],\mathscr{K})\subset\mathscr{K}[G]^*$，则$\mathscr{K}[G]^*$的乘法在$G$的限制就是$G$的乘法. 此外，设$\varphi:G\to G'$是代数群同态，则$\varphi$的余态射$\varphi^{\#}$: $\mathscr{K}[G']$

$\to \mathscr{K}[G]$ 是余代数同态(当然也是 $\mathscr{K}$ 代数同态).

证明. $\Delta_{\mathscr{K}[G]}$ 与 $\varepsilon_{\mathscr{K}[G]}$ 显然是$\mathscr{K}$线性的.

对 $f\in \mathscr{K}[G]$, 我们有 $\Delta_{\mathscr{K}[G]}(f)=f\circ\mu_G$, 亦即

$$\Delta_{\mathscr{K}[G]}(f)(x, y)=f(xy), \qquad \forall x, y\in G.$$

据此进一步推出

$$(\Delta_{\mathscr{K}[G]}\otimes \mathrm{id}_{\mathscr{K}[G]})\circ\Delta_{\mathscr{K}[G]}(f)(x, y, z)=f((xy)z), \quad \forall x, y, z\in G;$$

$$(\mathrm{id}_{\mathscr{K}[G]}\otimes\Delta_{\mathscr{K}[G]})\circ\Delta_{\mathscr{K}[G]}(f)(x, y, z)=f(x(yz)), \quad \forall x, y, z\in G.$$

因为在G中 $(xy)z=x(yz)$, 所以

$$(\Delta_{\mathscr{K}[G]}\otimes \mathrm{id}_{\mathscr{K}[G]})\circ\Delta_{\mathscr{K}[G]}(f)=(\mathrm{id}_{\mathscr{K}[G]}\otimes\Delta_{\mathscr{K}[G]})\circ\Delta_{\mathscr{K}[G]}(f), \quad \forall f\in \mathscr{K}[G].$$

这验证了 $\Delta_{\mathscr{K}[G]}$ 的余结合律.

又从 $\Delta_{\mathscr{K}[G]}(f)(x, 1)=f(x)=\Delta_{\mathscr{K}[G]}(f)(1, x)$ 推出

$$(\mathrm{id}_{\mathscr{K}[G]}\otimes\varepsilon_{\mathscr{K}[G]})\circ\Delta_{\mathscr{K}[G]}=\mathrm{id}_{\mathscr{K}[G]}=(\varepsilon_{\mathscr{K}[G]}\otimes \mathrm{id}_{\mathscr{K}[G]})\circ\Delta_{\mathscr{K}[G]},$$

即增广律也成立.

由此可见, $\mathscr{K}[G]$ 在映射 $\Delta_{\mathscr{K}[G]}$ 与 $\varepsilon_{\mathscr{K}[G]}$ 下成为$\mathscr{K}$上的余代数. 再据(5.1.1), $\mathscr{K}[G]^*$ 典范地成为结合$\mathscr{K}$代数.

现在把 $x\in G$ 对应的$\mathscr{K}$代数同态 $\mathscr{K}[G]\to\mathscr{K}$ 记为 h_x, 即 $h_x(f)=f(x)$, 对所有 $f\in \mathscr{K}[G]$. 设 $x, y\in G, f\in \mathscr{K}[G]$, 则

$$(h_xh_y)(f)=(h_x\otimes h_y)\circ\Delta_{\mathscr{K}[G]}(f)=\Delta_{\mathscr{K}[G]}(f)(x, y)=f(xy)=h_{xy}(f),$$

推及 $h_xh_y=h_{xy}$. 所以 $\mathscr{K}[G]^*$ 的乘法在G的限制就是G的运算.

最后,设 $\varphi: G\to G'$ 是代数群同态, $x, y\in G$, $f\in \mathscr{K}[G']$, 则

$$\begin{aligned}(\Delta_{\mathscr{K}[G]}\circ\varphi^{\#}(f))(x, y)&=\varphi^{\#}(f)(xy)=f(\varphi(x)\varphi(y))\\&=\Delta_{\mathscr{K}[G']}(f)(\varphi(x), \varphi(y))\\&=((\varphi^{\#}\otimes\varphi^{\#})\circ\Delta_{\mathscr{K}[G']}(f))(x, y),\end{aligned}$$

所以 $\Delta_{\mathscr{K}[G]}\circ\varphi^{\#}=(\varphi^{\#}\otimes\varphi^{\#})\circ\Delta_{\mathscr{K}[G']}$；又，

$$\varepsilon_{\mathscr{K}[G]}\circ\varphi^{\#}(f)=\varphi^{\#}(f)(1)=f(\varphi(1))=\varepsilon_{\mathscr{K}[G']}(f),$$

即 $\varepsilon_{\mathscr{K}[G]}\circ\varphi^{\#}=\varepsilon_{\mathscr{K}[G']}$. 由此可见 $\varphi^{\#}$ 是余代数同态. 证毕.

例 5. 如所周知，$\mathscr{K}[G_a]=\mathscr{K}[f]$，$f$ 是坐标函数 $f(a)=a$，对 $a\in\mathscr{K}$. 容易验证它的余代数结构如例 2 所示，所以 $\mathscr{K}[\mathbb{G}_a]^*$ 的代数结构也如例 2 所示. 一个元素 $\boldsymbol{a}=(a_n)_{n\in\mathbf{Z}^+}$ 是$\mathscr{K}$代数同态当且仅当对所有 n 有 $a_n=a_1^n$，所以 $\mathbb{G}_a$ 等同于 $\boldsymbol{a}=(a^n)_{n\in\mathbf{Z}^+}$（其中 $a\in K$）所成的集合，根据例 2 的乘法公式与二项式定理推出 $(a^n)(b^n)=((a+b)^n)$，即 $\mathscr{K}[\mathbb{G}_a]^*$ 的乘法在 $\mathbb{G}_a$ 的限制正好是 $\mathbb{G}_a$ 的乘法. 又，$\mathscr{K}[\mathbb{G}_m]=\mathscr{K}[f,f^{-1}]$，$f$ 是坐标函数 $f(m)=m$，对 $m\in\mathscr{K}^*$. $\mathscr{K}[\mathbb{G}_m]$ 的余代数结构如例 3 所示，所以 $\mathscr{K}[\mathbb{G}_m]^*$ 的代数结构也如例 3 所示，$\mathbb{G}_m$ 显然等同于 $\boldsymbol{m}=(m^n)_{n\in\mathbf{Z}}$（其中 $m\in\mathscr{K}^*$）所成的集合，并且显然 $\mathscr{K}[\mathbb{G}_m]^*$ 的乘法在它的限制正好是 $\mathbb{G}_m$ 的运算.

(5.2.2) 定理. 每个 $\mathscr{K}[G]$ 余模具有典范的有理 G 模结构；在每个 $\mathscr{K}[G]$ 余模上赋予典范的有理 G 模结构，是 $\mathscr{K}[G]$ 余模范畴与有理 G 模范畴的同构.

注意，这里有理 G 模这一术语是在推广的意义下使用的，参看(4.1.1)证明后面的定义.

证明. 设 V 是 $\mathscr{K}[G]$ 余模. 据(5.1.2)，V 具有典范的 $\mathscr{K}[G]^*$ 模结构；又据(5.2.1)，G 是 $\mathscr{K}[G]$ 的单位乘法群的子群，所以 V 具有典范的(抽象) G 模结构. (5.1.3)告诉我们，G 模 V 是局部有限的. 因此，要证明 V 是有理的，只要再证 V 的每一有限维子模都是(在经典意义下)有理的. 设 V_0 是 V 的有限维 G 子模，$\{v_1,\cdots,v_n\}$ 是 V_0 的一组基，并把这组基扩充为 V 的一组基 $\{v_i\}_{i\in I}$，这里 $\{1,2,\cdots,n\}\subset I$. 此时可令

$$\tau_V(v_j)=\sum_{i\in I}v_i\otimes f_{ij},$$

其中 $f_{ij}\in\mathscr{K}[G]$ 且只有有限个 $f_{ij}\neq 0$. 于是，对 $x\in G$，有

$$xv_j=\sum_{i\in I}f_{ij}(x)v_i.$$

若 $j\in\{1,2,\cdots,n\}$，则 $xv_j\in V_0$，迫使 $f_{ij}(x)=0$，对所有 $x\in$

G，$i\notin\{1,2,\cdots,n\}$． 所以这些 $f_{ij}=0$． 可见，对 $j\in\{1,2,\cdots,n\}$，有

$$xv_j=\sum_{i=1}^{n}f_{ij}(x)v_i,\qquad f_{ij}\in\mathscr{K}[G].$$

此即表明 V_0 是有理 G 模.

至此，我们在 $\mathscr{K}[G]$ 余模 V 上典范地赋于了有理 G 模结构；从 (5.1.2) 还知道，$\mathscr{K}[G]$ 余模间的同态是 G 模同态． 因此我们实际上得到了 $\mathscr{K}[G]$ 余模范畴到有理 G 模范畴的一个函子.

为了证明这个函子是范畴的同构，我们要构作它的逆函子．为此，设 V 是有理 G 模，$\{v_i\}_{i\in I}$ 是它的一组基．我们可令

$$xv_j=\sum_{i\in I}f_{ij}(x)v_i,\qquad \forall x\in G,$$

其中 $f_{ij}\in\mathscr{K}[G]$ 且对于固定的 j 只有有限个 $f_{ij}\neq 0$． 若 $x,y\in G$，则

$$\begin{aligned}(xy)v_j&=\sum_{i\in I}f_{ij}(y)xv_i\\&=\sum_{i\in I}f_{ij}(y)\sum_{k\in I}f_{ki}(x)v_k\\&=\sum_{k}\Big(\sum_{i}f_{ki}(x)f_{ij}(y)\Big)v_k;\end{aligned}$$

另一方面，

$$(xy)v_j=\sum_{k\in I}f_{kj}(xy)v_k.$$

由此推出

$$f_{kj}(xy)=\sum_{i}f_{ki}(x)f_{ij}(y),\qquad \forall x,y\in G,$$

可见

$$\sum_{i}f_{ki}\otimes f_{ij}=\Delta_{\mathscr{K}[G]}(f_{kj}).$$

现在令

$$\tau_V(v_j)=\sum_{i\in I}v_i\otimes f_{ij},$$

便得到一个线性映射 τ_V: $V \to V\otimes\mathscr{K}[G]$. 现在证明 τ_V 在 V 上定义了一个 $\mathscr{K}[G]$ 余模结构.

首先,

$$
\begin{aligned}
(\tau_V\otimes\mathrm{id}_{\mathscr{K}[G]})\circ\tau_V(v_j) &= (\tau_V\otimes\mathrm{id}_{\mathscr{K}[G]})\left(\sum_i v_i\otimes f_{ij}\right) \\
&= \sum_i \sum_k v_k\otimes f_{ki}\otimes f_{ij} \\
&= \sum_k v_k\otimes\left(\sum_i f_{ki}\otimes f_{ij}\right) \\
&= \sum_k v_k\otimes\Delta_{\mathscr{K}[G]}(f_{kj}) \\
&= (\mathrm{id}_V\otimes\Delta_{\mathscr{K}[G]})\left(\sum_k v_k\otimes f_{kj}\right) \\
&= (\mathrm{id}_V\otimes\Delta_{\mathscr{K}[G]})\circ\tau_V(v_j).
\end{aligned}
$$

可见 $(\tau_V\otimes\mathrm{id}_{\mathscr{K}[G]})\circ\tau_V = (\mathrm{id}_V\otimes\Delta_{\mathscr{K}[G]})\circ\tau_V$, 即余模定义的第一个交换图得证.

其次,我们有

$$
\begin{aligned}
(\mathrm{id}_V\otimes\varepsilon_{\mathscr{K}[G]})\circ\tau_V(v_j) &= (\mathrm{id}_V\otimes\varepsilon_{\mathscr{K}[G]})\left(\sum_i v_i\otimes f_{ij}\right) \\
&= \sum_i f_{ij}(1)v_i = 1v_j = v_j.
\end{aligned}
$$

可见 $(\mathrm{id}_V\otimes\varepsilon_{\mathscr{K}[G]})\circ\tau_V = \mathrm{id}_V$, 余模定义的第二个交换图也得证. 因此, τ_V 确实在 V 上定义了 $\mathscr{K}[G]$ 余模结构.

为了得到从有理 G 模范畴到 $\mathscr{K}[G]$ 余模范畴的函子,我们还要证明有理 G 模之间的模同态 φ: $V\to V'$ 一定是 $\mathscr{K}[G]$ 余模同态. 为此,取 $\mathrm{Ker}\varphi$ 的基 $\{v_j\}_{j\in J}$, 再扩充为 V 的基 $\{v_j\}_{j\in I}$, $J\subset I$; 此时 $\{\varphi(v_j)=v_j'\}_{j\in I\setminus J}$ 是 $\mathrm{Im}\varphi$ 的基,再把它扩充为 V' 的基 $\{v_j'\}_{j\in I'}$, 这里 $I\setminus J\subset I'$.

若 $j\in I$, 可设

$$
\tau_V(v_j) = \sum_{i\in I} v_i\otimes f_{ij},
$$

$$\tau_{V'}(\varphi(v_i)) = \sum_{i\in I'} v'_i \otimes f'_{ij}.$$

此时,对 $x\in G$ 有

$$\varphi(xv_j) = \sum_{i\in I\setminus J} f_{ij}(x)v'_i,$$

$$x\varphi(v_j) = \sum_{i\in I'} f'_{ij}(x)v'_i.$$

因为 φ 是 G 模同态,所以 $\varphi(xv_j) = x\varphi(v_j)$. 由此得出

$$f_{ij}(x) = 0, \qquad 当\ j\in J\ 且\ i\in I\setminus J\ 时;$$

$$f'_{ij}(x) = \begin{cases} f_{ij}(x), & 当\ j\in I\setminus J\ 且\ i\in I\setminus J\ 时, \\ 0, & 其余情况. \end{cases}$$

这些等式对所有 $x\in G$ 成立,所以其中的"(x)"均可去掉. 由此进一步推出,当 $j\in J$ 时,

$$\tau_{V'}\circ\varphi(v_j) = 0 = \sum_{i\in I} \varphi(v_i)\otimes f_{ij} = (\varphi\otimes \mathrm{id}_{\mathscr{K}[G]})\circ\tau_V(v_j);$$

当 $j\in I\setminus J$ 时也有

$$\tau_{V'}\circ\varphi(v_j) = \sum_{i\in I} \varphi(v_i)\otimes f_{ij} = (\varphi\otimes \mathrm{id}_{\mathscr{K}[G]})\circ\tau_V(v_j).$$

因此, $\tau_{V'}\circ\varphi = (\varphi\otimes\mathrm{id}_{\mathscr{K}[G]})\circ\tau_V$, 即 φ 是 $\mathscr{K}[G]$ 余模同态.

至此,我们终于得到了从有理 G 模范畴到 $\mathscr{K}[G]$ 余模范畴的函子. 容易看出,这个函子与我们原先得到的从 $\mathscr{K}[G]$ 余模范畴到 G 模范畴的函子互逆. 因此,这两个范畴同构. 证毕.

5.3 表示的微分

回忆一下,若 G 是 $\mathscr{K}$ 上的线性代数群,则 G 的 Lie 代数 $\mathfrak{L}(G)$ 可以用不同的方法刻划,其中一种是: $\mathfrak{L}(G)$ 是 $\mathscr{K}[G]$ 在 $1\in G$ 的**点导子**全体组成的, 即 $\mathfrak{L}(G)$ 由满足如下性质的线性函数 X: $\mathscr{K}[G]\to\mathscr{K}$ 组成:

$$X(fg) = X(f)g(1) + f(1)X(g), \qquad \forall f, g\in\mathscr{K}[G].$$

因此, $\mathfrak{L}(G)$ 可以看成 $\mathscr{K}[G]^*$ 的子空间. 我们已在 $\mathscr{K}[G]^*$ 上定义了 $\mathscr{K}$ 代数结构,那么, $\mathfrak{L}(G)$ 的方括号运算与 $\mathscr{K}[G]^*$ 的

乘法运算有什么关系呢？ 事实上，$\mathfrak{L}(G)$ 的方括号运算正好是 $\mathscr{K}[G]^*$ 的乘法的(加法)换位，即对于 $X, Y \in \mathfrak{L}(G)$，有 $[X, Y] = XY - YX$，右边是 $\mathscr{K}[G]^*$ 中的运算. 但我们不准备去验证这个结果，而直接把 $\mathfrak{L}(G)$ 定义为 $\mathscr{K}[G]^*$ 的 Lie 子代数，即用 $[X,Y] = XY - YX$ **定义** $\mathfrak{L}(G)$ 中的运算. 为此，需要如下的命题.

(5.3.1)命题. 如果 $X, Y \in \mathscr{K}[G]^*$ 都是在 $1 \in G$ 的点导子，则 $[X,Y] = XY - YX$ 也是在 $1 \in G$ 的点导子；如果 $\mathrm{char}\,\mathscr{K} = p > 0$，则 X^p 也是在点 1 的点导子.

证明. 我们采用一些形式的写法. 设 $\mu = \mu_{\mathscr{K}[G]}: \mathscr{K}[G] \otimes \mathscr{K}[G] \to \mathscr{K}[G]$ 是 $\mathscr{K}[G]$ 的乘法映射，则点导子的条件可以写成

$$X \circ \mu = X \otimes \varepsilon + \varepsilon \otimes X,$$

这里 $\varepsilon = \varepsilon_{\mathscr{K}[G]}$. 因为 $\Delta = \Delta_{\mathscr{K}[G]}$ 是簇态射的余态射，所以是代数同态. 特别，它对 $\mathscr{K}[G]$ 中的乘法是分配的，用式子写出即为

$$\Delta \circ \mu = \mu_{\mathscr{K}[G] \otimes \mathscr{K}[G]} \circ (\Delta \otimes \Delta),$$

这里 $\mu_{\mathscr{K}[G] \otimes \mathscr{K}[G]}: \mathscr{K}[G] \otimes \mathscr{K}[G] \otimes \mathscr{K}[G] \otimes \mathscr{K}[G] \to \mathscr{K}[G] \otimes \mathscr{K}[G]$ 是 $\mathscr{K}[G] \otimes \mathscr{K}[G]$ 的乘法映射. 根据代数张量积的定义，它是把第一个因子与第三个因子相乘，作为积的第一个因子，把第二个因子与第四个因子相乘，作为积的第二个因子. 因此，

$$\mu_{\mathscr{K}[G] \otimes \mathscr{K}[G]} = (\mu \otimes \mu) \circ (23),$$

这里(23)表示 $\mathscr{K}[G]$ 的四重张量积中第二、三两因子对换. 这样，Δ是代数同态的事实可以用式子写成

$$\Delta \circ \mu = (\mu \otimes \mu) \circ (23) \circ (\Delta \otimes \Delta).$$

现在设 X, Y 是在 1 的点导子，考虑 $[X, Y]$. 我们有

$$\begin{aligned}(XY) \circ \mu &= (X \otimes Y) \circ \Delta \circ \mu \\ &= (X \otimes Y) \circ (\mu \otimes \mu) \circ (23) \circ (\Delta \otimes \Delta) \\ &= (X \circ \mu \otimes Y \circ \mu) \circ (23) \circ (\Delta \otimes \Delta)\end{aligned}$$

$$
\begin{aligned}
&= ((X\otimes\varepsilon + \varepsilon\otimes X)\otimes(Y\otimes\varepsilon + \varepsilon\otimes Y))\circ(23)\circ(\Delta\otimes\Delta)\\
&= (X\otimes\varepsilon\otimes Y\otimes\varepsilon + X\otimes\varepsilon\otimes\varepsilon\otimes Y + \varepsilon\otimes X\otimes Y\otimes\varepsilon\\
&\quad + \varepsilon\otimes X\otimes\varepsilon\otimes Y)\circ(23)\circ(\Delta\otimes\Delta)\\
&= (X\otimes Y\otimes\varepsilon\otimes\varepsilon + X\otimes\varepsilon\otimes\varepsilon\otimes Y + \varepsilon\otimes Y\otimes X\otimes\varepsilon\\
&\quad + \varepsilon\otimes\varepsilon\otimes X\otimes Y)\circ(\Delta\otimes\Delta)\\
&= XY\otimes\varepsilon + X\otimes Y + Y\otimes X + \varepsilon\otimes XY.
\end{aligned}
$$

由此可见，

$$
\begin{aligned}
[X,Y]\circ\mu &= (XY)\circ\mu - (YX)\circ\mu\\
&= XY\otimes\varepsilon - YX\otimes\varepsilon + \varepsilon\otimes XY - \varepsilon\otimes YX\\
&= [X,Y]\otimes\varepsilon + \varepsilon\otimes[X,Y],
\end{aligned}
$$

即 $[X,Y]$ 也是在 1 的点导子.

为证第二个结论，我们证明一个更一般的引理：

(5.3.2)引理 (Leibniz 恒等式). 设 X 是 $\mathscr{K}[G]$ 在 $1\in G$ 的点导子，则对 $n\in\mathbf{Z}^+$，有

$$
X^n\circ\mu = \sum_{i=0}^{n}\binom{n}{i}X^i\otimes X^{n-i}.
$$

证明. 当 $n=1$ 时就是点导子的定义； $n=2$ 时是上文所证 $(XY)\circ\mu$ 的公式在 $X=Y$ 时的特殊情况. 对 n 作归纳法，我们有

$$
\begin{aligned}
X^n\circ\mu &= (X\otimes X^{n-1})\circ\Delta\circ\mu\\
&= (X\otimes X^{n-1})\circ(\mu\otimes\mu)\circ(23)\circ(\Delta\otimes\Delta)\\
&= (X\circ\mu\otimes X^{n-1}\circ\mu)\circ(23)\circ(\Delta\otimes\Delta)\\
&= \left((X\otimes\varepsilon + \varepsilon\otimes X)\otimes\left(\sum_{i=0}^{n-1}\binom{n-1}{i}X^i\otimes X^{n-1-i}\right)\right)\\
&\quad\circ(23)\circ(\Delta\otimes\Delta)\\
&= \left(\sum_{i=0}^{n-1}\binom{n-1}{i}X\otimes\varepsilon\otimes X^i\otimes X^{n-1-i}\right.\\
&\quad\left. + \sum_{i=0}^{n-1}\binom{n-1}{i}\varepsilon\otimes X\otimes X^i\otimes X^{n-1-i}\right)\circ(23)\circ(\Delta\otimes\Delta)\\
&= \left(\sum_{i=0}^{n-1}\binom{n-1}{i}X\otimes X^i\otimes\varepsilon\otimes X^{n-1-i}\right.
\end{aligned}
$$

$$+\sum_{i=0}^{n-1}\binom{n-1}{i}\varepsilon\otimes X^{i}\otimes X\otimes X^{n-1-i}\Big)\circ(\Delta\otimes\Delta)$$

$$=\sum_{i=1}^{n}\binom{n-1}{i-1}X^{i}\otimes X^{n-i}+\sum_{i=0}^{n-1}\binom{n-1}{i}X^{i}\otimes X^{n-i}$$

$$=\sum_{i=0}^{n}\binom{n}{i}X^{i}\otimes X^{n-i},$$

正如所求. 引理证毕.

(5.3.1) 的证明(续). 因为对素数 p 及所有满足 $0<i<p$ 的整数 i, 有 $\binom{p}{i}\equiv 0(\mathrm{mod}\ p)$, 所以当 $\mathrm{char}\mathscr{K}=p$ 时,从 Leibniz 恒等式推出

$$X^{p}\circ\mu=X^{p}\otimes\varepsilon+\varepsilon\otimes X^{p},$$

对所有在 1 的点导子 X. 此即表明 X^{p} 也是在 1 的点导子. 证毕.

$\mathscr{K}[G]$ 在 1 的点导子全体 $\mathfrak{L}(G)$ 在 (5.3.1) 所定义的方括号运算下所成的 Lie 代数称为**群 G 的 Lie 代数**. 当 $\mathrm{char}\mathscr{K}=p>0$ 时,从 (5.3.1) 得知, $\mathfrak{L}(G)$ 是局限 Lie 代数.

(5.3.3) 命题. $\mathfrak{L}$ 是从$\mathscr{K}$上线性代数群范畴到$\mathscr{K}$上 Lie 代数范畴的一个函子. 特别,如果 $\mathrm{char}\mathscr{K}=p>0$, 则这个函子可以提升到$\mathscr{K}$上局限 Lie 代数范畴.

证明. 据 (5.2.1), 把线性代数群 G 对应到它的仿射代数 $\mathscr{K}[G]$ 是$\mathscr{K}$上线性代数群范畴到$\mathscr{K}$上余代数范畴的反变函子; 又据 (5.1.1), 把$\mathscr{K}$上余代数对应到它的对偶代数则是从$\mathscr{K}$上余代数范畴到$\mathscr{K}$代数范畴的反变函子. 把这两个函子合成,便得到从$\mathscr{K}$上线性代数群范畴到$\mathscr{K}$代数范畴的函子, 它把线性代数群 G 对应到$\mathscr{K}$代数 $\mathscr{K}[G]^{*}$,而把代数群同态 $\varphi: G\to G'$ 对应到它的余态射的对偶态射 $\varphi^{\#*}:\mathscr{K}[G]^{*}\to\mathscr{K}[G']^{*}$. 因为 $\mathfrak{L}(G)$ 与 $\mathfrak{L}(G')$ 的 Lie 运算 (包括局限运算) 分别是 $\mathscr{K}[G]^{*}$ 与 $\mathscr{K}[G']^{*}$的代数运算导出的,所以,只要证明 $d\varphi=\varphi^{\#*}|_{\mathfrak{L}(G)}$ 把 $\mathfrak{L}(G)$

映到 $\mathfrak{L}(G')$ 中，命题的结论便全部得证。

设 $X\in\mathfrak{L}(G)$，我们有

$$\begin{aligned}
d\varphi(X)\circ\mu_{\mathscr{K}[G']} &= \varphi^{\#*}(X)\circ\mu_{\mathscr{K}[G']}\\
&= X\circ\varphi^{\#}\circ\mu_{\mathscr{K}[G']}\\
&= X\circ\mu_{\mathscr{K}[G]}\circ(\varphi^{\#}\otimes\varphi^{\#})(\text{因 }\varphi^{\#}\text{ 是}\mathscr{K}\text{代数同态}).\\
&= (X\otimes\varepsilon_{\mathscr{K}[G]}+\varepsilon_{\mathscr{K}[G]}\otimes X)\circ(\varphi^{\#}\otimes\varphi^{\#})\\
&= (X\circ\varphi^{\#})\otimes(\varepsilon_{\mathscr{K}[G]}\circ\varphi^{\#})+(\varepsilon_{\mathscr{K}[G]}\circ\varphi^{\#})\otimes(X\circ\varphi^{\#})\\
&= d\varphi(X)\otimes\varepsilon_{\mathscr{K}[G']}+\varepsilon_{\mathscr{K}[G']}\otimes d\varphi(X),
\end{aligned}$$

此即表明 $d\varphi(X)\in\mathfrak{L}(G')$. 证毕.

Lie 代数同态 $d\varphi:\mathfrak{L}(G)\to\mathfrak{L}(G')$ 称为代数群同态 $\varphi:G\to G'$ 的**微分**.

例 6. 这个例题是为后面四个例作准备的. 设 X 是 $\mathscr{K}[G]$ 在 1 的点导子，我们将证明，对任何 $f\in\mathscr{K}[G]$ 与 $n\in\mathbb{Z}^+\backslash\{0\}$，有

$$X(f^n)=nf^{n-1}(1)X(f),$$

并且，如果 f 在 $\mathscr{K}[G]$ 中可逆，则对任何 $n\in\mathbb{Z}$，上述等式成立.

先考虑 $n\in\mathbb{Z}^+\backslash\{0\}$ 情况. $n=1$ 时结论平凡；$n=2$ 时从点导子的定义式立即得出结论. 一般地，用归纳假设，有

$$\begin{aligned}
X(f^n) &= X(f^{n-1}f)\\
&= f^{n-1}(1)X(f)+X(f^{n-1})f(1)\\
&= f^{n-1}(1)X(f)+(n-1)f^{n-2}(1)X(f)f(1)\\
&= nf^{n-1}(1)X(f),
\end{aligned}$$

正如所求.

现在设 f 在 $\mathscr{K}[G]$ 中可逆. 因为从点导子的定义式可以推出 $X(1)=X(1)+X(1)$（这里 $1\in\mathscr{K}[G]$），所以 $X(1)=0$，这表明当 $n=0$ 时我们的等式也成立. 现在

$$0=X(1)=X\left(f^n\cdot\frac{1}{f^n}\right)=X(f^n)\frac{1}{f^n(1)}+f^n(1)X\left(\frac{1}{f^n}\right),$$

由此推出

$$\begin{aligned}
X(f^{-n}) &= -X(f^n)f^{-2n}(1)\\
&= -nf^{n-1}(1)X(f)f^{-2n}(1)\\
&= -nf^{-n-1}(1)X(f),
\end{aligned}$$

可见当 n 是负整数时等式也成立.

例 7. 设 $G=\mathbb{G}_a$，则 $\mathscr{K}[G]=\mathscr{K}[f]$，$f$ 是坐标函数．从例6知 $\mathscr{K}[G]$ 上的点导子被它在 f 上的取值唯一确定，所以 $\mathfrak{L}(G)$ 至多一维．另一方面，如用例 2 的记号，令 $X=(0,1,0,0,\cdots)\in\mathscr{K}[G]^*$．如果 $g=\sum a_nf^n$ 与 $h=\sum b_mf^m\in\mathscr{K}[G]$，则(注意，0 是 $\mathbb{G}_a$ 的恒等元)，

$$X(gh)=a_1b_0+a_0b_1=X(g)h(0)+g(0)X(h),$$

所以 $X\in\mathfrak{L}(G)$，从而张成了 $\mathfrak{L}(G)$．$\mathfrak{L}(G)$ 的方括号运算当然是平凡的．

设 $m\in\mathscr{K}^*$，定义 $\mathbb{G}_a$ 的自同构 φ_m: $a\mapsto ma$，对所有 $a\in\mathbb{G}_a$，我们来求 φ_m 的微分．因为

$$(\varphi_m^{\#}f)(a)=f\circ\varphi_m(a)=f(ma)=ma=(mf)(a),\qquad\forall a\in\mathbb{G}_a,$$

所以

$$d\varphi_m(X)(f)=X(mf)=m=(mX)(f),$$

可见 $d\varphi_m(X)=mX$，即在 $\mathbb{G}_a$ 上的倍数作用的微分仍是倍数作用．

例 8. 设 $G=\mathbb{G}_m$，则 $\mathscr{K}[G]=\mathscr{K}[f,f^{-1}]$，$f$ 是坐标函数．与例 7 类似地得出 $\mathfrak{L}(G)$ 至多一维．另一方面，用例 3 的记号，令 $H=(c_n)_{n\in\mathbf{Z}}$，c_n 为 n 在 $\mathscr{K}$ 中的象，则对 $g=\sum a_if^i$，$h=\sum b_jf^j$（其中 $i,j\in\mathbf{Z}$，a_i，$b_j\in R$ 其只有有限个不是零)，我们有

$$\begin{aligned}H(gh)&=H\Big(\sum_n\Big(\sum_{i+j=n}a_ib_j\Big)f^n\Big)=\sum_n n\Big(\sum_{i+j=n}a_ib_j\Big)\\&=\sum_{i,j}(i+j)a_ib_j,\end{aligned}$$

$$\begin{aligned}H(g)h(1)+g(1)H(h)&=\Big(\sum_i ia_i\Big)\Big(\sum_j b_j\Big)+\Big(\sum_i a_i\Big)\Big(\sum_j jb_j\Big)\\&=\sum_{i,j}ia_ib_j+\sum_{i,j}ja_ib_j\\&=\sum_{i,j}(i+j)a_ib_j.\end{aligned}$$

由此可见 $H\in\mathfrak{L}(G)$，从而张成了 $\mathfrak{L}(G)$．它的方括号运算当然也是平凡的．

设 $\chi\in\mathfrak{X}(G)$，不妨设 $\chi(m)=m^n$，对 $m\in G$，这里 $n\in\mathbf{Z}$．那么 $\chi^{\#}(f)(m)=f(m^n)=f^n(m)$，于是 $d\chi(H)(f)=H(f^n)=n=(nH)(f)$，所以 $d\chi(H)=nH$．换句话说，特征标的微分正好把原来的指数作用变为倍数作用．如果通过基 H 把 $\mathfrak{L}(G)$ 等同于 $\mathscr{K}$，则 $d\chi$ 成为线性函数 $\mathfrak{L}(G)\mapsto\mathscr{K}$，把 H 映到 n 在 $\mathscr{K}$ 中的象．事实上，$\chi=f^n$；如果把 G 与 $\mathfrak{L}(G)$ 都嵌入 $\mathscr{K}[G]^*$，则 χ 与 $d\chi$ 都是在 f^n 的赋值，也就是说，都是

$$\mathscr{K}[G]^* = \prod_{i\in \mathbf{Z}} R_i$$

在 n 分量的射影 pr_n 的限制.

例 9. 设 $G = GL(n, \mathscr{K})$，则 $\mathscr{K}[G] = \mathscr{K}[f_{ij}, \det^{-1}]$，这里 $f_{ij}((x_{ij})) = x_{ij}$ 是坐标函数 ($i = 1, 2, \cdots, n$; $j = 1, 2, \cdots, n$). 容易看出，若点导子 X 在所有 f_{ij} 上的值给定，则它在 $\det$ 上的值也确定；再据例 6，X 在 $\det^{-1}$ 上的值也确定了,从而它在整个 $\mathscr{K}[G]$ 上的作用就完全确定了. 由此可见 $\mathfrak{L}(G)$ 至多 n^2 维. 另一方面,若定义

$$X_{ij}(f_{kl}) = \delta_{ik}\delta_{jl}, \ \forall\ k = 1,2,\cdots,n;\ l = 1,2,\cdots,n,$$

则不难验证 X_{ij} 可以扩充为 $\mathscr{K}[G]$ 的点导子(事实上只要对 f 与 g 都是 f_{ij} 的单项式的情况验证 $X_{ij}(fg)$ 的公式,但 $X_{ij}(fg)$ 只与 f 及 g 中 f_{ij} 的幂有关,于是问题与例 5 类似). 因此，我们确实找到了 $\mathfrak{L}(G)$ 中 n^2 个线性无关的向量. 可见 $\mathfrak{L}(G)$ 是 n^2 维的，它的基就是上述 $X_{ij}(i = 1,2,\cdots, n;\ j = 1,2,\cdots,n)$.

我们希望知道这些 X_{ij} 之间如何进行 Lie 运算. 推导如下: 因为

$$f_{rs}((x_{ij})(y_{ij})) = \sum_t x_{rt}y_{ts} = \sum_t f_{rt}((x_{ij}))f_{ts}((y_{ij})),$$

所以

$$\Delta(f_{rs}) = \sum_t f_{rt}\otimes f_{ts}.$$

由此推出

$$\begin{aligned}(X_{ij}X_{kl})(f_{rs}) &= (X_{ij}\otimes X_{kl})\circ\Delta(f_{rs}) \\ &= (X_{ij}\otimes X_{kl})\left(\sum_t f_{rt}\otimes f_{ts}\right) \\ &= \delta_{ir}\delta_{jk}\delta_{ls},\end{aligned}$$

所以

$$[X_{ij},X_{kl}](f_{rs}) = \delta_{ir}\delta_{jk}\delta_{ls} - \delta_{kr}\delta_{li}\delta_{js}.$$

我们已经知道 $[X_{ij}, X_{kl}]$ 也是在点 1 的点导子，所以它必为某些 X_{ij} 的线性组合. 于是,上式表明

$$[X_{ij},X_{kl}] = \delta_{jk}X_{il} - \delta_{li}X_{kj}.$$

这是 $\mathfrak{gl}(n,\mathscr{K})$ 在标准基底下的换位公式. 由此可见 $\mathfrak{L}(G) = \mathfrak{gl}(n,\mathscr{K})$.

如果 V 是 n 维 $\mathscr{K}$ 向量空间，通过一组基底，可把 $GL(V)$ 等同于 $GL(n, \mathscr{K})$；我们也可以通过同一组基底,把 $GL(n,\mathscr{K})$ 的 Lie 代数 $\mathfrak{gl}(n,\mathscr{K})$ 等同于 $\mathfrak{gl}(V)$.因此我们可以说 $GL(V)$ 的 Lie 代数是 $\mathfrak{gl}(V)$,

例 10. 本例说明线性代数群之间的非零同态的微分可以是零. 设 $\mathrm{char}\mathscr{K}=p>0$,考虑 $G=SL(n,\mathscr{K})$的情况,并设 $\varphi:G\to G$ 为把(x_{ij})映到(x_{ij}^p)的自同态,即所谓 Frobenius 自同态. 仍同上例,设 f_{ij} 为坐标函数,则 $\varphi^\#(f_{ij})=f_{ij}^p$. 于是,如果 X 是 G 在 1 的点导子,则由例 4 得

$$d\varphi(X)(f_{ij})=X\circ\varphi^\#(f_{ij})=X(f_{ij}^p)=pf_{ij}^{p-1}(1)X(f_{ij})=0.$$

由于这些 f_{ij} 生成了 $\mathscr{K}[G]$,所以 $d\varphi(X)=0$,可见 $d\varphi:\mathfrak{L}(G)\to\mathfrak{L}(G)$ 是零映射.

线性代数群 G 的有限维有理表示是一个代数群同态 $\sigma:G\to GL(V)$,于是它的微分是一个 Lie 代数同态 $d\sigma$: $\mathfrak{L}(G)\to\mathfrak{gl}(V)$ (参看例 6),从而给出了 $\mathfrak{L}(G)$ 的一个表示,这个表示称为 σ 的微分. 但这样定义表示的微分有一个缺点:无法直接定义无限维表示的微分,因为若 V 无限维,则 $GL(V)$ 不是一个线性代数群. 我们用下面的方法来定义**表示的微分**,就避免了这个困难: 设 V 是任一有理 G 模,据 (5.2.2),V 具有典范的 $\mathscr{K}[G]$ 余模结构;再据 (5.1.2),V 又具有典范的 $\mathscr{K}[G]^*$ 模结构. 由于 $\mathfrak{L}(G)$ 是 $\mathscr{K}[G]^*$ 的 Lie 子代数,所以 V 具有典范的 $\mathfrak{L}(G)$ 模结构.

我们希望当 V 有限维时,这样定义的 $\mathfrak{L}(G)$ 模 V 与由 $d\sigma:\mathfrak{L}(G)\to\mathfrak{gl}(V)$ 定义的 $\mathfrak{L}(G)$ 模 V 是一致的. 为此,取 V 的一组基 $\{v_1,\cdots,v_n\}$, $n=\dim V$. 设在这组基下, $GL(V)$ 的坐标函数为 $f_{ij}(i=1,2,\cdots,n;\ j=1,2,\cdots,n)$. 若 $X\in\mathfrak{L}(G)$,则

$$d\sigma(X)=X\circ\sigma^\#=\sum_{i,j}(X\circ\sigma^\#)(f_{ij})X_{ij},$$

这里的 X_{ij} 如例 7 所述,是 $\mathfrak{gl}(n,\mathscr{K})$ 的典范基. 把 $\mathfrak{gl}(n,\mathscr{K})$ 与 $\mathfrak{gl}(V)$ 通过基 $\{v_1,\cdots,v_n\}$ 等同,则 $X_{ij}v_k=\delta_{jk}v_i$,于是

$$d\sigma(X)v_j=\sum_i(X\circ\sigma^\#)(f_{ij})v_i.$$

另一方面,设由 $\sigma:G\to GL(V)$ 确定的 $\mathscr{K}[G]$ 余模结构为 τ_V: $V\to V\otimes\mathscr{K}[G]$,则容易得出

$$\tau_V(v_j)=\sum_i v_i\otimes\sigma^\#(f_{ij}),$$

再根据在 V 上定义 $\mathscr{K}[G]^*$ 模的方法,有

$$Xv_j = \sum_i (X \circ \sigma^{\#})(f_{ij})v_i.$$

由此可见,用两种方法在 V 上定义的 $\mathfrak{L}(G)$ 模结构是一致的.

以后把任一有理表示 σ 的微分都记为 $d\sigma$.

根据构作表示的微分的过程,我们得出:

(5.3.4) 定理. 设 $\varphi: V \to V'$ 是有理 G 模的同态，通过微分，赋于 V 与 V' 以 $\mathfrak{L}(G)$ 模结构,则 φ 也是 $\mathfrak{L}(G)$ 模同态，因此，表示的微分是有理 G 模范畴到 $\mathfrak{L}(G)$ 模范畴的函子.

证明. 从 (5.2.2) 与 (5.1.2) 即得. 证毕.

必须注意的是, (5.3.4) 的函子不一定是范畴的同构, 即使当 char$\mathscr{K} = 0$ 时也是如此——如所周知, char$\mathscr{K} = 0$ 时, $\mathfrak{L}(G)$ 可能有无限维不可约表示，这种表示显然不是有理 G 模的微分. 不过，当 char$\mathscr{K} = 0$ (且 G 连通)时，微分函子是有理 G 模范畴到 $\mathfrak{L}(G)$ 模范畴的完全嵌入，并且象的子范畴对于取子模封闭(参看下一小节). 但当 char$\mathscr{K} \neq 0$ 时,这一点也不一定成立,请看下例:

例11 设 char$\mathscr{K} = p > 0$, $G = SL(n, \mathscr{K})$, $\sigma: G \to GL(V)$ 是 G 的有限维有理表示. 定义 G 的一个新的表示 $\pi: G \to GL(V)$ 为 $\pi = \sigma \circ \varphi$,这里 $\varphi: (a_{ij}) \mapsto (a_{ij}^p)$ 是例10所述的 Frobenius 自同态; 为区别起见, 把 V 上由 π 定义的 G 模结构记为 $V^{(p)}$. 此时, $d\pi = d\sigma \circ d\varphi = 0$,因为我们已经知道 $d\varphi = 0$. 由此可见,作为 $\mathfrak{L}(G)$ 模, $V^{(p)}$ 是平凡模的直和,从而

$$\dim \operatorname{Hom}_{\mathfrak{L}(G)}(\mathscr{K}, V^{(p)}) = \dim V.$$

但是,只要 V 不是平凡 G 模的直和,则

$$\dim \operatorname{Hom}_G(\mathscr{K}, V^{(p)}) < \dim V.$$

可见微分函子不是完全的. 特别, 如果 V 是非平凡的不可约 G 模, 则显然 $V^{(p)}$ 也是非平凡的不可约 G 模; 但作为 $\mathfrak{L}(G)$ 模, $V^{(p)}$ 不是不可约的了. 由此可见,微分函子的象子范畴对取子模不封闭;特别,不可约 G 模的微分可能是可约的.

如果一个 G 模与它的微分都是不可约的, 则称这个 G 模是**无穷小不可约的.**

把 G 与 $\mathfrak{L}(G)$ 都看成 $\mathscr{K}[G]^*$ 的子结构以后, G 在 $\mathfrak{L}(G)$ 上

的伴随表示变得很容易理解.

(5.3.5) 命题. 把 G 与 $\mathfrak{L}(G)$ 都看作 $\mathscr{K}[G]^*$ 的子结构，则由 $x\in G$ 的共轭导出的 $\mathscr{K}[G]^*$ 的自同构保持 $\mathfrak{L}(G)$ 稳定，它在 $\mathfrak{L}(G)$ 的限制就是 G 在 $\mathfrak{L}(G)$ 上的伴随作用.

证明. 设 $i_x: G\to G$ 为 $x\in G$ 对应的 G 的内自同构,即

$$i_x(g)=xgx^{-1},\ \forall g\in G.$$

据 (5.3.3)，$i_x^{\#*}$ 保持 $\mathfrak{L}(G)$ 稳定;而据伴随作用的定义，$Adx=di_x=i_x^{\#*}|_{\mathfrak{L}(G)}$.由此,只要证 $i_x^{\#*}(X)=xXx^{-1}$,对所有 $X\in\mathscr{K}[G]^*$.

设 $f\in\mathscr{K}[G]$,且

$$(\Delta_{\mathscr{K}[G]}\otimes\mathrm{id}_{\mathscr{K}[G]})\circ\Delta_{\mathscr{K}[G]}(f)=\sum_i f_i\otimes f_i'\otimes f_i'',$$

则对所有 $x,g,y\in G$,有

$$f(xgy)=\sum_i f_i(x)f_i'(g)f_i''(y),$$

特别,对 $x,g\in G$,有

$$\begin{aligned}i_x^{\#}(f)(g)&=f\circ i_x(g)=f(xgx^{-1})\\&=\sum_i f_i(x)f_i'(g)f_i''(x^{-1})\\&=\left(\sum_i f_i(x)f_i''(x^{-1})f_i'\right)(g),\end{aligned}$$

所以 $i_x^{\#}(f)=\sum_i f_i(x)f_i''(x^{-1})f_i'$. 由此推出

$$\begin{aligned}i_x^{\#*}(X)(f)&=X\circ i_x^{\#}(f)\\&=X\left(\sum_i f_i(x)f_i''(x^{-1})f_i'\right)\\&=\sum_i f_i(x)X(f_i')f_i''(x^{-1})\\&=(x\otimes X\otimes x^{-1})\circ(\Delta_{\mathscr{K}[G]}\otimes\mathrm{id}_{\mathscr{K}[G]})\circ\Delta_{\mathscr{K}[G]}(f)\\&=(xXx^{-1})(f),\end{aligned}$$

所以 $i_x^{\#*}(X)=xXx^{-1}$,正如所求. 证毕.

(5.3.6) 推论. 设 V 是有理 G 模，通过微分，赋于 $\mathfrak{L}(G)$ 模结构,则对 $x\in G$, $X\in\mathfrak{L}(G)$ 与 $v\in V$,有

$$x(Xv)=Adx(X)(xv).$$

证明. V 上的 G 模结构与 $\mathfrak{L}(G)$ 模结构都是 $\mathscr{K}[G]^*$ 模结构的限制，因此，只要考虑 V 的 $\mathscr{K}[G]^*$ 模结构. 此时有

$$x(Xv)=(xXx^{-1})(xv)=Adx(X)(xv).\qquad \text{证毕.}$$

(5.3.7) 推论. 设 V 与 V' 是有理 G 模，其中 V 有限维，通过微分，把它们都看成 $\mathfrak{L}(G)$ 模，则 $\mathrm{Hom}_{\mathfrak{L}(G)}(V, V')$ 具有典范的有理 G 模结构.

证明. 我们知道 $\varphi\in \mathrm{Hom}_{\mathfrak{L}(G)}(V, V')$ 当且仅当

$$X\circ\varphi=\varphi\circ X,\qquad \forall X\in\mathfrak{L}(G).$$

现在设 $\varphi\in \mathrm{Hom}_{\mathfrak{L}(G)}(V, V')$，我们有

$$\begin{aligned}X\circ(x\circ\varphi\circ x^{-1})&=x\circ(x^{-1}Xx)\circ\varphi\circ x^{-1}\\&=x\circ\varphi\circ(x^{-1}Xx)\circ x^{-1}\\&=(x\circ\varphi\circ x^{-1})\circ X,\end{aligned}$$

可见 $x\circ\varphi\circ x^{-1}\in \mathrm{Hom}_{\mathfrak{L}(G)}(V, V')$. 所以 $\mathrm{Hom}_{\mathfrak{L}(G)}(V, V')$ 是 $\mathrm{Hom}_{\mathscr{K}}(V, V')$ 的 G 子模，但后者是有理的（参看 (1.1.1) 及 (4.1.1) 后面的说明），所以 $\mathrm{Hom}_{\mathfrak{L}(G)}(V, V')$ 也是有理的. 证毕.

关于线性代数群的 Lie 代数的另外一些熟知的结构，如 $\mathfrak{L}(G)=\mathfrak{L}(G^0)$，$\dim G=\dim\mathfrak{L}(G)$（我们已举一些实例说明这一点了），以及 $d(Ad)=ad$ 等，不再赘述，读者可参看 [Hum 2] 的有关章节，或自己验证之. 不过，为了下一小节的应用，我们强调一下如下的引理.

(5.3.8) 引理. 设 G' 是 G 的闭子群，则 $\mathfrak{L}(G')$ 是 $\mathfrak{L}(G)$ 的子 Lie 代数，且商簇 G/G' 在点 $\bar{1}$（即 1 的陪集）的切空间是 $\mathfrak{L}(G)/\mathfrak{L}(G')$. 特别，如果 G' 正规，则 $\mathfrak{L}(G')$ 是 $\mathfrak{L}(G)$ 的 Lie 理想，$\mathfrak{L}(G)/\mathfrak{L}(G')$ 是 G/G' 的 Lie 代数.

证明. 设 ζ: $G'\hookrightarrow G$ 是典范嵌入，则 $\zeta^{\#}$: $\mathscr{K}[G]\to\mathscr{K}[G']$ 是满同态，从而 $\zeta^{\#*}:\mathscr{K}[G']^*\to\mathscr{K}[G]^*$ 是内射同态，由此推出 $d\zeta=\zeta^{\#*}|_{\mathfrak{L}(G')}$ 是 Lie 代数的内射同态，可见 $\mathfrak{L}(G')$ 为 $\mathfrak{L}(G)$ 的子 Lie 代数.

商态射 $G\to G/G'$ 是可分的，所以从 $\mathfrak{L}(G)$ 到 G/G' 在

$\bar{1}$的切空间 $\mathfrak{T}_{\mathrm{I}}(G/G')$ 的映射是满的（若簇的支配态射 θ: $X\to Y$ 是可分的，则有非空开集 $U\subset X$，使对每一点 $x\in U$，θ 的微分 $d\theta_x$: $\mathfrak{T}_x(X)\to\mathfrak{T}_{\theta(x)}(Y)$ 是满的．参看 [Bor1，AG17.3]．我们的 G 是齐性的，所以可取 $U=G$），又显然 $\mathfrak{L}(G')$ 在此映射的核中，比较维数即得 $\mathfrak{T}_{\mathrm{I}}(G/G')=\mathfrak{L}(G)/\mathfrak{L}(G')$.

若 G' 正规，则对任意 $x\in G$，G 的内自同构 i_x 在 G' 的限制是 G' 的自同构，从而 Adx 在 $\mathfrak{L}(G')$ 的限制是 $\mathfrak{L}(G')$ 的自同构，可见 $\mathfrak{L}(G')$ 是 G 的伴随表示的不变子空间．再据 (5.3.4)，$\mathfrak{L}(G')$ 也是 $\mathfrak{L}(G)$ 的伴随表示的不变子空间，即 $\mathfrak{L}(G')$ 为 $\mathfrak{L}(G)$ 的 Lie 理想．由于此时商态射 $G\to G/G'$ 是代数群同态，所以上一段所得到的典范映射 $\mathfrak{L}(G)\to\mathfrak{L}(G)/\mathfrak{L}(G')=\mathfrak{T}_{\bar{1}}(G/G')$ 是 Lie 代数同态，可见商 Lie 代数 $\mathfrak{L}(G)/\mathfrak{L}(G')$ 是 G/G' 的 Lie 代数．证毕．

5.4 特征零理论

本小节假定 $\mathrm{char}\,\mathscr{K}=0$．在这种情况下线性代数群的表示理论与它的 Lie 代数的表示理论关系十分密切．我们在 (5.3.4) 后面已经谈及一些主要结论，本小节将进行必要的论证，并作进一步的阐述．

(5.4.1) 引理． (1) 设 $\varphi: G\to G'$ 是线性代数群的同态，则 $\mathrm{Ker}d\varphi=\mathfrak{L}(\mathrm{Ker}\varphi)$，$\mathrm{Im}d\varphi=\mathfrak{L}(\mathrm{Im}\varphi)$；

(2) 若 G' 与 G'' 都是线性代数群 G 的闭子群，则 $\mathfrak{L}(G'\cap G'')=\mathfrak{L}(G')\cap\mathfrak{L}(G'')$；

(3) 设 G 是连通线性代数群，φ 与 ψ 都是 G 到线性代数群 G' 的代数群同态，则 $d\varphi=d\psi$ 当且仅当 $\varphi=\psi$.

证明．(1) 不妨设 φ 是满的．因为特征零时任何态射都是可分的，所以 φ 导出线性代数群的同构 $G/\mathrm{Ker}\varphi\cong G'$，据 (5.3.8)，$d\varphi:\mathfrak{L}(G)\to\mathfrak{L}(G')$ 则导出 Lie 代数的同构 $\mathfrak{L}(G)/\mathfrak{L}(\mathrm{Ker}\varphi)\cong\mathfrak{L}(G')$，此即表明 $\mathrm{Ker}d\varphi=\mathfrak{L}(\mathrm{Ker}\varphi)$，$\mathrm{Im}d\varphi=\mathfrak{L}(\mathrm{Im}\varphi)$.

(2) 设 $\pi: G\to G/G'$ 是典范态射，由 (1)，$\mathrm{Ker}d\pi=\mathfrak{L}(G')$；

另一方面，π 导出代数群同态 $\pi|_{G''}: G'' \to G/G'$，$\mathrm{Ker}(\pi|_{G''}) = G' \cap G''$，再由 (1)，$\mathrm{Ker}d(\pi|_{G''}) = \mathfrak{L}(G' \cap G'')$. 显然 $\mathrm{Ker}d(\pi|_{G''}) = \mathfrak{L}(G'') \cap \mathrm{Ker}d\pi$，所以 $\mathfrak{L}(G' \cap G'') = \mathfrak{L}(G') \cap \mathfrak{L}(G'')$.

(3) “当”部分是显然的，下面证“仅当”部分.

先证在假设条件下必有 $\varphi(G) = \phi(G)$. 据 (1)，$\mathfrak{L}(\varphi(G)) = d\varphi(\mathfrak{L}(G)) = d\phi(\mathfrak{L}(G)) = \mathfrak{L}(\phi(G))$，又据 (2)，$\mathfrak{L}(\varphi(G)) = \mathfrak{L}(\varphi(G) \cap \phi(G)) = \mathfrak{L}(\phi(G))$，从而 $\dim \varphi(G) = \dim \varphi(G) \cap \phi(G) = \dim \phi(G)$. 由 G 的连通性即得 $\varphi(G) = \varphi(G) \cap \phi(G) = \phi(G)$.

如果 $G = \mathbb{G}_a$，据上段论证，不妨设 ϕ 与 φ 都是满射，则 $G' = \{1\}$ 或 $\mathbb{G}_a$. 对前一种情况，结论是平凡的；对后一种情况，ϕ 与 φ 都是 $\mathbb{G}_a$ 的自同构，据例 7 可推出结论. 如果 $G = \mathbb{G}_m$，经类似的推理并用例 8，也可得结论，细节均留给读者自己补出.

如果 G 是环面，不妨设 $G = \overbrace{\mathbb{G}_m \times \cdots \times \mathbb{G}_m}^{r\text{个}}$，令 $\mu_i: \mathbb{G}_m \to G$ 是把 $m \in \mathbb{G}_m$ 映到 $(1, \cdots, 1, \underset{(i)}{m}, 1, \cdots, 1) \in G$ 的代数群同态 $(i = 1, \cdots, r)$，则 $\varphi \circ \mu_i$ 与 $\phi \circ \mu_i$ 是 $\mathbb{G}_m$ 到 G' 的代数群同态，且 $d(\varphi \circ \mu_i) = d(\phi \circ \mu_i)$. 据上段论证，$\varphi \circ \mu_i = \phi \circ \mu_i$. 因为这些 μ_i 的象生成了 G，所以 $\varphi = \phi$.

一般地，设 G 为连通线性代数群. 如果 $x \in G$ 是半单元，则有环面 T 使 $x \in T \subset G$. 我们有 $\varphi|_T = \phi|_T$，从而 $\varphi(x) = \phi(x)$. 如果 $x \in G$ 是幂么元，则有 G 的闭子群 H 使 $x \in H \cong \mathbb{G}_a$（参看 [Hum2，§15Ex. 9]，那里说明了 $G = GL(n, \mathscr{K})$ 的情况. 一般地，可设 G 为 $GL(n, \mathscr{K})$ 的闭子群，我们有 $GL(n, \mathscr{K})$ 的闭子群 H 使 $x \in H \cong \mathbb{G}_a$. $H \cap G$ 为 G 的闭子群且含有无限阶元素 x，所以不是零维的. 但 H 是一维连通群，迫使 $H = H \cap G$)，于是类似地得出 $\varphi(x) = \phi(x)$. 因为半单元与幂么元生成了 G，所以在整个 G 上 $\varphi = \phi$. 证毕.

(5.4.2) 定理. 设 G 是连通线性代数群，V 与 V' 是有理 G 模，通过微分赋予 $\mathfrak{L}(G)$ 模结构.

(1) 设M是V的子空间，则M是$\mathfrak{L}(G)$稳定的当且仅当它是G稳定的；

(2) 设 $\varphi: V \to V'$ 是线性映射，则φ是$\mathfrak{L}(G)$模同态当且仅当φ是G模同态.

证明. “当”部分都是已知的结论，并对任何特征都成立(见(5.3.4)). 下面证“仅当”部分.

(1) 先设V是有限维的. 因为只考虑G在V上的作用，据(5.4.1(1))，可以直接设G为 $GL(V)$ 的闭子群，此时 $\mathfrak{L}(G)$ 为 $\mathfrak{gl}(V)$ 的子 Lie 代数. 令

$$G_M = \{x \in GL(V) \mid xM = M\},$$

$$\mathfrak{g}_M = \{X \in \mathfrak{gl}(V) \mid XM \subset M\}.$$

G_M为$GL(V)$的闭子群，而$\mathfrak{g}_M$为$\mathfrak{gl}(V)$的子 Lie 代数，并且显然含有$\mathfrak{L}(G_M)$. 另一方面，不难看出G_M为$\mathfrak{g}_M$的开子集(由 $\det \neq 0$ 定义)，所以它们具有相同的维数，迫使$\mathfrak{g}_M = \mathfrak{L}(G_M)$. 因为$\mathfrak{L}(G) \subset \mathfrak{g}_M$，据(5.4.1(2))，我们有$\mathfrak{L}(G \cap G_M) = \mathfrak{L}(G) \cap \mathfrak{g}_M = \mathfrak{L}(G)$. 于是$\dim G \cap G_M = \dim G$. 由于$G$是连通的，迫使 $G \cap G_M = G$，可见G稳定M.

一般地，考虑任意有理G模V(可能无限维)与它的$\mathfrak{L}(G)$稳定子空间M. 对$v \in M$，有V的有限维G子模V_0含有v. 此时$V_0 \cap M$是$\mathfrak{L}(G)$稳定的，从而也是G稳定的，可见 $Gv \subset M$. 所以M是G稳定的.

(2) 设φ是$\mathfrak{L}(G)$模同态，则$\mathrm{Ker}\varphi$是$\mathfrak{L}(G)$稳定的子空间，据(1)，它也是G稳定的. 同理，$\mathrm{Im}\varphi$是V'的G子模. 于是我们只要证明由φ导出的线性映射 $V/\mathrm{Ker}\varphi \to \mathrm{Im}\varphi$ 是G模同态. 换言之，我们可以直接假定 $\varphi: V \to V'$ 是双射(从而是$\mathfrak{L}(G)$模同构).

如果V有限维，通过φ，把V与V'等同，则问题变成：在V上定义了G的两个表示 $\rho: G \to GL(V)$ 与 $\theta: G \to GL(V)$，使 $d\rho = d\theta$，要证$\rho = \theta$. 这就是(5.4.1(3))的结论. 如果V是无限维的，对$v \in V$，取含v的有限维G子模V_0，由上面论证，$\varphi|_{V_0}$是G模

同态，所以 $\varphi(gv)=g\varphi(v)$，对所有 $g\in G$. 由 v 的任意性得知 φ 是 G 模同态. 证毕.

至此，我们证明了 (5.3.4) 后面提到的那些结论. 我们还要进一步讨论一下有限维有理 G 模的完全可约性问题. 为此，先不加证明地抄录如下两个重要定理，其证明可分别参看 [Hum1, §6.3] 与 [Hum2, §13.5].

(5.4.3) 定理 (Weyl). 设 $\mathfrak{g}$ 是特征零的代数闭域上的半单 Lie 代数，则任何有限维 $\mathfrak{g}$ 模都是完全可约的.

(5.4.4) 定理. 设 G 是特征零的代数闭域上的连通线性代数群，则 G 半单当且仅当 $\mathfrak{L}(G)$ 半单.

现在我们来证明如下的定理.

(5.4.5) 定理. 设 G 是特征零的代数闭域上的连通线性代数群，则如下条件等价：

(1) G 是简约群；

(2) 任何有限维有理 G 模都是完全可约的.

证明. (1)⇒(2)：先设 G 是半单的. 据 (5.4.4)，此时 $\mathfrak{L}(G)$ 是半单的；若 V 是有限维有理 G 模，则据 (5.4.3)，作为 $\mathfrak{L}(G)$ 模，V 可以分解成不可约模的直和；再据 (5.4.2)，V 的这个分解也是把它分解成不可约 G 模的直和. 所以 V 是完全可约的.

现在设 G 是简约群，则 $G'=(G,G)$ 是半单群. 若 V 为有限维有理 G 模，则作为 G' 模，V 是有限个不可约 G' 模的直和. 如果把同构的直和项合并在一起，便得到 V 的 G' 模同型分解 $V=V_1\oplus\cdots\oplus V_r$，这里 V_i 是互相同构的不可约 G' 模的直和，而当 $i\neq j$ 时，V_i 与 V_j 没有同构的不可约 G' 子模. 如所周知，这种同型分解是唯一的.

由于 $R(G)$ 含于 G 的中心，所以 $R(G)$ 元素的作用是 V 的 G' 模自同构，从而只能置换这些 V_i. 但 $R(G)$ 连通，它没有非平凡的有限指数的正规子群，迫使 $R(G)$ 稳定每一个 V_i. 所以上述分解是 G 模分解.

设 T 为 G 的极大环面，$T'=T\cap G'$，则 V_i 中关于 T' 的权空

间必是关于T的权空间的直和。特别，V_i的最高T'权空间分解成了若干T权空间的直和。由于这些权在T'上的限制都相等，它们或者相等，或者不能比较大小。若取这个空间的由T权向量组成的基$v_1, \cdots, v_n$，则$V_i = V_{i1} \oplus \cdots \oplus V_{in}$，其中$V_{ij}$是由$v_j$生成的(不可约)$G'$模。由于$R(G)$在$v_j$上是纯量，对任何$t \in R(G)$，$x \in G$，我们有

$$txv_j = xtv_j \in V_{ij},$$

可见$R(G)$稳定每个V_{ij}，从而V_{ij}是不可约G模。由此可见，V_i(从而V)作为G模也是完全可约的。

(2)⇒(1)：设G不是简约群。我们可以认为$G \subset GL(V)$，对某个有限维向量空间V。我们断言G在V上的自然表示就不是完全可约的，否则，由(1.4.1)，$R_u(G)$的元素平凡地作用在每个不可约G模上，从而平凡地作用在V上；但V是自然表示，迫使$R_u(G) = \{1\}$，与G的非简约性矛盾。证毕。

从以上讨论可以推出。

(5.4.6) 推论. 设G是特征零的代数闭域上的半单线性代数群，T是它的极大环面，$\lambda \in \mathfrak{X}(T)^+$，则 Weyl 模$V(\lambda)$与(§4.1 定义的)$F_\lambda$都是不可约的，因此都同构于$M(\lambda)$。

证明．如果$V(\lambda)$可约，由完全可约性，它有多于 1 个的不可约商模，这与(2.2.3)矛盾。

如果F_λ可约，则它有多于 1 个合成因子的有限维子模，由完全可约性，这个子模的每个合成因子都可作为F_λ的子模出现，因此F_λ不只一个不可约子模，这与(4.1.5)矛盾。证毕。

从这个推论特别可以知道：在特征零时，(1) F_λ是有限维的；(2) $\mathrm{ch}F_\lambda = \mathrm{ch}V(\lambda) = \mathrm{ch}M(\lambda)$，从而它们都可以用 Weyl 特征标公式求得。结论(2)中关于$\mathrm{ch}M(\lambda)$的断言在特征大于零时不成立了(因为 Weyl 模常常不是不可约的，参看§2的例2)。但在§4.1的末尾我们已经说过，其余的结论在任何特征下都成立。我们将在第三、四章把这些结论推广到任意特征。

§6. Steinberg 张量积定理

在 §5.4 中我们看到，在特征零时，把 G 的表示微分以后得到 $\mathfrak{L}(G)$ 的表示，便解决了代数群表示论中的许多重要问题，诸如完全可约性问题、不可约模的形式特征标问题等等. 在特征 $p>0$ 时情况没有那么好，例如，不可约模的微分可以不是不可约的(参看 §5 的例 9)，所以 §5.4 的方法不再适用. 但情况也不是太坏，我们利用表示的微分可以证明一个很重要的定理——Steinberg 张量积定理. 这定理告诉我们，一个单连通半单线性代数群 G 的最基本的不可约表示只有 $p^{\mathrm{rank}G}$ 个，其余的不可约表示都是这些基本表示适当变形后再作张量积而得到的. 这样，把本来要讨论的无限个不可约表示的问题归结到有限个不可约表示的问题，就把问题大大地简化了.

本节设 $\mathrm{char}\,\mathscr{K}=p>0$，$G$ 是 $\mathscr{K}$ 上的单连通半单线性代数群，所讨论的表示都是有限维的.

6.1 表示的提升

在这个标题下有两个内容：一是把 G 的"射影表示"提升为 G 的线性表示；二是把 $\mathfrak{L}(G)$ 的不可约表示提升为 G 的不可约表示.

现在考虑第一个问题. 所谓 G 的射影表示是一个代数群同态 $\rho: G\to PGL(V)$，这里 V 是 $\mathscr{K}$ 上的有限维向量空间；所谓射影表示 ρ 的提升，是要找到一个代数群同态 $\tilde{\rho}: G\to GL(V)$，使图

$$\begin{array}{ccc} G & \xrightarrow{\ \tilde{\rho}\ } & GL(V) \\ & {\scriptstyle\rho}\searrow & \downarrow{\scriptstyle\pi} \\ & & PGL(V) \end{array}$$

交换，这里 $\pi: GL(V)\to PGL(V)$ 是典范同态.

我们有：

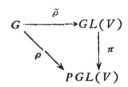

(6.1.1) 命题. G 的每一射影表示都可以唯一地提升为线性表示.

证明. 设有射影表示 $\rho: G \to PGL(V)$, 把 G 用 $G/(\mathrm{Ker}\rho)^\circ$ 代替, 可以设 ρ 是有限核的(注意, $(\mathrm{Ker}\rho)^\circ$ 是 G 的某些殆单分支的直积,而 $G/(\mathrm{Ker}\rho)^\circ$ 同构于 G 的另外一些殆单分支的直积,所以 $G/(\mathrm{Ker}\rho)^\circ$ 仍然是单连通半单线性代数群). 此时容易看出, G, $\rho(G)$ 以及 $\rho(G)$ 在 $SL(V)$ 中的原象 $\widetilde{G}$ 是具有相同根系的三个半单线性代数群. 作为抽象群, $G/\mathrm{Ker}\rho$, $\widetilde{G}/(\mathrm{Ker}\pi \cap \widetilde{G})$ 与 $\rho(G) = \pi(\widetilde{G})$ 是同构的.

选定 G 的极大环面 T 以及 G 关于 T 的根系的序, 设 U^+ (对应地, U^-) 是正根(对应地,负根)的根子群之积. 作为抽象群, U^+、$\rho(U^+)$ 以及 $\pi^{-1}\rho(U^+)$ 中幂么元全体所成的群 $\widetilde{U}^+$ 都是同构的; 对 U^- 也类似. 但 G 与 $\widetilde{G}$ 分别由 $U^\pm$ 与 $\widetilde{U}^\pm$ 生成,因此,把 $x \in U^\pm$ 映到 $\pi^{-1}\rho(x)$ 中的唯一的幂么元, 便定义了 G 与 $\widetilde{G}$ 的生成元之间的一个映射. 又由于 G, $\rho(G)$ 与 $\widetilde{G}$ 具有相同的根系,对应的生成元满足同样一组 Steinberg 关系式(参看 [Cae1, Ch. XII]), 而 G 是单连通的——它是满足这组关系式的普遍群,所以 G 到 $\widetilde{G}$ 的生成元之间的映射可以扩充为抽象群的同态 $\tilde{\rho}$,使下图交换:

$$\begin{array}{ccc} G & \xrightarrow{\tilde{\rho}} & SL(V) \\ & \searrow^{\rho} & \downarrow{\pi} \\ & & PGL(V) \end{array}$$

因为 $\pi|_{\widetilde{U}^+}$ 是 $\widetilde{U}^+$ 到 $\rho(U^+)$ 的代数群同构, 所以 $\tilde{\rho}|_{U^+} = (\pi|_{\widetilde{U}^+})^{-1}\circ(\rho|_{U^+})$ 是代数群同态; 同理 $\tilde{\rho}|_{U^-}$ 也是代数群同态. 显然 $\tilde{\rho}(T)$ 是 $\tilde{\rho}(G)$ 的极大环面. 由于 $\mathfrak{X}(T) = \mathfrak{X}_w$ 是根系的抽象权格, 所以 $\mathfrak{X}(\rho(T)) \xhookrightarrow{\rho^\#} \mathfrak{X}(T)$ 与 $\mathfrak{X}(\rho(T)) \xhookrightarrow{\pi^\#} \mathfrak{X}(\tilde{\rho}(T))$ 导出嵌入 $\mathfrak{X}(\tilde{\rho}(T)) \hookrightarrow \mathfrak{X}(T)$, 可见 ρ 的"权"都是整的, 所以 $\tilde{\rho}|_T$ 也是代数群同态. 由此可以推及 $\tilde{\rho}|_{U^+TU^-}$ 是代数簇的态射. 用与 (3.1.7(7)) 的证明相类似的方法即可证得 $\tilde{\rho}$ 是代数群同态. 于是, 我们得到

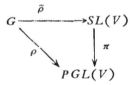

了代数群同态 $\tilde{\rho}: G \to SL(V) \hookrightarrow GL(V)$，提升了 ρ.

$\tilde{\rho}$ 的唯一性是显然的，这是因为 $\tilde{\rho}|_{U^+}$ 与 $\tilde{\rho}|_{U^-}$ 被 π 与 ρ 唯一地确定了，而 $\widetilde{U}^{\pm}$ 生成了 $\widetilde{G}$. 证毕.

现在考虑第二种提升：设 $\sigma: \mathfrak{L}(G) \to \mathfrak{gl}(V)$ 是 $\mathfrak{L}(G)$ 的不可约表示，我们要找到 G 的一个有理表示 $\rho: G \to GL(V)$，使 $d\rho = \sigma$. 先证明关于 $\mathfrak{L}(G)$ 的结构的一个引理.

(6.1.2) 引理. $\mathfrak{L}(G)$ 由满足 $X^p = 0$ 的元素生成.

证明. 分三步进行.

(1) 取定 G 的极大环面 T. 先证明，对每个根 α，由 U_α 与 $U_{-\alpha}$ 生成的子群 G_α 同构于 $SL(2,\mathscr{K})$（而不是 $PSL(2,\mathscr{K})$）. 不妨设 $\alpha \in \Sigma$（基），则基本权 ω_α 使 $\langle \omega_\alpha, \alpha^\vee \rangle = 1$，因此 $\omega_\alpha|_{T\cap G_\alpha} = \frac{1}{2}\alpha|_{T\cap G_\alpha}$. 由此可见 G_α 的基本群是 2 阶的，从而 G_α 同构于 $SL(2,\mathscr{K})$.

(2) 我们来证明，$SL(2,\mathscr{K})$ 的 Lie 代数 $\mathfrak{sl}(2,\mathscr{K})$ 满足引理. 这只要注意到 $\mathfrak{sl}(2,\mathscr{K})$ 可由 $\begin{pmatrix} 0 & 1 \\ 0 & 0 \end{pmatrix}$ 与 $\begin{pmatrix} 0 & 0 \\ 1 & 0 \end{pmatrix}$ 生成，而这两个元素的 p 次幂都是零.

(3) 只要再证 $\mathfrak{L}(G)$ 可由所有子 Lie 代数 $\mathfrak{L}(G_\alpha)$ 生成就可以了. 为此，只要证 $\mathfrak{L}(T)$ 含于所有 $\mathfrak{L}(G_\alpha)$ 生成的子 Lie 代数中.

对每个 $\alpha_i \in \Sigma$，固定一个同构 $\theta_i: SL(2,\mathscr{K}) \to G_\alpha$，定义单参数子群 $\tau_i: \mathbb{G}_m \to G$ 为 $\tau_i(m) = \theta_i\begin{pmatrix} m & 0 \\ 0 & m^{-1} \end{pmatrix}$，对所有 $m \in \mathbb{G}_m$. 又设 ω_i 为 $\alpha_i \in \Sigma$ 对应的基本权，则 $\langle \omega_j, \alpha_i^\vee \rangle = \delta_{ij}$. 由此得知 $\omega_j \circ \tau_i = \delta_{ij}\mathrm{id}_{\mathbb{G}_m}$（亦可参看 (3.1.6(4))，我们有 $\omega_j(\tau_i(m)) = m^{\langle \omega_j, \alpha_i^\vee \rangle} = m^{\delta_{ij}}$）. 设 $\operatorname{rank} G = l$，定义如下两个映射：

$$\varphi: \overbrace{\mathbb{G}_m \times \cdots \times \mathbb{G}_m}^{l\text{个}} \to T$$

$$(m_1, \cdots, m_l) \longmapsto \prod_{i=1}^{l} \tau_i(m_i),$$

$$\psi:\ T \to \overbrace{\mathbf{G}_m \times \cdots \times \mathbf{G}_m}^{l\text{个}}$$
$$t \longmapsto (\omega_1(t), \cdots, \omega_l(t)).$$

我们有

$$\psi\circ\varphi(m_1, \cdots, m_l) = \psi\left(\prod_{i=1}^{l} \tau_i(m_i)\right)$$
$$= \left(\prod_{i=1}^{l} \omega_1\circ\tau_i(m_i), \cdots, \prod_{i=1}^{l} \omega_l\circ\tau_i(m_i)\right)$$
$$= (m_1, \cdots, m_l),$$

可见 $\psi\circ\varphi = \mathrm{id}_{\mathbf{G}_m\times\cdots\times\mathbf{G}_m}$, 所以 $d\psi\circ d\varphi = \mathrm{id}_{\mathscr{K}\oplus\cdots\oplus\mathscr{K}}$. 由此推出 $d\varphi$ 是 $\overbrace{\mathscr{K}\oplus\cdots\oplus\mathscr{K}}^{l\text{个}}$ 到 $\mathfrak{L}(T)$ 的内射同态. 但它们有相同的维数,所以 $d\varphi$ 是同构. 但

$$d\varphi(a_1, \cdots, a_l) = \sum_{i=1}^{l} d\tau_i(a_i)$$
$$= \sum_{i=1}^{l} d\theta_i\begin{pmatrix} a_i & 0 \\ 0 & -a_i \end{pmatrix},\ \forall a_i \in \mathscr{K},$$

而 $d\theta_i$ 是 $\mathfrak{sl}(2,\mathscr{K})$ 到 $\mathfrak{L}(G_{\alpha_i})$ 的 Lie 代数同构, 所以 $\mathfrak{L}(T)$ 含于 $\mathfrak{L}(G)$ 的由所有 $\mathfrak{L}(G_\alpha)$ 生成的子 Lie 代数中,正如所求. 证毕.

(6.1.3) 推论. $\mathfrak{L}(G)$ 的一维(局限)表示是平凡的.

证明. 设 $\mu:\mathfrak{L}(G)\to\mathscr{K}$ 是 $\mathfrak{L}(G)$ 的一维(局限)表示, 则对 $X\in\mathfrak{L}(G)$,均有 $\mu(X^p) = (\mu(X))^p$.特别,若 $X^p = 0$,则 $(\mu(X))^p = 0$,从而 $\mu(X) = 0$. 但由 (6.1.2), $\mathfrak{L}(G)$ 可由满足 $X^p = 0$ 的元素 X 生成,所以 $\mu(\mathfrak{L}(G)) = 0$. 证毕.

现在可以证明关于不可约 $\mathfrak{L}(G)$ 模的提升的定理了.

(6.1.4) 定理. 设 $\sigma:\mathfrak{L}(G)\to\mathfrak{gl}(V)$ 是 $\mathfrak{L}(G)$ 的(局限)不可约表示, 则在 V 上有唯一的有理 G 模结构 $\rho: G\to GL(V)$, 使 $d\rho = \sigma$.

证明. 设 $\mathfrak{u}$ 是 $\mathfrak{L}(G)$ 的局限包络代数, 即 $\mathfrak{L}(G)$ 的张量代数

对由所有 $[X, Y]-X\otimes Y+Y\otimes X$ 与所有 $\overbrace{X\otimes\cdots\otimes X}^{p\text{个}}-X^p$（这里 $X, Y\in\mathfrak{L}(G)$）生成的理想的商. 如所周知，关于这个局限包络代数，有相应的 Poincaré-Birkhoff-Witt 定理成立：若 $X_1, \cdots, X_r$ 是 $\mathfrak{L}(G)$ 的一组基，则

$$\{X_1^{n_1}X_2^{n_2}\cdots X_r^{n_r} \mid 0\leqslant n_i<p\}$$

是 $\mathfrak{u}$ 的一组基. 特别，据此可以算出

$$\dim\mathfrak{u}=p^{\dim\mathfrak{L}(G)}=p^{\dim G}.$$

G 在 $\mathfrak{L}(G)$ 上的伴随作用自然地扩充为 G 在 $\mathfrak{L}(G)$ 的张量代数上的伴随作用，并显然保持上述理想稳定，所以导出 G 在 $\mathfrak{u}$ 上的伴随作用. 设 $\mathfrak{r}$ 是 $\mathfrak{u}$ 的 Jacobson 根基，由于 $\mathfrak{r}$ 是 $\mathfrak{u}$ 的一个特征理想，而 G 的作用是结合代数的自同构，所以 G 稳定 $\mathfrak{r}$，从而 G 作为结合代数自同构的群作用在 $\mathfrak{u}/\mathfrak{r}$ 上. $\mathfrak{u}/\mathfrak{r}$ 是半单结合代数. 据半单结合代数的结构理论，$\mathfrak{u}/\mathfrak{r}$ 只有有限个本原中心幂等元，因此 G 置换这些本原中心幂等元. 但 G 是连通的，它没有有限指数的正规子群，迫使 G 稳定每一个本原中心幂等元.

每个（局限）不可约 $\mathfrak{L}(G)$ 模都是不可约 $\mathfrak{u}$ 模，从而都是不可约 $\mathfrak{u}/\mathfrak{r}$ 模，因此对应 $\mathfrak{u}/\mathfrak{r}$ 的一个本原中心幂等元. 设 V 对应的本原中心幂等元为 e，则 $(\mathfrak{u}/\mathfrak{r})e$ 可以等同于 $\mathrm{End}(V)$. 因为 G 的伴随作用稳定 $(\mathfrak{u}/\mathfrak{r})e$，所以得到一个群同态

$$\zeta: G\to \mathrm{Aut}(\mathrm{End}\ V)\cong PGL(V).$$

因为伴随表示是有理的，不难推出 G 模 $\mathrm{End}(V)$ 是有理的，即同态 ζ 是代数群同态. 再据 (6.1.1)，ζ 提升为 G 的有理线性表示

$$\rho: G\to GL(V).$$

我们还要证明 $d\rho=\sigma$. 在 $\mathrm{End}(V)$ 上定义 $\mathfrak{L}(G)$ 模结构如下：

$$X\varphi=\sigma(X)\circ\varphi-\varphi\circ\sigma(X),\quad \forall X\in\mathfrak{L}(G),\ \varphi\in\mathrm{End}(V).$$

若把 $\mathrm{End}(V)$ 等同于 $\mathfrak{gl}(V)$，则上述作用就是 $\sigma(\mathfrak{L}(G))\subset\mathfrak{gl}(V)$ 在 $\mathfrak{gl}(V)$ 上的伴随作用，可见 $\mathrm{End}(V)$ 上的上述 $\mathfrak{L}(G)$ 模结构对应的表示是 $ad\circ\sigma$. 另一方面，

$$\zeta(x)\varphi = \rho(x)\circ\varphi\circ\rho(x)^{-1}, \qquad \forall x\in G,\ \varphi\in \mathrm{End}(V).$$

仍把 End(V) 等同于 $\mathfrak{gl}(V)$，则 $\zeta = Ad\circ\rho$，取微分，便得到 $d\zeta = ad\circ d\rho$. 如果把 End(V) 等同于 $(\mathfrak{u}/\mathfrak{r})_e$，则 ζ 是 G 的伴随作用，所以 $d\zeta$ 是 $\mathfrak{L}(G)$ 的伴随作用；而我们于本段开头定义的 $\mathfrak{L}(G)$ 在 End(V) 上的作用在此等同下显然也是 $\mathfrak{L}(G)$ 的伴随作用. 因此 $d\zeta$ 与我们所定义的作用是一致的，即

$$ad\circ\sigma = ad\circ d\rho.$$

可见 σ 与 $d\rho$ 的差别仅仅是 End(V) 的中心(同构于 $\mathscr{K}$) 的元素. 因此可设

$$\sigma(X) = d\rho(X) + \mu(X), \qquad \forall X\in \mathfrak{L}(G),$$

这里 $\mu:\mathfrak{L}(G)\to\mathscr{K}$ 是个映射. 我们断言 μ 是 $\mathfrak{L}(G)$ 的局限表示，验证如下：对任意 $X, Y\in\mathfrak{L}(G)$，我们有

$$\begin{aligned}\sigma([X,Y]) &= [\sigma(X),\sigma(Y)]\\ &= [d\rho(X),d\rho(Y)]\\ &= d\rho([X,Y]),\end{aligned}$$

可见 $\mu([X,Y]) = 0 = [\mu(X),\mu(Y)]$；另外，

$$\begin{aligned}\sigma(X^p) &= (\sigma(X))^p = (d\rho(X) + \mu(X))^p\\ &= (d\rho(X))^p + (\mu(X))^p\\ &= d\rho(X^p) + (\mu(X))^p,\end{aligned}$$

所以 $\mu(X^p) = (\mu(X))^p$. 上述断言得证. 再据 (6.1.3)，$\mu = 0$，所以 $\sigma = d\rho$. 于是我们得到了 σ 的提升 ρ.

还要证明提升的唯一性. 为此只要证，如果 V_1 与 V_2 是两个不可约 G 模，它们的微分是同构的不可约 $\mathfrak{L}(G)$ 模，则 V_1 与 V_2 之间的 $\mathfrak{L}(G)$ 模同态一定是 G 模同态. 据 Schur 引理，

$$\mathrm{Hom}_{\mathfrak{L}(G)}(V_1,V_2)\cong\mathscr{K},$$

而这是个有理 G 模(参看 (5.3.7)). 由于 G 是半单的，它的一维模都是平凡的，所以 G 平凡地作用在 $\mathrm{Hom}_{\mathfrak{L}(G)}(V_1,V_2)$ 上. 可见

$$\mathrm{Hom}_{\mathfrak{L}(G)}(V_1, V_2) = \mathrm{Hom}_G(V_1, V_2),$$

正如所求. 证毕.

6.2 Steinberg 张量积定理

在 § 5 的例 8 中，我们接触过 $SL(n, \mathscr{K})$ 的 Frobenius 自同态. 为了把 Frobenius 自同态的概念推广，必须回忆一下关于线性代数群的有理性方面的两个重要概念. 一般地说，设 k 为 $\mathscr{K}$ 的子域，G 为 $GL(n, \mathscr{K})$ 的闭子群，如果 G 的定义理想

$$\mathrm{i}(G) = \{f \in \mathscr{K}[GL(n, \mathscr{K})] \mid f(x) = 0, \forall x \in G\}$$

可以由一组系数在 k 上的多项式生成，则称 G 为 $GL(n, \mathscr{K})$ 的**定义在 k 上的闭子群**；如果更进一步，G 还是一个连通简约群，它的某个极大环面 T 也是 $GL(n, \mathscr{K})$ 的定义在 k 上的闭子群，并且能在 $GL(n, k)$ 的元素的共轭作用下对角化，则称 G 为 $GL(n, \mathscr{K})$ 的**在 k 上定义与分裂的连通简约闭子群**，T 称为**分裂的极大环面**. 如果线性代数群 G 同构于某个 $GL(n, \mathscr{K})$ 的定义在 k 上的闭子群，则称 G **可以在 k 上定义**；如果连通简约群 G 同构于 $GL(n, \mathscr{K})$ 的在 k 上定义与分裂的连通简约闭子群，则称 G **可以在 k 上定义与分裂.**

以上讨论与 $\mathscr{K}$ 的特征无关. 现在设 $\mathrm{char}\,\mathscr{K} = p > 0$，$q$ 是 p 的幂，则 q 个元素的有限域 $k = GF(q)$ 是 $\mathscr{K}$ 的子域. 又设 G 是 $GL(n,\mathscr{K})$ 的定义在 k 上的闭子群，则易看出，$GL(n,\mathscr{K})$ 的自同态 φ: $(a_{ij}) \longmapsto (a_{ij}^q)$ 保持 G 稳定，从而导出 G 的一个自同态 φ: $G \to G$. 这样的自同态称为 G 的 **Frobenius 自同态**，这是 § 5 例10提及的 $SL(n, \mathscr{K})$ 的 Frobenius 自同态的推广. 与 § 5 例10类似地，取 f_{ij} 为 $GL(n, \mathscr{K})$ 的坐标函数(在 G 的限制)，则这些 f_{ij} (可能要添上 $\det^{-1}$) 生成 $\mathscr{K}$ 代数 $\mathscr{K}[G]$；另一方面，我们有 $\varphi^{\#}(f_{ij}) = f_{ij}^q$ (以及 $\varphi^{\#}(\det^{-1}) = (\det^{-1})^q$)，所以与 §5 例10 类似地，有 $d\varphi = 0$，即 Frobenius 态射的微分是零映射.

设 $\sigma: G \to GL(V)$ 是 G 的有理表示，则对每个 $n \in \mathbf{Z}^+$，可以定义 G 的一个新表示 $\sigma \circ \varphi^n: G \xrightarrow{\varphi^n} G \xrightarrow{\sigma} GL(V)$，从而在 V 上定义了一个新的 G 模结构，这个新的 G 模结构记为 $V^{(q^n)}$，称为 G 模 V 的 **Frobenius 扭.**

进一步设G为$GL(n, \mathscr{K})$的在k上定义并分裂的连通简约闭子群，T是分裂的极大环面，则对每个$t\in T$，有$x\in GL(n,k)$，使xtx^{-1}是对角矩阵. 注意到$GL(n,k)$是φ的不动点集合，而φ在对角矩阵上的作用是q次幂，可以推出

$$\begin{aligned}\varphi(t) &= \varphi(x^{-1}xtx^{-1}x) = \varphi(x^{-1})\varphi(xtx^{-1})\varphi(x)\\ &= x^{-1}(xtx^{-1})^q x = x^{-1}xt^q x^{-1}x\\ &= t^q,\end{aligned}$$

可见 Frobenius 自同态在分裂环面上的作用是q次幂. 因此，如果$\chi\in\mathfrak{X}(T)$，则

$$(\chi\circ\varphi)(t) = \chi(t^q) = \chi(t)^q = (q\chi)(t), \qquad \forall t\in T,$$

从而$\varphi^{\#}(\chi) = \chi\circ\varphi = q\chi$（如果把$\chi$看成$\mathscr{K}[T]$的元素，则应写成$\varphi^{\#}(\chi) = \chi^q$）. 于是，如果$G$模$V$关于$T$的形式特征标为

$$\mathrm{ch}(V) = \sum_{\lambda\in\mathfrak{X}(T)} n(\lambda)e(\lambda),$$

则

$$\mathrm{ch}(V^{(q^n)}) = \sum_{\lambda\in\mathfrak{X}(T)} n(\lambda)e(q^n\lambda).$$

特别，若$V = M(\lambda)$为最高权$\lambda\in\mathfrak{X}(T)^+$的不可约$G$模，则$V^{(q^n)} = M(q^n\lambda)$，这是因为$V^{(q^n)}$显然仍是不可约的，并且有最高权$q^n\lambda$.

半单线性代数群的一个重要性质是它们都可以在素域上定义与分裂(例如，从半单线性代数群的 Chevalley 群实现就可以看出这一点)，我们可以直接把它们看成适当的$GL(n,\mathscr{K})$的在素域上定义与分裂的闭子群. 因此，当$\mathrm{char}\,\mathscr{K} = p > 0$时，总可以用$(a_{ij})\longmapsto(a_{ij}^p)$定义$G$上的 Frobenius 自同态. 我们把这个特定的 Frobenius 自同态记为F.

现在回到我们在本节开头约定的情况，我们可以进一步设G是某个$GL(n,\mathscr{K})$的在素域$GF(p)$上定义与分裂的单连通半单闭子群，T是分裂的极大环面. 我们把$\mathfrak{X}(T)$等同于G关于T的根系Φ的抽象权格$\mathfrak{X}_w$，再令

$$\mathfrak{X}_n = \{\lambda \in \mathfrak{X}_w^+ | \langle \lambda, \alpha^\vee \rangle < p^n, \quad \forall \alpha \in \Sigma\ (\text{基})\},$$

则 $\mathfrak{X}_1 \subset \mathfrak{X}_2 \subset \cdots$，并且 $\mathfrak{X}_w^+ = \bigcup\limits_n \mathfrak{X}_n$. 每个 $\lambda \in \mathfrak{X}_n$ 可以唯一地写成

$$\lambda = \lambda_0 + p\lambda_1 + p^2\lambda_2 + \cdots + p^{n-1}\lambda_{n-1}, \qquad \lambda_i \in \mathfrak{X}_1.$$

λ 的这种表达式称为它的 **p 进展开式**.

又，每个 $\lambda \in \mathfrak{X}_w$ 的微分 $d\lambda$ 是 $\mathfrak{L}(T)$ 的一维表示. 为了后面的应用，先证明关于权的微分的一个引理.

(6.2.1) 引理. 设 $\lambda \in \mathfrak{X}_w$，则 $d\lambda = 0$ 当且仅当 $\lambda \in p\mathfrak{X}_w$. 特别，如果 $\lambda \in \mathfrak{X}_1$，则 $d\lambda = 0$ 当且仅当 $\lambda = 0$.

证明. 若 $\lambda \in p\mathfrak{X}_w$，则 λ 可以写成 $\lambda' \circ F$ 的形式，这里 $\lambda' \in \mathfrak{X}_w$，于是 $d\lambda = d\lambda' \circ dF = 0$.

反之，若 $\lambda \notin p\mathfrak{X}_w$，则有单根 α_i 使 $\langle \lambda, \alpha_i^\vee \rangle \not\equiv 0 (\bmod p)$. 利用 (6.1.2) 证明中引进的单参数子群 $\tau_i: \mathrm{G}_m \to T$，我们有

$$\lambda \circ \tau_i = \langle \lambda, \alpha_i^\vee \rangle \omega_i \circ \tau_i,$$

于是

$$d\lambda \circ d\tau_i = \langle \lambda, \alpha_i^\vee \rangle d\omega_i \circ d\tau_i = \langle \lambda, \alpha_i^\vee \rangle \mathrm{id}_{\mathfrak{L}(\mathrm{G}_m)},$$

由此可见 $d\lambda \circ d\tau_i \neq 0$，从而 $d\lambda \neq 0$. 证毕.

现在可以叙述与证明 Steinberg 张量积定理了.

(6.2.2) 定理 (Steinberg). 设 $\lambda \in \mathfrak{X}_n$，它的 p 进展开式为

$$\lambda = \lambda_0 + p\lambda_1 + p^2\lambda_2 + \cdots + p^{n-1}\lambda_{n-1}, \qquad \lambda_i \in \mathfrak{X}_1,$$

则

$$M(\lambda) \cong M(\lambda_0) \otimes M(\lambda_1)^{(p)} \otimes M(\lambda_2)^{(p^2)} \otimes \cdots \otimes M(\lambda_{n-1})^{(p^{n-1})}.$$

证明. 分三步进行.

(1) 设 M 是一个不可约 G 模，通过微分，看成 $\mathfrak{L}(G)$ 模，又设 M_1 是它的不可约 $\mathfrak{L}(G)$ 子模. 据 (6.1.4)，M_1 可以被赋于 G 模结构，使它的微分就是原来的 $\mathfrak{L}(G)$ 模结构. 又据 (5.3.7)，$\mathrm{Hom}_{\mathfrak{L}(G)}(M_1, M)$ 是一个 G 模. 我们定义一个线性映射

$$\theta: \mathrm{Hom}_{\mathfrak{L}(G)}(M_1, M) \otimes M_1 \to M$$

$$\varphi \otimes v \longmapsto \varphi(v),$$

对 $x\in G$，我们有

$$\theta(x\circ\varphi\circ x^{-1}\otimes xv)=x\circ\varphi(v)=x\circ\theta(\varphi\otimes v),$$

可见 θ 是 G 模同态，并且显然是非零的．由于 M 是不可约 G 模，θ 必须是满射．但 $\mathrm{Hom}_{\mathfrak{L}(G)}(M_1,M)$ 的维数不能超过 $\dim M/\dim M_1$，所以

$$\dim(\mathrm{Hom}_{\mathfrak{L}(G)}(M_1,M)\otimes M_1)\leqslant\dim M,$$

满同态 θ 的存在迫使等号成立，从而 θ 是同构．特别由此推出 $\mathrm{Hom}_{\mathfrak{L}(G)}(M_1,M)$ 是不可约 G 模．至此，我们把不可约 G 模 M 写成了 $M\cong M_2\otimes M_1$ 的形式，其中 M_1 是无穷小不可约 G 模；M_2 是不可约 G 模，但微分后，$\mathfrak{L}(G)$ 平凡地作用其上．

(2) 设 $\lambda\in\mathfrak{X}_1$．据 (1)，我们可以写

$$M(\lambda)\cong M(\mu)\otimes M(\lambda'),$$

这里 $M(\lambda')$ 是无穷小不可约的，而 $\mathfrak{L}(G)$ 平凡地作用在 $M(\mu)$ 上．特别，$\mathfrak{L}(T)$ 平凡地作用在 $M(\mu)$ 上，迫使 $d\mu=0$．另一方面，比较最高权即知 $\lambda=\mu+\lambda'$，迫使 $\mu\in\mathfrak{X}_1$．据 (6.2.1)，只能 $\mu=0$，可见 $\lambda=\lambda'$，即 $M(\lambda)$ 是无穷小不可约 G 模．

(3) 现在设 $\lambda\in\mathfrak{X}_n$，对 n 作归纳法来证明定理．可以把 λ 写成 $\lambda=\lambda_0+p\mu$，其中

$$\mu=\lambda_1+p\lambda_2+\cdots+p^{n-2}\lambda_{n-1}\in\mathfrak{X}_{n-1}.$$

因为

$$M(\lambda_0)\otimes M(\mu)^{(p)}\cong M(\lambda_0)\otimes M(p\mu)$$

的最大的权是 $\lambda_0+p\mu=\lambda$，所以 $M(\lambda)$ 是它的合成因子．作为 $\mathfrak{L}(G)$ 模，$M(\lambda_0)\otimes M(\mu)^{(p)}$ 是 $\dim M(\mu)$ 个 $M(\lambda_0)$ 的直和，且据 (2)，$M(\lambda_0)$ 是无穷小不可约的，所以 $M(\lambda)$ 作为 $\mathfrak{L}(G)$ 模所含的不可约 $\mathfrak{L}(G)$ 子模只能同构于 $M(\lambda_0)$，即 (1) 中的 M_1 应为 $M(\lambda_0)$．因此，据 (1)，

$$M(\lambda)\cong M(\lambda_0)\otimes M(\zeta),$$

对某个 $\zeta\in\mathfrak{X}_w^+$．但 $\zeta+\lambda_0=\lambda$ 迫使 $\zeta=p\mu$，由此可见 $M(\zeta)=M(p\mu)=M(\mu)^{(p)}$，因而

$$M(\lambda) \cong M(\lambda_0) \otimes M(\mu)^{(p)}.$$

因为 $\mu \in \mathfrak{X}_{n-1}$，可以用归纳假设，得

$$M(\mu) \cong M(\lambda_1) \otimes M(\lambda_2)^{(p)} \otimes \cdots \otimes M(\lambda_{n-1})^{(p^{n-2})},$$

代入 $M(\lambda)$ 的表达式，显然扭对张量积分配，并且 $(V^{(p^i)})^{(p^j)} = V^{(p^{i+j})}$，我们得到

$$M(\lambda) \cong M(\lambda_0) \otimes M(\lambda_1)^{(p)} \otimes M(\lambda_2)^{(p^2)} \otimes \cdots \otimes M(\lambda_{n-1})^{(p^{n-1})},$$

正如所求. 证毕.

从 (6.2.2) 及其证明可以推出:

(6.2.3) 推论 (Curtis). 设 $\lambda \in \mathfrak{X}_\omega^+$，则 $M(\lambda)$ 是无穷小不可约 G 模当且仅当 $\lambda \in \mathfrak{X}_1$. 此外，对不同的 $\lambda, \mu \in \mathfrak{X}_1$，$M(\lambda)$ 与 $M(\mu)$ 是不同构的 $\mathfrak{L}(G)$ 模.

证明. 在 (6.2.2) 证明的 (2) 中，我们已经证明了当 $\lambda \in \mathfrak{X}_1$ 时，$M(\lambda)$ 是无穷小不可约 G 模.

若 $\lambda \notin \mathfrak{X}_1$，则 $\lambda = \lambda_0 + p\mu$，其中 $\lambda_0 \in \mathfrak{X}_1$，$\mu \in \mathfrak{X}_\omega^+$ 且 $\mu \neq 0$. 此时 $M(\lambda) \cong M(\lambda_0) \otimes M(\mu)^{(p)}$，作为 $\mathfrak{L}(G)$ 模，它是 $\dim M(\mu)$ 个 $M(\lambda_0)$ 的直和. 因为 $\mu \neq 0$，所以 $\dim M(\mu) > 1$，可见 $M(\lambda)$ 作为 $\mathfrak{L}(G)$ 模是可约的.

最后，据 (6.1.4) 的唯一性部分即知，若 λ 与 μ 是 $\mathfrak{X}_1$ 的不同元素，则 $\mathfrak{L}(G)$ 模 $M(\lambda)$ 与 $M(\mu)$ 是互不同构的. 证毕.

例 1. 利用 Steinberg 张量积定理与 § 2 的例 1，我们可以很容易地求出 $SL(2, \mathscr{K})$ 的所有不可约模的形式特征标. 仍用 ω 表示基本权，则

$$\mathfrak{X}_1 = \{r\omega \mid 0 \leqslant r < p\}.$$

据 § 2 的例 1，对于这样的 $r\omega$，$M(r\omega) = V^{[r]}$ (用 § 2 例 1 的记号，事实上还有 $M(r\omega) = V(r\omega)$)，因此它的形式特征标是

$$\begin{aligned} \mathrm{ch}(M(r\omega)) &= \mathrm{ch}(V^{[r]}) \\ &= e(r\omega) + e((r-2)\omega) + \cdots + e(-r\omega). \end{aligned}$$

现在一般地设 $\lambda = r\omega \in \mathfrak{X}_n$，则

$$r = r_0 + r_1 p + r_2 p^2 + \cdots + r_{n-1} p^{n-1}, \qquad 0 \leqslant r_i < p.$$

据 Steinberg 张量积定理

$$M(r\omega) = M(r_0\omega) \otimes M(r_1\omega)^{(p)} \otimes M(r_2\omega)^{(p^2)} \otimes \cdots \otimes M(r_{n-1}\omega)^{(p^{n-1})},$$

所以

$$
\begin{aligned}
\mathbf{ch}(M(r\omega)) &= \prod_{i=0}^{n-1} (e(r_i p^i \omega) + e((r_i - 2)p^i \omega) + \cdots + e(-r_i p^i \omega)) \\
&= \sum_{\substack{-r_i \leqslant s_i \leqslant r_i \\ s_i\text{与}r_i\text{同奇偶}}} e((s_0 + s_1 p + s_2 p^2 + \cdots + s_{n-1} p^{n-1})\omega).
\end{aligned}
$$

在结束本小节之前，我们简单回顾一下 Steinberg 张量积定理的历史．这个定理的完整的叙述与证明，是 [St 2] 首先作出的，但对于 $G = SL(2, \mathscr{K})$ 的特殊情况，则可追溯到 [BrN1] (1941年)． Mark 与 Wong 也分别得到这方面的部分结果． Steinberg 的证明依赖于 Curtis 的结果 (6.2.3)． 就是说，(6.2.3) 是作为证明 (6.2.2) 的准备工作，而不是像我们现在所做的那样，把 (6.2.3) 作为 (6.2.2) 的推论． 1980 年前后，[CPS4] 与 [Ball] 独立地找到一个更为本质的证明方法，不依赖于预先知道 Curtis 的结果．上面所介绍的证明基本上采用 [CPS 4] 的叙述方法．

*　　　*　　　*

本章中我们介绍了代数群表示论的比较经典的部分，特别着重讨论了半单代数群的 Weyl 模与不可约模的构作、分类与一些基本性质．通过表示的微分的讨论，基本上解决了特征零的问题，也大大简化了特征 p 时的问题——用 Steinberg 张量积定理，把不可约 G 模的讨论归结为对应于 $\lambda \in \mathfrak{X}_1$ 的那些不可约 G 模的讨论．但是，问题远没有解决，一个最基本的也是最重要的未解决的问题是确定 $\mathrm{ch}M(\lambda)$，当然，主要考虑 $\lambda \in \mathfrak{X}_1$ 的情况．到目前为止，对于秩较小的群已有比较完整的结果(最简单的情况是 $G = SL(2, \mathscr{K})$，参看 § 6 的例 1)，对一般情况也有一些比较成熟的猜想，第四章起我们继续讨论这些问题．我们将采用一些比较“现代化”的语言与工具，如仿射群概形、无穷小群、超代数以及各种上同调方法等．为了使讨论能比较顺利地深入进行，在第二、三两章中我们将简单介绍有关的语言与工具．第二章先介绍仿射群概形与超代数．

第二章　仿射群概形与超代数

线性代数群表示理论的许多结论可以在更广泛的意义下叙述与论证，即对仿射群概形叙述与论证；另一方面，线性代数群表示理论的深入探讨不可避免地牵涉到"无穷小群"的表示，所谓"无穷小群"也是一类仿射群概形，它们一般不再是代数群了．因此，我们有必要简单介绍一下仿射群概形及其表示理论．我们又发现，如果进一步引进仿射群概形的超代数的概念，对于仿射群概形(特别是无穷小群)表示的研究好处甚大．第二章就囊括了这些内容，其中不少问题都是可以单独成书的，为了把它们压缩在一章的篇幅之内，我们只能介绍与我们关系最密切的那些概念与结论，并叙述得尽可能简明扼要．但是，为了便于读者理解，我们并不压缩例子的篇幅．

在这一章中，我们假定读者对范畴与函子的语言比较熟悉，这方面比较适合的参考书有 [Jac 1]，[HiS　1] 等．

§ 7.　仿射群概形及其线性表示

代数几何学的发展把代数簇推广为概形，代数群的概念也可以作相应的推广，不过用的是函子的语言．事实上，代数几何学的概形也可以用函子的语言来描述——概形可以定义为从交换环范畴到集合范畴的满足一定条件的函子，而最简单的仿射概形只不过是一个可表函子．对这种描述方法感兴趣的读者可以参阅 [DemG1] 与 [DemG2]．我们仅限于用函子的语言把线性代数群推广为仿射群概形．这方面的更深入的讨论，除了上述两本书外，还可参看 [Wat 1]；有关 Hopf 代数的论述可以参看 [Sw 1] 与

[Ab 1].

7.1 仿射群概形与 Hopf 代数

我们从仿射群概形的定义开始.

设 $\mathscr{R}$ 是(带 1 的)交换环. 从交换 $\mathscr{R}$ 代数范畴到群的范畴的可表函子称为 $\mathscr{R}$ 上的**仿射群概形**. 所以,给定 $\mathscr{R}$ 上的仿射群概形 G,等价于给定一个交换 $\mathscr{R}$ 代数 A,并且对每个交换 $\mathscr{R}$ 代数 R,在

$$G(R)=\mathrm{Hom}_{\mathscr{R}\text{-alg}}(A,R)$$

上定义一个群结构,使得对任一 $\mathscr{R}$ 代数同态 $\varphi:R\to S$,映射

$$G(\varphi):G(R)\to G(S)$$

是群同态.

$\mathscr{R}$ 上两个仿射群概形之间的态射就是它们作为(到群的范畴的)函子的自然变换. 具体地说,如果 G 与 H 都是 $\mathscr{R}$ 上的仿射群概形,所谓态射 $\theta:G\to H$ 指的是对每个交换 $\mathscr{R}$ 代数 R,有群同态 $\theta(R):G(R)\to H(R)$,并且对任一 $\mathscr{R}$ 代数同态 $\varphi:R\to S$,图

$$\begin{array}{ccc} G(R) & \xrightarrow{\theta(R)} & H(R) \\ {\scriptstyle G(\varphi)}\downarrow & & \downarrow{\scriptstyle H(\varphi)} \\ G(S) & \xrightarrow{\theta(S)} & H(S) \end{array}$$

是交换的.

于是,$\mathscr{R}$ 上的仿射群概形全体成为一个范畴.

我们来看几个例子.

例1. 把每个交换 $\mathscr{R}$ 代数 R 对应到只有恒等元素的平凡群,就定义了 $\mathscr{R}$ 上的一个仿射群概形 E. 不难看出,E 由平凡的 $\mathscr{R}$ 代数 $\mathscr{R}$ 表示,因为对任意交换 $\mathscr{R}$ 代数 R,$\mathrm{Hom}_{\mathscr{R}\text{-alg}}(\mathscr{R},R)$ 只有唯一的元素.

例 2. 把每个交换 $\mathscr{R}$ 代数 R 对应到 R 的加法群,也定义了 $\mathscr{R}$ 上的一个仿射群概形. 这个仿射群概形常被记为 $\mathbf{G}_a$,它由 $\mathscr{R}$ 上单不定元的多项式代数 $A=\mathscr{R}[T]$ 表示,因为我们知道,$h\in\mathrm{Hom}_{\mathscr{R}\text{-alg}}(A,R)$ 被 $h(T)$ 唯一确

定了，而 $h(T)$ 可以取 R 的任意元素，即 $\mathrm{Hom}_{\mathscr{R}\text{-alg}}(A, R) \cong R$，再把 R 的加法群结构搬到 $\mathrm{Hom}_{\mathscr{R}\text{-alg}}(A, R)$ 上，便得到仿射群概形 $\mathbb{G}_a$ 了。

例 3. 与例 2 类似地，把每个交换 $\mathscr{R}$ 代数 R 对应到 R 的单位元乘法群 R^*，也定义了 $\mathscr{R}$ 上的一个仿射群概形 $\mathbb{G}_m$，它由 $\mathscr{R}$ 代数 $\mathscr{R}[T, T^{-1}]$ 表示.

例 4. 把每个交换 $\mathscr{R}$ 代数 R 对应到 $GL_n(R)$[1] 的函子 GL_n 是 $\mathscr{R}$ 上的仿射群概形，它由 $\mathscr{R}$ 代数 $A = \mathscr{R}[T_{11}, T_{12}, \cdots, T_{nn}, \det^{-1}]$ 表示，这里 det 为矩阵 (T_{ij}) 的行列式. 从 A 到 R 的 $\mathscr{R}$ 代数同态被一个 $n\times n$ 矩阵 (x_{ij}) 完全刻划，这里 $x_{ij}\in R$，$\det(x_{ij})\in R^*$，只要令 T_{ij} 对应到 x_{ij}，即得所需的同态；反之，在每个 $\mathscr{R}$ 代数同态 $A\to R$ 下，T_{ij} 的象 x_{ij} 组成满足上述条件的矩阵 (x_{ij}). 可见 $\mathrm{Hom}_{\mathscr{R}\text{-alg}}(A, R) \cong GL_n(R)$，再把 $GL_n(R)$ 的群结构搬到 $\mathrm{Hom}_{\mathscr{R}\text{-alg}}(A, R)$ 上，不难验证，我们确实得到了仿射群概形 GL_n.

例 5. 类似地讨论可以得知，把交换 $\mathscr{R}$ 代数 R 对应到 R 的加法群的三重直积 $R\times R\times R$ 的函子 G 与把 R 对应到群

$$\left\{\begin{pmatrix} 1 & x_1 & x_3 \\ 0 & 1 & x_2 \\ 0 & 0 & 1 \end{pmatrix} \middle| \, x_i \in R \right\}$$

的函子 H 都可以用 $\mathscr{R}$ 上三个不定元的多项式代数 $\mathscr{R}[T_1, T_2, T_3]$ 表示，因为 $G(R)$ 与 $H(R)$ 的集合是一样的. 但 G 与 H 是不同的仿射群概形，因为对于交换 $\mathscr{R}$ 代数 R，$G(R)$ 与 $H(R)$ 有不同的群结构，前者是 Abel 群，而后者未必如此.

例 6. 设 G 与 H 都是 $\mathscr{R}$ 上的仿射群概形，分别由交换 $\mathscr{R}$ 代数 A 与 B 表示. 把任一交换 $\mathscr{R}$ 代数 R 对应到 $G(R)\times H(R)$，也是 $\mathscr{R}$ 上的仿射群概形，由 $\mathscr{R}$ 代数 $A\otimes_{\mathscr{R}}B$ 表示，这是因为由张量积的普遍性质，$\mathrm{Hom}_{\mathscr{R}\text{-alg}}(A\otimes_{\mathscr{R}}B, R)$ 可以自然等同于 $\mathrm{Hom}_{\mathscr{R}\text{-alg}}(A, R)\times \mathrm{Hom}_{\mathscr{R}\text{-alg}}(B, R) = G(R)\times H(R)$. 这个仿射群概形称为 G 与 H 的**直积**，记为 $G\times H$.

例 7. 并非所有交换 $\mathscr{R}$ 代数都可作为仿射群概形的表示代数. 例如，当 $\mathscr{R} = \mathbb{Z}$ 时，$\mathscr{R}$ 代数 $\mathbb{Z}/n\mathbb{Z}(n\in\mathbb{Z},\ n\neq 0)$ 就不可能成为仿射群概形的表示代数，因为 $\mathrm{Hom}_{\mathscr{R}\text{-alg}}(\mathbb{Z}/n\mathbb{Z}, \mathbb{Z}) = \phi$，当然也无法赋予任何群结构了.

我们已经看了一些例子. 从例 7 知道，并不是每一个交换 $\mathscr{R}$ 代数都可以定义一个仿射群概形；而从例 5 知道，同一个 $\mathscr{R}$ 代数可能定义不同的 $\mathscr{R}$ 群. 因此，不难想象，可以定义仿射群概形的

---

1) 为了强调 GL_n 是个函子，我们把 $GL(n, R)$ 改记为 $GL_n(R)$.

交换 $\mathscr{R}$ 代数必须能够容纳一些额外的结构；我们还希望，这样的$\mathscr{R}$ 代数以及添加上去的额外结构把一个仿射群概形完全刻划了.

设 G 是个仿射群概形，由交换 $\mathscr{R}$ 代数 A 表示. 在 A 上要添加什么额外结构呢？群有乘法运算、恒等元素与求逆运算，这些必须在 A 的结构中反映出来.

先考虑乘法运算. 对每个交换 $\mathscr{R}$ 代数 R，我们有乘法映射 $m_G(R): G(R)\times G(R)\to G(R)$；对每个交换 $\mathscr{R}$ 代数同态 $\varphi: R\to S$，由于 $G(\varphi)$ 是群同态，我们有交换图

$$\begin{array}{ccc} G(R)\times G(R) & \xrightarrow{m_G(R)} & G(R) \\ {\scriptstyle G(\varphi)\times G(\varphi)}\downarrow & & \downarrow{\scriptstyle G(\varphi)} \\ G(S)\times G(S) & \xrightarrow{m_G(S)} & G(S) \end{array}$$

这表明，我们得到了一个自然变换 $m_G: G\times G\to G$（参看例 6）. 再根据著名的 Yoneda 引理，我们有一个 $\mathscr{R}$ 代数同态 $\Delta_A: A\to A\otimes_{\mathscr{R}} A$ 与之对应. Δ_A 称为 A 的**余乘法**.

同理，给定每个 $G(R)$ 的恒等元，相当于给出一个自然变换 $e_G: E\to G$（E 的定义见例 1），于是得到一个 $\mathscr{R}$ 代数同态 $\varepsilon_A: A\to\mathscr{R}$，它称为 A 的**增广映射**或**余单位**.

最后，$G(R)$ 的求逆运算 $i_G(R): G(R)\to G(R)$ 给出了一个自然变换 $i_G: G\to G$（只把 G 看成到集合范畴的函子），从而有一个 $\mathscr{R}$ 代数(反)同态 $\eta: A\to A$ 与之对应. η 称为 A 的**对极映射**或**余逆**. 我们这里说 η 是 $\mathscr{R}$ 代数反同态，是由于我们也将讨论 A 非交换的情况. 对这种情况，η 只能是反同态而不能是同态了. 事实上，只要要求 η 是 $\mathscr{R}$ 模同态，便可从下文所述的各运算定律推出 η 是 $\mathscr{R}$ 代数反同态，参看 [Ab1]. 另一方面，η 是反同态也与 $i_G(R)$ 是群的反同态这一事实相呼应（i_G 成为 G 到 G^{opp} 的自然变换，参看下文例 15).

我们现在得到两个 $\mathscr{R}$ 代数同态： $\Delta_A: A\to A\otimes_{\mathscr{R}} A$ 与 ε_A:

$A \to R$，以及一个 $\mathscr{R}$ 代数反同态 $\eta_A: A \to A$. 它们还必须遵循一些运算规律，我们把这些运算规律用交换图表示如下. 左边是群 $G(R)$ 中熟知的运算规律导出的自然变换应满足的交换图，右边是关于 Δ_A，η_A 与 ε_A 的相应的交换图. 从左边交换图推出右边交换图不过是 Yoneda 引理的简单应用.

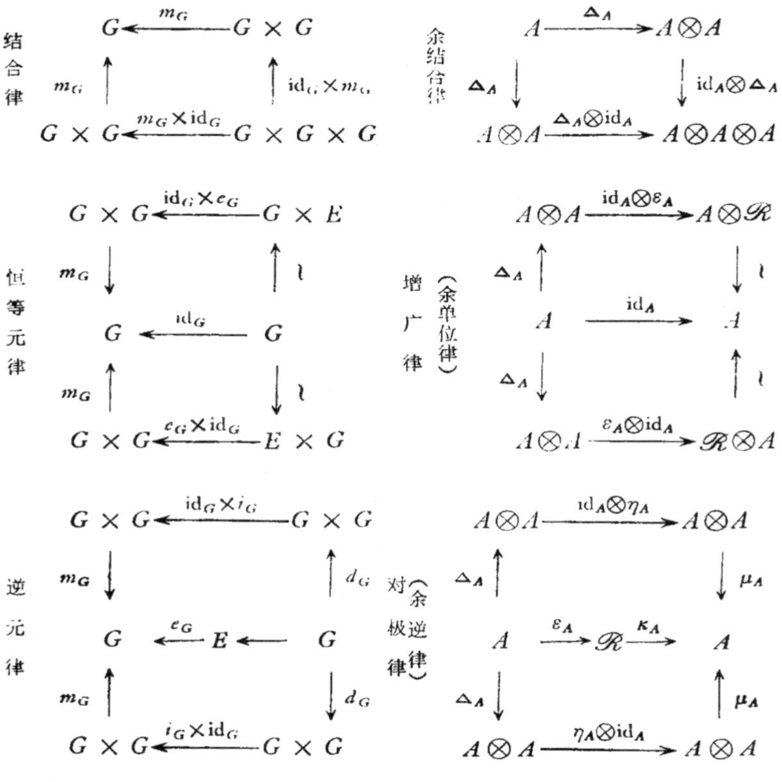

图中不标的映射或自然变换是典范的或自明的（下文讨论映射或自然变换的合成时，典范等同常略去不写，例如增广律常写为 $(\mathrm{id}_A \otimes \varepsilon_A) \circ \Delta_A = \mathrm{id}_A$）; μ_A 是 A 的乘法映射; $\kappa_A: \mathscr{R} \to A$ 是 $\mathscr{R}$

代数 A 的定义映射；$d_G:G \to G \times G$ 是所谓对角自然变换，对每个交换 $\mathscr{R}$ 代数 R 与每个 $g \in G(R)$，$d_G(R)(g)=(g, g)$．在从左边交换图推出右边交换图的过程中，唯一不显然的事实是自然变换 d_G 对应的 $\mathscr{R}$ 代数同态是 μ_A，为了说明这一事实，我们要证明的是对任一交换 $\mathscr{R}$ 代数 R，

$$d_G(R)(g)=g\circ\mu_A, \quad \forall g \in G(R)=\mathrm{Hom}_{\mathscr{R}\text{-alg}}(A, R).$$

我们已经知道，对 $x,y \in A$，

$$d_G(R)(g)(x\otimes y)=(g, g)(x\otimes y)=g(x)g(y),$$

而

$$g\circ\mu_A(x\otimes y)=g(xy)=g(x)g(y).$$

所以 $d_G(R)(g)=g\circ\mu_A$，正如所求．

余结合律与增广律对我们来说并不陌生，在 § 5.1 中我们已经知道，如果一个 $\mathscr{R}$ 模 A 带有 $\mathscr{R}$ 线性映射 Δ_A 与 ε_A，满足余结合律与增广律，则称之为 $\mathscr{R}$ 余代数．如果进一步，A 本身是 $\mathscr{R}$ 代数，并且 Δ_A 与 ε_A 都是 $\mathscr{R}$ 代数同态，则称 A 为 $\mathscr{R}$ **双代数**，理想 $\mathrm{Ker}\,\varepsilon_A$ 称为 A 的**增广理想**．如果 $\mathscr{R}$ 双代数 A 还带一个 $\mathscr{R}$ 代数反同态 $\eta_A:A \to A$，满足对极律，则称 A 为 $\mathscr{R}$ 上的 **Hopf 代数**．换言之，$\mathscr{R}$ 上的 Hopf 代数是一个 $\mathscr{R}$ 模 A，并带有如下五个 $\mathscr{R}$ 线性映射：

$$\kappa_A:\mathscr{R} \to A, \quad \mu_A:A\otimes_{\mathscr{R}}A \to A, \quad \eta_A:A \to A$$
$$\varepsilon_A:A \to \mathscr{R}, \quad \Delta_A:A \to A\otimes_{\mathscr{R}}A,$$

使得 (1) A 在 κ_A 与 μ_A 下成为一个结合 $\mathscr{R}$ 代数；(2) A 在 Δ_A 与 ε_A 下成为一个 $\mathscr{R}$ 余代数；(3) Δ_A 与 ε_A 是 $\mathscr{R}$ 代数同态；(4) η_A（是 $\mathscr{R}$ 代数反同态，且）满足对极律．

Hopf 代数 A 的定义对 A 的代数结构与余代数结构是对称的．事实上，(3) 等价于"μ_A 与 κ_A 是 $\mathscr{R}$ 余代数同态"．我们在这里定义一下余代数的张量积，在此基础上验证上述等价是轻而易举的了，将留给读者自己完成．设 C 与 D 是 $\mathscr{R}$ 余代数，它们的张量积余代数是 $\mathscr{R}$ 模 $C\otimes_{\mathscr{R}}D$，并带余乘法 $\Delta_{C\otimes D}=(23)\circ(\Delta_C\otimes\Delta_D)$

与增广映射 $\varepsilon_{C\otimes D}=\mu_{\mathscr{R}}\circ(\varepsilon_C\otimes\varepsilon_D)$，这里 (23) 是第二个因子与第三个因子的换位(类似的记号以后不再加以说明). 对于条件(4)，我们已经说过反同态的要求实际上是不必要的，因此只要求 $\mathscr{R}$ 模同态 η_A 满足对极律. 对极律显然对 A 的代数结构与余代数结构是对称的(也可以从另一角度看 η_A 对于代数结构与余代数结构是对称的——可以证明 η_A 是余代数的“反同态”，参看下文例 15).

$\mathscr{R}$ 上 Hopf 代数之间的 $\mathscr{R}$ 模同态 $\phi: A\to B$ 如果满足：(1) ϕ 是 $\mathscr{R}$ 代数同态；(2) ϕ 是 $\mathscr{R}$ 余代数同态；(3) $\phi\circ\eta_A=\eta_B\circ\phi$，则称 ϕ 为 **Hopf 代数的同态**. 于是，$\mathscr{R}$ 上 Hopf 代数及 Hopf 代数同态组成了一个范畴. 如果 Hopf 代数 A 的代数结构是交换的，则称 A 是**交换 Hopf 代数**. $\mathscr{R}$ 上的交换 Hopf 代数组成了 $\mathscr{R}$ 上 Hopf 代数范畴的一个完全子范畴.

(7.1.1) 定理. $\mathscr{R}$ 上仿射群概形的表示代数是 $\mathscr{R}$ 上的交换 Hopf 代数；把 $\mathscr{R}$ 上仿射群概形对应到它的表示 Hopf 代数，给出了 $\mathscr{R}$ 上仿射群概形范畴与 $\mathscr{R}$ 上交换 Hopf 代数范畴的反变同构.

证明. 第一个结论已经证明了.

作为证明第二个结论的第一步，我们先证明把 $\mathscr{R}$ 上仿射群概形对应到它的表示 Hopf 代数给出了 $\mathscr{R}$ 上仿射群概形范畴到 $\mathscr{R}$ 上交换 Hopf 代数范畴的一个反变函子. 为此，设 G 与 H 是 $\mathscr{R}$ 上的仿射群概形，分别由交换 Hopf 代数 A 与 B 表示，$\varphi: G\to H$ 是仿射群概形的态射，$\varphi^{\#}: B\to A$ 是对应的表示代数之间的映射，我们只要证 $\varphi^{\#}$ 是 Hopf 代数同态. $\varphi^{\#}$ 是代数同态，这是 Yoneda 引理的结论. φ 是仿射群概形的态射，所以下面左边三个交换图成立，再用 Yoneda 引理，又推出右边三个交换图成立：

$$
\begin{array}{ccc}
G & \xleftarrow{m_G} & G\times G \\
{\scriptstyle\varphi}\downarrow & & \downarrow{\scriptstyle\varphi\times\varphi} \\
H & \xleftarrow{m_H} & H\times H
\end{array}
\qquad
\begin{array}{ccc}
A & \xrightarrow{\Delta_A} & A\otimes A \\
{\scriptstyle\varphi^{\#}}\uparrow & & \uparrow{\scriptstyle\varphi^{\#}\otimes\varphi^{\#}} \\
B & \xrightarrow{\Delta_B} & B\otimes B
\end{array}
$$

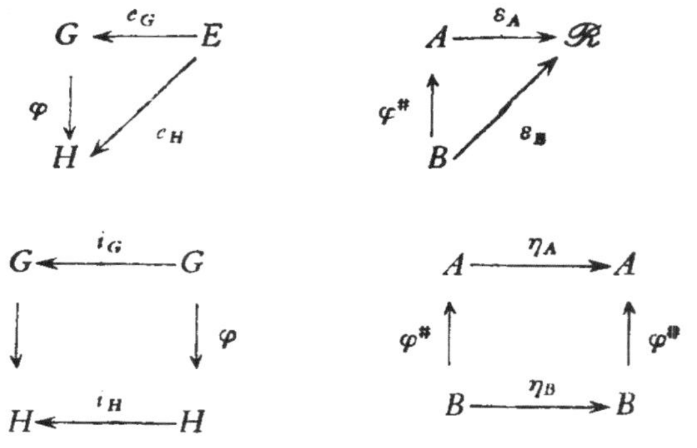

右边三图交换即表明 $\varphi^{\#}$ 是 $\mathscr{R}$ 余代数同态，并且"与 η 可交换"，由此可见，$\varphi^{\#}$ 是 Hopf 代数同态.

现在反过来，设 A 是 $\mathscr{R}$ 上的交换 Hopf 代数，$G=\mathrm{Hom}_{\mathscr{R}\text{-alg}}(A,-)$，则 G 是交换 $\mathscr{R}$ 代数范畴到集合范畴的函子. Δ_A，ε_A 与 η_A 分别导出了自然变换 $m_A:G\times G\to G$，$e_A:E\to A$ 与 $i_A:G\to G$；从余结合律、增广律与对极律分别推出对 m_A 的结合律、对 e_A 的恒等元律与对 i_A 的逆元律. 由此可见 G 是 $\mathscr{R}$ 上的仿射群概形. 现在设 A，B 是 $\mathscr{R}$ 上的交换 Hopf 代数，$\varphi^{\#}:B\to A$ 为 Hopf 代数同态，又设 $G=\mathrm{Hom}_{\mathscr{R}\text{-alg}}(A,-)$，$H=\mathrm{Hom}_{\mathscr{R}\text{-alg}}(B,-)$，则 $\varphi^{\#}$ 导出一个自然变换 $\varphi:G\to H$. 由于 $\varphi^{\#}$ 使上面右边三个图交换，所以 φ 使上面左边三个图交换. 由此可见 φ 是仿射群概形的态射. 这样，我们得到从 $\mathscr{R}$ 上的交换 Hopf 代数范畴到 $\mathscr{R}$ 上仿射群概形的一个反变函子. 显然，这个函子是上段所得到的函子的逆. 于是定理的第二个结论也成立. 证毕.

下文为方便起见，把 $\mathscr{R}$ 上仿射群概形 G 的表示 Hopf 代数记为 $\mathscr{R}[G]$，并称为 G 的**仿射代数**；并约定，仿射群概形的态射 $\varphi:G\to H$ 对应的仿射代数的同态记为 $\varphi^{\#}:\mathscr{R}[H]\to\mathscr{R}[G]$（证明中我们已用过这个记号），并称为 φ 的**余态射**.

设 G 为 $\mathscr{R}$ 上的仿射群概形，$A=\mathscr{R}[G]$. 对交换 $\mathscr{R}$ 代数 R，明确写出 $G(R)$ 中的运算有时是很方便的. 对于 g，$h\in$

$G(R)$，容易推出

$$gh = \mu_R \circ (g \otimes h) \circ \Delta_A, \quad g^{-1} = g \circ \eta_A,$$

此外，$G(R)$ 的恒等元是 $\kappa_R \circ \varepsilon_A$. 细节的验证留给读者.

我们再看几个例子.

例 8. 设 $\mathscr{R} = \mathscr{K}$ 是代数闭域，G 是 $\mathscr{K}$ 上的线性代数群，$A = \mathscr{K}[G]$ 是 G 的正则函数环. 如(5.2.1)定义 Δ_A 与 ε_A，则 A 在 Δ_A 与 ε_A 下成为 $\mathscr{K}$ 余代数，并且 Δ_A 与 ε_A 都是 $\mathscr{K}$ 代数同态. 再定义 $\eta_A: A \to A$ 为 $\eta_A(f) = f \circ i_G$，对所有 $f \in A$，这里 i_G 为 G 的求逆运算，则容易验证 η_A 满足对极映射的要求. 因此，A 成为 $\mathscr{K}$ 上的交换 Hopf 代数，从而决定 $\mathscr{K}$ 上的一个仿射群概形，这个仿射群概形仍记为 G. 特别，$G(\mathscr{K}) = \mathrm{Hom}_{\mathscr{K}\text{-alg}}(A, \mathscr{K})$ 就是原来的线性代数群 G. 因此，我们可以说仿射群概形的概念是线性代数群概念的推广. 此外，我们上面约定的记号 $\mathscr{K}[G]$ 没有歧义：无论把 G 看成线性代数群还是仿射群概形，都有 $\mathscr{K}[G] = A$.

例 9. 设 $\mathscr{K}$ 如上例，k 是 $\mathscr{K}$ 的子域. 又设 G 为 $GL(n, \mathscr{K})$ 的定义在 k 上的闭子群. 考虑 $\mathscr{K}[GL(n, \mathscr{K})]$ 的 k 子代数 $k[GL(n, \mathscr{K})] = k[f_{11}, f_{12}, \cdots, f_{nn}, \det^{-1}]$，这里 f_{ij} 为坐标函数，$\det$ 为 (f_{ij}) 的行列式；再考虑 $k[GL(n, \mathscr{K})]$ 的理想

$$I_k = \{f \in k[GL(n, \mathscr{K})] \mid f(x) = 0, \forall x \in G\}.$$

令 $k[G] = k[GL(n, \mathscr{K})]/I_k$，则容易验证 $\mathscr{K}[G] = k[G] \otimes_k \mathscr{K}$. 若把 $f \in k[GL(n, \mathscr{K})]$ 在 $k[G]$ 中的象记为 $\bar{f}$，则容易验证(参看 §5 例 7)

$$\Delta_{\mathscr{K}[G]}(\bar{f}_{ij}) = \sum_r \bar{f}_{ir} \otimes \bar{f}_{rj},$$

$$\varepsilon_{\mathscr{K}[G]}(\bar{f}_{ij}) = \delta_{ij},$$

而 $\eta_{\mathscr{K}[G]}(\bar{f}_{ij})$ 是某些 $\bar{f}_{rs}$ 及 $\overline{\det^{-1}}$ 的系数在素域上的多项式. 由此可见，在 $\Delta_{k[G]} = \Delta_{\mathscr{K}[G]}|_{k[G]}$，$\varepsilon_{k[G]} = \varepsilon_{\mathscr{K}[G]}|_{k[G]}$ 与 $\eta_{k[G]} = \eta_{\mathscr{K}[G]}|_{k[G]}$ 下，$k[G]$ 成为 k 上的 Hopf 代数，于是定义了 k 上的一个仿射群概形 G_k. 如果 R 是交换 $\mathscr{K}$ 代数，则

$$G_k(R) = \mathrm{Hom}_{k\text{-alg}}(k[G], R) \cong \mathrm{Hom}_{\mathscr{K}\text{-alg}}(\mathscr{K}[G], R) = G(R).$$

可见例 8 的函子 G 可以看成 G_k 在交换 $\mathscr{K}$ 代数范畴的限制，特别 $G_k(\mathscr{K})$ 就是原来的线性代数群 G.

一般地，设 $\sigma: \mathscr{R}_0 \to \mathscr{R}$ 为交换环的同态，A 为 $\mathscr{R}$ 上的 Hopf 代数. 如有

$\mathscr{R}_0$ 上的 Hopf 代数 A_0 使 $A = A_0 \otimes_{\mathscr{R}_0} \mathscr{R}$，且 A 的 Hopf 结构是 A_0 的 Hopf 结构的 $\mathscr{R}$ 线性扩张，则称 A_0 为 A 的一个 $\mathscr{R}_0$ **形式**．上文的 $k[G]$ 就是 $\mathscr{R}[G]$的一个 k 形式．$\mathscr{K}$ 上的一个线性代数群 G 能够在子域 k 上定义的充分必要条件是 $\mathscr{K}[G]$ 有一个 k 形式．上文证明了必要性;充分性的证明留给读者．

例 10．设 $G_{\mathbb{C}}$ 是复数域 $\mathbb{C}$ 上的半单线性代数群，$A_{\mathbb{C}} = \mathbb{C}[G_{\mathbb{C}}]$，则 $A_{\mathbb{C}}$ 有一个很好的 $\mathbb{Z}$ 形式 $A_{\mathbf{Z}}$：对任何代数闭域 $\mathscr{K}$，$\mathscr{K}$ 上的 Hopf 代数 $A_{\mathscr{K}} = A_{\mathbf{Z}} \otimes_{\mathbf{Z}} \mathscr{K}$ 是 $\mathscr{K}$ 上与 $G_{\mathbb{C}}$ 同型的半单线性代数群 $G_{\mathscr{K}}$ 的正则函数环(参看[Bor 2])． 因此，由 $A_{\mathbf{Z}}$ 定义的 $\mathbb{Z}$ 上的仿射群概形 G 具有性质 $G(\mathbb{C}) = G_{\mathbb{C}}$，$G(\mathscr{K}) = G_{\mathscr{K}}$．可见 $\mathbb{Z}$ 上的这个仿射群概形在不同特征的同型半单线性代数群之间搭起了联系的桥梁．

例 11．设 Γ 是个有限群，A 为 Γ 上所有 $\mathscr{R}$ 值函数所成的交换 $\mathscr{R}$ 代数，与代数群的正则函数环类似地定义 Δ_A，ε_A 与 η_A，则 A 成为 $\mathscr{R}$ 上的交换 Hopf 代数，从而定义 $\mathscr{R}$ 上的一个仿射群概形 G．对 $x \in \Gamma$，设 f_x 为 x 对应的特征函数，即 $f_x(y) = \delta_{xy}$，对所有 $y \in \Gamma$，则 f_x 是 A 的两两正交的幂等元，它们组成 A 的 $\mathscr{R}$ 基，并且 $1 = \sum_{x \in \Gamma} f_x$．如果 R 是一个交换 $\mathscr{R}$ 代数，并且作为环是连通的(即除了 0 与1外没有幂等元)，则作为集合，$G(R)$ 可等同于 Γ．这是因为在 $\mathscr{R}$ 代数同态 $h: A \to R$ 下，每个 f_x 只能映到 0 或 1，正交性限制了至多只能有一个 f_x 映到 1，而条件 $1 = \sum_{x \in \Gamma} f_x$ 限制了至少有一个 f_x 映到 1．由此可见每个 $\mathscr{R}$ 代数同态正好把一个 f_x 映到 1，而把其余的特征函数都映到 0，这个同态记为 h_x．可见 $G(R)$ 的元素用 Γ 的元素作指标，从而可把 $G(R)$ 等同于 Γ．读者可以进一步验证 $G(R)$ 的运算与 Γ 的运算也是一致的． $\mathscr{R}$ 上的这个仿射群概形称为由 Γ 决定的**常值仿射群概形**． 如果 $\mathscr{R} = \mathscr{K}$，例 11 可归于例 8 中，因为 Γ 可看成 $\mathscr{K}$ 上的线性代数群，其正则函数环就是 A．

例 12．固定一个正整数 n，把每个交换 $\mathscr{R}$ 代数 R 对应到 R 中 n 次单位根所成的乘法群，也是 $\mathscr{R}$ 上的仿射群概形，常记为 μ_n．μ_n 的仿射代数是 $A = \mathscr{R}[T]/(T^n - 1)$；若把 T 在 A 中的象记为 $\bar{T}$，则

$$\Delta_A(\bar{T}) = \bar{T} \otimes \bar{T}, \quad \varepsilon_A(\bar{T}) = 1, \quad \eta_A(\bar{T}) = \bar{T}^{-1}.$$

μ_n 称为 $\mathscr{R}$ 上的 **n 次单位根仿射群概形**． 即使 $\mathscr{R} = \mathscr{K}$，$\mu_n$ 也不一定是从一个线性代数群导出的．例如，如果 $\operatorname{char}\mathscr{K} = p > 0$，且 $n = sp$，对某个整数 s，则 $\bar{T}^s - 1 \neq 0$ 但 $(\bar{T}^s - 1)^p = \bar{T}^n - 1 = 0$． 可见 A 含有非零的幂零

元;而我们知道，线性代数群的正则函数环都是既约的，即没有非零的幂零元.

如果G是$\mathscr{R}$上的仿射群概形,并且满足: (1)$\mathscr{R}[G]$是$\mathscr{R}$上有限型的; (2)$\mathscr{R}[G]$的增广理想是幂零的，则称G为$\mathscr{R}$上的**无穷小群**. 在例12中，如果有素数p使$p\mathscr{R}=0$，则对p的任何幂q，q次单位根仿射群概形μ_q是$\mathscr{R}$上的无穷小群. 条件(1)显然满足；$\mathscr{R}[\mu_q]$的增广理想是$\bar{T}-1$生成的主理想，而$(\bar{T}-1)^q=\bar{T}^q-1=0$，所以增广理想是幂零的.

无穷小群有如下重要性质:

(7.1.2) 命题. 设G是$\mathscr{R}$上的无穷小群,则

(1) 对任何既约代数R，$G(R)$只含恒等元;

(2) 若$\mathscr{R}$是域,则$\mathscr{R}[G]$是有限维局部代数(即它是有限维$\mathscr{R}$代数,并且是局部环).

证明. (1)因为$\mathscr{R}[G]$的增广理想只含幂零元,所以在任何$\mathscr{R}$代数同态$h:\mathscr{R}[G]\to R$下,它只能整个地映到0,可见$\operatorname{Ker}\varepsilon_{\mathscr{R}[G]}\subset\operatorname{Ker}h$,从而$h$通过$\varepsilon_{\mathscr{R}[G]}$分解. 但$\mathscr{R}$到$R$只有唯一的$\mathscr{R}$代数同态$\kappa_R$，因此$h=\kappa_R\circ\varepsilon_{\mathscr{R}[G]}$，此即$G(R)$的恒等元.

(2) 因为我们有同态$\kappa_{\mathscr{R}[G]}:\mathscr{R}\to\mathscr{R}[G]$与$\varepsilon_{\mathscr{R}[G]}:\mathscr{R}[G]\to\mathscr{R}$，它们的合成$\varepsilon_{\mathscr{R}[G]}\circ\kappa_{\mathscr{R}[G]}$是$\mathscr{R}$到$\mathscr{R}$的$\mathscr{R}$代数同态,所以只能是$\mathrm{id}_{\mathscr{R}}$. 由此可见作为$\mathscr{R}$向量空间$\mathscr{R}[G]=\mathscr{R}\oplus\operatorname{Ker}\varepsilon_{\mathscr{R}[G]}$. $\operatorname{Ker}\varepsilon_{\mathscr{R}[G]}$只含幂零元,而$\operatorname{Ker}\varepsilon_{\mathscr{R}[G]}$之外的元素都是可逆元与幂零元之和,从而都是可逆元. 由此可见，$\mathscr{R}[G]$是局部环，$\operatorname{Ker}\varepsilon_{\mathscr{R}[G]}$是它唯一的极大理想.

显然$\mathscr{R}[G]$可由有限个$\operatorname{Ker}\varepsilon_{\mathscr{R}[G]}$的元素生成,而这种元素是幂零元,所以$\mathscr{R}[G]$是有限维的. 证毕.

例 13. 设$A=\mathscr{R}[x_1,x_2,\cdots]$(添加可数个不定元),定义

$$\triangle_A(x_i)=x_i\otimes 1+1\otimes x_i,\quad \varepsilon_A(x_i)=0,\quad \eta_A(x_i)=-x_i,$$

并都扩充为R代数同态,则容易验证A是$\mathscr{R}$上的交换 Hopf 代数. 从而定义$\mathscr{R}$上的一个仿射群概形G. 但是，即使$\mathscr{R}=\mathscr{K}$，G也不是从线性代数群导出的,因为有限型条件不满足,

从以上各例可以看出，仿射群概形至少在以下两个方面推广了线性代数群的概念：其一，可以以任一交换环为基环，而不局限于代数闭域；其二，即使在代数闭域上，讨论的范围也比线性代数群广，因为仿射群概形的仿射代数可以不是既约的，也可以不是有限型的.

那么，代数闭域上由有限型的既约 Hopf 代数表示的仿射群概形是否一定是由线性代数群导出的呢？答案是肯定的：

(7.1.3) 命题. 设 $\mathscr{K}$ 是代数闭域，则 $\mathscr{K}$ 上线性代数群范畴与 $\mathscr{K}$ 上仿射群概形范畴的一个完全子范畴同构，这个子范畴的对象正好是由 $\mathscr{K}$ 上有限型的既约的交换 Hopf 代数表示的仿射群概形.

证明. 据 (7.1.1)，我们只要证明 $\mathscr{K}$ 上线性代数群范畴反变同构于 $\mathscr{K}$ 上有限型的既约的交换 Hopf 代数范畴. 我们已经知道，若 G 是 $\mathscr{K}$ 上的线性代数群，则 $\mathscr{K}[G]$ 是 $\mathscr{K}$ 上有限型的既约的交换 Hopf 代数；还不难验证，若 $\varphi: G \to H$ 是代数群同态，则 $\varphi^{\#}: \mathscr{K}[H] \to \mathscr{K}[G]$ 是 Hopf 代数同态. 于是我们得到从 $\mathscr{K}$ 上线性代数群范畴到 $\mathscr{K}$ 上有限型的既约的交换 Hopf 代数范畴的一个反变函子.

反之，设给定 $\mathscr{K}$ 上有限型的既约的交换 Hopf 代数 A，由代数几何学知 $G = \mathrm{Hom}_{\mathscr{K}\text{-alg}}(A, \mathscr{K})$ 是仿射代数簇，使 $\mathscr{K}[G] = A$；又从仿射群概形理论知 G 是个群，并且它的群运算由代数同态 Δ_A 与 η_A 导出，所以是代数簇的态射. 由此可见 G 是 $\mathscr{K}$ 上的线性代数群. 此外，$\mathscr{K}$ 上两个有限型的既约的交换 Hopf 代数之间的同态导出的对应的线性代数群之间的映射既是群同态，又是代数簇的态射，所以是代数群同态. 这样，我们得到了上一段所定义的函子的逆，两个范畴的同构便建立起来了. 证毕.

在结束本小节之前，我们最后以例题形式讨论一下 Hopf 代数的张量积与反代数，以及它们同仿射群概形的直积与反群概形的关系.

例 14. 设 G 与 H 是 $\mathscr{R}$ 上的仿射群概形，$\mathscr{R}[G]=A$，$\mathscr{R}[H]=B$，则 $\mathscr{R}[G\times H]$ 作为代数同构于 $A\otimes_{\mathscr{R}}B$（见例 6）．我们希望适当定义 $\Delta_{A\otimes B}$，$\varepsilon_{A\otimes B}$ 与 $\eta_{A\otimes B}$，使这个同构是 Hopf 代数的同构．这是不难办到的：

$$m_{G\times H}=(m_G\times m_H)\circ(23)\Rightarrow\Delta_{A\otimes B}=(23)\circ(\Delta_A\otimes\Delta_B),$$

$$e_{G\times H}=(e_G\times e_H)\circ d_E\Rightarrow\varepsilon_{A\otimes B}=\mu_{\mathscr{R}}\circ(\varepsilon_A\otimes\varepsilon_B),$$

$$i_{G\times H}=i_G\times i_H\Rightarrow\eta_{A\otimes B}=\eta_A\otimes\eta_B$$

（在定义余代数的张量积时已见过 $\Delta_{A\otimes B}$ 与 $\varepsilon_{A\otimes B}$ 了），现在推而广之，对 $\mathscr{R}$ 上任意两个 Hopf 代数（不一定交换）A 与 B，在 $\mathscr{R}$ 代数 $A\otimes_{\mathscr{R}}B$ 上按上述方法定义 $\Delta_{A\otimes B}$，$\varepsilon_{A\otimes B}$ 与 $\eta_{A\otimes B}$，则容易验证 $A\otimes_{\mathscr{R}}B$ 成为 $\mathscr{R}$ 上的 Hopf 代数，它称为 Hopf 代数 A 与 B 的**张量积**．用这个术语，我们可以说，两个仿射群概形的直积的仿射代数是两个仿射代数的张量积．

例 15. 设 A 是 $\mathscr{R}$ 上的 Hopf 代数，A^{opp} 是它作为代数的反代数．定义

$$\Delta_{A^{\mathrm{opp}}}=(12)\circ\Delta_A,\quad \varepsilon_{A^{\mathrm{opp}}}=\varepsilon_A,\quad \eta_{A^{\mathrm{opp}}}=\eta_A,$$

则容易验证 A^{opp} 成为 $\mathscr{R}$ 上的 Hopf 代数，它称为 Hopf 代数 A 的**反代数**．如果 A 是交换的，A 与 A^{opp} 分别定义了仿射群概形 G 与 H，那么 G 与 H 有何关系呢？显然，对于任何交换 $\mathscr{R}$ 代数 R，$G(R)$ 与 $H(R)$ 作为集合是相同的．设 $g,h\in G(R)=H(R)$，则

$$\begin{aligned}m_H(R)(g,h)&=\mu_R\circ(g\otimes h)\circ\Delta_{A^{\mathrm{opp}}}\\&=\mu_R\circ(g\otimes h)\circ(12)\circ\Delta_A\\&=\mu_R\circ(h\otimes g)\circ\Delta_A\\&=m_G(R)(h,g).\end{aligned}$$

由此可见 $H(R)$ 是 $G(R)$ 的反群．据此，我们称 H 为 G 的**反群概形**，并记 $H=G^{\mathrm{opp}}$．于是，我们可以说，仿射群概形的反群概形的仿射代数是原来仿射代数的反代数．

显然 i_G 是 G 到 G^{opp} 的态射，于是 η_A 是 A 到 A^{opp} 的 Hopf 代数同态（同构）．当然，这样的推理要求 A 是交换的．但我们可以直接验证对于非交换的 Hopf 代数 A，η_A 也是 A 到 A^{opp} 的 Hopf 代数同态．如果 Hopf 代数之间的映射 $\varphi:A\to B$ 成为 A 到 B^{opp} 的 Hopf 代数同态，则称 φ 为 Hopf 代数的**反同态**．因此，η_A 是 A 到 A 的 Hopf 代数反同态．

如果只考虑余代数，也可以类似地定义余代数的反余代数与余代数的反同态．当然，对双代数也可以这样做．

7.2 闭子群概形与 Frobenius 核

设G为 $\mathscr{R}$ 上的仿射群概形，$A=\mathscr{R}[G]$．又设$\mathfrak{a}$为A的理想，并且 Δ_A，ε_A 与 η_A 导出定义在 $\bar{A}=A/\mathfrak{a}$ 上的映射 $\Delta_{\bar{A}}:\bar{A}\to\bar{A}\otimes_{\mathscr{R}}\bar{A}$，$\varepsilon_{\bar{A}}:\bar{A}\to\mathscr{R}$ 与 $\eta_{\bar{A}}:\bar{A}\to\bar{A}$，使 $\bar{A}$ 也成为一个 Hopf 代数．于是 $\bar{A}$ 也定义了 $\mathscr{R}$ 上的一个仿射群概形 H．我们称这样的H为G的**闭子群概形**．因为典范同态 $\theta^{\#}:A\to\bar{A}$ 是 Hopf 代数同态，所以我们有仿射群概形的态射 $\theta:H\to G$．可以验证，对任何交换 $\mathscr{R}$ 代数 R，$\theta(R):H(R)\to G(R)$ 是内射．事实上，若 $h\in H(R)$ 使 $\theta(R)$ (h) 为 $G(R)$ 的恒等元，即 $h\circ\theta^{\#}=\kappa_R\circ\varepsilon_A$，则因为 $\varepsilon_A=\varepsilon_{\bar{A}}\circ\theta^{\#}$，我们有 $h\circ\theta^{\#}=\kappa_R\circ\varepsilon_{\bar{A}}\circ\theta^{\#}$；又因为 $\theta^{\#}$ 是满的，推及 $h=\kappa_R\circ\varepsilon_{\bar{A}}$，即 h 为 $H(R)$ 的恒等元．由此可见，称H为G的子群概形是合理的．至于“闭”，它来源于代数几何学，因为当 $\bar{A}$ 为 A的商时，Spec$(\bar{A})$ （连同它的构造层，下同）为 Spec$A$ 的闭子概形．如果 $\mathscr{R}=\mathscr{K}$ 而G为 $\mathscr{K}$ 上的线性代数群，H为G的闭子群，则H到G的典范嵌入导出典范的 Hopf 代数满同态 $\mathscr{K}[G]\to\mathscr{K}[H]$，从而作为 $\mathscr{K}$ 上的仿射群概形，H是G的闭子群概形；反之，如果G仍同上，H为G作为仿射群概形的闭子群概形，且 $\mathscr{K}[H]$仍是有限型与既约的，则 $H(\mathscr{K})$ 一定是G作为线性代数群的闭子群．由此可见，闭子群概形的概念推广了代数群理论中的闭子群的概念．

例 16．从代数群来的闭子群概形的例子必为读者所熟悉，不再具体地举了．§7.1 的例 12 所介绍的仿射群概形 μ_n 是例 3 所介绍的仿射群概形 $\mathbb{G}_m$ 的闭子群概形，读者可以先求出 $\mathscr{R}[\mathbb{G}_m]$ 的余乘法、增广映射与对极映射，再验证我们的断言；但是，尽管 $\mathscr{R}[\mu_n]$ 也是 $\mathscr{R}[\mathbb{G}_a]$ （参看例 2）的商代数，但 μ_n 不是 $\mathbb{G}_a$ 的闭子群概形，因为 $\mathscr{R}[\mu_n]$ 的余乘法、增广映射与对极映射不是从 $\mathscr{R}[\mathbb{G}_a]$ 的对应映射导出．

上例说明了两点：其一，即使一个仿射群概形是由代数群导出的，它的闭子群概形可以不是由代数群导出的，所以闭子群概形确实推广了闭子群的概念；其二，并不是 $\mathscr{R}[G]$ 的每一个理想都可以决定G的一个闭子群概形．

那么，$A=\mathscr{R}[G]$ 的什么样的理想才能决定G的一个闭子群概形呢？设 $\mathfrak{a}$ 是A的理想，$\bar{A}=A/\mathfrak{a}$. 要想 Δ_A 能导出 $\Delta_{\bar{A}}$: $\bar{A}\to\bar{A}\otimes\bar{A}$，也就是有交换图（$\theta^{\#}$ 仍为典范同态）

$$\begin{array}{ccc} A & \xrightarrow{\Delta_A} & A\otimes A \\ {\scriptstyle\theta^{\#}}\downarrow & & \downarrow{\scriptstyle\theta^{\#}\otimes\theta^{\#}} \\ \bar{A} & \xrightarrow{\Delta_{\bar{A}}} & \bar{A}\otimes\bar{A} \end{array}$$

充分必要条件是 $\Delta_A(\mathfrak{a})\subset\operatorname{Ker}(\theta^{\#}\otimes\theta^{\#})$. $\operatorname{Ker}(\theta^{\#}\otimes\theta^{\#})$ 是$\mathfrak{a}\otimes A+A\otimes\mathfrak{a}$ 在 $A\otimes A$ 中的象，如果直接用 $\mathfrak{a}\otimes A+A\otimes\mathfrak{a}$ 代表 $A\otimes A$ 的这个理想，则上述充分必要条件写成

(＊) $\qquad\qquad \Delta_A(\mathfrak{a})\subset\mathfrak{a}\otimes A+A\otimes\mathfrak{a}.$

同理，要使 $\eta_A:A\to A$ 能导出 $\eta_{\bar{A}}:\bar{A}\to\bar{A}$ 以及要使 $\varepsilon_A: A\to\mathscr{R}$ 能导出 $\varepsilon_{\bar{A}}:\bar{A}\to\bar{A}$ 的充分必要条件分别是

(＊＊) $\qquad\qquad \eta_A(\mathfrak{a})\subset\mathfrak{a},$

$\left(\begin{smallmatrix} * \\ *\,* \end{smallmatrix}\right)$ $\qquad\qquad \mathfrak{a}\subset\operatorname{Ker}\varepsilon_A.$

Hopf 代数A的理想如果满足条件（＊）、（＊＊）与 $\left(\begin{smallmatrix} * \\ *\,* \end{smallmatrix}\right)$，则称为 **Hopf 理想**. 在这个定义中$A$不一定是交换的.

我们立即得出：

(7.2.1) 命题. 设G为 $\mathscr{R}$ 上的仿射群概形，$A=\mathscr{R}[G]$，则A的 Hopf 理想与G的闭子群概形一一对应. 设 Hopf 理想 $\mathfrak{a}$ 对应的闭子群概形为H，则 $\mathscr{R}[H]=A/\mathfrak{a}$.

我们再看一些例子.

例 17. 若 $\mathscr{R}=\mathscr{K}$，G 是 $\mathscr{K}$ 上的线性代数群，$A=\mathscr{K}[G]$，则A的 Hopf 根理想（即满足 $\mathfrak{a}=\sqrt{\mathfrak{a}}$的 Hopf 理想 $\mathfrak{a}$）与G的闭子群一一对应.

例 18. 设A是$\mathscr{R}$上的 Hopf 代数(不一定交换)，$\mathfrak{m}=\operatorname{Ker}\varepsilon_A$，则 $\mathfrak{m}$ 为A的最大的 Hopf 理想. 由 Hopt 理想必须满足的条件$\left(\begin{smallmatrix} * \\ *\,* \end{smallmatrix}\right)$，我们只要证

明 $\mathfrak{m}$ 是个 Hopf 理想;又因为 $\varepsilon_A: A\to\mathscr{R}$ 是 $\mathscr{R}$ 代数的满同态（因为 $\varepsilon_A\circ\kappa_A: \mathscr{R}\to\mathscr{R}$ 是 $\mathscr{R}$ 代数同态,所以只能 $\varepsilon_A\circ\kappa_A = \mathrm{id}_{\mathscr{R}}$，迫使 ε_A 是满射)，所以只要证 ε_A 是Hopf 代数同态. 如果 A 是交换的,则它定义 $\mathscr{R}$ 上的仿射群概形 G，而 ε_A 是仿射群概形的态射 $e_G: E\to G$ 的余态射,所以一定是 Hopf 代数的同态. 一般地,我们要证明的是如下三个交换图:

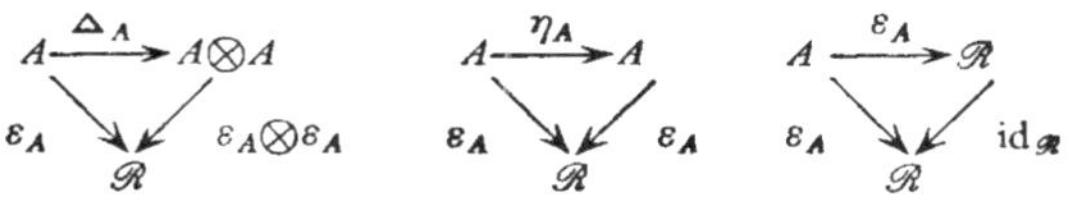

其中第三个交换图是平凡的;前两个图的交换性验证如下:

$$(\varepsilon_A\otimes\varepsilon_A)\circ\Delta_A = \varepsilon_A\circ(\mathrm{id}_A\otimes\varepsilon_A)\circ\Delta_A = \varepsilon_A\circ\mathrm{id}_A = \varepsilon_A;$$

$$\begin{aligned}\varepsilon_A &= \mathrm{id}_{\mathscr{R}}\circ\varepsilon_A = \varepsilon_A\circ\kappa_A\circ\varepsilon_A = \varepsilon_A\circ\mu_A\circ(\mathrm{id}_A\otimes\eta_A)\circ\Delta_A\ (\text{对极律})\\ &= (\varepsilon_A\otimes\varepsilon_A)\circ(\mathrm{id}_A\otimes\eta_A)\circ\Delta_A(\varepsilon_A\ \text{为}\mathscr{R}\ \text{代数同态})\\ &= \varepsilon_A\circ\eta_A\circ(\varepsilon_A\otimes\mathrm{id}_A)\circ\Delta_A = \varepsilon_A\circ\eta_A\ (\text{增广律}).\end{aligned}$$

正如所求.

例 19. 设有素数 p 使 $p\mathscr{R} = 0$，A 为 $\mathscr{R}$ 上的交换 Hopf 代数，$\mathfrak{a}$ 为 A 的 Hopf 理想. 又设 q 是 p 的幂，$\mathfrak{a}^{[q]}$ 是由所有 $a^q(a\in\mathfrak{a})$ 生成的 A 的理想，则 $\mathfrak{a}^{[q]}$ 也是 A 的 Hopf 理想. 验证如下: 如果 $a\in\mathfrak{a}$，则有 $b_i\in\mathfrak{a}$，$c_i\in A(i = 1,\cdots, n_1, n_1 + 1,\cdots, n_2)$,使

$$\Delta_A(a) = \sum_{i=1}^{n_1} b_i\otimes c_i + \sum_{i=n_1+1}^{n_2} c_i\otimes b_i,$$

所以

$$\begin{aligned}\Delta_A(a^q) &= \Delta_A(a)^q\\ &= \sum_{i=1}^{n_1}(b_i\otimes c_i)^q + \sum_{i=n_1+1}^{n_2}(c_i\otimes b_i)^q\\ &= \sum_{i=1}^{n_1} b_i^q\otimes c_i^q + \sum_{i=n_1+1}^{n_2} c_i^q\otimes b_i^q \in \mathfrak{a}^{[q]}\otimes A + A\otimes\mathfrak{a}^{[q]},\end{aligned}$$

由此可见 $\triangle_A(\mathfrak{a}^{[q]})\subset\mathfrak{a}^{[q]}\otimes A+A\otimes\mathfrak{a}^{[q]}$. 又，$\eta_A(a^q)=\eta_A(a)^q\in\mathfrak{a}^{[q]}$，所以 $\eta_A(\mathfrak{a}^{[q]})\subset\mathfrak{a}^{[q]}$；$\mathfrak{a}^{[q]}\subset\mathfrak{a}\subset\operatorname{Ker}\varepsilon_A$. 我们的断言得出.

仍假设有素数 p 使 $p\mathscr{R}=0$. 若 A 是 $\mathscr{R}$ 上的交换 Hopf 代数，$\mathfrak{m}$ 是它的增广理想，则从例 18 与例 19 推出 $\mathfrak{m}^{[p^n]}$ 是 A 的 Hopf 理想，对任何 $n\in\mathbb{Z}^+$，于是 $A_n=A/\mathfrak{m}^{[p^n]}$ 也是 $\mathscr{R}$ 上的交换 Hopf 代数. 如果 A 定义的仿射群概形为 G，则 A_n 定义的仿射群概形将记为 G_n，它是 G 的闭子群概形.

(7.2.2) 命题. 采用上述约定与记号，则

(1) 如果 $\mathscr{R}$ 是 Noether 环，A 是 $\mathscr{R}$ 上有限型的，则 G_n 是 $\mathscr{R}$ 上的无穷小群，对任何 $n\in\mathbf{Z}^+$；

(2) 如果 $\mathscr{R}=\mathscr{K}$ 是代数闭域，A 是 $\mathscr{K}$ 上的线性代数群 G 的正则函数环，则 $\dim A_n=p^{n\dim G}$.

证明. (1) 作为 A 的商，A_n 也是 $\mathscr{R}$ 上有限型的，从而是 Noether 环，它的增广理想 $\mathfrak{m}_n=\mathfrak{m}/\mathfrak{m}^{[p^n]}$ 是有限生成的；另一方面，显然 $\mathfrak{m}_n$ 的每个元素都是幂零的. 由此可见，$\mathfrak{m}_n$ 是幂零理想，所以 G_n 是无穷小群.

(2) A 关于极大理想 $\mathfrak{m}$ 的相伴阶化环同构于局部环 $A_{\mathfrak{m}}$ 关于它的极大理想的相伴阶化环. 由于 G 是光滑簇，$A_{\mathfrak{m}}$ 是正则局部环，所以上述阶化环是 $\mathscr{K}$ 上 $d=\dim G$ 个不定元的多项式环 $\mathscr{K}[T_1,\cdots,T_d]$，这里 $T_1,\cdots,T_d\in\mathfrak{m}/\mathfrak{m}^2$，它们在 $\mathfrak{m}$ 中的原象 $a_1,\cdots,a_d$ 生成了 $\mathfrak{m}$. 于是 $\mathfrak{m}^{[p^n]}$ 由 $a_1^{p^n},\cdots,a_d^{p^n}$ 生成. 由此推出 A_n 关于 $\mathfrak{m}_n$ 的相伴阶化环是截头多项式环

$$\mathscr{K}[T_1,\cdots,T_d]/(T_1^{p^n},\cdots,T_d^{p^n}).$$

这个环的一组 $\mathscr{K}$ 基是

$$\{\bar{T}_1^{s_1}\bar{T}_2^{s_2}\cdots\bar{T}_d^{s_d}\mid 0\leqslant s_i<p^n\},$$

这里 $\bar{T}_i$ 为 T_i 的典范象，由此推出上述截头多项式环的维数是 p^{nd}，这也是 A_n 的维数. 证毕.

当(7.2.2(1))的条件满足时，我们称 G_n 为 G 的**第 n 个无穷小闭子群(概形)**.

讨论了闭子群概形、Hopf 理想以及它们之间的对应关系后，我们将进而讨论本小节的第二个主题——仿射群概形的态射的核．如果纯粹从范畴角度考虑，$\mathscr{R}$ 上仿射群概形的态射 $\varphi: G \to H$ 的核 K_φ 是由后络方图

$$\begin{array}{ccc} K_\varphi & \longrightarrow & G \\ \downarrow & & \downarrow \varphi \\ E & \xrightarrow[e_H]{} & H \end{array}$$

定义的，或用纤维积记号写成 $K_\varphi = G \times_H E$．对偶地，$\mathscr{R}[K_\varphi]$ 应使下图成为前络方图：

$$\begin{array}{ccc} \mathscr{R}[H] & \xrightarrow{\varphi^\#} & \mathscr{R}[G] \\ {\scriptstyle \varepsilon_{\mathscr{R}[H]}}\downarrow & & \downarrow \\ \mathscr{R} & \xrightarrow[\kappa_{\mathscr{R}[K_\varphi]}]{} & \mathscr{R}[K_\varphi] \end{array}$$

这样的 Hopf 代数 $\mathscr{R}[K_\varphi]$ 的存在性（也就是 K_φ 的存在性）都还需要证明．我们现在另辟蹊径，用一个更加直观的方法来定义态射的核：我们把每个交换 $\mathscr{R}$ 代数 R 对应到群同态 $\varphi(R)$: $G(R) \to H(R)$ 的核 $K_\varphi(R) = \mathrm{Ker}\varphi(R)$，显然得到交换 $\mathscr{R}$ 代数范畴到群的范畴的一个函子 K_φ，它称为态射 $\varphi: G \to H$ 的**核**．我们将证明 K_φ 是 G 的闭子群概形，并且就是 φ 在范畴意义下的核．我们需要一个引理．

(7.2.3) 引理. (1)设 $\phi: A \to B$ 是 $\mathscr{R}$ 上的交换 Hopf 代数的同态，$\mathfrak{a}$ 为 A 的 Hopf 理想，则 $\mathfrak{a}^\phi = \phi(\mathfrak{a})B$ 是 B 的 Hopf 理想；

(2) 设 $\mathfrak{m}$ 为 A 的增广理想，则下图为前络方图（π 为典范同态）:

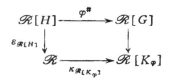

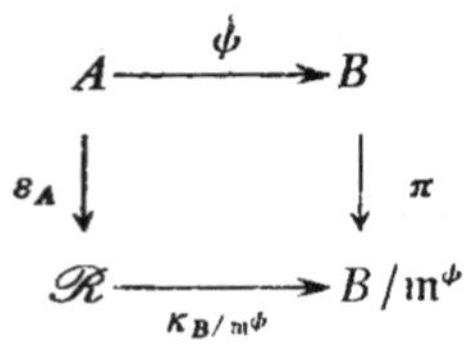

$$
\begin{array}{ccc}
A & \xrightarrow{\ \phi\ } & B \\
{\scriptstyle \varepsilon_A}\downarrow & & \downarrow{\scriptstyle \pi} \\
\mathscr{R} & \xrightarrow[\kappa_{B/\mathfrak{m}^\phi}]{} & B/\mathfrak{m}^\phi
\end{array}
$$

证明. (1)与例 19 类似,取 $a\in\mathfrak{a}$, 则有 $b_i\in\mathfrak{a}$, $c_i\in A(i=1, 2,\cdots,n_1,n_1+1,\cdots,n_2)$, 使

$$\Delta_A(a)=\sum_{i=1}^{n_1} b_i\otimes c_i+\sum_{i=n_1+1}^{n_2} c_i\otimes b_i,$$

于是

$$
\begin{aligned}
\Delta_B\circ\phi(a)&=(\phi\otimes\phi)\circ\Delta_A(a)\\
&=\sum_{i=1}^{n_1}\phi(b_i)\otimes\phi(c_i)+\sum_{i=n_1+1}^{n_1}\phi(c_i)\otimes\phi(b_i)\\
&\in\mathfrak{a}^\phi\otimes B+B\otimes\mathfrak{a}^\phi,
\end{aligned}
$$

从而 $\Delta_B(\mathfrak{a}^\phi)\subset\mathfrak{a}^\phi\otimes B+B\otimes\mathfrak{a}^\phi$; 又, $\eta_B\circ\phi(a)=\phi\circ\eta_A(a)\in\mathfrak{a}^\phi$, $\varepsilon_B\circ\phi(a)=\varepsilon_A(a)=0$, 推及 $\eta_B(\mathfrak{a}^\phi)\subset\mathfrak{a}^\phi$ 与 $\varepsilon_B(\mathfrak{a}^\phi)=0$, 所以 $\mathfrak{a}^\phi$ 为 B 的 Hopf 理想.

(2) 因为 ε_A 是满同态,并且 $\pi\circ\phi(\mathrm{Ker}\varepsilon_A)=0$, 所以 $\pi\circ\phi$ 导出一个 $\mathscr{R}$ 代数同态 $\theta:\mathscr{R}\to B/\mathfrak{m}^\phi$, 使 $\theta\circ\varepsilon_A=\pi\circ\phi$. 但 $\mathscr{R}$ 到 $B/\mathfrak{m}^\phi$ 只有唯一的 $\mathscr{R}$ 代数同态 $\kappa_{B/\mathfrak{m}^\phi}$, 所以 $\theta=\kappa_{B/\mathfrak{m}^\phi}$, 可见引理中的图是交换的.

现在设有 $\mathscr{R}$ 上的交换 Hopf 代数 C 以及 $\mathscr{R}$ 代数同态 $\zeta: B\to C$, 使 $\zeta\circ\phi=\kappa_C\circ\varepsilon_A$, 则 $\zeta(\phi(\mathfrak{m}))=\kappa_C\circ\varepsilon_A(\mathfrak{m})=0$, 从而 $\zeta(\mathfrak{m}^\phi)=0$, 所以 ζ 唯一地导出 $\mathscr{R}$ 代数同态 $\xi: B/\mathfrak{m}^\phi\to C$, 使 $\xi\circ\pi=\zeta$; 此外, $\xi\circ\kappa_{B/\mathfrak{m}^\phi}$ 是 $\mathscr{R}$ 到 C 的 $\mathscr{R}$ 代数同态, 所以只能等于 κ_C. 这样,我们便证明了引理中的图是前络方图. 证毕.

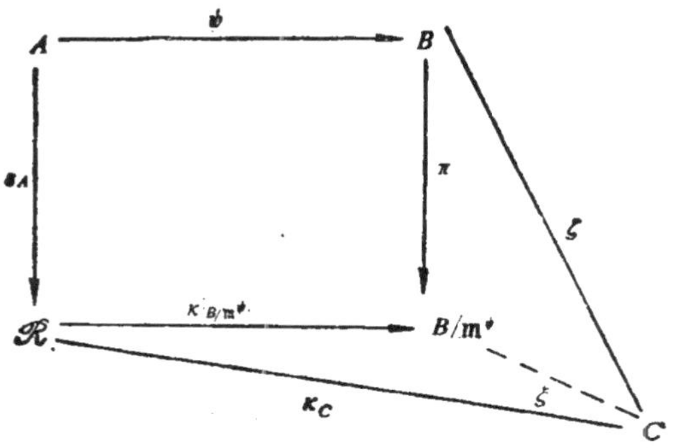

(7.2.4)定理. $\mathscr{R}$ 上的仿射群概形的态射 $\varphi:G\to H$ 的核 K_φ 是 G 的闭子群概形，它的仿射代数是 $\mathscr{R}[G]/\mathfrak{m}^{\varphi^\#}$，这里 $\mathfrak{m}$ 为 $\mathscr{R}[H]$ 的增广理想．因此，K_φ 是 $\varphi:G\to H$ 在范畴意义下的核，即图

$$\begin{array}{ccc} K_\varphi & \xrightarrow{\iota} & G \\ \downarrow & & \downarrow \varphi \\ E & \xrightarrow[e_H]{} & H \end{array}$$

是后络方图，这里 ι 为 K_φ 到 G 的典范嵌入．

证明．据(7.2.3)，$K'_\varphi=\mathrm{Hom}_{\mathscr{R}\text{-alg}}(\mathscr{R}[G]/\mathfrak{m}^{\varphi^\#},-)$ 是 G 的闭子群概形，且是 $\varphi:G\to H$ 在范畴意义下的核．因此，我们只要证 $K'_\varphi=K_\varphi$．对每个交换 $\mathscr{R}$ 代数 R，$K_\varphi(R)$ 与 $K'_\varphi(R)$ 都是 $G(R)$ 的子群，所以只要证它们作为集合是相同的．

设 $h\in K'_\varphi(R)$，即 $h\in G(R)$ 且 $h(\mathfrak{m}^{\varphi^\#})=0$，于是推及 $h\circ\varphi^\#(\mathfrak{m})=0$，即 $h\circ\varphi^\#(\mathrm{Ker}\ \varepsilon_{\mathscr{K}[H]})=0$，所以 $h\circ\varphi^\#$ 通过 $\varepsilon_{\mathscr{K}[H]}$ 分解．但 $\mathscr{R}$ 到 R 只有唯一的 $\mathscr{R}$ 代数同态 κ_R，所以 $h\circ\varphi^\#$ 只能分解为 $h\circ\varphi^\#=\kappa_R\circ\varepsilon_{\mathscr{R}[H]}$，此式即表明 $\varphi(h)$ 是 $H(R)$ 的恒等元，所以 $h\in K(R)$（读者可参看下图）．

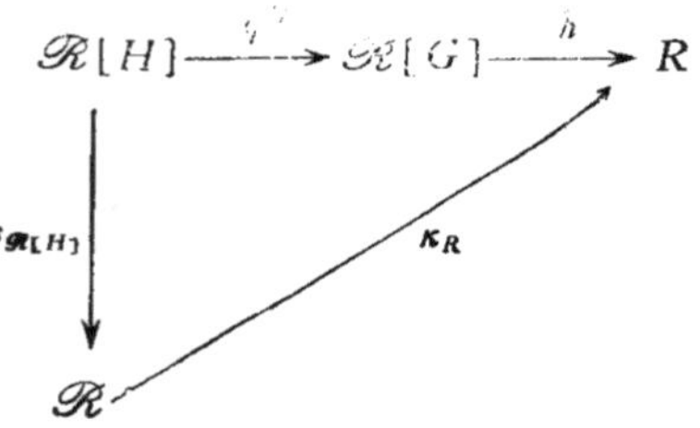

反之，设 $h\in K(R)$，即 $h\in G(R)$ 且使上图交换．于是 $h\circ\varphi^{\#}(\mathfrak{m})=\kappa_R\circ\varepsilon_{\mathscr{R}[H]}(\mathfrak{m})=0$，进一步推及 $h(\mathfrak{m}^{\varphi\#})=0$，所以 h 可以通过典范同态 $\mathscr{R}[G]\to\mathscr{R}[G]/\mathfrak{m}^{\varphi\#}$ 分解，从而 $h\in K'(R)$．证毕．

对于仿射群概形的态射的核的研究，我们最感兴趣的是 G 为定义在有限域上的线性代数群（导出的仿射群概形），$\varphi: G\dot{\to}G$ 是 G 的 Frobenius 自同态的情形．按照我们原来讨论 Frobenius 自同态的约定，要求 $\mathscr{R}=\mathscr{K}$ 是特征 $p>0$ 的代数闭域．设 q 是 p 的幂，$k=GF(q)$，从例 9 知道，线性代数群 G 能作为某个 $GL(n,\mathscr{K})$ 的定义在 k 上的闭子群实现，相当于 $\mathscr{K}[G]$ 有一个 k 形式 $k[G]$，它是由"坐标函数"生成的 k 上的 Hopf 代数，并且 $\mathscr{K}[G]=k[G]\otimes_k\mathscr{K}$．我们还知道 Frobenius 自同态 φ: $(a_{ij})\longmapsto(a_{ij}^q)$ 的余态射把每个坐标函数 q 次幂，而对每个 $a\in k$ 均有 $a^q=a$，所以对所有 $f\in k[G]$ 均有 $\varphi^{\#}(f)=f^q$．因为$\varphi^{\#}$ 是代数群自同态的余态射，所以一定是 Hopf 代数的自同态．事实上，我们可以直接验证如下更一般的结果：

(7.2.5) 引理． 设有素数 p 使 $p\mathscr{R}=0$，并有 p 的幂 q 使 $r^q=r$，对所有 $r\in\mathscr{R}$；又设 A 为 $\mathscr{R}$ 上的交换 Hopf 代数，则由 $a\longmapsto a^q$ 定义的映射 $\phi: A\to A$ 是 Hopf 代数的自同态．

证明．ϕ 显然保持 A 的乘法；它还是 $\mathscr{R}$ 线性的，这是因为对 $r_1, r_2\in\mathscr{R}$，$a_1, a_2\in A$，有

$$\begin{aligned}\phi(r_1a_1+r_2a_2)&=(r_1a_1+r_2a_2)^q=(r_1a_1)^q+(r_2a_2)^q\\&=r_1a_1^q+r_2a_2^q=r_1\phi(a_1)+r_2\phi(a_2).\end{aligned}$$

可见ψ为$\mathscr{R}$代数自同态．又，对$a\in A$，设$\Delta_A(a)=\sum_i b_i\otimes c_i$，则

$$\Delta_A\circ\psi(a)=\Delta(a^q)=\Delta(a)^q=\left(\sum_i b_i\otimes c_i\right)^q$$

$$=\sum_i b_i^q\otimes c_i^q=(\psi\otimes\psi)\circ\Delta(a);$$

最后，

$$\eta_A\circ\psi(a)=\eta_A(a^q)=\eta_A(a)^q=\psi\circ\eta_A(a),$$
$$\varepsilon_A\circ\psi(a)=\varepsilon_A(a^q)=\varepsilon_A(a)^q=\varepsilon_A(a),$$

所以ψ为 Hopf 代数自同态．证毕．

根据上文分析与引理，我们可以给 Frobenius 自同态以更本质(不依赖G到$GL(n,\mathscr{K})$的嵌入)与更一般化的定义：设σ: $\mathscr{R}_0\to\mathscr{R}$是交换环的同态，其中$\mathscr{R}_0$满足(7.2.5)的条件；又设$G$为$\mathscr{R}$上的仿射群概形，$\mathscr{R}[G]$有$\mathscr{R}_0$形式$\mathscr{R}_0[G]$．如(7.2.5)定义$\mathscr{R}_0[G]$的 Hopf 代数自同态，并$\mathscr{R}$线性地扩张为$\mathscr{R}[G]$的 Hopf 代数自同态．这个自同态对应的仿射群概形的态射$\varphi: G\to G$称为G的 **Frobenius 自同态**． Frobenius 自同态的核称为G的 **Frobenius 核**．

(7.2.6)命题． 采用以上的记号与约定，并设$\mathfrak{m}$为$\mathscr{R}[G]$的增广理想，则 Frobenius 核K_φ的仿射代数是$\mathscr{R}[G]/\mathfrak{m}^{[q]}$．因此，若$q=p^n$，则$K_\varphi=G_n$．

证明．设$\mathfrak{m}_0$为$\mathscr{R}_0[G]$的增广理想，则容易看出$\mathfrak{m}$由形如$a\otimes 1\,(a\in\mathfrak{m}_0)$的元素生成．所以，$\mathfrak{m}^{[q]}$由形如$a^q\otimes 1\,(a\in\mathfrak{m}_0)$的元素生成，而$\mathfrak{m}^{\varphi^\#}$由形如$\varphi^\#(a\otimes 1)=a^q\otimes 1\,(a\in\mathfrak{m}_0)$的元素生成．可见$\mathfrak{m}^{[q]}=\mathfrak{m}^{\varphi^\#}$．据(7.2.4)，$\mathscr{R}[K_\varphi]=\mathscr{R}[G]/\mathfrak{m}^{\varphi^\#}$，所以$\mathscr{R}[K_\varphi]=\mathscr{R}[G]/\mathfrak{m}^{[q]}$．证毕．

因为任何满足$p\mathscr{R}=0$的交换环$\mathscr{R}$都是$GF(p)$代数，所以对$\mathscr{R}$上的 Hopf 代数都可以考虑它是否有$GF(p)$形式的问题．如果$\mathscr{R}[G]$有$GF(p)$形式，则任何G_n都可以作为 Frobenius 核实现(例如，当 $\mathscr{R}=\mathscr{K}$ 而G是 $\mathscr{K}$ 上半单线性代数群时，情况就是这样). 对这样的 G，我们称 G_n 为G的第 n 个 Frobenius 核. 从(7.2.2)还知道，如果 $\mathscr{R}$ 是 Noether 环，且$\mathscr{R}[G]$是 $\mathscr{R}$ 上有限型的（$\mathscr{K}$ 上的线性代数群都满足这些条件)，则G的任何 Frobenius 核都是无穷小群.

例 20. 仍设 $p\mathscr{R}=0$. $\mathscr{R}$ 上的仿射群概形 $\mathbb{G}_m$（参看例 3）有 $GF(p)$ 形式，$\mathbb{G}_m$ 的第 n 个 Frobenius 核为 μ_{p^n}（参看例 12). 我们已经知道所有这些 Frobenius 核都是无穷小群，这里不必加上 $\mathscr{R}$ 是 Noether 环的假定 (Noether 条件只用了论证增广理想是有限生成的，现在的情况下已知增广理想是主理想，所以 Noether 条件成为不必要的了).

在结束本小节之前，我们还想简单介绍一下仿射群概形的正规闭子群概形与商群概形.

设G是 $\mathscr{R}$ 上的仿射群概形，N是它的闭子群概形. 如果对每个交换 $\mathscr{R}$ 代数 R，$N(R)$ 都是 $G(R)$ 的正规子群，则称N为G的**正规闭子群概形**. 例如，仿射群概形的态射 $\varphi:G\to H$ 的核显然是G的正规闭子群概形. G的正规闭子群概形所对应的$\mathscr{R}[G]$的 Hopf 理想称为 $\mathscr{R}[G]$ 的**正规 Hopf 理想**. 如何只用 Hopf 代数的语言来定义正规 Hopf 理想？对每个交换 $\mathscr{R}$ 代数 R，定义一个映射 $c_G(R):G(R)\times G(R)\to G(R)$，把 $(g,h)\in G(R)\times G(R)$ 映到 $ghg^{-1}\in G(R)$. 这些 $c_G(R)$ 定义了自然变换 $c_G:G\times G\to G$（只把G与 $G\times G$ 看成到集合范畴的函子)，事实上，c_G 可以分解成自然变换的合成

$$c_G=m_G\circ(\mathrm{id}_G\times m_G)\circ(\mathrm{id}_G\times\mathrm{id}_G\times i_G)\circ(23)\circ(d_G\times\mathrm{id}_G).$$

要求N是G的正规闭子群概形，就是要找到一个自然变换 $c'_N:G\times N\to N$，使下图交换:

$$\begin{array}{ccc} G\times N & \xrightarrow{\;c'_N\;} & N \\ {\scriptstyle \mathrm{id}_G\times\theta}\downarrow & & \downarrow{\scriptstyle\theta} \\ G\times G & \xrightarrow{\;c_G\;} & G \end{array}$$

(这里 $\theta:N\to G$ 为自然嵌入). 设 c_G 与 c'_N 的余态射分别为 $\gamma_{\mathscr{R}[G]}$

与 $\gamma'_{\mathscr{R}[N]}$，则有交换图

$$\begin{array}{ccc}\mathscr{R}[G] & \xrightarrow{\gamma_{\mathscr{R}[G]}} & \mathscr{R}[G]\otimes\mathscr{R}[G]\\ \theta^{\#}\downarrow & & \downarrow \mathrm{id}_{\mathscr{R}[G]}\otimes\theta^{\#}\\ \mathscr{R}[N] & \xrightarrow[\gamma'_{\mathscr{R}[N]}]{} & \mathscr{R}[G]\otimes\mathscr{R}[N]\end{array}$$

$\gamma'_{\mathscr{R}[N]}$ 的存在性等价于 $\gamma_{\mathscr{R}[G]}(\mathrm{Ker}\theta^{\#})\subset\mathrm{Ker}(\mathrm{id}_{\mathscr{R}[G]}\otimes\theta^{\#})$. 设 $\mathfrak{a}=\mathrm{Ker}\ \theta^{\#}$,则 $\mathrm{Ker}(\mathrm{id}_{\mathscr{R}[G]}\otimes\theta^{\#})$ 为 $\mathscr{R}[G]\otimes\mathfrak{a}$ (在 $\mathscr{R}[G]\otimes\mathscr{R}[G]$ 中的象). 由此可见,$\mathfrak{a}$ 是 $\mathscr{R}[G]$ 的正规 Hopf 理想的充要条件是 $\gamma_{\mathscr{R}[G]}(\mathfrak{a})\subset\mathscr{R}[G]\otimes\mathfrak{a}$. 根据 c_G 的分解，$\gamma_{\mathscr{R}[G]}$ 也可以相应地分解如下:

$$\gamma_{\mathscr{R}[G]}=(\mu_{\mathscr{R}[G]}\otimes\mathrm{id}_{\mathscr{R}[G]})\circ(23)\circ(\mathrm{id}_{\mathscr{R}[G]}\otimes\mathrm{id}_{\mathscr{R}[G]}\otimes\eta_{\mathscr{R}[G]})\circ(\mathrm{id}_{\mathscr{R}[G]}\otimes\Delta_{\mathscr{R}[G]})\circ\Delta_{\mathscr{R}[G]}.$$

若对于 $a\in\mathscr{R}[G]$, 把 $(\mathrm{id}_{\mathscr{R}[G]}\otimes\Delta_{\mathscr{R}[G]})\circ\Delta_{\mathscr{R}[G]}(a)$ 记为 $\sum_i a_i\otimes a_i'\otimes a_i''$，则上述充要条件成为

$$\sum a_i\eta_{\mathscr{R}[G]}(a_i'')\otimes a_i'\in\mathscr{R}[G]\otimes\mathfrak{a},\quad\forall a\in\mathfrak{a}.$$

这就是纯粹用 Hopf 代数的语言给出的正规 Hopf 理想的条件(当然,首先必须要求 $\mathfrak{a}$ 是 Hopf 理想). 如下的命题可作为正规 Hopf 理想的例.

(7.2.7) 命题. 设有素数 p 使 $p\mathscr{R}=0$, 则 G_n 是 G 的正规闭子群概形.

证明. 如果 G_n 为 G 的 Frobenius 核[1]，结论是显然的. 一般地,因为 E 是 G 的正规闭子群概形,所以 $\mathfrak{m}=\mathrm{Ker}\ \varepsilon_{\mathscr{R}[G]}$ 是 $\mathscr{R}[G]$ 的正规 Hopf 理想;另一方面, $\mathscr{R}[G]$ 到 $\mathscr{R}[G]$ 的映射 $a\longmapsto a^{p^n}$ 显然与 $\gamma_{\mathscr{R}[G]}$ 可换. 所以,若 $a\in\mathfrak{m}$, 则有 $b_i\in\mathscr{R}[G]$, $c_i\in\mathfrak{m}$, 使 $\gamma_{\mathscr{R}[G]}(a)=\sum_i b_i\otimes c_i$，进而推出 $\gamma_{\mathscr{R}[G]}(a^{p^n})=\sum_i b_i^{p^n}\otimes c_i^{p^n}\in\mathscr{R}[G]\otimes\mathfrak{m}^{[p^n]}$. 由于 $\gamma_{\mathscr{R}[G]}$ 是代数同态，此式即表明 $\mathfrak{m}^{[p^n]}$

---

1) 事实上,可以进一步推广 Frobenius 同态，使 G_n 都成为 Frobenius 核,参看 [Jan 4]，但本书不准备进行这个推广.

是 $\mathscr{R}[G]$ 的正规 Hopf 理想，所以 G_n 是G的正规闭子群概形．证毕．

$\mathscr{R}$ 上的仿射群概形G关于它的正规闭子群概形N的**商群概形** G/N 如何定义？很容易想到的是把交换 $\mathscr{R}$ 代数 R 对应到群 $G(R)/N(R)$． 这样得到的是交换 $\mathscr{R}$ 代数范畴到群的范畴的一个函子，它可以作为在这种函子范畴中G关于N的商．但遗憾的是，这样定义的商往往不是仿射群概形，所以不能作为在 $\mathscr{R}$ 上的仿射群概形范畴中G关于N的商． 在 $\mathscr{R}$ 上的仿射群概形范畴中，G关于N的商应当是一个仿射群概形 G/N，并有一个态射 π: $G \to G/N$，使图

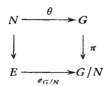

$$\begin{array}{ccc} N & \xrightarrow{\theta} & G \\ \downarrow & & \downarrow \pi \\ E & \xrightarrow[e_{G/N}]{} & G/N \end{array}$$

同时成为前络方图与后络方图，这里θ是N到G的典范嵌入态射．对偶地，如果这样的商 G/N 存在，则图

$$\begin{array}{ccc} \mathscr{R}[G/N] & \xrightarrow{\pi^{\#}} & \mathscr{R}[G] \\ \varepsilon_{\mathscr{R}[G/N]} \downarrow & & \downarrow \theta^{\#} \\ \mathscr{R} & \xrightarrow[\kappa_{\mathscr{R}[N]}]{} & \mathscr{R}[N] \end{array}$$

应当同时是后络方图与前络方图（在 $\mathscr{R}$ 上的交换 Hopf 代数范畴中）．很容易证明 $\pi^{\#}$ 是内射（以 $\pi^{\#}$ 的象代替 $\mathscr{R}[G/N]$，仍得到交换图，用后络性质推出 $\mathscr{R}[G/N]$ 与它的象同构），因此可以把 $\mathscr{R}[G/N]$ 看成 $\mathscr{R}[G]$ 的子 Hopf 代数（在显然的意义下）． 若 $\mathscr{R}[G]$ 的增广理想为 $\mathfrak{m}$，则 $\mathscr{R}[G/N]$ 的增广理想为 $\mathfrak{m}\cap\mathscr{R}[G/N]$． 由于上图又是前络方图，我们有 $\mathrm{Ker}\theta^{\#}=(\mathfrak{m}\cap\mathscr{R}[G/N])\mathscr{R}[G]$．反之，若有 $\mathscr{R}[G]$唯一的子 Hopf 代数 $\mathscr{R}[G/N]$ 满足这个性质，不难验证上图确实同时是后络方图与前

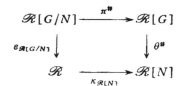

络方图. 由此可见,若N对应的正规 Hopf 理想为$\mathfrak{a}$,则商群概形 G/N 的存在性问题等价于 $\mathscr{R}[G]$ 的满足条件 $(\mathscr{R}[G/N]\cap\mathfrak{m})\mathscr{R}[G]=\mathfrak{a}$ 的子 Hopf 代数 $\mathscr{R}[G/N]$ 的存在性与唯一性问题. 于是,当 $\mathscr{R}$ 是域时,下面的定理解决了商群概形的存在性问题:

(7.2.8) 定理 (Takeuchi). 设 $\mathscr{R}$ 是域, A是 $\mathscr{R}$ 上的交换 Hopf 代数, $\mathfrak{m}$ 为A的增广理想,则A的子 Hopf 代数与A的正规 Hopf 理想是一一对应的,子 Hopf 代数B对应的正规 Hopf 理想是 $(B\cap\mathfrak{m})A$.

该定理的证明参看 [Ta 1].

例 21. 设 $\mathscr{R}$ 是 $GF(q)$ 的扩域, $\mathscr{R}$ 上的仿射群概形G的仿射代数A具有 $GF(q)$ 形式 A_0; 又设 $\varphi:G\longrightarrow G$ 是由 $a\mapsto a^q\ (a\in A_0)$ 导出的 Frobenius 自同态,我们知道 $K_\varphi=G_n$ (这里 $q=(\mathrm{char}\mathscr{K})^n$) 是$G$的正规闭子群概形,对应的正规 Hopf 理想是 $\mathfrak{m}^{[q]}$, $\mathfrak{m}$ 仍表示A的增广理想. 设 $A^{[q]}$ 是 a^q $(a\in A)$ 的 $\mathscr{R}$ 张成,则容易验证 $A^{[q]}$ 是 A 的子 Hopf 代数,且 $(A^{[q]}\cap\mathfrak{m})A=\mathfrak{m}^{[q]}$, 所以 $\mathscr{R}[G/G_n]=A^{[q]}$. 我们有如下结果:

(1) 如果A是既约的,则 $\varphi^{\#}:A\longrightarrow A$ 是内射,从而导出A到 $A^{[q]}$ 的同构,所以φ导出 G/G_n 到G的同构;但必须注意,φ不是G到G的同构.

(2) 如果 $\mathscr{K}$ 是 $\mathscr{R}$ 的代数闭的扩域,则$(G/G_n)(\mathscr{K})=G(\mathscr{K})/G_n(\mathscr{K})$.因为 $G_n(\mathscr{K})$为$G(\mathscr{K})\longrightarrow(G/G_n)(\mathscr{K})$的核,所以只要证$G(\mathscr{K})\longrightarrow(G/G_n)(\mathscr{K})$是满射,这可由$A$在 $A^{[q]}$ 上整以及 $\mathscr{K}$ 是代数闭的这两个事实推出 (参看 [AtM1, Ch.5, Ex.2]).

(3) 一般地说,对交换 $\mathscr{R}$ 代数 R, 同态 $G(R)\longrightarrow(G/G_n)(R)$ 不一定是满的,即使G是从线性代数群导出的,也是如此. 例如,设 $G=\mathbf{G}_m$, 则 $A=\mathscr{R}[T]$, $A^{[q]}=\mathscr{R}[T^q]$. 又设 $R=\mathscr{R}[x]$, x 为不定元,则由 $T^q\mapsto x$ 确定的 $\mathscr{R}$ 代数同态 $A^{[q]}\longrightarrow R$ 是 $(G/G_n)(R)$ 的元素,但它不能扩充为 $\mathscr{R}$ 代数同态 $A\longrightarrow R$, 所以不在 $G(R)$ 的象中.

关于商的更一般化的讨论,参看 [Dem G2, III].

7.3 仿射群概形的线性表示

我们已经把线性代数群的概念推广成为仿射群概形,我们也希望把线性代数群有理表示的概念推广．如果G是代数闭域 $\mathscr{K}$ 上的线性代数群，则(5.2.2)断言有理G模范畴与 $\mathscr{K}[G]$ 余模范畴同构．因此，如果G是交换环 $\mathscr{R}$ 上的仿射群概形，则可以把有理G模直接定义为 $\mathscr{R}[G]$ 余模．但我们希望从与“线性表示”关系更为密切的角度引进有理G模的概念，然后再证明所定义的有理G模确实就是 $\mathscr{R}[G]$ 余模． 我们采用如下的定义： 设G是 $\mathscr{R}$ 上的仿射群概形，V是 $\mathscr{R}$ 模．如果对每个交换 $\mathscr{R}$ 代数 R，有一个群同态 $\sigma(R):G(R)\to GL_V(R)=\mathrm{Aut}_R(V\otimes_{\mathscr{R}}R)$，并且对任何 $\mathscr{R}$ 代数同态 $\varphi:R\to S$，有交换图

$$\begin{array}{ccc} G(R) & \xrightarrow{G(\varphi)} & G(S) \\ {\scriptstyle\sigma(R)}\downarrow & & \downarrow{\scriptstyle\sigma(S)} \\ GL_V(R) & \xrightarrow{GL_V(\varphi)} & GL_V(S) \end{array}$$

则称V为**有理G模**．注意 GL_V 也是从交换 $\mathscr{R}$ 代数范畴到群的范畴的一个函子(特别，当V为秩n的自由 $\mathscr{R}$ 模时，$GL_V=GL_n$ 是 $\mathscr{R}$ 上的仿射群概形)，上面的交换图不过表明 $\sigma:G\to GL_V$ 是一个自然变换，这样的自然变换称为G的**有理表示**．

如果约定 $GL_V(R)$ 从左边作用到 $V\otimes_{\mathscr{R}}R$ 上，则称有理G模V为左模；类似地定义右模． 如果G与H都是 $\mathscr{R}$ 上的仿射群概形(不一定不同)，则可以定义 (G,H) 有理双模——它既是左有理G模，又是右有理H模，并且对所有 R，$G(R)$ 的作用与$H(R)$的作用均可交换．如果用仿射群概形的直积与反群概形(参看§7.1 例 14 与例 15)的语言，右有理G模只不过是左有理 G^{opp} 模，而 (G,H) 双模只不过是左有理 $G\times H^{\mathrm{opp}}$ 模，或右有理 $G^{\mathrm{opp}}\times H$ 模．

例 22. $\mathscr{R}[G]$ 是(左、右)有理G模．对 $a\in\mathscr{R}[G]$，设 $\Delta_{\mathscr{R}[G]}(a)=\sum_i a_i\otimes a_i'$，则对任何交换 $\mathscr{R}$ 代数 R 与任何 $h\in G(R)$，定义 h 在 $\mathscr{R}[G]\otimes_{\mathscr{R}}R$ 上的左作用为

$$a\otimes r\mapsto\sum a_i\otimes rh(a_i'),\quad \forall r\in R;$$

右作用为

$$a\otimes r\mapsto \sum a_i'\otimes rh(a_i), \quad \forall r\in R.$$

容易验证上述两个作用分别使 $\mathscr{R}[G]$ 成为左有理 G 模与右有理 G 模，对应的表示分别称为 G 的**左正则表示**与**右正则表示**[1].此外，还可以验证，$G(R)$的上述左作用与右作用可以交换，所以 $\mathscr{R}[G]$ 实际上成为 (G,G) 有理双模.

我们还要定义有理G模之间的同态．设 V_1 与 V_2 都是左有理G模，$\theta:V_1\to V_2$ 是 $\mathscr{R}$ 模同态，并且对每个交换 $\mathscr{R}$ 代数 R，$\theta\otimes \mathrm{id}_R:V_1\otimes_{\mathscr{R}}R\to V_2\otimes_{\mathscr{R}}R$ 是 $G(R)$ 模同态，则称θ为(左有理) **G模同态**． 类似地定义右有理G模或 (G,H) 有理双模之间的模同态．于是，左有理G模、右有理G模与 (G,H) 有理双模各自成为一个范畴，在所有这些模范畴中，都可以用显然的方法定义子模、商模与不可约模的概念．

在 § 5.1 中，我们曾对一个 $\mathscr{R}$ 余代数C定义了左C余模以及左C余模之间的同态．建议读者回忆一下那里的定义与结论．我们现在还要右C余模，它的定义是：如果V是 $\mathscr{R}$ 模．并有 $\mathscr{R}$ 线性映射 $\rho_V:V\to C\otimes_{\mathscr{R}}V$，使如下两图交换，则称$V$在 ρ_V 下成为右C余模：

$$\begin{array}{ccc} V & \xrightarrow{\rho_V} & C\otimes V \\ {\scriptstyle\rho_V}\downarrow & & \downarrow{\scriptstyle \mathrm{id}_C\otimes\rho_V} \\ C\otimes V & \xrightarrow[\Delta_C\otimes \mathrm{id}_V]{} & C\otimes C\otimes V \end{array}$$

$$\begin{array}{ccc} V & \xrightarrow{\rho_V} & C\otimes V \\ & {\scriptstyle \mathrm{id}_V}\searrow & \downarrow{\scriptstyle \varepsilon_C\otimes \mathrm{id}_V} \\ & & V \end{array}$$

---

1) 请注意这里左与右二字的使用与 § 4.1 不同：这里的左正则表示是 § 4.1 的右正则表示，而这里的右正则表示则是 § 4.1 的左正则表示所对应的右表示．为了照顾在两种不同的场合的习惯讲法，我们仍保留了这些略有矛盾的术语．下文的左、右正则表示均从这里的定义为准，但左平移、右平移等术语仍按 § 4.1 的定义．

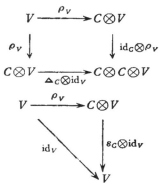

如果C与D是两个 $\mathscr{R}$ 余代数，则可定义（C, D）双余模，它是一个 $\mathscr{R}$ 模V带两个 $\mathscr{R}$ 线性映射 $\tau_V: V \to V\otimes_{\mathscr{R}} C$，$\rho_V: V \to D\otimes_{\mathscr{R}} V$，使$V$在$\tau_V$下成为左$C$余模，在$\rho_V$下成为右$C$余模，并且图

$$\begin{array}{ccc} V & \xrightarrow{\tau_V} & V\otimes C \\ \rho_V\downarrow & & \downarrow \rho_V\otimes \mathrm{id}_C \\ D\otimes V & \xrightarrow{\mathrm{id}_D\otimes\tau_V} & D\otimes V\otimes C \end{array}$$

是交换的． 右C余模或（C, D）双余模之间的同态的定义与左C余模的情况类似，不再赘述．于是，像左C余模一样，右C余模与（C，D）双余模各自成为一个范畴，在所有这些余模范畴中，都可以像左余模那样定义子余模与商余模的概念(参看第 81 页)，从而也有不可约余模的概念．

(7.3.1)定理．设G，H都是$\mathscr{R}$上的仿射群概形，$A=\mathscr{R}[G]$，$B=\mathscr{R}[H]$，则左有理G模(对应地，右有理G模，（G, H）有理双模)范畴同构于左A余模(对应地，右A余模，（A，B）双余模)范畴．精确地说，

(1) 在 $\mathscr{R}$ 模V上给定左有理G模(对应地，右有理G模，(G，H）有理双模)结构等价于给定左A余模(对应地，右A余模，（A，B）双余模)结构；

(2) 两个左有理G模(对应地，右有理G模，（G, H）有理双模)间的 $\mathscr{R}$ 线性映射是模同态当且仅当它是对应的余模结构的同态．

此外，左有理G模（左A余模）范畴与右有理G模(右A余模)范畴同构．

证明．(1) 先考虑左有理G模与左A余模．

与 GL_V 类似，我们可以定义函子 End_V：对每个交换 $\mathscr{R}$ 代数 R，$\mathrm{End}_V(R)=\mathrm{End}_R(V\otimes_{\mathscr{R}}R)$；对 $\mathscr{R}$ 代数同态 $\varphi: R\to S$，$\mathrm{End}_V(\varphi)$ 把 $h\in\mathrm{End}_V(R)$ 对应到映射 $(\mathrm{id}_V\otimes\varphi)\circ h: V\otimes_{\mathscr{R}}R\to V\otimes_{\mathscr{R}}S$ 的S线性扩充． 我们暂时只把G与 End_V 看成到集合范

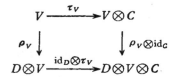

畴的函子.

设 $\sigma: G\rightarrow \mathrm{End}_V$ 是个自然变换. 因为 $\mathrm{id}_A: A\rightarrow A$ 显然是 $G(A)$ 的元素，所以 $\sigma(A)(\mathrm{id}_A)\in \mathrm{End}_V(A)$，即 $\sigma(A)(\mathrm{id}_A)$ 是 $V\otimes_{\mathscr{R}}A$ 到 $V\otimes_{\mathscr{R}}A$ 的 A 线性（当然也是 $\mathscr{R}$ 线性）映射. 这个映射与典范 $\mathscr{R}$ 线性映射 $V\rightarrow V\otimes_{\mathscr{R}}A(v\longmapsto v\otimes 1)$ 合成，便得到 $\mathscr{R}$ 线性映射 $\tau_V: V\rightarrow V\otimes_{\mathscr{R}}A$.

反过来，给定 $\mathscr{R}$ 线性映射 $\tau_V: V\rightarrow V\otimes_{\mathscr{R}}A$，对任意交换 $\mathscr{R}$ 代数 R 与 $h\in G(R)$，定义 $\sigma(R)(h)\in \mathrm{End}_V(R)$ 为映射 $(\mathrm{id}_V\otimes h)\circ\tau_V: V\rightarrow V\otimes_{\mathscr{R}}R$ 的 R 线性扩充，则得到映射 $\sigma(R): G(R)\rightarrow \mathrm{End}_V(R)$. 不难验证 $\sigma(R)$ 对 R 是自然的，因此得到自然变换 $\sigma: G\rightarrow \mathrm{End}_V$.

上述从 σ 到 τ_V 的过程与从 τ_V 到 σ 的过程是互逆的，细节验证留给读者.

自然变换 $\sigma: G\rightarrow \mathrm{End}_V$ 可以提升为 G 的线性表示的充要条件显然是：对每个交换 $\mathscr{R}$ 代数 R，(i) $\sigma(R)(\kappa_R\circ\varepsilon_A)$ 是 $V\otimes_{\mathscr{R}}R$ 的恒等变换；(ii) 对 $h, g\in G(R)$，$\sigma(R)(hg)=\sigma(R)(h)\circ\sigma(R)(g)$.

因为 $\sigma(R)(\kappa_R\circ\varepsilon_A)$ 是 $(\mathrm{id}_V\otimes(\kappa_R\circ\varepsilon_A))\circ\tau_V=(\mathrm{id}_V\otimes\kappa_R)\circ(\mathrm{id}_V\otimes\varepsilon_A)\circ\tau_V$ 的 R 线性扩充，所以 (i) 成立的一个充分条件是 $(\mathrm{id}_V\otimes\varepsilon_A)\circ\tau_V=\mathrm{id}_V$；这个条件也是必要的，只要令 $R=\mathscr{R}$ 即可看出. 由此可见，(i) 的成立等价于左 A 余模定义的第二个交换图.

对于 $h, g\in G(R)$，$hg=\mu_R\circ(h\otimes g)\circ\Delta_A$，所以 $\sigma(R)(hg)$ 是映射 $(\mathrm{id}_V\otimes\mu_R)\circ(\mathrm{id}_V\otimes h\otimes g)\circ(\mathrm{id}_V\otimes\Delta_A)\circ\tau_V$ 的 R 线性扩充；另一方面，$\sigma(R)(h)\cdot\sigma(R)(g)$ 是如下合成映射的 R 线性扩充：

$$V\xrightarrow{\tau_V}V\otimes A\xrightarrow{\mathrm{id}_V\otimes g}V\otimes R\xrightarrow{\tau_V\otimes\mathrm{id}_R}V\otimes A\otimes R$$
$$\xrightarrow{\mathrm{id}_V\otimes h\otimes\mathrm{id}_R}V\otimes R\otimes R\xrightarrow{\mathrm{id}_V\otimes\mu_R}V\otimes R,$$

这个合成映射等效于

$$V\xrightarrow{\tau_V}V\otimes A\xrightarrow{\tau_V\otimes\mathrm{id}_A}V\otimes A\otimes A\xrightarrow{\mathrm{id}_V\otimes h\otimes g}$$

$$V\otimes R\otimes R \xrightarrow{\mathrm{id}_V\otimes\mu_R} V\otimes R.$$

由此可见，(ii) 等价于

$$(\mathrm{id}_V\otimes\mu_R)\circ(\mathrm{id}_V\otimes h\otimes g)\circ(\mathrm{id}_V\otimes\Delta_A)\circ\tau_V=(\mathrm{id}_V\otimes\mu_R)\circ(\mathrm{id}_V\otimes h\otimes g)\circ(\tau_V\otimes\mathrm{id}_A)\circ\tau_V.$$

使这个等式成立的一个充分条件是 $(\mathrm{id}_V\otimes\Delta_A)\circ\tau_V=(\tau_V\otimes\mathrm{id}_A)\circ\tau_V$；这个条件也是必要的，为看出这一点，取 $R=A\otimes_{\mathscr{R}}A$，$h: A\to R$ 为 $a\longmapsto a\otimes 1(a\in A)$，而 $g:A\to R$ 为 $a\longmapsto 1\otimes a\ (a\in A)$，则容易看出 $\mu_R\circ(h\otimes g)=\mathrm{id}_R$，于是从上面等式推出$(\mathrm{id}_V\otimes\Delta_A)\circ\tau_V=(\tau_V\otimes\mathrm{id}_A)\circ\tau_V$. 由此可见，(ii) 等价于定义左 A 余模的第一个交换图.

至此，(1)的结论对左有理 G 模与左 A 余模证出. 对于右有理 G 模与右 A 余模，可以套用这个证法，细节请读者自己补出. 也可以这样推理：右有理 G 模就是左有理 G^{opp} 模，同时容易看出右 A 余模就是左 A^{opp} 余模，而我们知道(例 15)，$A^{\mathrm{opp}}=\mathscr{R}[G^{\mathrm{opp}}]$，所以关于右有理 G 模与右 A 余模的结论可以从已证得的关于左有理 G 模与左 A 余模的结论推出.

对于 (G,H) 双模，只要再证，对所有 R，$G(R)$ 的左作用与 $H(R)$ 的右作用可换当且仅当关于(A,B)双余模的交换图成立.

设 σ（对应地，π）定义 G（对应地，H）在 V 上的左(对应地，右)作用，$\tau_V:V\to V\otimes A$（对应地，$\rho_V:V\to B\otimes V$）为对应的余模结构. G 的左作用与 H 的右作用可换的充要条件是对任意的交换 $\mathscr{R}$ 代数 R 与 $g\in G(R)$，$h\in H(R)$，以下两个合成映射是一致的：

$$V\xrightarrow{\tau_V} V\otimes A\xrightarrow{\mathrm{id}_V\otimes g} V\otimes R\xrightarrow{\rho_V\otimes\mathrm{id}_R} B\otimes V\otimes R$$
$$\xrightarrow{h\otimes\mathrm{id}_V\otimes\mathrm{id}_R} R\otimes V\otimes R\xrightarrow{(12)} V\otimes R\otimes R$$
$$\xrightarrow{\mathrm{id}_V\otimes\mu_R} V\otimes R,$$

$$V\xrightarrow{\rho_V} B\otimes V\xrightarrow{h\otimes\mathrm{id}_V} R\otimes V\xrightarrow{\mathrm{id}_R\otimes\tau_V} R\otimes V\otimes A$$
$$\xrightarrow{\mathrm{id}_R\otimes\mathrm{id}_V\otimes g} R\otimes V\otimes R\xrightarrow{(12)} V\otimes R\otimes R$$

$$\xrightarrow{\mathrm{id}_V\otimes\mu_R} V\otimes R.$$

这两个合成映射分别等效于

$$V \xrightarrow{\tau_V} V\otimes A \xrightarrow{\rho_V\otimes\mathrm{id}_A} B\otimes V\otimes A \xrightarrow{h\otimes\mathrm{id}_V\otimes g} R\otimes V\otimes R$$
$$\xrightarrow{(12)} V\otimes R\otimes R \xrightarrow{\mathrm{id}_V\otimes\mu_R} V\otimes R,$$
$$V \xrightarrow{\rho_V} B\otimes V \xrightarrow{\mathrm{id}_B\otimes\tau_V} B\otimes V\otimes A \xrightarrow{h\otimes\mathrm{id}_V\otimes g} R\otimes V\otimes R$$
$$\xrightarrow{(12)} V\otimes R\otimes R \xrightarrow{\mathrm{id}_V\otimes\mu_R} V\otimes R.$$

它们一致的充分条件是 $(\rho_V\otimes\mathrm{id}_A)\circ\tau_V=(\mathrm{id}_B\otimes\tau_V)\circ\rho_V$；为看出这个条件的必要性，取 $R=B\otimes_{\mathscr{R}}A$，$h:B\to R$ 为 $b\longmapsto b\otimes 1$ $(b\in B)$，$g:A\to R$ 为 $a\longmapsto 1\otimes a(a\in A)$ 即可。等式 $(\rho_V\otimes\mathrm{id}_A)\circ\tau_V=(\mathrm{id}_B\otimes\tau_V)\circ\rho_V$ 就是定义双余模的交换图，于是(1)完全得证。

(2) 如果 V_1 与 V_2 在 $\tau_1:V_1\to V_1\otimes A$ 与 $\tau_2:V_2\to V_2\otimes A$ 下成为 A 余模，$\theta:V_1\to V_2$ 为余模同态，则 $\tau_2\circ\theta=(\theta\otimes\mathrm{id}_A)\circ\tau_1$，因此，如果 $v\in V_1$，$\tau_1(v)=\sum\limits_i v_i\otimes a_i$，则 $\tau_2(\theta(v))=\sum\limits_i\theta(v_i)\otimes a_i$。这样，对于 $g\in G(B)$，有

$$\begin{aligned}(\theta\otimes\mathrm{id}_R)\circ g(v\otimes 1)&=(\theta\otimes\mathrm{id}_R)\circ(\mathrm{id}_{V_1}\otimes g)\circ\tau_1(v)\\&=(\theta\otimes\mathrm{id}_R)\left(\sum_i v_i\otimes g(a_i)\right)\\&=\sum_i\theta(v_i)\otimes g(a_i);\end{aligned}$$

$$\begin{aligned}g\circ(\theta\otimes\mathrm{id}_R)(v\otimes 1)=g(\theta(v)\otimes 1)&=(\mathrm{id}_{V_2}\otimes g)\circ\tau_2(\theta(v))\\&=(\mathrm{id}_{V_2}\otimes g)\left(\sum_i\theta(v_i)\otimes a_i\right)\\&=\sum\theta(v_i)\otimes g(a_i).\end{aligned}$$

由此可见 $\theta\otimes\mathrm{id}_R$ 与 g 的作用可换，所以 θ 是 G 模同态。

反之，如果 θ 是 G 模同态，则对任何 R 与任何 $g\in G(R)$，

$$g\circ(\theta\otimes\mathrm{id}_R)(v\otimes 1)=(\theta\otimes\mathrm{id}_R)\circ g(v\otimes 1).$$

特别，当 $R=A$，$g=\mathrm{id}_A$ 时，g 在 $v\otimes 1$ 与 $\theta(v)\otimes 1$ 上的作用

结果分别为 $\tau_1(v)$ 与 $\tau_2(\theta(v))$，所以上面的等式成为

$$\tau_2(\theta(v)) = (\theta \otimes \mathrm{id}_R) \circ \tau_1(v),$$

此即定义余模同态的交换图.

因为右模也可以化为左模，所以对右模与双模不必再证了，(2)的结论全部成立.

最后，我们还要证明左有理 G 模（左 A 余模）范畴与右有理 G 模(右 A 余模)范畴的同构. 我们只要考虑 G 模，要证的是左有理 G 模范畴与左有理 G^{opp} 模范畴是同构的. 但这很容易由仿射群概形的同构 $i_G: G \to G^{\mathrm{opp}}$ 推出. 证毕.

有了有理 G 模与 A 余模的对应关系，从(5.1.3)与(5.1.4)立即可以推出

(7.3.2) 推论. 设 G 是 $\mathscr{R}$ 上的仿射群概形，使 $\mathscr{R}[G]$ 作为 $\mathscr{R}$ 模是自由的，则

(1) 每个有理 G 模 V 都是局部有限的，即每个 $v \in V$ 都含于某个有限型 G 子模中，所谓“有限型”，是指作为 $\mathscr{R}$ 模是有限生成的；

(2) 有理 G 模范畴是 Abel 范畴，在此范畴中任意直和与正向极限都存在.

注意，这些结论适用于左有理 G 模与右有理 G 模，也适用于 (G, H) 有理双模，只要 $\mathscr{R}[G]$ 与 $\mathscr{R}[H]$ 都是 $\mathscr{R}$ 自由的.

在线性代数群表示论中，特别在用上同调方法研究线性代数群表示理论时，不动点函子是个重要的函子. 下面的命题告诉我们如何把这个函子推广到仿射群概形的情形，并且告诉我们如何用余模的语言描述这个函子.

(7.3.3) 命题. 设 G 为 $\mathscr{R}$ 上的仿射群概形，V 为有理 G 模，$\tau_V: V \to V \otimes_{\mathscr{R}} \mathscr{R}[G]$ 是对应的余模结构，$v \in V$，则如下条件等价:

(1) 对所有交换 $\mathscr{R}$ 代数 R，$v \otimes 1 \in V \otimes_R R$ 是 $G(R)$ 的不动点;

(2) $\tau_V(v) = v \otimes 1$.

如果 $\mathscr{R}=\mathscr{K}$ 是代数闭域，G 是 $\mathscr{K}$ 上的线性代数群（导出的仿射群概形），则上述条件还等价于

(3) v 是线性代数群 G 的不动点.

证明. (1)⇒(2): 设 $\tau_V(v)=\sum_i v_i\otimes a_i$. 因为对任何交换 $\mathscr{R}$ 代数 R, $v\otimes 1$ 是 $G(R)$ 的不动点，所以对 $g\in G(R)$，有

$$v\otimes 1=g(v\otimes 1)=\sum_i v_i\otimes g(a_i).$$

特别，当 $R=A$, $g=\mathrm{id}_A$ 时，有 $\sum_i v_i\otimes a_i=v\otimes 1$，即得(2).

(2)⇒(1): 若 $\tau_V(v)=v\otimes 1$，则对任何交换 $\mathscr{R}$ 代数 R 与任何 $g\in G(R)$, $g(v\otimes 1)=v\otimes g(1)=v\otimes 1$，即 $v\otimes 1$ 是 $G(R)$ 的不动点.

现在设 $\mathscr{R}=\mathscr{K}$ 是代数闭域，G 为 $\mathscr{K}$ 上的线性代数群，则(1)⇒(3)是平凡的.

(3)⇒(2): 设 $\tau_V(v)=\sum_i v_i\otimes a_i$，其中 v_i 线性无关. 如果 $g\in G$，则 $v=gv=\sum_i a_i(g)v_i$. 因为 v 写成 v_i 的线性组合的写法是唯一的，所以 a_i 是 G 上的常值函数，可见 $a_i\in\mathscr{K}$，且 $v=\sum a_iv_i$. 此时 $\tau_V(v)=\sum_i a_iv_i\otimes 1=\left(\sum_i a_iv_i\right)\otimes 1=v\otimes 1$. 证毕.

由于这个命题，对于 $\mathscr{R}$ 上的仿射群概形 G 的有理模 V，我们令

$$V^G=\{v\in V\,|\,\tau_V(v)=v\otimes 1\},$$

并称它的元素为 V 的 G **不动点**. 不难验证，把 V 对应到 V^G 定义了从有理 G 模范畴到 $\mathscr{R}$ 模范畴的一个左正合函子，这个函子称为 G **不动点函子**，记为 $\mathscr{F}_G$.

结束本节之前，我们再简单介绍一下有理 G 模的张量积与反轭.

设 V_1 与 V_2 都是有理 G 模. 对每个交换 $\mathscr{R}$ 代数 R,令 $G(R)$ 对角地作用在 $(V_1\otimes_R R)\otimes_R(V_2\otimes_{\mathscr{R}}R)\cong(V_1\otimes_{\mathscr{R}}V_2)\otimes_{\mathscr{R}}R$ 上，则容易验证我们在 $V_1\otimes_{\mathscr{R}}V_2$ 上定义了一个有理 G 模结构. 有理 G 模 $V_1\otimes_{\mathscr{R}}V_2$ 称为 V_1 与 V_2 的(**G 对角作用**的)**张量积**. 不难求出

$$\tau_{V_1\otimes V_2}=(\mathrm{id}_{V_1}\otimes\mathrm{id}_{V_2}\otimes\mu_{\mathscr{R}[G]})\circ(23)\circ(\tau_{V_1}\otimes\tau_{V_2}).$$

如果有理 G 模 V 作为 $\mathscr{R}$ 模是有限生成射影模, $V^*=\mathrm{Hom}_{\mathscr{R}}(V,\mathscr{R})$. 对每个交换 $\mathscr{R}$ 代数 R, 令 $G(R)$ 反轭地作用在 $V^*\otimes_{\mathscr{R}}R\cong\mathrm{Hom}_R(V\otimes_{\mathscr{R}}R,R)$ 上则容易验证我们在 V^* 上定义了一个有理 G 模结构. 有理 G 模 V^* 称为 V 的**反轭模**. 如果把 $V^*\otimes_{\mathscr{R}}\mathscr{R}[G]$ 等同于 $\mathrm{Hom}_{\mathscr{R}[G]}(V\otimes_{\mathscr{R}}\mathscr{R}[G],\mathscr{R}[G])$,则可以求出

$$\tau_{V^*}(f)(v\otimes 1)=(f\otimes\eta_{\mathscr{R}[G]})\circ\tau_V(v),\quad \forall f\in V^*,\ v\in V.$$

特别,如果 V 是自由 $\mathscr{R}$ 模,而 $\{v_i\}$ 与 $\{f_i\}$ 是 V 与 V^* 的一对对偶基,且 $\tau_V(v_i)=\sum\limits_i v_i\otimes a_{ji}$, $a_{ji}\in\mathscr{R}[G]$, 则 $\tau_{V^*}(f_i)=\sum\limits_i f_j\otimes\eta_{\mathscr{R}[G]}(a_{ij})$.

这些结论的细节验证留给读者.

§ 8. 仿射群概形的超代数

在 § 7.3 中我们介绍了仿射群概形的线性表示.仿射群概形 G 的有理模一般只能用 $\mathscr{R}[G]$ 余模的语言或者自然变换的语言来描述，给研究工作带来诸多不便. 我们希望能用一个 $\mathscr{R}$ 代数的模的语言来刻划有理 G 模，或者至少刻划它的主要性质. 在某种意义上，代数 $\mathscr{R}[G]^*$ 可以起这个作用，读者可参看 (5.1.2) 与 (5.1.3). 但一般说来，$\mathscr{R}[G]^*$ 往往“太大”而难于深入讨论它的结构与性质,我们将要找 $\mathscr{R}[G]^*$ 的一个具有更好结构的子代数来代替 $\mathscr{R}[G]^*$，这个子代数就是 G 的超代数，它是 $\mathscr{R}$ 上的 Hopf 代数. 超代数是 Hopf 代数理论中的一个重要概念,但我们不想给出它的一般定义，而只针对仿射群概形来定义它. 超代数的一般理论可参看 [Ta2]、[Ta3] 等论文.

在本节中，约定基环 $\mathscr{R}$ 是个域.

8.1 代数的对偶余代数

回忆(5.1.1)，给定一个 $\mathscr{R}$ 余代数 C，则 $C^* = \mathrm{Hom}_{\mathscr{R}}(C,\mathscr{R})$ 典范地具有 $\mathscr{R}$ 代数结构，并使余代数同态的对偶映射是代数同态. 换言之，对应 $C \longmapsto C^*$ 是 $\mathscr{R}$ 余代数范畴到 $\mathscr{R}$ 代数范畴的一个函子.

反过来，给定一个 $\mathscr{R}$ 代数 A(不一定交换，但带 1)，它的对偶 $A^* = \mathrm{Hom}_{\mathscr{R}}(A, \mathscr{R})$ 是否也具有典范的 $\mathscr{R}$ 余代数结构呢？很自然地，对 $f \in A^*$，应该定义 $\Delta_{A^*}(f) = f \circ \mu_A$，即

$$\Delta_{A^*}(f)(a \otimes b) = f(ab), \ \forall a, \ b \in A.$$

这样得到的 $\Delta_{A^*}(f) \in (A \otimes_{\mathscr{R}} A)^*$. 如果 A 是有限维的，利用典范同构 $(A \otimes_{\mathscr{R}} A)^* \cong A^* \otimes_{\mathscr{R}} A^*$，即可把 Δ_{A^*} 看成 A^* 到 $A^* \otimes_{\mathscr{R}} A^*$ 的线性映射. 对 $a, b, c \in A$，我们还有

$$\begin{aligned}((\mathrm{id}_{A^*} \otimes \Delta_{A^*}) \circ \Delta_{A^*}(f))(a \otimes b \otimes c) &= f(abc) \\ &= ((\Delta_{A^*} \otimes \mathrm{id}_{A^*}) \circ \Delta_{A^*}(f))(a \otimes b \otimes c),\end{aligned}$$

所以 $(\mathrm{id}_{A^*} \otimes \Delta_{A^*}) \circ \Delta_{A^*} = (\Delta_{A^*} \otimes \mathrm{id}_{A^*}) \circ \Delta_{A^*}$. 另一方面，如果令 $\varepsilon_{A^*}: A^* \to \mathscr{R}$ 为 $\varepsilon_{A^*}(f) = f(1)$，这里 1 为 A 的恒等元，则因为 $\Delta_{A^*}(f)\ (a \otimes 1) = f(a)$，所以 $(\mathrm{id}_{A^*} \otimes \varepsilon_{A^*}) \circ \Delta_{A^*} = \mathrm{id}_{A^*}$；同理，$(\varepsilon_{A^*} \otimes \mathrm{id}_{A^*}) \circ \Delta_{A^*} = \mathrm{id}_{A^*}$. 由此可见 A^* 在 Δ_{A^*} 与 ε_{A^*} 下成为 $\mathscr{R}$ 余代数. 如果 $\varphi: A \to B$ 是 $\mathscr{R}$ 余代数同态，考虑 $\varphi^*: B^* \to A^*$. 设 $f \in B^*$，则

$$\begin{aligned}(\Delta_{A^*} \circ \varphi^*)(f) &= \varphi^*(f) \circ \mu_A = f \circ \varphi \circ \mu_A = f \circ \mu_B \circ (\varphi \otimes \varphi) \\ &= (\varphi^* \otimes \varphi^*)(f \circ \mu_B) = ((\varphi^* \otimes \varphi^*) \circ \Delta_{B^*})(f); \\ (\varepsilon_{A^*} \circ \varphi^*)(f) &= \varphi^*(f)(1) = (f \circ \varphi)(1) = f(1) \\ &= \varepsilon_{B^*}(f).\end{aligned}$$

由此可见 φ^* 是 $\mathscr{R}$ 余代数同态. 于是，我们证明了：

(8.1.1) 引理. 如果 A 是有限维 $\mathscr{R}$ 代数，则 A^* 典范地成为 $\mathscr{R}$ 余代数，并使有限维 $\mathscr{R}$ 代数间的代数同态的对偶映射是 $\mathscr{R}$ 余代数同态.

(8.1.2) 推论. 有限维 $\mathscr{R}$ 向量空间范畴的反变自同构函子 $V \longmapsto V^*$ 导出有限维 $\mathscr{R}$ 代数范畴到有限维 $\mathscr{R}$ 余代数范维的反变同构.

证明. 用(5.1.1)与(8.1.1),并注意到对于有限维 $\mathscr{R}$ 代数(对应地, $\mathscr{R}$ 余代数), 它到它的双重对偶空间的自然同构是代数同构(对应地,余代数同构),结论即得. 证毕.

如果 A 是无限维的, 问题就出来了: $A^*\otimes_{\mathscr{R}}A^*$ 只是 $(A\otimes_{\mathscr{R}} A)^*$ 的子空间,我们无法保证 $\Delta_{A^*}(f)\in A^*\otimes_{\mathscr{R}}A^*$. 因此, 我们要想办法在 A^* 中取出一个可以定义 $\mathscr{R}$ 余代数结构的子空间. 如何取这个子空间呢? 如下关于余代数结构的引理能给我们以有益的启示:

(8.1.3) 引理. 每个 $\mathscr{R}$ 余代数都是有限维子余代数的并集.

证明. 设 C 为 $\mathscr{R}$ 余代数, $c\in C$. 把 C 看成左 C 余模, 据(5.1.3(1)), 有 C 的有限维子空间 C_1, 使 $\Delta_C(C_1)\subset C_1\otimes C$, 且 $c\in C_1$. 设 $\dim C_1 = m$, 取 C_1 的基 $c_1, c_2, \cdots, c_m$, 令 $\Delta_C(c_i)=\sum_{j=1}^{m} c_j\otimes d_{ij}$. 再设 C_2 为所有 $d_{ij}(1\leqslant i, j\leqslant m)$ 张成的 C 的子空间,我们将证明 C_2 是 C 的子余代数,且 $c\in C_2$.

首先,因为 $(\varepsilon_C\otimes \mathrm{id}_C)\circ\Delta_C = \mathrm{id}_C$, 所以

$$c_i = (\varepsilon_C\otimes\mathrm{id}_C)\circ\Delta_C(c_i) = (\varepsilon_C\otimes\mathrm{id}_C)\left(\sum_{j=1}^{m} c_j\otimes d_{ij}\right)$$

$$= \sum_{j=1}^{m}\varepsilon_C(c_j)d_{ij}\in C_2,$$

所以 $c\in C_1\subset C_2$. 其次,我们还有

$$\sum_j c_j\otimes\Delta_C(d_{ij}) = (\mathrm{id}_C\otimes\Delta_C)\circ\Delta_C(c_i) = (\Delta_C\otimes\mathrm{id}_C)\circ\Delta_C(c_i)$$

$$= \sum_k \Delta_C(c_k)\otimes d_{ik} = \sum_{j,k} c_j\otimes d_{kj}\otimes d_{ik}$$

$$= \sum_j c_j\otimes\left(\sum_k d_{kj}\otimes d_{ik}\right),$$

由此可见 $\Delta_C(d_{ij}) = \sum_k d_{kj} \otimes d_{ik} \in C_2 \otimes C_2$，所以 C_2 为 C 的子余代数. 证毕.

这个引理启发我们，只要把空间 A^* 的所有有限维子余代数(即可以典范地定义余代数结构的有限维子空间)找出来，它们的并集很可能就是我们所需要的.因此,很自然地想到 A 的有限维商代数. 我们作如下定义: A 的理想 $\mathfrak{a}$ 如果使 $A/\mathfrak{a}$ 成为有限维 $\mathscr{R}$ 代数,则称之为 A 的**余有限理想**. 据(8.1.1),如果 $\mathfrak{a}$ 是 A 的余有限理想,则 $(A/\mathfrak{a})^*$ 典范地成为 $\mathscr{R}$ 余代数;如果 $\mathfrak{a} \subset \mathfrak{b}$ 都是 A 的余有限理想，则典范同态 $A/\mathfrak{a} \twoheadrightarrow A/\mathfrak{b}$ 是有限维 $\mathscr{R}$ 代数之间的同态，从而它的对偶映射 $(A/\mathfrak{b})^* \hookrightarrow (A/\mathfrak{a})^*$ 是 $\mathscr{R}$ 余代数同态. 此外,如果 $\mathfrak{a}$ 与 $\mathfrak{b}$ 都是 A 的余有限理想,即 $A/\mathfrak{a}$ 与 $A/\mathfrak{b}$ 有限维,则

$$\mathfrak{a}/(\mathfrak{a} \cap \mathfrak{b}) \cong (\mathfrak{a} + \mathfrak{b})/\mathfrak{b} \subset A/\mathfrak{b}$$

也是有限维的,可见 $A/(\mathfrak{a} \cap \mathfrak{b})$ 也是有限维的,从而 $\mathfrak{a} \cap \mathfrak{b}$ 也是 A 的余有限理想,由此可见 $(A/\mathfrak{a})^*$ 与 $(A/\mathfrak{b})^*$ 可以同时嵌入更大的 $\mathscr{R}$ 余代数 $(A/(\mathfrak{a} \cap \mathfrak{b}))^*$. 所以集合

$$\{(A/\mathfrak{a})^* | \mathfrak{a} \text{ 为 } A \text{ 的余有限理想}\}$$

在典范同态下成为 $\mathscr{R}$ 余代数的正向系统.

(8.1.4) 引理. 把每个 $(A/\mathfrak{a})^*$ (其中 $\mathfrak{a}$ 为 A 的余有限理想)典范地看成 A^* 的子空间,则 $A^\circ = \bigcup_{\mathfrak{a} \text{ 余有限}} (A/\mathfrak{a})^*$ 可典范地赋于 $\mathscr{R}$ 余代数结构,这个余代数是上述正向系统在 $\mathscr{R}$ 余代数范畴的正向极限:

$$A^\circ = \varinjlim_{\mathfrak{a} \text{ 余有限}} (A/\mathfrak{a})^*.$$

证明. 设 $f \in A^\circ$, 则有 A 的余有限理想 $\mathfrak{a}$ 使 $f|_\mathfrak{a} = 0$. 令

$$\Delta_{A^\circ}(f)(a \otimes b) = f(ab), \quad \forall a, b \in A,$$

则 $\Delta_{A^\circ}(f)|_{A \otimes \mathfrak{a} + \mathfrak{a} \otimes A} = 0$, 从而

$$\begin{aligned} \Delta_{A^\circ}(f) &\in (A \otimes A/(A \otimes \mathfrak{a} + \mathfrak{a} \otimes A))^* \cong (A/\mathfrak{a} \otimes A/\mathfrak{a})^* \\ &\cong (A/\mathfrak{a})^* \otimes (A/\mathfrak{a})^* \subset A^\circ \otimes A^\circ; \end{aligned}$$

再定义 $\varepsilon_{A^\circ}(f)=f(1)$，则可以象有限维情况一样地验证 A° 在 Δ_{A° 与 ε_{A° 下成为一个 $\mathscr{R}$ 余代数.

显然每个 $(A/\mathfrak{a})^*$ 到 A° 的嵌入是 $\mathscr{R}$ 余代数同态,并且，如果 $\mathfrak{a}\subset\mathfrak{b}$，则 $(A/\mathfrak{a})^*$ 与 $(A/\mathfrak{b})^*$ 到 A° 的嵌入与典范同态 $(A/\mathfrak{b})^*\hookrightarrow(A/\mathfrak{a})^*$相容. 此外,如果 C 是 $\mathscr{R}$ 余代数,且有与典范同态 $(A/\mathfrak{b})^*\hookrightarrow(A/\mathfrak{a})^*$ 相容的 $\mathscr{R}$ 余代数同态 $(A/\mathfrak{a})^*\to C$，则显然可以唯一地得到 $\mathscr{R}$ 余代数同态 $A^\circ\to C$，与嵌入 $(A/\mathfrak{a})^*\hookrightarrow A^\circ$ 相容. 由此可见，A° 是正向系统 $\{(A/\mathfrak{a})^*|\mathfrak{a}$ 为 A 的余有限理想$\}$的正向极限. 证毕.

我们把(8.1.4)所定义的 $\mathscr{R}$ 余代数 A° 称为 A 的**对偶余代数**，它具有如下重要性质:

(8.1.5) 定理. 把 $\mathscr{R}$ 代数 A 对应到它的对偶余代数 A°，给出了从 $\mathscr{R}$ 代数范畴到 $\mathscr{R}$ 余代数范畴的一个反变函子,这个函子与从 $\mathscr{R}$ 余代数范畴到 $\mathscr{R}$ 代数范畴的反变函子 $C\longmapsto C^*$ 伴随，即对 $\mathscr{R}$ 代数 A 与 $\mathscr{R}$ 余代数 C，有自然的同构

$$\theta:\ \mathrm{Hom}_{\mathscr{R}\text{-alg}}(A,C^*)\xrightarrow{\sim}\mathrm{Hom}_{\mathscr{R}\text{-coalg}}(C,A^\circ).$$

证明. 设 $\varphi:A\to B$ 为 $\mathscr{R}$ 代数同态，$\mathfrak{b}$ 为 B 的余有限理想，则 $\varphi^{-1}(\mathfrak{b})$ 为 A 的理想，且 φ 导出 $\mathscr{R}$ 代数的内射同态 $\varphi_{\mathfrak{r}}$: $A/\varphi_{\mathfrak{b}}^{-1}(\mathfrak{r})\hookrightarrow B/\mathfrak{r}$. 由此推出 $\varphi^{-1}(\mathfrak{b})$ 为 A 的余有限理想. 于是,据(8.1.1),得到 $\mathscr{R}$ 余代数同态

$$\varphi_{\mathfrak{b}}^\circ:(B/\mathfrak{b})^*\to(A/\varphi^{-1}(\mathfrak{b}))^*\subset A^\circ.$$

若 $\mathfrak{b}\subset\mathfrak{c}$ 都是 B 的余有限理想，显然 $\varphi_{\mathfrak{b}}^\circ$ 与嵌入 $(B/\mathfrak{c})^*\hookrightarrow(B/\mathfrak{b})^*$ 相容. 由正向极限的普遍性质,我们得到唯一的 $\mathscr{R}$ 余代数同态 $\varphi^\circ:B^\circ\to A^\circ$. 容易看出，$\varphi^\circ$ 是 φ 的对偶映射在 B° 的限制. 由此可见，$A\longmapsto A^\circ$ 确实定义了从 $\mathscr{R}$ 代数范畴到 $\mathscr{R}$ 余代数范畴的一个反变函子.

现在设 C 是 $\mathscr{R}$ 余代数. 据(8.1.3)，C 是有限维子余代数的并集. 设 C_1 为 C 的有限维子余代数,则嵌入映射 $C_1\hookrightarrow C$ 为余代数同态，从而其对偶映射 $C^*\twoheadrightarrow C_1^*$ 是 $\mathscr{R}$ 代数同态，可见有 C^* 的余有限理想 $\mathfrak{c}$ 使 $C_1^*\cong C^*/\mathfrak{c}$. 另一方面，据(8.1.2),作为余

代数，$C_1 \cong C_1^{**}$，所以 $C_1 \cong (C^*/\mathfrak{c})^* \hookrightarrow (C^*)^\circ$. 显然 C_1 到 $(C^*)^\circ$ 的这个嵌入导出 $\mathscr{R}$ 余代数的内射同态 $C \hookrightarrow (C^*)^\circ$，因此可把 C 典范地看成 $(C^*)^\circ$ 的子余代数.

现在定义 θ. 设给定 $\mathscr{R}$ 代数同态 $\varphi: A \to C^*$，由函子性质，有 $\mathscr{R}$ 余代数同态 $\varphi^\circ: (C^*)^\circ \to A^\circ$. φ° 在 C 的限制给出了 $\mathscr{R}$ 余代数同态 $\theta(\varphi): C \to A^\circ$.

反之，给定 $\mathscr{R}$ 余代数同态 $\psi: C \to A^\circ$，由(5.1.1)，得到 $\mathscr{R}$ 代数同态 $\psi^*: (A^\circ)^* \to C^*$. 另一方面，由于 A° 是 A^* 的子空间，对每个 $a \in A$，定义 $\zeta(a) \in (A^\circ)^*$ 为

$$\zeta(a)(f) = f(a), \quad \forall f \in A^\circ,$$

则 $\zeta: A \to (A^\circ)^*$ 是 $\mathscr{R}$ 线性的. 实际上，ζ 还是 $\mathscr{R}$ 代数同态：设 $a, b \in A$，$f \in A^\circ$，则

$$\begin{aligned}(\zeta(a)\zeta(b))(f) &= (\zeta(a) \otimes \zeta(b)) \circ \Delta_{A^\circ}(f)\\ &= (\Delta_{A^\circ}(f))(a \otimes b) = f(ab)\\ &= (\zeta(ab))(f),\end{aligned}$$

所以 $\zeta(ab) = \zeta(a)\zeta(b)$；又，

$$(\zeta(1))(f) = f(1) = \varepsilon_{A^\circ}(f),$$

所以 $\zeta(1) = \varepsilon_{A^\circ}$，后者正是 $(A^\circ)^*$ 的恒等元素. 现在，定义映射

$$\tilde{\theta}: \mathrm{Hom}_{\mathscr{R}\text{-coalg}}(C, A^\circ) \to \mathrm{Hom}_{\mathscr{R}\text{-alg}}(A, C^*)$$

为 $\tilde{\theta}(\psi) = \psi^* \circ \zeta$.

θ 与 $\tilde{\theta}$ 本质上都是作对偶映射，所以它们的自然性与互逆性是显然的. 我们得到了所需的伴随关系. 证毕.

为了 § 8.2 的应用，我们再证一个引理.

(8.1.6) 引理. 设 A 是 $\mathscr{R}$ 代数，它的 Jacobson 根基为 $\mathfrak{r}$. 又设

$$\mathfrak{a}_1 \supset \mathfrak{a}_2 \supset \mathfrak{a}_3 \supset \cdots$$

是 A 的余有限理想的链，并且对每个正整数 i，必存在一个正整数 j，使 $\mathfrak{a}_j \subset \mathfrak{r}\mathfrak{a}_i$，则

$$A^\circ = \varinjlim_i (A/\mathfrak{a}_i)^* = \bigcup_i (A/\mathfrak{a}_i)^*.$$

证明．把 $(A/\mathfrak{a}_i)^*$ 等同于它在 A^* 中的典范象，则与 (8.1.4) 类似地有 $\varinjlim_i (A/\mathfrak{a}_i)^* = \bigcup_i (A/\mathfrak{a}_i)^*$．因此，我们只要证，对 A 的每个余有限理想 $\mathfrak{b}$，必存在某个 i，使 $(A/\mathfrak{b})^* \subset (A/\mathfrak{a}_i)^*$，也就是使 $\mathfrak{b} \supset \mathfrak{a}_i$．

在典范同态 $A \to A/\mathfrak{b}$ 下，$\mathfrak{a}_i$ 的象组成 $A/\mathfrak{b}$ 中的理想链

$$(\mathfrak{a}_1 + \mathfrak{b})/\mathfrak{b} \supset (\mathfrak{a}_2 + \mathfrak{b})/\mathfrak{b} \supset (\mathfrak{a}_3 + \mathfrak{b})/\mathfrak{b} \supset \cdots.$$

因为 $A/\mathfrak{b}$ 有限维，必有充分大的 i，使

$$(\mathfrak{a}_i + \mathfrak{b})/\mathfrak{b} = (\mathfrak{a}_{i+1} + \mathfrak{b})/\mathfrak{b} = (\mathfrak{a}_{i+2} + \mathfrak{b})/\mathfrak{b} = \cdots.$$

有限维条件保证了 $(\mathfrak{a}_i + \mathfrak{b})/\mathfrak{b}$ 是有限生成的 A 模．引理的假设条件使我们可以找到 $j \geqslant i$，使

$$\mathfrak{r}((\mathfrak{a}_i + \mathfrak{b})/\mathfrak{b}) \supset (\mathfrak{a}_j + \mathfrak{b})/\mathfrak{b} = (\mathfrak{a}_i + \mathfrak{b})/\mathfrak{b}.$$

据 Nakayama 引理，$(\mathfrak{a}_i + \mathfrak{b})/\mathfrak{b} = 0$，即 $\mathfrak{b} \supset \mathfrak{a}_i$，正如所求．证毕．

例 1. 设 f 是 $\mathscr{R}$ 上的不定元，$\mathfrak{m}$ 是 $\mathscr{R}[f]$ 中由 f 生成的极大理想，$A = \mathscr{R}[f]_\mathfrak{m}$，则 A 的 Jacobson 根基是 $\mathfrak{r} = Af$．又设 $\mathfrak{a}_i = Af^i$，i 是正整数，则 A 的理想链

$$\mathfrak{a}_1 \supset \mathfrak{a}_2 \supset \mathfrak{a}_3 \supset \cdots$$

满足引理的条件，所以

$$A^\circ = \varinjlim_i (A/\mathfrak{a}_i)^*.$$

为了具体作出 A°，考虑由典范同态组成的交换图：

$$\begin{array}{ccc}
\mathscr{R}[f] & \xrightarrow{\ \pi\ } & \mathscr{R}[f]/\mathscr{R}[f]f^i \\
\lambda\big\downarrow & & \big\downarrow\bar{\lambda} \\
A & \xrightarrow[\pi_\lambda]{} & A/\mathfrak{a}_i
\end{array}$$

$\mathscr{R}[f]/\mathscr{R}[f]f^i$ 的极大理想 $\mathfrak{m}/\mathscr{R}[f]f^i$ 由幂零元组成，而作为向量空间 $\mathscr{R}[f]/\mathscr{R}[f]f^i \cong \mathscr{R} \oplus \mathfrak{m}/\mathscr{R}[f]f^i$，所以 $\mathfrak{m}/\mathscr{R}[f]f^i$ 之外的元素都是可逆元，可见 $\mathscr{R}[f]/\mathscr{R}[f]f^i$ 是局部环．$A/\mathfrak{a}_i$ 是 $\mathscr{R}[f]/\mathscr{R}[f]f^i$ 关于它的极大理想的局部化，所以 $\bar{\lambda}$ 是同构．这样，我们得到余代数的交换图：

$$\begin{array}{ccc}\mathscr{R}[f]^\circ & \overset{\pi^\circ}{\hookleftarrow} & (\mathscr{R}[f]/\mathscr{R}[f]f^i)^* \\ \lambda^\circ\uparrow & & \uparrow\wr\bar{\lambda}^\circ \\ A^\circ & \underset{\pi^\circ_\lambda}{\longleftarrow} & (A/\mathfrak{a}_i)^*\end{array}$$

迫使 λ° 是内射. 所以，要作出 A°，只要作出所有 $(\mathscr{R}[f]/\mathscr{R}[f]f^i)^*$ 在 $\mathscr{R}[f]^*$ 中的并集即可. 采用 § 5 例2的记号，令

$$X_n = (\overset{(0)}{0}, \overset{(1)}{0}, \cdots, 0, \overset{(n)}{1}, 0, 0, \cdots) \in \mathscr{R}[f]^*,$$

则显然 $(\mathscr{R}[f]/\mathscr{R}[f]f^i)^*$ 由 $X_0, X_1, \cdots, X_{i-1}$ 张成，其中 $X_0 = \varepsilon_{\mathscr{R}[f]}$ 是 $\mathscr{R}[f]^*$ 的恒等元，X_1 就是 § 5 例 7 的 X. 由此即知，A° 正好是由所有 $X_n (n \in \mathbb{Z}^+)$ 张成的 $\mathscr{R}$ 向量空间. 因为

$$\Delta_{A^\circ}(X_n)(f^i \otimes f^j) = X_n(f^{i+j}) = \delta_{n,i+j},$$

所以

$$\Delta_{A^\circ}(X_n) = \sum_{i+j=n} X_i \otimes X_j;$$

此外，从 ε_{A° 的定义即得

$$\varepsilon_{A^\circ}(X_n) = \begin{cases}1, & 当\ n = 0\ 时, \\ 0, & 当\ n > 0\ 时,\end{cases}$$

本例题是 § 8.2 某些内容的预演，下一小节末尾我们将继续讨论它.

8.2 Hopf 代数的对偶与仿射群概形的超代数

现在进一步设 A 是 $\mathscr{R}$ 上的 Hopf 代数. 于是，A 作为 $\mathscr{R}$ 代数，我们可以构作它的对偶余代数 A°；而 A 作为 $\mathscr{R}$ 余代数，我们又可以构作它的对偶代数 A^*.

(8.2.1) 引理. A° 是 A^* 的 $\mathscr{R}$ 子代数.

证明. 因为 A° 是 A^* 的 $\mathscr{R}$ 子空间，所以只要证明: (1) A^* 的乘法恒等元属于 A°; (2) A° 在乘法下封闭.

A 的增广映射 ε_A: $A \to \mathscr{R}$ 是 A^* 的恒等元 (参看(5.1.1)的证明)，增广理想 $\mathfrak{m}$ 显然是余有限的，所以 $\varepsilon_A \in (A/\mathfrak{m})^* \subset A^\circ$.

现在设 f, $g \in A^\circ$，显然可以找到 A 的余有限理想 $\mathfrak{a}$，使 $f|_\mathfrak{a} = g|_\mathfrak{a} = 0$，从而 f 与 g 都可以看成 $(A/\mathfrak{a})^*$ 的元素. $f \otimes g$

在 $A\otimes A$ 的理想 $\mathfrak{a}\otimes A+A\otimes\mathfrak{a}$ 上是零，而

$$(A\otimes A)/(\mathfrak{a}\otimes A+A\otimes\mathfrak{a})\cong(A/\mathfrak{a})\otimes(A/\mathfrak{a})$$

是有限维的，所以 $\Delta_A^{-1}(\mathfrak{a}\otimes A+A\otimes\mathfrak{a})$ 是 A 的余有限理想. 我们有

$$(fg)(\Delta_A^{-1}(\mathfrak{a}\otimes A+A\otimes\mathfrak{a}))$$
$$=(f\otimes g)\circ\Delta_A\circ\Delta_A^{-1}(\mathfrak{a}\otimes A+A\otimes\mathfrak{a})=0,$$

可见 $fg\in(A/\Delta_A^{-1}(\mathfrak{a}\otimes A+A\otimes\mathfrak{a}))^*\subset A^\circ$. 证毕.

(8.2.2) 定理. (1) 设 A 是 $\mathscr{R}$ 上的 Hopf 代数，则 A° 也是 $\mathscr{R}$ 上的 Hopf 代数；

(2) 设 $\varphi:A\to B$ 是 $\mathscr{R}$ 上的 Hopf 代数的同态，则 φ°: $B^\circ\to A^\circ$ 也是 Hopf 代数同态；

(3) 从 $\mathscr{R}$ 上的 Hopf 代数的范畴到自身的反变函子 $A\longmapsto A^\circ$ 是自伴随的，即，对 $\mathscr{R}$ 上的 Hopf 代数 A 与 B，有自然的同构

$$\theta:\ \mathrm{Hom}_{\mathscr{R}-\mathrm{Hopf}}(A,B^\circ)\xrightarrow{\sim}\mathrm{Hom}_{\mathscr{R}-\mathrm{Hopf}}(B,A^\circ).$$

证明. (1)据(8.1.4)与(8.2.1)，A° 同时具有 $\mathscr{R}$ 代数与 $\mathscr{R}$ 余代数的结构；又因为 Δ_A 与 ε_A 是 $\mathscr{R}$ 代数同态，据 (8.1.5)，$\mu_{A^\circ}=\mu_{A^*}|_{A^\circ}=(\Delta_A)^\circ$ 与 $\kappa_{A^\circ}=(\varepsilon_A)^\circ$ 都是 $\mathscr{R}$ 余代数同态，这等价于 Δ_{A° 与 ε_{A° 是 $\mathscr{R}$ 代数同态（参看第122页，也可直接验证后一结论），所以 A° 成为 $\mathscr{R}$ 上的双代数.

要证 A° 成为 $\mathscr{R}$ 上的 Hopf 代数，还要再定义对极映射 η_{A°. 令 $\eta_{A^\circ}=(\eta_A)^\circ$, 即

$$\eta_{A^\circ}(f)=f\circ\eta_A,\quad \forall f\in A^\circ.$$

作此定义的先决条件是 $f\circ\eta_A\in A^\circ$, 这是容易验证的：因为 f 在 A 的某个余有限理想 $\mathfrak{a}$ 上为零，所以 $f\circ\eta_A$ 在 $\eta_A^{-1}(\mathfrak{a})$ 上为零，而 $\eta_A^{-1}(\mathfrak{a})$ 仍是 A 的余有限理想. 我们还要验证 η_{A° 是 $\mathscr{R}$ 代数反同态，并满足对极律. 我们已经知道 ε_A 是 A° 的恒等元，而 $\eta_{A^\circ}(\varepsilon_A)=\varepsilon_A\circ\eta_A=\varepsilon_A$ (§ 7.2 的例 18)，所以 η_{A° 保持 A° 的恒等元；又因为 η_A 是 A 到 A 的 Hopf 代数反同态 (§ 7.1 的例 15)，所以 $\Delta_A\circ\eta_A=(12)\circ(\eta_A\otimes\eta_A)\circ\Delta_A$, 由此推出，对 $f,g\in A^\circ$, 有

$$\eta_{A^\circ}(fg) = (f\otimes g)\circ\Delta_{A^\circ}\circ\eta_A = (f\otimes g)\circ(12)\circ(\eta_A\otimes\eta_A)\circ\Delta_A$$
$$= ((g\circ\eta_A)\otimes(f\circ\eta_A))\circ\Delta_A = \eta_{A^\circ}(g)\eta_{A^\circ}(f),$$
所以 η_{A° 确实是 $\mathscr{R}$ 代数反同态. 最后,对 $f\in A^\circ$,
$$\mu_{A^\circ}\circ(\mathrm{id}_{A^\circ}\otimes\eta_{A^\circ})\circ\Delta_{A^\circ}(f) = f\circ\mu_A\circ(\mathrm{id}_A\otimes\eta_A)\circ\Delta_A$$
$$= f\circ\kappa_A\circ\varepsilon_A = \kappa_{A^\circ}\circ\varepsilon_{A^\circ}(f);$$
同理可证 $\mu_{A^\circ}\circ(\eta_{A^\circ}\otimes\mathrm{id}_{A^\circ})\circ\Delta_{A^\circ} = \kappa_{A^\circ}\circ\varepsilon_{A^\circ}$, 所以 η_{A° 满足对极律.

至此,我们证明了 A° 为 $\mathscr{R}$ 上的 Hopf 代数.

(2) 据 (5.1.1) 与(8.1.5), φ° 至少是 $\mathscr{R}$ 上的双代数的同态. 我们还有 $\varphi\circ\eta_A = \eta_B\circ\varphi$, 作余态射, 即得 $\eta_{A^\circ}\circ\varphi^\circ = \varphi^\circ\circ\eta_{B^\circ}$. 所以 φ° 为 Hopf 代数同态.

(3) 给定 Hopf 代数同态 $\varphi: A\to B^\circ$,据(2),得到一个 Hopf 代数同态 $\varphi^\circ: (B^\circ)^\circ\to A^\circ$; 如果我们能证明有一个自然的 Hopf 代数同态 $\xi: B\to(B^\circ)^\circ$, 则可令 $\theta(\varphi) = \varphi^\circ\circ\xi$ 而得到自然的映射 $\theta: \mathrm{Hom}_{\mathscr{R}\text{-Hopf}}(A, B^\circ)\to\mathrm{Hom}_{\mathscr{R}\text{-Hopf}}(B, A^\circ)$.

在(8.1.5)的证明中, 我们已得到 $\mathscr{R}$ 余代数的包含关系 $B\subset(B^*)^\circ$; $\mathscr{R}$ 代数的包含关系 $B^\circ\subset B^*$ 又导出 $\mathscr{R}$ 余代数的同态 $(B^*)^\circ\to(B^\circ)^\circ$. 这两个映射的合成给出了 $\mathscr{R}$ 余代数同态 $\xi: B\to(B^\circ)^\circ$, 把 $b\in B$ 映到 $\xi(b): f\longmapsto f(b)$, 对所有 $f\in B^\circ$.这个映射还是 $\mathscr{R}$ 代数同态: $(B^\circ)^\circ$ 的恒等元是 ε_{B°, 即映射
$$f\longmapsto f(1),\quad \forall f\in B^\circ,$$
这个映射正好是 $\xi(1)$; 又若 $a, b\in B$, 则对 $f\in B^\circ$
$$(\xi(a)\xi(b))(f) = (\xi(a)\otimes\xi(b))\circ\Delta_{B^\circ}(f) = f\circ\mu_B(a\otimes b)$$
$$= f(ab) = \xi(ab)(f),$$
所以 $\xi(ab) = \xi(a)\xi(b)$. 最后,对于 $b\in B$ 与 $f\in B^\circ$, 有
$$(\eta_{(B^\circ)^\circ}\circ\xi)(b)(f) = (\xi(b)\circ\eta_{B^\circ})(f) = \eta_{B^\circ}(f)(b) = f\circ\eta_B(b)$$
$$= (\xi\circ\eta_B)(b)(f),$$
所以 $\eta_{(B^\circ)^\circ}\circ\xi = \xi\circ\eta_B$. 由此可见 ξ 是 Hopf 代数同态.

如上所述,令 $\theta(\varphi) = \varphi^\circ\circ\xi$, 这里 $\varphi\in\mathrm{Hom}_{\mathscr{R}\text{-Hopf}}(A, B^\circ)$, 则容易验证自然的映射 $\theta: \mathrm{Hom}_{\mathscr{R}\text{-Hopf}}(A, B^\circ)\to\mathrm{Hom}_{\mathscr{R}\text{-Hopf}}(B, A^\circ)$ 满足 $\theta(\theta(\varphi)) = \varphi$, 于是 θ 是同构. 证毕.

我们把 A° 称为 Hopf 代数 A 的**对偶 Hopf 代数**.

为了把 Hopf 代数的对偶理论用于仿射群概形，定义出仿射群概形的超代数，我们需要如下的引理，它是例 1 的推广.

(8.2.3) 引理. 设 A 是 $\mathscr{R}$ 上的交换 Hopf 代数，$\mathfrak{m}$ 是它的增广理想，$A_\mathfrak{m}$ 为 A 关于极大理想 $\mathfrak{m}$ 的局部化，则 $(A_\mathfrak{m})^\circ$ 典范地成为 A° 的子 Hopf 代数.

证明. 因为我们有典范的 $\mathscr{R}$ 代数同态 $\lambda: A \to A_\mathfrak{m}$，所以得到典范的 $\mathscr{R}$ 余代数同态 $\lambda^\circ:(A_\mathfrak{m})^\circ \to A^\circ$. 我们只要再证明：(1) λ° 是内射；(2) λ° 的象是 A° 的子代数；(3) λ° 的象在 η_{A° 下稳定.

(1) 设 $\mathfrak{a}$ 为 $A_\mathfrak{m}$ 的余有限理想，则 $A_\mathfrak{m}/\mathfrak{a}$ 是 Artin 局部环，从而它的极大理想 $\mathfrak{m}_\mathfrak{m}/\mathfrak{a}$ 是幂零的. 特别，$\mathfrak{m}_\mathfrak{m}/\mathfrak{a}$ 的每个元素都是幂零元. 在典范的嵌入同态 $A/\lambda^{-1}(\mathfrak{a}) \hookrightarrow A_\mathfrak{m}/\mathfrak{a}$ 下，$\mathfrak{m}_\mathfrak{m}/\mathfrak{a}$ 的原象为 $A/\lambda^{-1}(\mathfrak{a})$ 的极大理想 $\mathfrak{m}/\lambda^{-1}(\mathfrak{a})$，因此，$\mathfrak{m}/\lambda^{-1}(\mathfrak{a})$ 的每个元素都是幂零元. 另一方面，作为 $\mathscr{R}$ 空间，$A/\lambda^{-1}(\mathfrak{a}) \cong \mathscr{R} \oplus \mathfrak{m}/\lambda^{-1}(\mathfrak{a})$，所以 $\mathfrak{m}/\lambda^{-1}(\mathfrak{a})$ 之外的元素都是 $\mathscr{R}$ 的非零元与幂零元之和，从而都是可逆元. 由此可见 $A/\lambda^{-1}(\mathfrak{a})$ 是局部环，因而可等同于它关于它的极大理想 $\mathfrak{m}/\lambda^{-1}(\mathfrak{a})$ 的局部化. 但这个局部化又典范同构于 $A_\mathfrak{m}/\mathfrak{a}$. 所以 λ 导出了典范同构 $A/\lambda^{-1}(\mathfrak{a}) \xrightarrow{\sim} A_\mathfrak{m}/\mathfrak{a}$，因此 $(A_\mathfrak{m}/\mathfrak{a})^*$ 通过 λ° 等同于 A° 的一个子余代数，由此推出 $\lambda^\circ:(A_\mathfrak{m})^\circ \to A^\circ$ 是内射.

以下我们把 $(A_\mathfrak{m})^\circ$ 通过 λ° 等同于 A° 的一个子余代数.

(2) A° 的恒等元为 ε_A，而 $\varepsilon_A \in (A/\mathfrak{m})^* = (A_\mathfrak{m}/\mathfrak{m}_\mathfrak{m})^* \subset (A_\mathfrak{m})^\circ$. 又，若 $f, g \in (A_\mathfrak{m})^\circ$，则有 $A_\mathfrak{m}$ 的余有限理想 $\mathfrak{a}$ 使 $f, g \in (A_\mathfrak{m}/\mathfrak{a})^* = (A/\lambda^{-1}(\mathfrak{a}))^*$，因而 $fg = (f \otimes g) \circ \Delta_A$ 在 A 的余有限理想

$$\mathfrak{b} = \Delta_A^{-1}(\lambda^{-1}(\mathfrak{a}) \otimes A + A \otimes \lambda^{-1}(\mathfrak{a}))$$

上为零. 因为

$$\begin{aligned}\lambda^{-1}(\mathfrak{a}) \otimes A + A \otimes \lambda^{-1}(\mathfrak{a}) &\subset \lambda^{-1}(\mathfrak{m}_\mathfrak{m}) \otimes A + A \otimes \lambda^{-1}(\mathfrak{m}_\mathfrak{m}) \\ &= \mathfrak{m} \otimes A + A \otimes \mathfrak{m},\end{aligned}$$

所以 $\mathfrak{b}\subset\Delta_A^{-1}(\mathfrak{m}\otimes A+A\otimes\mathfrak{m})=\mathfrak{m}$. 另一方面，$\Delta_A$ 导出内射的同态 $\bar{\Delta}_A: A/\mathfrak{b}\hookrightarrow(A/\lambda^{-1}(\mathfrak{a}))\otimes(A/\lambda^{-1}(\mathfrak{a}))$，在此同态下，$A/\mathfrak{b}$ 的极大理想 $\mathfrak{m}/\mathfrak{b}$ 被映到 $(A/\lambda^{-1}(\mathfrak{a}))\otimes(A/\lambda^{-1}(\mathfrak{a}))$ 的理想

$$\mathfrak{c}=(\mathfrak{m}/\lambda^{-1}(\mathfrak{a}))\otimes(A/\lambda^{-1}(\mathfrak{a}))+(A/\lambda^{-1}(\mathfrak{a}))\otimes(\mathfrak{m}/\lambda^{-1}(\mathfrak{a}))$$

中，而据(1)的论证，$\mathfrak{c}$ 只由幂零元组成，从而 $\mathfrak{m}/\mathfrak{b}$ 也只含幂零元. 与(1)类似地推出 $A/\mathfrak{b}$ 是以 $\mathfrak{m}/\mathfrak{b}$ 为唯一极大理想的局部环. 于是有典范的同构

$$A/\mathfrak{b}\cong(A/\mathfrak{b})_{\mathfrak{m}/\mathfrak{b}}\cong A_{\mathfrak{m}}/\mathfrak{b}_{\mathfrak{m}},$$

所以 $fg\in(A/\mathfrak{b})^*=(A_{\mathfrak{m}}/\mathfrak{b}_{\mathfrak{m}})^*\subset(A_{\mathfrak{m}})^\circ$. (2)得证.

(3) 因为 $\varepsilon_A\circ\eta_A=\varepsilon_A$(§7 的例 18)，所以 η_A 保持 $A\backslash\mathfrak{m}$ 稳定，从而可以扩充为 $\mathscr{R}$ 代数同态 $\tilde{\eta}_A: A_{\mathfrak{m}}\to A_{\mathfrak{m}}$，于是 $(\tilde{\eta}_A)^\circ$ 是 $(A_m)^\circ$ 到 $(A_{\mathfrak{m}})^\circ$ 的 $\mathscr{R}$ 余代数同态. 把 $(A_{\mathfrak{m}})^\circ$ 看成 A° 的子集，显然 $(\tilde{\eta}_A)^\circ$ 就是 $(\eta_A)^\circ=\eta_{A^\circ}$ 的限制，所以 η_{A° 保持 λ° 的象稳定. 证毕.

现在我们可以定义 $\mathscr{R}$ 上的仿射群概形的超代数了：设 G 为 $\mathscr{R}$ 上的仿射群概形，$A=\mathscr{R}[G]$，$\mathfrak{m}=\mathrm{Ker}\,\varepsilon_A$，则定义 G 的**超代数** $\mathfrak{H}(G)=(A_{\mathfrak{m}})^\circ$，赋予 A° 的子 Hopf 代数结构.

(8.2.4)定理. (1) $\mathfrak{H}$ 是 $\mathscr{R}$ 上的仿射群概形范畴到 $\mathscr{R}$ 上的 Hopf 代数范畴的共变函子.

(2) 如果 H 是 G 的闭子群概形，则 $\mathfrak{H}(H)$ 是 $\mathfrak{H}(G)$ 的子 Hopf 代数；

(3) 如果 $\mathscr{R}[G]$ 是有限维局部代数(例如，G 是无穷小群)，则 $\mathfrak{H}(G)=\mathscr{R}[G]^*$；

(4) 如果对任意正整数 n，$\mathfrak{m}^n$ 都是 $\mathscr{R}[G]$ 的余有限理想，则 $\mathfrak{H}(G)=\bigcup_n(\mathscr{R}[G]/\mathfrak{m}^n)^*$，特别，当 $\mathscr{R}[G]$ 是 $\mathscr{R}$ 上有限型时，该结论成立；

(5) 如果 $\mathrm{char}\,\mathscr{R}=p>0$，且 $\mathscr{R}[G]$ 是 $\mathscr{R}$ 上有限型的，则 $\mathfrak{H}(G)=\bigcup_n\mathfrak{H}(G_n)$，这里 $\mathfrak{H}(G_n)$ 典范地看作 $\mathfrak{H}(G)$ 的子 Hopf 代数.

证明. (1) 只要证 $A \longmapsto (A_{\mathfrak{m}})^{\circ}$ 是 $\mathscr{R}$ 上的交换 Hopf 代数范畴到 $\mathscr{R}$ 上的 Hopf 代数范畴的反变函子. 设 $\varphi: A \to B$ 是交换 Hopf 代数的同态, $\mathfrak{m}$ 与 $\mathfrak{n}$ 分别是 A 与 B 的增广理想, 我们只要证 $\varphi^{\circ}((B_{\mathfrak{n}})^{\circ}) \subset (A_{\mathfrak{m}})^{\circ}$. 显然 $\varphi^{-1}(\mathfrak{n}) = \mathfrak{m}$, 因此 φ 可以扩充为 $\mathscr{R}$ 代数同态 $\tilde{\varphi}: A_{\mathfrak{m}} \to B_{\mathfrak{n}}$, 于是有 $(\tilde{\varphi})^{\circ}: (B_{\mathfrak{n}})^{\circ} \to (A_{\mathfrak{m}})^{\circ}$. 把 $(B_{\mathfrak{n}})^{\circ}$ 与 $(A_{\mathfrak{m}})^{\circ}$ 分别看成 B° 与 A° 的子集, 显然 $(\tilde{\varphi})^{\circ}$ 就是 $\varphi_{\circ}$ 的限制, 于是结论得证.

(2) 设 $\iota: H \to G$ 是典范嵌入, 则 $\mathfrak{H}(\iota): \mathfrak{H}(H) \to \mathfrak{H}(G)$ 是映射 $(\iota^{\#})^{*}: \mathscr{R}[H]^{*} \to \mathscr{R}[G]^{*}$ 的限制. 因为 $\iota^{\#}$ 是满射, 所以 $(\iota^{\#})^{*}$ (从而 $\mathfrak{H}(\iota)$) 是内射, 因此 $\mathfrak{H}(H)$ 是 $\mathfrak{H}(G)$ 的子 Hopf 代数.

(3) 若 $\mathfrak{m}$ 为 $\mathscr{R}[G]$ 的增广理想, 则它是 $\mathscr{R}[G]$ 唯一的极大理想, 所以 $\mathscr{R}[G] = \mathscr{R}[G]_{\mathfrak{m}}$, 这样, 我们有

$$\mathfrak{H}(G) = (\mathscr{R}[G]_{\mathfrak{m}})^{\circ} = \mathscr{R}[G]^{\circ} = \mathscr{R}[G]^{*}.$$

关于无穷小群的断言参看(7.1.2).

(4) 设 $A = \mathscr{R}[G]$. 在假设条件下 $A/\mathfrak{m}^n$ 是有限维代数, 它的极大理想 $\mathfrak{m}/\mathfrak{m}^n$ 由幂零元组成, 所以 $A/\mathfrak{m}^n$ 是局部环, 从而 $A/\mathfrak{m}^n \cong (A/\mathfrak{m}^n)_{\mathfrak{m}/\mathfrak{m}^n} \cong A_{\mathfrak{m}}/(\mathfrak{m}^n)_{\mathfrak{m}}$. 特别, 我们得知 $(\mathfrak{m}^n)_{\mathfrak{m}}$ 为 $A_{\mathfrak{m}}$ 的余有限理想. 因此, 我们得到 $A_{\mathfrak{m}}$ 的余有限理想的链

$$\mathfrak{m}_{\mathfrak{m}} \supset (\mathfrak{m}^2)_{\mathfrak{m}} \supset (\mathfrak{m}^3)_{\mathfrak{m}} \supset \cdots,$$

其中 $\mathfrak{m}_{\mathfrak{m}}$ 为 $A_{\mathfrak{m}}$ 的 Jacobson 根基, 并且显然有 $\mathfrak{m}_{\mathfrak{m}}(\mathfrak{m}^n)_{\mathfrak{m}} \supset (\mathfrak{m}^{n+1})_{\mathfrak{m}}$, 于是(8.1.6)的条件满足, 推出

$$\begin{aligned} \mathfrak{H}(G) = (A_{\mathfrak{m}})^{\circ} &= \bigcup_{n} (A_{\mathfrak{m}}/(\mathfrak{m}^n)_{\mathfrak{m}})^{*} \\ &= \bigcup_{n} (A/\mathfrak{m})^{*}. \end{aligned}$$

如果 A 是 $\mathscr{R}$ 上有限型的, 则 A 是 Noether 环, 从而 $\mathfrak{m}$ 有限生成, 推及 $\mathfrak{m}^n/\mathfrak{m}^{n+1}$ 是有限维 $\mathscr{R}$ 向量空间, 从而每个 $\mathfrak{m}^n$ 都是 A 的余有限理想, 从而(4)的条件满足.

(5) 把(4)的证明中的 $\mathfrak{m}^n$ 换成 $\mathfrak{m}^{[p^n]}$, 即证得(5). 证毕.

如果每个 $\mathfrak{m}^n$ 都是 $\mathscr{R}[G]$ 的余有限理想, 则称 G 为**无穷小**

光滑的. 对这类仿射群概形, $\mathfrak{H}(G)$ 较好地反映了G的性质. 如果G不是无穷小光滑的(甚至 $\mathscr{R}$ 不是域), 则也可用 $\mathscr{R}[G]^*$ 的子代数 $\mathfrak{D}(G)=\bigcup_n(\mathscr{R}[G]/\mathfrak{m}^n)^*$ (所谓G的**广衍代数**)来代替 $\mathfrak{H}(G)$. 遗憾的是, $\mathfrak{D}(G)$ 不一定是 Hopf 代数了(当然, 当G无穷小光滑时, $\mathfrak{H}(G)=\mathfrak{D}(G)$). 因为我们感兴趣的主要是 $\mathscr{R}[G]$ 为有限型 $\mathscr{R}$ 代数的情况,所以一般只要讨论 $\mathfrak{H}(G)$ 就够了.

对于(8.2.4(5)), 我们最感兴趣的是G为线性代数群的情况. 我们再罗列有关线性代数群的超代数的若干事实:

(8.2.5) 命题. 设 $\mathscr{R}=\mathscr{K}$ 是代数闭域, G是 $\mathscr{K}$ 上的线性代数群. 我们有

(1) $\mathfrak{H}(G)=\mathfrak{H}(G^\circ)$, 这里 G° 是G的恒等元分支.

(2) 把G与 $\mathfrak{H}(G)$ 都看成 $\mathscr{K}[G]^*$ 的子集, 则G的共轭保持 $\mathfrak{H}(G)$ 稳定, 并且导出G在 $\mathfrak{H}(G)$ 上的有理表示; 如果 char.$\mathscr{K}=p>0$, 则G稳定每个 $\mathfrak{H}(G_n)$; 此外, G在 $\mathfrak{H}(G)$ 或 $\mathfrak{H}(G_n)$ 上的作用是 Hopf 代数的自同构.

(3) G的 Lie 代数 $\mathfrak{L}(G)\subset\mathfrak{H}(G)$, 并且可以刻划为

$$\mathfrak{L}(G)=\{X\in\mathfrak{H}(G)\mid \Delta_{\mathfrak{H}(G)}(X)=X\otimes\varepsilon_{\mathscr{K}[G]}+\varepsilon_{\mathscr{K}[G]}\otimes X\}.$$

证明. (1) $\mathfrak{H}(G)$ 只与G的构造层在恒等元处的局部环有关,所以结论是显然的.

(2) 用 $x\in G$的共轭导出仿射群概形的自同构 $i_x:G\to G$ (对应地, i_x: $G_n\to G_n$), 即对每个交换 $\mathscr{K}$ 代数R与每个 $g\in G(R)$(对应地, $g\in G_n(R)$), $i_x(R)(g)=x_Rgx_R^{-1}$, 这里 $x_R=G(\kappa_R)(x)$(因为 G_n 是G的正规闭子群概形, 所以当 $g\in G_n(R)$ 时有 $x_Rgx_R^{-1}\in G_n(R)$). 据(8.2.4), 我们有 Hopf 代数的自同构 $\mathfrak{H}(i_x):\mathfrak{H}(G)\to\mathfrak{H}(G)$(对应地, $\mathfrak{H}(i_x):\mathfrak{H}(G_n)\to\mathfrak{H}(G_n)$, 它显然是作用在 $\mathfrak{H}(G)$ 上的 $\mathfrak{H}(i_x)$ 在 $\mathfrak{H}(G_n)$ 上的限制). 为证(2),我们只要再证: (i) $\mathfrak{H}(i_x)$ 在 $\mathfrak{H}(G)$ 上的作用就是 $\mathscr{K}[G]^*$ 内由x的共轭导出的; (ii) G 模 $\mathfrak{H}(G)$ 是有理的.

对于 (i)，由于 $\mathfrak{H}(i_x)$ 是 $i_x^{\#*}:\mathscr{K}[G]^* \to \mathscr{K}[G]^*$ 的限制，而(5.3.5)已证 $i_x^{\#*}$ 就是 x 的共轭，所以结论得证.

现在证 (ii). 显然映射 $x \longmapsto i_x^{\#}$ 使 $\mathscr{K}[G]$ 成为一个右有理 G 模. 如果能找到 $\mathscr{K}[G]$ 的一族在所有 $i_x^{\#}$ 下稳定的余有限理想 $\mathfrak{a}_n$，使 $\mathfrak{H}(G) = \bigcup\limits_n (\mathscr{K}[G]/\mathfrak{a}_n)^*$，则可知 $\mathfrak{H}(G)$ 为左有理 G 模：因为 $\mathscr{K}[G]/\mathfrak{a}_n$ 成为上述 G 模 $\mathscr{K}[G]$ 的有限维商模，它当然是有理的，于是它的反轭模 $(\mathscr{K}[G]/\mathfrak{a}_n)^*$ 是左有理 G 模，并且容易看出，在这个反轭模上 G 的作用正好是通过映射 $x \longmapsto i_x^{\#*}|_{(\mathscr{K}[G]/\mathfrak{a}_n)^*} = \mathfrak{H}(i_x)|_{(\mathscr{K}[G]/\mathfrak{a}_n)^*}$ 实现的.

仍用 $\mathfrak{m}$ 表示 $\mathscr{K}[G]$ 的增广理想. 当 $\mathrm{char}\mathscr{K} = p$ 时，令 $\mathfrak{a}_n = \mathfrak{m}^{[p^n]}$ 显然就符合需要. 对任何特征都适用的方法是取 $\mathfrak{a}_n = \mathfrak{m}^n$. 因为 $i_x^{\#}$ 是 Hopf 代数的自同构，所以稳定 $\mathfrak{m}$，从而稳定 $\mathfrak{m}^n$，而据 (8.2.4(4))，$\mathfrak{H}(G) = \bigcup\limits_n (\mathscr{K}[G]/\mathfrak{m}^n)^*$.

(3) $\mathfrak{m}$ 同上. 对 $f, f' \in \mathfrak{m}$，$X \in \mathfrak{L}(G)$，我们有

$$X(fg) = X(f)\varepsilon_{\mathscr{K}[G]}(f') + \varepsilon_{\mathscr{K}[G]}(f)X(f') = 0,$$

可见 X 在 $\mathscr{K}[G]$ 的余有限理想 $\mathfrak{m}^2$ 上为零. 上文已经说过，$(\mathscr{K}[G]/\mathfrak{m}^2)^* \subset \mathfrak{H}(G)$，所以 $\mathfrak{L}(G) \subset \mathfrak{H}(G)$. 我们已经知道，$\mathscr{K}[G]$ 上的点导子 X 刻划为

$$X \circ \mu_{\mathscr{K}[G]} = X \otimes \varepsilon_{\mathscr{K}[G]} + \varepsilon_{\mathscr{K}[G]} \otimes X,$$

现在已知 $X \in \mathfrak{H}(G)$，由对偶 Hopf 代数的定义，$X \circ \mu_{\mathscr{K}[G]} = \Delta_{\mathfrak{H}(G)}(X)$，所以 $\mathfrak{L}(G)$ 确实可以刻划为

$$\mathfrak{L}(G) = \{X \in \mathfrak{H}(G) \mid \Delta_{\mathfrak{H}(G)}(X) = X \otimes \varepsilon_{\mathscr{K}[G]} + \varepsilon_{\mathscr{K}[G]} \otimes X\}.$$

证毕.

如 (8.2.5(2)) 定义的 G 在 $\mathfrak{H}(G)$(以及 $\mathfrak{H}(G_n)$) 上的作用称为 G 的伴随作用，这种作用在 $\mathfrak{H}(G)$ 的子空间 $\mathfrak{L}(G)$ 上的限制就是通常的 G 在 $\mathfrak{L}(G)$ 上的伴随作用，参看(5.3.5).

(8.2.5)所涉及的一些概念与结果可以推广. 我们在这里作一些简要的说明，细节验证留给读者.

最容易推广的是 Lie 代数的概念. 对于 $\mathscr{R}$ 上无穷小光滑的

仿射群概形 G，用

$$\mathfrak{L}(G)=\{X\in\mathfrak{H}(G)\mid\Delta_{\mathfrak{H}(G)}(X)=X\otimes\varepsilon_{\mathscr{R}[G]}+\varepsilon_{\mathscr{R}[G]}\otimes X\}$$

定义它的 Lie 代数．读者可以验证，$\mathfrak{L}(G)$ 在换位运算 $[X,Y]=XY-YX$ 下确实成为 $\mathscr{R}$ 上的 Lie 代数，并且 $\mathfrak{L}$ 成为 $\mathscr{R}$ 上无穷小光滑的仿射群概形范畴到 $\mathscr{R}$ 上的 Lie 代数范畴的一个共变函子．

G 在 $\mathfrak{H}(G)$ 上的伴随作用也可以推广．当 G 是线性代数群时，由 $x\longmapsto i_x^{\#}$ 定义的右有理 G 模 $\mathscr{K}[G]$ 所对应的 $\mathscr{K}[G]$ 余模结构是 $\gamma_{\mathscr{K}[G]}:\mathscr{K}[G]\to\mathscr{K}[G]\otimes\mathscr{K}[G]$（参看第138页）．我们也可以推而广之，对 $\mathscr{R}$ 上的仿射群概形 G，用 $\gamma=\gamma_{\mathscr{R}[G]}:\mathscr{R}[G]\to\mathscr{R}[G]\otimes\mathscr{R}[G]$ 在 $\mathscr{R}[G]$ 上定义一个右有理 G 模结构（读者可自行验证两个交换图）．因为 $\mathfrak{m}$ 是 $\mathscr{R}[G]$ 的正规 Hopf 理想，我们有 $\gamma(\mathfrak{m})\subset\mathscr{R}[G]\otimes\mathfrak{m}$；又因为 γ 是代数同态，所以 $\gamma(\mathfrak{m}^n)\subset\mathscr{R}[G]\otimes\mathfrak{m}^n$，对所有 $n\in\mathbf{Z}^+$．换言之，$\mathfrak{m}^n$ 是 $\mathscr{R}[G]$ 的 G 子模，从而 γ 在 $\mathscr{R}[G]/\mathfrak{m}^n$ 上导出一个 G 商模结构 $\gamma_n:\mathscr{R}[G]/\mathfrak{m}^n\to\mathscr{R}[G]\otimes(\mathscr{R}[G]/\mathfrak{m}^n)$；再作反轭，在 $(\mathscr{R}[G]/\mathfrak{m}^n)^*$ 上定义了一个左有理 G 模结构

$$\begin{aligned}\gamma_n^*:(\mathscr{R}[G]/\mathfrak{m}^n)^*&\to(\mathscr{R}[G]/\mathfrak{m}^n)^*\otimes\mathscr{R}[G]\\&\cong\mathrm{Hom}_{\mathscr{R}[G]}(\mathscr{R}[G]\otimes_{\mathscr{R}}(\mathscr{R}[G]/\mathfrak{m}^n),\mathscr{R}[G]),\end{aligned}$$

使

$$\gamma_n^*(X)(1\otimes\bar{f})=(\mathrm{id}_{\mathscr{R}[G]}\otimes X)\circ\gamma_n(\bar{f}),\quad\forall\bar{f}\in\mathscr{R}[G]/\mathfrak{m}^n.$$

我们有 $\mathfrak{H}(G)=\bigcup_n(\mathscr{R}[G]/\mathfrak{m}^n)^*$，并且 γ_n^* 与 $(\mathscr{R}[G]/\mathfrak{m}^n)^*$ 到 $(\mathscr{R}[G]/\mathfrak{m}^{n+1})^*$ 的嵌入相容，于是把这些 γ_n^* 合并，便得到了 G 在 $\mathfrak{H}(G)$ 上的伴随作用，使 $\mathfrak{H}(G)$ 成为有理 G 模．还可以验证，$\mathfrak{L}(G)$ 成为这个有理 G 模的子模，从而我们也可以定义 G 在 $\mathfrak{L}(G)$ 上的伴随作用．

仿射群概形的超代数在仿射群概形的表示理论中起着相当重要的作用．据 (5.1.2) 与 (7.3.1)，每个有理 G 模都自然地具有 $\mathscr{R}[G]^*$ 模结构，从而具有自然的 $\mathfrak{H}(G)$ 模结构，这样，就把比较

抽象的函子与自然变换的问题或者余模问题，化为比较直观的代数的模的问题——而且这个代数又具有比较好的性质——使之更易于讨论. 当然，由有理 G 模导出的 $\mathfrak{H}(G)$ 模都是局部有限的，从而一般说来并不是每个 $\mathfrak{H}(G)$ 模都是由有理 G 模导出的. 不过，如果 $\mathscr{R}[G]$ 是有限维局部代数（例如 G 是无穷小群），则可避免这一遗憾.

(8.2.6) 命题. 设 G 是 $\mathscr{R}$ 上的仿射群概形，$\mathscr{R}[G]$ 是有限维局部代数，则有理 G 模范畴与 $\mathfrak{H}(G)$ 模范畴同构.

证明. 此时 $\mathfrak{H}(G)=\mathscr{R}[G]^*$. 据 (5.1.2)，我们只要再证每个 $\mathfrak{H}(G)$ 模都是由 $\mathscr{R}[G]$ 余模导出的。因为 $\mathfrak{H}(G)$ 模都是有限维模的直和，我们只要考虑有限维的情况. 设 $\{v_i\}$ 是有限维 $\mathfrak{H}(G)$ 模 V 的一组 $\mathscr{R}$ 基，则有 $f_{ij}\in\mathfrak{H}(G)^*=\mathscr{R}[G]$，使

$$Xv_j=\sum_i X(f_{ij})v_i,\quad \forall X\in\mathfrak{H}(G).$$

令 $\tau_V(v_j)=\sum_i v_i\otimes f_{ij}$，则得到线性映射 $\tau_V: V\to V\otimes\mathscr{R}[G]$. 我们用两种方法求 XYv_j（其中 $X, Y\in\mathfrak{H}(G)$）:

$$\begin{aligned}XYv_j&=(XY)v_j=\sum_i (XY)(f_{ij})v_i\\&=\sum_i (X\otimes Y)\circ\Delta_{\mathscr{R}[G]}(f_{ij})v_i,\end{aligned}$$

$$\begin{aligned}XYv_j&=X(Yv_j)=\sum_k Y(f_{kj})Xv_k\\&=\sum_i\Big(\sum_k X(f_{ik})Y(f_{kj})\Big)v_i,\end{aligned}$$

所以

$$\begin{aligned}(X\otimes Y)\circ\Delta_{\mathscr{R}[G]}(f_{ij})&=\sum_k X(f_{ik})Y(f_{kj})\\&=(X\otimes Y)\Big(\sum_k f_{ik}\otimes f_{kj}\Big).\end{aligned}$$

由于 $X\otimes Y$ 张成了 $(\mathscr{R}[G]\otimes\mathscr{R}[G])^*$，我们推出 $\Delta_{\mathscr{R}[G]}(f_{ij})=$

$\sum_k f_{ik}\otimes f_{kj}$，因此

$$\begin{aligned}(\mathrm{id}_V\otimes\Delta_{\mathscr{R}[G]})\circ\tau_V(v_j)&=\sum_i v_i\otimes\left(\sum_k f_{ik}\otimes f_{kj}\right)\\&=\sum_k\left(\sum_i v_i\otimes f_{ik}\right)\otimes f_{kj}\\&=\sum_k\tau_V(v_k)\otimes f_{kj}\\&=(\tau_V\otimes\mathrm{id}_{\mathscr{R}[G]})\circ\tau_V(v_j),\end{aligned}$$

从而 $(\mathrm{id}_V\otimes\Delta_{\mathscr{R}[G]})\circ\tau_V=(\tau_V\otimes\mathrm{id}_{\mathscr{R}[G]})\circ\tau_V$. 又，因为 $\varepsilon_{\mathscr{R}[G]}$ 为 $\mathfrak{H}(G)$ 的恒等元,我们有

$$\begin{aligned}(\mathrm{id}_V\otimes\varepsilon_{\mathscr{R}[G]})\circ\tau_V(v_j)&=\sum_i\varepsilon_{\mathscr{R}[G]}(f_{ij})v_i\\&=\varepsilon_{\mathscr{R}[G]}v_j=v_j,\end{aligned}$$

所以 $(\mathrm{id}_V\otimes\varepsilon_{\mathscr{R}[G]})\circ\tau_V=\mathrm{id}_V$. 由此可见 V 在 τ_V 下确实成为一个 $\mathscr{R}[G]$ 余模. 根据(5.1.2)的证明,我们知道，从这个 $\mathscr{R}[G]$ 余模导出的 $\mathfrak{H}(G)$ 模就是原来的 $\mathfrak{H}(G)$ 模,因此每个 $\mathfrak{H}(G)$ 模都是从 $\mathscr{R}[G]$ 余模导出的. 证毕.

我们来考察一下在(8.2.6)所述的范畴同构下，有理 G 模的 G 不动点集合如何用 $\mathfrak{H}(G)$ 模的语言描述. 设 v 是有理 G 模 V 的 G 不动点，即 $\tau_V(v)=v\otimes1$，于是对所有 $X\in\mathfrak{H}(G)$，$Xv=X(1)v=\varepsilon_{\mathfrak{H}(G)}(X)v$;反之,设非零的 $v\in V$ 使得对所有 $X\in\mathfrak{H}(G)$ 均有 $Xv=\varepsilon_{\mathfrak{H}(G)}(X)v$，取 V 的基 $\{v_i\}$ 使 $v_1=v$,再设 $\tau_V(v)=\sum v_i\otimes f_i$，则又有 $Xv=\sum_i X(f_i)v_i$，比较 Xv 的两个表达式，推出

$$X(f_i)=\begin{cases}X(1), & \text{当 } i=1 \text{ 时},\\ 0, & \text{当 } i\neq1 \text{ 时},\end{cases}$$

推及 $f_1=1$，$f_i=0\ (i\neq1)$，从而 $\tau_V(v)=v\otimes1$，即 v 是 G 不动点. 由此可见,在(8.2.6)的假设下,如果 V 是有理 G 模,则

$$v\in V^G\Longleftrightarrow Xv=\varepsilon_{\mathfrak{H}(G)}(X)v,\quad\forall X\in\mathfrak{H}(G).$$

这一结论建议我们作如下定义：设A是$\mathscr{R}$上的任一 Hopf 代数，V是A模(即A作为代数的模)，如果$v\in V$使

$$av=\varepsilon_A(a)v,\quad \forall a\in A,$$

则称v为V的A**不动点**，V的A不动点全体所成的子空间记为V^A.

上文等价条件中"⇒"方向的证明适用于任一仿射群概形，因此我们得到如下命题

(8.2.7) 命题. 设G是$\mathscr{R}$上的仿射群概形，V为有理G模，则$V^G\subset V^{\mathfrak{H}(G)}$.

加上适当的条件，我们可以得到比较接近于(8.2.6)的结果.

(8.2.8) 命题. 设G为$\mathscr{R}$上无穷小光滑的仿射群概形，$\mathfrak{m}$为$A=\mathscr{R}[G]$的增广理想. 如果$\bigcap\limits_n \mathfrak{m}^n=0$，则

(1) $V^G=V^{\mathfrak{H}(G)}$;

(2) V的子空间是G稳定的当且仅当它是$\mathfrak{H}(G)$稳定的；

(3) V到有理G模V'的$\mathscr{R}$线性映射是G模同态当且仅当它是$\mathfrak{H}(G)$模同态.

证明. 从假设条件可以推出一个事实：如果$f\in A$对所有$X\in\mathfrak{H}(G)$均有$X(f)=0$，则$f=0$. 事实上，如果$f\neq 0$，则有n使$f\notin\mathfrak{m}^n$，从而f在$A/\mathfrak{m}^n$中的象不是零，所以有$X\in(A/\mathfrak{m}^n)^*$使$X(f)\neq 0$. 据(8.2.4(4))，$(A/\mathfrak{m}^n)^*\subset\mathfrak{H}(G)$.

在以下证明中不妨设V是有限维的.

(1) 只要再证$V^{\mathfrak{H}(G)}\subset V^G$，其证明与(8.2.7)前的等价条件中"⇐"方向的证明几乎一样，因为我们现在也可以从$X(f_1)=X(1)$对所有$X\in\mathfrak{H}(G)$成立推出$f_1=1$，从$X(f_i)=0(i\neq 1)$对所有$X\in\mathfrak{H}(G)$成立推出$f_i=0$.

(2) 只要再证若V的子空间W是$\mathfrak{H}(G)$稳定的，则一定是G子模. 取W的基$v_1, v_2, \cdots, v_m$，扩充为V的基$v_1, v_2, \cdots, v_m, v_{m+1}, \cdots, v_n$ ($\dim W=m\leqslant n=\dim V$). 设$\tau_V(v_j)=\sum\limits_i v_i\otimes$

f_{ij}，则对 $X\in\mathfrak{H}(G)$，$Xv_j=\sum_i X(f_{ij})v_i$. 于是，如果 $j\leqslant m$，则 $X(f_{ij})=0$，对所有 $i>m$，推及这些 $f_{ij}=0$. 从而 $\tau_V(v_j)=\sum_{i=1}^m v_i\otimes f_{ij}\in W\otimes A$，可见 $\tau_V(W)\subset W\otimes A$，即 W 为 G 子模.

(3) 设 $\varphi:V\to V'$ 是 $\mathscr{R}$ 线性映射. 只要再证当 φ 是 $\mathfrak{H}(G)$ 模同态时，φ 也一定是 G 模同态. 取 $\mathrm{Im}\varphi$ 的一组基 $v_1',\cdots,v_m'$，$m=\dim\mathrm{Im}\varphi$；再取每个 v_i' 的一个原象 v_i，添上 $\mathrm{Ker}\varphi$ 的一组基 $v_{m+1},\cdots,v_n$ ($n=\dim V$)，则 $v_1,\cdots,v_n$ 为 V 的一组基. 再设 $\tau_V(v_j)=\sum_{i=1}^n v_i\otimes f_{ij}$，则

$$(\varphi\otimes\mathrm{id}_A)\circ\tau_V(v_j)=\sum_{i=1}^m v_i'\otimes f_{ij}.$$

另一方面，据(2)，$\mathrm{Im}\varphi$ 是 V' 的 G 子模，所以可设

$$\tau_{V'}\circ\varphi(v_j)=\sum_{i=1}^m v_i'\otimes f_{ij}'.$$

我们只要证 $f_{ij}=f_{ij}'(i=1,\cdots,m;\ j=1,\cdots,n)$. 因为 φ 是 $\mathfrak{H}(G)$ 模同态，对于 $X\in\mathfrak{H}(G)$，我们有

$$\sum_{i=1}^m X(f_{ij})v_i'=\sum_{i=1}^m X(f_{ij}')v_i',\quad j=1,2,\cdots,n.$$

推及 $X(f_{ij})=X(f_{ij}')$，即当 $i=1,\cdots,n$，$j=1,\cdots,m$ 时，均有

$$X(f_{ij}-f_{ij}')=0,\quad \forall X\in\mathfrak{H}(G).$$

于是对这些 i,j，有 $f_{ij}=f_{ij}'$，正如所求. 证毕.

(8.2.8)对 G 所加的限制条件并不是很苛刻的，我们感兴趣的情况大都满足这个要求. 例如，当 G 是连通线性代数群导出的 $\mathscr{R}$ 上的仿射群概形，则 $\mathscr{R}[G]$ 是 Noether 整区，从而据 Krull 交定理，$\bigcap_n \mathfrak{m}^n=0$；当然，(8.2.6)所讨论的群概形也满足 (8.2.8) 的条件，因为 $\mathfrak{m}$ 成为 Noether 环 $\mathscr{R}[G]$ 的 Jacobson 根基，从而 Krull 交定理告诉我们 $\bigcap_n \mathfrak{m}^n=0$，不过，(8.2.6)的结论比(8.2.8)

强.

我们还想说明一下，在有理 G 模的张量积与反轭模上，$\mathfrak{H}(G)$ 如何作用.

(8.2.9) 命题. (1) 设 V_1 与 V_2 是有理 G 模，典范地看成 $\mathfrak{H}(G)$ 模，则 $\mathfrak{H}(G)$ 在 $V_1\otimes V_2$ 上的作用通过 $\Delta_{\mathfrak{H}(G)}$ 实现，即，如果 $X\in\mathfrak{H}(G)$，$\Delta_{\mathfrak{H}(G)}(X)=\sum_i X_i\otimes X_i'$，则

$$X\cdot(v_1\otimes v_2)=\sum_i X_iv_1\otimes X_i'v_2,\ \forall v_1\in V_1,\ v_2\in V_2.$$

(2) 设 V 是有限维有理 G 模，V^* 是它的反轭模，则

$(Xf)(v)=f(\eta_{\mathfrak{H}(G)}(X)v),\forall X\in\mathfrak{H}(G),\ v\in V,\ f\in V^*.$

证明. (1)在 § 7.3 末尾我们已经指出，

$$\tau_{V_1\otimes V_2}=(\mathrm{id}_{V_1}\otimes\mathrm{id}_{V_2}\otimes\mu_{\mathscr{R}[G]})\circ(23)\circ(\tau_{V_1}\otimes\tau_{V_2}),$$

所以

$$\begin{aligned}(\mathrm{id}_{V_1\otimes V_2}\otimes X)\circ\tau_{V_1\otimes V_2}&=(\mathrm{id}_{V_1}\otimes\mathrm{id}_{V_2}\otimes X\circ\mu_{\mathscr{R}[G]})\circ(23)\circ(\tau_{V_1}\otimes\tau_{V_2})\\&=(\mathrm{id}_{V_1}\otimes\mathrm{id}_{V_2}\otimes\Delta_{\mathfrak{H}(G)}(X))\circ(23)\circ(\tau_{V_1}\otimes\tau_{V_2})\\&=\left(\sum_i\mathrm{id}_{V_1}\otimes X_i\otimes\mathrm{id}_{V_2}\otimes X_i'\right)\circ(\tau_{V_1}\otimes\tau_{V_2})\\&=\sum_i((\mathrm{id}_{V_1}\otimes X_i)\circ\tau_{V_1})\otimes((\mathrm{id}_{V_2}\otimes X_i')\circ\tau_{V_2}).\end{aligned}$$

用模的记法写出，就是(1)中所列的公式.

(2) 不妨设 $\{f_i\}$ 与 $\{v_i\}$ 是 V^* 与 V 的对偶基，$\tau_V(v_i)=\sum v_j\otimes a_{ji}$，$a_{ji}\in\mathscr{R}[G]$，则 $\tau_{V^*}(f_i)=\sum_j f_j\otimes\eta_{\mathscr{R}[G]}(a_{ij})$，所以

$$(Xf_j)(v_i)=X(\eta_{\mathscr{R}[G]}(a_{ji})),$$
$$f_j(\eta_{\mathfrak{H}(G)}(X)v_i)=\eta_{\mathfrak{H}(G)}(X)(a_{ji}).$$

因为 $X\circ\eta_{\mathscr{R}[G]}=\eta_{\mathfrak{H}(G)}(X)$，结论即得. 证毕.

一般地，设 A 是 $\mathscr{R}$ 上的 Hopf 代数，V_1 与 V_2 是 A 模，则可以通过 Δ_A 在 $V_1\otimes_{\mathscr{R}}V_2$ 上定义一个 A 模结构，这样定义的 A 模 $V_1\otimes_{\mathscr{R}}V_2$ 称为 A 模 V_1 与 V_2 的**张量积**；若 V 是 $\mathscr{R}$ 上有限维的 A

模，则也可以在 $V^* = \mathrm{Hom}_{\mathscr{R}}(V, \mathscr{R})$ 上定义一个 A 模结构：

$$(af)(v) = f(\eta_A(a)v), \quad \forall a \in A, \ f \in V^*, \ v \in V,$$

这样定义的 A 模 V^* 称为 A 模 V 的**反轭模**. 据(8.2.9)，这两个定义是合理的，它们与仿射群概形有理模的相应定义是吻合的.

仿射群概形的超代数在表示论中的更深入的应用在以后各章节还会陆续见到. 现在举两个简单的例子——求 $\mathbf{G}_a$ 与 $\mathbf{G}_m$ 的超代数. 在 §9 中，我们还会用另外的方法把单连通半单线性代数群及其 Frobenius 核的超代数明确构作出来.

例 2. 求 $\mathfrak{H}(\mathbf{G}_a)$. 仍用 f 表 $\mathbf{G}_a$ 的坐标函数，则 $\mathscr{R}[\mathbf{G}_a] = \mathscr{R}[f]$. 把 §5 的例 2 与本节的例 1 结合起来，得知 $\mathfrak{H}(\mathbf{G}_a)$ 有基 $\{X_r | r \in \mathbf{Z}^+\}$，其中 $X_r(f^s) = \delta_{rs}$，或用 § 5 例 2 的记号，X_r 为 r 分量为 1，其余分量为 0 的无限序列. 我们有

$$X_r X_s = \binom{r+s}{r} X_{r+s},$$

$$\Delta_{\mathfrak{h}(\mathbf{G}_a)}(X_r) = \sum_{i+j=r} X_i \otimes X_j, \quad \varepsilon_{\mathfrak{h}(\mathbf{G}_a)}(X_r) = \delta_{r0};$$

又因为 $\eta_{\mathscr{R}[\mathbf{G}_a]}(f) = -f$，我们推出

$$\eta_{\mathfrak{h}(\mathbf{G}_a)}(X_r) = (-1)^r X_r.$$

此外，从 § 5 的例 7 得知，$\mathbf{G}_a$ 的 Lie 代数由 $X = X_1$ 张成；与 § 5 例 5 类似地推出，对交换 $\mathscr{R}$ 代数 R，$\mathbf{G}_a(R)$ 可以等同于 $\mathscr{R}[\mathbf{G}_a]^* \otimes_{\mathscr{R}} R$ 中的乘法子群 $\{(a^n)_{n \in \mathbf{Z}^+} | a \in R\}$，因此，$\mathbf{G}_a(R)$ 的元素可以形式地写成 $\sum_{r=0}^{\infty} a^r X_r$，$a \in R$，这里把 $X_r \otimes 1$ 仍写为 X_r.

如果 $\mathrm{char}\mathscr{R} = 0$，则 $X_r = \dfrac{X^r}{r!}$，从而 $\mathfrak{H}(\mathbf{G}_a) = \mathscr{R}[X]$ 仍是多项式环，实际上 $X \mapsto f$ 导出 $\mathfrak{H}(\mathbf{G}_a)$ 与 $\mathscr{R}[\mathbf{G}_a]$ 的 Hopf 代数同构.

如果 $\mathrm{char}\mathscr{R} = p > 0$，则 $\mathbf{G}_a$ 的第 n 个 Frobenius 核 $\mathbf{G}_{a,n}$ 的超代数为 $\mathfrak{H}(\mathbf{G}_{a,n}) = (\mathscr{R}[f]/\mathscr{R}[f]f^{p^n})^*$，所以有基 $\{X_r | 0 \leqslant r < p^n\}$. 根据我们的理论，它是 $\mathfrak{H}(\mathbf{G}_a)$ 的子 Hopf 代数，读者也可根据上面的公式，验证这个断言. 与特征零情况不同的是，此时 $\mathfrak{H}(\mathbf{G}_a)$ 与 $\mathscr{R}[\mathbf{G}_a]$ 有本质的区别，例如后者是 $\mathscr{R}$ 上有限型的，而前者并非如此，因为 $\mathfrak{H}(\mathbf{G}_a)$ 的有限个元素总含在某个 $\mathfrak{H}(\mathbf{G}_{a,n})$ 中，充其量它们只能生成 $\mathfrak{H}(\mathbf{G}_a)$ 的有限维子代数 $\mathfrak{H}(\mathbf{G}_{a,n})$. 因此，虽然 $\mathfrak{H}(\mathbf{G}_a)$ 也是交换 Hopf 代数，从而也定义了 $\mathscr{R}$ 上的仿射群概形，但这

个仿射群概形与 $\mathbb{G}_a$ 有本质的区别.

例 3. 求 $\mathfrak{H}(\mathbb{G}_m)$. 仍用 t 表示 $\mathbb{G}_m$ 的坐标函数，则 $\mathscr{R}[\mathbb{G}_m]=\mathscr{R}[t,t^{-1}]$. 用 § 5 例 3 的记号，令 $H_r=(a_n)_{n\in\mathbf{Z}}$，其中 $a_n=\binom{n}{r}$. 我们将证明 $\{H_r|r\in\mathbf{Z}^+\}$ 组成 $\mathfrak{H}(\mathbb{G}_m)$ 的基. 因为 $\mathscr{R}[t,t^{-1}]$ 的增广理想由 $t-1$ 生成，据 (8.2.4(4))，$\mathfrak{H}(\mathbb{G}_m)=\bigcup\limits_n(\mathscr{R}[t,t^{-1}]/\mathscr{R}[t,t^{-1}](t-1)^n)^*$. 因为在 $\mathscr{R}[t,t^{-1}]/\mathscr{R}[t,t^{-1}](t-1)^n$ 中，t^{-1} 的象是 t 的多项式的象，所以 $\mathscr{R}[t,t^{-1}]/\mathscr{R}[t,t^{-1}](t-1)^n=\mathscr{R}[t]/\mathscr{R}[t](t-1)^n$，我们只要验证 H_0、$H_1,\cdots,H_{n-1}$ 组成 $\mathscr{R}[t]/\mathscr{R}[t](t-1)^n$ 的基 $\bar{1},\overline{t-1},\cdots,\overline{(t-1)^{n-1}}$ 的对偶基，横线表示 $\mathscr{R}[t]$ 的元素在 $\mathscr{R}[t]/\mathscr{R}[t](t-1)^n$ 中的典范象. 要证的也就是 $H_r((t-1)^s)=\delta_{rs}$，对所有 $r,s\in\mathbf{Z}^+$.

$$H_r((t-1)^s)=H_r\left(\sum_{i=0}^{s}(-1)^{s-i}\binom{s}{i}t^i\right)$$
$$=\sum_{i=0}^{s}(-1)^{s-i}\binom{s}{i}\binom{i}{r}.$$

如果 $s<r$，显然 $H_r((t-1)^s)=0$；当 $s=r$ 时，也显然有 $H_r((t-1)^s)=1$；当 $s>r$ 时，

$$H_r((t-1)^s)=\sum_{i=r}^{s}(-1)^{s-i}\frac{s!i!}{i!(s-i)!r!(i-r)!}$$
$$=\sum_{i=r}^{s}(-1)^{s-i}\frac{s!}{(s-r)!r!}\cdot\frac{(s-r)!}{(s-i)!(i-r)!}$$
$$=\sum_{i=r}^{s}(-1)^{s-i}\binom{s}{r}\binom{s-r}{s-i}$$
$$=\sum_{i=0}^{s-r}(-1)^i\binom{s}{r}\binom{s-r}{i}$$
$$=\binom{s}{r}(1-1)^{s-r}=0,$$

正如所求. H_r 之间的乘法按分量进行(见 § 5 例3)，而我们容易推出，

$$\Delta_{\mathfrak{h}(\mathbb{G}_m)}(H_r)=\sum_{i+j=r}H_i\otimes H_j,\quad \varepsilon_{\mathfrak{h}(\mathbb{G}_m)}(H_r)=\delta_{r0},$$

而 $\eta_{\mathfrak{h}(\mathbb{G}_m)}(H_r)$ 是无限序列 $(a_n)_{n\in\mathbf{Z}}$，其中 $a_n=\binom{-n}{r}$. 此外，还有显然的

事实：H_0 是 $\mathfrak{H}(\mathbb{G}_m)$ 的乘法恒等元，H_1 就是§5 例 8 的 H，从而张成 $\mathbb{G}_m$ 的 Lie 代数；此外，如果 $\operatorname{char}\mathscr{R}=0$，则 $H_r=\binom{H}{r}$（只要作用在每个 f^s 上即可验证这一点），因此 $\mathfrak{H}(\mathbb{G}_m)$ 又是 $\mathscr{R}$ 上的多项式环 $\mathscr{R}[H]$，如果 $\operatorname{char}\mathscr{R}=p>0$，则 $\mathfrak{H}(\mathbb{G}_{m,n})$ 有基 $\{H_r\,|\,0\leqslant r<p^n\}$.

如果 $\chi=f^n\in\mathfrak{X}(\mathbb{G}_m)$，则与§5 例 8 类似地推出 $\mathfrak{H}(\chi)(H_r)=(a_s)_{s\in\mathbf{Z}}$，$a_s=\binom{ns}{r}$，它当然还是某些 H_s 的线性组合．也可以象§5 例 8 那样，把 χ 看成线性函数，于是在 χ 的赋值是一个 $\mathscr{R}$ 代数同态 $\mathfrak{H}(\mathbb{G}_m)\to\mathscr{R}$，把 H_r 对应到 $\binom{n}{r}$ 在 $\mathscr{R}$ 中的象，它是 $\mathscr{R}[G]^*=\prod\limits_{i\in\mathbf{Z}}\mathscr{R}_i$ 在 n 分量的射影 pr_n 的限制，我们将把这个代数同态仍记为 χ.

§ 9. 单连通半单线性代数群的超代数

单连通半单线性代数群的超代数实际上就是§3.1 讨论过的 $\mathfrak{U}_{\mathscr{X}}$，为了说明这个事实，我们还得更深入地讨论一下 $\mathfrak{U}_{\mathscr{X}}$ 的结构．先回忆 $\mathfrak{U}_{\mathscr{X}}$ 的构作法：给定抽象根系 Φ，有唯一的复半单 Lie 代数 $\mathfrak{g}$ 与之对应，设 $\mathfrak{g}$ 的普遍包络代数为 $\mathfrak{U}$．取定 $\mathfrak{g}$ 的一组 Chevalley 基 $\{X_\alpha, H_i\,|\,\alpha\in\Phi,\ 1\leqslant i\leqslant l=\operatorname{rank}\Phi\}$，令

$$\boldsymbol{Y}_{\boldsymbol{a}}=\prod_{\alpha\in\Phi^+}(X_{-\alpha}^{a_\alpha}/a_\alpha!),$$

$$\boldsymbol{X}_{\boldsymbol{c}}=\prod_{\alpha\in\Phi^+}(X_{\alpha}^{c_\alpha}/c_\alpha!),$$

其中 $\boldsymbol{a}=(a_\alpha)_{\alpha\in\Phi^+}$ 与 $\boldsymbol{c}=(c_\alpha)_{\alpha\in\Phi^+}$ 都是 $\mathbf{Z}^+$ 的 $|\Phi^+|$ 元有序组，上面的乘积是按 Φ^+ 中一个固定的顺序取的；再设 $\boldsymbol{b}=(b_1,\cdots,b_l)$ 是 $\mathbf{Z}^+$ 的 l 元有序组，令

$$\boldsymbol{H}_{\boldsymbol{b}}=\prod_{i=1}^{l}\binom{H_i}{b_i},$$

其中

$$\binom{H_i}{b_i}=\frac{H_i(H_i-1)\cdots(H_i-b_i+1)}{b_i!},$$

则

$$\{\boldsymbol{Y_a H_b X_c}\}$$

是 $\mathfrak{U}$ 的一组 C 基，它们的 Z 张成 $\mathfrak{U}_Z$ 则是 $\mathfrak{U}$ 的 Kostant Z 形式．对给定的代数闭域 $\mathscr{K}$，令 $\mathfrak{U}_{\mathscr{K}}=\mathfrak{U}_Z\otimes_Z\mathscr{K}$．我们约定把 $(X_\alpha^r/r!)\otimes 1$ 简记为 $X_{\alpha,r}(\alpha\in\Phi,\ r\in \mathbf{Z}^+)$，把 $\binom{H_i}{r}$ 简记为 $H_{i,r}$ $(1\leqslant i\leqslant l,\ r\in\mathbf{Z}^+)$，而 $\boldsymbol{Y_a}\otimes 1$，$\boldsymbol{H_b}\otimes 1$ 与 $\boldsymbol{X_c}\otimes 1$ 仍简记为 $\boldsymbol{Y_a}$，$\boldsymbol{H_b}$ 与 $\boldsymbol{X_c}$．

9.1 $\mathfrak{U}_{\mathscr{K}}$ 的子代数滤过

现在设 $\operatorname{char}\mathscr{K}=p>0$．先约定一个记号：对于 $m\in\mathbf{Z}^+$，如果 $\mathbf{Z}^+$ 的 $|\Phi^+|$ 元组 $\boldsymbol{a}$ 与 $\boldsymbol{c}$ 或者 l 元组 $\boldsymbol{b}$ 的每个分量都严格小于 m，则记 $\boldsymbol{a}\prec m$，$\boldsymbol{c}\prec m$ 或者 $\boldsymbol{b}\prec m$．

(9.1.1) 定理．(Humphreys)．设 $n\in\mathbf{Z}^+$，$\mathbf{u}_n$ 为 $\mathfrak{U}_{\mathscr{K}}$ 中由所有 $X_{\alpha,r}(\alpha\in\Phi,\ 0\leqslant r<p^n)$ 生成的子代数，则 $\dim\mathbf{u}_n=p^{nd}$，其中 $d=\dim\mathfrak{g}=|\Phi|+l$，$\mathbf{u}_n$ 的一组典范基是

$$\{\boldsymbol{Y_a H_b X_c}\mid \boldsymbol{a},\ \boldsymbol{b},\ \boldsymbol{c}\prec p^n\}.$$

我们把定理的证明分成若干引理．

(9.1.2) 引理． 在 $\mathfrak{U}_Z$ 内有如下换位公式 $(r,t\in\mathbf{Z}^+)$：

(1) $$\frac{X_\alpha^t}{t!}\frac{X_{-\alpha}^r}{r!}=\sum_{j=0}^{r}\sum_{s=0}^{t}\binom{-r-t+2j}{j-s}\frac{X_{-\alpha}^{r-j}}{(r-j)!}\cdot\binom{[X_\alpha,X_{-\alpha}]}{s}\frac{X_\alpha^{t-j}}{(t-j)!};$$

(2) $$\binom{H_i}{r}\frac{X_\alpha^t}{t!}=\sum_{j=0}^{r}\binom{t\alpha(H_i)}{r-j}\frac{X_\alpha^t}{t!}\binom{H_i}{j};$$

(3) $$\frac{X_\alpha^t}{t!}\binom{H_i}{r}=\sum_{j=0}^{r}\binom{-t\alpha(H_i)}{r-j}\binom{H_i}{j}\frac{X_\alpha^t}{t!}.$$

以下 α 与 β 是线性无关的根，$\Psi=\{i\alpha+j\beta\mid i,\ j\in\mathbf{Z}^+,\ i\alpha+j\beta\in\Phi\}$，对于 $\alpha',\ \beta'\in\Phi$，$N_{\alpha'\beta'}$ 是 Chevalley 基的结构常数，即 $[X_{\alpha'},X_{\beta'}]=N_{\alpha'\beta'}X_{\alpha'+\beta'}$．

(4) 若 $\Psi=\{\alpha,\beta\}$，则 $\dfrac{X_\beta^r}{r!}\dfrac{X_\alpha^t}{t!}=\dfrac{X_\alpha^t}{t!}\dfrac{X_\beta^r}{r!}$；

(5) 若 $\Psi=\{\alpha,\beta,\alpha+\beta\}$，则

$$\frac{X_\beta^r}{r!}\frac{X_\alpha^t}{t!}=\sum_{i=0}^{\min(r,t)}N_{\beta\alpha}^i\frac{X_\alpha^{t-i}}{(t-i)!}\frac{X_\beta^{r-i}}{(r-i)!}\frac{X_{\alpha+\beta}^i}{i!};$$

(6) 若 $\Psi=\{\alpha,\beta,\alpha+\beta,\alpha+2\beta\}$，则

$$\frac{X_\beta^r}{r!}\frac{X_\alpha^t}{t!}=\sum_{\substack{i+j\leqslant t\\ i+2j\leqslant r}}2^{-j}N_{\beta\alpha}^{i+j}N_{\alpha+\beta,\beta}^j\frac{X_\alpha^{t-i-j}}{(t-i-j)!}\cdot$$

$$\cdot\frac{X_\beta^{r-i-2j}}{(r-i-2j)!}\frac{X_{\alpha+\beta}^i}{i!}\frac{X_{\alpha+2\beta}^j}{j!};$$

(7) 若 $\Psi=\{\alpha,\beta,\alpha+\beta,2\alpha+\beta\}$，则

$$\frac{X_\beta^r}{r!}\frac{X_\alpha^t}{t!}=\sum_{\substack{i+2j\leqslant t\\ i+j\leqslant r}}2^{-j}N_{\beta\alpha}^{i+j}N_{\alpha+\beta,\alpha}^j\frac{X_\alpha^{t-i-2j}}{(t-i-2j)!}\cdot$$

$$\cdot\frac{X_\beta^{r-i-j}}{(r-i-j)!}\frac{X_{\alpha+\beta}^i}{i!}\frac{X_{2\alpha+\beta}^j}{j!};$$

(8) 若 $\Psi=\{\alpha,\beta,\alpha+\beta,\alpha+2\beta,2\alpha+\beta\}$，则

$$\frac{X_\beta^r}{r!}\frac{X_\alpha^t}{t!}=\sum_{\substack{i+j+2k\leqslant t\\ i+2j+k\leqslant r}}2^{-j-k}N_{\beta\alpha}^{i+j+k}N_{\alpha+\beta,\alpha}^kN_{\alpha+\beta,\beta}^j\cdot$$

$$\cdot\frac{X_\alpha^{r-i-j-2k}}{(r-i-j-2k)!}\frac{X_\beta^{r-i-2j-k}}{(r-i-2j-k)!}\cdot$$

$$\cdot\frac{X_{\alpha+\beta}^i}{i!}\frac{X_{\alpha+2\beta}^j}{j!}\frac{X_{2\alpha+\beta}^k}{k!};$$

(9) 若 $\Psi=\{\alpha,\beta,\alpha+\beta,\alpha+2\beta,\alpha+3\beta,2\alpha+3\beta\}$，则

$$\frac{X_\beta^r}{r!}\frac{X_\alpha^t}{t!}=\sum_{\substack{i+j+k+2m\leqslant t\\ i+2j+3k+3m\leqslant r}}2^{-j-k}3^{-k-m}N_{\beta\alpha}^{i+j+k}N_{\alpha+\beta,\beta}^{j+k+m}\cdot$$

$$\cdot N_{\alpha+2\beta,\beta}^kN_{\alpha+2\beta,\alpha+\beta}^m\cdot\frac{X_\alpha^{t-i-j-k-2m}}{(t-i-j-k-2m)!}\cdot$$

$$\cdot\frac{X_\beta^{r-i-2j-3k-3m}}{(r-i-2j-3k-3m)!}\frac{X_{\alpha+\beta}^i}{i!}\frac{X_{\alpha+2\beta}^j}{j!}.$$

$$\cdot \frac{X_{\alpha+3\beta}^{k}}{k!} \frac{X_{2\alpha+3\beta}^{m}}{m!};$$

(10) 若 $\Psi = \{\alpha, \beta, \alpha+\beta, 2\alpha+\beta, 3\alpha+\beta, 3\alpha+2\beta\}$，则

$$\frac{X_{\beta}^{r}}{r!} \frac{X_{\alpha}^{t}}{t!} = \sum_{\substack{i+2j+3k+3m \leqslant t \\ i+j+k+2m \leqslant r}} 2^{-i-k} 3^{-k-m} N_{\beta\alpha}^{i+j+k} N_{\alpha+\beta,\alpha}^{j+k+m} N_{2\alpha+\beta,\alpha}^{k} \cdot$$

$$\cdot N_{2\alpha+\beta,\alpha+\beta}^{m} \frac{X_{\alpha}^{t-i-2j-3k-3m}}{(t-i-2j-3k-3m)!} \cdot$$

$$\cdot \frac{X_{\beta}^{r-i-j-k-2m}}{(r-i-j-k-2m)!} \frac{X_{\alpha+\beta}^{i}}{i!} \frac{X_{2\alpha+\beta}^{j}}{j!} \cdot$$

$$\cdot \frac{X_{3\alpha+\beta}^{k}}{k!} \frac{X_{3\alpha+2\beta}^{m}}{m!}.$$

说明：(9.1.2) 的十个公式已囊括了复半单 Lie 代数的普遍包络代数中所有可能的换位运算，其中公式 (8)—(10) 只用于 G_2 型。对于本节的目的来说，重要的只是以下两个事实：(i) 换位以后，各项中根向量的幂次都不高于原来两个根向量的幂次的较大者；(ii) 换位以后，各项系数都是有理整数（虽然有些公式中出现 2 或 3 的负指数幂，但是在 Chevalley 常数中也会相应地出现 2 或 3 的幂）。当然，(ii) 是 Kostant 定理(3.1.2)的推论，但是，本引理的证明不依赖于 Kostant 定理。实际上，用这些公式很快就可以证明 Kostant 定理。

证明．用 Chevalley 基之间的换位公式，并作适当的数学归纳法，便可证明这些公式．我们只证公式(2)与(7)，作为示范．公式(1)就是 [Hum1, § 26.2] 的公式，只不过用一个熟知的组合公式作了变形(参看公式(2)的证明)；公式(3)的证明与公式(2)几乎一样；公式(4)是平凡的，(5)也容易证明，(6)的证明与(7)类似；公式(8)—(10)的证明尽管冗长，但基本方法与主要技巧在 (7) 的证明中已体现出来了．

公式(2)的证明：对 t 作简单的归纳法便可证得

$$H_i \frac{X_{\alpha}^{t}}{t!} = \frac{X_{\alpha}^{t}}{t!} (H_i + t\alpha(H_i)),$$

由此推及

$$\binom{H_i}{r}\frac{X_\alpha^t}{t!}=\frac{X_\alpha^t}{t!}\binom{H_i+t\alpha(H_i)}{r},$$

再用恒等式

$$\binom{S+T}{r}=\sum_{j=0}^{r}\binom{S}{r-j}\binom{T}{j}$$

便得结果．最后这个恒等式的证明也不困难：对所有的正整数 m 与 n，用两种方法计算 $(x+1)^{m+n}=(x+1)^m(x+1)^n$ 展开式中 x^r 项的系数即可．

公式(7)的证明：当 $r=1$ 时，公式简化为

$$X_\beta\frac{X_\alpha^t}{t!}=\frac{X_\alpha^t}{t!}X_\beta+N_{\beta\alpha}\frac{X_\alpha^{t-1}}{(t-1)!}X_{\alpha+\beta}$$
$$+2^{-1}N_{\beta\alpha}N_{\alpha+\beta,\alpha}\frac{X_\alpha^{t-2}}{(t-2)!}X_{2\alpha+\beta}$$

(当 $t=1$ 时无最后一项)．当 $t=1$，2 时，通过简单的计算便可直接验证此公式成立．当 $t\geqslant 3$ 时，用归纳法，有

$$\begin{aligned}X_\beta\frac{X_\alpha^t}{t!}&=\frac{1}{t}\left(X_\beta\frac{X_\alpha^{t-1}}{(t-1)!}\right)X_\alpha\\&=\frac{1}{t}\frac{X_\alpha^{t-1}}{(t-1)!}X_\beta X_\alpha\\&\quad+\frac{1}{t}N_{\beta\alpha}\frac{X_\alpha^{t-2}}{(t-2)!}X_{\alpha+\beta}X_\alpha\\&\quad+\frac{1}{t}2^{-1}N_{\beta\alpha}N_{\alpha+\beta,\alpha}\frac{X_\alpha^{t-3}}{(t-3)!}X_{2\alpha+\beta}X_\alpha\\&=\frac{1}{t}\frac{X_\alpha^{t-1}}{(t-1)!}(X_\alpha X_\beta+N_{\beta\alpha}X_{\alpha+\beta})\\&\quad+\frac{1}{t}N_{\beta\alpha}\frac{X_\alpha^{t-2}}{(t-2)!}(X_\alpha X_{\alpha+\beta}+N_{\alpha+\beta,\alpha}X_{2\alpha+\beta})\\&\quad+\frac{1}{t}2^{-1}N_{\beta\alpha}N_{\alpha+\beta,\alpha}\frac{X_\alpha^{t-3}}{(t-3)!}X_\alpha X_{2\alpha+\beta}\end{aligned}$$

$$= \frac{X_\alpha^t}{t!} X_\beta + N_{\beta\alpha} \frac{X_\alpha^{t-1}}{(t-1)!} X_{\alpha+\beta}$$

$$+ 2^{-1} N_{\beta\alpha} N_{\alpha+\beta,\alpha} \frac{X_\alpha^{t-2}}{(t-2)!} X_{2\alpha+\beta},$$

正如所求.

现在再对 r 作归纳法证明公式(7). $r=1$ 已证. 一般地,

$$\frac{X_\beta^r}{r!}\frac{X_\alpha^t}{t!} = \frac{1}{r} X_\beta \left(\frac{X_\beta^{r-1}}{(r-1)!}\frac{X_\alpha^t}{t!}\right)$$

$$= \frac{1}{r} \sum_{\substack{i+2j\leqslant t \\ i+j\leqslant r-1}} 2^{-i} N_{\beta\alpha}^{i+j} N_{\alpha+\beta,\alpha}^j X_\beta \frac{X_\alpha^{t-i-2j}}{(t-i-2j)!} \cdot$$

$$\cdot \frac{X_\beta^{r-1-i-j}}{(r-1-i-j)!} \frac{X_{\alpha+\beta}^i}{i!} \frac{X_{2\alpha+\beta}^j}{j!}.$$

对 $X_\beta \dfrac{X_\alpha^{t-i-2j}}{(t-i-2j)!}$ 用 $r=1$ 时的公式, 得到三项, 所以 $\dfrac{X_\beta^r}{r!}\dfrac{X_\alpha^t}{t!}$ 可以写成如下 A, B, C 三项之和:

$$A = \sum_{\substack{i+2j\leqslant t \\ i+j\leqslant r}} \frac{r-i-j}{r} 2^{-i} N_{\beta\alpha}^{i+j} N_{\alpha+\beta,\alpha}^j \frac{X_\alpha^{t-i-2j}}{(t-i-2j)!} \cdot$$

$$\cdot \frac{X_\beta^{r-i-j}}{(r-i-j)!} \frac{X_{\alpha+\beta}^i}{i!} \frac{X_{2\alpha+\beta}^j}{j!}$$

(和号下面的 $i+j\leqslant r-1$ 改成 $i+j\leqslant r$, 可能添进 $i+j=r$ 的项, 但由于有系数 $\dfrac{r-i-j}{r}$, 这种项都是零);

$$B = \sum_{\substack{i+2j\leqslant t-1 \\ i+j\leqslant r-1}} \frac{i+1}{r} 2^{-i} N_{\beta\alpha}^{i+j+1} N_{\alpha+\beta,\alpha}^j \frac{X_\alpha^{t-i-2j-1}}{(t-i-2j-1)!} \cdot$$

$$\cdot \frac{X_\beta^{r-1-i-j}}{(r-1-i-j)!} \frac{X_{\alpha+\beta}^{i+1}}{(i+1)!} \frac{X_{2\alpha+\beta}^j}{j!}$$

$$= \sum_{\substack{i+2j\leqslant t \\ i+j\leqslant r}} \frac{i}{r} 2^{-i} N_{\beta\alpha}^{i+j} N_{\alpha+\beta,\alpha}^j \frac{X_\alpha^{t-i-2j}}{(t-i-2j)!} \cdot$$

$$\cdot \frac{X_\beta^{r-i-j}}{(r-i-j)!} \frac{X_{\alpha+\beta}^i}{i!} \frac{X_{2\alpha+\beta}^j}{j!}$$

(作代换 $i+1\longmapsto i$，添进 $i=0$ 的项无碍大局)；

$$C=\sum_{\substack{i+2j\leqslant t-2\\ i+j\leqslant r-1}}\frac{j+1}{r}2^{-i-1}N_{\beta\alpha}^{i+j+1}N_{\alpha+\beta,\alpha}^{j+1}\frac{X_\alpha^{t-i-2j-2}}{(t-i-2j-2)!}\cdot$$

$$\cdot\frac{X_\beta^{r-1-i-j}}{(r-1-i-j)!}\frac{X_{\alpha+\beta}^i}{i!}\frac{X_{2\alpha+\beta}^{j+1}}{(j+1)!}$$

$$=\sum_{\substack{i+2j\leqslant t\\ i+j\leqslant r}}\frac{j}{r}2^{-i}N_{\beta\alpha}^{i+j}N_{\alpha+\beta,\alpha}^{j}\frac{X_\alpha^{t-i-2j}}{(t-i-2j)!}\cdot$$

$$\cdot\frac{X_\beta^{r-i-j}}{(r-i-j)!}\frac{X_{\alpha+\beta}^i}{i!}\frac{X_{2\alpha+\beta}^j}{j!}$$

(作代换 $j+1\longmapsto j$)．最后，把 A，B，C 三式相加，便得到公式(7)．证毕．

(9.1.3) 引理． 设 $0\leqslant r<p^n$，则对 $1\leqslant i\leqslant l$ 均有 $H_{i,r}\in\mathfrak{u}_n$．

证明．当 $r=0$ 时，结论是平凡的．一般地，取单根 α 使 $H_i=[X_\alpha, X_{-\alpha}]$，据(9.1.2(1))，

$$\frac{X_\alpha^r}{r!}\frac{X_{-\alpha}^r}{r!}=\binom{H_i}{r}+\sum_{j=0}^{r-1}\sum_{s=0}^{j}\binom{-2r+2j}{j-s}\cdot$$

$$\cdot\frac{X_{-\alpha}^{r-j}}{(r-j)!}\binom{H_i}{s}\frac{X_\alpha^{r-j}}{(r-j)!},$$

所以

$$X_{\alpha,r}X_{-\alpha,r}=H_{i,r}+\sum_{j=0}^{r-1}\sum_{s=0}^{j}\binom{-2r+2j}{j-s}X_{-\alpha,r-j}H_{i,s}X_{\alpha,r-j}.$$

据归纳假设，此式右边除 $H_{i,r}$ 一项外，都是 $\mathfrak{u}_n$ 的元素；右边当然也是 $\mathfrak{u}_n$ 的元素，迫使 $H_{i,r}\in\mathfrak{u}_n$．证毕．

(9.1.4) 引理． 设 r，s 为整数，且 $1\leqslant r, s<p^n$，但 $r+s\geqslant p^n$，则 $\binom{r+s}{r}\equiv 0\pmod p$．

证明．设 v_p 是由素数 p 决定的离散赋值．我们先证明

$$v_p(r!) = \sum_{m\geqslant 1}\left[\frac{r}{p^m}\right],$$

这里 $[x]$ 是不超过 x 的最大整数. 当 $r=0$ 时, 此式两边都是零. 当 $r\geqslant 1$ 时, 我们有 $v_p(r!) = v_p(r) + v_p((r-1)!)$, 并且容易看出

$$\left[\frac{r}{p^m}\right] = \begin{cases} \left[\dfrac{r-1}{p^m}\right]+1, & \text{当 } 1\leqslant m\leqslant v_p(r) \text{ 时}, \\ \left[\dfrac{r-1}{p^m}\right], & \text{当 } m > v_p(r) \text{ 时}. \end{cases}$$

用归纳假设,有

$$\begin{aligned}\sum_{m\geqslant 1}\left[\frac{r}{p^m}\right] &= \left(\sum_{m\geqslant 1}\left[\frac{r-1}{p^m}\right]\right) + v_p(r) \\ &= v_p((r-1)!) + v_p(r) = v_p(r!),\end{aligned}$$

正如所求. 现在

$$\begin{aligned} v_p\left(\binom{r+s}{r}\right) &= v_p((r+s)!) - v_p(r!) - v_p(s!) \\ &= \sum_{m\geqslant 1}\left(\left[\frac{r+s}{p^m}\right] - \left[\frac{r}{p^m}\right] - \left[\frac{s}{p^m}\right]\right).\end{aligned}$$

一般来说总有 $[a+b]\geqslant[a]+[b]$, 所以上述和号下每项都是非负整数;特别,当 $m=n$ 时,由假设条件,

$$\left[\frac{r}{p^m}\right] = \left[\frac{s}{p^m}\right] = 0, \quad \left[\frac{r+s}{p^m}\right] = 1,$$

由此推出 $v_p\left(\binom{r+s}{r}\right)\geqslant 1$, 结论即得. 证毕.

(9.1.5) 引理. 设 r, s 是满足 $0\leqslant r$, $s<p^n$ 的整数,

(1) 如果 $\alpha\in\Phi$, 则 $X_{\alpha,r}X_{\alpha,s}$ 是 $X_{\alpha,t}(0\leqslant t<p^n)$ 的 $\mathscr{K}$ 线性组合;

(2) 如果 $1\leqslant i\leqslant l$, 则 $H_{i,r}H_{i,s}$ 是 $H_{i,t}(0\leqslant t<p^n)$ 的 $\mathscr{K}$ 线性组合.

证明. (1)这个结论是容易验证的：我们有

$$X_{\alpha,r}X_{\alpha,s}=\binom{r+s}{r}X_{\alpha,r+s}.$$

如果 $r+s<p^n$，结论当然没有问题；如果 $r+s\geqslant p^n$，据(9.1.4)，$\binom{r+s}{r}\equiv 0(\bmod\ p)$，所以 $X_{\alpha,r}X_{\alpha,s}=0$，结论也成立.

(2) 的证明要分为三个步骤.

(i) 先证 $(H_{i,r})^p=H_{i,r}$. 考虑 $\mathbf{Q}$ 上带不定元 T 的多项式 $\binom{T}{r}^p$，由于它在整点取整值，我们可以设

$$\binom{T}{r}^p=\sum_{t=0}^{rp}n_t\binom{T}{t},\quad n_t\in\mathbf{Z}.$$

如果能证明 $n_t\equiv\delta_{rt}(\bmod p)$，把 T 换成 H_i，再模 p，便得到我们的断言 $(H_{i,r})^p=H_{i,r}$. 先考虑 $t<r$ 时的 n_t. 在上面的恒等式中令 $T=t$，得到等式

$$0=n_0\binom{t}{0}+n_1\binom{t}{1}+\cdots+n_t\binom{t}{t},$$

从 $t=0$ 开始，归纳地得出 $n_t=0$，对所有 $t<r$. 再在原恒等式中令 $T=r$，便得到 $n_r=1$. 对 $t>r$，仍令 $T=t$，得到

$$\binom{t}{r}^p=\binom{t}{r}+n_{r+1}\binom{t}{r+1}+\cdots+n_t\binom{t}{t}.$$

因为 $\binom{t}{r}^p\equiv\binom{t}{r}(\bmod p)$，所以

$$n_{r+1}\binom{t}{r+1}+n_{r+2}\binom{t}{r+2}+\cdots$$
$$+n_t\binom{t}{t}\equiv 0(\bmod p),$$

从 $t=r+1$ 开始，又归纳地得出 $n_t\equiv 0\ (\bmod\ p)$，对所有 $t>r$，正如所求.

(ii) 现在对 r 作归纳，证明 $H_{i,r}(0\leqslant r<p^n)$ 含在由 $H_{i,1}$，

$H_{i,p}$，H_{i,p^2}，$\cdots$，$H_{i,p^{n-1}}$ 生成的$\mathscr{K}$子代数中．如果 $r=0$ 或 r 是 p 的幂，结论是显然的．一般地，设 $v_p(r)=m$．因为多项式 $\binom{T}{r-p^m}\binom{T}{p^m}$ 在整点取整值，且其最高次项 T^r 的系数为

$$\frac{1}{(r-p^m)!\,p^m!},$$

所以可设

$$\binom{T}{r-p^m}\binom{T}{p^m}=\binom{r}{p^m}\binom{T}{r}+n_{r-1}\binom{T}{r-1}$$

$$+\cdots+n_1\binom{T}{1}+n_0,\quad n_i\in\mathbf{Z}.$$

把 T 换成 H_i，再模 p，我们得到

$$\binom{r}{p^m}H_{i,r}=H_{i,r-p^m}H_{i,p^m}-n_{r-1}H_{i,r-1}-\cdots-n_1H_{i,1}-n_0.$$

据归纳假设，右边各项在所述的 $\mathscr{K}$ 子代数中，所以，只要能证 $\binom{r}{p^m}\not\equiv 0(\mathrm{mod}\ p)$，则 $H_{i,r}$ 也在这个子代数中了．

我们有

$$\binom{r}{p^m}=\frac{r(r-1)(r-2)\cdots(r-p^m+1)}{1\cdot 2\cdot\cdots(p^m-1)\cdot p^m}$$

$$=\frac{r}{p^m}\prod_{j=1}^{p^m-1}\frac{r-j}{j}.$$

因为 $v_p(r)=m=v_p(p^m)$，而且对于 $1\leqslant j\leqslant p^m-1$，显然 $v_p(r-j)=v_p(j)$，所以 $v_p\left(\binom{r}{p^m}\right)\neq 0$，正如所求．

(iii) 根据 (i)，$(H_{i,r})^p=H_{i,r}$，所以由 $H_{i,1}$，$H_{i,p}$，H_{i,p^2}，$\cdots$，$H_{i,p^{n-1}}$ 生成的 $\mathscr{K}$ 子代数的元素都是如下形式的单项式的 $\mathscr{K}$ 线性组合：

$$\{(H_{i,1})^{t_0}(H_{i,p})^{t_1}\cdots(H_{i,p^{n-1}})^{t_{n-1}}\mid 0\leqslant t_i<p\}.$$

$\mathbf{Q}$ 上带不定元 T 的多项式 $\binom{T}{1}^{t_0}\binom{T}{p}^{t_1}\cdots\binom{T}{p^{n-1}}^{t_{n-1}}$ 在整点取整值，所以它是形如 $\binom{T}{r}$ 的多项式的整线性组合，其中

$$0 \leqslant r \leqslant t_0 + pt_1 + \cdots + p^{n-1}t_{n-1} < p^n.$$

于是，单项式 $(H_{i,1})^{t_0}(H_{i,p})^{t_1}\cdots(H_{i,p^{n-1}})^{t_{n-1}}$ 可写成 $H_{i,r}$ $(0 \leqslant r < p^n)$ 的 $\mathscr{K}$ 线性组合. 再结合 (ii) 的结论，得知由 $H_{i,1}, H_{i,p},\cdots H_{i,p^{n-1}}$ 生成的 $\mathscr{K}$ 子代数就是所有 $H_{i,r}$ $(0 \leqslant r < p^n)$ 张成的 $\mathscr{K}$ 子空间，可见这个 $\mathscr{K}$ 子空间在乘法下封闭，从而是 $\mathfrak{U}_{\mathscr{K}}$ 的 $\mathscr{K}$ 子代数. 特别，对于满足 $0 \leqslant r, s < p^n$ 的整数 r 与 s, $H_{i,r}H_{i,s}$ 在这个子代数中，所以它是 $H_{i,t}(0 \leqslant t < p^n)$ 的 $\mathscr{K}$ 线性组合. 证毕.

(9.1.1) 的证明. 设 $\tilde{\mathbf{u}}_n$ 是 $\mathfrak{U}_{\mathscr{K}}$ 中由 $\boldsymbol{Y_a H_b X_c}(\boldsymbol{a}, \boldsymbol{b}, \boldsymbol{c} \prec p^n)$ 张成的 $\mathscr{K}$ 子空间，我们要证的是 $\tilde{\mathbf{u}}_n = \mathbf{u}_n$. 据 (9.1.3), $\tilde{\mathbf{u}}_n \subset \mathbf{u}_n$. 反过来，只要能证 $\tilde{\mathbf{u}}_n$ 在乘法下封闭，则一定有 $\mathbf{u}_n \subset \tilde{\mathbf{u}}_n$, 这是因为 $\tilde{\mathbf{u}}_n$ 含有 $\mathbf{u}_n$ 的所有生成元. 反复用(9.1.2)的换位公式，则把问题归结为 $X_{\alpha,r}$ $X_{\alpha,s}$ 与 $H_{i,r}H_{i,s}$ $(0 \leqslant r, s < p^n)$ 形式的乘积，再用(9.1.5)，便得所需的结论. 证毕.

在结束本小节之前，我们再讨论一下 $\mathfrak{U}_{\mathscr{K}}$ 与 $\mathbf{u}_n$ 的 Hopf 代数结构. 仍从原来的复半单 Lie 代数 $\mathfrak{g}$ 开始. 我们可以定义如下的 $\mathbf{C}$ 线性映射

$$\begin{aligned}
\Delta_{\mathfrak{g}}:\quad & \mathfrak{g} \to \mathfrak{g}\otimes 1 + 1\otimes\mathfrak{g} \subset \mathfrak{U}\otimes_{\mathbf{C}}\mathfrak{U},\\
& X \longmapsto X\otimes 1 + 1\otimes X;\\
\varepsilon_{\mathfrak{g}}:\quad & \mathfrak{g} \to \mathbf{C},\\
& X \longmapsto 0;\\
\eta_{\mathfrak{g}}:\quad & \mathfrak{g} \to \mathfrak{g},\\
& X \longmapsto -X.
\end{aligned}$$

不难验证 $\Delta_{\mathfrak{g}}$ 与 $\varepsilon_{\mathfrak{g}}$ 是 Lie 代数同态，而 $\eta_{\mathfrak{g}}$ 是 Lie 代数的反同态，于是，由普遍包络代数的性质，$\Delta_{\mathfrak{g}}$ 与 $\varepsilon_{\mathfrak{g}}$ 可以唯一地扩充为结合代数的同态

$$\Delta_{\mathfrak{U}}: \mathfrak{U} \to \mathfrak{U} \otimes_{\mathbf{C}} \mathfrak{U}, \quad \varepsilon_{\mathfrak{U}}: \mathfrak{U} \to \mathbf{C},$$

而 $\eta_{\mathfrak{g}}$ 可以唯一地扩充为结合代数的反同态

$$\eta_{\mathfrak{U}}: \mathfrak{U} \to \mathfrak{U}.$$

(9.1.6) 命题. $\mathfrak{U}$ 在如上定义的 $\Delta_{\mathfrak{U}}$，$\varepsilon_{\mathfrak{U}}$ 与 $\eta_{\mathfrak{U}}$ 下成为 $\mathbf{C}$ 上的 Hopf 代数，使 $\mathfrak{U}_{\mathbf{Z}}$ 成为它的在 Hopf 代数意义下的 $\mathbf{Z}$ 形式（见 §7 例 9），从而对任何代数闭域 $\mathscr{K}$，$\mathfrak{U}_{\mathscr{K}}$ 上有一个导出的 Hopf 代数结构. 此外，如果 $\mathrm{char}\,\mathscr{K} = p > 0$，则 $\mathfrak{u}_n$ 成为 $\mathfrak{U}_{\mathscr{K}}$ 的子 Hopf 代数.

证明. 因为 $\mathfrak{g}$ 生成了 $\mathfrak{U}$，验证余结合律、增广律与对极律只要对 $\mathfrak{g}$ 的元素验证就可以了. 这是直截了当的事，我们把它留给读者.

要证明 $\mathfrak{U}_{\mathbf{Z}}$ 成为 $\mathfrak{U}$ 的在 Hopf 代数意义下的 $\mathbf{Z}$ 形式，只要再证 $\Delta_{\mathfrak{U}}(\mathfrak{U}_{\mathbf{Z}}) \subset \mathfrak{U}_{\mathbf{Z}} \otimes \mathfrak{U}_{\mathbf{Z}}$，$\varepsilon_{\mathfrak{U}}(\mathfrak{U}_{\mathbf{Z}}) \subset \mathbf{Z}$ 以及 $\eta_{\mathfrak{U}}(\mathfrak{U}_{\mathbf{Z}}) \subset \mathfrak{U}_{\mathbf{Z}}$. 对于 $\varepsilon_{\mathfrak{U}}$ 与 $\eta_{\mathfrak{U}}$，结论都是显然的；对于 $\Delta_{\mathfrak{U}}$，我们有

$$\Delta_{\mathfrak{U}}\left(\frac{X^m}{m!}\right) = \frac{(X \otimes 1 + 1 \otimes X)^m}{m!}$$

$$= \sum_{i=0}^{m} \frac{X^i}{i!} \otimes \frac{X^{m-i}}{(m-i)!}, \quad \forall X \in \mathfrak{g}$$

（这实际上就是 (5.3.2) 的 Leibniz 恒等式；请读者再与 §8 例 2 的 (*) 比较）. 特别，当 $X = X_\alpha$ 时，此式即表明 $\Delta_{\mathfrak{U}}\left(\frac{X_\alpha^m}{m!}\right) \subset \mathfrak{U}_{\mathbf{Z}} \otimes \mathfrak{U}_{\mathbf{Z}}$，于是 $\Delta_{\mathfrak{U}}(\mathfrak{U}_{\mathbf{Z}}) \subset \mathfrak{U}_{\mathbf{Z}} \otimes \mathfrak{U}_{\mathbf{Z}}$. 我们将把 $\Delta_{\mathfrak{U}}|\mathfrak{U}_{\mathbf{Z}}$ 记为 $\Delta\mathfrak{U}_{\mathbf{Z}}$，对 $\varepsilon_{\mathfrak{U}}$ 与 $\eta_{\mathfrak{U}}$ 也类似. 再令

$$\Delta_{\mathfrak{U}_{\mathscr{K}}} = \Delta_{\mathfrak{U}_{\mathbf{Z}}} \otimes \mathrm{id}_{\mathscr{K}}: \mathfrak{U}_{\mathscr{K}} = \mathfrak{U}_{\mathbf{Z}} \otimes_{\mathbf{Z}} \mathscr{K} \to (\mathfrak{U}_{\mathbf{Z}} \otimes_{\mathbf{Z}} \mathfrak{U}_{\mathbf{Z}}) \otimes_{\mathbf{Z}} \mathscr{K}$$
$$\cong (\mathfrak{U}_{\mathbf{Z}} \otimes_{\mathbf{Z}} \mathscr{K}) \otimes_{\mathscr{K}} (\mathfrak{U}_{\mathbf{Z}} \otimes_{\mathbf{Z}} \mathscr{K}) = \mathfrak{U}_{\mathscr{K}} \otimes_{\mathscr{K}} \mathfrak{U}_{\mathscr{K}},$$
$$\varepsilon_{\mathfrak{U}_{\mathscr{K}}} = \varepsilon_{\mathfrak{U}_{\mathbf{Z}}} \otimes \mathrm{id}_{\mathscr{K}}: \mathfrak{U}_{\mathscr{K}} = \mathfrak{U}_{\mathbf{Z}} \otimes_{\mathbf{Z}} \mathscr{K} \to \mathbf{Z} \otimes_{\mathbf{Z}} \mathscr{K} \cong \mathscr{K},$$
$$\eta_{\mathfrak{U}_{\mathscr{K}}} = \eta_{\mathfrak{U}_{\mathbf{Z}}} \otimes \mathrm{id}_{\mathscr{K}}: \mathfrak{U}_{\mathscr{K}} = \mathfrak{U}_{\mathbf{Z}} \otimes_{\mathbf{Z}} \mathscr{K} \to \mathfrak{U}_{\mathbf{Z}} \otimes_{\mathbf{Z}} \mathscr{K} = \mathfrak{U}_{\mathscr{K}},$$

显然在 $\mathfrak{U}_{\mathscr{K}}$ 上定义了一个 $\mathscr{K}$ 上的 Hopf 代数结构，这就是导出的 Hopf 代数结构. 我们有

$$\Delta_{\mathfrak{U}_{\mathscr{K}}}(X_{\alpha,m}) = \sum_{i=0}^{m} X_{\alpha,i} \otimes X_{\alpha,m-i},$$

$$\eta_{\mathfrak{U}_{\mathscr{K}}}(X_{\alpha,m}) = (-1)^m X_{\alpha,m}.$$

如果 $\mathrm{char}\mathscr{K} = p > 0$，这两式表明 $\mathbf{u}_n$ 成为 $\mathfrak{U}_{\mathscr{K}}$ 的子 Hopf 代数. 证毕.

9.2 单连通半单线性代数群及其 Frobenius 核的超代数

现在设 $G_{\mathbf{C}}$ 是具有根系 Φ 的复半单线性代数群，则 § 9.1 的 $\mathfrak{g}$ 成为 $G_{\mathbf{C}}$ 的 Lie 代数，从而是 $\mathfrak{H}(G_{\mathbf{C}})$ 的子 Lie 代数. 因此，从 $\mathfrak{U}$ 到 $\mathfrak{H}(G_{\mathbf{C}})$ 有唯一的 $\mathbf{C}$ 代数同态 $\zeta_{\mathbf{C}}$ 扩充了 $\mathfrak{g}$ 到 $\mathfrak{H}(G_{\mathbf{C}})$ 的嵌入同态，通过 $\zeta_{\mathbf{C}}$，$\mathfrak{U}$ 的元素可以看成 $A_{\mathbf{C}} = \mathbf{C}[G_{\mathbf{C}}]$ 上的线性函数.

(9.2.1) 引理. (1)如上定义的 $\zeta_{\mathbf{C}}$ 是 Hopf 代数的同态;

(2) 设 $\mathfrak{m}_{\mathbf{C}}$ 为 $A_{\mathbf{C}}$ 的增广理想，$X_1, X_2, \cdots, X_n \in \mathfrak{g}$，则 $\mathfrak{U}$ 的元素 $X_1X_2\cdots X_n$ (在 $\zeta_{\mathbf{C}}$ 下的象)在 $\mathfrak{m}_{\mathbf{C}}^{n+1}$ 上为零;

(3) $\mathfrak{U}$ 在任一有理 $G_{\mathbf{C}}$ 模上的作用通过 $\zeta_{\mathbf{C}}$ 分解.

证明. (1)考虑下图:

$$\begin{array}{ccc}
\mathfrak{U} & \xrightarrow{\Delta_{\mathfrak{U}}} & \mathfrak{U}\otimes_{\mathbf{C}}\mathfrak{U} \\
\zeta_{\mathbf{C}}\downarrow & & \downarrow \zeta_{\mathbf{C}}\otimes\zeta_{\mathbf{C}} \\
\mathfrak{H}(G_{\mathbf{C}}) & \xrightarrow{\Delta_{\mathfrak{H}(G_{\mathbf{C}})}} & \mathfrak{H}(G_{\mathbf{C}})\otimes_{\mathbf{C}}\mathfrak{H}(G_{\mathbf{C}})
\end{array}$$

根据 $\Delta_{\mathfrak{U}}$，$\zeta_{\mathbf{C}}$ 的定义与(8.2.5 (3))，$(\zeta_{\mathbf{C}}\otimes\zeta_{\mathbf{C}})\circ\Delta_{\mathfrak{U}}$ 与 $\Delta_{\mathfrak{H}(G_{\mathbf{C}})}\circ\zeta_{\mathbf{C}}$ 在 $\mathfrak{g}$ 上一致，由 $\mathfrak{U}$ 的普遍性质中的唯一性的断言，这两个代数同态在整个 $\mathfrak{U}$ 上必须一致，所以上图交换.

其余两个交换图类似地证明.

(2) 对 n 用归纳法. 当 $n = 1$ 时，这是已知的. 一般地，我们有

$$(\Delta_{\mathfrak{H}(G_{\mathbf{C}})}\circ\zeta_{\mathbf{C}})(X_1X_2\cdots X_n)$$

$$= \prod_{i=1}^{n} (\zeta_{\mathbf{C}}(X_i)\otimes\varepsilon_{A_{\mathbf{C}}} + \varepsilon_{A_{\mathbf{C}}}\otimes\zeta_{\mathbf{C}}(X_i))$$

$$= \sum_{S} \zeta_{\mathbf{C}}(X_S) \otimes \zeta_{\mathbf{C}}(X_{S'}),$$

其中 S 为有序集 $\{1, 2, \cdots, n\}$ 的子集，$S' = \{1, 2, \cdots, n\} \backslash S$，而 $X_S = \prod\limits_{i \in S} X_i$（乘积按下标从小到大作出），$X_{S'}$ 类似. 因此，对于 $f \in \mathfrak{m}_{\mathbb{C}}$ 与 $g \in \mathfrak{m}_{\mathbb{C}}^{n}$，我们有

$$\begin{aligned} \zeta_{\mathbf{C}}(X_1X_2\cdots X_n)(fg) &= (\Delta_{\mathfrak{H}(G_{\mathbf{C}})} \circ \zeta_{\mathbf{C}})(X_1X_2\cdots X_n)(f \otimes g) \\ &= \sum_{S} \zeta_{\mathbf{C}}(X_S)(f) \cdot \zeta_{\mathbf{C}}(X_{S'})(g). \end{aligned}$$

如果 $S = \varnothing$，则 $\zeta_{\mathbf{C}}(X_S) = \varepsilon_{A_{\mathbf{C}}}$，从而 $\zeta_{\mathbf{C}}(X_S)(f) = 0$；如果 $S \neq \varnothing$，则 $|S'| < n$，据归纳假设 $\zeta_{\mathbf{C}}(X_{S'})(g) = 0$. 所以，

$$\zeta_{\mathbf{C}}(X_1X_2\cdots X_n)(fg) = 0,$$

此即所欲证明者.

(3) 设 V 为有理 $G_{\mathbf{C}}$ 模，通过微分把 V 看成 $\mathfrak{g}$ 模，再据 $\mathfrak{U}$ 的普遍性质，V 上具有典范的 $\mathfrak{U}$ 模结构；另一方面，我们已经知道，V 上也具有典范的 $\mathfrak{H}(G_{\mathbf{C}})$ 模结构. 因此，我们有 $\mathbf{C}$ 代数同态的图

$$\begin{array}{ccc} \mathfrak{U} & \longrightarrow & \mathrm{End}_{\mathbf{C}}(V) \\ & {\scriptstyle \zeta_{\mathbf{C}}} \searrow \quad \nearrow & \\ & \mathfrak{H}(G_{\mathbf{C}}) & \end{array}$$

根据表示的微分的作法与 $\zeta_{\mathbf{C}}$ 的定义，上图对 $\mathfrak{U}$ 的子集 $\mathfrak{g}$ 交换，与 (1) 类似地，由此推出此图对整个 $\mathfrak{U}$ 也是交换的. 证毕.

为了过渡到任意域，我们必须讨论 $G_{\mathbf{C}}$ 所对应的 $\mathbf{Z}$ 上的仿射群概形（参看 §7 的例 10)，也就是要作出 $A_{\mathbf{C}}$ 的 $\mathbf{Z}$ 形式 $A_{\mathbf{Z}}$. $A_{\mathbf{Z}}$ 的标准作法如下：找到一个有限维复向量空间 V，使 $G_{\mathbf{C}}$ 同构于 $SL(V)$ 的闭子群，从而 V 成为有限维有理 G 模. 微分以后，V 成为有限维 $\mathfrak{g}$ 模，从而有 $\mathfrak{U}_{\mathbf{Z}}$ 容许格 $V_{\mathbf{Z}}$. 取 $V_{\mathbf{Z}}$ 的一组自由 $\mathbf{Z}$ 基 $\{v_1, v_2, \cdots, v_r\}$，$r = \dim V$，通过这组基，把 $GL(V)$ 等同于 $GL(r, \mathbf{C})$. 令 $f_{ij}(1 \leqslant i, j \leqslant r)$ 为 $GL(r, \mathbf{C})$ 的坐标函数，则这些 f_{ij}（在 $G_{\mathbf{C}}$ 的限制）生成的 $A_{\mathbf{C}}$ 的 $\mathbf{Z}$ 子代数就是 $A_{\mathbf{C}}$ 的 $\mathbf{Z}$ 形式 $A_{\mathbf{Z}}$（参看 [Bor 2]，读者也可自行验证有关细节).

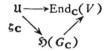

(9.2.2) 引理. $\mathfrak{U}_{\mathbf{Z}}$ 的元素（在 $\zeta_{\mathbf{C}}$ 下的象）把 $A_{\mathbf{Z}}$ 映到 $\mathbf{Z}$ 中.

证明. 设 $\tau_V: V \to V \otimes A_{\mathbf{C}}$ 是 $G_{\mathbf{C}}$ 模 V 对应的 $A_{\mathbf{C}}$ 余模的结构映射. 令 $\tau_V(v_j) = \sum_i v_i \otimes f_{ij}$，则 f_{ij} 就是 $GL(r, \mathbf{C})$ 的坐标函数，所以 $A_{\mathbf{Z}}$ 是它们的单项式的 $\mathbf{Z}$ 张成. 我们对单项式的"次数"，即其中所出现的因子 f_{ij} 的个数作归纳来证明这个引理.

首先，据(9.2.1(1))，对 $X \in \mathfrak{U}_{\mathbf{Z}}$，有

$$\zeta_{\mathbf{C}}(X)(1) = \varepsilon_{\mathfrak{H}(G_{\mathbf{C}})} \circ \zeta_{\mathbf{C}}(X) = \varepsilon_{\mathfrak{U}}(X) \in \mathbf{Z}.$$

又，因为 v_i 张成 V 的 $\mathfrak{U}_{\mathbf{Z}}$ 容许格，所以对任意 $X \in \mathfrak{U}_{\mathbf{Z}}$，$Xv_j \in \sum_i \mathbf{Z}v_i$；另一方面，据(9.2.1(3))，

$$Xv_j = (\mathrm{id}_V \otimes \zeta_{\mathbf{C}}(X)) \circ \tau_V(v_j) = \sum_i \zeta_{\mathbf{C}}(X)(f_{ij})v_i,$$

可见 $\zeta_{\mathbf{C}}(X)(f_{ij}) \in \mathbf{Z}$. 我们已经证明了 $\mathfrak{U}_{\mathbf{Z}}$ 的元素（在 $\zeta_{\mathbf{C}}$ 下的象）把 f_{ij} 的"零次"或者"一次"单项式映到 $\mathbf{Z}$ 中.

现在设单项式 f 的"次数"大于 1，则可把 f 写成两个单项式之积 $f = gh$，其中 g 与 h 的"次数"严格小于 f. 对于 $X \in \mathfrak{U}_{\mathbf{Z}}$，据(9.2.1(1))，我们有

$$\begin{aligned}\zeta_{\mathbf{C}}(X)(f) &= \zeta_{\mathbf{C}}(X)(gh) = \Delta_{\mathfrak{H}(G_{\mathbf{C}})} \circ \zeta_{\mathbf{C}}(X)(g \otimes h) \\ &= (\zeta_{\mathbf{C}} \otimes \zeta_{\mathbf{C}}) \circ \Delta_{\mathfrak{U}}(X)(g \otimes h).\end{aligned}$$

因为 $\Delta_{\mathfrak{U}}(X) \in \mathfrak{U}_{\mathbf{Z}} \otimes \mathfrak{U}_{\mathbf{Z}}$，据归纳假设即得 $\zeta_{\mathbf{C}}(X)(f) \in \mathbf{Z}$. 证毕.

(9.2.3) 命题. 设 G 是代数闭域 $\mathscr{K}$ 上具有根系 Φ 的半单线性代数群，则有典范的 $\mathscr{K}$ 上的 Hopf 代数的同态 $\zeta_{\mathscr{K}}: \mathfrak{U}_{\mathscr{K}} \to \mathfrak{H}(G)$. 如果 $\mathrm{char}\,\mathscr{K} = p > 0$，则在 $\zeta_{\mathscr{K}}$ 下，$\mathfrak{u}_n$ 映到 $\mathfrak{H}(G_n)$ 内.

证明. 取复半单线性代数群 $G_{\mathbf{C}}$，使它具有根系 Φ，并具有与 G 相同的权格. 按上文的构作法与记号，我们有 $\mathscr{K}[G] = A_{\mathscr{K}} = A_{\mathbf{Z}} \otimes_{\mathbf{Z}} \mathscr{K}$. 据 (9.2.2)，$\zeta_{\mathbf{C}}$ 在 $\mathfrak{U}_{\mathbf{Z}}$ 的限制导出 $\mathbf{Z}$ 代数同态 $\zeta_{\mathbf{Z}}: \mathfrak{U}_{\mathbf{Z}} \to A_{\mathbf{Z}}^* = \mathrm{Hom}_{\mathbf{Z}}(A_{\mathbf{Z}}, \mathbf{Z})$，于是

$$\zeta_{\mathscr{K}} = \zeta_{\mathbf{Z}} \otimes \mathrm{id}_{\mathscr{K}}: \mathfrak{U}_{\mathscr{K}} = \mathfrak{U}_{\mathbf{Z}} \otimes_{\mathbf{Z}} \mathscr{K} \to A_{\mathbf{Z}}^* \otimes_{\mathbf{Z}} \mathscr{K} \subset A_{\mathscr{K}}^*$$

是个 $\mathscr{K}$ 代数同态. 设 $A_{\mathbf{Z}}$ 的增广理想为 $\mathfrak{m}_{\mathbf{Z}}$，则 $\mathfrak{m}_{\mathbf{C}} = \mathfrak{m}_{\mathbf{Z}} \otimes_{\mathbf{Z}} \mathbf{C}$ 与 $\mathfrak{m}_{\mathscr{K}} = \mathfrak{m}_{\mathbf{Z}} \otimes_{\mathbf{Z}} \mathscr{K}$ 分别为 $A_{\mathbf{C}}$ 与 $A_{\mathscr{K}}$ 的增广理想.

(9.2.1(2)) 表明，$X_\alpha^m/m!$ 在 $\mathfrak{m}_{\mathbf{Z}}^{m+1}$ 上为零，从而 $\mathfrak{U}_{\mathscr{K}}$ 的生成元 $X_{\alpha,m}$ 在 $\mathfrak{m}_{\mathscr{K}}^{m+1}$ 上为零. 我们已经知道 $(A_{\mathscr{K}}/\mathfrak{m}_{\mathscr{K}}^{m+1})^*\subset\mathfrak{H}(G)$，因此 $\zeta_{\mathscr{K}}$ 是 $\mathfrak{U}_{\mathscr{K}}$ 到 $\mathfrak{H}(G)$ 的 $\mathscr{K}$ 代数同态. 对 $X\in\mathfrak{U}_{\mathbf{Z}}$，设 $\Delta_{\mathfrak{U}}(X)=\sum X_i\otimes Y_i$，其中 $X_i,Y_i\in\mathfrak{U}_{\mathbf{Z}}$，则由(9.2.1(1))，

$$\zeta_{\mathbf{Z}}(X)(fg)=\sum_i\zeta_{\mathbf{Z}}(X_i)(f)\cdot\zeta_{\mathbf{Z}}(Y_i)(g),\ \forall f,\ g\in A_{\mathbf{Z}}.$$

若把 $\mathbf{Z}$，$A_{\mathbf{Z}}$ 或 $\mathfrak{U}_{\mathbf{Z}}$ 的元素在 $\mathscr{K}$，$A_{\mathscr{K}}$ 或 $\mathfrak{U}_{\mathscr{K}}$ 中的典范象用原来元素的记号顶上加横表示，则

$$\begin{aligned}\zeta_{\mathscr{K}}(\bar{X})(\bar{f}\bar{g})&=\overline{\zeta_{\mathbf{Z}}(X)(fg)}=\overline{\sum_i\zeta_{\mathbf{Z}}(X_i)(f)\cdot\zeta_{\mathbf{Z}}(Y_i)(g)}\\&=\sum_i\overline{\zeta_{\mathbf{Z}}(X_i)(f)}\cdot\overline{\zeta_{\mathbf{Z}}(Y_i)(g)}\\&=\sum_i\zeta_{\mathscr{K}}(\bar{X}_i)(\bar{f})\cdot\zeta_{\mathscr{K}}(\bar{Y}_i)(\bar{g}),\end{aligned}$$

此即表明 $\Delta_{\mathfrak{H}(G)}\circ\zeta_{\mathscr{K}}(\bar{X})=\sum_i\zeta_{\mathscr{K}}(\bar{X}_i)\otimes\zeta_{\mathscr{K}}(\bar{Y}_i)$；另一方面，我们有 $\Delta_{\mathfrak{U}_{\mathscr{K}}}(\bar{X})=\sum_i\bar{X}_i\otimes\bar{Y}_i$，所以 $\Delta_{\mathfrak{H}(G)}\circ\zeta_{\mathscr{K}}=(\zeta_{\mathscr{K}}\otimes\zeta_{\mathscr{K}})\circ\Delta_{\mathfrak{U}_{\mathscr{K}}}$. 类似地，可以证明 $\varepsilon_{\mathfrak{H}(G)}\circ\zeta_{\mathscr{K}}=\varepsilon_{\mathfrak{U}_{\mathscr{K}}}$ 与 $\eta_{\mathfrak{H}(G)}\circ\zeta_{\mathscr{K}}=\zeta_{\mathscr{K}}\circ\eta_{\mathfrak{U}_{\mathscr{K}}}$. 由此可见，$\zeta_{\mathscr{K}}$ 是 $\mathfrak{U}_{\mathscr{K}}$ 到 $\mathfrak{H}(G)$ 的 Hopf 代数同态.

如果 $\mathrm{char}\,\mathscr{K}=p>0$，则对所有 $\alpha\in\Phi$ 与 $0\leqslant m<p^n$，$X_{\alpha,m}$ 在 $\mathfrak{m}_{\mathscr{K}}^{m+1}\supset\mathfrak{m}_{\mathscr{K}}^{p^n}\supset\mathfrak{m}_{\mathscr{K}}^{[p^n]}$ 上为零，所以 $\zeta_{\mathscr{K}}(X_{\alpha,m})\in(A_{\mathscr{K}}/\mathfrak{m}_{\mathscr{K}}^{[p^n]})^*=\mathfrak{H}(G_n)$. 证毕.

现在进一步设 G 是单连通的，我们希望证明 $\zeta_{\mathscr{K}}$ 是同构. 先约定几个记号： Φ 的基为 $\{\alpha_1,\ \alpha_2,\cdots,\ \alpha_l\}$；$\alpha_i$ 对应的基本权为 ω_i，即 ω_i 满足 $\langle\omega_i,\alpha_j^\vee\rangle=\delta_{ij}$；$\alpha_i$ 对应的单反射为 s_i；W 为 Φ 的 Weyl 群；对 $w\in W$，$l(w)$ 为 w 的长度，即 w 的既约表达式(即把 w 写成单反射乘积的长度最短的表达式)的长度；w_0 是 W 中最长的元素；对 $\lambda\in\mathfrak{X}_w$，$P(\lambda)$ 为把 λ 写成正根和的写法个数；δ 为所有正根和的一半，即 $\delta=\sum_i\omega_i$.

(9.2.4) 引理. 设 $\lambda+\delta\in\mathfrak{X}_w^+$，$w\in W$，$w=s_{i_r}s_{i_{r-1}}\cdots s_{i_2}s_{i_1}$ 是 w 的一个既约表达式，则

(1)对 $j=1,2,\cdots,r$，均有 $\langle s_{i_{j-1}}\cdots s_{i_2}s_{i_1}(\lambda+\delta),\ \alpha_{i_j}^\vee\rangle\geqslant 0$;

(2) $\lambda+\delta\geqslant s_{i_1}(\lambda+\delta)\geqslant s_{i_2}s_{i_1}(\lambda+\delta)\geqslant\cdots\geqslant s_{i_r}\cdots s_{i_2}s_{i_1}(\lambda+\delta)$。

如果 $\lambda\in\mathfrak{X}_w^+$，则上述(1)与(2)中的不等式都是严格的.

证明. (1)因为 $l(s_{i_1}s_{i_2}\cdots s_{i_{j-1}}s_{i_j})=l(s_{i_1}s_{i_2}\cdots s_{i_{j-1}})+1$，所以 $s_{i_1}s_{i_2}\cdots s_{i_{j-1}}(\alpha_{i_j})$ 是正根(参看 [Hum 1, §10.2])，从而

$$
\begin{aligned}
&\langle s_{i_{j-1}}\cdots s_{i_2}s_{i_1}(\lambda+\delta),\alpha_{i_j}^\vee\rangle\\
&=\langle\lambda+\delta,s_{i_1}s_{i_2}\cdots s_{i_{j-1}}(\alpha_{i_j})^\vee\rangle\geqslant 0.
\end{aligned}
$$

显然当 $\lambda\in\mathfrak{X}_w^+$ 时上述不等式是严格的.

(2) 因为

$$
\begin{aligned}
&s_{i_j}s_{i_{j-1}}\cdots s_{i_1}(\lambda+\delta)\\
&=s_{i_{j-1}}\cdots s_{i_1}(\lambda+\delta)-\langle s_{i_{j-1}}\cdots s_{i_1}(\lambda+\delta),\ \alpha_{i_j}^\vee\rangle\alpha_{i_j},
\end{aligned}
$$

由(1)即知 $s_{i_{j-1}}\cdots s_{i_1}(\lambda+\delta)\geqslant s_{i_j}s_{i_{j-1}}\cdots s_{i_1}(\lambda+\delta)$，当 $\lambda\in\mathfrak{X}_w^+$ 时不等式是严格的. 证毕.

(9.2.5) 引理. 设 $\lambda=\sum\limits_i n_i\omega_i\in\mathfrak{X}_w^+$，$\mu\in\mathfrak{X}_w$，$\lambda-\mu=\sum m_i\alpha_i$，并且所有的 $m_i\leqslant n_i$，则 Weyl 模 $V(\lambda)$ 中权 μ 的重数为 $m_\lambda(\mu)=P(\lambda-\mu)$.

证明. 据 Kostant 重数公式(见 [Hum 1, § 24.3])，

$$
m_\lambda(\mu)=\sum_{w\in W}(-1)^{l(w)}P(w(\lambda+\delta)-(\mu+\delta)).
$$

据(9.2.4(2))，权集 $\{w(\lambda+\delta)-(\mu+\delta)\mid w\neq 1\}$ 的极大元素均具有 $s_j(\lambda+\delta)-(\mu+\delta)$ 的形式，而我们有

$$
\begin{aligned}
s_j(\lambda+\delta)-(\mu+\delta)&=\lambda+\delta-\langle\lambda+\delta,\alpha_j^\vee\rangle\alpha_j-(\mu+\delta)\\
&=(\lambda-\mu)-\left\langle\sum_i(n_i+1)\omega_i,\alpha_j^\vee\right\rangle\alpha_j\\
&=\left(\sum_i m_i\alpha_i\right)-(n_j+1)\alpha_j,
\end{aligned}
$$

因为 $m_i < n_i + 1$，所以 $s_i(\lambda+\delta)-(\mu+\delta)$ 不是正根之和. 推及对所有 $w \neq 1$，$w(\lambda+\delta)-(\mu+\delta)$ 都不是正根之和. 因此，Kostant 公式的右边只有 $w=1$ 的一项可能不是零，即 $m_\lambda(\mu)=P(\lambda-\mu)$. 证毕.

(9.2.6) 推论. 设 λ, μ 如(9.2.5)所述.

(1) 如果 v^+ 为 $V(\lambda)$ 的极大向量，则所有使 $\sum_{\alpha\in\Phi^+} a_\alpha\alpha = \lambda-\mu$ 的非负整数 $|\Phi^+|$ 元组 $\boldsymbol{a}=(a_\alpha)_{\alpha\in\Phi^+}$ 所对应的 $\boldsymbol{Y}_{\boldsymbol{a}}v^+$ 线性无关；

(2) 如果 v^- 为 $V(-w_0\lambda)$ 的极小向量（即最小权的权向量），则所有使 $\sum_{\alpha\in\Phi^+} c_\alpha\alpha=\lambda-\mu$ 的非负整数 $|\Phi^+|$ 元组 $\boldsymbol{c}=(c_\alpha)_{\alpha\in\Phi^+}$ 所对应的 $\boldsymbol{X}_{\boldsymbol{c}}v^-$ 线性无关.

证明. (1)满足条件的 $|\Phi^+|$ 元组 a 的个数为 $P(\lambda-\mu)$，并且显然 $V(\lambda)_\mu$ 就由这些 $\boldsymbol{Y}_{\boldsymbol{a}}v^+$ 张成. 据(9.2.5)，$\dim V(\lambda)_\mu = P(\lambda-\mu)$，迫使这些 $\boldsymbol{Y}_{\boldsymbol{a}}v^+$ 线性无关.

(2) 是(1)的对偶命题：只要把 Φ 的序改成相反的序，(1)就变成了(2). 证毕.

(9.2.7) 命题. 设 Z 是 $\mathfrak{U}_{\mathscr{K}}$ 的非零元素，则有有限维 $\mathfrak{g}$ 模 V，使 Z 在 $V_{\mathscr{K}}$ 上不是零变换，这里 $V_{\mathscr{K}}$ 是从 V 出发，通过某一 $\mathfrak{U}^{\mathbb{Z}}$ 容许格作出的 $\mathfrak{U}_{\mathscr{K}}$ 模.

证明. 可设 $Z=\sum t_{\boldsymbol{abc}}\boldsymbol{Y}_{\boldsymbol{a}}\boldsymbol{H}_{\boldsymbol{b}}\boldsymbol{X}_{\boldsymbol{c}}$，其中 $t_{\boldsymbol{abc}}\in\mathscr{K}$ 且只有有限个不是零. 在存在 $\boldsymbol{a}, \boldsymbol{b}$ 使 $t_{\boldsymbol{abc}}\neq 0$ 的 $|\Phi^+|$ 元组 $\boldsymbol{c}$ 中取定 $\boldsymbol{c}^\circ=(c_\alpha^\circ)_{\alpha\in\Phi^+}$，使 $\sum_{\alpha\in\Phi^+} c_\alpha^\circ\alpha$ 极大；再取定 $\boldsymbol{a}^\circ=(a_\alpha^\circ)_{\alpha\in\Phi^+}$ 使得有一个 $t_{\boldsymbol{a}^\circ\boldsymbol{b}\boldsymbol{c}^\circ}\neq 0$；最后，在使 $t_{\boldsymbol{a}^\circ\boldsymbol{b}\boldsymbol{c}^\circ}\neq 0$ 的 $\boldsymbol{b}$ 中取定一个 $\boldsymbol{b}^\circ=(b_1^\circ,\cdots,b_l^\circ)$，使它关于词典序最小.

取 $\lambda=\sum_i n_i\omega_i\in\mathfrak{X}_w^+$，满足

i) $\lambda'=\lambda+\sum_{\alpha\in\Phi^+} c_\alpha^\circ\alpha-\sum b_i^\circ\omega_i\in\mathfrak{X}_w^+$；

ii）具有权 $\lambda-\sum_{\alpha\in\Phi^+}a_\alpha^\circ\alpha$ 的 $Y_a u^+$（其中一个是 $Y_{a^\circ}u^+$）线性无关，这里 u^+ 为 $V(\lambda)$ 的极大向量；

iii）具有权 $-\lambda'+\sum_{\alpha\in\Phi^+}c_\alpha^\circ\alpha$ 的 $X_c v^-$（其中一个是 $X_{c^\circ}v^-$）线性无关，这里 v^- 为 $V(-\omega_0\lambda')$ 的极小向量.

据(9.2.6)，只要把 n_i 取得足够大，总可以保证这三个条件同时满足.

$\mathfrak{U}_{\mathscr{K}}$ 模 $V(\lambda)\otimes V(-\omega_0\lambda')$ 显然是从 $\mathfrak{g}$ 模经 $\mathfrak{U}_Z$ 容许格作出的. 因为 $\mathfrak{g}$ 在张量积上的作用是通过 $\Delta_{\mathfrak{g}}$ 实现的，所以 $\mathfrak{U}_{\mathscr{K}}$ 在该模上的作用是通过 $\Delta_{\mathfrak{U}_{\mathscr{K}}}$ 实现的(见(9.1.6))，即

$$X\cdot(u\otimes v)=\Delta_{\mathfrak{U}_{\mathscr{K}}}(X)(u\otimes v),$$
$$\forall X\in\mathfrak{U}_{\mathscr{K}},\quad u\in V(\lambda),\quad v\in V(-\omega_0\lambda).$$

取 $V(\lambda)$ 的由权向量组成的基，特别，其中权 $\lambda-\sum_{\alpha\in\Phi^+}a_\alpha^\circ\alpha$ 的权空间的基就取为 $\{Y_a u^+\}$；同样，也取 $V(-\omega_0\lambda')$ 的由权向量组成的基，其中 $-\lambda'+\sum c_\alpha^\circ\alpha$ 的权空间的基取为 $\{X_c v^-\}$. 如所周知，$V(\lambda)$ 的基向量与 $V(-\omega_0\lambda')$ 的基向量的张量积组成了 $V(\lambda)\otimes V(-\omega_0\lambda')$ 的一组基. 我们希望证明，$Z\cdot(u^+\otimes v^-)$ 写成这组基的线性组合时，$Y_{a^\circ}u^+\otimes X_{c^\circ}v^-$ 的系数不是零，这显然蕴涵着 Z 在 $V(\lambda)\otimes V(-\omega_0\lambda')$ 上不是零变换，从而证明了命题.

若约定两个 $|\Phi^+|$ 元组可以按分量进行相加，则从 (9.1.6) 证明中所列的关于 $\Delta_{\mathfrak{U}}$ 的公式可以推出

$$\Delta_{\mathfrak{U}_{\mathscr{K}}}(Y_a)=\sum_{a'+a''=a}Y_{a'}\otimes Y_{a''},$$

$$\Delta_{\mathfrak{U}_{\mathscr{K}}}(X_c)=\sum_{c'+c''=c}X_{c'}\otimes X_{c''}.$$

利用这两个公式以及 u^+ 是极大向量，$u^+\otimes X_c v^-$ 是权 $\lambda-\lambda'+\sum_{\alpha\in\Phi^+}c_\alpha\alpha$ 的权向量(见(9.3.2(2)))诸事实，我们可以计算出

$$(Y_a H_b X_c)\cdot(u^+\otimes v^-)=(Y_a H_b)\cdot(u^+\otimes X_c v^-)$$

$$= \left(\lambda - \lambda' + \sum_{\alpha \in \Phi^+} c_\alpha \alpha\right)(H_b) Y_a (u^+ \otimes X_c v^-)$$

$$= \left(\lambda - \lambda' + \sum_{\alpha \in \Phi^+} c_\alpha \alpha\right)(H_b) \sum_{a' + a'' = a} Y_{a'} u^+ \otimes Y_{a''} X_c v^-.$$

现在设 $t_{abc} \neq 0$. 若 $a' \neq a$, 则 $Y_{a''} X_c v^- = 0$ 或者它的权严格小于 $X_c v^-$的权,由 c° 的取法知 $Y_{a''} X_c v^-$ 的权与 $X_{c^\circ} v^-$ 不同,从而 $Y_{a'} u^+ \otimes Y_{a''} X_c v^-$ 与我们所要讨论的 $Y_{a^\circ} u^+ \otimes X_{c^\circ} v^-$ 的系数无关; 若 $c \neq c^\circ$, 则或者 $X_c v^-$ 的权与 $X_{c^\circ} v^-$ 不同, 或者 $X_c v^-$ 与 $X_{c^\circ} v^-$ 是 $V(-\omega_0 \lambda')$ 中具有相同权的不同基向量, 从而 $Y_a u^+ \otimes X_c v^-$ 也与 $Y_{a^\circ} u^+ \otimes X_{c^\circ} v^-$的系数无关; 对 $a \neq a^\circ$, 同样的理由表明 $Y_a u^+ \otimes X_{c^\circ} v^-$ 与 $Y_{a^\circ} u^+ \otimes X_{c^\circ} v^-$ 的系数无关. 所以,在 $Z \cdot (u^+ \otimes v^-)$ 中, $Y_{a^\circ} u^+ \otimes X_{c^\circ} v^-$ 的系数是(参看(3.1.7))

$$\sum_b t_{a^\circ b c^\circ} \left(\lambda - \lambda' + \sum_{\alpha \in \Phi^+} c_\alpha^\circ \alpha\right)(H_b)$$

$$= \sum_b t_{a^\circ b c^\circ} \left(\sum_i b_i^\circ \omega_i\right)(H_b)$$

$$= \sum_b t_{a^\circ b c^\circ} \left(\prod_i \binom{b_i^\circ}{b_i}\right).$$

若 $b \neq b^\circ$, 则必有某个 $b_i^\circ < b_i$, 所以与 b 有关的项为零; 而当 $b = b^\circ$ 时, 有关的项是 $t_{a^\circ b^\circ c^\circ}$. 于是, 我们最终得到, 把 $Z(u^+ \otimes v^-)$ 写成我们所取的基的线性组合时, $Y_{a^\circ} u^+ \otimes X_{c^\circ} v^-$ 的系数为 $t_{a^\circ b^\circ c^\circ} \neq 0$, 正如所求. 证毕.

现存可以证明本小节的主要结果了.

(9.2.8) 定理. 设 G 是 $\mathscr{K}$ 上具有根系 Φ 的单连通半单线性代数群, 则 $\zeta_{\mathscr{K}}: \mathfrak{U}_{\mathscr{K}} \to \mathfrak{H}(G)$ 是 Hopf 代数的同构. 此外, 当 $\operatorname{char} \mathscr{K} = p > 0$ 时, $\zeta_{\mathscr{K}}$ 导出 $\mathbf{u}_n$ 到 $\mathfrak{H}(G_n)$ 的同构.

证明. 先证 $\zeta_{\mathscr{K}}$ 是内射. 设 Z 是 $\mathfrak{U}_{\mathscr{K}}$ 的非零元素, 作满足 (9.2.7) 要求的 $\mathfrak{g}$ 模 V, 则 V 是具有根系 Φ 的单连通复半单线性代

数群 $G_{\mathbf{C}}$ 的有理模的微分. 据(9.2.1(3)), $\mathfrak{U}$ 在 V 上的作用通过 $\zeta_{\mathbf{C}}$ 分解,从而 $\mathfrak{U}_{\mathbf{Z}}$ 在 V 的容许格上的作用通过 $\zeta_{\mathbf{Z}}$ 分解,进而推出 $\mathfrak{U}_{\mathscr{K}}$ 在 $V_{\mathscr{K}}$ 上的作用通过 $\zeta_{\mathscr{K}}$ 分解. 据(9.2.7), Z 在 $V_{\mathscr{K}}$ 上不是零变换,所以 $\zeta_{\mathscr{K}}(Z)\neq 0$. 可见 $\zeta_{\mathscr{K}}$ 是内射.

当 char $\mathscr{K}=p>0$ 时,据(9.2.3), $\zeta_{\mathscr{K}}(\mathbf{u}_n)\subset\mathfrak{H}(G_n)$; 又据(7.2.2(2))与(9.1.1), $\mathfrak{H}(G_n)$ 与 $\mathbf{u}_n$ 的维数都是 $p^{n\dim G}$, 所以 $\zeta_{\mathscr{K}}$ 的内射性保证了它把 $\mathbf{u}_n$ 同构地映到 $\mathfrak{H}(G_n)$ 上. 据 (8.2.4(4)), $\mathfrak{H}(G)=\bigcup\limits_n\mathfrak{H}(G_n)$, 所以 $\zeta_{\mathscr{K}}$ 是满射, 从而是 $\mathfrak{U}_{\mathscr{K}}$ 到 $\mathfrak{H}(G)$ 的同构.

对任意特征都适用的证明 $\zeta_{\mathscr{K}}$ 是满射的方法是利用 $\mathfrak{H}(G)=\bigcup\limits_n(A_{\mathscr{K}}/\mathrm{m}_{\mathscr{K}}^n)^*$ (参看(8.2.5(2))的证明). 如(7.2.2(2))的证明所述, $A_{\mathscr{K}}$ 关于 $\mathrm{m}_{\mathscr{K}}$ 的相伴阶化环是 $d=\dim G$ 个不定元的多项式环, 据此可以算出 $\dim(A_{\mathscr{K}}/\mathrm{m}_{\mathscr{K}}^n)$, 它等于 d 个不定元的总次数小于 n 的单项式个数;另一方面,若 $\boldsymbol{a}=(a_\alpha)_{\alpha\in\Phi^+}$, $\boldsymbol{b}=(b_1,\cdots,b_l)$, $\mathbf{c}=(c_\alpha)_{\alpha\in\Phi^+}$, 且 $\sum\limits_{\alpha\in\Phi^+}a_\alpha+\sum\limits_i b_i+\sum\limits_{\alpha\in\Phi^-}c_\alpha<n$, 从(9.2.1(2)) 可以推出, $\boldsymbol{Y_aH_bX_c}$ 在 $\mathrm{m}_{\mathscr{K}}^n$ 上是零, 从而可以看成 $(A_{\mathscr{K}}/\mathrm{m}_{\mathscr{K}}^n)^*$ 的元素, 这样的 $\boldsymbol{Y_aH_bX_c}$ 的个数也等于 d 个不定元的总次数小于 n 的单项式个数. 于是,由 $\zeta_{\mathscr{K}}$ 的内射性,便知 $\zeta_{\mathscr{K}}$ 把这些 $\boldsymbol{Y_aH_bX_c}$ 张成的子空间同构地映到 $(A_{\mathscr{K}}/\mathrm{m}_{\mathscr{K}}^n)^*$ 上. $\zeta_{\mathscr{K}}$ 的满射性得证. 证毕.

(9.2.9) 推论. 设 G 同 (9.2.8),则 $\mathbf{u}_1(\cong\mathfrak{H}(G_1))$ 可等同于 G 的 Lie 代数的局限包络代数.

证明. 设 $Z=X_{\alpha,1}$ 或 $H_{i,1}$, 则

$$\Delta_{\mathfrak{H}(G)}\circ\zeta_{\mathscr{K}}(Z)=(\zeta_{\mathscr{K}}\otimes\zeta_{\mathscr{K}})\circ\Delta_{\mathfrak{U}_{\mathscr{K}}}(Z)$$
$$=\zeta_{\mathscr{K}}(Z)\otimes\varepsilon_{A_{\mathscr{K}}}+\varepsilon_{A_{\mathscr{K}}}\otimes\zeta_{\mathscr{K}}(Z),$$

所以 $\zeta_{\mathscr{K}}(Z)$ 是 G 的 Lie 代数 $\mathfrak{L}(G)$ 的元素. 由于 $\zeta_{\mathscr{K}}$ 是内射, 这些 $\zeta_{\mathscr{K}}(Z)$ 线性无关, 而它们的总个数为 $\dim\mathfrak{g}=\dim G=\dim\mathfrak{L}(G)$,所以它们成为 $\mathfrak{L}(G)$ 的一组基. 把 $\zeta_{\mathscr{K}}(Z)$ 对应到 Z 的线性映射 $\xi:\mathfrak{L}(G)\to\mathbf{u}_1$ 显然把 $\mathfrak{L}(G)$ 等同到 $\mathbf{u}_1$ 的一个局限子

Lie 代数，从而它可以扩充为 $\mathfrak{L}(G)$ 的局限包络代数 $\mathbf{u}$ 到 $\mathbf{u}_1$ 的结合代数同态．再比较 $\mathbf{u}$ 与 $\mathbf{u}_1$ 的基向量，即得结论．证毕．

9.3 某些特殊子群的超代数

上一小节论证时，并没有把 $\zeta_{\mathscr{K}}$ 明确地构作出来．实际上，要构作 $\zeta_{\mathscr{K}}$ 也不难．我们先约定一些记号：$\mathfrak{g}$，$G_{\mathbf{C}}$ 与 G 仍如前，但暂不假定 G 与 $G_{\mathbf{C}}$ 是单连通的．取 $G_{\mathbf{C}}$ 的极大环面 $T_{\mathbf{C}}$，并假定本节对 $\mathfrak{g}$ 所作的根空间分解就是关于 $T_{\mathbf{C}}$ 作的．对每个 $\alpha\in\Phi$，设 $U_{\alpha,\mathbf{C}}$ 是对应的根子群，$U_{\mathbf{C}}=\prod\limits_{\alpha\in\Phi^+}U_{\alpha,\mathbf{C}}$，$B_{\mathbf{C}}=T_{\mathbf{C}}\ltimes U_{\mathbf{C}}$．由于我们采用 $G_{\mathbf{C}}$ 的自然表示的一个 $\mathfrak{U}_{\mathbf{Z}}$ 容许格的基把 $G_{\mathbf{C}}$ 看成 $GL(r,\mathbf{C})$ 的闭子群，所以上述所有子群都是 $GL(r,\mathbf{C})$ 的定义在 $\mathbf{Z}$ 上的闭子群，$T_{\mathbf{C}}$ 甚至是 $\mathbf{Z}$ 上分裂的．这样，$A_{\mathbf{Z}}$ 在这些闭子群的正则函数环中的象便成为这些正则函数环的 $\mathbf{Z}$ 形式，从而定义了 $\mathbf{Z}$ 上的仿射群概形 $G_{\mathbf{Z}}$，$T_{\mathbf{Z}}$，$U_{\alpha,\mathbf{Z}}$，$U_{\mathbf{Z}}$ 与 $B_{\mathbf{Z}}$，使 $G_{\mathbf{Z}}(\mathbf{C})=G_{\mathbf{C}}$，$T_{\mathbf{Z}}(\mathbf{C})=T_{\mathbf{C}}$，等等．我们当然还有 $G_{\mathbf{Z}}(\mathscr{K})=G$．再令 $T_{\mathbf{Z}}(\mathscr{K})=T$，$B_{\mathbf{Z}}(\mathscr{K})=B$，$U_{\mathbf{Z}}(\mathscr{K})=U$，$U_{\alpha,\mathbf{Z}}(\mathscr{K})=U_\alpha$．这样，$T$ 是 G 的极大环面，U_α 是根 α 的根子群，$U=\prod\limits_{\alpha\in\Phi^+}U_\alpha$，$B=T\ltimes U$．

对 $\mathfrak{g}$ 与 $\mathfrak{U}$，我们也可以找出相应的子代数：$\mathfrak{g}_\alpha$ 是 X_α 张成的一维子 Lie 代数，$\mathfrak{n}=\coprod\limits_{\alpha\in\Phi^+}\mathfrak{g}_\alpha$，$\mathfrak{h}$ 为 $H_1,\cdots,H_l$ 张成的子 Lie 代数，而 $\mathfrak{b}=\mathfrak{h}\oplus\mathfrak{n}$．又，令 $\mathfrak{H}$，$\mathfrak{N}$ 与 $\mathfrak{B}$ 分别是 $\mathfrak{h}$，$\mathfrak{n}$ 与 $\mathfrak{b}$ 的普遍包络代数，它们显然都是 $\mathfrak{U}$ 的子 Hopf 代数；令 $\mathfrak{H}_{\mathbf{Z}}$，$\mathfrak{N}_{\mathbf{Z}}$ 与 $\mathfrak{B}_{\mathbf{Z}}$ 分别是 $\mathfrak{H}$，$\mathfrak{N}$ 与 $\mathfrak{B}$ 同 $\mathfrak{U}_{\mathbf{Z}}$ 的交，它们都是 $\mathfrak{U}_{\mathbf{Z}}$ 的子 Hopf 代数；再令 $\mathfrak{H}_{\mathscr{K}}=\mathfrak{H}_{\mathbf{Z}}\otimes_{\mathbf{Z}}\mathscr{K}$，$\mathfrak{n}_{\mathscr{K}}=\mathfrak{N}_{\mathbf{Z}}\otimes_{\mathbf{Z}}\mathscr{K}$，$\mathfrak{B}_{\mathscr{K}}=\mathfrak{B}_{\mathbf{Z}}\otimes_{\mathbf{Z}}\mathscr{K}$，我们则得到 $\mathfrak{U}_{\mathscr{K}}$ 的一批 Hopf 子代数．如果 $\operatorname{char}\mathscr{K}=p>0$，再令 $\mathbf{b}_n=\mathbf{u}_n\cap\mathfrak{B}_{\mathscr{K}}$，$\mathbf{n}_n=\mathbf{u}_n\cap\mathfrak{N}_{\mathscr{K}}$，$\mathbf{h}_n=\mathbf{u}_n\cap\mathfrak{H}_{\mathscr{K}}$．

我们再用 $\mathbf{G}_{a,\mathbf{C}}$ 与 $\mathbf{G}_a$ 分别代表 $\mathbf{C}$ 与 $\mathscr{K}$ 的加法群，用 $\mathbf{G}_{m,\mathbf{C}}$ 与 $\mathbf{G}_m$ 分别代表 $\mathbf{C}^*$ 与 $\mathscr{K}^*$ 的乘法群．我们总可以建立线性

代数群的同构 $\varepsilon_{\alpha,\mathbf{C}}:\mathrm{G}_{a,\mathbf{C}}\to U_{\alpha,\mathbf{C}}$，使 $d\varepsilon_{\alpha,\mathbf{C}}$ 把 $\mathrm{G}_{a,\mathbf{C}}$ 的 Lie 代数的基 X（见 §8 例 2）映到 X_α，再令 $X_r=X^r/r!\in\mathfrak{H}(\mathrm{G}_{a,\mathbf{C}})$ 在 $\mathfrak{H}(U_{\alpha,\mathbf{C}})\subset\mathfrak{H}(G_{\mathbf{C}})$ 中的象为 $X'_{\alpha,r}$，根据 $\zeta_{\mathbf{C}}$ 的作法，$\zeta_{\mathbf{C}}(X_\alpha^r/r!)=X'_{\alpha,r}$. 因为 $\varepsilon_{\alpha,\mathbf{C}}$ 是定义在 $\mathbf{Z}$ 上的，以整数环为过渡，则得到 $\varepsilon_\alpha:\mathrm{G}_a\to U_\alpha$，仍用记号 X_r 与 $X'_{\alpha,r}$，我们看到，$\zeta_{\mathscr{K}}(X_{\alpha,r})=X'_{\alpha,r}$.

类似地，对单根 α_i，可构作代数群同态 $\tau_{i,\mathbf{C}}:\mathrm{G}_{m,\mathbf{C}}\to T_{\mathbf{C}}$，使 $d\tau_i$ 把 H（见 §8 例 3）映到 H_i. 令 $H'_{i,r}$ 为 $H_r\in\mathfrak{H}(G_{m,\mathbf{C}})$ 在 $\mathfrak{H}(T_{\mathbf{C}})\subset\mathfrak{H}(G_{\mathbf{C}})$中的象，则$\zeta_{\mathbf{C}}\left(\binom{H_i}{r}\right)=H'_{i,r}$. 转到 $\mathscr{K}$ 上，得到同态 $\tau_i:\mathrm{G}_m\to T$. 仍保持H与 $H'_{i,r}$ 的记号，则 $\zeta_{\mathscr{K}}(H_{i,r})=H'_{i,r}$.

(9.3.1) 命题. (1) 在 $\zeta_{\mathscr{K}}$ 下，$\mathfrak{B}_{\mathscr{K}}$，$\mathfrak{H}_{\mathscr{K}}$ 与 $\mathfrak{N}_{\mathscr{K}}$ 分别映到 $\mathfrak{H}(B)$，$\mathfrak{H}(T)$ 与 $\mathfrak{H}(U)$ 中；

(2) 如果 $\mathrm{char}\,\mathscr{K}=p>0$，则在 $\zeta_{\mathscr{K}}$ 下，$\mathbf{b}_n$，$\mathbf{h}_n$ 与 $\mathbf{n}_n$ 分别映到 $\mathfrak{H}(B_n)$，$\mathfrak{H}(T_n)$ 与 $\mathfrak{H}(U_n)$ 中；

(3) 如果G单连通，则 $\zeta_{\mathscr{K}}$ 是(1)与(2)所述各对 Hopf 代数之间的同构.

证明. (1) $\mathfrak{B}_{\mathscr{K}}$ 的生成元为 $X_{\alpha,r}(\alpha\in\Phi^+)$ 与 $H_{i,r}$，它们的象 $X'_{\alpha,r}$ 与 $H'_{i,r}$ 显然在 $\mathfrak{H}(B)$ 中；对 $\mathfrak{H}_{\mathscr{K}}$ 与 $\mathfrak{N}_{\mathscr{K}}$，类似地证明.

(2)证法同(9.2.3).

(3) 因为此时 $\zeta_{\mathscr{K}}$ 是内射，所以在 $\mathfrak{B}_{\mathscr{K}}$，$\mathfrak{H}_{\mathscr{K}}$ 与 $\mathfrak{N}_{\mathscr{K}}$ 的限制也是内射. 只要再证 $\zeta_{\mathscr{K}}$ 在 $\mathfrak{B}_{\mathscr{K}}$，$\mathfrak{H}_{\mathscr{K}}$ 与 $\mathfrak{N}_{\mathscr{K}}$ 的限制分别是到 $\mathfrak{H}(B)$，$\mathfrak{H}(T)$ 与 $\mathfrak{H}(U)$ 上的满射. 证法同(9.2.8)证明的最后一段.

至于 $\zeta_{\mathscr{K}}$ 导出 $\mathbf{b}_n$ 与 $\mathfrak{H}(B_n)$，$\mathbf{h}_n$ 与 $\mathfrak{H}(T_n)$ 以及 $\mathbf{n}_n$ 与 $\mathfrak{H}(U_n)$ 之间的同构，只要从 $\zeta_{\mathscr{K}}$ 的内射性以及一些简单的维数计算即可得出. $\mathfrak{H}(B_n)$，$\mathfrak{H}(T_n)$ 与 $\mathfrak{H}(U_n)$的维数仍由(7.2.2(2))给出，$\mathbf{b}_n$，$\mathbf{h}_n$ 与 $\mathbf{n}_n$ 的维数只要列出典范基就可算出. 证毕.

下面命题的(1)是(3.1.7(1))的补充，(2)在某种意义上说是(3.1.7)部分结论的逆——(3.1.7)从 $\mathfrak{H}_{\mathscr{K}}$ 的作用导出T的作用，现在则反过来从T的作用导出 $\mathfrak{H}_{\mathscr{K}}$ 的作用.

(9.3.2) 命题. (1)设 $\lambda, \mu \in \mathfrak{X}_w$，看作 $\mathfrak{H}_{\mathscr{K}}$ 到 $\mathscr{K}$ 的 $\mathscr{K}$ 代数同态，则

$$(\lambda \otimes \mu) \circ \Delta_{\mathfrak{H}_{\mathscr{K}}}(H) = (\lambda + \mu)(H),$$
$$\lambda \circ \eta_{\mathfrak{H}_{\mathscr{K}}}(H) = (-\lambda)H, \quad \forall H \in \mathfrak{H}_{\mathscr{K}},$$

因此，如果在 $\mathfrak{H}_{\mathscr{K}}$ 模 V_1 与 V_2 上 $\mathfrak{H}_{\mathscr{K}}$ 分别通过 λ 与 μ 作用，则在 $V_1 \otimes V_2$ 上 $\mathfrak{H}_{\mathscr{K}}$ 通过 $\lambda + \mu$ 作用，在 V_1^* 上 $\mathfrak{H}_{\mathscr{K}}$ 通过 $-\lambda$ 作用；

(2) 设 V 是权 λ 的一维有理 T 模，则 V 典范地成为一维 $\mathfrak{H}_{\mathscr{K}}$ 模，$\mathfrak{H}_{\mathscr{K}}$ 的作用也通过 λ 实现.

证明. (1)因为 $\Delta_{\mathfrak{H}_{\mathbf{Z}}}\left(\binom{H_i}{r}\right) = \sum_{s+t=r} \binom{H_i}{s} \otimes \binom{H_i}{t}$,

$$\eta_{\mathfrak{H}_{\mathbf{Z}}}\left(\binom{H_i}{r}\right) = \binom{-H_i}{r},$$

所以

$$(\lambda \otimes \mu) \circ \Delta_{\mathfrak{H}_{\mathbf{Z}}}\left(\binom{H_i}{r}\right) = \sum_{s+t=r} \binom{\langle \lambda, \alpha_i^\vee \rangle}{s} \binom{\langle \mu, \alpha_i^\vee \rangle}{t}$$

$$= \binom{\langle \lambda + \mu, \alpha_i^\vee \rangle}{r} = (\lambda + \mu)\left(\binom{H_i}{r}\right),$$

$$\lambda \circ \eta_{\mathfrak{H}_{\mathbf{Z}}}\left(\binom{H_i}{r}\right) = \binom{-\langle \lambda, \alpha_i^\vee \rangle}{r} = (-\lambda)\left(\binom{H_i}{r}\right),$$

把这两个等式"模 p"，便得(1)所列的公式. 根据 Hopf 代数的模的张量积与反轭的定义，后一结论只不过是这两个公式的复述.

(2) 在 V 上有典范的 $\mathfrak{H}(T)$ 模结构，再通过 $\zeta_{\mathscr{K}}: \mathfrak{H}_{\mathscr{K}} \to \mathfrak{H}(T)$，得到 $\mathfrak{H}_{\mathscr{K}}$ 模结构. 所以 $H_{i,r}$ 在 V 上的作用通过 $H'_{i,r}$ 实现. 利用(9.3.1)前建立的同态 $\tau_i: \mathbf{G}_m \to T$，把 V 看成有理 $\mathbf{G}_m$ 模，设其余模结构映射为 $\tau_V: V \to V \otimes \mathscr{K}[f, f^{-1}]$，$f$ 为 $\mathbf{G}_m$ 的坐标函数，则 $\tau_i^\#(\lambda) = f^{\langle \lambda, \alpha_i^\vee \rangle}$，所以对 $v \in V$，有 $\tau_V(v) = v \otimes f^{\langle \lambda, \alpha^\vee \rangle}$. 这样，

$$H'_{i,r}v = \tau_i(H_r)v = H_r(f^{\langle \lambda, \alpha_i^\vee \rangle})v$$
$$= \binom{\langle \lambda, \alpha_i^\vee \rangle}{r} v = \lambda(H_{i,r})v$$

(参看 §8 例 3)，正如所求．证毕．

实际上 $\mathfrak{H}_{\mathscr{K}}$ 到 $\mathscr{K}$ 的 $\mathscr{K}$ 代数同态远不只 $\mathfrak{X}_w$ 的元素，见(10.5.1)．

§10. Frobenius 核的表示

设 G 为特征 $p>0$ 的代数闭域 $\mathscr{K}$ 上的单连通半单线性代数群，G_n 为 G 的第 n 个 Frobenius 核．G_n 的表示理论与 G 的表示理论有着千丝万缕的联系．本节将初步讨论一下 G_n 的表示理论，并揭示它与 G 的表示理论的若干联系．与 G 的表示相比，讨论 G_n 的表示似乎更容易一些——据(8.2.6)，有理 G_n 模范畴等价于 $\mathfrak{H}(G_n)$ 模范畴；又据(9.2.8)，$\mathfrak{H}(G_n)\cong \mathbf{u}_n$．所以，讨论 G_n 的表示只要讨论 $\mathbf{u}_n$ 的表示，而 $\mathbf{u}_n$ 只是个有限维 $\mathscr{K}$ 代数．在 §10.5 中，将证明有理 G 模范畴等价于局部有限的 $\mathfrak{U}_{\mathscr{K}}$ 模范畴．

§10.1—§10.4 中，我们约定所有的模都是 $\mathscr{K}$ 上有限维的．

10.1 不可约模与普遍最高权模

为了本小节的应用，我们强调一下以下的引理 (10.1.1) 与 (10.1.2)，记号同 §9．

(10.1.1) 引理． (1)设 $\alpha\in\Phi$，$r>0$，则 $(X_{\alpha,r})^p=0$；

(2) 设 $0\leqslant i\leqslant l$，$r\geqslant 0$，则 $(H_{i,r})^p=H_{i,r}$．

证明．(1)有自然数 n 使 $p^{n-1}\leqslant r<p^n$，此时 $pr\geqslant p^n$，于是有 $0<i<p$，使 $ir<p^n$ 而 $(i+1)r\geqslant p^n$．另一方面，显然有 $t\in\mathscr{K}$ 使 $(X_{\alpha,r})^i=tX_{\alpha,ir}$，于是

$$(X_{\alpha,r})^p=t(X_{\alpha,ir}X_{\alpha,r})(X_{\alpha,r})^{p-i-1},$$

其中 $X_{\alpha,ir}X_{\alpha,r}=0$，这是因为 $r<p^n$，$ir<p^n$，而 $r+ir\geqslant p^n$(参看(9.1.5(1))的证明)．所以 $(X_{\alpha,r})^p=0$．

(2) 参看(9.1.5(2))的证明的 (i)．证毕．

我们仍用 § 9 的记号把 $\mathbf{u}_n$ 的基写成 $\{Y_{\mathbf{a}}H_{\mathbf{b}}X_{\mathbf{c}}\mid \mathbf{a},\ \mathbf{b},\ \mathbf{c}\prec$

$p^n\}$，并用 $\mathbf{u}_n$ 的分解式 $\mathbf{u}_n=\mathbf{n}_n^-\otimes\mathbf{h}_n\otimes\mathbf{n}_n^+$. 我们先讨论 $\mathbf{h}_n$ 的表示. $\mathbf{h}_n$ 有基 $\{H_b \mid b \prec p^n\}$，所以(9.1.5(2))证明的(ii)表明:

(10.1.2) 引理. 作为 $\mathscr{K}$ 代数，$\mathbf{h}_n$ 由 $H_{i,p^r}(1\leqslant i\leqslant l,\ 0\leqslant r<n)$ 生成.

现在我们来证明:

(10.1.3) 命题. (1)任何 $\mathbf{h}_n$ 模都是完全可约的，每个不可约 $\mathbf{h}_n$ 模都是 1 维的，从而其同构类被一个 $\mathscr{K}$ 代数同态 $\mathbf{h}_n\to\mathscr{K}$ 完全确定;

(2) 每个 $\lambda\in\mathfrak{X}_w$ 典范地导出一个 $\mathscr{K}$ 代数同态 $\lambda:\mathbf{h}_n\to\mathscr{K}$，$\lambda,\mu\in\mathfrak{X}$ 导出同一个同态的充要条件是 $\lambda-\mu\in p^n\mathfrak{X}_w$;

(3) 每个 $\mathscr{K}$ 代数同态 $\mathbf{h}_n\to\mathscr{K}$ 都由某个 $\lambda\in\mathfrak{X}_w$ 导出.

证明. (1)据(10.1.1(2))，$(H_{i,r})^p-H_{i,r}=0$，所以 $H_{i,r}$ 在任何 $\mathbf{h}_n$ 模上的最小多项式都没有重根，从而都可对角化. 又因为 $\mathbf{h}_n$ 是交换代数，线性代数的标准结果告诉我们，在任何 $\mathbf{h}_n$ 模上，$\mathbf{h}_n$ 可同时对角化，这就蕴涵着(1)的结论.

(2)据(3.1.7(1))，每个 $\lambda\in\mathfrak{X}_w$ 导出一个 $\mathscr{K}$ 代数同态 λ: $\mathfrak{H}_{\mathscr{K}}\to\mathscr{K}$，把 $H_{i,r}$ 映到 $\binom{\langle\lambda,\alpha_i^\vee\rangle}{r}$ 在 $\mathscr{K}$ 中的象. 这个同态在 $\mathbf{h}_n$ 的限制即为所需的同态.

若 $H_{i,r}\in\mathbf{h}_n$，则 $r<p^n$，所以 r 的 p 进展开式中非零系数都出现在 p 的幂小于 n 的项上;另一方面，若 $\lambda,\mu\in\mathfrak{X}_w$ 且 $\lambda-\mu\in p^n\mathfrak{X}_w$，则 $\langle\lambda,\alpha_i^\vee\rangle$ 与 $\langle\mu,\alpha_i^\vee\rangle$ 的 p 进展开式的区别仅在 p 的幂 $\geqslant n$ 的项上. 所以，据(2.3.2)，

$$\binom{\langle\lambda,\alpha_i^\vee\rangle}{r}\equiv\binom{\langle\mu,\alpha_i^\vee\rangle}{r}\ (\mathrm{mod}\,p),$$

从而 λ 与 μ 决定了同一个 $\mathscr{K}$ 代数同态 $\mathbf{h}_n\to\mathscr{K}$.

现在设 $\lambda\in\mathfrak{X}_n$ ($\mathfrak{X}_n$ 意义同 § 6.2)，则 $0\leqslant\langle\lambda,\alpha_i^\vee\rangle<p^n$. 对于 $r>\langle\lambda,\alpha_i^\vee\rangle$，$\lambda(H_{i,r})=0$，而当 $r=\langle\lambda,\alpha_i^\vee\rangle$ 时，$\lambda(H_{i,r})=1$. 这个性质足以说明 $\mathfrak{X}_n$ 中不同的元素导出 $\mathbf{h}_n$ 到 $\mathscr{K}$ 的不同的 $\mathscr{K}$ 代数同态. 由于 $\mathfrak{X}_n$ 可以作为 $\mathfrak{X}_w/p^n\mathfrak{X}_w$ 的代表元系，我们

的充要性断言得证．

(3) 在(2)中，我们已经找到了 p^{nl} 个不同的 $\mathscr{K}$ 代数同态 $\mathbf{h}_n \to \mathscr{K}$，以 $\mathfrak{X}_w/p^n\mathfrak{X}_w$ 或 $\mathfrak{X}_n$ 为指标集．我们只要再证至多有 p^{nl} 个不同的 $\mathscr{K}$ 代数同态 $\mathbf{h}_n \to \mathscr{K}$，则(3)也得证．我们考虑(10.1.2)所列的 nl 个生成元 H_{i,p^r} 在这种 $\mathscr{K}$ 代数同态下的象．因为 $(H_{i,p^r})^p = H_{i,p^r}$（见(10.1.1(2)))，所以 H_{i,p^r} 的象必须在 $\mathscr{K}$ 的素域 $GF(p)$ 中，从而最多有 p 种可能性．于是，所有 nl 个生成元的象最多有 p^{nl} 种不同的取法，$\mathscr{K}$ 代数同态 $\mathbf{h}_n \to \mathscr{K}$ 的个数不能超过此数，正如所求．证毕．

由于(10.1.3)，对于 $\mathbf{u}_n$ 的任意一个含 $\mathbf{h}_n$ 的子代数的模，可以谈论它的 $\mathbf{h}_n$ 权、$\mathbf{h}_n$ 权向量与 $\mathbf{h}_n$ 权空间等．$\mathbf{h}_n$ 权的集合可取为 $\mathfrak{X}_n$，但更严格地说，应为 $\mathfrak{X}_w/p^n\mathfrak{X}_w$．因此，与 G 的极大环面 T 的权的情况不一样，我们无法在 $\mathbf{h}_n$ 权的集合上定义一个合理的半序，这给 $\mathbf{u}_n$ 模的研究带来了一些困难．在 §10.2 中，我们将用一种不太自然的方法迴避这个困难．

为了进而讨论 $\mathbf{b}_n$ 的表示，我们先证如下的引理．

(10.1.4) 引理． $\mathbf{n}_n^{\pm}$ 的增广理想由幂零元组成，从而它就是 $\mathbf{n}_n^{\pm}$ 的 Jacobson 根基．

证明．显然只要对 $\mathbf{n}_n^{+}$ 证明就可以了．对 $\alpha \in \Phi^+$，$r \in \mathbf{Z}^+$，定义 $X_{\alpha,r}$ 的高度 $\mathrm{ht}(X_{\alpha,r}) = r\mathrm{ht}(\alpha)$，其中 $\mathrm{ht}(\alpha)$ 为正根 α 的高度，即把它写成单根的线性组合时各系数之和；再把高度的定义推广：若干个 $X_{\alpha,r}$ 形式的元素乘积的高度是各因子高度之和．(9.1.2)的公式(4)—(10)中，等式两边所出现的所有项都具有相同的高度，所以，只要约定 0 可以具有任意高度，我们的定义是没有歧义的，并且显然有 $\mathrm{ht}(Z_1Z_2) = \mathrm{ht}(Z_1) + \mathrm{ht}(Z_2)$，这里 Z_1 与 Z_2 都是某些 $X_{\alpha,r}$ 的乘积．现在，从 $\mathbf{n}_n^{+}$ 的基可以看出，$\mathbf{n}_n^{+}$ 中的单项式的高度不能超过 $\sum_{\alpha\in\Phi^+}(p^n-1)\mathrm{ht}(\alpha)$，如果超过这一上界，它只能是零．$\mathbf{n}_n^{+}$ 的增广理想中的元素写成基向量 $X_{\boldsymbol{a}}$ 的线性组合时，所出现的 $X_{\boldsymbol{a}}$ 必具有正的高度，所以，作它的适当高的方次，

总可以保证幂中每一个单项式的高度超过这一上界，从而是零．证毕．

(10.1.5) 推论． 在同构意义下，$\mathbf{n}_n^{\pm}$ 只有唯一的不可约模，它是 1 维的，$\mathbf{n}_n^{\pm}$ 的元素通过增广映射作用．因此，若 V 是非零的 $\mathbf{n}_n^{\pm}$ 模，则 $V^{\mathbf{n}_n^{\pm}} \neq 0$.

证明．设 $\mathfrak{r}$ 为 $\mathbf{n}_n^{\pm}$ 的 Jacobson 根基，则不可约 $\mathbf{n}_n^{\pm}$ 模必为 $\mathbf{n}_n^{\pm}/\mathfrak{r}$ 模．我们知道 $\mathfrak{r}$ 是增广理想，所以 $\mathbf{n}_n^{\pm}/\mathfrak{r} \cong \mathscr{K}$，由此推出 $\mathbf{n}_n^{\pm}$ 只有唯一的不可约模，$\mathbf{n}_n^{\pm}$ 在它上面的作用通过典范同态 $\mathbf{n}_n^{\pm} \to \mathbf{n}_n^{\pm}/\mathfrak{r} \cong \mathscr{K}$ 实现，但这个典范同态就是增广映射．

对任意非零的 $\mathbf{n}_n^{\pm}$ 模 V，它的不可约子模含于 $V^{\mathbf{n}_n^{\pm}}$，迫使 $V^{\mathbf{n}_n^{\pm}} \neq 0$．证毕．

(10.1.6) 命题． 设 V 是非零的 $\mathbf{b}_n$ 模，则有非零的 $v \in V$，使 $\mathscr{K}v$ 是 $\mathbf{b}_n$ 稳定的．亦即，v 满足：(1) 它是 $\mathbf{h}_n$ 权向量；(2) $X_{\alpha,r}v = 0$，对所有 $\alpha \in \Phi^+$，$r > 0$.

证明．据(10.1.5)，$V^{\mathbf{n}_n^{\pm}} \neq 0$；又据(9.1.2(3))(如果是右模，据(9.1.2(2)))，$\mathbf{h}_n$ 稳定 $V^{\mathbf{n}_n^{+}}$，于是 $V^{\mathbf{n}_n^{+}}$ 是 $\mathbf{h}_n$ 权空间的直和，从而满足条件的 v 可以找到．证毕．

现在可以讨论不可约 $\mathbf{u}_n$ 模的结构了．

(10.1.7) 定理． 不可约 $\mathbf{u}_n$ 模的同构类与 $\mathfrak{X}_n$ (更严格地说，与 $\mathfrak{X}_w/p^n\mathfrak{X}_w$) 的元素一一对应．精确地说，

(1) 每个不可约 $\mathbf{u}_n$ 模都有唯一的 $\mathbf{b}_n$ 稳定直线，从而对应 $\mathbf{h}_n$ 的一个权 $\lambda \in \mathfrak{X}_w/p^n\mathfrak{X}_w$；

(2) 对 $\mathfrak{X}_n$ (更精确地说，$\mathfrak{X}_w/p^n\mathfrak{X}_w$)的每一个元素，都有不可约 $\mathbf{u}_n$ 模以它为 $\mathbf{b}_n$ 稳定直线的 $\mathbf{h}_n$ 权；

(3) 如果两个不可约 $\mathbf{u}_n$ 模的 $\mathbf{b}_n$ 稳定直线具有相同的 $\mathbf{h}_n$ 权，则这两个 $\mathbf{u}_n$ 模同构．

证明．(1)设 M 为不可约 $\mathbf{u}_n$ 模．据(10.1.6)，M 有 $\mathbf{b}_n$ 稳定的直线．设 v^+ 为这条直线中的非零向量，则

$$M = \mathbf{u}_n v^+ = \mathbf{n}_n^- \mathbf{b}_n v^+ = \mathbf{n}_n^- v^+.$$

把 $|\Phi^+|$ 元组 $(0, 0, \cdots, 0)$ 简记为 $\boldsymbol{o}$. 设有 $Y = t_o + \sum_{a \neq o} t_a Y_a$ 使 $\mathscr{K} Y v^+$ 也是 $\mathbf{b}_n$ 稳定直线,不妨设当 $t_a \neq 0$ 时 $Y_a v^+ \neq 0$. 这些 $Y_a v^+$ 都是 $\mathbf{h}_n$ 权向量,它们的线性组合又是 $\mathbf{h}_n$ 权向量,迫使所有 $t_a \neq 0$ 的 $Y_a v^+$ 都具有相同的 $\mathbf{h}_n$ 权. 因此,若 $v' = \sum_{a \neq o} t_a Y_a v^+ \neq 0$, 则也是 $\mathbf{h}_n$ 权向量.

另一方面,设 $\alpha \in \Phi^+$, $r > 0$, 则 $X_{\alpha,r}$ 把被 $\mathbf{b}_n$ 稳定的直线零化,所以

$$0 = X_{\alpha,r} Y v^+ = t_o X_{\alpha,r} v^+ + X_{\alpha,r} v' = X_{\alpha,r} v'.$$

可见,若 $v' \neq 0$, 则 $\mathscr{K} v'$ 也是 $\mathbf{b}_n$ 稳定的直线,从而也有 $M = \mathbf{n}_n^- v'$.

现在只把 M 看成 n_n^- 模. 据(10.1.4), $\sum_{a \neq o} t_a Y_a$ 在 $\mathbf{n}_n^-$ 的 Jacobson 根基 r 中,所以 $v' \in \mathrm{r} M$, 因此 $M = \mathbf{n}_n^- v' = \mathrm{r} M$. 据 Nakayama 引理, $M = 0$, 矛盾. 由此可见 $v' = 0$, 从而 M 的 $\mathbf{b}_n$ 稳定直线是唯一确定的.

(2) 设 $\lambda \in \mathfrak{X}_w$. 据(10.1.3), λ 决定一个一维 $\mathbf{h}_n$ 模,仍记为 λ, 它的基为 v_λ; 令 $\mathbf{n}_n^+$ 平凡地(即通过增广映射)作用在这个模上. 利用(9.1.2)的换位公式(2)与(3)不难验证, $\mathbf{h}_n$ 与 $\mathbf{n}_n^+$ 的上述作用可以合并成 $\mathbf{b}_n$ 的作用,从而我们得到一个一维 $\mathbf{b}_n$ 模 λ. 令 $Z(n, \lambda) = \mathbf{u}_n \otimes_{\mathbf{b}_n} \lambda$, 则 $Z(n, \lambda)$ 成为一个 $\mathbf{u}_n$ 模. 不难看出, $Z(n, \lambda)$ 的直线 $\mathscr{K}(1 \otimes v_\lambda)$ 是 $\mathbf{b}_n$ 稳定的,并具有 $\mathbf{h}_n$ 权 λ. 由于 $1 \otimes v_\lambda$ 生成了 $Z(n, \lambda)$, 它不含于 $Z(n, \lambda)$ 的任何真子模中,所以在 $Z(n, \lambda)$ 关于它的极大真子模的商中的象不是零,从而这个商是具有权 λ 的 $\mathbf{b}_n$ 稳定直线的不可约 $\mathbf{u}_n$ 模. 显然 $Z(n, \lambda)$ 只与 λ 关于 $p^n \mathfrak{X}_w$ 的陪集有关.

(3) 设 M_1 与 M_2 都是具有权 λ 的 $\mathbf{b}_n$ 稳定直线的不可约 $\mathbf{u}_n$ 模, v_1 与 v_2 分别是它们的 $\mathbf{b}_n$ 稳定直线的基,则 $\mathscr{K}(v_1 + v_2)$ 是 $M_1 \oplus M_2$ 的 $\mathbf{b}_n$ 稳定直线,它的权也是 λ. 设 $M = \mathbf{u}_n(v_1 + v_2) = \mathbf{n}_n^-(v_1 + v_2)$. 我们希望证明 $M \neq M_1 \oplus M_2$. 如果 $M = M_1 \oplus$

M_2，则有 $Y \in \mathbf{n}_n^-$ 使 $Y(v_1 + v_2) = v_1$. 可设 $Y = t_0 + Y'$，其中 $t_0 \in \mathscr{K}$，$Y' \in \mathrm{r}$（$\mathbf{n}_n^-$ 的 Jacobson 根基），于是有 $v_1 - t_0 v_1 - Y'v_1 = t_0 v_2 + Y'v_2$. 由直和的性质推出

$$(1 - t_0)v_1 = Y'v_1, \quad t_0 v_2 = -Y'v_2.$$

若 $t_0 \neq 0$，则 $M_2 = \mathbf{n}_n^-(t_0 v_2) = \mathbf{n}_n^-(-Y'v_2) \subset \boldsymbol{r}M_2$，由 Nakayama 引理推出 $M_2 = 0$，矛盾；若 $t_0 = 0$，则 $M_1 = \mathbf{n}_n^- v_1 = \mathbf{n}_n^- Y'v_1 \subset \mathrm{r}M_1$，推出 $M_1 = 0$，也矛盾. 这两个矛盾说明了 $M \neq M_1 \oplus M_2$. 因为 $M_1 \oplus M_2$ 只有两个合成因子，又显然 $M \neq 0$，所以 M 必为不可约 $\mathbf{u}_n$ 模.

令 $\mathrm{pr}_i : M_1 \oplus M_2 \to M_i (i = 1, 2)$ 是直和的射影，则 pr_i 是 $\mathbf{u}_n$ 模同态，并且 $\mathrm{pr}_i(v_1 + v_2) = v_i$，从而 $\mathrm{pr}_i|_M$ 不是零同态. 因为 M 与 M_i 都是不可约 $\mathbf{u}_n$ 模，迫使 $M \cong M_i$，从而 $M_1 \cong M_2$. 证毕.

具有权 λ 的 $\mathbf{b}_n$ 稳定直线的不可约 $\mathbf{u}_n$ 模记为 $M(n, \lambda)$.

在一些文献中，把由一条 $\mathbf{b}_n$ 稳定直线生成的 $\mathbf{u}_n$ 模称为"最高权模"，该 $\mathbf{b}_n$ 稳定直线中的非零向量与它的 $\mathbf{h}_n$ 权分别称为这个模的"极大向量"与"最高权". 当然，这些术语不是十分确切的，因为我们讲过，$\mathbf{h}_n$ 权的集合是 $\mathfrak{X}_w / p^n \mathfrak{X}_w$ 在它上面不可能定义一个适当的半序. 不过，为了方便起见，这些术语还是可以保留的. 它能引起对代数群或特征零的 Lie 代数的表示理论中的类似概念的联想，并进行适当的类比. 用这些术语，不可约 $\mathbf{u}_n$ 模与上文的 $Z(n, \lambda)$ 都是"最高权模". 对于 $Z(n, \lambda)$，我们有更强的结果：

(10.1.8) 命题. (1) $Z(n, \lambda)$ 是"最高权" λ 的普遍"最高权模"，即，任何"最高权" λ 的"最高权模"都是 $Z(n, \lambda)$ 的同态象；

(2) $\dim Z(n, \lambda) = p^{nN}$，这里 $N = |\Phi^+|$.

证明. (1) 设 V 是"最高权" λ 的"最高权模"，v^+ 为 V 的"极大向量"，则有 $\mathbf{b}_n$ 模同态 $\lambda \to V$，把 v_λ 映到 v^+. 根据张量积的普遍性质，有 $\mathbf{u}_n$ 模同态 $Z(n, \lambda) \to V$，使下图交换：

$$\begin{array}{ccc} \lambda & \longrightarrow & V \\ \downarrow & \nearrow & \\ Z(n,\lambda) & & \end{array}$$

特别，v^+ 在 $Z(n,\lambda)$ 的象中，所以这个同态是满的。

(2) 因为 $\mathbf{u}_n$ 是自由的右 $\mathbf{b}_n$ 模，$\mathbf{n}_n^-$ 的 $\mathscr{K}$ 基就是 $\mathbf{u}_n$ 的自由 $\mathbf{b}_n$ 基，所以 $Z(n,\lambda)$ 作为 $\mathscr{K}$ 向量空间(甚至作为 $\mathbf{n}_n^-$ 模)同构于 $\mathbf{n}_n^-$，从而 $\dim Z(n,\lambda)=\dim\mathbf{n}_n^-=p^{nN}$. 证毕.

以上我们构作 $\mathbf{u}_n$ 的模，只是从 $\mathbf{u}_n$ 本身的结构出发. 但 $\mathbf{u}_n$ 是 $\mathfrak{H}(G)=\mathfrak{U}_{\mathscr{K}}$ 的子代数，每个有理 G 模都典范地具有 $\mathbf{u}_n$ 模的结构. 从有理 G 模得出的 $\mathbf{u}_n$ 模是什么呢？我们只考虑不可约有理 G 模，下面的定理是(6.2.3)的推广.

(10.1.9) 定理. 设 $\lambda\in\mathfrak{X}_\omega^+$，$M(\lambda)$ 是最高权 λ 的不可约 G 模.

(1) 若 $\lambda\in\mathfrak{X}_n$，则 $M(\lambda)$ 作为 $\mathbf{u}_n$ 模仍然不可约，从而同构于 $M(n,\lambda)$；

(2) 一般地，若 $\lambda=\lambda_0+p^n\lambda_1$，其中 $\lambda_0\in\mathfrak{X}_n$，$\lambda_1\in\mathfrak{X}_\omega^+$，则 $M(\lambda)$ 作为 $\mathbf{u}_n$ 模是 $\dim M(\lambda_1)$ 个 $M(n,\lambda_0)$ 的直和.

证明. 首先提醒读者注意，如把 $X_{\alpha,r}$ 与它在 $\mathfrak{H}(G)$ 中的典范象等同，从 §5 例 5 可以知道，$\varepsilon_\alpha(a)$ (见 §9.3 所给的定义)形式地写成 $\sum\limits_{r=0}^{\infty}a^rX_{\alpha,r}$，如作为有限维有理 G 模上的算子，则这个写法不只是形式的，它严格地描述了 $\varepsilon_\alpha(a)$ 与 $X_{\alpha,r}$ 之间的关系. 下面证明定理.

(1) 分三个步骤证明.

(i) 设 v^+ 是 $M(\lambda)$ 作为 G 模的极大向量，$M=\mathbf{u}_nv^+$. 我们来证明 $M=M(\lambda)$. 为此，只要证 M 是 G 稳定的. 又因为 G 由所有单根及其负根的根子群生成，所以只要证当 $\pm\alpha$ 是单根时，均有 $X_{\alpha,r}M\subset M$，对所有 $r\in\mathbf{Z}^+$.

先考虑 $X_{\alpha,r}v^+$. 因为 $X_{\alpha,r}v^+$ 是权 $\lambda+m\alpha$ 的 T 权向量，所以当 $\alpha\in\Phi^+$，$r>0$ 时，$X_{\alpha,r}v^+=0$. 又，当 α 是单根时，$\langle\lambda,\alpha^\vee\rangle<p^n$，而 $M(\lambda)$ 中经过 λ 的 α 链必定在 λ 与 $s_\alpha\lambda=\lambda-\langle\lambda,\alpha^\vee\rangle\alpha$

之间，所以当 $r \geqslant p^n > \langle \lambda, \alpha^\vee \rangle$ 时，$\lambda - r\alpha$ 不是 $M(\lambda)$的权，从而 $X_{-\alpha,r}v^+ = 0$；而当 $r < p^n$ 时，当然 $X_{-\alpha,r}v^+ \in M$。所以，对所有单根 α 与所有 $r \in \mathbb{Z}^+$，$X_{\pm\alpha,r}v^+ \in M$。

由于当 $r < p^n$ 时总有 $X_{\alpha,r}M \subset M$，所以可以作如下的归纳假设：对给定的 r，若 $r' < r$，则 $X_{\alpha,r'}M \subset M$。利用上一段的结果以及 $M = \mathbf{n}_n^- v^+$ 的事实，只要在 $v \in M$ 使 $X_{\alpha,r}v \in M$ 的假设下证明对任意 $\beta \in \Phi^+$，$0 \leqslant s < p^n$，均有 $X_{\alpha,r}X_{-\beta,s}v \in M$，便可推得 $X_{\alpha,r}M \subset M$，从而完成归纳步骤。

用(9.1.2)的换位公式，我们总可以设

$$X_{\alpha,r}X_{-\beta,s}v = \sum_{\text{某些}i,j\geqslant 0} X_{-\beta,s-i}X_{\alpha,r-j}v_{ij},$$

其中 $v_{ij} \in M$，并且当 $j = 0$ 时必有 $i = 0$ 与 $v_{00} = v$。由假设条件，对应 $i = j = 0$ 的一项属于 M；若 $j \neq 0$，由归纳假设有 $X_{\alpha,r-j}v_{ij} \in M$，所以对应 i, j 的项也属于M。由此可见 $X_{\alpha,r}X_{-\beta,s}v \in M$，正如所求。

(ii) 设 $N = M(\lambda)^{\mathbf{n}_n^+}$，当然$T$权空间 $M(\lambda)_\lambda = \mathscr{K}v^+ \subset N$。我们现在证 $N = M(\lambda)_\lambda$。

因为 $\mathbf{n}_n^+$ 在T的伴随作用下稳定，所以N是T稳定的，从而是T权空间的直和。如果 $N \neq N_\lambda = M(\lambda)_\lambda$，在$N$的异于$\lambda$的权中取极大的$\mu$，并取非零的 $v \in N_\mu$。(9.1.2) 的换位公式表明，对所有 $\alpha \in \Phi^+$，$r > 0$，$X_{\alpha,r}$ 稳定N，从而 $X_{\alpha,r}v \in N_{\mu+r\alpha}$。根据$\mu$的取法，只有两种可能：其一，$N_{\mu+r\alpha} = 0$，从而 $X_{\alpha,r}v = 0$；其二，$\mu + r\alpha = \lambda$。

如果α是单根，当第二种情况发生时，μ在经过λ的α链 λ, $\lambda - \alpha, \cdots, \lambda - \langle \lambda, \alpha^\vee \rangle \alpha$ 中，推及 $r \leqslant \langle \lambda, \alpha_i^\vee \rangle < p^n$，从而 $X_{\alpha,r} \in \mathbf{n}_n^+$。由$N$的定义，又得出 $X_{\alpha,r}v = 0$。

于是，当α是单根时，对所有 $r > 0$ 都有 $X_{\alpha,r}v = 0$。这表明v是G模 $M(\lambda)$ 的极大向量，与v的取法矛盾。由此可见 $N = M(\lambda)_\lambda$。

(iii) 现在设M为 $M(\lambda)$ 的任一 $\mathbf{u}_n$ 子模。若 $M \neq 0$，据

(10.1.5)，$M^{\mathfrak{n}_n^+}\neq 0$；再据 (ii)，$M^{\mathfrak{n}_n^+}=M(\lambda)_\lambda=\mathscr{K}v^+$，特别 $v^+\in M$；最后，据 (i)，$M=M(\lambda)$．于是，$M(\lambda)$ 作为 $\mathbf{u}_n$ 模也是不可约的．因为它具有"最高权" λ，所以同构于 $M(n,\lambda)$．

(2) 从 Steinberg 张量积定理 (6.2.2) 立即推出 $M(\lambda)=M(\lambda_0)\otimes M(\lambda_1)^{(p^n)}$，作为 G 模．如果我们能证明 $\mathbf{u}_n$ 在 $M(\lambda_1)^{(p^n)}$ 上是平凡作用的，则结论立即得出，这是因为增广律保证了任何 $\mathbf{u}_n$ 模与一维平凡 $\mathbf{u}_n$ 模的张量积同构于原来的 $\mathbf{u}_n$ 模，$M(\lambda_1)^{(p^n)}$ 是 $\dim M(\lambda_1)$ 个平凡 $\mathbf{u}_n$ 模的直和，所以 $M(\lambda_0)\otimes M(\lambda_1)^{(p_n)}$ 同构于 $\dim M(\lambda_1)$ 个 $M(\lambda_0)$ 的直和．

$\mathbf{u}_n$ 在 $M(\lambda_1)^{(p^n)}$ 上是平凡作用的，这一点也不难证明．因为 G 在 $M(\lambda_1)^{(p^n)}$ 上的作用通过 Frobenius 自同态 $F^n: G\to G$ 分解，而 $G_n=\operatorname{Ker}F^n$，所以 G_n 平凡作用在 $M(\lambda_1)^{(p^n)}$ 上，亦即 $\mathbf{u}_n$ 平凡作用在 $M(\lambda_1)^{(p^n)}$ 上．证毕．

有关不可约 $\mathbf{u}_n$ 模的结论已经比较令人满意了——我们知道了它们的分类以及它们与不可约 G 模的关系．为了进一步讨论射影(内射) $\mathbf{u}_n$ 模，我们先在下一小节里讨论一个新的模的范畴—— $\hat{\mathbf{u}}_n$ 模的范畴．

10.2 $\hat{\mathbf{u}}_n$ 模

我们已经知道，不可约 $\mathbf{u}_n$ 模的同构类与 $\mathfrak{X}_w/P^n\mathfrak{X}_w$ 的元素一一对应．因为 $\mathfrak{X}_w/P^n\mathfrak{X}_w$ 上无法定义合理的半序，给 $\mathbf{u}_n$ 模的进一步讨论带来了困难．为了迴避这个困难 [Jan 3] 引进了 $\hat{\mathbf{u}}_n$ 模的概念，目的在于把权的集合恢复为 $\mathfrak{X}_w$．我们现在就介绍这一新概念．

除了 §10 引言部分与 § 10.1 所约定的记号外，我们还要涉及到 G 的一个极大环面 T，它所处的位置是"标准的"，即，当通过 $\zeta_{\mathscr{K}}$ 把 $\mathfrak{U}_{\mathscr{K}}$ 等同于 $\mathfrak{H}(G)$ 时，$\mathfrak{H}_{\mathscr{K}}$ 将等同于 $\mathfrak{H}(T)$，从而 $\mathbf{h}_n$ 等同于 $\mathfrak{H}(T_n)$．此外，$\mathfrak{X}_w$ 等同于 $\mathfrak{X}(T)$．

一般地，设 $\mathbf{v}$ 为 $\mathbf{u}_n$ 中含 $\mathbf{h}_n$ 的子 Hopf 代数，且在 AdT 下稳定．又设 V 是一个 $\mathscr{K}$ 向量空间，在它上面同时有 $\mathbf{v}$ 模结构与有

理T模结构，并且这两个结构是相容的，即

(1) 从$\mathbf{v}$的作用限制得到的$\mathbf{h}_n$的作用与从T的作用导出的$\mathbf{h}_n$的作用是一致的；

(2) 对 $Z \in \mathbf{v}$, $t \in T$与$v \in V$，有

$$t(Zv) = (Adt(Z))(tv),$$

则称V是一个 $\mathbf{v}$-T **模**，简记为$\hat{\mathbf{v}}$**模**.

事实上，(1) 不过表明$\mathbf{h}_n$的元素在T权空间V_λ上的作用是通过λ实现的；(2)表明，$\mathbf{v}$与T的作用可以合并成为$\mathscr{K}[G]^*$中由$\mathbf{v}$与T生成的子代数的作用. 特别，如果 $X_{\alpha,r} \in \mathbf{v}$，则 $X_{\alpha,r}$ 把T权空间V_λ映到T权空间 $V_{\lambda+r\alpha}$.

两个$\hat{\mathbf{v}}$模V_1到V_2的线性映射如果兼为$\mathbf{v}$ 模与T模的同态，则称之为$\hat{\mathbf{v}}$模同态，$\hat{\mathbf{v}}$模同态全体记为 $\mathrm{Hom}_{\hat{\mathbf{v}}}(V_1, V_2)$. 于是，$\hat{\mathbf{v}}$模与$\hat{\mathbf{v}}$模同态组成一个范畴. 在这个范畴中，子模、商模、不可约模等概念都可自然地定义；$\hat{\mathbf{v}}$模同态的核、象与余核显然都是$\hat{\mathbf{v}}$模. 不难看出，$\hat{\mathbf{v}}$模范畴是一个 Abel 范畴. 此外，$\hat{\mathbf{v}}$模都是有理T模，从而可以讨论它的形式特征标，即它作为T模的形式特征标.

$\hat{\mathbf{v}}$模也可以用一个仿射群概形的模的语言来描述. 因为$\mathbf{v}$是$\mathbf{u}_n$的子 Hopf 代数，所以$\mathbf{v}^*$是 $\mathscr{K}[G_n]$ 的商 Hopf 代数，从而决定了 G_n 的一个闭子群概形(当然也是G的闭子群概形)H；另一方面，T也是G的闭子群概形，$Ad\ T$ 稳定$\mathbf{v}$的要求相当于T正规化H. 令 HT 表示H与T生成的G的闭子群概形，即G中同时含有H与T的最小的闭子群概形 (不一定是把交换$\mathscr{K}$代数R对应到群 $H(R)T(R)$ 的函子). 可以验证，$\hat{\mathbf{v}}$模范畴同构于有理HT 模范畴. 我们不打算接触细节的验证，有兴趣的读者可自行验证或参阅有关资料. 我们将只用$\hat{\mathbf{v}}$模的语言，因为$\mathbf{v}$只是一个有限维代数，T只是一个环面，$\hat{\mathbf{v}}$模比一个仿射群概形的有理模更直观，更易于讨论与理解.

我们主要讨论 $\mathbf{v} = \mathbf{u}_n$, $\mathbf{b}_n$ 或 $\mathbf{h}_n$ 的情况. $\mathbf{b}_n$ 模与 $\mathbf{h}_n$ 模的讨论是为 $\mathbf{u}_n$ 模的讨论服务的.

例 1. 每个有限维有理 G 模典范地导出一个 $\hat{\mathbf{v}}$ 模. 条件(1)显然满足；条件(2)也容易验证,因为在有理 G 模上的 T 模结构与 $\mathbf{v}$ 模结构都是 $\mathscr{H}[G]^*$ 模结构的限制,而 T 在 $\mathbf{v}$ 上的伴随作用就是 $\mathscr{H}[G]^*$ 中用 T 的元素作共轭导出的.

例 2. 如果 $\mu\in p^n\mathfrak{X}_w$, 把由 μ 决定的一维 T 模仍记为 μ, 再令 $\mathbf{v}$ 平凡地作用在 μ 上,则 μ 成为一个一维 $\hat{\mathbf{v}}$ 模. 条件(1)是满足的,因为 $p^n\mathfrak{X}_w$ 的元素在 $\mathbf{h}_n$ 上的作用就是增广映射;条件(2)也满足,因为 $Ad\ T$ 稳定 $\mathbf{v}$ 的增广理想.

(10.2.1) 引理. (1)设 V 是 $\hat{\mathbf{v}}$ 模,在 V^* 上令 $\mathbf{v}$ 与 T 各自反轭地作用,则 V^* 也是 $\hat{\mathbf{v}}$ 模;若 V_1 与 V_2 是 $\hat{\mathbf{v}}$ 模,在 $V_1\otimes_{\mathscr{K}}V_2$ 上令 $\mathbf{v}$ 通过 Δ_V 作用,T 对角地作用,则 $V_1\otimes_{\mathscr{K}}V_2$ 也是 $\hat{\mathbf{v}}$ 模; 若 V 是 $\hat{\mathbf{v}}$ 模, $v\in V$ 是 T 权向量,则 $\mathbf{v}v$ 是 V 的 $\hat{\mathbf{v}}$ 子模.

(2) 设 V_1 与 V_2 是 $\hat{\mathbf{v}}$ 模,则 $\mathrm{Hom}_{\mathbf{v}}(V_1, V_2)$ 典范地成为有理 T 模(或 $\hat{\mathbf{v}}$ 模, $\mathbf{v}$ 平凡地作用),而其中零权空间正好是 $\mathrm{Hom}_{\hat{\mathbf{v}}}(V_1, V_2)$; 更一般地, $\mathrm{Hom}_{\mathbf{v}}(V_1, V_2)$ 的 T 权都在 $p^n\mathfrak{X}_w$ 中, 如果 $\lambda\in p^n\mathfrak{X}_w$, 则

$$\mathrm{Hom}_{\mathbf{v}}(V_1, V_2)_\lambda\cong \mathrm{Hom}_{\hat{\mathbf{v}}}(V_1, V_2\otimes(-\lambda)).$$

(3) 如果 $\mathbf{v}_1\subset\mathbf{v}_2$ 都是 $\mathbf{u}_n$ 中含 $\mathbf{h}_n$ 的子 Hopf 代数, 并且都在 $Ad\ T$ 下稳定, V 是 $\hat{\mathbf{v}}_1$ 模, 在 $\mathbf{v}_2\otimes_{\mathbf{v}_1}V$ 上定义 $\mathbf{v}_2$ 与 T 的作用如下: $\mathbf{v}_2$ 左乘在左边因子上;T 通过 Ad 作用在左边因子上, 而通过 V 上原有的 T 模结构作用在右边因子上, 则 $\mathbf{v}_2\otimes_{\mathbf{v}_1}V$ 成为 $\hat{\mathbf{v}}_2$ 模,并且对任何 $\hat{\mathbf{v}}_2$ 模 V', 有自然的线性空间同构

$$\mathrm{Hom}_{\hat{\mathbf{v}}_2}(\mathbf{v}_2\otimes_{\mathbf{v}_1}V, V')\cong \mathrm{Hom}_{\hat{\mathbf{v}}_1}(V, V'|_{\mathbf{v}_1}).$$

证明. (1)对于最后一种情况, 只要注意到 $\mathbf{v}$ 是 $Ad\ T$ 稳定的,即可得出结论. 对前二种情况,分析各模的 T 权与 $\mathbf{h}_n$ 权(参看(9.3.2(2))),可得出条件(1); 再用 $Ad(t)$ $(t\in T)$ 是 Hopf 代数的自同构(参看(8.2.5(2)))的事实,可推出条件(2). 以 V^* 为例. 设 $f\in V^*$, $v\in V$, 则对 $Z\in\mathbf{v}$ 与 $t\in T$, 有

$$\begin{aligned}(tZf)(v)&=(Zf)(t^{-1}v)=f(\eta_{\mathbf{v}}(Z)t^{-1}v)\\&=f(t^{-1}Adt(\eta_{\mathbf{v}}(Z))v)=(tf)(Adt(\eta_{\mathbf{v}}(Z))v)\end{aligned}$$

$$=(Adt(Z)tf)(v),$$

推出 $tZ\dot{f}=Adt(Z)tf$，正如所求.

(2) 在 $\mathrm{Hom}_{\mathscr{K}}(V_1, V_2)$ 上，用典范同构 $\mathrm{Hom}_{\mathscr{K}}(V_1, V_2)\cong V_1^*\otimes_{\mathscr{K}}V_2$ 定义 $\hat{\mathbf{v}}$ 模结构. 由于 $Ad\ T$ 稳定 $\mathbf{v}$，这个 $\hat{\mathbf{v}}$ 模的 $\mathbf{v}$ 不动点子空间 $\mathrm{Hom}_{\mathbf{v}}(V_1, V_2)$ 在 T 的作用下稳定，从而成为有理 T 模(或 $\hat{\mathbf{v}}$ 模，$\mathbf{v}$ 平凡地作用). 这样，$\hat{\mathbf{v}}$ 同态子空间当然成为其中的零权空间.

由于 $\hat{\mathbf{v}}$ 模 $\mathrm{Hom}_{\mathbf{v}}(V_1, V_2)$ 是平凡的 $\mathbf{v}$ 模，所以它的任一 T 权 λ 在 $\mathbf{h}_n$ 上的限制是平凡的. 据 (10.1.3(2))，$\lambda\in p^n\mathfrak{X}_w$. 现在设 $\lambda\in p^n\mathfrak{X}_w$，则 $-\lambda$ 决定一个一维 $\hat{\mathbf{v}}$ 模，仍记为 $-\lambda$ (见例 2)；$\mathbf{v}$ 平凡地作于在 $-\lambda$ 上，因此 V_2 与 $V_2\otimes(-\lambda)$ 作为 $\mathbf{v}$ 模同构，从而有典范的向量空间同构 $\mathrm{Hom}_{\mathbf{v}}(V_1, V_2)\cong\mathrm{Hom}_{\mathbf{v}}(V_1, V_2\otimes(-\lambda))$. 不难看出，$\mathrm{Hom}_{\mathbf{v}}(V_1, V_2)_\lambda$ 由把 $(V_1)_\mu$ 映到 $(V_2)_{\lambda+\mu}$ 的 $\mathbf{v}$ 模同态组成，所以它在 $\mathrm{Hom}_{\mathbf{v}}(V_1, V_2\otimes(-\lambda))$ 中的象由把 $(V_1)_\mu$ 映到 $(V_2)_{\lambda+\mu}\otimes(-\lambda)=(V_2\otimes(-\lambda))_\mu$ 的同态组成，即正好由从 V_1 到 $V_2\otimes(-\lambda)$ 的 $\hat{\mathbf{v}}$ 模同态组成.

(3) 验证 $\mathbf{v}_2\otimes_{\mathbf{v}_1}V$ 为 $\hat{\mathbf{v}}_2$ 模是直截了当的事，留给读者完成. 由张量积的普遍性质，典范同态 $\varphi: V\to\mathbf{v}_2\otimes_{\mathbf{v}_1}V$ 导出自然的同构

$$\mathrm{Hom}_{\mathbf{v}_2}(\mathbf{v}_2\otimes_{\mathbf{v}_1}V, V')\xrightarrow{\sim}\mathrm{Hom}_{\mathbf{v}_1}(V, V'|_{\mathbf{v}_1}),$$

把 $\phi\in\mathrm{Hom}_{\mathbf{v}_2}(\mathbf{v}_2\otimes_{\mathbf{v}_1}V, V')$ 映到 $\phi\circ\varphi$. 因为 φ 是 T 模同态，导出的同构还是 T 模同态，从而它们的零权空间同构，这就是所需的性质. 证毕.

现在我们集中讨论 $\hat{\mathbf{u}}_n$ 模. 照例先考虑不可约模.

(10.2.2) 命题. 不可约 $\hat{\mathbf{u}}_n$ 模的同构类与 $\mathfrak{X}_w$ 的元素一一对应. 精确地说，

(1) 每个不可约 $\hat{\mathbf{u}}_n$ 模 M 有最高 T 权 $\lambda\in\mathfrak{X}_w$，$\dim M_\lambda=1$，并且 M_λ 是 M 中唯一的 $\hat{\mathbf{b}}_n$ 稳定直线；

(2) 对每个 $\lambda\in\mathfrak{X}_w$，存在以 λ 为最高 T 权的不可约 $\hat{\mathbf{u}}_n$ 模；

(3) 两个具有同一最高 T 权的不可约 $\hat{\mathbf{u}}_n$ 模必同构.

证明. (1) 因 M 的权的集合有限，它必有极大元素 $\lambda\in\mathfrak{X}_w$. 取非零向量 $v^+\in M_\lambda$. 若 $\alpha\in\Phi^+$, $r>0$, 则 $X_{\alpha,r}v^+\in M_{\lambda+r\alpha}=0$，从而 $\mathscr{K}v^+$ 是 $\hat{\mathbf{b}}_n$ 稳定的. 令 $M'=\mathbf{u}_nv^+=\mathbf{n}_n^-v^+$. 据 (10.2.1(1))，$M'$ 为 $\hat{\mathbf{u}}_n$ 子模，从而 $M'=M$. 由此即可推出 M 的权都$\leqslant\lambda$，从而 λ 是 M 的最高权；还可推出 $\dim M_\lambda=1$. 如果 M 有异于 $\mathscr{K}v^+=M_\lambda$ 的 $\hat{\mathbf{b}}_n$ 稳定直线 $\mathscr{K}v'$，则它的权 $\mu<\lambda$. 与上文类似地有 $M=\mathbf{n}_n^-v'$，又推出 M 的权都 $\leqslant\mu$，特别，$\lambda\leqslant\mu$，矛盾. 所以 M 的 $\hat{\mathbf{b}}_n$ 稳定直线是唯一的.

(2) 每个 $\lambda\in\mathfrak{X}_w$ 显然都可以唯一地决定一个一维 $\hat{\mathbf{b}}_n$ 模，仍记为 λ. 令 $\hat{Z}(n,\lambda)=\mathbf{u}_n\otimes_{\mathbf{b}_n}\lambda$，按(10.2.1(3))定义成 $\hat{\mathbf{u}}_n$ 模，则 $\hat{Z}(n,\lambda)$ 的权 $\leqslant\lambda$，且 $\dim\hat{Z}(n,\lambda)_\lambda=1$. 特别，$\hat{Z}(n,\lambda)$ 的真子模都含于 $\coprod_{\mu<\lambda}\hat{Z}(n,\lambda)_\mu$ 中，所以它们的和是 $\hat{Z}(n,\lambda)$ 的唯一的极大真子模. 可见 $\hat{Z}(n,\lambda)$有唯一的不可约商模，其最高权为λ.

(3) 证法与 (2.3.1(4)) 类似. 证毕.

以 λ 为最高权的不可约 $\hat{\mathbf{u}}_n$ 模将记为 $\hat{M}(n,\lambda)$.

与 $\mathbf{u}_n$ 模的情况类似，在构作不可约 $\hat{\mathbf{u}}_n$ 模 $\hat{M}(n,\lambda)$ 时，我们先构作了 $\hat{Z}(n,\lambda)$. $\hat{M}(n,\lambda)$与$\hat{Z}(n,\lambda)$ 都是由一个极大向量(即最高权的权向量)生成的模，我们也称它们为最高权模. 这个术语现在是在严格意义下使用了. 关于 $\hat{Z}(n,\lambda)$，有如下结论:

(10.2.3) 命题. (1) $\hat{Z}(n,\lambda)$ 是最高权 λ 的普遍最高权模，即，任何最高权 λ 的最高权模都是 $\hat{Z}(n,\lambda)$ 的同态象.

(2) $\hat{Z}(n,\lambda)$ 有一组基$\{\boldsymbol{Y}_{\boldsymbol{a}}\otimes v_\lambda\mid\boldsymbol{a}\prec p^n\}$，其中 v_λ 为一维 $\mathbf{b}_n$ 模 λ 的基，因此

$$\mathrm{ch}\hat{Z}(n,\lambda)=\sum_\mu P_n(\lambda-\mu)e(\mu),$$

其中 $P_n(\lambda-\mu)$ 为把 $\lambda-\mu$ 写成正根的系数小于 p^n 的非负整线性组合的写法个数；特别，$\dim\hat{Z}(n,\lambda)=p^{nN}$, $N=|\Phi^+|$.

证明. (1) 若V为最高权 λ 的最高权 $\hat{\mathbf{u}}_n$ 模，则V有 $\hat{\mathbf{b}}_n$ 子模 λ，所以有非零的 $\hat{\mathbf{b}}_n$ 模同态 $\lambda\to V$，据(10.2.1(3))，这个同态可

以扩充为 $\hat{\mathbf{u}}_n$ 模同态 $\hat{Z}(n, \lambda) \to V$. 因为 V 的生成元在象中，这个 $\hat{\mathbf{u}}_n$ 模同态是满的.

(2) 因为 $\mathbf{u}_n$ 是以 $\{Y_\alpha | \alpha \prec p^n\}$ 为基的自由 $\mathbf{b}_n$ 模，所以 (2) 的各结论都是显然的. 证毕.

现在我们进而讨论射影 $\hat{\mathbf{u}}_n$ 模与射影 $\mathbf{u}_n$ 模.

设 $\lambda \in \mathfrak{X}_w$，看成一维 $\hat{\mathbf{h}}_n$ 模. 令 $I(n, \lambda) = \mathbf{u}_n \otimes_{\mathbf{h}_n} \lambda$，按 (10.2.1(3))看成 $\hat{\mathbf{u}}_n$ 模.

(10.2.4) 引理. (1) $I(n, \lambda)$ 作为 $\hat{\mathbf{u}}_n$ 模与 $\mathbf{u}_n$ 模都是射影的；

(2) $I(n, \lambda)$ 有一组基 $\{Y_\alpha X_c \otimes v_\lambda | \alpha, c \prec p^n\}$，所以它的维数为 p^{2nN}, $N = |\Phi^+|$.

证明. (1) 据(10.2.1(3)),对 $\hat{\mathbf{u}}_n$ 模(对应地, $\mathbf{u}_n$ 模) V 有

$$\mathrm{Hom}_{\hat{\mathbf{u}}_n}(I(n, \lambda), V) \cong \mathrm{Hom}_{\hat{\mathbf{h}}_n}(\lambda, V|_{\hat{\mathbf{h}}_n}) \cong \mathrm{Hom}_T(\lambda, V|_T)$$

(对应地,

$$\mathrm{Hom}_{\mathbf{u}_n}(I(n, \lambda), V) \cong \mathrm{Hom}_{\mathbf{h}_n}(\lambda, V|_{\mathbf{h}_n})).$$

T 模与 $\mathbf{h}_n$ 模都是完全可约的(见(10.1.3 (1))),所以 $\mathrm{Hom}_T(\lambda, -)$ 与 $\mathrm{Hom}_{\mathbf{h}_n}(\lambda, -)$ 都是正合函子，推及 $\mathrm{Hom}_{\hat{\mathbf{u}}_n}(I(n, \lambda), -)$ 与 $\mathrm{Hom}_{\mathbf{u}_n}(I(n,\lambda), -)$ 都是正合函子,从而 $I(n, \lambda)$ 是射影 $\hat{\mathbf{u}}_n$ 模与射影 $\mathbf{u}_n$ 模.

(2) 用(9.1.2)的换位公式,可以把 $\mathbf{u}_n$ 的分解式改写为

$$\mathbf{u}_n = \mathbf{n}_n^- \otimes_{\mathscr{K}} \mathbf{n}_n^+ \otimes_{\mathscr{K}} \mathbf{h}_n,$$

可见 $\mathbf{u}_n$ 是具有自由基 $\{Y_\alpha X_c | \alpha, c \prec p^n\}$ 的自由 $\mathbf{h}_n$ 模,结论即可得出. 证毕.

(10.2.5) 推论. (1) $\hat{\mathbf{u}}_n$ 模范畴与 $\mathbf{u}_n$ 模范畴中都有足够的射影对象,更精确地说,在这两个范畴中,每个模都有射影覆盖;

(2) 每个射影 $\hat{\mathbf{u}}_n$ 模或 $\mathbf{u}_n$ 模都是不可分解射影模的直和，每个射影不可分解模都是不可约模的射影覆盖.

证明. (1)设给定 $\hat{\mathbf{u}}_n$ 模 (对应地, $\mathbf{u}_n$ 模) V, 则它作为 $\hat{\mathbf{h}}_n$ 模(对应地, $\mathbf{h}_n$ 模)是一维子模的直和. 作 $\mathbf{u}_n \otimes_{\mathbf{h}_n} V$, 作为 $\hat{\mathbf{u}}_n$ 模(对应地, $\mathbf{u}_n$ 模),它则是某些 $I(n, \lambda)$ 的直和，所以是射影模. 据(10.2.1(3)),恒等映射 $V \to V$ 可以扩充为 $\hat{\mathbf{u}}_n$ 模(对应地, $\mathbf{u}_n$ 模)

同态 $\mathfrak{u}_n\otimes_{\mathfrak{h}_n}V\to V$，它显然是满的．于是，每个 $\hat{\mathfrak{u}}_n$ 模（对应地，$\mathfrak{u}_n$ 模)都是射影 $\hat{\mathfrak{u}}_n$ 模(对应地，$\mathfrak{u}_n$ 模)的商——此即所谓“有足够的射影对象”.

因为我们只同有限维模打交道,用 Artin 模理论中的“本质同态”的方法,即可证得每个 $\hat{\mathfrak{u}}_n$ 模(对应地，$\mathfrak{u}_n$ 模)都有射影覆盖.

(2) 在(1)成立的前提下,(2)是模论中的标准结果．证毕.

我们将把不可约 $\hat{\mathfrak{u}}_n$ 模 $\hat{M}(n, \lambda)$ 的射影覆盖记为 $\hat{Q}(n, \lambda)$，把不可约 $\mathfrak{u}_n$ 模 $M(n, \lambda)$ 的射影覆盖记为 $Q(n, \lambda)$. 我们还约定如下的记号：如果 S 是一个算子集合(群、环或代数等)，V 与 M 是 S 的模,其中 M 不可约，V 有合成列,则用 $[V:M]_S$ 表示在 V 的合成列中 M 出现的次数,如果没有歧义,则简记为 $[V:M]$. 例如，如果 V 是 $\hat{\mathfrak{u}}_n$ 模，在 V 的合成列中 $\hat{M}(n, \lambda)$ 出现的次数就记为 $[V:\hat{M}(n, \lambda)]_{\hat{\mathfrak{u}}_n}$ 或 $[V:\hat{M}(n, \lambda)]$.

(10.2.6) 命题. 设 $\lambda\in\mathfrak{X}_w$，$\mu\in p^n\mathfrak{X}_w$，则

(1) $\hat{M}(n, \mu)$ 是一维模,它作为 $\mathfrak{u}_n$ 模是平凡的;

(2) $\hat{M}(n, \lambda+\mu)\cong\hat{M}(n, \lambda)\otimes_{\mathscr{K}}\hat{M}(n, \mu)$;

(3) $\hat{Z}(n, \lambda+\mu)\cong\hat{Z}(n, \lambda)\otimes_{\mathscr{K}}\hat{M}(n,\mu)$;

(4) $\hat{Q}(n, \lambda+\mu)\cong\hat{Q}(n, \lambda)\otimes_{\mathscr{K}}\hat{M}(n, \mu)$;

(5) 设 V 为 $\hat{\mathfrak{u}}_n$ 模,则

$$[V\otimes\hat{M}(n, \mu):\hat{M}(n,\lambda)]=[V:\hat{M}(n, \lambda-\mu)].$$

证明.(1) 例 2 所定义的 $\hat{\mathfrak{u}}_n$ 模显然是不可约的,并且具有最高 T 权 μ，据(10.2.2(3)),它就是 $\hat{M}(n, \mu)$.

(2) 因为 $\hat{M}(n, \mu)$ 是一维的，容易验证 $\hat{M}(n, \lambda)\otimes_{\mathscr{K}}\hat{M}(n, \mu)$ 仍然不可约,它的最高 T 权显然是 $\lambda+\mu$，所以它就是 $\hat{M}(n, \lambda+\mu)$.

(3) 显然 $\hat{Z}(n, \lambda)\otimes_{\mathscr{K}}\hat{M}(n, \mu)$ 是最高权 $\lambda+\mu$ 的最高权模,据(10.2.3(1)),它是 $\hat{Z}(n, \lambda+\mu)$ 的同态象．但它们具有相同的维数,从而同构.

(4) 对任意 $\hat{\mathfrak{u}}_n$ 模 V，有自然的向量空间同构

$$\mathrm{Hom}_{\hat{\mathfrak{u}}_n}(\hat{Q}(n, \lambda)\otimes_{\mathscr{K}}\hat{M}(n, \mu),\ V)$$

$$\cong \mathrm{Hom}_{\hat{\mathbf{u}}_n}(\hat{Q}(n, \lambda), V \otimes_{\mathscr{K}} \hat{M}(n, -\mu)),$$

可见函子 $\mathrm{Hom}_{\hat{\mathbf{u}}_n}(\hat{Q}(n, \lambda) \otimes_{\mathscr{K}} \hat{M}(n, \mu), -)$ 是正合的，所以 $\hat{Q}(n, \lambda) \otimes_{\mathscr{K}} \hat{M}(n, \mu)$ 是射影 $\hat{\mathbf{u}}_n$ 模，它显然具有唯一的不可约商 $\hat{M}(n, \lambda+\mu)$，所以就是 $\hat{Q}(n, \lambda+\mu)$.

(5) 把 $V \otimes \hat{M}(n, \mu)$ 的合成列与 $\hat{M}(n, -\mu)$ 作张量积，便得出 V 的合成列．据此，结论立即可得．证毕．

上述 (4) 中证明 $\hat{Q}(n, \lambda) \otimes_{\mathscr{K}} \hat{M}(n, \mu)$ 的射影性的方法可以推广，得出如下命题：

(10.2.7) 命题． 在 $\hat{\mathbf{u}}_n$ 模或 $\mathbf{u}_n$ 模范畴中，射影模与任意模的张量积仍为射影模．

证明．以 $\hat{\mathbf{u}}_n$ 模范畴为例．设 P 为射影 $\hat{\mathbf{u}}_n$ 模，V 与 V' 为 $\hat{\mathbf{u}}_n$ 模，则有自然的向量空间同构

$$\mathrm{Hom}_{\hat{\mathbf{u}}_n}(P \otimes_{\mathscr{K}} V, V') \cong \mathrm{Hom}_{\hat{\mathbf{u}}_n}(P, V^* \otimes_{\mathscr{K}} V'),$$

可见 $\mathrm{Hom}_{\hat{\mathbf{u}}_n}(P \otimes_{\mathscr{K}} V, -)$是正合函子，即 $P \otimes_{\mathscr{K}} V$ 为射影 $\hat{\mathbf{u}}_n$ 模．证毕．

当然，这个方法还可以进一步推广，以证明：如果 A 是域 $\mathscr{K}$ 上的 Hopf 代数，则在 $\mathscr{K}$ 上有限维的 A 模范畴中，射影模与任意模的张量积仍为射影模．

我们再讨论一下 $\hat{\mathbf{u}}_n$ 模与 $\mathbf{u}_n$ 模的联系，作为本小节的结束．

(10.2.8) 命题． 设 $\lambda \in \mathfrak{X}_w$，则

(1) $\hat{M}(n, \lambda)|_{\mathbf{u}_n} \cong M(n, \lambda)$;

(2) $\hat{Z}(n, \lambda)|_{\mathbf{u}_n} \cong Z(n, \lambda)$;

(3) $\hat{Q}(n, \lambda)|_{\mathbf{u}_n} \cong Q(n, \lambda)$.

证明．据(10.2.6)，在证明中都可以假定 $\lambda \in \mathfrak{X}_n$.

(1) 据 (10.1.9)，不可约 G 模 $M(\lambda)$ 作为 $\mathbf{u}_n$ 模就是 $M(n, \lambda)$，从而 $M(\lambda)$ 作为 $\hat{\mathbf{u}}_n$ 模必为不可约；它又具有最高权 λ，因此就是 $\hat{M}(n, \lambda)$．可见 $\hat{M}(n, \lambda)|_{\mathbf{u}_n} \cong M(\lambda)|_{\mathbf{u}_n} \cong M(n, \lambda)$.

(2) 由构作法即知．

(3) $\hat{Q}(n, \lambda)$ 为 $I(n, \lambda)$ 的 $\hat{\mathbf{u}}_n$ 直和项，从而也是 $I(n,\lambda)$ 的 $\mathbf{u}_n$ 直和项．据(10.2.4(1))，$\hat{Q}(n, \lambda)|_{\mathbf{u}_n}$ 是射影的．设 $\mu \in \mathfrak{X}_n$,

据(10.2.1(2)),我们还有

$$\begin{aligned}&\dim\mathrm{Hom}_{\mathbf{u}_n}(\hat{Q}(n,\lambda)|_{\mathbf{u}_n}, M(n,\mu))\\=&\sum_{\nu\in\mathfrak{X}_w}\dim\mathrm{Hom}_{\hat{\mathbf{u}}_n}(\hat{Q}(n,\lambda)|_{\mathbf{u}_n}, M(n,\mu))_{p^n\nu}\\=&\sum_{\nu\in\mathfrak{X}_w}\dim\mathrm{Hom}_{\hat{\mathbf{u}}_n}(\hat{Q}(n,\lambda), \hat{M}(n,\mu-p^n\nu))\\=&\sum_{\nu\in\mathfrak{X}_w}\delta_{\lambda u}\delta_{\nu 0}=\delta_{\lambda\mu}.\end{aligned}$$

可见 $\hat{Q}(n,\lambda)$ 作为 $\mathbf{u}_n$ 模只有唯一的不可约商 $M(n,\lambda)$，从而 $\hat{Q}(n,\lambda)|_{\mathbf{u}_n}\cong Q(n,\lambda)$. 证毕.

10.3 $\hat{\mathbf{u}}_n$ 模与 $\mathbf{u}_n$ 模的互反律

在 §10.2 中我们引进了 $\hat{\mathbf{u}}_n$ 模. 从(10.2.8)可以看出，$\hat{\mathbf{u}}_n$ 模与 $\mathbf{u}_n$ 模没有太多实质性的差别，但由于加进了 T 的作用，把权的集合恢复为 $\mathfrak{X}_w$，从而权之间有合理的半序关系了. 这一恢复的意义在 § 10.2 中还无法看出，但在本小节中就可窥见一斑了——我们将通过 $\hat{\mathbf{u}}_n$ 模来证明 $\mathbf{u}_n$ 模的一个互反律. [Hum 5] 首先就 $n=1$ 证明了我们即将要证明的互反律，而 [Hum 7] 提出了一般情况的猜想. [Jan 3] 引进了 $\hat{\mathbf{u}}_n$ 模后第一个成功的应用就是证明了 Humphreys 的这个猜想.

设

$$0=V_0\subset V_1\subset V_2\subset\cdots\subset V_r=V$$

是 $\hat{\mathbf{u}}_n$ 模 V 的 $\hat{\mathbf{u}}_n$ 子模滤过，使滤过商 $V_i/V_{i-1}\cong\hat{Z}(n,\lambda_i)$，对某个 $\lambda_i\in\mathfrak{X}_w$，则称 V 的上述滤过为它的 Z 滤过. 由于不同的 $\hat{Z}(n,\lambda)$ 有不同的最高权，不难看出不同的 $\mathrm{ch}\hat{Z}(n,\lambda)$ 在群环 $\mathbf{Z}\mathfrak{X}_w$ 中是 $\mathbf{Z}$ 线性无关的. 从而，如果一个 $\hat{\mathbf{u}}_n$ 模有 Z 滤过，则滤过商集合(包括重数)是唯一确定的. 因此，我们可以用记号 $(V:\hat{Z}(n,\lambda))$ 表示 $\hat{Z}(n,\lambda)$ 在 V 的 Z 滤过中作为滤过商出现的次数.

(10.3.1) 引理. $\hat{\mathbf{u}}_n$ 模 $I(n,\lambda)$ 有 Z 滤过，并且 $(I(n,\lambda):\hat{Z}(n,\mu))=P_n(\mu-\lambda)$ (P_n 的意义见(10.2.3(2))).

证明．把 $\mathbf{n}_n^+$ 的典范基 $\{X_c\}$ 中的元素编上顺序．记为 $x_1, x_2, \cdots, x_s$, $s = p^{nN}$, $N = |\Phi^+|$，并且使得在 $Ad\ T$ 下，x_i 的权 μ_i 在 $\{\mu_i, \mu_{i+1}, \cdots, \mu_s\}$ 中是极大的．再令

$$I_i = \sum_{j=1}^{i} \mathbf{u}_n(x_j \otimes 1) \subset I(n, \lambda).$$

据(10.2.1(1))，I_i 都是 $I(n, \lambda)$的 $\hat{\mathbf{u}}_n$ 子模，商模 I_i/I_{i-1} 由 $x_i \otimes 1$ 的陪集生成．

对 $\alpha \in \Phi^+$ 与 $0 < r < p^n$, $X_{\alpha,r}(x_i \otimes 1) = (X_{\alpha,r}\, x_i) \otimes 1$ 是某些 $x_j \otimes 1$ 的线性组合，这些 x_j 的权 $\mu_j = \mu_i + r\alpha > \mu_i$．按我们编序的方法，$j < i$，从而 $x_j \otimes 1 \in I_{i-1}$．可见 $\mathscr{K}(x_i \otimes 1)$ 在 I_i/I_{i-1} 中的象是 $\hat{\mathbf{b}}_n$ 稳定的，所以 I_i/I_{i-1} 是最高权 $\mu_i + \lambda$ 的最高权模，从而是 $\hat{Z}(n, \mu_i + \lambda)$ 的同态象．特别，我们推出

$$\dim(I_i/I_{i-1}) \leqslant s = \dim \hat{Z}(n, \mu_i + \lambda).$$

因为 $M_s = I(n, \lambda)$，所以(参看(10.2.4))

$$s^2 = \dim I(n, \lambda) = \sum_{i=1}^{s} \dim(I_i/I_{i-1}) \leqslant s^2,$$

迫使每个 I_i/I_{i-1} 的维数为 s，从而 $I_i/I_{i-1} \cong \hat{Z}(n, \mu_i + \lambda)$．由作法知，$\hat{Z}(n, \mu)$ 作为滤过商 I_i/I_{i-1} 中出现的次数，就是 T 模 $\mathbf{n}_n^+$ 中权 $\mu - \lambda$ 的重数，它显然是 $P_n(\mu - \lambda)$．证毕．

为了从 $I(n, \lambda)$ 过渡到 $\hat{Q}(n, \lambda)$，我们需要如下的引理：

(10.3.2) 引理． (1)设 $\hat{\mathbf{u}}_n$ 模 V 有 Z 滤过，λ 在 V 的 T 权中是极大的，v 是 V_λ 的非零元素，则 $\hat{\mathbf{u}}_n$ 模 $\mathbf{u}_n v$ 同构于 $\hat{Z}(n, \lambda)$，且 $V/\mathbf{u}_n v$ 有 Z 滤过；

(2) 设 V 与 V' 都是 $\hat{\mathbf{u}}_n$ 模，则 $V \oplus V'$ 有 Z 滤过当且仅当 V 与 V' 都有 Z 滤过．

证明．(1)由 λ 的极大性，$\mathscr{K} v$ 是 $\hat{\mathbf{b}}_n$ 稳定的，所以 $\mathbf{u}_n v$ 是最高权 λ 的最高权模，从而有满同态 $\hat{Z}(n, \lambda) \to \mathbf{u}_n v$．

现在设

$$0 = V_0 \subset V_1 \subset V_2 \subset \cdots \subset V_r = V$$

是 V 的 Z 滤过，又设 $s(0 < s \leqslant r)$ 使 $v \in V_s$ 但 $v \notin V_{s-1}$，则 v

在 V_s/V_{s-1} 中的陪集不是零，从而 λ 为 V_s/V_{s-1} 的权. λ 的极大性迫使 $V_s/V_{s-1}\cong\hat{Z}(n,\lambda)$. 并且 V_s/V_{s-1} 由 v 的陪集生成. 可见，典范同态 $V_s\to V_s/V_{s-1}$ 在 $\mathbf{u}_n v$ 的限制导出满同态 $\mathbf{u}_n v\to V_s/V_{s-1}\cong\hat{Z}(n,\lambda)$. 结合上一段的结果，即知这个满同态是同构，而且 $\mathbf{u}_n v\cap V_{s-1}=0$.

把 V_i 在 $V/\mathbf{u}_n v$ 中的典范象记为 $\bar{V}_i$，则当 $i\neq s$ 时，$\bar{V}_i/\bar{V}_{i-1}\cong V_i/V_{i-1}$，从而

$$0=\bar{V}_0\subset\bar{V}_1\subset\cdots\subset\bar{V}_{s-1}=\bar{V}_s\subset\cdots\subset\bar{V}_r=V/\mathbf{u}_n v$$

是 $V/\mathbf{u}_n v$ 的 Z 滤过.

(2) 若 V 与 V' 有 Z 滤过，显然 $V\oplus V'$ 也有 Z 滤过. 反过来，设 $V\oplus V'$ 有 Z 滤过. 取 $V\oplus V'$ 的极大权 λ，不妨设 $V_\lambda\neq 0$；再取 V_λ 的非零元素 v. 由(1)，$\mathbf{u}_n v\cong\hat{Z}(n,\lambda)$，并且

$$(V\oplus V')/\mathbf{u}_n v\cong(V/\mathbf{u}_n v)\oplus V'$$

有 Z 滤过. 这又是直和但具有较小的维数，于是，对 $\dim(V\oplus V')$ 作归纳法即得结论. 证毕.

(10.3.3) 定理. 每个射影 $\hat{\mathbf{u}}_n$ 模有 Z 滤过，并且对任何 $\lambda,\mu\in\mathfrak{X}_w$ 均有

$$(\hat{Q}(n,\lambda):\hat{Z}(n,\mu))=[\hat{Z}(n,\mu):\hat{M}(n,\lambda)].$$

证明. 据 (10.3.1)，$I(n,\lambda)$ 有 Z 滤过；再据 (10.3.2(2))，$I(n,\lambda)$ 的 $\hat{\mathbf{u}}_n$ 直和项 $\hat{Q}(n,\lambda)$ 也有 Z 滤过，从而定理的第一个结论得证.

由射影覆盖的性质，我们有

$$[\hat{Z}(n,\mu):\hat{M}(n,\lambda)]=\dim\mathrm{Hom}_{\hat{\mathbf{u}}_n}(\hat{Q}(n,\lambda),\hat{Z}(n,\mu)),$$

于是，我们只要证

$$(\hat{Q}(n,\lambda):\hat{Z}(n,\mu))=\dim\mathrm{Hom}_{\hat{\mathbf{u}}_n}(\hat{Q}(n,\lambda),\hat{Z}(n,\mu)).$$

更一般地，我们来证明，对任何射影 $\hat{\mathbf{u}}_n$ 模 P，均有

$$(*)\qquad (P:\hat{Z}(n,\mu))=\dim\mathrm{Hom}_{\hat{\mathbf{u}}_n}(P,\hat{Z}(n,\mu)).$$

首先，当 $P=I(n,\lambda)$ 时，从(10.2.1(3))与(10.2.3)知

$$\begin{aligned}\dim\mathrm{Hom}_{\hat{\mathbf{u}}_n}(I(n,\lambda),\hat{Z}(n,\mu))&=\dim\mathrm{Hom}_{\hat{\mathbf{u}}_n}(\lambda,\hat{Z}(n,\mu))\\&=\dim\hat{Z}(n,\mu)_\lambda=P_n(\mu-\lambda);\end{aligned}$$

另据(10.3.1)，$(I(n,\lambda):\hat{Z}(n,\mu))=P_n(\mu-\lambda)$. 所以此时 (*) 成立. 特别,我们还推出,当 $\lambda\not\leqslant\mu$ 时，$(I(n,\lambda):\hat{Z}(n,\mu))=0$.

$I(n,\lambda)$ 是某些 $\hat{Q}(n,\nu)$ 的直和，$\hat{Q}(n,\nu)$ 出现的次数为

$$\begin{aligned}\dim \mathrm{Hom}_{\hat{\mathbf{u}}_n}(I(n,\lambda):\hat{M}(n,\nu))&=\dim \mathrm{Hom}_{\hat{\mathbf{b}}_n}(\lambda,\hat{M}(n,\nu))\\&=\dim \hat{M}(n,\nu)_\lambda,\end{aligned}$$

所以仅当 $\nu\geqslant\lambda$ 时，$\hat{Q}(n,\nu)$ 才有可能在 $I(n,\lambda)$ 的直和分解式中出现,并且 $\hat{Q}(n,\lambda)$ 正好出现一次. 于是，对 $\lambda\not\leqslant\mu$,

$$(\hat{Q}(n,\lambda):\hat{Z}(n,\mu))\leqslant(I(n,\lambda):\hat{Z}(n,\mu))=0;$$

另一方面,此时

$$\dim\mathrm{Hom}_{\hat{\mathbf{u}}_n}(\hat{Q}(n,\lambda),\hat{Z}(n,\mu))=[\hat{Z}(n,\mu):\hat{M}(n,\lambda)]=0.$$

可见当 $\lambda\not\leqslant\mu$ 时,对 $P=\hat{Q}(n,\lambda)$，(*)也成立.

现在再考虑 $\lambda\leqslant\mu$ 的情况. 固定 μ，我们可以用下降归纳法来证明当 $P=\hat{Q}(n,\lambda)$ 时(*)成立. 刚才说过,

$$I(n,\lambda)=\hat{Q}(n,\lambda)\oplus Q',$$

其中 Q' 是某些 $\hat{Q}(n,\nu)(\nu>\lambda)$ 的直和. 由于(*)两边对 P 都是加性的,据归纳假设,当 $P=Q'$ 时,(*) 成立；前面已证当 $P=I(n,\lambda)$ 时(*)也成立. 于是,当 $P=\hat{Q}(n,\lambda)$ 时(*)也成立(从而进一步推出(*)对任意射影 $\hat{\mathbf{u}}_n$ 模 P 都成立). 证毕.

在证明 $\mathbf{u}_n$ 模的类似的互反律之前,我们需要一个引理.

(10.3.4) 引理. $\mathbf{n}_n^+$ 作为 $\mathbf{n}_n^\pm$ 模(左乘或右乘作用)是不可分解的,并且只有唯一的不可约商模.

证明. 只要对 $\mathbf{n}_n^\pm$ 证明即可,并且只要证明后一结论，因为后一结论蕴涵着前一结论. 我们以左乘作用为例，右乘的情况完全类似.

设 $\mathfrak{a}$ 为 $\mathbf{n}_n^+$ 的 $\mathbf{n}_n^+$ 子模(即左理想)使 $\mathbf{n}_n^+/\mathfrak{a}$ 不可约，则 $\mathbf{n}_n^+/\mathfrak{a}$ 为 $\mathbf{n}_n^+/\mathfrak{r}$ 模，这里 $\mathfrak{r}$ 为 $\mathbf{n}_n^+$ 的 Jacobson 根基，即增广理想 (见(10.1.4))，从而 $\mathfrak{r}=\mathfrak{r}\mathbf{n}_n^+\subset\mathfrak{a}$. 由于 $\mathfrak{r}$ 在 $\mathbf{n}_n^+$ 中的余维数为 1，只能 $\mathfrak{r}=\mathfrak{a}$，从而 $\mathfrak{a}$ 是唯一确定的. 证毕.

(10.3.5) 定理. (1) 设 $\lambda\in\mathfrak{X}_n$，则 $\mathbf{u}_n$ 模 $Q(n,\lambda)$ 有子模滤过

$$0 = Q_0 \subset Q_1 \subset Q_2 \subset \cdots \subset Q_r = Q(n, \lambda).$$

使每个 Q_i/Q_{i-1} 同构于某个 $Z(n,\mu_i)$，$\mu_i \in \mathfrak{X}_n$；

(2) 如(1)所述的滤过的滤过商集合(包括重数)被 $Q(n, \lambda)$ 唯一确定；

(3) 若用 $(Q(n, \lambda) : Z(n, \mu))$ 表示 $Z(n, \mu)$ $(\mu \in \mathfrak{X}_n)$ 在 $Q(n, \lambda)$ 的一个如(1)所示的滤过中作为滤过商出现的次数，则

$$(Q(n, \lambda) : Z(n, \mu)) = [Z(n,\mu) : M(n, \lambda)].$$

证明. (1) 据 (10.3.3)，$\hat{\mathbf{u}}_n$ 模 $\hat{Q}(n, \lambda)$ 有 Z 滤过；又据 (10.2.7)，这个 Z 滤过在 $\mathbf{u}_n$ 的限制就是 $Q(n, \lambda)$ 的如(1)所述的滤过.

(2) 令 $\mathbf{b}_n^- = \mathbf{n}_n^- \otimes \mathbf{h}_n$，考虑 $Z(n, \mu)$ 在 $\mathbf{b}_n^-$ 的限制. 作为 $\mathbf{n}_n^-$ 模，$Z(n, \mu)$ 同构于 $\mathbf{n}_n^-$，所以据(10.3.4)，$Z(n, \mu)$ 作为 $\mathbf{n}_n^-$ 模不可分解，且只有唯一的不可约商 $Z(n, \mu)/\mathfrak{r}Z(n, \mu)$，$\mathfrak{r}$ 为 $\mathbf{n}_n^-$ 的 Jacobson 根基. 于是，$Z(n, \mu)$ 作为 $\mathbf{b}_n^-$ 模也是不可分解的，并且显然 $\mathfrak{r}Z(n, \mu)$ 是 $\mathbf{b}_n$ 稳定的，从而成为 $Z(n, \mu)$ 的唯一的极大 $\mathbf{b}_n^-$ 子模，$Z(n, \mu)/\mathfrak{r}Z(n, \mu)$ 是由 μ 决定的一维 $\mathbf{b}_n^-$ 模. 由此可见，对于不同的 $\mu \in \mathfrak{X}_n$，$Z(n, \mu)$ 作为 $\mathbf{b}_n^-$ 模是互不同构的不可分解模.

现在设有如(1)所示的滤过. 对每个 i，取 $v_i \in Q_i$，满足 (i) 它是 $\mathbf{h}_n$ 权向量；(ii) 在同构 $Q_i/Q_{i-1} \cong Z(n, \mu_i)$ 下，v_i 的象是 $Z(n, \mu_i)$ 的最高权向量. 这样的 v_i 显然可以取到. 于是，作为 $\mathbf{b}_n^-$ 模，$Z(n, \mu_i)$ 是 $\mathbf{b}_n^- v_i = \mathbf{n}_n^- v_i$ 的同态象. 又因为 $\dim \mathbf{b}_n^- v_i \leqslant \dim \mathbf{n}_n^- = \dim Z(n, \mu_i)$，迫使 $\mathbf{b}_n^- v_i \cong Z(n, \mu_i)$. 这样，$\mathbf{b}_n^-$ 模的正合列 $0 \to Q_{i-1} \to Q_i \to Z(n, \mu_i) \to 0$ 分裂，从而 $Q_i \cong Q_{i-1} \oplus Z(n, \mu_i)$，再进一步推出，$Q(n, \lambda)$ 作为 $\mathbf{b}_n^-$ 模分解成不可分解模的直和

$$Q(n, \lambda) \cong \coprod_i Z(n, \mu_i).$$

由 Krull-Schmidt 定理，这种分解式实质上是唯一的. 再由上段论证，即知滤过商的集合被 $Q(n, \lambda)$ 唯一确定.

(3) 取从 $\hat{Q}(n, \lambda)$ 的 Z 滤过限制得到的 $Q(n, \lambda)$ 的滤过，据(10.2.8)，(10.3.3)与(10.2.6)等，推出

$$\begin{aligned}(Q(n,\lambda):Z(n,\mu)) &= \sum_{\nu\in X_w}(\hat{Q}(n,\lambda):\hat{Z}(n,\mu+p^n\nu))\\ &= \sum_{\nu\in X_w}[\hat{Z}(n,\mu+p^n\nu):\hat{M}(n,\lambda)]\\ &= \sum_{\nu\in X_w}[\hat{Z}(n,\mu):\hat{M}(n,\lambda-p^n\nu)]\\ &= [Z(n,\mu):M(n,\lambda)].\end{aligned}$$

证毕.

10.4 $\mathbf{u}_n$ 的对称性与内射模

本节的目的是证明 $\mathbf{u}_n$ 是一个对称代数，从而，根据代数表示的一般理论（见 [CuR 1]），$Q(n, \lambda)$ 也是 $M(n, \lambda)$ 的内射包络. 我们所要做的还更多一些——我们将证明域上的有限维 Hopf 代数都是 Frobenius 代数.

Frobenius 代数与对称代数的定义都是用双线性型来叙述的. 我们从简单回顾与双线性型的有关定义开始. 本小节中始终设 $\mathscr{R}$ 是个域.

如果 A 是 $\mathscr{R}$ 向量空间，$\beta: A\times A\to\mathscr{R}$ 是 A 上的双线性型，则我们可以得到 A 到 A^* 的两个线性映射 β_l 与 β_r:

$$\beta_l(a)=\beta(a, -),\quad \beta_r(b)=\beta(-, b),$$

其中 $a, b\in A$. 如果 β 非奇异，则 $\operatorname{Ker}\beta_l=\operatorname{Ker}\beta_r=0$；如果 A 还是有限维的，则 β_l 与 β_r 都是线性同构. 如果双线性型 β 满足 $\beta(a, b)=\beta(b, a)$，对所有 $a, b\in A$，则称 β 是**对称的**.

现在设 A 是 $\mathscr{R}$ 代数. 如果 A 上的双线性型 β 满足

$$\beta(ab, c)=\beta(a, bc),\ \forall a, b, c\in A,$$

则称 β 是**结合的**. 如果 A 上有一个非退化的结合的双线性型，则称 A 是 **Frobenius 代数**；如果这个非退化的结合的双线性型还是对称的，则称 A 是**对称代数**.

设 A 是 $\mathscr{R}$ 上的 Hopf 代数，V 是(左或右) A 模，则 $V\otimes V$ 上

有由Δ_A定义的A模结构；又把$\mathscr{R}$看成平凡的A模. 如果V上的双线性型β导出的$\mathscr{R}$线性映射$V\otimes V\to\mathscr{R}$（仍记为β）是A模同态，则称β是(**左或右**)**正交的双线性型**.

现在起至本节末尾，设A是$\mathscr{R}$上的**有限维** Hopf 代数，在A^*上定义A的右作用"$\dashv$":

$$(f\dashv a)(b)=f(ab),\quad \forall a,\ b\in A,\ f\in A^*.$$

我们希望在A^*上找到一个非奇异的、结合的、右正交的双线性型.

(10.4.1) 引理. 在A^*上给定一个结合的、右正交的双线性型，等价于给定一个$\Lambda\in A$，使

$$(*)\qquad a\Lambda=\varepsilon_A(a)\Lambda,\quad \forall a\in A.$$

证明. 设给定满足(*)的$\Lambda\in A$，定义

$$\beta(f,g)=(fg)(\Lambda)=(f\otimes g)\circ\Delta_A(\Lambda),\quad \forall f,\ g\in A^*,$$

显然β是结合的. 又，对$a\in A$，我们有

$$\begin{aligned}\beta((f\otimes g)\dashv\Delta_A(a))&=((f\otimes g)\dashv\Delta_A(a))\circ\Delta_A(\Lambda)\\&=(f\otimes g)(\Delta_A(a\Lambda))=\varepsilon_A(a)(f\otimes g)\circ\Delta_A(\Lambda)\\&=\varepsilon_A(a)\beta(f\otimes g).\end{aligned}$$

此即表明β是右正交的.

反之，给定A^*上一个结合的、右正交的双线性型β，令$\Lambda=\beta_r(\varepsilon_A)\in A^{**}=A$，则对$f\in A^*$，有

$$\begin{aligned}f(a\Lambda)&=(f\dashv a)(\Lambda)=\beta((f\otimes\varepsilon_A)\dashv\Delta_A(a))\\&=\varepsilon_A(a)\beta(f\otimes\varepsilon_A)=\varepsilon_A(a)f(\Lambda)=f(\varepsilon_A(a)\Lambda),\end{aligned}$$

所以$a\Lambda=\varepsilon_A(a)\Lambda$.

验证以上两个过程互逆是很容易的事，留给读者完成. 证毕.

我们把A中满足(*)的元素Λ称为A的**左积子**，对称地定义**右积子**. 如果A的一个元素既是左积子，又是右积子，则称之为**双侧积子**. 如果A^*上与右积子Λ相伴的双线性型是非奇异的，则称Λ为**非奇异的右积子**. 于是，要证明A^*是 Frobenius 代数，只要证明A中有非奇异的右积子. 为了证明非奇异右积子的存在，我

们需要引进 A 的 Hopf 模的概念.

设 V 是 $\mathscr{R}$ 向量空间,同时具有左 A 模与右 A 余模的结构(右 A 余模的结构映射为 $\tau_V: V \to A\otimes V$), 并且

$$(**) \qquad \tau_V(av) = \Delta_A(a)\circ\tau_V(v), \quad \forall a\in A,\ v\in V,$$

则称 V 为 A 的 **Hopf 模**. Hopf 模之间的同态是兼为左 A 模同态与右 A 余模同态的线性映射.

例 3. 在 A 上用左乘定义左 A 模结构,用 Δ_A 定义右 A 余模结构,则 A 成为 A 的 Hopf 模,条件(**)不过表明 Δ_A 是 $\mathscr{R}$ 代数同态.

因为右 A 余模就是右 A^* 模,如何用左 A 模与右 A^* 模的语言来刻划 A 的 Hopf 模呢?

(10.4.2) 引理. 设 V 是有限维 $\mathscr{R}$ 空间, 且具有左 A 模与右 A^* 模的结构,则 V 是 A 的 Hpof 模当且仅当

$$a(vf) = \sum_i (a_i'v)\ (a_if), \quad \forall a\in A,\ v\in V,\ f\in A^*,$$

其中 $\Delta_A(a) = \sum_i a_i\otimes a_i',\ a_if = f\dashv\eta_A(a_i)$.

证明. 设 $\tau_V: V \to A\otimes V$ 是右 A^* 模对应的右 A 余模的结构映射.

如果 V 是 A 的 Hopf 模,则

$$\sum_i (a_i'v)\ (a_if) = \sum_i (a_if\otimes \mathrm{id}_V)\circ\Delta_A(a_i')\circ\tau_V(v)$$

$$= (f\otimes\mathrm{id}_V)\circ\left(\sum_i (\eta_A(a_i)\otimes\mathrm{id}_A)\circ\Delta_A(a_i')\right)\circ\tau_V(v),$$

用对极律与增广律容易求得

$$\sum_i (\eta(a_i)\otimes\mathrm{id}_A)\circ\Delta_A(a_i') = 1_A\otimes a,$$

于是

$$\sum_i (a_i'v)(a_if) = (f\otimes\mathrm{id}_V)\circ(\mathrm{id}_A\otimes a)\circ\tau_V(v)$$

$$= a\circ(f\otimes\mathrm{id}_V)\circ\tau_V(v) = a(vf).$$

反之，设 $a(vf)=\sum_i (a_i'v)(a_if)$ 成立. 很容易把这个条件改写为 $a(vf)=\sigma_V\circ\Delta_A(a)(f\otimes v)$，其中 $\sigma_V: A^*\otimes V\to V$ 为 $\sigma_V(f\otimes v)=vf$. 若 $v\in V, \tau_V(v)=\sum_i b_i\otimes v_i$; $f\in A^*$, $\Delta_{A^*}(f)=\sum_k f_k\otimes f_k'$，则

$$
\begin{aligned}
(f\otimes \mathrm{id}_V)\circ\Delta_A(a)\circ\tau_V(v) &= \sum_{i,j} f(a_ib_j)a_i'v_j \\
&= \sum_{i,j,k} f_k(a_i)a_i'f_k'(b_j)v_j=\sum_{i,k} f_k(a_i)a_i'(vf_k') \\
&= \sum_{i,k} f_k(a_i)(\sigma_V\circ\Delta_A(a_i')(f_k'\otimes v)) \\
&= \sum_k (f_k\otimes\sigma_V)\circ\Big((\mathrm{id}_A\otimes\Delta_A)\Big(\sum_i a_i\otimes a_i'\Big)\Big)\circ(1_A\otimes f_k'\otimes v) \\
&= \sum_k (f_k\otimes\sigma_V)\circ\Big((\Delta_A\otimes\mathrm{id}_A)\Big(\sum_i a_i\otimes a_i'\Big)\Big)\circ(1_A\otimes f_k'\otimes v) \\
&= \sigma_V\Big(\Big(\sum_{i,k} (f_k\otimes\mathrm{id}_A)\circ\Delta(a_i)(1\otimes f_k')\Big)\otimes a_i'v\Big).
\end{aligned}
$$

在 $c\in A$ 上赋值，容易求出

$$
\sum_k (f_k\otimes\mathrm{id}_A)\circ\Delta(a_i)(1\otimes f_k')=\varepsilon_A(a_i)f,
$$

所以

$$
\begin{aligned}
(f\otimes\mathrm{id}_V)\circ\Delta_A(a)\circ\tau_V(v) &= \sigma_V\Big(\sum_i \varepsilon_A(a_i)f\otimes a_i'v\Big) \\
&= \sigma_V\Big(f\otimes\Big(\sum_i \varepsilon_A(a_i)a_i'\Big)v\Big)=\sigma_V(f\otimes av) \\
&= (av)f=(f\otimes\mathrm{id}_V)\circ\tau_V(av).
\end{aligned}
$$

因为这对所有 $f\in A^*$ 成立，推及 $\Delta_A(a)\circ\tau_V(v)=\tau_V(av)$，正如所求. 证毕.

例 4. 在 A^* 上用 $af=f\dashv\eta(a)$ 定义左 A 模结构，用右乘定义右 A^* 模结构. 因为对 $a,b\in A$, $f, g\in A^*$，有

$$
(a(fg))(b)=(fg)(\eta(a)b)=(f\otimes g)((\Delta_A\circ\eta_A(a))(\Delta_A(\mathrm{b})))
$$

$$= (f\otimes g)\left(\left(\sum_i \eta(a_i')\otimes\eta(a_i)\right)(\Delta_A(\mathrm{b}))\right)$$

$$= \sum_i (a_i'f\otimes a_ig)\circ\Delta_A(b) = \left(\sum_i (a_i'f)(a_ig)\right)(b)$$

所以 A^* 成为 A 的 Hopf 模.

(10.4.2) 的证明已经基本上体现出验证 Hopf 模的一些性质的常用方法与技巧. (10.4.3) 中类似的验证一般留给读者自己完成.

(10.4.3) 命题. 设 V 是 A 的有限维 Hopf 模，则有 Hopf 模的同构 $V\cong A\otimes V^{A^*}$，其中 V^{A^*} 看成平凡的左 A 模与右 A^* 模，再用 Δ_A 与 Δ_{A^*} 定义 $A\otimes V^{A^*}$ 的左 A 模与右 A^* 模结构.

证明. $A\otimes V^{A^*}$ 不过是若干个 A 的直和，所以显然是 A 的 Hopf 模. 我们先定义 π: $V\to V$ 如下: 设 $v\in V$, $\tau_V(v)=\sum_i b_i\otimes v_i$，则 $\pi(v)=\sum_i \eta_A(b_i)v_i$. 利用对极律与增广律，读者不难验证 $\pi(V)\subset V^{A^*}$. 再定义 $\varphi: V\to A\otimes V^{A^*}$ 为

$$\varphi(v)=\sum_i b_i\otimes\pi(v_i),$$

$\psi: A\otimes V^{A^*}\to V$ 为

$$\psi(a\otimes v)=av.$$

可以验证 ψ 与 φ 是互逆的线性映射. 并且对 $a,b\in A$, $v\in V$，有

$$b\psi(a\otimes v)=bav=\psi(b(a\otimes v));$$

$$(\mathrm{id}_A\otimes\psi)\circ\tau_{A\otimes V^{A^*}}(a\otimes v)=(\mathrm{id}_A\otimes\psi)(\Delta_A(a)\otimes v)$$

$$=\Delta_A(a)\tau_V(v)=\tau_V(av)=\tau_V\circ\psi(a\otimes v).$$

由此可见 ψ (从而 φ) 是 Hopf 模的同构. 证毕.

(10.4.4) 定理. A 的左积子全体组成 A 的一维子空间，其中非零元素都是非奇异积子.

证明. 我们先证 A 中存在非奇异积子.

从例 4 知道，A^* 为 A 的 Hopf 模. 于是，据(10.4.3)，$A^*\cong A\otimes(A^*)^{A^*}$，作为 A 的 Hopf 模. 但 A 与 A^* 有相同的维数，迫使 $(A^*)^{A^*}$ 是一维的，因而 $A^*\cong A$，作为 Hopf 模. 设 φ:

$A^* \to A$ 是它们之间的 Hopf 模同构，令 $\beta(f, g) = g(\varphi(f))$. 显然 β 是 A^* 上非奇异的双线性型. 因为 φ 是左 A 模同构，对 $f, g \in A^*$ 与 $a \in A$，我们有

$$\begin{aligned}\beta(f, g \dashv a) &= (g \dashv a)(\varphi(f)) = g(a\varphi(f)) \\ &= g(\varphi(f \dashv \eta_A(a))) = \beta(f \dashv \eta_A(a), g).\end{aligned}$$

从这个性质立即可以推得 β 是右正交的；又因为 φ 是右 A^* 模同构，我们有

$$\begin{aligned}\beta(fg, h) &= h(\varphi(fg)) = h \circ (g \otimes \mathrm{id}_A) \circ \Delta_A \circ \varphi(f) \\ &= (g \otimes h) \circ \Delta_A \circ \varphi(f) = (gh)(\varphi(f)) = \beta(f, gh),\end{aligned}$$

所以 β 是结合的. 这样，我们在 A^* 上构作了一个非奇异的、右正交的、结合的双线性型，据(10.4.1)，我们在 A 中找到了一个非奇异的左积子 Λ. 把 Λ 乘以一个非零纯量，不过把相伴双线性型也乘以同一个纯量，所以 Λ 的非零纯量倍都是非奇异的左积子.

我们只要再证 A 的左积子子空间是一维的. 我们前面证明了 A^* 在 A^* 的右乘作用下不动点子空间是一维的. 由不动点的定义，该不动点子空间就是 A^* 的右积子子空间. 由 A 的任意性，知 A 的右积子子空间是一维的. 据下文的 (10.4.5)，η_A 把 A 的右积子子空间同构地映到左积子子空间上，所以 A 的左积子子空间是一维的. 证毕.

(10.4.5) 引理. η_A 是 A 的 Hopf 代数反同构.

证明. 只要证 η_A 是内射. 据(10.4.4)的证明，在 A^* 上有非退化的双线性型 β，满足

$$\beta(f \dashv \eta_A(a), g) = \beta(f, g \dashv a). \qquad (*{*}*)$$

如果 $a \in A$ 使 $\eta_A(a) = 0$，则 $(f, g \dashv a) = 0$，对所有 $f, g \in A^*$，从而 $g \dashv a = 0$，因此

$$g(a) = (g \dashv a)(1) = 0, \quad \forall g \in A^*,$$

推及 $a = 0$. 证毕.

(10.4.4) 有如下推论.

(10.4.6)推论. 域上的有限维 Hopf 代数是 Frobenius 代数.

以下我们进而讨论什么时候我们的双线性型是对称的. 先证明如下命题.

(10.4.7) 命题. 设 Λ 是 A 的非零左积子, β 是 A^* 上相伴的右正交的、结合的双线性型, 则有 A^* 的左积子 Λ^*, 使 $\beta(1_{A^*}, \Lambda^*) = 1$. 如果 β^* 是 A 上与 Λ^* 相伴的右正交的结合的双线性型, 则

$$\beta(f, g) = \beta^*((\beta_l^*)^{-1}(f), \quad \eta_A \circ (\beta_l^*)^{-1}(g)).$$

证明. 因为 $\beta_r: A^* \to A$ 是线性同构, 所以有 $\Lambda^* \in A^*$, 使 $\beta_r(\Lambda^*) = \varepsilon_{A^*} = 1_A$, 对于这个 Λ^*,

$$\beta(1_{A^*}, \Lambda^*) = \varepsilon_{A^*}(1_{A^*}) = 1;$$

$$\begin{aligned}\beta(f, g\Lambda^*) &= \beta(fg, \Lambda^*) = \varepsilon_{A^*}(fg) = \varepsilon_{A^*}(f)\varepsilon_{A^*}(g) \\ &= \varepsilon_{A^*}(g)\beta(f, \Lambda^*) = \beta(f, \varepsilon_{A^*}(g)\Lambda^*),\end{aligned}$$

所以 $g\Lambda^* = \varepsilon_{A^*}(g)\Lambda^*$. 由此可见, Λ^* 是满足要求的左积子.

注意到 β 满足 $\binom{*}{**}$,对 $f \in A^*$ 与 $a \in A$, 我们有

$$\begin{aligned}f(\eta_A(a)) &= (f \dashv \eta_A(a))(1_A) = \beta(f \dashv \eta_A(a), \Lambda^*) \\ &= \beta(f, \Lambda^* \dashv a) = f(\beta_r(\Lambda^* \dashv a)),\end{aligned}$$

所以 $\eta_A(a) = \beta_r(\Lambda^* \dashv a) = \beta_r \circ \beta_l^*(a)$ (最后一个等式是由于 $\beta_l^*(a)(b) = \beta^*(a, b) = \Lambda^*(ab) = (\Lambda^* \dashv a)(b)$). 可见 $\eta_A^{-1} \circ \beta_r$ 与 β_l^* 是 A^* 与 A 之间一对互逆的映射,因此 $\beta_l^* \circ \eta_A^{-1} \circ \beta_r(f) = f$, 对所有 $f \in A^*$. 从而

$$\begin{aligned}\beta(f, g) &= f(\beta_r(g)) = (\beta_l^* \circ \eta_A^{-1} \circ \beta_r(f))(\beta_r(g)) \\ &= \beta^*(\eta_A^{-1} \circ \beta_r(f), \ \beta_r(g)) \\ &= \beta^*((\beta_l^*)^{-1}(f), \eta_A \circ (\beta_l^*)^{-1}(g)),\end{aligned}$$

正如所求. 证毕.

(10.4.8) 定理. 设 Λ 是 A 的非零左积子, β 是 A^* 上与 Λ 相伴的右正交的结合双线性型,则如下条件等价:

(1) A^* 的左积子都是双侧积子;

(2) $\beta(f, g) = \beta(g, \eta_{A^*}^2(f))$, $\forall f, g \in A^*$.

证明. (2)⇒(1): 因为 $\eta_{A^*}^2$ 是 A^* 的 Hopf 代数自同构, 所

以，如果 Λ^* 是 A^* 的左积子，则 $\eta_{A^*}^2(\Lambda^*)$ 仍是 A^* 的左积子，从而

$$\begin{aligned}\beta(\Lambda^* f, g) &= \beta(\Lambda^*, fg) = \beta(fg, \eta_{A^*}^2(\Lambda^*)) \\ &= \beta(1, fg\eta_{A^*}^2(\Lambda^*)) = \beta(1, \varepsilon_{A^*}(f)\varepsilon_{A^*}(g)\eta_{A^*}^2(\Lambda^*)) \\ &= \beta(1, \varepsilon_{A^*}(f)g\eta_{A^*}^2(\Lambda^*)) = \beta(g, \varepsilon_{A^*}(f)\eta_{A^*}^2(\Lambda^*)) \\ &= \beta(\varepsilon_{A^*}(f)\Lambda^*, g).\end{aligned}$$

由此可见，$\Lambda^* f = \varepsilon_{A^*}(f)\Lambda^*$，所以 Λ^* 是 A 的双侧积子.

(1)⇒(2). 取 A^* 的满足 $\beta(1, \Lambda^*) = 1$ 的左积子 Λ^*，则 Λ^* 是双侧积子. 因为 η_{A^*} 是 Hopf 代数反同构，$\eta_{A^*}(\Lambda^*)$ 仍是 A^* 的非零双侧积子，所以有非零纯量 r，使 $\eta_{A^*}(\Lambda^*) = r\Lambda^*$. 于是，对于 $a, b \in A$，

$$\Lambda^*(ab) = r\eta_{A^*}^{-1}(\Lambda^*)(ab) = r\Lambda^*(\eta_A(b)\eta_A(a));$$

如果 β 是 A 上与 Λ^* 相伴的双线性型，则

$$\beta^*(a, b) = r\beta^*(\eta_A(b), \quad \eta_A(a)).$$

根据这个等式，可以证明 $\eta_A^{-2}\circ(\beta_l^*)^{-1} = r^{-2}(\beta_l^*)^{-1}\circ\eta_{A^*}^2$：

$$\begin{aligned}(\eta_{A^*}^2\circ\beta_l^*(a))(b) &= (\beta_l^*(a))(\eta_A^2(b)) = \beta^*(a, \eta_A^2(b)) \\ &= r\beta^*(\eta_A(b), \eta_A^{-1}(a)) = r^2\beta^*(\eta_A^{-2}(a), b) \\ &= (r^2\beta_l^*\circ\eta_A^{-2}(a))(b),\end{aligned}$$

所以 $\eta_{A^*}^2\circ \beta_l^* = r^2\beta_l^*\circ\eta_A^{-2}$，左乘以 $r^{-2}(\beta_l^*)^{-1}$，右乘以 $(\beta_l^*)^{-1}$，即得

$$r^{-2}(\beta_l^*)^{-1}\circ\eta_{A^*}^2 = \eta_A^{-2}\circ(\beta_l^*)^{-1}.$$

据(10.4.7)，对 $f, g \in A^*$，有

$$\begin{aligned}\beta(f, g) &= \beta^*((\beta_l^*)^{-1}(f), \quad \eta_A\circ(\beta_l^*)^{-1}(g)) \\ &= r\beta^*((\beta_l^*)^{-1}(g), \eta_A^{-1}\circ(\beta_l^*)^{-1}(f)) \\ &= r^{-1}\beta^*((\beta_l^*)^{-1}(g), \eta_A\circ(\beta_l^*)^{-1}\circ\eta_{A^*}^2(f)) \\ &= r^{-1}\beta(g, \eta_{A^*}^2(f)).\end{aligned}$$

只要再证 $r^{-1} = 1$. 据上式，对 $f \in A^*$，有

$$\beta(1, f) = r^{-1}\beta(f, 1) = r^{-1}\beta(1, f),$$

最后一个等式的根据是结合性. 因为有 $f \in A^*$ 使 $\beta(1, f) \neq 0$. 所以 $r^{-1} = 1$，正如所求. 证毕.

(10.4.9) 推论. 设 A 是域上的有限维 Hopf 代数. 如果 A 有非零的双侧积子, 且 $\eta_A^2 = \mathrm{id}_A$, 则 A 是对称代数. 特别, 如果 A 满足下列条件之一, 则一定是对称代数:

(1) A 是交换的;

(2) A 的一维表示都是平凡的, 且 $\eta_A^2 = \mathrm{id}_A$.

证明. 据(10.4.8)即知, 当 A 有非零的双侧积子且 $\eta_A^2 = \mathrm{id}_A$ 时, A 是对称代数. 如果 A 是交换的, 当然左积子都是双侧积子; 此外, 此时 A 一定是仿射群概形的仿射代数, η_A 是由群的求逆运算导出的, 所以 $\eta_A^2 = \mathrm{id}_A$, 可见 A 是对称代数. 现在设条件(2)成立. A 的右积子空间显然在 A 的左乘作用下稳定, 从而成为 A 的一维左模. (2)的条件说明 A 只能通过 ε_A 作用在这个左模上, 此即表明 A 的右积子都是左积子, 从而 A 有非零的双侧积子, 从而 A 是对称的. 证毕.

一般地, A 的右积子空间总成为一维左 A 模, 从而决定一个代数同态 $\delta_A: A \to \mathscr{R}$, 它称为 A 的**模函数**.

从(10.4.9)即知 $\mathbf{h}_n$ 与 $\mathbf{n}_n^\pm$ 都是对称代数. 关于 $\mathbf{u}_n$, 我们还希望说得更多一些:

(10.4.10) 定理. $\mathbf{u}_n$ 是对称代数, 在它上面可以定义非奇异的、左右正交的. 结合的对称双线性型 β, 使

$$\beta(Adx(X), Adx(Y)) = \beta(X, Y), \ \forall x \in G, X, Y \in \mathbf{u}_n.$$

证明. $\mathbf{u}_n$ 的对称性是显然的, 因为我们知道 (见 § 10.1) $\mathbf{u}_n$ 只有唯一的一维模——平凡模.

现在, 在 $\mathbf{u}_n^* = \mathscr{K}[G_n]$ 上定义 G 的作用

$$(f \dashv x)(X) = f(Adx(X)), \ \forall f \in \mathscr{K}[G_n], \quad x \in G, \quad X \in \mathbf{u}_n.$$

$Ad^*x: f \longmapsto f \dashv x$ 是 Hopf 代数自同构 Adx (参看 (8.2.5(2))) 的余态射. 据 (8.2.2 (2)), Ad^*x 也是 Hopf 代数的自同构, 于是 Ad^*x 稳定 $\mathbf{u}_n^*$ 的左积子空间, 从而导出 G 在这个左积子空间上的一个一维表示. 但 G 没有非平凡的一维表示, 从而 G 稳定 $\mathbf{u}_n^*$ 的每一个左积子.

设 Λ 是 $\mathbf{u}_n^*$ 的一个非零左积子，β 是 $\mathbf{u}_n$ 上与 Λ 相伴的双线性型，即 $\beta(X, Y) = \Lambda(XY)$，对 $X, Y \in \mathbf{u}_n$. 我们知道，β 是 $\mathbf{u}_n$ 上非奇异的、左右正交的、结合的对称双线性型（左正交性是从 Λ 也是右积子得出的）. 此外，对 $x \in G$,

$$\begin{aligned}&\beta(Adx(X), Adx(Y)) = \Lambda(Adx(X) \cdot Adx(Y))\\ &= \Lambda(Adx(XY)) = (\Lambda \dashv x)(XY) = \Lambda(XY)\\ &= \beta(X, Y),\end{aligned}$$

正如所求. 证毕.

(10.4.12) 定理. (1) $Q(n, \lambda)$ 是 $M(n, \lambda)$ 的 $\mathbf{u}_n$ 内射包络；

(2) $\hat{Q}(n, \lambda)$ 是 $\hat{M}(n, \lambda)$ 的 $\hat{\mathbf{u}}_n$ 内射包络.

证明. (1)是代数表示理论的标准结果，参看 [CuR 1]，也可仿照下面的(2)进行证明.

(2) 在 $\mathscr{K}[G_n] = \mathbf{u}_n^*$ 上定义 $\mathbf{u}_n$ 的左作用、右作用与 G 的作用如下：

$$(Xf)(Y) = f(\eta_{\mathbf{u}_n}(X)Y), \quad (fX)(Y) = f(Y\eta_{\mathbf{u}_n}(X)),$$
$$(xf)(Y) = f(Adx^{-1}(Y)), \quad \forall f \in \mathscr{K}[G_n], \ X, \ Y \in \mathbf{u}_n,$$
$$x \in G.$$

容易验证此时 $\beta_r = \beta_l$ 是 $\mathbf{u}_n$ 到 $\mathscr{K}[G_n]$ 的 $\mathbf{u}_n$ 双模与 G 模的同构. 事实上，对 $X, Y, Z \in \mathbf{u}_n$,

$$\begin{aligned}(X\beta_r(Y))(Z) &= \beta_r(Y)(\eta_{\mathbf{u}_n}(X)Z) = \beta(\eta_{\mathbf{u}_n}(X)Z, Y)\\ &= \beta(Z, XY) = \beta_r(XY)(Z),\end{aligned}$$

即证明了 $X\beta_r(Y) = \beta_r(XY)$. 对 $\mathbf{u}_n$ 的右作用同理可证. 又，对 $x \in G$，有

$$\begin{aligned}(x\beta_r(Y))(Z) &= \beta_r(Y)(Adx^{-1}(Z)) = \beta(Adx^{-1}(Z), Y)\\ &= \beta(Z, Adx(Y)) = \beta_r(Adx(Y))(Z),\end{aligned}$$

证明了 β_r 是 G 模同构. 据此，我们有典范的 $\hat{\mathbf{u}}_n$ 模同构

$$I(n, \lambda) \cong \mathbf{u}_n^* \otimes_{\mathbf{b}_n} \lambda \cong \mathrm{Hom}_{\mathbf{b}_n}(\mathbf{u}_n, \lambda).$$

与(10.2.1(3))对偶地可以证明，对 $\hat{\mathbf{u}}_n$ 模 V，有自然的同构

$$\mathrm{Hom}_{\hat{\mathbf{u}}_n}(V, \mathrm{Hom}_{\mathbf{b}_n}(\mathbf{u}_n, \lambda)) \cong \mathrm{Hom}_{\hat{\mathbf{b}}_n}(V, \lambda) = \mathrm{Hom}_T(V, \lambda),$$

可见 $I(n,\lambda)$ 是内射 $\hat{\mathbf{u}}_n$ 模. 用模论中标准的本质扩张的方法不难证明 (10.2.6) 的对偶命题. 特别, $I(n,\lambda)$ 的直和项 $\hat{Q}(n,\mu)$ 是不可分解的内射 $\hat{\mathbf{u}}_n$ 模, 从而是某个不可约 $\hat{\mathbf{u}}_n$ 模的内射包络. 在上式中令 $V=\hat{M}(n,\mu)$, 表明 $\hat{M}(n,\mu)$ 到 $I(n,\lambda)$ 的线性无关的嵌入有 $\dim\hat{M}(n,\mu)_\lambda$ 个, 这个数目正好是 $I(n,\lambda)$ 的直和分解中 $\hat{Q}(n,\mu)$ 的个数 (参看 (10.3.3) 的证明). 这已足以保证 $\hat{Q}(n,\mu)$ 是 $\hat{M}(n,\mu)$ 的内射包络了. 事实上,如果 $\lambda\neq\mu$, 不妨设 $\lambda\not\leqslant\mu$, 则 $\hat{M}(n,\lambda)$ 到 $I(n,\lambda)$ 有一个嵌入而 $I(n,\lambda)$ 没有同构于 $\hat{Q}(n,\mu)$ 的直和项,所以 $\hat{Q}(n,\mu)$ 不能是 $\hat{M}(n,\lambda)$ 的内射包络;同样, $\hat{M}(n,\mu)$ 不能嵌入到 $I(n,\lambda)$ 而 $I(n,\lambda)$ 有直和项 $\hat{Q}(n,\lambda)$, 所以 $\hat{Q}(n,\lambda)$ 也不能是 $\hat{M}(n,\mu)$ 的内射包络. 证毕.

最后我们指出, $\mathbf{b}_n$ 一般不是对称代数. 不难验证,不可约 $\mathbf{b}_n$ 模 λ 的射影覆盖是 $\mathbf{b}_n\otimes_{\mathbf{h}_n}\lambda$, 但 $\mathbf{b}_n\otimes_{\mathbf{h}_n}\lambda$ 是 $\lambda+\sum_{\alpha\in\Phi^+}(p^n-1)\alpha$ 的内射包络, 只要 $\sum_{\alpha\in\Phi^+}\alpha\notin p^n\mathfrak{X}_w$, 则 $\lambda\neq\lambda+\sum_{\alpha\in\Phi^+}(p^n-1)\alpha$ $(\mathrm{mod}\,p^n\mathfrak{X}_w)$.

10.5 $\mathfrak{U}_{\mathscr{K}}$ 模与有理 G 模

§ 10.1—§ 10.4 讨论了 G 的 Frobenius 核的表示, 本小节又回到 G 的表示. 这似乎有点离谱了——因为本节的标题是“Frobenius 核的表示”. 但是, 本小节要解决的问题是 § 10.1—§ 10.4 所讨论的问题的自然延伸: G_n 的表示既与 $\mathbf{u}_n$ 的表示一致, G 的表示是否也与 $\mathfrak{H}(G)=\mathfrak{U}_{\mathscr{K}}$ 的表示一致呢? 当然, 每一个有理 G 模都是 $\mathfrak{U}_{\mathscr{K}}$ 模,但反过来就不一定了,例如 $\mathfrak{U}_{\mathscr{K}}$ 本身用左乘作用看作 $\mathfrak{U}_{\mathscr{K}}$ 模就不是由有理 G 模导出的,因为它不是局部有限的. 那么,每个局部有限的 $\mathfrak{U}_{\mathscr{K}}$ 模是否都是由有理 G 模导出的呢? 答案是肯定的. 本小节就证明这个结论.

先从 $\mathfrak{H}_{\mathscr{K}}$ 的表示开始. 我们用 $\mathfrak{X}(\mathfrak{H}_{\mathscr{K}})$ 表示从 $\mathfrak{H}_{\mathscr{K}}$ 到 $\mathscr{K}$ 的 $\mathscr{K}$ 代数同态全体所成的集合, 显然 $\mathfrak{X}(\mathfrak{H}_{\mathscr{K}})$ 是 $\mathfrak{H}_{\mathscr{K}}^*$ 的乘法子

群($\mathfrak{H}_{\mathscr{K}}$ 定义 $\mathscr{K}$ 上的一个仿射群概形 H，而 $\mathfrak{X}(\mathfrak{H}_{\mathscr{K}})=H(\mathscr{K})$)。不过我们用加法记 $\mathfrak{X}(\mathfrak{H}_{\mathscr{K}})$ 的运算，即 $\lambda+\mu=(\lambda\otimes\mu)\circ\Delta_{\mathfrak{H}_{\mathscr{K}}}$，对所有 λ，$\mu\in\mathfrak{X}(\mathfrak{H}_{\mathscr{K}})$。(3.1.7) 与 (9.3.2) 表明 $\mathfrak{X}_w$ 是 $\mathfrak{X}(\mathfrak{H}_{\mathscr{K}})$ 的子群。

(10.5.1) 引理. $\mathfrak{X}(\mathfrak{H}_{\mathscr{K}})=\mathbf{Z}_p\otimes_{\mathbf{Z}}\mathfrak{X}_w$，这里 $\mathbf{Z}_p$ 表示 p 进整数环，即 $\mathbf{Z}_p=\varprojlim_n(\mathbf{Z}/p^n\mathbf{Z})$.

证明. 设 $\lambda\in\mathfrak{X}(\mathfrak{H}_{\mathscr{K}})$，则对每个 n，唯一地确定一个 $\lambda_n=\lambda|_{\mathfrak{h}_n}\in\mathfrak{X}_w/p^n\mathfrak{X}_w$(见(10.1.3))，显然 $\lambda_n=\lambda_{n+1}|_{\mathfrak{h}_n}$，即在典范同态 $\mathfrak{X}_w/p^{n+1}\mathfrak{X}_w\to\mathfrak{X}_w/p^n\mathfrak{X}_w$ 下，λ_{n+1} 的象是 λ_n。于是 $\lambda=(\lambda_n)_{n\in\mathbf{Z}^+}\in\varprojlim_n\mathfrak{X}_w/p^n\mathfrak{X}_w$。但

$$\varprojlim_n(\mathfrak{X}_w/p^n\mathfrak{X}_w)\cong\varprojlim_n((\mathbf{Z}/p^n\mathbf{Z})\otimes_{\mathbf{Z}}\mathfrak{X}_w)$$
$$\cong(\varprojlim_n(\mathbf{Z}/p^n\mathbf{Z}))\otimes_{\mathbf{Z}}\mathfrak{X}_w\cong\mathbf{Z}_p\otimes_{\mathbf{Z}}\mathfrak{X}_w,$$

所以，典范地把 λ 看成 $\mathbf{Z}_p\otimes_{\mathbf{Z}}\mathfrak{X}_w$ 的元素。反之，给定 $\lambda=(\lambda_n)\in\varprojlim_n(\mathfrak{X}_w/p^n\mathfrak{X}_w)$，令 $\lambda|_{\mathfrak{h}_n}=\lambda_n$，则显然定义一个 $\mathscr{K}$ 代数同态 $\mathfrak{H}_{\mathscr{K}}\dashrightarrow\mathscr{K}$。上述过程是互逆的，从而 $\mathfrak{X}(\mathfrak{H}_{\mathscr{K}})=\mathbf{Z}_p\otimes_{\mathbf{Z}}\mathfrak{X}_w$。证毕。

于是，每个 $\lambda\in\mathfrak{X}(\mathfrak{H}_{\mathscr{K}})$ 可以唯一地写成 $\lambda=\sum_i z_i\omega_i$，$\omega_i$ 是基本权，$z_i\in\mathbf{Z}_p$。对根 α，用 $\langle\lambda,\alpha^\vee\rangle$ 表示 $\sum_i z_i\langle\omega_i,\alpha^\vee\rangle$，特别，当 $\alpha=\alpha_i$ 是单根时，$\langle\lambda,\alpha_i^\vee\rangle=z_i$。另一方面，如果 $b=\sum_{n=0}^{\infty}b_np^n\in\mathbf{Z}_p$(其中 $0\leqslant b_n<p$)，$r=\sum_{n=0}^{m}r_np^n$ $(0\leqslant r_n<p)$，则用 $\overline{\binom{b}{r}}$ 表示 $\prod_{n=0}^{m}\binom{b_n}{r_n}$ 在 $\mathscr{K}$ 中的象。据 (2.3.2)，当 $b\in\mathbf{Z}$ 时，这样定义的 $\overline{\binom{b}{r}}$ 就是 $\binom{b}{r}$ 在 $\mathscr{K}$ 中的象。用所约定的这些记号，$\lambda(H_{i,r})=$

$\overline{\binom{\langle\lambda,\ \alpha_i^\vee\rangle}{r}}$，对所有 $\lambda\in\mathfrak{X}(\mathfrak{H}_{\mathscr{K}})$.

(10.5.2) 引理. 每个有限维 $\mathfrak{H}_{\mathscr{K}}$ 模都是一维 $\mathfrak{H}_{\mathscr{K}}$ 模的直和.

证明. 设 V 是有限维 $\mathfrak{H}_{\mathscr{K}}$ 模，据(10.1.3)，对任何 n，$V|_{\mathbf{h}_n}$ 是 $\mathbf{h}_n$ 权空间的直和. 由于 $\mathfrak{H}_{\mathscr{K}}$ 的交换性，$\mathbf{h}_{n+1}$ 稳定每个 $\mathbf{h}_n$ 权空间，于是每个 $\mathbf{h}_n$ 权空间又分解为 $\mathbf{h}_{n+1}$ 权空间的直和. 同样，每个 $\mathbf{h}_{n+1}$ 权空间又分解成 $\mathbf{h}_{n+2}$ 权空间的直和. 由于 V 有限维，必有充分大的 n_0 使得对所有 $n\geqslant n_0$，$\mathbf{h}_n$ 在 V 的 $\mathbf{h}_{n_0}$ 权空间上是纯量，从而 $\mathfrak{H}_{\mathscr{K}}$ 在 $\mathbf{h}_{n_0}$ 权空间上是纯量，由此即得结论. 证毕.

(10.5.3) 定理. 任何局部有限的 $\mathfrak{U}_{\mathscr{K}}$ 模都是由有理 G 模导出的.

证明. 分三个步骤.

(1) 先把问题归结为有限维情况. 假定对有限维 $\mathfrak{U}_{\mathscr{K}}$ 模定理的结论成立，V 是任一局部有限的 $\mathfrak{U}_{\mathscr{K}}$ 子模，则在 V 的每个有限维 $\mathfrak{U}_{\mathscr{K}}$ 子模上可以定义相容的有理 G 模结构，对有限维 $\mathfrak{U}_{\mathscr{K}}$ 子模的包含关系 $V_1\subset V_2$，因嵌入同态是 $\mathfrak{U}_{\mathscr{K}}$ 模同态，据(8.2.8(3))，它也是 G 模同态. 由此可见，在有限维 $\mathfrak{U}_{\mathscr{K}}$ 子模上定义的有理 G 模结构可以合并成 V 上的有理 G 模结构.

以下设 V 是有限维 $\mathfrak{U}_{\mathscr{K}}$ 模.

(2)据(10.5.1)与(10.5.2)，V 作为 $\mathfrak{H}_{\mathscr{K}}$ 模可分解为

$$V=\coprod_{\lambda\in\mathbf{Z}_p\otimes_{\mathbf{Z}}\mathfrak{X}_w}V_\lambda,$$

其中

$$V_\lambda=\{v\in V\,|\,Hv=\lambda(H)v,\ \forall H\in\mathfrak{H}_{\mathscr{K}}\}.$$

我们将证明 $\lambda\in\mathfrak{X}_w$，即证明 $\langle\lambda,\ \alpha_i^\vee\rangle\in\mathbf{Z}$，对所有单根 α_i.

从 $\mathfrak{U}_{\mathscr{K}}$ 的换位公式知，$X_{\alpha,r}$ 把 V_λ 映到 $V_{\lambda+r\alpha}$. 所以，如果取 $\mathbf{Z}_p\otimes_{\mathbf{Z}}\mathfrak{X}_w$ 关于 $\mathfrak{X}_r$ 的一个陪集 S，并令

$$V_S=\coprod_{\lambda\in S}V_\lambda,$$

则 V_S 是 $\mathfrak{U}_{\mathscr{K}}$ 子模. 因此,不妨设 $V = V_S$. 此时只要证有一个使 $V_\lambda \neq 0$ 的 λ 在 $\mathfrak{X}_w$ 就可以了.

在 S 中仍可以定义半序: $\lambda \geqslant \mu \Longleftrightarrow \lambda - \mu$ 是正根之和. 设 λ 在集合 $\{\lambda | V_\lambda \neq 0\}$ 中极大, $v \in V_\lambda$ 且 $v \neq 0$, 则当 α 是正根而 $r > 0$ 时, $X_{\alpha,r}v = 0$. 这样,据(9.1.2(1))得知, 当 $\alpha = \alpha_i$ 是单根时,

$$X_{\alpha,r}X_{-\alpha,r}v = \sum_{j=0}^{r}\sum_{s=0}^{j}\binom{-2r+2j}{j-s}X_{-\alpha,r-j}H_{i,s}X_{\alpha,r-j}v$$

$$= H_{i,r}v = \lambda(H_{i,r})v = \binom{\overline{\langle\lambda, \alpha^\vee\rangle}}{r}v.$$

如果 $\langle\lambda, \alpha^\vee\rangle$ 不是非负的有理整数,则它的 p 进展开式中有无限个非零项,从而可取到无数个 r 使 $\binom{\overline{\langle\lambda, \alpha^\vee\rangle}}{r} \neq 0$,于是有无数个 r 使 $X_{-\alpha,r}v \neq 0$, 这是不可能的. 因此 $\langle\lambda, \alpha^\vee\rangle \in \mathbf{Z}^+$. 由此得知 $\lambda \in \mathfrak{X}_w^+$. 这就证明了(2)中所作的断言.

(3) 现在证明 $\mathfrak{U}_{\mathscr{K}}$ 模 V 是由有理 G 模导出的. 我们知道(见(10.1.9)的证明), G 由 $\varepsilon_\alpha(a) = \sum_{r=0}^{\infty} a^r X_{\alpha,r}$ $(\alpha \in \Phi,\ a \in \mathscr{K})$生成. 现在当 r 充分大时 $X_{\alpha,r}$ 在 V 上是零算子,因此可以用这个式子定义 G 的生成元 $\varepsilon_\alpha(a)$ 在 V 上的作用,从而使 V 成为 G 模. 设 T 是 G 的极大环面,使 $\mathfrak{H}_{\mathscr{K}}$ 在 $\zeta_{\mathscr{K}}$ 下等同于 $\mathfrak{H}(T)$. 仿照(3.1.7(4))的证明可以推出 T 在 V_λ 上通过 λ 作用(如果对 $m \in \mathscr{K}^*$ 令 $n_\alpha(m) = \varepsilon_\alpha(m)\varepsilon_{-\alpha}(-m^{-1})\varepsilon_\alpha(m)$,则在 $\mathscr{K}[G]^*$ 中有 $n_\alpha(m)^{-1}H n_\alpha(m) = (Ad\, n_\alpha(m)^{-1})(H) = s_\alpha(H)$,对 $H \in \mathfrak{H}_{\mathscr{K}}$; 当 $\alpha = \alpha_i$ 是单根时, §9.3 所定义的 τ_i 满足 $\tau_i(m) = n_{\alpha_i}(m)n_{\alpha_i}(-1)$, 而 T 由所有 $\mathrm{Im}\tau_i$ 生成,这样,(3.1.7(4)) 的证明的其余部分几乎可以原封不动地搬到这里), 特别, 我们推出 V 是有理 T 模. 如果 U^+ 与 U^- 分别是正根与负根的根子群之积,则如(3.1.8(7))的证明类似地推出, V 作为 U^+ 模与 U^- 模也是有理的, 从而同态 $G \to GL(V)$ 在 G 的开集 $\Omega = U^-TU^+$ 上是簇的态射,再用 $g \in G$ 的平

移,得知它在整个G上是簇的态射. 所以V是有理G模.

最后还要证明有理G模V导出的 $\mathfrak{U}_{\mathscr{K}}$ 模就是原来的 $\mathfrak{U}_{\mathscr{K}}$ 模,这是很简单的: 现在在V上有 $\mathscr{K}[G]^*$ 模结构,它在G的限制是上述G结构,而在 $\mathfrak{U}_{\mathscr{K}}$ 的限制得到一个 $\mathfrak{U}_{\mathscr{K}}$ 模结构,使得作为V上的算子, $\varepsilon_\alpha(a)=\sum\limits_{r=0}^{\infty} a^r X_{\alpha,r}$. 原来的 $\mathfrak{U}_{\mathscr{K}}$ 模结构也使这个算子等式成立. 使这种关系式成立的 $\mathfrak{U}_{\mathscr{K}}$ 模结构是唯一的,因为可以从算子 $\varepsilon_\alpha(a)$ 唯一地反解出 $X_{\alpha,r}$ 来 (见(3.2.2) 的证明). 于是,两个 $\mathfrak{U}_{\mathscr{K}}$ 模结构是一致的. 证毕.

*　　　*　　　*

在这一章中,我们介绍了一些新的概念,如仿射群概形, Hopf 代数、超代数、无穷小群等, 用更为形式化的语言把线性代数群及其表示理论在更抽象的程度上概括与推广. 这种概括与推广的意义是重大的,特别, 所引进的 Frobenius 核及其表示的概念与有关结果将在代数群与有限 Lie 型群的表示理论中发挥重要作用, 这一点下文将逐步看到. 超代数概念的引进所起的作用已经初步显示出来了——它把比较难于研究的 Frobenius 核的表示的问题归结为一个有限维 Hopf 代数的表示问题. 我们还讨论了单连通半单线性代数群的 Frobenius 核及其表示,但还只是初步的(特别在表示方面),这些理论如何用到代数群表示理论中去, 还基本上没有涉及.

下一章将讨论代数群表示理论中的上同调方法. 我们尽可能地把定义与结论用仿射群概形的语言来叙述, 以便它们能在更广泛的意义下使用.

第三章　上同调方法

代数学的最新发展似乎与同调或上同调理论结下了不解之缘，线性代数群(或仿射群概形)的表示理论也是如此。本章将介绍代数群表示理论中常用的一些上同调方法。为读者方便起见，我们用一节的篇幅论述同调代数中与我们关系较密切的内容，已经熟悉同调代数的读者可以把这一节略去不读。此外，在§14中还牵涉较多的代数几何学概念与结果，我们用一小节(§14.1)篇幅将它们介绍一下，但无法给出证明，读者可参阅代数几何学专著，如[Har 1]，[CCW 1]。

§11. 同调代数

本节作为本章的预备知识，是同调代数一般理论的概述。我们集中讨论了三个问题，一是复形的(上)同调理论与导函子，二是谱序列理论，三是 Künneth 定理。我们将要用到的同调代数的一些重要结论，主要是(上)同调的长正合理定理、Grothendieck 谱序列定理与 Künneth 定理，将在本节内证明。

本节中 $\mathfrak{A}$, $\mathfrak{B}$, $\mathfrak{C}$, $\mathfrak{D}$ 等字母均代表 Abel 范畴，但为了便于证明，我们有时把它们看成模的范畴而采用元素的"图上追踪法"。这样做并不失普遍性，因为任何 Abel 范畴都可同构于某个适当的模的范畴的子范畴(参看[Fr 1])。

11.1 (上)同调与导函子

设 A 是 $\mathfrak{A}$ 中的对象，$d_A: A\to A$ 是 $\mathfrak{A}$ 中的态射，并且使 $d_A\circ d_A=0$，我们称二元组 (A,d_A) 为 $\mathfrak{A}$ 中的**微分对象**。设 (A, d_A) 与 (B,d_B) 都是 $\mathfrak{A}$ 中的微分对象，$\varphi: A\to B$ 为 $\mathfrak{A}$ 中的态射，

并且使 $\varphi\circ d_A = d_B\circ\varphi$，则称 φ 为**微分对象的态射**. 微分对象与微分对象的态射组成了一个范畴，常记为 $(\mathfrak{A},d)$. 此外，如果 (A, d_A) 是 $\mathfrak{A}$ 中的微分对象，F 是 $\mathfrak{A}$ 到另一个 Abel 范畴 $\mathfrak{B}$ 的加性函子，则显然 $(F(A), F(d_A))$ 是 $\mathfrak{B}$ 中的微分对象；事实上，F 导出了 $(\mathfrak{A},d)$ 到 $(\mathfrak{B},d)$ 的一个函子.

给定 $\mathfrak{A}$ 中的微分对象 (A, d_A)，我们定义它的**同调**

$$H(A) = H(A,d_A) = \mathrm{Ker}d_A/\mathrm{Im}d_A.$$

$H(A)$ 是 $\mathfrak{A}$ 的对象. 不难验证，H 成为 $(\mathfrak{A},d)$ 到 $\mathfrak{A}$ 的一个函子，即，如果 φ: $A\to B$ 是微分对象的态射，则 $H(\varphi)$: $H(A)\to H(B)$ 是 $\mathfrak{A}$ 的态射，并保持态射的合成.

两个不同的微分对象的态射 φ,ψ: $A\to B$ 可能导出 $H(A)$ 到 $H(B)$ 的同一个态射. 我们将给出判定这种情况发生的一个充分条件. 为此，作如下定义：对如上的 φ 与 ψ，如果存在 $\mathfrak{A}$ 中的态射（不要求是微分对象的态射）Σ: $A\to B$，使 $\varphi-\psi=d_B\circ\Sigma+\Sigma\circ d_A$，则称 φ 与 ψ 是**同伦的**，记为 $\varphi\simeq\psi$，Σ 称为 φ 与 ψ 之间的**同伦**.

(11.1.1) 命题. (1) 设微分对象的态射 φ,ψ: $A\to B$ 是同伦的，则 $H(\varphi)=H(\psi)$；

(2) 同伦关系"$\simeq$"是等价关系；

(3) 设 $\varphi\simeq\psi$: $A\to B$，$\varphi'\simeq\psi'$: $B\to C$，则 $\varphi'\circ\varphi\simeq\psi'\circ\psi$: $A\to C$；

(4) 设 $\varphi\simeq\psi$: $A\to B$，F: $\mathfrak{A}\to\mathfrak{B}$ 是一个加性函子，则 $F(\varphi)\simeq F(\psi)$: $F(A)\to F(B)$.

证明. (1) 设 Σ 是 φ 与 ψ 之间的同伦，$a\in\mathrm{Ker}d_A$，则

$$(\varphi-\psi)(a) = (d_B\circ\Sigma+\Sigma\circ d_A)(a) = d_B\circ\Sigma(a)\in\mathrm{Im}d_B,$$

可见 $\varphi(a)$ 与 $\psi(a)$ 在 $H(B)$ 中的象是同一个.

(2) 显然"$\simeq$"是自反的与对称的. 为证传递性，设 $\varphi-\psi=d_B\circ\Sigma+\Sigma\circ d_A$，$\psi-\chi=d_B\circ T+T\circ d_A$，则 $\varphi-\chi=d_B\circ(\Sigma+T)+(\Sigma+T)\circ d_A$，从而 $\varphi\simeq\chi$.

(3) 设 $\varphi-\psi=d_B\circ\Sigma+\Sigma\circ d_A$，则

$$\varphi'\circ\varphi - \varphi'\circ\psi = \varphi'\circ d_B\circ\Sigma + \varphi'\circ\Sigma\circ d_A = d_C\circ(\varphi'\circ\Sigma) + (\varphi'\circ\Sigma)\circ d_A,$$

所以 $\varphi'\circ\varphi \simeq \varphi'\circ\psi$; 同理，$\varphi'\circ\psi \simeq \psi'\circ\psi$. 由(2)得 $\varphi'\circ\varphi \simeq \psi'\circ\psi$.

(4) 设 $\varphi - \psi = d_B\circ\Sigma + \Sigma\circ d_A$，则

$$F(\varphi) - F(\psi) = F(d_B\circ\Sigma + \Sigma\circ d_A) = F(d_B)\circ F(\Sigma) + F(\Sigma)\circ F(d_A),$$

所以 $F(\varphi) \simeq F(\psi)$. 证毕.

下面的定理在同调理论中是非常重要的.

(11.1.2) 定理. 设 $0 \to A \xrightarrow{\varphi} B \xrightarrow{\psi} C \to 0$ 是 $(\mathfrak{A}, d)$ 中的正合列,则有"交结同态" ω: $H(C) \to H(A)$，使三角形

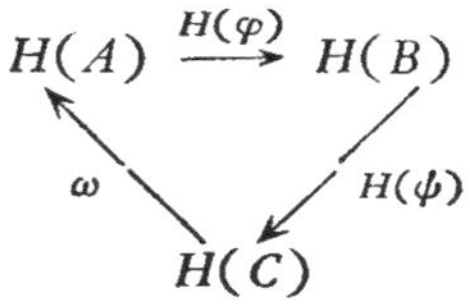

是正合的;此外,如果

$$\begin{array}{ccccccccc} 0 \to & A & \xrightarrow{\varphi} & B & \xrightarrow{\psi} & C & \to 0 \\ & \alpha\downarrow & & \beta\downarrow & & \gamma\downarrow & \\ 0 \to & A' & \xrightarrow{\varphi'} & B' & \xrightarrow{\psi'} & C' & \to 0 \end{array}$$

是带正合行的交换图,则下图交换

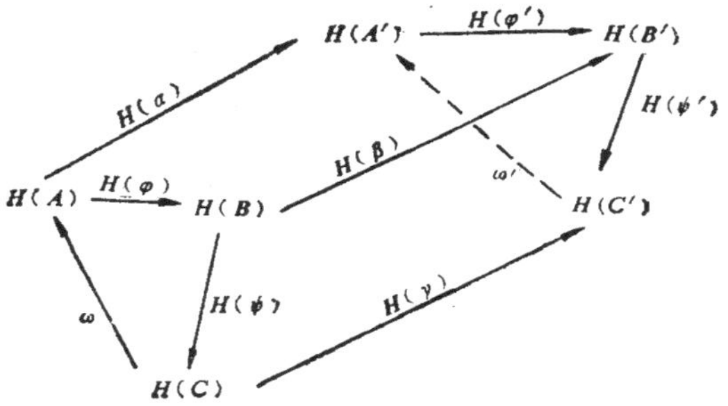

为证这个定理，需要两个引理。

(11.1.3) 引理(蛇形引理). 设有$\mathfrak{A}$中带正合行的交换图

$$\begin{array}{ccccccc} & & A & \xrightarrow{\varphi} & B & \xrightarrow{\psi} & C \to 0 \\ & & \alpha\downarrow & & \beta\downarrow & & \gamma\downarrow \\ 0 & \to & A' & \xrightarrow{\varphi'} & B' & \xrightarrow{\psi'} & C' \end{array}$$

则存在"交结同态" ω: $\mathrm{Ker}\,\gamma \to \mathrm{Coker}\,\alpha$, 使序列

$$\mathrm{Ker}\,\alpha \xrightarrow{\varphi_*} \mathrm{Ker}\,\beta \xrightarrow{\psi_*} \mathrm{Ker}\,\gamma \xrightarrow{\omega} \mathrm{Coker}\,\alpha \xrightarrow{\varphi'_*}$$
$$\mathrm{Coker}\,\beta \xrightarrow{\psi'_*} \mathrm{Coker}\,\gamma$$

是正合的，其中 φ_* 是 φ 导出的，余类推；此外，如果 φ 是单态射，则 φ_* 也是单态射；如果 ψ' 是满态射，则 ψ'_* 也是满态射.

证明. 我们只证明ω的存在性与在 $\mathrm{Ker}\,\gamma$ 与 $\mathrm{Coker}\,\alpha$ 的正合性，其余都很容易证明，留给读者自己完成.

先证 $\beta(\psi^{-1}(\mathrm{Ker}\gamma)) = \beta(B)\cap\varphi'(A)$. 一方面，因为 $\psi'\circ\beta(\psi^{-1}(\mathrm{Ker}\gamma)) = \gamma\circ\psi(\psi^{-1}(\mathrm{Ker}\gamma)) = 0$，所以 $\beta(\psi^{-1}(\mathrm{Ker}\gamma))\subset \mathrm{Ker}\psi' = \varphi'(A)$，推及 $\beta(\psi^{-1}(\mathrm{Ker}\gamma))\subset\beta(B)\cap\varphi'(A)$；反过来，因为 $\gamma\circ\psi(\beta^{-1}(\varphi'(A)))=\psi'\circ\beta(\beta^{-1}(\varphi'(A)))=0$，所以 $\psi\circ\beta^{-1}(\varphi'(A))\subset\mathrm{Ker}\,\gamma$，推及 $\beta^{-1}(\varphi'(A))\subset\psi^{-1}(\mathrm{Ker}\,\gamma)$，从而 $\beta(B)\cap\varphi'(A)\subset\beta(\psi^{-1}(\mathrm{Ker}\,\gamma))$. 正如所求.

现在定义 $\tilde{\beta}$: $\psi^{-1}(\mathrm{Ker}\gamma)\to A'$ 为 $\tilde{\beta}=\varphi'^{-1}\circ\beta$，因为 φ' 是 A到 $\varphi'(A)$ 的同构，$\tilde{\beta}$是完全确定的态射，并且 $\tilde{\beta}\circ\varphi=\alpha$. 把 $\tilde{\beta}$ 与典范态射 $\pi: A'\to\mathrm{Coker}\,\alpha$ 合成，得到 $\omega_0=\pi\circ\tilde{\beta}$: $\psi^{-1}(\mathrm{Ker}\,\gamma)\to\mathrm{Coker}\,\alpha$，并且 $\omega_0\circ\varphi(A)=\pi\circ\tilde{\beta}\circ\varphi(A)=\pi\circ\alpha(A)=0$，所以 ω_0 导出态射 $\psi^{-1}(\mathrm{Ker}\gamma)/\varphi(A)\to\mathrm{Coker}\,\alpha$. 由$\psi$的满射性及 $\varphi(A)=\mathrm{Ker}\,\psi$ 的事实，我们有 $\psi^{-1}(\mathrm{Ker}\gamma)/\varphi(A)\cong\mathrm{Ker}\gamma$，于是，最终得到态射

$$\omega:\ \mathrm{Ker}\gamma\to\mathrm{Coker}\,\alpha.$$

由ω的定义知 $\mathrm{Ker}\omega=\psi(\mathrm{Ker}\,\tilde{\beta}+\varphi(A))=\psi(\mathrm{Ker}\,\tilde{\beta})=\psi(\mathrm{Ker}\beta)$，此即在 $\mathrm{Ker}\,\gamma$ 处的正合性；又，

$$\begin{aligned}\mathrm{Ker}\varphi'_* &= \pi(\varphi'^{-1}(\beta(B)\cap\varphi'(A)))\\ &= \pi(\varphi'^{-1}\circ\beta(\psi^{-1}(\mathrm{Ker}\gamma)))\\ &= \pi\circ\tilde{\beta}(\psi^{-1}(\mathrm{Ker}\gamma)) = \mathrm{Im}\omega_0 = \mathrm{Im}\omega,\end{aligned}$$

此即在 Coker α 处的正合性．证毕．

(11.1.4) 引理. 设 (A, d_A) 是 $\mathfrak{A}$ 中的微分对象，则 d_A 导出态射 $\tilde{d}_A$: Coker $d_A \to$ Ker d_A，并且 $\mathrm{Ker}\tilde{d}_A = \mathrm{Coker}\,\tilde{d}_A = H(A)$.

证明．因为 $\mathrm{Im}\,d_A \subset \mathrm{Ker}\,d_A$，所以

$$\mathrm{Coker}d_A = A/\mathrm{Im}d_A \twoheadrightarrow A/\mathrm{Ker}d_A \xrightarrow{\sim} \mathrm{Im}d_A \subset \mathrm{Ker}d_A.$$

这就得出了态射 $\tilde{d}_A$．由作法即知 $\mathrm{Ker}\tilde{d}_A = \mathrm{Ker}d_A/\mathrm{Im}d_A = H(A)$，又，显然 $\mathrm{Im}\tilde{d}_A = \mathrm{Im}d_A$，从而 $\mathrm{Coker}\tilde{d}_A = \mathrm{Ker}d_A/\mathrm{Im}d_A = H(A)$．证毕．

(11.1.2)的证明．我们有带正合行的交换图

$$\begin{array}{ccccccccc} 0 \to & A & \xrightarrow{\varphi} & B & \xrightarrow{\psi} & C & \to 0 \\ & \downarrow{d_A} & & \downarrow{d_B} & & \downarrow{d_C} & \\ 0 \to & A & \longrightarrow & B & \longrightarrow & C & \to 0 \end{array}$$

于是，据(11.1.3)与(11.1.4)，有带正合行的交换图(交换性据 $\tilde{d}_A$ 等的构作法容易验证)

$$\begin{array}{ccccccc} & \mathrm{Coker}\,d_A & \xrightarrow{\varphi_*} & \mathrm{Coker}\,d_B & \xrightarrow{\psi_*} & \mathrm{Coker}\,d_C & \to 0 \\ & \downarrow{\tilde{d}_A} & & \downarrow{\tilde{d}_B} & & \downarrow{\tilde{d}_C} & \\ 0 \to & \mathrm{Ker}\,d_A & \xrightarrow{\varphi_*} & \mathrm{Ker}\,d_B & \xrightarrow{\psi_*} & \mathrm{Ker}\,d_C & \end{array}$$

再一次用(11.1.3)与(11.1.4)，我们得到正合列

$$H(A) \xrightarrow{H(\varphi)} H(B) \xrightarrow{H(\psi)} H(C) \xrightarrow{\omega}$$
$$H(A) \xrightarrow{H(\varphi)} H(B) \xrightarrow{H(\psi)} H(C),$$

此即定理所述的正合三角形．

定理的自然性部分的证明留给读者，只要描述并验证 (11.1.3)与(11.1.4)的类似的自然性，结论即得．证毕

我们最感兴趣的是 $\mathfrak{A} = \mathfrak{C}^{\mathbf{Z}}$ 的情况，$\mathfrak{A}$ 中的对象是以 $\mathbf{Z}$ 为指

标集的 $\mathfrak{C}$ 的对象的集合，即都具有 $\boldsymbol{C}=(C^n)_{n\in Z}$ 的形式，C^n 称为 $\boldsymbol{C}$ 的 n 次**齐次分量**；若 $\boldsymbol{C}=(C^n)$ 与 $\boldsymbol{D}=(D^n)$ 是 $\mathfrak{A}$ 的对象，$\boldsymbol{C}$ 到 $\boldsymbol{D}$ 的态射具有形式 $\boldsymbol{\varphi}=(\varphi^n)$，其中 $\varphi^n: C^n\to D^{n+s}$ 是 $\mathfrak{C}$ 中的态射，s 是个与 n 无关的整数，它称为 $\boldsymbol{\varphi}$ 的**次数**. 设 $(\boldsymbol{C},d_{\boldsymbol{C}})$ 是 $\mathfrak{A}$ 中的微分对象，并且 $d_{\boldsymbol{C}}$ 的次数为 1，则称 $(\boldsymbol{C},d_{\boldsymbol{C}})$ 为 $\mathfrak{C}$ 中的**上链复形**. 因此，$\mathfrak{C}$ 中的上链复形就是 $\mathfrak{C}$ 中对象与态射的序列

$$\boldsymbol{C}:\ \cdots\to C^{n-1}\xrightarrow{d_C^{n-1}}C^n\xrightarrow{d_C^n}C^{n+1}\xrightarrow{d_C^{n+1}}\cdots,$$

使 $d_C^n\circ d_C^{n-1}=0$（对偶地，如果 $d_{\boldsymbol{C}}$ 的次数为 -1，则称 $(\boldsymbol{C},d_{\boldsymbol{C}})$ 为 $\mathfrak{C}$ 中的**链复形**. 本节以后的结果主要用上链复形的形式写出，但不难“翻译”成链复形的语言，本小节末尾有一概述，有兴趣的读者可自己补出细节）. 上链复形 $(\boldsymbol{C},d_{\boldsymbol{C}})$ 与 $(\boldsymbol{D},d_{\boldsymbol{D}})$ 之间的态射是零次的微分对象的态射. $\mathfrak{C}$ 中的上链复形及其态射组成 $(\mathfrak{A},d)$ 的一个子范畴. 如果 $(\boldsymbol{C},d_{\boldsymbol{C}})$ 为上链复形，则 $H(\boldsymbol{C})$ 仍是 $\mathfrak{A}$ 的对象，它的 n 次齐次部分是 $H^n(\boldsymbol{C})=\operatorname{Ker} d_C^n/\operatorname{Im} d_C^{n-1}$，$H^n(\boldsymbol{C})$ 称为 $\boldsymbol{C}$ 的**第 n 个上同调**. 从(11.1.2)容易推出

(11.1.5) 命题. 如果

$$0\to\boldsymbol{A}\xrightarrow{\boldsymbol{\varphi}}\boldsymbol{B}\xrightarrow{\boldsymbol{\phi}}\boldsymbol{C}\to0$$

是上链复形的正合列，则有上同调的长正合列

$$\cdots\to H^{n-1}(\boldsymbol{C})\xrightarrow{\omega^{n-1}}H^n(\boldsymbol{A})\xrightarrow{H^n(\varphi)}H^n(\boldsymbol{B})\xrightarrow{H^n(\boldsymbol{\phi})}$$
$$H^n(\boldsymbol{C})\xrightarrow{\omega^n}H^{n+1}(\boldsymbol{A})\to\cdots,$$

这里 $H^n(\boldsymbol{\varphi})$ 是 $H(\boldsymbol{\varphi})$ 的 n 分量，ω^n 是 $\boldsymbol{\omega}$ 的 n 分量，余类推.

证明. 把(11.1.2)中的正合三角形用分量形式写出，即得上述长正合列. 必须注意的是，$\boldsymbol{\omega}$ 是由微分导出的，所以它的次数也是 1. 证毕.

在上同调理论中遇到的一般是所谓**正的**上链复形，即当 $n<0$ 时 $C^n=0$ 的上链复形 $\boldsymbol{C}$. 如果 $\boldsymbol{C}$ 是正的上链复形，并且每个 $C^n(n\geqslant0)$ 都是 $\mathfrak{C}$ 中的内射对象，则称 $\boldsymbol{C}$ 为 $\mathfrak{C}$ 中的**内射上链复形**；如果正的上链复形 $\boldsymbol{C}$ 使 $H^n(\boldsymbol{C})=0$，对所有 $n>0$ 成

立，则称 $\boldsymbol{C}$ 为 $\mathfrak{C}$ 中的**零调上链复形**. 显然，如果 $\boldsymbol{C}$ 是零调的，则

$$0 \to H^0(\boldsymbol{C}) \to C^0 \xrightarrow{d_C^0} C^1 \xrightarrow{d_C^1} C^2 \xrightarrow{d_C^2} \cdots$$

是 $\mathfrak{C}$ 中的正合列. 设给定 $\mathfrak{C}$ 中的对象 A，如果 $\boldsymbol{I}$ 是 $\mathfrak{C}$ 中内射与零调的上链复形，使 $H^0(\boldsymbol{I}) \cong A$，则称 $\boldsymbol{I}$ 为 A 的**内射分解**.

(11.1.6) 命题. 设 $\boldsymbol{I}$ 是内射的上链复形，$\boldsymbol{C}$ 是零调的上链复形，则

(1) 对每个态射 θ: $H^0(\boldsymbol{C}) \to H^0(\boldsymbol{I})$，存在上链复形的态射 $\boldsymbol{\varphi}$: $C \to I$，使 $H^0(\boldsymbol{\varphi}) = \theta$;

(2) 如果 $\boldsymbol{\varphi}, \boldsymbol{\psi}$: $\boldsymbol{C} \to \boldsymbol{I}$ 是上链复形的态射，并且 $H^0(\boldsymbol{\varphi}) = H^0(\boldsymbol{\psi})$，则 $\boldsymbol{\varphi} \simeq \boldsymbol{\psi}$.

证明. (1) $\boldsymbol{\varphi} = (\varphi^n)_{n \geqslant 0}$ 的定义可以归纳地完成. 首先，因为 $0 \to H^0(C) \to C^0$ 是正合的，据 I^0 的内射性，有 φ^0: $C^0 \to I^0$，使下图交换:

$$\begin{array}{ccccc} 0 \to & H^0(\boldsymbol{C}) & \to & C^0 \\ & \downarrow \theta & & \downarrow \varphi^0 \\ & H^0(\boldsymbol{I}) & \to & I^0 \end{array}$$

如果 φ^0 能扩充为 $\boldsymbol{\varphi}$: $\boldsymbol{C} \to \boldsymbol{I}$，则显然 $H^0(\boldsymbol{\varphi}) = \theta$.

现在设 $n \geqslant 1$，并且 $\varphi^0, \varphi^1, \cdots, \varphi^{n-1}$ 已经定义. 考虑图

$$\begin{array}{ccccccccc} \cdots \to & C^{n-2} & \xrightarrow{d_C^{n-2}} & C^{n-1} & \xrightarrow{d_C^{n-1}} & C^n & \xrightarrow{d_C^n} & \cdots \\ & \downarrow \varphi^{n-2} & \circlearrowright & \downarrow \varphi^{n-1} & & \downarrow \varphi^n & & \\ \cdots \to & I^{n-2} & \xrightarrow{d_I^{n-2}} & I^{n-2} & \xrightarrow{d_I^{n-1}} & I^n & \xrightarrow{d_I^n} & \cdots \end{array}$$

(如果 $n = 1$，令 $C^{-1} = H^0(\boldsymbol{C})$，$I^{-1} = H^0(\boldsymbol{I})$，$\varphi^{-1} = \theta$). 我们有

$$\begin{aligned} d_I^{n-1} \circ \varphi^{n-1}(\mathrm{Ker} d_C^{n-1}) &= d_I^{n-1} \circ \varphi^{n-1} \circ d_C^{n-2}(C^{n-2}) \\ &= d_I^{n-1} \circ d_I^{n-2} \circ \varphi^{n-2}(C^{n-2}) = 0, \end{aligned}$$

所以 $d_I^{n-2} \circ \varphi^{n-1}$ 导出了 $C^{n-1}/\mathrm{Ker} d_C^{n-1}$ 到 I^n 的一个态射，据 I^n 的的内射性，得到态射 φ^n: $C^n \to I^n$，使上图右边的方框也交换，从而归纳地完成了 $\boldsymbol{\varphi} = (\varphi^n)$ 的定义.

(2) 我们要找一个同伦 $\Sigma: \varphi \simeq \psi$. 由于微分是一次的，要使 $\varphi - \psi = d_I \circ \Sigma + \Sigma \circ d_C$ 成立，充要条件是 Σ 是 -1 次的，并且 $\varphi^n - \psi^n = d_I^{n-1} \circ \Sigma^n + \Sigma^{n+1} \circ d_C^n$. 我们将归纳地定义出 $\Sigma^n: C^n \to I^{n-1}$ ($n \geqslant 1$，当 $n < 1$ 时 $\Sigma^n = 0$). 先考虑图

$$\begin{array}{ccccccccc}
0 \to H^0(C) & \to & C^0 & \xrightarrow{d_C^0} & C^1 & \xrightarrow{d_C^1} & \cdots \\
{\scriptstyle H^0(\varphi) = H^0(\psi)} \downarrow & & \varphi^0 \downarrow\downarrow \psi^0 & \overset{\Sigma^1}{\swarrow} & \varphi^1 \downarrow\downarrow \psi^1 & & \\
0 \to H^0(I) & \to & I^0 & \xrightarrow{d_I^0} & I^1 & \xrightarrow{d_I^1} & \cdots
\end{array}$$

因为 $\varphi^0 - \psi^0$ 在 $\mathrm{Ker} d_C^0 = H^0(C)$ 上是零，所以导出态射 $C^0/\mathrm{Ker} d_C^0 \to I^0$，由 I^0 的内射性，即得态射 $\Sigma^1: C^1 \to I^0$，使 $\Sigma^1 \circ d_C^0 = \varphi^0 - \psi^0$.

现在设 $n \geqslant 2$ 并且 $\Sigma^1, \Sigma^2, \cdots, \Sigma^{n-1}$ 已定义，满足

$$\varphi^{r-1} - \psi^{r-1} = \Sigma^r \circ d_C^{r-1} + d_I^{r-2} \circ \Sigma^{r-1}, \ \forall r \leqslant n-1.$$

考虑图

$$\begin{array}{ccccccccc}
\cdots & \xrightarrow{d_C^{n-3}} & C^{n-2} & \xrightarrow{d_C^{n-2}} & C^{n-1} & \xrightarrow{d_C^{n-1}} & C^n & \to & \cdots \\
& & \varphi^{n-2} \downarrow\downarrow \psi^{n-2} & \overset{\Sigma^{n-1}}{\swarrow} & \varphi^{n-1} \downarrow\downarrow \psi^{n-1} & \overset{\Sigma^n}{\swarrow} & \varphi^n \downarrow\downarrow \psi^n & & \\
\cdots & \xrightarrow{d_I^{n-3}} & I^{n-2} & \xrightarrow{d_I^{n-2}} & I^{n-1} & \xrightarrow{d_I^{n-1}} & I^n & \to & \cdots
\end{array}$$

我们有

$$\begin{aligned}
&(\varphi^{n-1} - \psi^{n-1} - d_I^{n-2} \circ \Sigma^{n-1})(\mathrm{Ker} d_C^{n-1}) \\
&= (\varphi^{n-1} - \psi^{n-1} - d_I^{n-2} \circ \Sigma^{n-1}) \circ d_C^{n-2}(C^{n-2}) \\
&= (d_I^{n-2} \circ \varphi^{n-2} - d_I^{n-2} \circ \psi^{n-2} - d_I^{n-2} \circ d_I^{n-3} \circ \Sigma^{n-2} \\
&\quad - d_I^{n-2} \circ \varphi^{n-2} + d_I^{n-2} \circ \psi^{n-2})(C^{n-2}) \\
&= 0.
\end{aligned}$$

所以 $\varphi^{n-1} - \psi^{n-1} - d_I^{n-2} \circ \Sigma^{n-1}$ 导出态射 $C^{n-1}/\mathrm{Ker}\, d_C^{n-1} \to I^{n-1}$，由 I^{n-1} 的内射性，得出态射 $\Sigma^n: C^n \to I^{n-1}$，使

$$\varphi^{n-1} - \psi^{n-1} - d_I^{n-2} \circ \Sigma^{n-1} = \Sigma^n \circ d_C^{n-1},$$

即

$$\varphi^{n-1} - \psi^{n-1} = \Sigma^n \circ d_C^{n-1} + d_I^{n-2} \circ \Sigma^{n-1}.$$

证毕.

(11.1.7) 命题. 设 $\mathfrak{C}$ 中有足够的内射对象，即 $\mathfrak{C}$ 中每一个对象都是内射对象的子对象，则

(1) $\mathfrak{C}$ 中每个对象 A 有内射分解；

(2) 若 $\boldsymbol{I},\boldsymbol{J}$ 是 A 的两个内射分解，则有上链复形的态射 $\boldsymbol{\xi}$: $\boldsymbol{I}\to\boldsymbol{J}$ 与 $\boldsymbol{\zeta}$: $\boldsymbol{J}\to\boldsymbol{I}$, 使 $\boldsymbol{\zeta}\circ\boldsymbol{\xi}\simeq\mathbf{id}_I$, $\boldsymbol{\xi}\circ\boldsymbol{\zeta}\simeq\mathbf{id}_J$.

证明. (1)归纳地作出 $I^n(n\geqslant 0)$. 由假设条件，有内射对象 I^0, 使 $0\to A\to I^0$ 是正合的. 现在设 $n\geqslant 1, I^0, I^1, \cdots, I^{n-1}$ 已作出，则

$$0\to A\to I^0\to I^1\to\cdots\to I^{n-2}\xrightarrow{d_I^{n-2}} I^{n-1}$$

是正合的. 我们可以找到 I^n, 使 $I^{n-1}/\mathrm{Im}d_I^{n-2}$ 是 I^n 的子对象，令 d_I^{n-1} 为典范态射 $I^{n-1}\twoheadrightarrow I^{n-1}/\mathrm{Im}d_I^{n-2}$ 与 $I^{n-1}/\mathrm{Im}d_I^{n-2}\hookrightarrow I^n$ 的合成，则显然

$$0\to A\to I^0\to I^1\to\cdots\to I^{n-1}\xrightarrow{d_I^{n-1}} I^n$$

是正合的. 于是，我们作出了 A 的内射分解 $\boldsymbol{I}=(I^n)$.

(2) 如果 $\boldsymbol{I}$ 与 $\boldsymbol{J}$ 都是 A 的内射分解，据(11.1.6(1))，有上链复形的态射 $\boldsymbol{\xi}$: $\boldsymbol{I}\to\boldsymbol{J}$ 与 $\boldsymbol{\zeta}$: $\boldsymbol{J}\to\boldsymbol{I}$, 使 $H^0(\boldsymbol{\xi})=\mathrm{id}_A=H^0(\boldsymbol{\zeta})$, 于是 $H^0(\boldsymbol{\zeta}\circ\boldsymbol{\xi})=\mathrm{id}_A=H^0(\mathbf{id}_I)$. 据(11.1.6(2)) $\boldsymbol{\zeta}\circ\boldsymbol{\xi}\simeq\mathbf{id}_I$. 同理，$\boldsymbol{\xi}\circ\boldsymbol{\zeta}\simeq\mathbf{id}_J$. 证毕.

现在我们可以定义导函子了. 假定范畴 $\mathfrak{C}$ 有足够的内射对象，又设 F: $\mathfrak{C}\to\mathfrak{D}$ 是个加性函子. 对 $\mathfrak{C}$ 中每个对象 A, 作它的内射分解 $\boldsymbol{I}=(I^n)$, 用函子 F, 得到 $\mathfrak{D}$ 中的上链复形 $F(\boldsymbol{I})=(F(I^n))$ (不难验证，F 导出了 $(\mathfrak{C}^{\mathbf{Z}},d)$ 到 $(\mathfrak{D}^{\mathbf{Z}},d)$ 的一个加性函子)，再令 $R^nF(A)=H^n(F(\boldsymbol{I}))$, 称 R^nF 为 F 的第 n 个**右导函子**. 当然，作此定义之前必须证明 $R^nF(A)$ 与内射分解的选取无关，并且 R^nF 确实定义了 $\mathfrak{C}$ 到 $\mathfrak{D}$ 的一个函子. 这是如下(11.1.8(1))的结论.

(11.1.8) 定理. 设 $\mathfrak{C}$ 有足够的内射对象，F: $\mathfrak{C}\to\mathfrak{D}$ 是加性函子，则

(1) 对 $\mathfrak{C}$ 的对象 A, $R^nF(A)$ 与 A 的内射分解的选取无

关，并且 R^nF 是 $\mathfrak{C}$ 到 $\mathfrak{D}$ 的加性函子；

(2) 如果 $0\to A\xrightarrow{\varphi}B\xrightarrow{\psi}C\to 0$ 是 $\mathfrak{C}$ 中的正合列，则在 $\mathfrak{D}$ 中有长正合列

$$0\to R^0F(A)\xrightarrow{R^0F(\varphi)}R^0F(B)\xrightarrow{R^0F(\psi)}R^0F(C)\xrightarrow{\omega^0}$$
$$R^1F(A)\xrightarrow{R^1F(\varphi)}R^1F(B)\xrightarrow{R^1F(\psi)}R^1F(C)\xrightarrow{\omega^1}\cdots;$$

(3) 如果 F 是左正合的，则有函子的自然等价 $R^0F\cong F$.

证明. (1)设 $\boldsymbol{I}$ 与 $\boldsymbol{J}$ 都是 A 的内射分解. 据(11.1.7(2))，有上链复形的态射 $\boldsymbol{\xi}:\boldsymbol{I}\to\boldsymbol{J}$ 与 $\boldsymbol{\zeta}:\boldsymbol{J}\to\boldsymbol{I}$，使 $\boldsymbol{\zeta}\circ\boldsymbol{\xi}\simeq\mathbf{id}_{\boldsymbol{I}}$，$\boldsymbol{\xi}\circ\boldsymbol{\zeta}\simeq\mathbf{id}_{\boldsymbol{J}}$. 据 (11.1.1(4))，又推出 $F(\boldsymbol{\zeta})\circ F(\boldsymbol{\xi})\simeq\mathbf{id}_{F(\boldsymbol{I})}$，$F(\boldsymbol{\xi})\circ F(\boldsymbol{\zeta})=$ $\mathbf{d}_{F(\boldsymbol{J})}$. 于是，再根据 (11.1.1(1))，
;$H(F(\boldsymbol{\zeta}))\circ H(F(\boldsymbol{\xi}))=\mathbf{id}_{H(F(\boldsymbol{I}))}$，$H(F(\boldsymbol{\xi}))\circ H(F(\boldsymbol{\zeta}))=\mathbf{id}_{H(F(\boldsymbol{J}))}$. 用分量写出，说明 $H^n(F(\boldsymbol{\zeta}))$ 与 $H^n(F(\boldsymbol{\xi}))$ 是 $H^n(F(\boldsymbol{I}))$ 与 $H^n(F(\boldsymbol{J}))$ 之间一对互逆的态射. 由此可见 $R^nF(A)$ 与 $\boldsymbol{I}$ 的选取无关.

如果 $\theta:A\to B$ 是 $\mathfrak{C}$ 中的态射，$\boldsymbol{I}$ 与 $\boldsymbol{J}$ 分别是 A 与 B 的内射分解，据(11.1.6(1))，存在上链复形的态射 $\boldsymbol{\varphi}:\boldsymbol{I}\to\boldsymbol{J}$ 使 $H^0(\boldsymbol{\varphi})=$ θ. 令 $R^nF(\theta)=H^n(F(\boldsymbol{\varphi}))$，这个定义实际上与 $\boldsymbol{\varphi}$ 的选取无关，因为若 $\boldsymbol{\varphi},\boldsymbol{\psi}:\boldsymbol{I}\to\boldsymbol{J}$ 使 $H^0(\boldsymbol{\varphi})=\theta=H^0(\boldsymbol{\psi})$，据(11.1.6(2))，$\boldsymbol{\varphi}\simeq\boldsymbol{\psi}$，再据(11.1.1(4))，$F(\boldsymbol{\varphi})\simeq F(\boldsymbol{\psi})$，从而 $H^n(F(\boldsymbol{\varphi}))=$ $H^n(F(\boldsymbol{\psi}))$. 这样，我们定义了 R^nF 在态射上的作用. 现在设 $\theta:A\to B$ 与 $\sigma:B\to C$ 都是 $\mathfrak{C}$ 中的态射，$\boldsymbol{I},\boldsymbol{J},\boldsymbol{K}$ 分别为 A，B，C 的内射分解，$\boldsymbol{\varphi}:\boldsymbol{I}\to\boldsymbol{J}$ 与 $\boldsymbol{\psi}:\boldsymbol{J}\to\boldsymbol{K}$ 是上链复形的态射，使 $H^0(\boldsymbol{\varphi})=\theta$，$H^0(\boldsymbol{\psi})=\sigma$，则 $\boldsymbol{\psi}\circ\boldsymbol{\varphi}:\boldsymbol{I}\to\boldsymbol{K}$ 是上链复形的态射，并使 $H^0(\boldsymbol{\psi}\circ\boldsymbol{\varphi})=\sigma\circ\theta$. 于是

$$\begin{aligned}R^nF(\sigma\circ\theta)&=H^n(F(\boldsymbol{\psi}\circ\boldsymbol{\varphi}))=H^n(F(\boldsymbol{\psi}))\circ H^n(F(\boldsymbol{\varphi}))\\&=R^nF(\sigma)\circ R^nF(\theta).\end{aligned}$$

至此，我们证明了 R^nF 是 $\mathfrak{C}$ 到 $\mathfrak{D}$ 的函子. R^nF 的加性从(2)立即推出，因为 R^nF 把正合列 $0\to A\to B\to C\to 0$ 对应到正合列

$$R^nF(A)\to R^nF(B)\to R^nF(C).$$

(2) 取定 A 与 C 的内射分解 $\boldsymbol{I}$ 与 $\boldsymbol{J}$，我们将证明，在适当定义的微分 $\boldsymbol{d}_{I\oplus J}$ 下，$\boldsymbol{I}\oplus\boldsymbol{J}=(I^n\oplus J^n)$ 是 B 的内射分解，并有上链复形的正合列 $0\to\boldsymbol{I}\xrightarrow{\iota_I}\boldsymbol{I}\oplus\boldsymbol{J}\xrightarrow{\pi_J}\boldsymbol{J}\to 0$，其中 $\boldsymbol{\iota}_I$ 是典范嵌入，而 $\boldsymbol{\pi}_J$（以及下文的 $\boldsymbol{\pi}_I$）是射影.

设 $\tau: A\to I^0$ 与 $\sigma: C\to J^0$ 是同构 $A\cong H^0(I)$ 与 $C\cong H^0(J)$ 导出的单态射，我们先构作一个态射 $\mu: B\to I^0\oplus J^0$，使下图交换并具有正合的列(行当然是正合的)：

$$
\begin{array}{ccccccccc}
 & & 0 & & 0 & & 0 & & \\
 & & \downarrow & & \downarrow & & \downarrow & & \\
0 & \to & A & \xrightarrow{\varphi} & B & \xrightarrow{\psi} & C & \to & 0 \\
 & & \downarrow{\scriptstyle\tau} & \swarrow{\scriptstyle\tilde{\tau}} & \downarrow{\scriptstyle\mu} & & \downarrow{\scriptstyle\sigma} & & \\
0 & \to & I^0 & \xrightarrow{\iota_I^0} & I^0\oplus J^0 & \xrightarrow{\pi_J^0} & J^0 & \to & 0
\end{array}
$$

首先，由 I^0 的内射性质，有态射 $\tilde{\tau}: B\to I^0$，使 $\tilde{\tau}\circ\varphi=\tau$. 再由直积的普遍性质，得到态射 $\mu: B\to I^0\oplus J^0$，使 $\pi_I^0\circ\mu=\tilde{\tau}$，$\pi_J^0\circ\mu=\sigma\circ\psi$. 第二个等式说明了右边方框是交换的；因为 $\pi_J^0\circ\mu\circ\varphi=\sigma\circ\psi\circ\varphi=0$，所以由第一个等式推出

$$\mu\circ\varphi=\iota_I^0\circ\pi_I^0\circ\mu\circ\varphi=\iota_I^0\circ\tilde{\tau}\circ\varphi=\iota_I^0\circ\tau,$$

此即左边方框的交换性. 从 σ 与 τ 是单态射，立即可以推出 μ 是单态射.

因为 $\mathrm{Ker}\,\sigma=0$，从(11.1.3)，我们得到如下的图

$$
\begin{array}{ccccccccc}
 & & 0 & & 0 & & 0 & & \\
 & & \downarrow & & \downarrow & & \downarrow & & \\
0 & \to & \mathrm{Coker}\,\tau & \to & \mathrm{Coker}\,\mu & \to & \mathrm{Coker}\,\sigma & \to & 0 \\
 & & \downarrow{\scriptstyle\bar{d}_I^0} & & \downarrow{\scriptstyle\bar{d}_{I\oplus J}^0} & & \downarrow{\scriptstyle\bar{d}_J^0} & & \\
0 & \to & I^1 & \xrightarrow{\iota_I^1} & I^1\oplus J^1 & \xrightarrow{\pi_J^1} & J^1 & \to & 0
\end{array}
$$

其中 $\bar{d}_I^0$ 与 $\bar{d}_J^0$ 是由 d_I^0 与 d_J^0 导出的；上图的行与左右两列都是正合的. 现在的情况同上文完全一样，于是，我们得到态射 $\bar{d}_{I\oplus J}^0$: $\mathrm{Coker}\,\mu\to I^1\oplus J^1$，使上图成为带正合行与列的交换图. 令 $d_{I\oplus J}^0$

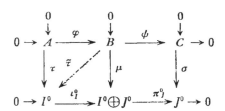

为 $\bar{d}^0_{I\oplus J}$ 与典范态射 $I^0\oplus J^0\to \mathrm{Coker}\,\mu$ 的合成，则得到带正合行与列的交换图

$$\begin{array}{ccccccccc}
 & & 0 & & 0 & & 0 & & \\
 & & \downarrow & & \downarrow & & \downarrow & & \\
0 & \to & A & \xrightarrow{\varphi} & B & \xrightarrow{\psi} & C & \to & 0 \\
 & & \downarrow{\scriptstyle \tau} & & \downarrow{\scriptstyle \mu} & & \downarrow{\scriptstyle \sigma} & & \\
0 & \to & I^0 & \xrightarrow{\iota_I^0} & I^0\oplus J^0 & \xrightarrow{\pi_J^0} & J^0 & \to & 0 \\
 & & \downarrow{\scriptstyle d_I^0} & & \downarrow{\scriptstyle d^0_{I\oplus J}} & & \downarrow{\scriptstyle d_J^0} & & \\
0 & \to & I^1 & \xrightarrow{\iota_I^1} & I^1\oplus J^1 & \xrightarrow{\pi_J^1} & J^1 & \to & 0
\end{array}$$

如此续行，我们便证明了 $\boldsymbol{I}\oplus\boldsymbol{J}$ 是 B 的内射分解，并且有上链复形的正合列

$$0\to \boldsymbol{I}\xrightarrow{\iota_I}\boldsymbol{I}\oplus\boldsymbol{J}\xrightarrow{\pi_J}\boldsymbol{J}\to 0.$$

用函子 F，我们得到 $\mathfrak{D}$ 中上链复形的正合列

$$0\to F(\boldsymbol{I})\xrightarrow{F(\iota_I)}F(\boldsymbol{I}\oplus\boldsymbol{J})\xrightarrow{F(\pi_J)}F(\boldsymbol{J})\to 0,$$

于是，据 (11.1.5)以及导函子的定义，我们便得到所需的长正合列.

(3) 仍设 $\boldsymbol{I}$ 是 A 的内射分解，τ 是同构 $A\cong H^0(\boldsymbol{I})$ 导出的态射 $A\hookrightarrow I^0$. 如果 F 是左正合的，则有正合列

$$0\to F(A)\xrightarrow{F(\tau)}F(I^0)\xrightarrow{F(d_I^0)}F(I^1),$$

从而 $F(\tau)$ 导出同构

$$F(A)\cong \mathrm{Ker}F(d_I^0)=H^0(F(\boldsymbol{I}))=R^0F(A).$$

如果 θ: $A\to B$ 是 $\mathfrak{C}$ 中的态射，同样给出 B 的内射分解 $\boldsymbol{J}$ 与态射 σ: $B\to J^0$; 再给出上链复形的态射 $\boldsymbol{\xi}$: $\boldsymbol{I}\to\boldsymbol{J}$ 使 $H^0(\boldsymbol{\xi})=\theta$，则我们有交换图

$$\begin{array}{ccc}
A & \xrightarrow{\tau} & I^0 \\
{\scriptstyle\theta}\downarrow & & \downarrow{\scriptstyle \xi^0} \\
B & \xrightarrow{\sigma} & J^0
\end{array}$$

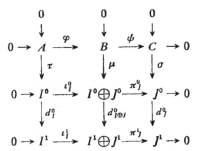

用函子 F，并注意到 $F(\xi^0)$ 在 $H^0(F(\boldsymbol{I}))=R^0F(A)$ 的限制就是 $R^0F(\theta)$，我们得到交换图

$$\begin{array}{ccc} F(A) & \xrightarrow{\sim} & R^0F(A) \\ {\scriptstyle F(\theta)}\downarrow & & \downarrow{\scriptstyle R^0F(\theta)} \\ F(B) & \xrightarrow{\sim} & R^0F(B) \end{array}$$

此即表明同构 $F(A)\cong R^0F(A)$ 是自然的，从而得出函子的自然等价 $F\cong R^0F$. 证毕.

下面的定义与命题在上同调的理论研究与实际计算上都起相当重要的作用.

仍设 $F:\mathfrak{C}\to\mathfrak{D}$ 是加性函子，范畴 $\mathfrak{C}$ 有足够的内射对象. 设 J 是 $\mathfrak{C}$ 的对象，并且对所有 $n>0$ 均有 $R^nF(J)=0$，则称 J 是 F **零调的对象**. 设 A 是 $\mathfrak{C}$ 的对象，$\boldsymbol{J}=(J^n)$ 是 $\mathfrak{C}$ 中的零调上链复形，其中每个 J^n 都是 F 零调的对象，又设有同构 $A\cong H^0(J)$，则称 $\boldsymbol{J}$ 是 A 的 F **零调分解**. 显然，$\mathfrak{C}$ 中的内射对象都是 F 零调对象，从而 A 的内射分解都是 F 零调分解.

(11.1.9)命题. 设 $F:\mathfrak{C}\to\mathfrak{D}$ 是左正合函子；又设 A 是 $\mathfrak{C}$ 的对象，$\boldsymbol{J}$ 是 A 的 F 零调分解，则对 $n\geqslant 0$ 均有 $R^nF(A)\cong H^n(F(\boldsymbol{J}))$.

证明. 令 $Z^m=\mathrm{Ker}\,d_{\boldsymbol{J}}^m$(特别，$Z^0=A$)，则有正合列

$$0\to Z^m\to J^m\to Z^{m+1}\to 0,\ \forall m\geqslant 0.$$

用函子 F，由 J^m 的零调性，(11.1.8(2))的长正合列分裂成一个正合列

$$0\to F(Z^m)\to F(J^m)\xrightarrow{\tau_m}F(Z^{m+1})\to R^1F(Z^m)$$

与一些同构

$$R^nF(Z^{m+1})\xrightarrow{\sim}R^{n+1}F(Z^m),\ \forall n>0.$$

由这些同构推出，当 $n>0$ 时，

$$R^nF(A)=R^nF(Z^0)\cong R^{n-1}F(Z^1)\cong\cdots\cong R^1F(Z^{n-1});$$

又从正合列推出

$$R^1F(Z^m)\cong F(Z^{m+1})/\mathrm{Im}\tau_m.$$

考虑带正合行的交换图

$$\begin{array}{ccccccc} & & & J^m & & & \\ & & \swarrow & & \searrow d_J^m & & \\ 0 \to & Z^{m+1} & \to & & J^{m+1} & \xrightarrow{d_J^{m+1}} & J^{m+2} \end{array}$$

用函子 F 后,得到带正合行的交换图

$$\begin{array}{ccccccc} & & & F(J^m) & & & \\ & & \tau_m \swarrow & & \searrow F(d_J^m) & & \\ 0 \to & F(Z^{m+1}) & \to & & F(J^{m+1}) & \xrightarrow{F(d_J^{m+1})} & F(J^{m+2}) \end{array}$$

所以

$$\mathrm{Im}\tau_m \cong \mathrm{Im}F(d_J^m),\ F(Z^{m+1}) \cong \mathrm{Ker}F(d_J^{m+1}).$$

最终我们得到,对 $n>0$,

$$\begin{aligned} R^nF(A) &\cong R^1F(Z^{n-1}) \cong F(Z^n)/\mathrm{Im}\tau_{n-1} \\ &\cong \mathrm{Ker}F(d_J^n)/\mathrm{Im}F(d_J^{n-1}) \\ &= H^n(F(\boldsymbol{J})); \end{aligned}$$

当 $n=0$ 时,也有 $R^0F(A)=F(A)=H^0(F(\boldsymbol{J}))$. 结论于是得证. 证毕.

例 1. 设$\mathscr{R}$是个环,$\mathfrak{C}$是左$\mathscr{R}$模范畴,M是个固定的左$\mathscr{R}$模,则从 $\mathfrak{C}$ 到 Abel 群范畴的函子 $\mathrm{Hom}_{\mathscr{R}}(M,-)$ 是左正合的,它的第 n 个右导函子称为 n 扩张函子,记作 $\mathrm{Ext}_{\mathscr{R}}^n(M,-)$.特别, $\mathrm{Ext}_{\mathscr{R}}^0(M,-)=\mathrm{Hom}_{\mathscr{R}}(M,-)$.如果 $0\to N'\to N\to N''\to 0$ 是$\mathscr{R}$模的正合列,则有 Abel 群的长正合列

$$\begin{aligned} 0 &\to \mathrm{Hom}_{\mathscr{R}}(M,N') \to \mathrm{Hom}_{\mathscr{R}}(M,N) \to \mathrm{Hom}_{\mathscr{R}}(M,N'') \to \\ &\mathrm{Ext}_{\mathscr{R}}^1(M,N') \to \cdots. \end{aligned}$$

在(11.1.5)前我们说过,本节从(11.1.5)起的各结论都可翻译成链复形的语言. 设 $\boldsymbol{C}=(C^n)$ 为 Abel 范畴 $\mathfrak{C}$ 中的链复形,则 $H(\boldsymbol{C})$ 的 n 齐次分量称为 $\boldsymbol{C}$ 的第 n 个同调, (11.1.5)的长正合列同样得出,不过 ω 是-1 次的态射. 如果 $\mathfrak{C}$ 中每个对象都是射影对象的商对象, 则说 $\mathfrak{C}$ 中有足够的射影对象. 在此情况下, 对 $\mathfrak{C}$ 到任一 Abel 范畴 $\mathfrak{D}$ 的加性函子 F, 可定义它的第 n 个左导函子 L_nF, 过程如下: 对 $\mathfrak{C}$ 的对象 C,作其射影分解 $\boldsymbol{P}=(P_n)_{n\in \mathbb{Z}^+}$,

即作正合列

$$\cdots \to P_n \to P_{n-1} \to \cdots \to P_1 \to P_0 \to C \to 0,$$

使每个 P_i 是射影对象，$L_nF(C)$ 是 $\mathfrak{D}$ 中的链复形

$$F(\boldsymbol{P}) = (F(P_n))_{n\in \mathbf{Z}^+}$$

的第 n 个同调．(11.1.8)的对偶形式可类似地得出． 特别，如果 $0\to A\to B\to C\to 0$ 是 $\mathfrak{C}$ 中的正合列，则在 $\mathfrak{D}$ 中有长正合列

$$\cdots \to L_1F(A) \to L_1F(B) \to L_1F(C) \to L_0F(A)$$
$$\to L_0F(B) \to L_0F(C) \to 0.$$

如果 F 右正合，则 $L_0F = F$.

如果 $F:\mathfrak{C}\to\mathfrak{D}$ 是反变的加性函子，则可把 F 看成 $\mathfrak{C}$ 的反范畴到 $\mathfrak{D}$ 的加性函子而定义它的右导函子或左导函子.

例 2. 设 $\mathscr{R}$ 是个环，M 是固定的右 $\mathscr{R}$ 模，则可定义从左 $\mathscr{R}$ 模范畴到 Abel 群范畴的函子 $M\otimes_{\mathscr{R}}-$，它是右正合的，其第 n 个左导函子记为 $\mathrm{Tor}_n^{\mathscr{R}}(M, -)$，特别，$\mathrm{Tor}_0^{\mathscr{R}}(M,-) = M\otimes_{\mathscr{R}}-$. 如果 $0\to N'\to N\to N''\to 0$ 是左 $\mathscr{R}$ 模的正合列，则有 Abel 群的长正合列

$$\cdots\to \mathrm{Tor}_1^{\mathscr{R}}(M,N'')\to M\otimes_{\mathscr{R}}N'\to M\otimes_{\mathscr{R}}N\to M\otimes_{\mathscr{R}}N''\to 0.$$

如果对所有左 $\mathscr{R}$ 模 N 均有 $\mathrm{Tor}_1^{\mathscr{R}}(M,N) = 0$，则称 M 是平坦的右 $\mathscr{R}$ 模，这个条件等价于 $M\otimes_{\mathscr{R}}-$ 是正合函子.

对称地，固定 N，则可定义从右 $\mathscr{R}$ 模范畴到 Abel 群范畴的右正合函子 $-\otimes_{\mathscr{R}}N$，它的第 n 个右导函子记为 $\mathrm{Tor}_n^{\mathscr{R}}(-,N)$，这不会引起歧义，因为对右 $\mathscr{R}$ 模 M 与左 $\mathscr{R}$ 模 N，用两种方法求得的 $\mathrm{Tor}_n^{\mathscr{R}}(M,N)$ 是自然同构的. 对右 $\mathscr{R}$ 模的正合列 $0\to M'\to M\to M''\to 0$，也有类似的长正合列. 如果

$$\mathrm{Tor}_1^{\mathscr{R}}(M,N) = 0,$$

对所有右 $\mathscr{R}$ 模 M，则称 N 是平坦的左 $\mathscr{R}$ 模，这个条件也等价于函子 $-\otimes_{\mathscr{R}}N$ 是正合的.

如果 $\mathscr{R}$ 是交换环，则 $\mathrm{Tor}_n^{\mathscr{R}}(M,-)$ 与 $\mathrm{Tor}_n^{\mathscr{R}}(-,M)$ 都可以看成从 $\mathscr{R}$ 模范畴到 $\mathscr{R}$ 模范畴的函子，并且不难证明它们是自然等价的.

11.2 谱序列

上一小节证明的(上)同调长正合列定理是同调代数的一个重要结果，是(上)同调方法工具库中的一个十分有用的工具. 这个

工具库中另一个重要的工具是谱序列，特别是 Grothendieck 谱序列定理.

一般地说，$\mathfrak{A}$ 中的**谱序列**是 $\mathfrak{A}$ 中微分对象的序列 $\mathbf{E}=\{(E_r, d_r)\mid r\geqslant 1\}$，并且满足 $H(E_r,d_r)=E_{r+1}$. 两个谱序列 $\mathbf{E}$ 与 $\mathbf{E}'$ 之间的态射 $\boldsymbol{\varphi}$: $\mathbf{E}\to\mathbf{E}'$ 是一组微分对象的态射 φ_r: $E_r\to E'_r$，并且满足 $H(\varphi_r)=\varphi_{r+1}$. $\mathfrak{A}$ 中的谱序列成为一个范畴. 在本书中，我们仅限于讨论 $\mathfrak{A}=\mathfrak{C}^{\mathbf{Z}\times\mathbf{Z}}$ 的情况. $\mathfrak{C}^{\mathbf{Z}\times\mathbf{Z}}$ 的定义与 $\mathfrak{C}^{\mathbf{Z}}$ 类似，它的对象是以 $\mathbf{Z}\times\mathbf{Z}$ 为指标集的 $\mathfrak{C}$ 的对象的集合，即都具有 $\boldsymbol{A}=(A^{m,n})_{m\in\mathbf{Z},n\in\mathbf{Z}}$ 的形式，其中 $A^{m,n}$ 为 $\mathfrak{C}$ 的对象；$\mathfrak{C}^{\mathbf{Z}\times\mathbf{Z}}$ 中两个对象 $\boldsymbol{A}$ 与 $\boldsymbol{B}$ 之间的态射是 $\mathfrak{C}$ 中态射的集合 $\boldsymbol{\phi}=(\phi^{m,n})_{m\in\mathbf{Z},n\in\mathbf{Z}}$，其中 $\phi^{m,n}$: $A^{m,n}\to B^{m+s,n+t}$，整数对 (s,t) 与 m, n 无关，它称为 $\boldsymbol{\phi}$ 的**次数对.**

我们约定，把 $\mathfrak{C}^{\mathbf{Z}\times\mathbf{Z}}$ 中的谱序列简称为 $\mathfrak{C}$ 中的谱序列，它们全体所成的范畴记为 $\mathfrak{E}(\mathfrak{C})$.

设 $\mathbf{E}=\{(\boldsymbol{E}_r,\boldsymbol{d}_r)\}$ 为 $\mathfrak{C}$ 中的谱序列，则每个 $\boldsymbol{E}_r$ 具有 $(E_r^{m,n})$ 的形式[1]并且 $E_{r+1}^{m,n}$ 是 $E_r^{m,n}$ 的子商. 如果对任一整数对 (m,n)，都存在一个整数 r_0，使 $E_{r_0}^{m,n}=E_{r_0+1}^{m,n}=\cdots$，则把 $E_r^{m,n}$ 的这个稳定值记为 $E_\infty^{m,n}$，并令 $\boldsymbol{E}_\infty=(E_\infty^{m,n})$，称 $\boldsymbol{E}_\infty$ 为谱序列 $\mathbf{E}$ 的**极限项.** 当这种情况发生时，我们就说 $\mathbf{E}$ **有限收敛于** $\boldsymbol{E}_\infty$.

谱序列的自然来源之一是 $\mathfrak{C}$ 中的滤过上链复形. 为了介绍这个概念与下文的应用，我们先引进滤过对象的概念. Abel 范畴 $\mathfrak{B}$ 中的**滤过对象**是由 $\mathfrak{B}$ 中的一个对象 B 与由 B 的子对象组成的滤过

$$\cdots\subset B_{(m+1)}\subset B_{(m)}\subset B_{(m-1)}\subset\cdots$$

组成，两个滤过对象之间的态射是 $\mathfrak{B}$ 中保持滤过的态射. $\mathfrak{B}$ 中滤过对象所成的范畴记为 $(\mathfrak{B},f)$. 从 $(\mathfrak{B},f)$ 到 $\mathfrak{B}^{\mathbf{Z}}$ 有一个函子 Gr，

---

1) 在有些文献与专著中，用 $n-m$ 的值代替 n 作为 E_r 的上标，例如，我们的 $E_2^{2,3}$ 在那些文献中写成 $E_2^{2,1}$. 如果用这种记法，第254页所约定的有限收敛的记号要写成 $E_2^{m,n}\Longrightarrow A^{m+n}$. §11.3 中的 Grothendieck 谱序列以及五项正合列等结论中上标也要作相应改动.

即所谓阶化函子，它把如上的滤过对象 B 对应到 $Gr(B)=(B_{(m)}/B_{(m+1)})_{m\in\mathbf{Z}}$. Gr 在态射上的作用是显然的，不再赘述.

如果 $\mathfrak{B}$ 是 $\mathfrak{C}$ 中的上链复形所成的范畴，则把 $(\mathfrak{B},f)$ 记为 $\mathfrak{F}(\mathfrak{C})$，它的对象称为 $\mathfrak{C}$ 中的**滤过上链复形**. 此时，可以把 Gr 看成从 $\mathfrak{F}(\mathfrak{C})$ 到 $(\mathfrak{C}^{\mathbf{Z}\times\mathbf{Z}},d)$ 的函子.

为了说明如何从滤过上链复形得出谱序列，我们先证明如下的引理.

(11.2.1) 引理. 设

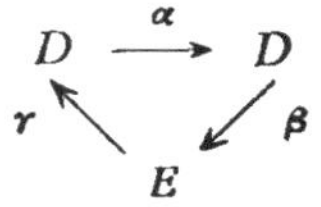

是某 Abel 范畴中的正合三角形，令 $d=\beta\circ\gamma$，则 (E,d) 是微分对象；再令 $E'=H(E,d)$，$D'=\mathrm{Im}\alpha$，则可典范地定义态射 α',β' 与 γ'，使如下三角形正合:

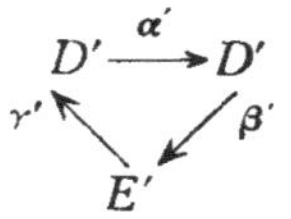

证明. 因为 $\gamma\circ\beta=0$，所以显然有 $d\circ d=0$. 现在来定义 α',β' 与 γ'.

α' 的定义：因为 $\alpha(D')\subset\alpha(D)=D'$，只要令 $\alpha'=\alpha|_{D'}$.

β' 的定义：因为 β 把 $\mathrm{Ker}\alpha=\gamma(E)$ 映到 $\beta\circ\gamma(E)=\mathrm{Im}d$，而且显然有 $\beta(D)\subset\mathrm{Ker}d$，所以 β 导出态射 $D/\mathrm{Ker}\alpha\to E'$；再利用 α 导出的同构 $D/\mathrm{Ker}\alpha\xrightarrow{\sim}D'$，即得 β': $D'\to E'$（我们可以说 β' 是由 $\beta\circ\alpha^{-1}$ 导出的）.

γ' 的定义：因为 $\gamma(\mathrm{Im}d)=\gamma\circ\beta\circ\gamma(E)=0$，而且 $\gamma(\mathrm{Ker}d)\subset\mathrm{Ker}\beta=\mathrm{Im}\alpha=D'$，所以 γ 导出态射 $\gamma':E'\to D'$.

用元素的图上追踪法很容易证明由态射 α',β' 与 γ' 组成的三角形是正合的，细节验证留给读者. 证毕.

现在回到我们的问题．设 $\boldsymbol{C}$ 是 $\mathfrak{C}$ 中的上链复形，它有子复形滤过

$$\cdots\subset\boldsymbol{C}_{(m+1)}\subset\boldsymbol{C}_{(m)}\subset\boldsymbol{C}_{(m-1)}\subset\cdots,m\in\mathbb{Z}.$$

从这个滤过可以得出复形的正合列

$$0\to\boldsymbol{C}_{(m+1)}\to\boldsymbol{C}_{(m)}\to\boldsymbol{C}_{(m)}/\boldsymbol{C}_{(m+1)}\to 0,$$

于是，由(11.1.2)，我们得到正合三角形

$$\begin{array}{ccc} H(\boldsymbol{C}_{(m+1)}) & \xrightarrow{\boldsymbol{\alpha}_1^{m+1}} & H(\boldsymbol{C}_{(m)}) \\ {}_{\boldsymbol{\gamma}_1^m}\nwarrow & & \swarrow_{\boldsymbol{\beta}_1^m} \\ & H(\boldsymbol{C}_{(m)}/\boldsymbol{C}_{(m+1)}) & \end{array}$$

其中 $\boldsymbol{\alpha}_1^{m+1}=(\alpha_1^{m+1,n})_{n\in\mathbf{Z}}$，而 $\alpha_1^{m+1,n}$: $H^n(\boldsymbol{C}_{(m+1)})\to H^n(\boldsymbol{C}_{(m)})$；$\boldsymbol{\beta}_1^m=(\beta_1^{m,n})_{n\in\mathbf{Z}}$，而 $\beta_1^{m,n}$: $H^n(\boldsymbol{C}_{(m)})\to H^n(\boldsymbol{C}_{(m)}/\boldsymbol{C}_{(m+1)})$；$\boldsymbol{\gamma}_1^m=(\gamma_1^{m,n})_{n\in\mathbf{Z}}$，而 $\gamma_1^{m,n}$: $H^n(\boldsymbol{C}_{(m)}/\boldsymbol{C}_{(m+1)})\to H^{n+1}(\boldsymbol{C}_{(m+1)})$．令 $D_1^{m,n}=H^n(\boldsymbol{C}_{(m)})$，$E_1^{m,n}=H^n(\boldsymbol{C}_{(m)}/\boldsymbol{C}_{(m+1)})$，再令 $\boldsymbol{D}_1=(D_1^{m,n})_{m\in\mathbf{Z},n\in\mathbf{Z}}$，$\boldsymbol{E}_1=(E_1^{m,n})_{m\in\mathbf{Z},n\in\mathbf{Z}}$；此外，令 $\boldsymbol{\alpha}_1=(\boldsymbol{\alpha}_1^m)_{m\in\mathbf{Z}}=(\alpha_1^{m,n})_{m\in\mathbf{Z},n\in\mathbf{Z}}$，$\boldsymbol{\beta}_1$ 与 $\boldsymbol{\gamma}_1$ 类似地定义，则从上面的正合三角形推出如下的正合三角形：

(*)
$$\begin{array}{ccc} \boldsymbol{D}_1 & \xrightarrow{\boldsymbol{\alpha}_1} & \boldsymbol{D}_1 \\ {}_{\boldsymbol{\gamma}_1}\nwarrow & & \swarrow_{\beta_1} \\ & \boldsymbol{E}_1 & \end{array}$$

$\boldsymbol{\alpha}_1$，$\boldsymbol{\beta}_1$ 与 $\boldsymbol{\gamma}_1$ 的次数对分别为$(-1,0)$，$(0,0)$与$(1,1)$．

令 $\boldsymbol{d}_1=\boldsymbol{\beta}_1\circ\boldsymbol{\gamma}_1$，则 $(\boldsymbol{E}_1,\boldsymbol{d}_1)$ 成为 $\mathfrak{C}^{\mathbf{Z}\times\mathbf{Z}}$ 中的微分对象；据(11.2.1)，我们得到正合三角形

$$\begin{array}{ccc} \boldsymbol{D}_2 & \xrightarrow{\boldsymbol{\alpha}_2} & \boldsymbol{D}_2 \\ {}_{\boldsymbol{\gamma}_2}\nwarrow & & \swarrow_{\beta_2} \\ & \boldsymbol{E}_2 & \end{array}$$

使 $\boldsymbol{E}_2=H(\boldsymbol{E}_1,\boldsymbol{d}_1)$．再令 $\boldsymbol{d}_2=\boldsymbol{\beta}_2\circ\boldsymbol{\gamma}_2$，再用(11.2.1)，……这样，对任何正整数 r，我们有正合三角形

(**)
$$\begin{array}{ccc} \boldsymbol{D}_r & \xrightarrow{\boldsymbol{\alpha}_r} & \boldsymbol{D}_r \\ {}_{\boldsymbol{\gamma}_r}\nwarrow & & \swarrow_{\beta_r} \\ & \boldsymbol{E}_r & \end{array}$$

并使 $\boldsymbol{E}_{r+1}=H(\boldsymbol{E}_r,\boldsymbol{d}_r)$，其中 $\boldsymbol{d}_r=\boldsymbol{\beta}_r\circ\boldsymbol{\gamma}_r$. 于是,我们得到 $\mathfrak{C}$ 中的谱序列

$$\mathbf{E}=\{(\boldsymbol{E}_r,\boldsymbol{d}_r)\mid r\geqslant 1\}.$$

不难算出，$\boldsymbol{\alpha}_r$，$\boldsymbol{\beta}_r$ 与 $\boldsymbol{\gamma}_r$ 的次数对分别是$(-1,0)$，$(r-1,0)$与$(1,1)$，从而 $\boldsymbol{d}_r$ 的次数对为 $(r,1)$. 如果谱序列 $\mathbf{E}$ 中微分 $\boldsymbol{d}_r$ 的次数对为 $(r,1)$，则称 E 为**标准谱序列**.

上面的作法实际上给出了从 $\mathfrak{F}(\mathfrak{C})$ 到 $\mathfrak{E}(\mathfrak{C})$ 的一个函子 $\mathbf{E}$，而 $\boldsymbol{E}_1$ 则可以看成 $\mathfrak{F}(\mathfrak{C})$ 到 $\mathfrak{C}^{\mathbf{Z}\times\mathbf{Z}}$ 的函子（我们把 $\boldsymbol{E}_1$ 的微分略去),它显然可以分解为 $\boldsymbol{E}_1=H\circ Gr$，这里 Gr: $\mathfrak{F}(\mathfrak{C})\to(\mathfrak{C}^{\mathbf{Z}\times\mathbf{Z}},\boldsymbol{d})$ 如前所述.

另一方面,如果先作 $\boldsymbol{C}$ 及其子复形滤过的上同调，则得到 $\mathfrak{C}^{\mathbf{Z}}$ 中态射的序列

$$\cdots\to H(\boldsymbol{C}_{(m+1)})\to H(\boldsymbol{C}_{(m)})\to H(\boldsymbol{C}_{(m-1)})\to\cdots$$

并且有 $H(\boldsymbol{C}_{(m)})$ 到 $H(\boldsymbol{C})$ 的态射 $\boldsymbol{\varphi}_{(m)}=(\varphi^n_{(m)})_{n\in\mathbf{Z}^+}$ 与上述序列相容. 令 $H(\boldsymbol{C})_m=\operatorname{Im}\boldsymbol{\varphi}_{(m)}$，则 $\{H(\boldsymbol{C})_m\}$ 组成 $H(\boldsymbol{C})$ 的一个滤过. 这样,我们定义了从 $\mathfrak{F}(\mathfrak{C})$ 到 $(\mathfrak{C}^{\mathbf{Z}},f)$ 的一个函子，我们仍把它记为 H. 再用函子 Gr: $(\mathfrak{C}^{\mathbf{Z}},f)\to\mathfrak{C}^{\mathbf{Z}\times\mathbf{Z}}$，我们得到函子

$$Gr\circ H:\ \mathfrak{F}(\mathfrak{C})\to\mathfrak{C}^{\mathbf{Z}\times\mathbf{Z}}.$$

根据定义，$Gr\circ H(\boldsymbol{C})$ 的 (m,n) 分量是

$$M^{m,n}=H^n(\boldsymbol{C})_{(m)}/H^n(\boldsymbol{C})_{(m+1)},$$

这里 $H^n(\boldsymbol{C})_{(m)}=\varphi^n_{(m)}(H^n(\boldsymbol{C}_{(m)}))$.

一般说来，$Gr\circ H\neq H\circ Gr$. 究竟它们的差别有多大呢？只能用谱序列的语言来衡量这种差别. 我们将证明,对 $\boldsymbol{C}$ 的滤过加一些限制以后，谱序列 $\mathbf{E}$ 有限收敛，并且 $\mathbf{E}_\infty\cong Gr\circ H(C)$. 于是,对于每对整数 (m,n)，至少要有多大的 $r=r(m,n)$ 才能使 $E_r^{m,n}=E_\infty^{m,n}$，就是衡量 $Gr\circ H$ 与 $H\circ Gr$ 的差别的指标. 例如，$Gr\circ H=H\circ Gr$ 的充分必要条件显然是所有的 $r(m,n)=1$.

下面我们将讨论加哪些限制条件后谱序列 $\mathbf{E}$ 有限收敛，并有 $\boldsymbol{E}_\infty=Gr\circ H(\boldsymbol{C})$.

先考虑有限收敛性.

设 $\boldsymbol{\alpha}$: $\boldsymbol{D}\to\boldsymbol{D}$ 为 $\mathfrak{C}^{Z\times Z}$ 中的态射，它的次数对为$(-1,0)$. 如果对每个 n,都存在 m_0,使得当 $m\geqslant m_0$ 时，$\alpha^{m,n}:D^{m,n}\to D^{m-1,n}$ 是同构，则称 $\boldsymbol{\alpha}$ 是**正向平稳的**;类似地定义**负向平稳**. 如果 $\boldsymbol{\alpha}$ 同时是正向平稳与负向平稳的,则称 $\boldsymbol{\alpha}$ 是**平稳的**.

(11.2.2) 命题. 如果(*)中的 $\boldsymbol{\alpha}_1$ 是平稳的,则上文所作的谱序列 $\mathbf{E}$ 有限收敛.

证明. 从(*)推出正合列

$$D_1^{m+1,n}\xrightarrow{\alpha_1^{m+1,n}}D_1^{m,n}\xrightarrow{\beta_1^{m,n}}E_1^{m,n}\xrightarrow{\gamma_1^{m,n}}D_1^{m+1,n+1}\xrightarrow{\alpha_1^{m+1,n+1}}D_1^{m,n+1}.$$

固定 n. 因为 $\boldsymbol{\alpha}_1$ 是正向平稳的，所以当 m 充分大时 $\alpha_1^{m+1,n}$ 与 $\alpha_1^{m+1,n+1}$ 都是同构，从而 $E_1^{m,n}=0$; 同理，用 $\boldsymbol{\alpha}_1$ 的负向平稳性推出，当 $-m$ 充分大时，也有 $E_1^{m,n}=0$. 现在把 m 与 n 都固定. 考虑序列

$$E_r^{m-r,n-1}\xrightarrow{d_r^{m-r,n-1}}E_r^{m,n}\xrightarrow{d_r^{m,n}}E_r^{m+r,n+1}.$$

根据我们刚才所证的结论，当 r 充分大时 $E_1^{m-r,n-1}$ 与 $E_1^{m+r,n+1}$ 都是零，从而它们的子商 $E_r^{m-r,n-1}$ 与 $E_r^{m+r,n+1}$ 也都是零. 可见

$$\mathrm{Ker}d_r^{m,n}=E_r^{m,n},\ \mathrm{Im}d_r^{m-r,n-1}=0,$$

所以

$$E_{r+1}^{m,n}=\mathrm{Ker}d_r^{m,n}/\mathrm{Im}d_r^{m-r,n-1}=E_r^{m,n}.$$

这就证明了 E 的有限收敛性. 证毕.

我们继续讨论我们的问题——什么情况下能保证有限收敛性，并且 $\boldsymbol{E}_\infty=Gr\circ H(\boldsymbol{C})$. 作如下定义：设在滤过上链复形 $\boldsymbol{C}$ 的滤过

$$\cdots\subset\boldsymbol{C}_{(m+1)}\subset\boldsymbol{C}_{(m)}\subset\boldsymbol{C}_{(m-1)}\subset\cdots$$

中,对每个给定的整数 n,总存在整数 m_0 与 m_1,使

$$H^n(\boldsymbol{C}_{(m)})=\begin{cases}0, & \text{当 } m\geqslant m_0 \text{ 时},\\ H^n(\boldsymbol{C}), & \text{当 } m\leqslant m_1 \text{ 时}\end{cases}$$

($H^n(\boldsymbol{C}_{(m)})$ 与 $H^n(\boldsymbol{C})$ 的等同由 $\varphi_{(m)}^n$ 导出)，则称上述滤过是**上同调有限的.**

(11.2.3)定理. 设滤过上链复形 $\boldsymbol{C}$ 的滤过是上同调有限的，则

(1) 谱序列 $\mathbf{E}$ 有限收敛；

(2) 对每个 n，$H^n(\boldsymbol{C})$ 的滤过

$$\cdots \subset H^n(\boldsymbol{C})_{(m+1)} \subset H^n(\boldsymbol{C})_{(m)} \subset H^n(\boldsymbol{C})_{(m-1)} \subset \cdots$$

是有限的，即 0 与 $H^n(\boldsymbol{C})$ 在滤过中出现；

(3) $\boldsymbol{E}_\infty = Gr \circ H(\boldsymbol{C})$.

证明. (1)设给定 n，则当 $m \geqslant m_0$ 时

$$H^n(\boldsymbol{C}_{(m+1)}) = 0 = H^n(\boldsymbol{C}_{(m)}),$$

所以 $\alpha_1^{m+1,m}$ 是同构，从而 $\boldsymbol{\alpha}_1$ 是正向平稳的；又，当 $m \leqslant m_1$ 时，我们有交换图

$$\begin{array}{ccc} H^n(\boldsymbol{C}_{(m)}) & \xrightarrow{\alpha_1^{m,n}} & H^n(\boldsymbol{C}_{(m-1)}) \\ & \varphi^n_{(m)} \searrow \wr \qquad \wr \swarrow \varphi^n_{(m-1)} & \\ & H^n(\boldsymbol{C}) & \end{array}$$

迫使 $\alpha_1^{m,n}$ 也是同构，从而 $\boldsymbol{\alpha}_1$ 也是负向平稳的. 由此可见，$\boldsymbol{\alpha}_1$ 是平稳的. 据(11.2.2)，谱序列 $\mathbf{E}$ 有限收敛.

(2)显然. 实际上，$\boldsymbol{C}$ 的滤过的上同调有限性比(2)的结论更强.

(3) 从正合三角形(＊＊)推出正合列

$$D_{r+1}^{m-r+1,n} \xrightarrow{\alpha_{r+1}^{m-r+1,n}} D_{r+1}^{m-r,n} \xrightarrow{\beta_{r+1}^{m-r,n}} E_{r+1}^{m,n} \xrightarrow{\gamma_{r+1}^{m,n}} D_{r+1}^{m+1,n+1}.$$

固定 m, n. 据(1)，当 r 充分大时，$E_{r+1}^{m,n} = E_\infty^{m,n}$. 因为我们要证的是 $E_\infty^{m,n} = H^n(\boldsymbol{C})_{(m)}/H^n(\boldsymbol{C})_{(m+1)}$，所以只要再证当 r 充分大时，

$$D_{r+1}^{m-r,n} \cong H^n(\boldsymbol{C})_{(m)}, \quad D_{r+1}^{m-r+1,n} \cong H^n(\boldsymbol{C})_{(m+1)},$$

$$D_{r+1}^{m+1,n+1} = 0,$$

并且 $\alpha_{r+1}^{m-r+1,n}$ 就是 $H^n(\boldsymbol{C})_{(m+1)}$ 到 $H^n(\boldsymbol{C})_{(m)}$ 的嵌入.

由 $\boldsymbol{D}_r$ 的作法知

$$D_{r+1}^{m-r,n} = \alpha_1^{m-r+1,n} \circ \alpha_1^{m-r+2,n} \circ \cdots \circ \alpha_1^{m,n}(D_1^{m,n}),$$

所以它就是 $D_1^{m,n} = H^n(\boldsymbol{C}_{(m)})$ 在 $D_1^{m-r,n} = H^n(\boldsymbol{C}_{(m-r)})$ 中的典范象. 由假设条件，当 r 充分大时，$H^n(\boldsymbol{C}_{(m-r)}) = H^n(\boldsymbol{C})$，所以 $D_{r+1}^{m-r,n}$ 是 $H^n(\boldsymbol{C}_{(m)})$ 在 $H^n(\boldsymbol{C})$ 中的典范象，即当 r 充分大时，

$$D_{r+1}^{m-r,n} \cong \mathrm{Im}\varphi^n_{(m)} = H^n(\boldsymbol{C})_{(m)}.$$

把 m 换成 $m+1$，即知当 r 充分大时

$$D_{r+1}^{m-r+1,n} \cong H^n(\boldsymbol{C})_{(m+1)}.$$

因为 $\alpha_{r+1}^{m-r+1,n}$ 就是 $\alpha_1^{m+1,n}$ 的限制，所以当把上述两个同构的双方等同时，$\alpha_{r+1}^{m-r+1,n}$ 就是典范嵌入 $H^n(\boldsymbol{C})_{(m+1)} \hookrightarrow H^n(\boldsymbol{C})_{(m)}$。

类似地，我们有

$$D_{r+1}^{m+1,n+1} = \alpha_1^{m+2,n+1} \circ \alpha_1^{m+3,n+1} \circ \cdots \circ \alpha_1^{m+r+1,n+1}(D_1^{m+r+1,n+1}),$$

当 r 充分大时，由假设条件，$D_1^{m+r+1,n+1} = H^{n+1}(\boldsymbol{C}_{(m+r+1)}) = 0$，所以 $D_{r+1}^{m+1,n+1} = 0$. 于是，(3)也得证. 证毕.

我们约定一个记号：设 $\mathbf{E} = \{(\boldsymbol{E}_r, \boldsymbol{d}_r) | r \geqslant 1\}$ 是 $\mathfrak{C}$ 中的谱序列，它有限收敛于 $\boldsymbol{E}_\infty$；又设 $\boldsymbol{A} = (A^n)_{n\in\mathbf{Z}}$ 是 $\mathfrak{C}^{\mathbf{Z}}$ 的对象，它有滤过

$$\cdots \subset \boldsymbol{A}_{(m+1)} \subset \boldsymbol{A}_{(m)} \subset \boldsymbol{A}_{(m-1)} \subset \cdots,$$

使得对每个 n，导出的 A^n 的滤过是有限的，并且

$$E_\infty^{m,n} \cong A_{(m)}^n / A_{(m+1)}^n,$$

则记

$$E_2^{m,n} \Rightarrow A^n,$$

并简单地说谱序列 $\mathbf{E}$ 有限收敛于 $\boldsymbol{A}$（用 $E_2^{m,n}$ 的原因是，在许多情况下，$\boldsymbol{E}_2$ 项在谱序列中都起十分重要的作用，参看下文的 §11.3；当然，有时为了特殊需要，也可以用记号 $E_1^{m,n} \Rightarrow A^n$ 或其他的

$$E_r^{m,n} \Rightarrow A^n).$$

用这个记号与术语，(11.2.3)可以改述为

(11.2.3′) 定理. 设滤过上链复形 $\boldsymbol{C}$ 的滤过是上同调有限的，则谱序列 $\mathbf{E}$ 有限收敛于 $H(\boldsymbol{C})$，即

$$E_2^{m,n} \Rightarrow H^n(\boldsymbol{C}).$$

11.3 Grothendieck 谱序列定理

为了证明 Grothendieck 谱序列定理，我们还要做一些准备工作.

先定义双上链复形：设 $\boldsymbol{B} = (B^{s,t})$ 是 $\mathfrak{C}^{\mathbf{Z}\times\mathbf{Z}}$ 的对象，并有次数对分别为(1,0)与(0,1)的两个态射 $\boldsymbol{\partial}: B \to B$ 与 $\boldsymbol{\delta}: B \to B$,

使

$$\boldsymbol{\delta}\circ\boldsymbol{\delta}=0,\ \boldsymbol{\partial}\circ\boldsymbol{\partial}=0,\ \boldsymbol{\delta}\circ\boldsymbol{\partial}+\boldsymbol{\partial}\circ\boldsymbol{\delta}=0,$$

则称三元组 $(\boldsymbol{B},\boldsymbol{\partial},\boldsymbol{\delta})$ 为 $\mathfrak{C}$ 中的**双上链复形**. 不难给出双上链复形之间的态射的定义. 于是, $\mathfrak{C}$ 中的双上链复形成为一个范畴.

如果令 $\tilde{\delta}^{s,t}=(-1)^s\delta^{s,t}$, 则 $\tilde{\boldsymbol{\delta}}$ 仍为 $\boldsymbol{B}$ 的微分, 并且 $\tilde{\boldsymbol{\delta}}\circ\boldsymbol{\partial}=\boldsymbol{\partial}\circ\tilde{\boldsymbol{\delta}}$. 如果再令 ${}_1\boldsymbol{B}^s=(B^{s,t})_{t\in\mathbf{Z}}$, 则 $({}_1\boldsymbol{B}^s,\ \tilde{\boldsymbol{\delta}})$ 是 $\mathfrak{C}$ 中的上链复形, 而 $\boldsymbol{\partial}$ 则成为上链复形的态射 $\boldsymbol{\partial}:{}_1\boldsymbol{B}^s\to{}_1\boldsymbol{B}^{s+1}$, 从而

$$\boldsymbol{B}=({}_1\boldsymbol{B}^s)_{s\in\mathbf{Z}}$$

是由上链复形组成的上链复形. 于是, 对整数 n, $H^n(\boldsymbol{B},\boldsymbol{\partial})$ 是 $\mathfrak{C}$ 中的上链复形, 它的微分由 $\tilde{\boldsymbol{\delta}}$ 导出, 即为 $H^n(\tilde{\boldsymbol{\delta}})$. 进而可以作上同调 $H^m(H^n(\boldsymbol{B},\boldsymbol{\partial}),H^n(\tilde{\delta}))$. 对称地, 若令 ${}_2\boldsymbol{B}^t=(\boldsymbol{B}^{s,t})_{s\in\mathbf{Z}}$, 可类似地作出 $H^m(H^n(\boldsymbol{B},\tilde{\delta}),\ H^n(\boldsymbol{\partial}))$. 注意到 $\tilde{\boldsymbol{\delta}}$ 与 $\boldsymbol{\delta}$ 最多差个因子-1, 不影响上同调, 我们可以把上述上同调中的 $\tilde{\boldsymbol{\delta}}$ 换成 $\boldsymbol{\delta}$.

除了逐次作上同调外, 我们还可以用另外的方法作双上链复形的上同调. 为此, 先定义从双上链复形范畴到上链复形范畴的一个函子 T: 对上述双上链复形 B, 令 $T(\boldsymbol{B})=(T(\boldsymbol{B})^n)_{n\in\mathbf{Z}}$, 其中

$$T(\boldsymbol{B})^n=\coprod_{s+t=n}B^{s,t}.$$

$T(\boldsymbol{B})$ 的微分是 $\boldsymbol{d}=\boldsymbol{\partial}+\boldsymbol{\delta}$. 事实上, 显然 $\boldsymbol{d}$ 是 $\mathfrak{C}^{\mathbf{Z}}$ 中次数为 1 的态射, 并且

$$\boldsymbol{d}\circ\boldsymbol{d}=(\boldsymbol{\partial}+\boldsymbol{\delta})\circ(\boldsymbol{\partial}+\boldsymbol{\delta})=\boldsymbol{\partial}\circ\boldsymbol{\partial}+\boldsymbol{\delta}\circ\boldsymbol{\delta}+\boldsymbol{\partial}\circ\boldsymbol{\delta}+\boldsymbol{\delta}\circ\boldsymbol{\partial}=0.$$

这样, $(T(\boldsymbol{B}),\ \boldsymbol{d})$ 成为 $\mathfrak{C}$ 中的上链复形, 它称为 $\boldsymbol{B}$ 的**全上链复形**. $\boldsymbol{T}$ 在态射上的作用容易定义, 读者可自行补出. 有了 $T(\boldsymbol{B})$, 我们马上可以作它的上同调 $H^n(T(\boldsymbol{B}),\boldsymbol{d})$ 了. 在适当的约束条件下, $H^m(H^n(\boldsymbol{B},\boldsymbol{\delta}),\ H^n(\boldsymbol{\partial}))$ 或 $H^m(H^n(\boldsymbol{B},\boldsymbol{\partial}),\ H^n(\boldsymbol{\delta}))$ 与 $H^m(T(\boldsymbol{B}),\boldsymbol{d})$ 的关系可以用谱序列描述.

为了构作谱序列, 我们必须先构作 $T(\boldsymbol{B})$ 的滤过. 有两个自然的方法. 第一种方法是令

$$ {}_1T(\boldsymbol{B})^n_{(m)} = \coprod_{\substack{s+t=n\\ s\geqslant m}} B^{s,t}, $$

此时

$$ d^n({}_1T(\boldsymbol{B})^n_{(m)}) = \sum_{\substack{s+t=n\\ s\geqslant m}} (\partial^{s,t}+\delta^{s,t})(B^{s,t}) $$

$$ \subset \coprod_{\substack{s+t=n+1\\ s\geqslant m}} B^{s,t} = {}_1T(\boldsymbol{B})^{n+1}_{(m)}. $$

所以 ${}_1T(\boldsymbol{B})_{(m)} = ({}_1T(\boldsymbol{B})^n_{(m)})_{n\in\mathbf{Z}}$ 是$T(\boldsymbol{B})$ 的子复形,并且显然

$$ \cdots\subset {}_1T(\boldsymbol{B})_{(m+1)}\subset {}_1T(\boldsymbol{B})_{(m)}\subset {}_1T(\boldsymbol{B})_{(m-1)}\subset\cdots. $$

这个滤过称为 $T(\boldsymbol{B})$ 的第一滤过. 由这个滤过,我们得到一个谱序列 ${}_1\mathbf{E}$.

第二种方法是令

$$ {}_2T(\boldsymbol{B})^n_{(m)} = \coprod_{\substack{s+t=n\\ t\geqslant m}} B^{s,t}, $$

再令 ${}_2T(\boldsymbol{B})_{(m)} = ({}_2T(\boldsymbol{B})^n_{(m)})_{n\in\mathbf{Z}}$, 得到 $T(\boldsymbol{B})$ 的第二滤过

$$ \cdots\subset {}_2T(\boldsymbol{B})_{(m+1)}\subset {}_2T(\boldsymbol{B})_{(m)}\subset {}_2T(\boldsymbol{B})_{(m-1)}\subset\cdots, $$

从它作出的谱序列记为 ${}_2\mathbf{E}$.

(11.3.1) 命题. 在上述记号与约定下,有

(1) ${}_1E_1^{m,n} \cong H^{n-m}({}_1\boldsymbol{B}^m,\boldsymbol{\delta})$,

${}_1E_2^{m,n} \cong H^m(H^{n-m}(\boldsymbol{B},\boldsymbol{\delta}),H^{n-m}(\boldsymbol{\partial}))$;

(2) ${}_2E_1^{m,n} \cong H^{n-m}({}_2\boldsymbol{B}^m,\boldsymbol{\partial})$,

${}_2E_2^{m,n} \cong H^m(H^{n-m}(\boldsymbol{B},\boldsymbol{\partial}),H^{n-m}(\boldsymbol{\delta}))$.

证明. 我们只证(1),(2)的结论同理可证,或者用 s 与 t 的对称性推出. 为方便计,略去所有左下标 1 .

显然,我们有典范同构

$$ \varphi^n_{(m)}: T(\boldsymbol{B})^n_{(m)}/T(\boldsymbol{B})^n_{(m+1)} \xrightarrow{\sim} B^{m,n-m}, $$

于是得到典范同构

$$ \boldsymbol{\varphi}_{(m)} = (\varphi^n_{(m)}): T(\boldsymbol{B})_{(m)}/T(\boldsymbol{B})_{(m+1)} \xrightarrow{\sim} B^m, $$

$\varphi_{(m)}$的次数是$-m$. 显然∂把$T(B)_{(m)}$映到$T(B)_{(m+1)}$内,所以上链复形$T(B)_{(m)}/T(B)_{(m+1)}$的微分是δ导出的,而δ正好是B^m的微分,所以$\varphi_{(m)}$与微分可换,从而导出同构

$$H^n(\varphi_{(m)}): E_1^{m,n} = H^n(T(B)_{(m)}/T(B)_{(m+1)}) \xrightarrow{\sim} H^{n-m}(B^m, \delta),$$

证明了(1)的第一个结论.

设E_1的微分是$d_1 = (d_1^{m,n})$, 则$d_1^{m,n}$是下图顶行两个态射的合成:

$$\begin{array}{ccccc} H^n\left(\dfrac{T(B)_{(m)}}{T(B)_{(m+1)}}\right) & \xrightarrow{\gamma_1^{m,n}} & H^{n+1}(T(B)_{(m+1)}) & \xrightarrow{\beta_1^{m+1,n+1}} & H^{n+1}\left(\dfrac{T(B)_{(m+1)}}{T(B)_{(m+2)}}\right) \\ {\scriptstyle H^n(\varphi_{(m)})}\downarrow\wr & & & & \wr\downarrow{\scriptstyle H^{n+1}(\varphi_{(m+1)})} \\ H^{n-m}(B^m, \delta) & & \xrightarrow{\quad H^{n-m}(\partial)^m \quad} & & H^{n-m}(B^{m+1}, \delta) \end{array}$$

我们希望证明上图是交换图. 为证这一点,再考虑带正合行的交换图

$$\begin{array}{ccccccccc} 0 & \longrightarrow & T(B)^n_{(m+1)} & \longrightarrow & T(B)^n_{(m)} & \xrightarrow{\varphi^n_{(m)}\circ\pi^n_{(m)}} & B^{m,n-m} & \longrightarrow & 0 \\ & & \downarrow{\scriptstyle d^n_{(m+1)}} & & \downarrow{\scriptstyle d^n_{(m)}} & & \downarrow{\scriptstyle \delta^{m,n-m}} & & \\ 0 & \longrightarrow & T(B)^{n+1}_{(m+1)} & \longrightarrow & T(B)^{n+1}_{(m)} & \xrightarrow{\varphi^{n+1}_{(m)}\circ\pi^{n+1}_{(m)}} & B^{m,n+1-m} & \longrightarrow & 0 \end{array}$$

其中$d^n_{(m)}$是$d = \partial + \delta$在$T(B)^n_{(m)}$的限制, $\pi^n_{(m)}: T(B)^n_{(m)} \longrightarrow T(B)^n_{(m)}/T(B)^n_{(m+1)}$是典范态射. 考虑到$\gamma$是上同调的"交结同态"(参看(11.1.2)), 而β是由π导出的, 若取$x \in \mathrm{Ker}\,\delta^{m,n-m}$是$H^n(\varphi_{(m)})(y)$的代表元, 这里$y \in H^n(T(B)_{(m)}/T(B)_{(m+1)})$, 则$H^{n+1}(\varphi_{(m+1)}) \circ \beta_1^{m+1,n+1} \circ \gamma_1^{m,n}(y)$是如下元素在$H^{n-m}(B^{m+1}, \delta)$中的典范象:

$$\begin{aligned} \varphi^{n+1}_{(m+1)} \circ \pi^{n+1}_{(m+1)} \circ d^n_{(m)}(x) &= \varphi^{n+1}_{(m+1)} \circ \pi^{n+1}_{(m+1)} \circ \partial^{m,n-m}(x) \\ &= \partial^{m,n-m}(x), \end{aligned}$$

最后一个等式的根据是$\partial^{m,n-m}(x) \in B^{m+1,n-m}$, 而$\varphi^{n+1}_{(m+1)} \circ \pi^{n+1}_{(m+1)}$在$B^{m+1,n-m}$上是恒等映射. 我们所需的交换性得证. 由交换图即知, $H^n(\varphi_{(m)})$导出同构

$$E_2^{m,n} = \mathrm{Ker} d_1^{m,n}/\mathrm{Im} d_1^{m-1,n-1} \xrightarrow{\sim} \mathrm{Ker} H^{n-m}(\boldsymbol{\partial})^m/\mathrm{Im} H^{n-m}(\boldsymbol{\partial})^{m-1}$$
$$= H^m(H^{n-m}(\boldsymbol{B},\boldsymbol{\delta}),H^{n-m}(\boldsymbol{\partial})).$$ 证毕.

(11.3.2) 推论. 采用以上记号与约定.

(1) 如果 $T(\boldsymbol{B})$ 的第一滤过是上同调有限的,则

$${}_1E_2^{m,n} = H^m(H^{n-m}(\boldsymbol{B},\boldsymbol{\delta}),H^{n-m}(\boldsymbol{\partial})) \Rightarrow H^n(T(\boldsymbol{B}),\boldsymbol{d});$$

(2) 如果 $T(\boldsymbol{B})$ 的第二滤过是上同调有限的,则

$${}_2E_2^{m,n} = H^m(H^{n-m}(\boldsymbol{B},\boldsymbol{\partial}),H^{n-m}(\boldsymbol{\delta})) \Rightarrow H^n(T(\boldsymbol{B}),\boldsymbol{d}).$$

证明. 据(11.2.3′)与(11.3.1)即得. 证毕.

我们给出保证 $T(\boldsymbol{B})$ 的两个滤过上同调有限的一个充分条件. 先作定义: 对双上链复形 $\boldsymbol{B}$, 如果存在一个整数 k, 使得当 $s<k$ 或 $t<k$ 时, 一定有 $B^{s,t}=0$, 则称 $\boldsymbol{B}$ 为**正的双上链复形**;把"<"换成">",则定义出**负的双上链复形.**

(11.3.3)命题. 如果 $\boldsymbol{B}$ 是正(或负)的双上链复形, 则 $T(\boldsymbol{B})$ 的两个滤过都是上同调有限的, 从而谱序列 ${}_1\mathbf{E}$ 与 ${}_2\mathbf{E}$ 都有限收敛于 $H(T(\boldsymbol{B}),\boldsymbol{d})$.

证明. 两个滤过一起考虑,并略去左下标.

显然,在假设条件下,对给定的 n,只有有限个非零的 $B^{s,t}$ 满足 $s+t=n$, 从而当 m 充分大时, $T(\boldsymbol{B})^n_{(m)}=0$, $T(\boldsymbol{B})^n_{(-m)}=T(\boldsymbol{B})^n$. 由此显然可以推出, 当 m 充分大时, $H^n(T(\boldsymbol{B})_{(m)})=0$, $H^n(T(\boldsymbol{B})_{(-m)})=H^n(T(\boldsymbol{B}))$. 此即上同调有限性. 证毕.

现在我们来叙述 Grothendieck 谱序列定理.

(11.3.4) 定理 (Grothendieck 谱序列). 设 $\mathfrak{A}, \mathfrak{B}, \mathfrak{C}$ 为三个 Abel 范畴, 其中 $\mathfrak{A}$ 与 $\mathfrak{B}$ 有足够的内射对象. 又设 $F:\mathfrak{A}\to\mathfrak{B}$ 与 $G:\mathfrak{B}\to\mathfrak{C}$ 是左正合函子,并且对 $\mathfrak{A}$ 中的内射对象 I,$F(I)$ 是 $\mathfrak{B}$ 中的 G 零调对象,则对 $\mathfrak{A}$ 中的每个对象 A,有谱序列

$$\mathbf{E}=\mathbf{E}(A),$$

使

$$E_2^{m,n}=(R^mG)(R^{n-m}F)(A) \Rightarrow R^n(GF)(A).$$

注意,我们约定 $(R^mF)(A)=0$, 对 $m<0$; 对其他函子的

导函子也类似.

先证明一个引理.

(11.3.5)引理. 设 $\mathfrak{B}$ 内有足够的内射对象，又设

$$F^0 \xrightarrow{\varphi^0} F^1 \xrightarrow{\varphi^1} F^2 \xrightarrow{\varphi^2} F^3 \xrightarrow{\varphi^3} \cdots$$

是 $\mathfrak{B}$ 中(正的)上链复形. 设 $Z^s = \mathrm{Ker}\varphi^s$, $B^s = \mathrm{Im}\varphi^{s-1}$, 则可以作出交换图($Z^0$ 所在列的态射是典范的或由 φ^s 导出)

$$\begin{array}{ccccccccccc}
0 & \longrightarrow & Z^0 & \longrightarrow & K^{0,0} & \longrightarrow & K^{0,1} & \longrightarrow & K^{0,2} & \longrightarrow & \cdots \\
 & & \big\downarrow & & \big\downarrow{\scriptstyle \iota^{0,0}} & & \big\downarrow{\scriptstyle \iota^{0,1}} & & \big\downarrow{\scriptstyle \iota^{0,2}} & & \\
0 & \longrightarrow & F^0 & \longrightarrow & J^{0,0} & \xrightarrow{\tilde\delta^{0,0}} & J^{0,1} & \xrightarrow{\tilde\delta^{0,1}} & J^{0,2} & \xrightarrow{\tilde\delta^{0,2}} & \cdots \\
 & & \big\downarrow & & \big\downarrow{\scriptstyle \pi^{0,0}} & & \big\downarrow{\scriptstyle \pi^{0,1}} & & \big\downarrow{\scriptstyle \pi^{0,2}} & & \\
0 & \longrightarrow & B^1 & \longrightarrow & L^{1,0} & \longrightarrow & L^{1,1} & \longrightarrow & L^{1,2} & \longrightarrow & \cdots \\
 & & \big\downarrow & & \big\downarrow{\scriptstyle \sigma^{1,0}} & & \big\downarrow{\scriptstyle \sigma^{1,1}} & & \big\downarrow{\scriptstyle \sigma^{1,2}} & & \\
0 & \longrightarrow & Z^1 & \longrightarrow & K^{1,0} & \longrightarrow & K^{1,1} & \longrightarrow & K^{1,2} & \longrightarrow & \cdots \\
 & & \big\downarrow & & \big\downarrow{\scriptstyle \iota^{1,0}} & & \big\downarrow{\scriptstyle \iota^{1,1}} & & \big\downarrow{\scriptstyle \iota^{1,2}} & & \\
0 & \longrightarrow & F^1 & \longrightarrow & J^{1,0} & \xrightarrow{\tilde\delta^{1,0}} & J^{1,1} & \xrightarrow{\tilde\delta^{1,1}} & J^{1,2} & \xrightarrow{\tilde\delta^{1,2}} & \cdots \\
 & & \big\downarrow & & \big\downarrow{\scriptstyle \pi^{1,0}} & & \big\downarrow{\scriptstyle \pi^{1,1}} & & \big\downarrow{\scriptstyle \pi^{1,2}} & & \\
0 & \longrightarrow & B^2 & \longrightarrow & L^{2,0} & \longrightarrow & L^{2,1} & \longrightarrow & L^{2,2} & \longrightarrow & \cdots \\
 & & \big\downarrow & & \big\downarrow{\scriptstyle \sigma^{2,0}} & & \big\downarrow{\scriptstyle \sigma^{2,1}} & & \big\downarrow{\scriptstyle \sigma^{2,2}} & & \\
 & & \vdots & & \vdots & & \vdots & & \vdots & &
\end{array}$$

除了图上标明的满态射与单态射要求外，它还满足

(1) 各行都是正合的;

(2) 各列均在 $J^{s,t}$ 处正合;

(3) 所有 $J^{s,t}$, $K^{s,t}$ 与 $L^{s,t}(s\in \mathbf{Z}^+, t\in \mathbf{Z}^+)$ 都是 $\mathfrak{B}$ 的内射对象;

(4) 若令 $M^{s,t} = K^{s,t}/\sigma^{s,t}(L^{s,t})$, 则 $\boldsymbol{M}^s = (M^{s,t})_{t\in \mathbf{Z}^+}$ 是

Z^s/B^s 的内射分解.

证明. 作 B^s 与 Z^s/B^s 的内射分解 $\boldsymbol{L}^s=(L^{s,t})_{t\in\mathbf{Z}^+}$ 与

$$\boldsymbol{M}^s=(M^{s,t})_{t\in\mathbf{Z}^+},$$

再令 $K^{s,t}=L^{s,t}\oplus M^{s,t}$, $\boldsymbol{K}^s=(K^{s,t})_{t\in\mathbf{Z}^+}$,据(11.1.8(2))的证明,可以定义 $\boldsymbol{K}^s$ 的微分,使 $\boldsymbol{K}^s$ 为 Z^s 的内射分解,并且有上链复形的正合列

$$0\longrightarrow \boldsymbol{L}^s\xrightarrow{\boldsymbol{\sigma}^s}\boldsymbol{K}^s\longrightarrow \boldsymbol{M}^s\longrightarrow 0,$$

这里 $\boldsymbol{\sigma}^s=(\sigma^{s,t})$, 而 $\sigma^{s,t}: L^{s,t}\to K^{s,t}$ 是典范嵌入. 再令 $J^{s,t}=K^{s,t}\oplus L^{s+1,t}$, $\boldsymbol{J}^s=(J^{s,t})_{t\in\mathbf{Z}^+}$, 则同样可以定义 $\boldsymbol{J}^s$ 的微分 $\boldsymbol{\delta}^s=(\tilde{\delta}^{s,t})_{t\in\mathbf{Z}^+}$, 使 $\boldsymbol{J}^s$ 为 F^s 的内射分解,并且有上链复形的正合列

$$0\longrightarrow \boldsymbol{K}^s\xrightarrow{\iota^s}\boldsymbol{J}^s\xrightarrow{\pi^s}\boldsymbol{L}^{s+1}\longrightarrow 0,$$

这里 $\boldsymbol{\iota}^s=(\iota^{s,t})$, $\boldsymbol{\pi}^s=(\pi^{s,t})$, 而 $\iota^{s,t}: K^{s,t}\to J^{s,t}$ 与 $\pi^{s,t}: J^{s,t}\to L^{s+1,t}$ 分别为典范嵌入与射影. 把这些上链复形的正合列简单地拼凑起来,马上得到满足引理要求的交换图. 证毕.

(11.3.4) 的证明. 在 $\mathfrak{A}$ 中作 A 的内射分解 $\boldsymbol{I}=(I^s)_{s\in\mathbf{Z}^+}$, 用函子 F,便得到 $\mathfrak{B}$ 中的上链复形

$$F(I^0)\xrightarrow{\varphi^0}F(I^1)\xrightarrow{\varphi^1}F(I^2)\xrightarrow{\varphi^2}F(I^3)\xrightarrow{\varphi^3}\cdots.$$

把 $F(I^s)$ 简记为 F^s, 作(11.3.5)的交换图,再令

$$\delta^{s,t}=(-1)^{s+t}\tilde{\delta}^{s,t},\ \partial^{s,t}=\iota^{s+1,t}\circ\sigma^{s+1,t}\circ\pi^{s,t},$$

容易看出,我们得到 $\mathfrak{B}$ 中的双上链复形 $(\boldsymbol{J},\boldsymbol{\partial},\boldsymbol{\delta})$, 这里

$$\boldsymbol{J}=(J^{s,t})_{s\in\mathbf{Z},t\in\mathbf{Z}},\ \boldsymbol{\partial}=(\partial^{s,t})_{s\in\mathbf{Z},t\in\mathbf{Z}},\ \boldsymbol{\delta}=(\delta^{s,t})_{s\in\mathbf{Z},t\in\mathbf{Z}},$$

当 $s<0$ 或 $t<0$ 时,令 $J^{s,t}=0$, $\partial^{s,t}=0$, $\delta^{s,t}=0$. 再用函子 G, 得到 $\mathfrak{C}$ 中的双上链复形 $(G(\boldsymbol{J}), G(\boldsymbol{\partial}), G(\boldsymbol{\delta}))$, G 按分量作用. 这个双上链复形显然是正的.

考虑 $T(G(\boldsymbol{J}))$ 的第一滤过的谱序列 ${}_{\text{I}}\mathbf{E}$. 因为

$${}_{\text{I}}\boldsymbol{J}^m=(J^{m,n})_{n\in\mathbf{Z}^+}$$

正好是 F^m 的内射分解,所以

$${}_{\text{I}}E_1^{m,n}=H^{n-m}(G({}_{\text{I}}\boldsymbol{J}^m),\ G(\boldsymbol{\delta}))=(R^{n-m}G)(F^m).$$

由于 $F^m=F(I^m)$ 是 G 零调的,我们推出

$$
{}_1E_1^{m,n} = \begin{cases} GF(I^n), & \text{当 } m = n \text{ 时}, \\ 0, & \text{当 } m \neq n \text{ 时}. \end{cases}
$$

我们将归纳地证明当 $r \geqslant 2$ 时，

$$
{}_1E_r^{m,n} = \begin{cases} R^n(GF)(A), & \text{当 } m = n \text{ 时}, \\ 0, & \text{当 } m \neq n \text{ 时}. \end{cases}
$$

因为 ${}_1E_r^{m,n}$ 是 ${}_1E_1^{m,n}$ 的子商，所以当 $m \neq n$ 时的结论是显然的. 又，$H^0(G(\boldsymbol{\partial}))^n = G(\varphi^n)$，所以 ${}_1E_2^{n,n}$ 正好是如下上链复形的第 n 个上同调:

$$
0 \longrightarrow GF(I^0) \xrightarrow{G(\varphi^0)} GF(I^1) \xrightarrow{G(\varphi^1)} GF(I^2) \xrightarrow{G(\varphi^2)} \cdots.
$$

由此可见 ${}_1E_2^{n,n} = R^n(GF)(A)$. 因为 $\boldsymbol{d}_r$ 的次数对为 $(r,1)$，当 $r \geqslant 2$ 时，只能 $\boldsymbol{d}_r = 0$，从而 ${}_1E_{r+1}^{m,n} = {}_1E_r^{m,n}$，所以上面关于 $E_r^{m,n}(r \geqslant 2)$ 的断言得证. 这样我们有

$$
{}_1E_\infty^{m,n} = \begin{cases} R^n(GF)(A), & \text{当 } m = n \text{ 时}, \\ 0, & \text{当 } m \neq n \text{ 时}. \end{cases}
$$

据(11.3.3)，当 n 固定时，$H^n(T(G(\boldsymbol{J})))$ 有一有限滤过，滤过商为 ${}_1E_\infty^{m,n}$. 现在只有一个滤过商可能不是零，所以

$$
H^n(T(G(\boldsymbol{J}))) = R^n(GF)(A).
$$

现在考虑 $T(G(\boldsymbol{J}))$ 的第二滤过的谱序列，略去左下标 2 . 令 ${}_2\boldsymbol{J}^t = (J^{s,t})_{s\in \mathbf{Z}}$. 注意到(11.3.5)的交换图中除 Z^0 所在列外，所有各列都由内射对象组成，所以 G 保持这些列中的单态射、满态射与正合关系. 因此，把 G 用于(11.3.5)的交换图，即得

$$
\begin{aligned}
E_1^{m,n} &= H^{n-m}(G({}_2\boldsymbol{J}^m), \boldsymbol{\partial}) \\
&= GK^{n-m,m}/GL^{n-m,m} \\
&= GM^{n-m,m},
\end{aligned}
$$

M 的意义同 (11.3.5(4)). 因为 $\boldsymbol{M}^{n-m} = (M^{n-m,t})_{t\in \mathbf{Z}}$ 是 $Z^{n-m}/B^{n-m} = (R^{n-m}F)(A)$ 的内射分解，据(1.3.1)及上面求出的 $E_1^{m,n}$，得

$$
E_2^{m,n} = (R^mG)(Z^{n-m}/B^{n-m}) = (R^mG)(R^{n-m}F)(A).
$$

把关于两个谱序列的结果结合起来，即得

$$E_2^{m,n} = (R^m G)(R^{n-m} F)(A) \Rightarrow R^n(GF)(A).$$ 证毕.

如果在谱序列 $\mathbf{E}$ 中，对每个固定的 n，有整数 m_0，使得对所有 $m \neq m_0$，$E_2^{m,n} = 0$，则称 $\mathbf{E}$ 是**退化的**. 退化的谱序列显然都是有限收敛的. 如果 $E_2^{m,n} \Rightarrow A^n$，则因为至多只有 $E_\infty^{m_0,n} \neq 0$，所以 $A^n \cong E_\infty^{m_0,n} = E_r^{m_0,n}$，对充分大的 r. 我们特别感兴趣的是 $r = 2$ 的情况. 证明 Grothendieck 谱序列定理时用的谱序列 $\mathbf{E}$ 就具有这个性质. 下面的推论再给出两类例子.

(11.3.6)推论. 在(11.3.4)的记号与约定下.

(1) 如果有 $l_0 \in \mathbf{Z}^+$，使得当 $l \neq l_0$ 时必有 $(R^l F)(A) = 0$，则对任何 $n \in \mathbf{Z}^+$，有同构

$$R^n(GF)(A) \cong (R^{n-l_0} G)(R^{l_0} F)(A);$$

(2) 如果 G 是正合函子，则

$$R^n(GF)(A) \cong G(R^n F)(A).$$

证明. 均用 Grothendieck 谱序列

$$E_2^{m,n} = (R^m G)(R^{n-m} F)(A) \Rightarrow R^n(GF)(A).$$

(1) 据假设条件，当 n 固定后，只有 $E_2^{n-l_0,n}$ 可能不是零，所以谱序列退化. 只要证得对所有 $r \geqslant 2$ 均有 $\boldsymbol{d}_r = 0$，则推出 $E_2^{m,n} = E_3^{m,n} = \cdots = E_\infty^{m,n}$，从而得出所需的同构. 因为只有 $E_r^{n-l_0,n}$ 可能不是零，只要考虑 $d_r^{n-l_0,n}$，它把 $E_r^{n-l_0,n}$ 映到 $E_r^{n-l_0+r,n+1}$ 内. 当 $r \geqslant 2$ 时，$E_r^{n-l_0+r,n+1} = 0$，所以 $d_r^{n-l_0,n} = 0$，推及 $\boldsymbol{d}_r = 0$.

(2) 显然 $R^m G = 0$，对所有 $m > 0$. 于是，当 n 固定时，只有 $E_2^{0,n} = G(R^n F)(A)$ 可能不是零. 与 (1) 类似，只要再证当 $r \geqslant 2$ 时，$\boldsymbol{d}_r = 0$. 这是显然的，因为 $d_r^{0,n}(E_r^{0,n}) \subset E_r^{r,n+1} = 0$. 证毕.

下面的命题讨论的虽然也只是一类特殊的谱序列，但是却几乎适用于我们今后碰到的所有情况，因为 Grothendieck 谱序列定理中出现的谱序列都满足命题的条件.

(11.3.7)命题. 设 $\mathbf{E} = \{(\boldsymbol{E}_r, \boldsymbol{d}_r) \mid r \geqslant 1\}$ 是标准谱序列，

$$E_2^{m,n} \Rightarrow E_\infty^n,$$

并且对每个固定的 n，仅当 $0\leqslant m\leqslant n$ 时，才可能出现非零的 $E_2^{m,n}$，则我们有五项正合列

$$0\longrightarrow E_2^{1,1}\longrightarrow E_\infty^1\longrightarrow E_2^{0,1}\xrightarrow{d_2^{0,1}}E_2^{2,2}\longrightarrow E_\infty^2.$$

证明. 由谱序列的定义，对 $r\geqslant 1$,

$$E_{r+1}^{1,1}=\mathrm{Ker}d_r^{1,1}/\mathrm{Im}d_r^{1-r,0};$$

当 $r\geqslant 2$ 时，由于 $E_r^{1+r,2}=E_r^{1-r,0}=0$，所以 $d_r^{1,1}=0$，$d_r^{1-r,0}=0$，推及 $E_{r+1}^{1,1}=E_r^{1,1}$，从而 $E_2^{1,1}=E_\infty^{1,1}$.

类似地，可以推出

$$E_\infty^{0,1}=E_3^{0,1}=\mathrm{Ker}d_2^{0,1},\quad E_\infty^{2,2}=E_3^{2,2}=\mathrm{Coker}d_2^{0,1},$$

所以我们有短正合列

$$0\to E_2^{1,1}\to E_\infty^1\to\mathrm{Ker}d_2^{0,1}\to 0,$$

$$0\to\mathrm{Ker}d_2^{0,1}\to E_2^{0,1}\to\mathrm{Im}d_2^{0,1}\to 0,$$

$$0\to\mathrm{Im}d_2^{0,1}\to E_2^{2,2}\to E_\infty^{2,2}\to 0,$$

把这些短正合列拼接起来，并注意及 $E_\infty^{2,2}$ 为 E_∞^2 的子对象，即得所需的长正合列. 证毕.

11.4 Künneth 定理

现在设 $\mathscr{R}$ 是个环，$\mathfrak{C}$ 与 $\mathfrak{D}$ 分别是右与左 $\mathscr{R}$ 模范畴，$\mathfrak{A}$ 是 Abel 群的范畴，我们有函子 $\otimes$: $\mathfrak{C}\times\mathfrak{D}\to\mathfrak{A}$，把右 $\mathscr{R}$ 模 M 与左 $\mathscr{R}$ 模N对应到 $M\otimes_{\mathscr{R}}N$. 函子 $\otimes$ 可以导出一个函子 $\boldsymbol{\otimes}$: $\mathfrak{C}^{\mathbf{Z}}\times\mathfrak{D}^{\mathbf{Z}}\to\mathfrak{A}^{\mathbf{Z}}$，若 $\boldsymbol{M}=(M^n)_{n\in\mathbf{Z}}$，$\boldsymbol{N}=(N^n)_{n\in\mathbf{Z}}$，则 $\boldsymbol{M}\otimes_{\mathscr{R}}\boldsymbol{N}$ 的 n 分量是 $\coprod\limits_{s+t=n}M^s\otimes_{\mathscr{R}}N^t$. 如果进一步对例 2 所定义的函子 $\mathrm{Tor}_m^{\mathscr{R}}$: $\mathfrak{C}\times\mathfrak{D}\to\mathfrak{A}$ 做同样的推广，可得函子 $\mathbf{Tor}_m^{\mathscr{R}}$: $\mathfrak{C}^{\mathbf{Z}}\times\mathfrak{D}^{\mathbf{Z}}\to\mathfrak{A}^{\mathbf{Z}}$，$\mathbf{Tor}_m^{\mathscr{R}}(\boldsymbol{M},\boldsymbol{N})$ 的 n 分量是 $\coprod\limits_{s+t=n}\mathrm{Tor}_m^{\mathscr{R}}(M^s,N^t)$. 显然，如果

$$0\to\boldsymbol{M}'\xrightarrow{\varphi}\boldsymbol{M}\xrightarrow{\psi}\boldsymbol{M}''\to 0$$

是 $\mathfrak{C}^{\mathbf{Z}}$ 中的正合列，则有 $\mathfrak{A}^{\mathbf{Z}}$ 中的长正合列

$$\cdots\to\mathbf{Tor}_1^{\mathscr{R}}(\boldsymbol{M}'',\boldsymbol{N})\to\boldsymbol{M}'\otimes_{\mathscr{R}}\boldsymbol{N}\to\boldsymbol{M}\otimes_{\mathscr{R}}\boldsymbol{N}\to$$

$$\boldsymbol{M}''\otimes_{\mathscr{R}}\boldsymbol{N}\to 0;$$

对称地，如果 $0\to\boldsymbol{N}'\to\boldsymbol{N}\to\boldsymbol{N}''\to 0$ 是 $\mathfrak{D}^{\mathbf{Z}}$ 中的正合列，则有 $\mathfrak{A}^{\mathbf{Z}}$ 中的长正合列

$$\cdots\to\mathbf{Tor}_1^{\mathscr{R}}(\boldsymbol{M},\boldsymbol{N}'')\to\boldsymbol{M}\otimes_{\mathscr{R}}N'\to\boldsymbol{M}\otimes_{\mathscr{R}}\boldsymbol{N}\to$$
$$\boldsymbol{M}\otimes_{\mathscr{R}}\boldsymbol{N}''\to 0.$$

如果对 $\mathfrak{C}^{\mathbf{Z}}$ 的所有对象 $\boldsymbol{M}$，$\mathbf{Tor}_1^{\mathscr{R}}(\boldsymbol{M},\ \boldsymbol{N})=0$，则称 $\boldsymbol{N}$**是平坦的**，这个条件等价于所有 N^n 是平坦的；如果对 $\mathfrak{D}^{\mathbf{Z}}$ 的所有对象 $\boldsymbol{N}$，$\mathbf{Tor}_1^{\mathscr{R}}(\boldsymbol{M},\ \boldsymbol{N})=0$，则称$M$**是平坦的**，这个条件也等价于所有 M^n 是平坦的．特别值得注意的是，如果 $\mathscr{R}$ 是交换环，则 $\mathfrak{C}=\mathfrak{D}$，并且可把 $\mathfrak{A}$ 也换成 $\mathfrak{C}$ 来叙述上面的定义与结论，此时两个平坦的定义是等价的，因为函子 $\mathbf{Tor}_1^{\mathscr{R}}(\boldsymbol{M},-)$ 自然等价于 $\mathbf{Tor}_1^{\mathscr{R}}(-,\boldsymbol{M})$，参看例 2．

如果 $(\boldsymbol{M},\boldsymbol{d}_{\boldsymbol{M}})$ 与 $(\boldsymbol{N},\boldsymbol{d}_n)$ 分别是 $\mathfrak{C}$ 与 $\mathfrak{D}$ 中的上链复形，即 $\boldsymbol{M}=(M^n)$，$\boldsymbol{N}=(N^n)$ 分别是 $\mathfrak{C}^{\mathbf{Z}}$ 与 $\mathfrak{D}^{\mathbf{Z}}$ 的对象，$\boldsymbol{d}_{\boldsymbol{M}}:\boldsymbol{M}\to\boldsymbol{M}$ 与 $\boldsymbol{d}_{\boldsymbol{N}}:\boldsymbol{N}\to\boldsymbol{N}$ 是 1 次的态射，并使 $\boldsymbol{d}_{\boldsymbol{M}}\circ\boldsymbol{d}_{\boldsymbol{M}}=0$，$\boldsymbol{d}_{\boldsymbol{N}}\circ\boldsymbol{d}_{\boldsymbol{N}}=0$，则可以把 $\boldsymbol{M}\otimes_{\mathscr{R}}\boldsymbol{N}$ 定义成 $\mathfrak{A}$ 中的上链复形，只要令

$$\boldsymbol{d}_{\boldsymbol{M}\otimes\boldsymbol{N}}:\boldsymbol{M}\otimes_{\mathscr{R}}\boldsymbol{N}\to\boldsymbol{M}\otimes_{\mathscr{R}}\boldsymbol{N}$$

在 $M^s\otimes N^t$ 上的限制是 $d^s_M\otimes\mathrm{id}_{N^t}+(-1)^s\mathrm{id}_{M^s}\otimes d^t_{\boldsymbol{N}}$． 读者可以直接验证此时 $\boldsymbol{M}\otimes_{\mathscr{R}}\boldsymbol{N}$ 确实成为上链复形． 我们将用另外的方法推出这个断言： 令 $B^{s,t}=M^s\otimes_{\mathscr{R}}N^t$，并定义 $\partial^{s,t}=d^s_{\boldsymbol{M}}\otimes\mathrm{id}_{N^t}$，$\mathfrak{d}^{s,t}=(-1)^s\mathrm{id}_{M^s}\otimes d^t_{\boldsymbol{N}}$，则显然 $\boldsymbol{B}=(B^{s,t})_{s\in\mathbf{Z},t\in\mathbf{Z}}$ 是 $\mathfrak{A}$ 中的双上链复形，而 $\boldsymbol{M}\otimes_{\mathscr{R}}\boldsymbol{N}$ 正好是它的全上链复形．我们把 $(\boldsymbol{M}\otimes_{\mathscr{R}}\boldsymbol{N},\ \boldsymbol{d}_{\boldsymbol{M}\otimes\boldsymbol{N}})$ 称为上链复形 $(\boldsymbol{M},\ \boldsymbol{d}_{\boldsymbol{M}})$ 与 $(\boldsymbol{N},\boldsymbol{d}_{\boldsymbol{N}})$ 的**张量积**． 如果 $\mathscr{R}$ 是交换环，$\mathfrak{C}$ 中两个上链复形的张量积显然仍可作为 $\mathfrak{C}$ 中的上链复形．

既然 $\boldsymbol{M}\otimes_{\mathscr{R}}\boldsymbol{N}$ 作为双上链复形 $\boldsymbol{B}$ 的全上链复形实现，我们可以如 §11.3，作 $\boldsymbol{M}\otimes_{\mathscr{R}}\boldsymbol{N}$ 的两个子上链复形的滤过，从而得到两个谱序列．特别，如果作出的某滤过是上同调有限的，则对应的谱序列有限收敛于 $H(\boldsymbol{M}\otimes_{\mathscr{R}}\boldsymbol{N})$．

本小节将证明，在某些适当的限制条件下，我们可以得到更强

的结论．先证明一个引理．

(11.4.1) 引理． 设 $\mathscr{R}$ 是交换环，$\boldsymbol{M}$ 与 $\boldsymbol{N}$ 都是 $\mathscr{R}$ 模的上链复形，则 $\boldsymbol{M}\otimes_{\mathscr{R}}\boldsymbol{N}$ 与 $\boldsymbol{N}\otimes_{\mathscr{R}}\boldsymbol{M}$ 作为上链复形自然同构，如果同构态射是 $\boldsymbol{\varphi}=(\varphi^n)$，则

$$\varphi^n(x\otimes y)=(-1)^{st}y\otimes x,\ \forall x\in M^s,\ y\in N^t,\ s+t=n.$$

证明． φ^n 显然把 $M^s\otimes_{\mathscr{R}}N^t$ 同构地映到 $N^t\otimes_{\mathscr{R}}M^s$，所以 φ 把 $\boldsymbol{M}\otimes_{\mathscr{R}}\boldsymbol{N}$ 同构地映到 $\boldsymbol{N}\otimes_{\mathscr{R}}\boldsymbol{M}$．我们只要再证 φ 与微分可换．仍取 $x\in M^s$，$y\in N^t$，$s+t=n$，则

$$\begin{aligned}\varphi^{n+1}\circ d^n_{\boldsymbol{M}\otimes\boldsymbol{N}}(x\otimes y)&=\varphi^{n+1}(d^s_{\boldsymbol{M}}(x)\otimes y+(-1)^s x\otimes d^t_{\boldsymbol{N}}(y))\\&=(-1)^{(s+1)t}y\otimes d^s_{\boldsymbol{M}}(x)\\&\quad+(-1)^{s+s(t+1)}d^t_{\boldsymbol{N}}(y)\otimes x;\end{aligned}$$

$$\begin{aligned}d^n_{\boldsymbol{N}\otimes\boldsymbol{M}}\circ\varphi^n(x\otimes y)&=d^n_{\boldsymbol{N}\otimes\boldsymbol{M}}((-1)^{st}y\otimes x)\\&=(-1)^{st}d^t_{\boldsymbol{N}}(y)\otimes x+(-1)^{st+t}y\otimes d^s_{\boldsymbol{M}}(x).\end{aligned}$$

显然它们是相等的．证毕．

(11.4.2) 定理 (Künneth)．设 $\mathscr{R}$ 是主理想整区，$\boldsymbol{M}$ 与 $\boldsymbol{N}$ 是 $\mathscr{R}$ 模的上链复形，其中 $\boldsymbol{M}$ 是平坦的或 $\boldsymbol{N}$ 是平坦的，则有自然的 $\mathscr{R}$ 模正合列

$$0\to\coprod_{s+t=n}H^s(\boldsymbol{M})\otimes_{\mathscr{R}}H^t(\boldsymbol{N})\to H^n(\boldsymbol{M}\otimes_{\mathscr{R}}\boldsymbol{N})\to$$

$$\coprod_{s+t=n+1}\mathrm{Tor}_1^{\mathscr{R}}(H^s(\boldsymbol{M}),\ H^t(\boldsymbol{N}))\to 0.$$

证明． 因为 $\mathscr{R}$ 是交换的，可用(11.4.1)；另一方面，定理的结论关于 $\boldsymbol{M}$ 与 $\boldsymbol{N}$ 是对称的，因此，不妨设 $\boldsymbol{M}$ 是平坦的．

我们有上链复形的正合列

$$0\longrightarrow\mathbf{Ker}\boldsymbol{d}_{\boldsymbol{M}}\xrightarrow{i_M}\boldsymbol{M}\xrightarrow{d_M}\mathbf{Im}\boldsymbol{d}_{\boldsymbol{M}}\longrightarrow 0,$$

这里 $\mathbf{Ker}\boldsymbol{d}_{\boldsymbol{M}}$ 的 n 分量是 $\mathrm{Ker}d^n_{\boldsymbol{M}}$，$\mathbf{Im}\boldsymbol{d}_{\boldsymbol{M}}$ 的 n 分量是 $\mathrm{Im}d^n_{\boldsymbol{M}}$，它们的微分都是 $\boldsymbol{d}_{\boldsymbol{M}}$ 导出的，从而都是零态射．因为 $\mathrm{Ker}d^n_{\boldsymbol{M}}$ 与 $\mathrm{Im}d^n_{\boldsymbol{M}}$ 分别是平坦 $\mathscr{R}$ 模 M^n 与 M^{n+1} 的子模，而 $\mathscr{R}$ 是主理想整区，所以 $\mathbf{Ker}\boldsymbol{d}_{\boldsymbol{M}}$ 与 $\mathbf{Im}\boldsymbol{d}_{\boldsymbol{M}}$ 也是平坦的．由 $\mathbf{Im}\boldsymbol{d}_{\boldsymbol{M}}$ 的平坦性推出正合列

$$0\to \mathbf{Ker}\ d_M\otimes_{\mathscr{R}}N\to M\otimes_{\mathscr{R}}N\to \mathrm{Im}\ d_M\otimes_{\mathscr{R}}N\to 0,$$

于是，据(11.1.2)，得到正合三角形

$$\begin{array}{ccc} H(\mathbf{Ker}\ d_M\otimes_{\mathscr{R}}N) & \xrightarrow{\varphi_0} & H(M\otimes_{\mathscr{R}}N) \\ {}^{\omega}\nwarrow & & \swarrow{}^{\psi} \\ & H(\mathbf{Im}\ d_M\otimes_{\mathscr{R}}N) & \end{array}$$

其中 φ_0 与 ψ 是零次的，而 ω 是 1 次的. 如果改变 $\mathbf{Im}d_M$ 的阶，像习惯那样，把 $\mathrm{Im}d_M^{n-1}$ 作为 $\mathbf{Im}d_M$ 的 n 分量，则 ψ 是 1 次的，而 ω 是零次的.

由于 $\mathbf{Ker}d_M$ 与 $\mathbf{Im}\ d_M$ 的微分都是零态射，所以 $d_{\mathrm{Ker}d_{M\otimes N}}$ 与 $d_{\mathrm{Im}d_{M\otimes N}}$ 与 $\mathrm{id}_M\otimes d_D$ 的差别只是符号，从而可直接用 $\mathrm{id}_M\otimes d_D$ 作为 $\mathbf{Ker}\ d_M\otimes_{\mathscr{R}}N$ 与 $\mathbf{Im}\ d_M\otimes_{\mathscr{R}}N$ 的微分. 又由于 $\mathbf{Ker}d_M$ 与 $\mathbf{Im}\ d_M$ 是平坦的，我们有自然的同构

$$H(\mathbf{Ker}\ d_M\otimes_{\mathscr{R}}N)\cong \mathbf{Ker}\ d_M\otimes_{\mathscr{R}}H(N),$$

$$H(\mathbf{Im}\ d_M\otimes_{\mathscr{R}}N)\cong \mathbf{Im}\ d_M\otimes_{\mathscr{R}}H(N),$$

从而上面的正合三角形成为

$$\begin{array}{ccc} \mathbf{Ker}\ d_M\otimes_{\mathscr{R}}H(N) & \xrightarrow{\varphi_0} & H(M\otimes_{\mathscr{R}}N) \\ {}^{\omega}\nwarrow & & \swarrow{}^{\psi} \\ & \mathbf{Im}\ d_M\otimes_{\mathscr{R}}H(N) & \end{array}$$

不难验证 ω 就是 $\mathbf{Im}\ d_M$ 到 $\mathbf{Ker}\ d_M$ 的典范嵌入导出的. 这样，有自然的同构

$$\mathbf{Ker}\ d_M\otimes H(N)/\mathbf{Ker}\varphi_0=\mathbf{Ker}d_M\otimes H(N)/\mathbf{Im}\omega$$
$$\cong H(M)\otimes_{\mathscr{R}}H(N),$$

于是 φ_0 导出单态射 $\varphi: H(M)\otimes_{\mathscr{R}}H(N)\to H(M\otimes_{\mathscr{R}}N)$. 再对正合列

$$0\to \mathbf{Im}\ d_M\to \mathbf{Ker}\ d_M\to H(M)\to 0$$

用函子$-\otimes_{\mathscr{R}}H(N)$，由 $\mathbf{Ker}\ d_M$ 的平坦性，得出正合列

$$0\to \mathbf{Tor}_1^{\mathscr{R}}(H(M),H(N))\to \mathbf{Im}\ d_C\otimes_{\mathscr{R}}H(N)\xrightarrow{\omega}$$
$$\mathbf{Ker}\ d_C\otimes_{\mathscr{R}}H(N)\to H(M)\otimes_{\mathscr{R}}H(N)\to 0.$$

从而 $\mathbf{Im}\ \psi=\mathbf{Ker}\,\omega\cong \mathbf{Tor}_1^{\mathscr{R}}(H(M),\ H(N))$. 由此可见，我们

有正合列

$$0 \to H(\boldsymbol{M}) \otimes_{\mathscr{R}} H(\boldsymbol{N}) \xrightarrow{\varphi} H(\boldsymbol{M} \otimes_{\mathscr{R}} \boldsymbol{N}) \xrightarrow{\phi} \mathbf{Tor}_1^{\mathscr{R}}(H(\boldsymbol{M}), H(\boldsymbol{N})) \to 0$$

用分量形式写出，就是定理的结论．证毕．

§12. 诱导表示与内射模

本节中，$\mathscr{R}$ 是个交换环，并且约定所涉及的 $\mathscr{R}$ 上的仿射群概形的仿射代数都是 $\mathscr{R}$ 自由的．当然，自由的条件并非必要，很多结论可以推广到仿射代数是平坦 $\mathscr{R}$ 模的情况，但为了论证方便，我们还是作较强的假定．我们以后碰到的仿射群概形都满足这个假定条件的．

设 G 与 H 是域 $\mathscr{R}$ 上的仿射群概形，$\mathscr{R}[G]=A$，$\mathscr{R}[H]=B$．又设 $\varphi: H \to G$ 是仿射群概形的态射，$\varphi^{\#}: A \to B$ 是它的余态射．如果 $\tau_V: V \to V \otimes A$ 在 $\mathscr{R}$ 模 V 上定义一个有理 G 模结构，则不难验证 $\tau_V' = (\mathrm{id}_V \otimes \varphi^{\#}) \circ \tau_V: V \to V \otimes B$ 在 V 上定义一个有理 H 模结构．这个 H 模称为从 G 模 V 通过 φ 限制得到的 H 模，记为 $\mathrm{Res}_\varphi V$．采用这样的术语与记号的原因是，对每个 $\mathscr{R}$ 代数 R，$H(R)$ 在 $V \otimes_{\mathscr{R}} R$ 上的作用是通过群同态

$$\varphi(R): H(R) \to G(R)$$

实现的；特别，如果 H 是 G 的闭子群概形，φ 是典范嵌入态射，则 Res_φ 就是通常意义下的限制了．对于这种特殊情况，我们也把 $\mathrm{Res}_\varphi V$ 记为 $\mathrm{Res}_H^G V$．当行文明确时，记号 Res_φ 与 Res_H^G 常常省略．

如果 $\theta: V_1 \to V_2$ 是有理 G 模的态射，则不难看出 θ 也是有理 H 模 $\mathrm{Res}_\varphi V_1$ 到 $\mathrm{Res}_\varphi V_2$ 的同态．因此，Res_φ 成为有理 G 模范畴到有理 H 模范畴的一个函子，这个函子显然是正合的．

对右模，限制函子对称地定义．当然，也可以在双模范畴上

定义限制函子.

函子 Res_φ 有一个右伴随，它称为从有理H模范畴到有理G模范畴的诱导函子,记为 Ind_φ（或 Ind_H^G，当H为G的闭子群概形时）. 本节将要定义这个函子,并讨论它的一些重要性质. 我们还将以诱导函子为工具，讨论有理G模范畴中的内射对象——从上一节知道,在一个范畴中必须有足够的内射对象,才有可能定义导函子. 我们将证明,有理G模范畴确实具有这个性质.

12.1 诱导函子的定义与基本性质

为了给出诱导函子的定义并讨论它的性质，我们先证明一个引理. 对于线性代数群,所述的结论是显然的.

(12.1.1) 引理. (1) 设G与H是 $\mathscr{R}$ 上的仿射群概形，V是(G,H) 有理双模,则 V^H 是V的G子模，V^G是V的H子模；

(2) 设V与W都是右有理H模，其 $B(=\mathscr{R}[H])$ 余模结构映射分别是 σ_V 与 σ_W，在 $V\otimes W$ 上对角地定义右H模结构，则 $V\otimes W$的元素属于 $(V\otimes W)^H$ 当且仅当 $\tau_V\otimes\mathrm{id}_W$ 与 $\mathrm{id}_V\otimes\sigma_W$ 对这个元素的作用相同,这里 $\tau_V=(12)\circ(\eta_B\otimes\mathrm{id}_V)\circ\sigma_V:V\to V\otimes B$.

证明. (1) 设在V上G与H的作用分别由 $\tau_V:V\to V\otimes A$ 与 $\sigma_V:V\to B\otimes V$ 给出，$A=\mathscr{R}[G]$，$B=\mathscr{R}[H]$. 又设 $v\in V^H$，即 $\sigma_V(v)=1\otimes v$. 令 $\tau_V(v)=\sum\limits_i v_i\otimes a_i$，其中 a_i 线性无关，则

$$(\mathrm{id}_B\otimes\tau_V)\circ\sigma_V(v)=1\otimes\tau_V(v)=\sum_i 1\otimes v_i\otimes a_i,$$

$$(\sigma_V\otimes\mathrm{id}_A)\circ\tau_V(v)=\sum\sigma_V(v_i)\otimes a_i.$$

因为 $(\mathrm{id}_B\otimes\tau_V)\circ\sigma_V=(\sigma_V\otimes\mathrm{id}_A)\circ\tau_V$，再由 a_i 的线性无关性，即得 $\sigma(v_i)=1\otimes v_i$，可见 $\tau_V(v)\in V^H\otimes A$,即 V^H 为V的G子模.

另一个结论同理可证.

(2) 设 $x=\mathrm{id}_B\in H(B)$. 如果 $\sum\limits_i v_i\otimes w_i\in(V\otimes W)^H$，则

$$\left(\sum_i 1\otimes v_i\otimes w_i\right)x=\sum_i 1\otimes v_i\otimes w_i,\ 1\in B,$$

即

$$\sum_i (1\otimes v_i)x\otimes_B(1\otimes w_i)x=\sum_i (1\otimes v_i)\otimes_B(1\otimes w_i),$$

其中 $1\in B$.

因为 x 是 $B\otimes V$ 上的 B 线性变换，可以对上式两边同时作用 $x\otimes \mathrm{id}_{B\otimes W}$，得

$$\sum_i (v_i\otimes 1)\otimes_B(1\otimes w_i)x=\sum_i x(v_i\otimes 1)\otimes_B(1\otimes w_i),1\in B.$$

这里 V 上的左 H 模结构是通过 $\tau_V=(12)\circ(\eta_B\otimes \mathrm{id}_V)\circ\sigma_V$ 实现的，即 $y(v\otimes 1)=(1\otimes v)y^{-1}$，对所有 $v\in V$，$y\in H(R)$，这里 R 是交换 $\mathscr{R}$ 代数，$1\in R$. 上面最后一个等式就是

$$\sum_i v_i\otimes\sigma_W(w_i)=\sum_i \tau_V(v_i)\otimes w_i,$$

可见 $\tau_V\otimes \mathrm{id}_W$ 与 $\mathrm{id}_V\otimes\sigma_W$ 对这个元素的作用相同.

反之,如果上述最后一个等式成立,则可逆推至

$$\left(\sum_i 1\otimes v_i\otimes w_i\right)x=\sum_i 1\otimes v_i\otimes w_i,\ 1\in B.$$

即

$$\sigma_{V\otimes W}\left(\sum_i v_i\otimes w_i\right)=\sum_i 1\otimes v_i\otimes w_i,\ 1\in B,$$

这里 $\sigma_{V\otimes W}=(\mu_B\otimes \mathrm{id}_{V\otimes W})\circ(23)\circ(\sigma_V\otimes\sigma_W)$. 此即表明

$$\sum_i v_i\otimes w_i\in(V\otimes W)^H.$$

证毕.

如果 V 与 W 是左模,也可对称地叙述(12.1.1(2))的结论.

现在保持本节引言所约定的记号. 设 W 是有理左 H 模，$\tau_W: W\to W\otimes B$ 是它的余模结构映射. 据(7.3.1)，用 $\sigma_W=(12)\circ(\mathrm{id}_W\otimes\eta_B)\circ\tau_W: W\to B\otimes W$ 可在 W 上典范地定义一个有理右 H 模结构. 注意，这里 τ_W 与 σ_W 的关系就像 (12.1.1(2)) 中 τ_V 与

σ_V 的关系一样．我们再把W看成平凡作用的左有理G模，则显然在W上有一个 (G,H) 有理双模结构．

另外，A的左、右正则表示使A成为 (G,G) 双模(参看 §7.3 的例 22)，我们把其中的右G模结构限制到H，从而在A上定义一个右H模结构，其B余模结构映射是 $\sigma_A=(\varphi^{\#}\otimes\mathrm{id}_V)\circ\Delta_A$．显然，在$A$上也有了 (G,H) 有理双模结构．

令G与H各自对角地作用在 $W\otimes A$ 上(参看 §7 末尾)，显然 $W\otimes A$ 也是 (G,H) 双模．它的右H模结构定义于

$\sigma_{W\otimes A}=(\mu_B\otimes\mathrm{id}_W\otimes\mathrm{id}_A)\circ(23)\circ(\sigma_W\otimes\sigma_A):W\otimes A\to B\otimes W\otimes A$；

它的左G模结构确定于

$$\tau_{W\otimes A}=\mathrm{id}_W\otimes\Delta_A:W\otimes A\to W\otimes A\otimes A.$$

据(12.1.1(1))，$(W\otimes A)^H$ 是有理G模．定义 $\mathrm{Ind}_\varphi W=(W\otimes A)^H$，并称之为$W$**通过$\varphi$诱导的**$G$模．显然，如果 $\theta:W_1\to W_2$ 是H模同态，则 $\theta\otimes\mathrm{id}_A:W_1\otimes A\to W_2\otimes A$ 是 (G,H) 双模同态，从而导出G模同态 $\mathrm{Ind}_\varphi(\theta):\mathrm{Ind}_\varphi W_1\to\mathrm{Ind}_\varphi W_2$，使 Ind_φ 成为从有理H模范畴到有理G模范畴的函子，称为(由φ决定的)**诱导函子**．

(12.1.2) 命题． 诱导函子 Ind_φ 是左正合的，它与直和、正向极限均可交换．

证明．函子 $-\otimes A$ 与固定点函子 $\mathscr{F}_H$ 都具有这些性质，而 Ind_φ 就是它们的合成．证毕．

现在我们证明

(12.1.3) 定理． 诱导函子 Ind_φ 是限制函子 Res_φ 的右伴随函子，即，对有理G模V与有理H模W，有自然的$\mathscr{R}$模同构

$$\mathrm{Hom}_G(V,\mathrm{Ind}_\varphi W)\xrightarrow{\sim}\mathrm{Hom}_H(\mathrm{Res}_\varphi V,W).$$

要证明这个定理，只要证明

(12.1.4) 命题（诱导函子的普遍性质）．映射 $\mathrm{id}_W\otimes\varepsilon_A:W\otimes A\to W$ 在 $\mathrm{Ind}_\varphi W$ 的限制 $Ev:\mathrm{Ind}_\varphi W\to W$ 是自然的左H模同态，并具有如下性质：对任意左G模V与左H模同态 $\xi:V\to W$，存在唯一的左G模同态 $\tilde{\xi}:V\to\mathrm{Ind}_\varphi W$，使下图交换

$$\begin{array}{ccc} V & \xrightarrow{\tilde{\xi}} & \mathrm{Ind}_\varphi W \\ & \underset{\xi}{\searrow} & \downarrow Ev \\ & & W \end{array}$$

证明. 设 V 的 A 余模结构为 τ_V, 其余记号同前. 我们分三步证明结论.

(1) 证明 Ev 是自然的 H 模同态. Ev 的自然性是显然的. 要证明 Ev 是 H 模同态, 就是要证明下图交换:

$$\begin{array}{ccccc} \mathrm{Ind}_\varphi W & \xrightarrow{(\mathrm{id}_W\otimes\Delta_A)|_{\mathrm{Ind}_\varphi W}} & (\mathrm{Ind}_\varphi W)\otimes A & \xrightarrow{\mathrm{id}_{\mathrm{Ind}_\varphi W}\otimes\varphi^{\#}} & (\mathrm{Ind}_\varphi W)\otimes B \\ \downarrow Ev & & & & \downarrow Ev\otimes\mathrm{id}_B \\ W & & \xrightarrow{\qquad\tau_W\qquad} & & W\otimes B \end{array}$$

在 A 上我们有

$$\begin{aligned} &(\varepsilon_A\otimes\mathrm{id}_B)\circ(\mathrm{id}_A\otimes\varphi^{\#})\circ\Delta_A=\varphi^{\#}\circ(\varepsilon_A\otimes\mathrm{id}_A)\circ\Delta_A \\ &\quad=\varphi^{\#}\circ(\mathrm{id}_A\otimes\varepsilon_A)\circ\Delta_A=(\mathrm{id}_B\otimes\varepsilon_A)\circ(\varphi^{\#}\otimes\mathrm{id}_A)\circ\Delta_A \\ &\quad=(\mathrm{id}_B\otimes\varepsilon_A)\circ\sigma_A, \end{aligned}$$

因此在 $\mathrm{Ind}_\varphi W$ 上我们有

$$\begin{aligned} &(Ev\otimes\mathrm{id}_B)\circ(\mathrm{id}_{\mathrm{Ind}_\varphi W}\otimes\varphi^{\#})\circ(\mathrm{id}_W\otimes\Delta_A) \\ &\quad=(\mathrm{id}_W\otimes\varepsilon_A\otimes\mathrm{id}_B)\circ(\mathrm{id}_W\otimes\mathrm{id}_A\otimes\varphi^{\#})\circ(\mathrm{id}_W\otimes\Delta_A) \\ &\quad=(\mathrm{id}_W\otimes\mathrm{id}_B\otimes\varepsilon_A)\circ(\mathrm{id}_W\otimes\sigma_A) \qquad (\text{用上述结果}) \\ &\quad=(\mathrm{id}_W\otimes\mathrm{id}_B\otimes\varepsilon_A)\circ(\tau_W\otimes\mathrm{id}_A) \qquad (\text{用}(12.1.1(2))) \\ &\quad=\tau_W\circ(\mathrm{id}_W\otimes\varepsilon_A)=\tau_W\circ Ev, \end{aligned}$$

完成了第一步骤.

(2) 证明 $\tilde{\xi}$ 的存在性. 令 $\tilde{\xi}=(\xi\otimes\mathrm{id}_A)\circ\tau_V: V\to V\otimes A\to W\otimes A$. 我们还要证明三点: $\tilde{\xi}$ 是 G 模同态, $\mathrm{Im}\tilde{\xi}\subset\mathrm{Ind}_\varphi W$, 以及 $Ev\circ\tilde{\xi}=\xi$.

若在 $V\otimes A$ 上以 $\mathrm{id}_V\otimes\Delta_A$ 定义 G 模结构, 则 $\mathrm{Ind}_\varphi\mathrm{Res}_\varphi V$ 是 $V\otimes A$ 的 G 子模. 据(12.1.1(2)), $\xi\otimes\mathrm{id}_A: V\otimes A\to W\otimes A$

是 G 模同态，并且把 $\mathrm{Ind}_\varphi\mathrm{Res}_\varphi V$ 映到 $\mathrm{Ind}_\varphi W$ 中．因此，要证前两点，只要再证 $\tau_V: V\to V\otimes A$ 是 G 模同态，并且把 V 映到 $\mathrm{Ind}_\varphi\mathrm{Res}_\varphi V$ 内．要证 τ_V 是 G 模同态，就是要证下图交换：

$$\begin{array}{ccc} V & \xrightarrow{\tau_V} & V\otimes A \\ {\scriptstyle\tau_V}\downarrow & & \downarrow{\scriptstyle \mathrm{id}_V\otimes\Delta_A} \\ V\otimes A & \xrightarrow[\tau_V\otimes\mathrm{id}_A]{} & V\otimes A\otimes A \end{array}$$

这就是定义余模结构的交换图． 因为 $\mathrm{Res}_\varphi V$ 上的 B 余模结构映射是 $(\mathrm{id}_V\otimes\varphi^\#)\circ\tau_V$，要证 $\mathrm{Im}\tau_V\subset\mathrm{Ind}_\varphi\mathrm{Res}_\varphi V$，据(12.1.1(2))，只要证在 $\mathrm{Im}\tau_V$ 上 $(\mathrm{id}_V\otimes\varphi^\#\otimes\mathrm{id}_A)\circ(\tau_V\otimes\mathrm{id}_A)=(\mathrm{id}_V\otimes\varphi^\#\otimes\mathrm{id}_A)\circ(\mathrm{id}_V\otimes\Delta_A)$，但上面的交换图说明更强的结果：$(\tau_V\otimes\mathrm{id}_A)\circ\tau_V=(\mathrm{id}_V\otimes\Delta_A)\circ\tau_V$．所以我们要证的三点中的前二点得证．我们还有

$$(\mathrm{id}_W\otimes\varepsilon_A)\circ(\xi\otimes\mathrm{id}_A)\circ\tau_V=\xi\circ(\mathrm{id}_V\otimes\varepsilon_A)\circ\tau_V=\xi,$$

此即 $Ev\circ\tilde{\xi}=\xi$．于是第三点也得证．

(3) 证明 $\tilde{\xi}$ 的唯一性．只要证对任意 G 模同态

$$\zeta: V\to\mathrm{Ind}_\varphi W,$$

均有 $\widetilde{Ev\circ\zeta}=\zeta$．根据构作法，

$$\begin{aligned}\widetilde{Ev\circ\zeta}&=((Ev\circ\zeta)\otimes\mathrm{id}_A)\circ\tau_V=(\mathrm{id}_W\otimes\varepsilon_A\otimes\mathrm{id}_A)\circ(\zeta\otimes\mathrm{id}_A)\circ\tau_V\\&=(\mathrm{id}_W\otimes\varepsilon_A\otimes\mathrm{id}_A)\circ(\mathrm{id}_W\otimes\Delta_A)\circ\zeta\qquad(\text{因为 }\zeta\text{ 是 }G\text{ 模同态})\\&=(\mathrm{id}_W\otimes\mathrm{id}_A)\circ\zeta=\zeta,\end{aligned}$$

正如所求．证毕．

(12.1.5)推论． 设 H, K, G 都是 $\mathscr{R}$ 上的仿射群概形，$\varphi: H\to K$ 与 $\psi: K\to G$ 是仿射群概形的态射，则 $\mathrm{Ind}_\psi\mathrm{Ind}_\varphi=\mathrm{Ind}_{\psi\circ\varphi}$．

证明．因为 $\mathrm{Ind}_\psi\mathrm{Ind}_\varphi$ 右伴随于 $\mathrm{Res}_\varphi\mathrm{Res}_\psi=\mathrm{Res}_{\psi\circ\varphi}$．证毕．

如果读者只关心 H 与 G 都是代数闭域 $\mathscr{K}$ 上的线性代数群的特殊情况，诱导表示的定义就比较简单与直观一些了．不难看出，$W\otimes A$ 可以等同于满足如下两个条件的映射 $f: G\to W$ 所成的线性空间 $\mathrm{Mor}(G, W)$：(1) $\mathrm{Im}f$ 张成 W 的一个有限维子空间 W_f；(2)由 f 导出的映射 $f: G\to W_f$ 是代数簇的态射． 在此等同下，

$W\otimes A$ 上的左G模结构对应的 $\mathrm{Mor}(G, W)$ 上的左G模结构为

$$(gf)(x)=f(xg),\ \forall f\in \mathrm{Mor}(G,W),\ x,g\in G;$$

而 $W\otimes A$ 上的右H模结构对应的 $\mathrm{Mor}(G,W)$ 上的右H模结构为

$$(f\dashv h)(x)=h^{-1}(f(\varphi(h)x)),\ \forall f\in \mathrm{Mor}(G,W),\ x\in G,h\in H.$$

所以

$$\begin{aligned}\mathrm{Ind}_\varphi W &= \mathrm{Mor}_H(G,W)\\ &=\{f\in \mathrm{Mor}(G,W)\mid f(\varphi(h)x)=h(f(x)),\\ &\qquad \forall x\in G,h\in H\}.\end{aligned}$$

即使不用 $W\otimes A$ 与 $\mathrm{Mor}(G, W)$ 的等同，也可以比较直观地定义 $\mathrm{Ind}_\varphi W$，因为我们可以把余模语言都换成模的语言：$W\otimes A$ 上的右H模结构是

$$(w\otimes a)h=(h^{-1}w)\otimes(a\dashv h),\ \forall a\in A,w\in W,\ h\in H,$$

其中 $(a\dashv h)(x)=a(\varphi(h)x),\ \forall x\in G$;

而 $W\otimes A$ 上的左G模结构是

$$g(w\otimes a)=w\otimes(g\vdash a)\ \forall a\in A,\ w\in W,g\in G,$$

其中 $(g\vdash a)(x)=g(xa),\ \forall x\in G.$

如果仅讨论这种特殊情况，本节各命题或者变成显然的（如(12.1.1)),或者可以简化证明(如(12.1.4)与下文的(12.1.6)).

也有些读者希望在更广泛的意义下讨论诱导函子，例如只假定A是 $\mathscr{R}$ 余代数．事实上完全可以进行这种推广，但是(余)模的张量积的语言不能用了，因为它牵涉到代数结构．我们可以把B余模W通过 $\varphi^{\#}:A\to B$ 诱导得到的A余模定义为 $W\otimes A$ 的如下子空间:

$$\{v\in W\otimes A\mid(\tau_W\otimes\mathrm{id}_A)(v)=(\mathrm{id}_W\otimes\sigma_A)(v)\},$$

记号的意义同前． 在 $W\otimes A$ 上,仍可用 $\tau_{W\otimes A}=\mathrm{id}_W\otimes\Delta_A$ 定义A余模结构．因为有(12.1.1(2))，这样定义的诱导模确定是我们上文所定义的诱导模的推广．不难看出，(12.1.3)—(12.1.5)的证明适用于这个推广的情况． 但是，下文(12.1.6)的叙述就依赖于 Hopf 结构了,所以无法把它推广.

如下的定理在诱导表示理论中是十分重要的.

(12.1.6)定理 (张量积恒等式). 设 $\varphi:H\to G$ 为 $\mathscr{R}$ 上的仿射群概形的态射, V 为有理 G 模, W 为有理 H 模, 则有 G 模同构

$$(\mathrm{Ind}_{\varphi}W)\otimes V\cong \mathrm{Ind}_{\varphi}(W\otimes \mathrm{Res}_{\varphi}V)$$

(在张量积上 G 或 H 都是对角作用), 这个同构对于 W 与 V 都是自然的.

我们把定理的证明分成若干引理.

(12.1.7)引理. 设 V 是有理 G 模, $\tau_V:V\to V\otimes A$ 为其余模结构映射, 则 $\xi=(\mathrm{id}_V\otimes\mu_A)\circ(\tau_V\otimes\mathrm{id}_A)\circ(12):A\otimes V\to V\otimes A$ 是 $\mathscr{R}$ 模同构.

证明. 取 $x=\mathrm{id}_A\in G(A)$, 则 x 是 $V\otimes A$ 的 A 模自同构, 它的作用正是 $(\mathrm{id}_V\otimes\mu_A)\circ(\tau_V\otimes\mathrm{id}_A)$, 从而 $\xi=x\circ(12)$, 所以是 $\mathscr{R}$ 模同构. 证毕.

(12.1.8)引理. 在 A 上用 Δ_A 定义左 G 模结构, 然后在 $A\otimes V$ 上对角地定义左 G 模结构; 又在 $V\otimes A$ 上用 $\mathrm{id}_V\otimes\Delta_A$ 定义左 G 模结构, 则(12.1.7)所定义的 ξ 是左 G 模同构.

证明. $A\otimes V$ 与 $V\otimes A$ 上的 A 余模结构映射分别为

$$\tau_{A\otimes V}=(\mathrm{id}_A\otimes\mathrm{id}_V\otimes\mu_A)\circ(23)\circ(\Delta_A\otimes\tau_V),\quad \tau_{V\otimes A}=\mathrm{id}_V\otimes\Delta_A.$$

要证的是 $\tau_{V\otimes A}\circ\xi=(\xi\otimes\mathrm{id}_A)\circ\tau_{A\otimes V}$.

取 $a\in A$, $v\in V$, 并设

$$\Delta_A(a)=\sum_i a_i'\otimes a_i'',$$

$$\tau_V(v)=\sum_i v_i\otimes b_i,$$

而

$$\sum_i \tau_V(v_i)\otimes b_i=\sum v_i\otimes\Delta_A(b_i)=\sum_k v_k'\otimes b_k'\otimes b_k'',$$

其中 $a_i',a_i'',b_i,b_k',b_k''\in A$, $v_i,v_k'\in V$. 我们有

$$\begin{aligned}\tau_{V\otimes A}\circ\xi(a\otimes v)&=(\mathrm{id}_V\otimes\Delta_A)\circ(\mathrm{id}_V\otimes\mu_A)\circ(\tau_V\otimes\mathrm{id}_A)\circ(12)(a\otimes v)\\&=(\mathrm{id}_V\otimes\mu_{A\otimes A})\circ(\mathrm{id}_V\otimes\Delta_A\otimes\Delta_A)\left(\sum_i v_i\otimes b_i\otimes a\right)\end{aligned}$$

$$= (\mathrm{id}_V \otimes \mu_{A\otimes A})\left(\sum_{i,k} v_k' \otimes b_k' \otimes b_k'' \otimes a_i' \otimes a_i''\right)$$

$$= \sum_{i,k} v_k' \otimes a_i' b_k' \otimes a_i'' b_k'';$$

$$(\xi \otimes \mathrm{id}_A) \circ \tau_{A\otimes V}(a \otimes v) = (\mathrm{id}_V \otimes \mu_A \otimes \mathrm{id}_A) \circ (\tau_V \otimes \mathrm{id}_A \otimes \mathrm{id}_A) \circ$$
$$(12) \circ (\mathrm{id}_A \otimes \mathrm{id}_V \otimes \mu_A) \circ (23) \circ (\Delta_A \otimes \tau_V)(a \otimes v)$$

$$= (\mathrm{id}_V \otimes \mu_A \otimes \mu_A) \circ (\tau_V \otimes \mathrm{id}_{A\otimes A\otimes A})\left(\sum_{i,j} v_j \otimes a_i' \otimes a_i'' \otimes b_j\right)$$

$$= (\mathrm{id}_V \otimes \mu_{A\otimes A})\left(\sum_{i,k} v_k' \otimes b_k' \otimes b_k'' \otimes a_i' \otimes a_i''\right)$$

$$= \sum_{i,k} v_k' \otimes a_i' b_k' \otimes a_i'' b_k''.$$

由此可见 $\tau_{V\otimes A} \circ \xi = (\xi \otimes \mathrm{id}_A) \circ \tau_{A\otimes V}$. 证毕.

(12.1.9) 引理. 在 A 上用 Δ_A 定义右 G 模结构，在 V 上用 $\sigma_V = (12) \circ (\mathrm{id}_V \otimes \eta_A) \circ \tau_V$ 定义右 G 模结构，然后在 $V \otimes A$ 上对角地定义右 G 模结构；又在 $A \otimes V$ 上用 $\Delta_A \otimes \mathrm{id}_V$ 定义右 G 模结构，则(12.1.7)所定义的 ξ 是右 G 模同构.

证明. 情况正好是(12.1.8)的对偶，于是

$$\zeta = (\mu_A \otimes \mathrm{id}_V) \circ (\mathrm{id}_A \otimes \sigma_V) \circ (12): V \otimes A \to A \otimes V$$

是所定义的右 G 模同构. 仍取 $x = \mathrm{id}_A \in G(A)$，则 $\zeta = x \circ (12)$，不过这里的 x 在 $A \otimes V$ 上的作用是由 σ_V 定义的右作用，与由 τ_V 定义的左作用的关系是

$$(a \otimes v)x = x^{-1}(v \otimes a), \quad \forall v \in V, a \in A.$$

所以，如用左作用表示，则 $\zeta = (12) \circ x^{-1}$，可见 $\zeta = \xi^{-1}$. 由此推出 ξ 是所定义的右 G 模的同构. 证毕.

(12.1.6)的证明. 令 $\theta = \mathrm{id}_W \otimes \xi: W \otimes A \otimes V \to W \otimes V \otimes A$.

如果 W 上的左 H 模结构由 $\tau_W: W \to W \otimes B$ 确定，则

$$\sigma_W = (12) \circ (\mathrm{id}_W \otimes \eta_B) \circ \tau_W$$

在 W 上定义一个右 H 模作用；再用(12.1.9)所定义的 $A \otimes V$ 与 $V \otimes A$ 上的右 G 模结构在 H 的限制所得到的右 H 模结构，在 $W \otimes (A \otimes V)$ 与 $W \otimes (V \otimes A)$ 上各自对角地定义右 H 模结构.

据(12.1.9)，θ 是这两个右 H 模之间的模同构，从而导出 $\mathscr{R}$ 模的同构

$$\theta:(W\otimes A\otimes V)^H \xrightarrow{\sim} (W\otimes V\otimes A)^H.$$

根据构作法，$(W\otimes A\otimes V)^H=(W\otimes A)^H\otimes V=(\mathrm{Ind}_\varphi W)\otimes V$，而 $(W\otimes V\otimes A)^H=\mathrm{Ind}_\varphi(W\otimes \mathrm{Res}_\varphi V)$，因此 θ 是 $(\mathrm{Ind}_\varphi W)\otimes V$ 到 $\mathrm{Ind}_\varphi(W\otimes\mathrm{Res}_\varphi V)$ 上的 $\mathscr{R}$ 模同构.

把 W 看成平凡的左 G 模，再用 (12.1.8) 所定义的 $A\otimes V$ 与 $V\otimes A$ 上的左 G 模结构，在 $W\otimes(A\otimes V)$ 与 $W\otimes(V\otimes A)$ 上对角地定义左 G 模结构. 从(12.1.8)知道，θ 是这两个左 G 模之间的模同构. 由构作法，$(\mathrm{Ind}_\varphi W)\otimes V$ 与 $\mathrm{Ind}_\varphi(W\otimes\mathrm{Res}_\varphi V)$ 分别是这样定义的左 G 模 $W\otimes A\otimes V$ 与 $W\otimes V\otimes A$ 的子模. 由此可见，θ 是 $(\mathrm{Ind}_\varphi W)\otimes V$ 与 $\mathrm{Ind}_\varphi(W\otimes\mathrm{Res}_\varphi V)$ 之间的 G 模同构.

θ 的自然性是显然的. 证毕.

读者不难验证，上面定义的 θ 是使下图交换的 G 模同态（据(12.1.4)，这样的 G 模同态是唯一的）:

$$\begin{array}{ccc}
(\mathrm{Ind}_\varphi W)\otimes V & \xrightarrow{\ \theta\ } & \mathrm{Ind}_\varphi(W\otimes V) \\
 & {\scriptstyle Ev\otimes \mathrm{id}_V}\searrow & \downarrow{\scriptstyle Ev} \\
 & & W\otimes V
\end{array}$$

我们看几个例子.

例 1. 设 $H=G$，φ 是恒等态射，则 $\mathrm{Ind}_\varphi V=V$. 这是因为 Res_φ 是有理 G 模范畴到自身的恒等函子，它的右伴随也只能是恒等函子.

例 2. 设 $H=E$(平凡的仿射群概形)，φ 是 E 到 G 的唯一态射，$V=\mathscr{R}$ 是一维 E 模，则 $\mathrm{Ind}_\varphi V=A$(左正则 G 模)，这是因为 $\mathrm{Ind}_\varphi V=(V\otimes A)^E=A$，而 $\mathrm{Ind}_\varphi V$ 上的 G 模结构正好是 A 上由 Δ_A 定义的左正则 G 模.

由例 2 可以得出如下的重要事实:

(12.1.10)命题. 设 V 是有理 G 模，则

(1) $\mathscr{R}$ 模 $V\otimes A$ 上由对角作用定义的 G 模结构与由 $\mathrm{id}_V\otimes\Delta_A$ 定义的 G 模结构同构;

(2) V 为 $V\otimes A$（带(1)所述的任一G模结构）的子模.

证明. (1)由例 2 与(12.1.6)，有G模同构

$$V\otimes A = V\otimes \mathrm{Ind}_B^G\mathscr{R} \cong \mathrm{Ind}_B^G((\mathrm{Res}_B^G V)\otimes\mathscr{K}) = V\otimes A,$$

左边的 $V\otimes A$ 上，G对角作用；右边的 $V\otimes A$ 上，G的作用由 $\mathrm{id}_V\otimes\Delta_A$ 定义.

(2) 由例 1 及诱导表示的定义，$V=\mathrm{Ind}_G^G V$ 是 $V\otimes A$（由 $\mathrm{id}_V\otimes\Delta_A$ 定义G作用）的G子模(事实上，$\tau_V: V\to V\otimes A$ 就定义了V到 $V\otimes A$ 的G模嵌入同态). 证毕.

例 3. 设G是单连通半单线性代数群，B是对应负根的 Borel 子群，$\lambda\in\mathfrak{X}_w$，由λ决定的一维B模仍记为 λ，则

$$\mathrm{Ind}_B^G\lambda = \mathrm{Mor}_B(G,\lambda) = \{f\in A\,|\,f(bx)=\lambda(b)f(x),\forall b\in B, x\in G\}.$$

不难看出 $\mathrm{Ind}_B^G\lambda$ 同构于§4.1 所定义的G模 F_λ. 事实上，$f\mapsto\eta_A(f)$ 就是它们之间的同构，验证留给读者. 特别，由(4.2.2)，$\mathrm{Ind}_B^G\lambda\neq 0$ 的充要条件是 $\lambda\in\mathfrak{X}_w^+$.

例 4. G仍如例 3，但B为对应正根的 Borel 子群. 设 $\lambda\in\mathfrak{X}_w$，我们希望证明 $\mathrm{Ind}_{B_n}^{G_n}\lambda = Z(n,-\lambda)^*$（参看 §10.1）. 只要证明 $Z(n,-\lambda)^*$ 具有 $\mathrm{Ind}_{B_n}^{G_n}\lambda$ 的普遍性质，即，有 B_n 模同态 $Ev: Z(n,-\lambda)^*\to\lambda$，并对任何 G_n 模 V 与B_n模同态 $\xi: V\to\lambda$，有唯一的 G_n 模同态 $\tilde{\xi}: V\to Z(n,-\lambda)^*$，使下面的左图交换:

显然可设V是有限维的. 取对偶，有 B_n 模同态 $\xi^*: -\lambda\to V^*$（参看(9.3.2(2)))；又据 $Z(n,-\lambda)$ 的普遍性质，有 B_n 模的同态 $\zeta: -\lambda\to Z(n,-\lambda)$，并对所给的 ξ^*，有唯一的 G_n 模同态 $\tilde{\xi}^*$，使上面的右图交换. 令 $Ev=\zeta^*$，$\tilde{\xi}=(\tilde{\xi}^*)^*$，便得到左边的交换图，$\tilde{\xi}$ 的唯一性也可从 $\tilde{\xi}^*$ 的唯一性推出.

例 5. 设Γ与Γ'是有限群，G与G'分别为Γ与Γ'确定的$\mathscr{R}$上的常值仿射群概形(参看§7.1 的例 11)；又设 $\varphi:\Gamma\to\Gamma'$ 为群同态，则φ导出仿射群概形的态射 $\varphi: G=G'$. 每个 $\mathscr{R}\Gamma$ 模V都是 $(\mathscr{R}\Gamma)^*=\mathscr{R}[G]$ 余模，从而成为有理G模，这样，我们可以定义 $\mathrm{Ind}_\varphi V$，它又可看成 $\mathscr{R}\Gamma'$ 模. 从 $\mathscr{R}\Gamma$ 模范畴到 $\mathscr{R}\Gamma'$ 模范畴的函子 Ind_φ 是从 $\mathscr{R}\Gamma'$ 模范畴到 $\mathscr{R}\Gamma$ 模范畴的限

制函子的右伴随．所以等同于有限群表示论中的诱导函子．

从例 5 可以看出，仿射群概形的诱导表示理论是有限群的诱导表示理论的推广．正因为这一点，仿射群概形的诱导表示有不少类似于有限群诱导表示的性质，如互反律、张量积恒等式等．但是，有限群诱导表示的另外一些重要性质在这里消失了．例如，有限群的诱导函子是正合的，但仿射群概形的诱导函子一般只是左正合的(事实上，如果H是G的闭子群概形，则 Ind_H^G 正合的一个充分条件是G关于H的“商”是仿射的；如果H与G都是线性代数群，则这个条件是充要的，参看 §12.3 末段)；又如，有限群诱导表示的维数与原表示的维数有严格的关系，但在例 3 中我们已经看到，即使对线性代数群，一般也没有这种关系——同是 1 维B模，诱导到G后可能是零模，也可能是非零模．如此等等．这些区别中最本质的是，有限群的诱导函子还是限制函子的左伴随函子，但对于仿射群概形，一般说来这就不成立了．

下面还是一个例子，它所描述的情况对有限群也不可能发生．由于这个结论比较重要，我们把它写成命题的形式．

(12.1.11) 命题． *设G是连通线性代数群，H是它的闭子群．如果 G/H 是完备簇(即H为G的抛物子群)，则对任何有理G模V，均有 $\mathrm{Ind}_H^G\mathrm{Res}_H^G V\cong V$．*

证明．先证当 G/H 完备时，对任何有理G模V均有 $V^H=V^G$．显然 $V^G\subset V^H$．现在设 $v\in V^H$，则 $g\longmapsto gv(g\in G)$ 定义了代数簇的态射 $\varphi:G/H\to V_0$，这里 V_0为V的某个有限维子空间．由于 G/H 完备，φ的象必须是闭的(从而是仿射的)与完备的；另一方面，G是连通的，从而φ的象也是连通的．由此可见φ的象只能是一点，所以对所有 $g\in G$ 均有 $gv=v$，即 $v\in V^G$．因此 $V^G=V^H$，正如所求．

根据这个事实，我们有

$$\mathrm{Ind}_H^G\mathrm{Res}_H^G V=(V\otimes\mathscr{R}[G])^H=(V\otimes\mathscr{R}[G])^G=\mathrm{Ind}_G^G V\cong V.$$

证毕．

12.2 有理内射模

仍设G为$\mathscr{R}$上的仿射群概形. 要在有理G模范畴作上同调, 关键是有理G模范畴中必须有足够的内射对象(这种内射对象将称为**有理内射G模**). 用诱导表示的方法讨论有理内射G模是很方便的,因为我们有

(12.2.1) 引理. 设 $\varphi: H \to G$ 是仿射群概形的态射, I是有理内射H模,则 $\mathrm{Ind}_\varphi I$ 是有理内射G模.

证明. 据(12.1.3), 对有理G模V, 有自然的$\mathscr{R}$模的同构

$$\mathrm{Hom}_G(V, \mathrm{Ind}_\varphi I) \cong \mathrm{Hom}_H(\mathrm{Res}_\varphi V, I),$$

所以函子 $\mathrm{Hom}_G(-, \mathrm{Ind}_\varphi I)$ 可以分解成两个函子 Res_φ 与 $\mathrm{Hom}_H(-, I)$ 的合成,而这两个函子都是正合的,所以 $\mathrm{Hom}_G(-, \mathrm{Ind}_\varphi I)$ 也是正合的,即 $\mathrm{Ind}_\varphi I$ 是有理内射G模. 证毕.

(12.2.2) 命题. (1)设Q是内射$\mathscr{R}$模,看成平凡的有理G模, 则 $Q \otimes \mathscr{R}[G]$ 是有理内射G模.

(2) 每个有理内射G模都是某个如(1)所示的有理内射G模的直和项.

(3) 设V是有理G模, 且它作为$\mathscr{R}$模是有限生成的射影模, 则V与任何有理内射G模的张量积仍是有理内射G模; 如果$\mathscr{R}$是 Noether 环,则对V的有限性要求可以去掉.

(4) 如果$\mathscr{R}$是 Noether 环, 则有理内射G模的任意直和与正向极限仍是有理内射G模.

特别,如果$\mathscr{R}$是域,则

(1′) 正则G模 $\mathscr{R}[G]$ 是有理内射G模;

(2′) 每个有理内射G模都是适当的 $\coprod_{\alpha \in \Lambda} I_\alpha$ 的直和项,其中每个 I_α 都同构于正则G模 $\mathscr{R}[G]$;

(3′) 有理内射G模与任意有理G模的张量积仍是有理内射G模;

(4′) 有理内射G模的任意直和与正向极限都是有理内射G

模.

证明. 显然(1′)—(4′)是(1)—(4)的特例. 下面只要证明(1)—(4).

(1) 显然有理 E 模范畴就是 $\mathscr{R}$ 模范畴，于是 Q 是有理内射 E 模,据(12.2.1), $\mathrm{Ind}_E^G Q = Q\otimes\mathscr{R}[G]$ 是有理内射 G 模.

(2) 设 I 是有理内射 G 模，则作为 $\mathscr{R}$ 模，可把 I 嵌入到内射 $\mathscr{R}$ 模 Q，于是 $I\otimes\mathscr{R}[G]$ 是 $Q\otimes\mathscr{R}[G]$ 的 G 子模. 又据(12.1.10)，I 为 $I\otimes\mathscr{R}[G]$ 的 G 子模，从而 I 为 $Q\otimes\mathscr{R}[G]$ 的 G 子模. 由 I 的内射性质，I 为 $Q\otimes\mathscr{R}[G]$ 的 G 直和项.

(3) 据(2)，只要证 $V\otimes Q\otimes\mathscr{R}[G]$ 是有理内射 G 模，Q 如(1)所述. 据(12.1.10)，可以认为 $V\otimes Q\otimes\mathscr{R}[G]$ 上的 G 模结构由 $\mathrm{id}_V\otimes\mathrm{id}_Q\otimes\Delta_{\mathscr{R}[G]}$ 定义,即 V 只看作 $\mathscr{R}$ 模. 因此，不妨设 V 是 $\mathscr{R}$ 自由的，此时 $V\otimes Q\otimes\mathscr{R}[G]$ 只不过是 $Q\otimes\mathscr{R}[G]$ 的直和. 如果 V 有限秩，这是有限直和，从而 $V\otimes Q\otimes\mathscr{R}[G]$ 是有理内射 G 模;如果 $\mathscr{R}$ 是 Noether 环,只要(4)得证，(3)的结论也就得证了.

(4)只要证明关于正向极限的结论就可以了.

设 $\{I_\alpha;\ \rho_{\alpha\beta}\}$ 是有理内射 G 模的正向系统，$I=\varinjlim I_\alpha$，$\rho_\alpha: I_\alpha\to I$ 是典范同态. 又设 $0\to V\xrightarrow{\theta} W$ 是有理 G 模的正合列，其中 V 是有限型的(即作为 $\mathscr{R}$ 模是有限生成的，见(7.3.2))，$\varphi: V\to I$ 是 G 模同态. 我们现在证明存在一个 G 模同态 $\psi: W\to I$，使 $\varphi=\psi\circ\theta$.

取 V 的一组 $\mathscr{R}$ 模生成元 $v_1,\cdots,v_n$，令 $\tilde{V}$ 为以 $\tilde{v}_1,\cdots,\tilde{v}_n$ 为基的自由 $\mathscr{R}$ 模，则有 $\mathscr{R}$ 模同态 $\pi:\tilde{V}\to V$，把 $\tilde{v}_i$ 映到 v_i；另一方面,显然可以找到一个 α 以及 $u_1,\cdots,u_n\in I_\alpha$,使

$$\varphi(v_i)=\rho_\alpha(u_i),\ i=1,\cdots,n.$$

这样,可以定义 $\mathscr{R}$ 模同态 $\sigma_0:\tilde{V}\to I_\alpha$,把 $\tilde{v}_i$ 映到 u_i,它满足 $\rho_\alpha\circ\sigma_0=\varphi\circ\pi$，从而 $\rho_\alpha\circ\sigma_0(\mathrm{Ker}\pi)=0$. 因为 $\mathscr{R}$ 是 Noether 环，所以 $\mathrm{Ker}\pi$ 是有限生成的 $\mathscr{R}$ 模,从而有 β 使 $\rho_{\alpha\beta}\circ\sigma_0(\mathrm{Ker}\pi)=0$，由此

即得知$\rho_{\alpha\beta}\circ\sigma:\tilde{V}\to I_\beta$ 可以导出 $\mathscr{R}$ 模同态$\sigma:V\to I_\beta$,并使 $\rho_\beta\circ\sigma\Rightarrow\varphi$.

令 J 为 $\mathrm{Im}\sigma$ 生成的 I_β 的G子模,再令 $K=J\cap\mathrm{Ker}\rho_\beta$. 如果 τ_V, τ_{I_β} 与 τ_I 分别是有理G模 V, I_β 与 I 的 $\mathscr{R}[G]$ 余模结构映射,并取定 $\mathscr{R}[G]$ 的一组 $\mathscr{R}$ 基 $\{a_i\}$, 则对任何 $v\in V$, 有 $v_i\in V$ 与 $u_i\in J$ (这里的 u_i 与上文无关),使

$$\tau_V(v)=\sum_i v_i\otimes a_i,\quad \tau_{I_\beta}(\sigma(v))=\sum_i u_i\otimes a_i.$$

因为 ρ_β 与 φ 是G模同态,我们有

$$\begin{aligned}\tau_I(\varphi(v))&=(\varphi\otimes\mathrm{id}_{\mathscr{R}[G]})\circ\tau_V(v)\\&=\sum_i\varphi(v_i)\otimes a_i=\sum_i\rho_\beta(\sigma(v_i))\otimes a_i,\\ \tau_I(\varphi(v))&=\tau_I(\rho_\beta\circ\sigma(v))=(\rho_\beta\otimes\mathrm{id}_{\mathscr{R}[G]})\circ\tau_{I_\beta}(\sigma(v))\\&=\sum_i\rho_\beta(u_i)\otimes a_i.\end{aligned}$$

由 a_i 的线性无关性质,得出 $\rho_\beta(\sigma(v_i)-u_i)=0$, 从而 $\rho_\beta(v_i)-u_i\in K$. 据(7.3.2(1)), J 是有限生成的 $\mathscr{R}$ 模,又据 $\mathscr{R}$ 的 Noether 性质, K也是有限生成的 $\mathscr{R}$ 模. 于是有γ使 $\rho_{\beta\gamma}(K)=0$, 这样 $\rho_{\beta\gamma}\circ\sigma(v_i)=\rho_{\beta\gamma}(u_i)$, 对所有 i. 令 $\rho_{\beta\gamma}\circ\sigma=\sigma'$, 则

$$\begin{aligned}\tau_{I_\gamma}(\sigma'(v))&=\tau_{I_\gamma}(\rho_{\beta\gamma}\circ\sigma(v))=(\rho_{\beta\gamma}\otimes\mathrm{id}_{\mathscr{R}[G]})\circ\tau_{I_\beta}(\sigma(v))\\&=\sum_i\rho_{\beta\gamma}(u_i)\otimes a_i=\sum_i\sigma'(v_i)\otimes a_i\\&=(\sigma'\otimes\mathrm{id}_{\mathscr{R}[G]})\circ\tau_V(v).\end{aligned}$$

γ 的选取与 v 无关,所以上述等式对所有 $v\in V$ 成立. 可见 σ': $V\to I_\gamma$ 是有理G模同态,使 $\rho_\gamma\circ\sigma'=\varphi$.

因为 I_γ 是有理内射G模, 我们有G模同态 $\phi_0:W\to I_\gamma$, 使 $\phi_0\circ\theta=\sigma'$. 令 $\phi=\rho_\gamma\circ\phi_0$, 则 $\phi\circ\theta=\rho_\gamma\circ\phi_0\circ\theta=\rho_\gamma\circ\sigma'=\varphi$. 正如所求.

现在,只要再用如下引理,即知 I 是有理内射G模. 证毕.

(12.2.3) 引理. 设 $\mathscr{R}$ 是 Noether 环, G 是 $\mathscr{R}$ 上的仿射群概形, I 是有理 G 模. 如果对于任何有限型有理 G 模的正合列 $0\to V\xrightarrow{\theta}W$ 与任何 G 模同态 $\varphi:V\to I$, 必存在 G 模同态 $\psi:W\to I$, 使 $\varphi=\psi\circ\theta$, 则 I 是有理内射 G 模.

证明. 我们要证明对任何有理 G 模(没有有限型条件)的正合列 $0\to V\xrightarrow{\theta}W$ 与任何 G 模同态 $\varphi:V\to I$, 必有 G 模同态 $\psi:W\to I$, 使下图交换:

$$\begin{array}{ccccc} 0 & \to & V & \xrightarrow{\theta} & W \\ & & {\scriptstyle\varphi}\downarrow & \swarrow{\scriptstyle\psi} & \\ & & I & & \end{array}$$

考虑如下形式的交换图的集合 Σ:

$$\begin{array}{ccccc} \alpha:0 & \to & V & \xrightarrow{\theta} & W_\alpha \\ & & {\scriptstyle\varphi}\downarrow & \swarrow{\scriptstyle\psi_\alpha} & \\ & & I & & \end{array}$$

其中 W_α 为 W 的 G 子模, 并且 $\theta(V)\subset W_\alpha$. Σ 是非空的, 因为当 $W_\alpha=\theta(V)$ 时有一平凡的交换图在 Σ 中. 在 Σ 中定义一个半序: $\alpha\leqslant\beta$ 当且仅当 $W_\alpha\subset W_\beta$ 且 $\psi_\alpha=\psi_\beta|_{W_\alpha}$. 设

$$\alpha_0\leqslant\alpha_1\leqslant\alpha_2\leqslant\cdots$$

是 Σ 中的链, 则图

$$\begin{array}{ccccc} 0 & \to & V & \xrightarrow{\theta} & \bigcup_i W_{\alpha_i} \\ & & {\scriptstyle\varphi}\downarrow & \swarrow{\scriptstyle\bigcup_i\psi_{\alpha_i}} & \\ & & I & & \end{array}$$

显然是这条链在 Σ 中的上界. 于是, 据 Zorn 引理, Σ 有极大元素. 设

$$\begin{array}{ccccc} \gamma:0 & \to & V & \xrightarrow{\theta} & W_\gamma \\ & & {\scriptstyle\varphi}\downarrow & \swarrow{\scriptstyle\psi_\gamma} & \\ & & I & & \end{array}$$

是 Σ 的一个极大元素，我们希望证明 $W_\gamma = W$. 用反证法，如果 $W_\gamma \neq W$，取 $w \in W \backslash W_\gamma$，设 W_0 是 W 中由 w 生成的 G 子模，据(7.3.2(1))，W_0 是有限生成的 $\mathscr{R}$ 模，又据 $\mathscr{R}$ 的 Noether 性质，$W_1 = W_0 \cap W_\gamma$ 也是有限生成的 $\mathscr{R}$ 模. 考虑图

$$\begin{array}{ccccc} 0 \to & W_1 & \xrightarrow{\rho} & W_0 \\ & \downarrow{\scriptstyle \psi_\gamma|_{W_1}} & \swarrow{\scriptstyle \psi_0} & \\ & I & & \end{array}$$

其中 ρ 是典范嵌入. 据引理的假设条件，有 G 模同态 ψ_0 使上图交换. 现在令 $W_\beta = W_\gamma + W_0$，它是 W 的 G 子模，并且真包含 W_γ. 再令

$$\psi_\beta(w + w') = \psi_\gamma(w) + \psi_0(w'), \ \forall w \in W_\gamma, \ w' \in W_0.$$

ψ_β 是完全定义的，因为 ψ_γ 与 ψ_0 在 W_1 上一致. 显然 ψ_β 是 G 模同态，并且图

$$\begin{array}{ccccc} \beta: 0 \to & V & \xrightarrow{\theta} & W_\beta \\ & \downarrow{\scriptstyle \varphi} & \swarrow{\scriptstyle \psi_\beta} & \\ & I & & \end{array}$$

是交换的，从而 $\beta \in \Sigma$ 且 $\gamma \lneq \beta$. 这与 γ 的极大性矛盾. 由此可见 $W_\gamma = W$，$\psi = \psi_\gamma$ 即满足 $\varphi = \psi \circ \theta$. 证毕.

我们有如下的重要定理:

(12.2.4) 定理. 有理 G 模范畴有足够的内射对象. 更精确地说，

(1) 每个有理 G 模有唯一的(在同构意义下)有理内射包络；如果 $\mathscr{R}$ 是 Noether 环，还有

(2) 每个有理内射 G 模是不可分解有理内射 G 模的直和；

(3) 每个不可分解有理内射 G 模都是不可约有理 G 模的有理内射包络.

证明. 设 V 是有理 G 模，则作为 $\mathscr{R}$ 模，V 可嵌入到内射 $\mathscr{R}$ 模 Q 中，从而 $V \otimes \mathscr{R}[G]$ 是 $Q \otimes \mathscr{R}[G]$ 的 G 子模. 据(12.2.2)，$Q \otimes \mathscr{R}[G]$ 是有理内射 G 模；而据(12.1.10)，V 为 $V \otimes \mathscr{R}[G]$ 的

G 子模. 这样,就把 V 嵌入到有理内射 G 模中去了,从而有理 G 模范畴有足够的内射对象.

(1) 用模论中标准的"本质扩张"的方法证明内射包络的存在性. 设 V 是有理 G 模 M 的子模, W 是 M 的含 V 的子模. 如果 W 的任何非零子模都与 V 有非零交, 则称 W 为 V 在 M 中的一个本质扩张. 用 Zorn 引理容易证明,可以找到 V 在 M 中的极大本质扩张, 即 M 中任何真包含它的子模不再是 V 的本质扩张了.

把 V 嵌入到有理内射 G 模 I 中, 设 I_0 是 V 在 I 中的极大本质扩张. 我们将证明 I_0 是 V 的有理内射包络, 即 I_0 是有理内射 G 模,并且它的基座(所有不可约子模之和)与 V 的基座相同.

先证明无论把 I_0 嵌入到哪一个有理 G 模中, I_0 都没有非平凡的本质扩张. 不妨设 I_0 嵌入到 M 中,且 M 为 I_0 的本质扩张. 由 I 的内射性, 有 G 模同态 $\varphi: M \to I$, 它在 I_0 的限制就是 I_0 到 I 的典范嵌入. 如果 $\mathrm{Ker}\varphi \neq 0$, 由本质扩张的定义, $I_0 \cap \mathrm{Ker}\varphi \neq 0$, 这是不可能的, 从而 M 嵌入到 I 中, 成为 I_0 在 I 中的本质扩张. 容易看出 M 也是 V 在 I 中的本质扩张. 由 I_0 的极大性, $M = I_0$.

现在证 I_0 是有理内射 G 模. 用 Zorn 引理,在与 I_0 的交为零的 I 的子模中可以找到一个极大元素 J. 设 $\pi: I \to I/J$ 是典范同态,它在 I_0 的限制是内射,从而把 I_0 嵌入到 I/J 中. 如果 M 是 I/J 的非零子模,则 $\pi^{-1}M \cap I_0 \neq 0$, 从而 $\pi(I_0) \cap M \neq 0$. 可见 I/J 是 I_0 的本质扩张. 据上段结论,只能 $I/J \cong I_0$. 这表明 $I = I_0 \oplus J$, 从而 I_0 是有理内射 G 模.

显然 V 的基座含于 I_0 的基座. 反之, 由本质扩张的定义, I_0 的每一不可约子模必含于 V, 从而含于 V 的基座中. 所以 V 与 I_0 有相同的基座. 可见 I_0 是 V 的有理内射包络.

有理内射包络的唯一性是如下结论的特例:

(*) 具有同构基座的有理内射 G 模必同构.

设有理内射 G 模 I_1 与 I_2 具有同构的基座,则基座之间同构可以扩充为 G 模同态 $\varphi: I_1 \to I_2$. $\mathrm{Ker}\varphi = 0$, 否则它有不可约子模从而与基座有非零交,导出矛盾; $\mathrm{Im}\varphi = I_2$, 否则 $I_2 = I_1 \oplus J$ 且

$J \neq 0$，从而有 I_2 的不可约子模不在 $\mathrm{Im}\varphi$ 中，又导出矛盾. 这就证明了(*).

(2)、(3)：显然不可约有理 G 模的有理内射包络是不可分解的. 对任一有理内射 G 模 I，把它的基座分解成不可约模的直和，作每一直和项的有理内射包络，并作这些有理内射包络的直和. 据(12.2.2(4))，我们仍得到一个有理内射 G 模，它的基座显然同构于 I 的基座，从而它同构于 I. 这样，我们把 I 分解成不可分解有理内射 G 模的直和，每个直和项都是不可约 G 模的有理内射包络. (2)与(3)均得证. 证毕.

12.3 各种上同调：定义与基本性质

本小节要定义代数群表示理论中常见的几种上同调，并讨论它们的基本性质. 要定义的上同调是：

(1) **诱导函子的右导函子**：设 $\varphi: H \to G$ 是仿射群概形的态射，则从有理 H 模范畴到有理 G 模范畴的函子 Ind_φ 是左正合的，因此可以作右导函子 $R^n\mathrm{Ind}_\varphi$. 特别，$R^0\mathrm{Ind}_\varphi = \mathrm{Ind}_\varphi$.

(2) **有理上同调**（或 **Hochschild 上同调**）：从有理 G 模范畴到 $\mathscr{R}$ 模范畴的函子 $\mathscr{F}_G: V \longmapsto V^G$ 也是左正合的，于是，我们也可作 $\mathscr{F}_G$ 的右导函子，并记

$$H^n(G,V) = R^n\mathscr{F}_G(V), \ \forall n \geqslant 0.$$

称 $H^n(G,V)$ 为有理 G 模 V 的第 n 个有理上同调群或 Hochschild 上同调群. 当然，$H^0(G, V) = V^G$.

(3) **有理 n 扩张函子**：有理 G 模范畴到 $\mathscr{R}$ 模范畴的函子 $\mathrm{Hom}_G(V,-)$ 也是左正合的(这里 V 是固定的有理 G 模)，它的第 n 个右导函子称为有理 n 扩张函子，并记为 $\mathrm{Ext}_G^n(V,-)$. 仍有 $\mathrm{Ext}_G^0(V, -) = \mathrm{Hom}_G(V, -)$. 注意，由于有理 G 模范畴中一般说来不含有足够的射影对象，所以有理 n 扩张函子无法定义为 $\mathrm{Hom}_G(-,V)$ 的导函子，这点与一般模论中的上同调理论有所不同.

用 Grothendieck 谱序列定理(11.3.4)及其推论(11.3.6)，容易

证明这些上同调的一些简单性质以及它们之间的相互关系。

(12.3.1)命题 (关于诱导表示的谱序列). 设 H, K, G 都是 $\mathscr{R}$ 上的仿射群概形, $\varphi:H\to K$ 与 $\psi:K\to G$ 是仿射群概形的态射,则对每个有理H模 W,有谱序列 $\mathbf{E}$,使

$$E_2^{m,n}=(R^m\mathrm{Ind}_\psi)(R^{n-m}\mathrm{Ind}_\varphi)(W)\Longrightarrow E_\infty^n=R^n\mathrm{Ind}_{\psi\circ\varphi}(W).$$

证明. 据(12.1.5)、(12.1.1)与(11.3.4),即得结论. 证毕.

(12.3.2) 命题(广义张量积恒等式). 设H与G是 $\mathscr{R}$ 上的仿射群概形, $\varphi:H\to G$ 是仿射群概形的态射,V是有理G模, 假定它作为 $\mathscr{R}$ 模是有限生成的射影模,又设W是有理H模,则有G模同构

$$(R^n\mathrm{Ind}_\varphi W)\otimes V\cong R^n\mathrm{Ind}_\varphi(W\otimes\mathrm{Res}_\varphi V),\ \forall n\geqslant 0.$$

如果 $\mathscr{R}$ 是 Noether 环,则对V的有限性要求可以去掉.

证明. 固定 V, 考虑从有理H模范畴到有理G模范畴的函子 $\mathscr{I}_V:W\longmapsto(\mathrm{Ind}_\varphi W)\otimes V$. 据(12.1.6),$\mathscr{I}_V$ 可以用两种方法分解: (1)分解为左正合函子 Ind_φ 与正合函子 $-\otimes_{\mathscr{R}}V$ 的合成; (2)分解成正合函子$-\otimes_{\mathscr{R}}\mathrm{Res}_\varphi V$ 与左正合函子 Ind_φ 的合成. 据(12.2.2(3)),在我们的假设条件下,函子 $-\otimes_{\mathscr{R}}\mathrm{Res}_\varphi V$ 把有理内射H模对应到有理内射H模. 由此可见, 对 $\mathscr{I}_V$ 的上述两种分解法都可用(11.3.6),得出

$$(R^n\mathrm{Ind}_\varphi W)\otimes V\cong R^n\mathscr{I}_V(W)\cong R^n\mathrm{Ind}_\varphi(W\otimes\mathrm{Res}_\varphi V).\ \text{证毕}.$$

(12.3.3) 命题. 设H与G是 $\mathscr{R}$ 上的仿射群概形, 其中G的仿射代数 $\mathscr{R}[G]$ 是 $\mathscr{R}$ 上有限秩的; 又设 $\varphi:H\to G$ 是仿射群概形的态射, W是有理H模. 如果 $\tau_W:W\to W\otimes\mathscr{R}[H]$ 是W的余模结构映射, 则用 $\sigma_W=(12)\circ(\mathrm{id}_W\otimes\eta_{\mathscr{R}[H]})\circ\tau_W:W\to\mathscr{R}[H]\otimes W$在$W$上定义右$H$模结构, 再用 $\sigma_{\mathscr{R}[G]}=(\varphi^\#\otimes\mathrm{id}_{\mathscr{R}[G]})\circ\Delta_{\mathscr{R}[G]}$ 在 $\mathscr{R}[G]$ 上定义右H模结构,然后在 $W\otimes\mathscr{R}[G]$ 上对角地定义右H模结构. 那么,有 $\mathscr{R}$ 模的同构

$$R^n\mathrm{Ind}_\varphi W\cong H^n(H,W\otimes\mathscr{R}[G]),\ \forall n\geqslant 0.$$

如果 $\mathscr{R}$ 是 Noether 环, 则对 $\mathscr{R}[G]$ 的有限秩要求可以去掉.

证明. 当 $n=0$ 时,就是诱导表示的定义. 如果W是有理内

射左H模，据(7.3.1)，由σ_W定义的右H模W也是有理内射的，再由(12.2.2(3))，$W\otimes\mathscr{R}[G]$为有理内射右H模．据此，我们可用(11.3.6)，即得所需的同构．证毕．

(12.3.4)命题． 设G是$\mathscr{R}$上的仿射群概形，V与W是有理G模，其中V作为$\mathscr{R}$模是有限生成的射影模，则有$\mathscr{R}$模的同构

$$\mathrm{Ext}_G^n(V,W)\cong H^n(G,V^*\otimes W),\ \forall n\geqslant 0.$$

证明．先考虑$n=0$的情况．如所周知，当V是有限生成的射影$\mathscr{R}$模时，我们有典范的同构

$$V^*\otimes W\xrightarrow{\sim}\mathrm{Hom}_{\mathscr{R}}(V,W),$$

$\sum\limits_i f_i\otimes W_i\in V^*\otimes W$ 所对应的$\mathscr{R}$模同态是

$$v\longmapsto\sum_i f_i(v)w_i.$$

通过这个同构把$V^*\otimes W$上的G模结构转移到$\mathrm{Hom}_{\mathscr{R}}(V,W)$上，我们只要证这个$G$模的$G$不动点正好是$\mathrm{Hom}_G(V,W)$.

设$\varphi\in\mathrm{Hom}_{\mathscr{R}}(V,W)$，它对应的$V^*\otimes W$的元素是

$$\sum_i f_i\otimes w_i;$$

又设$A=\mathscr{R}[G]$，并取$x=\mathrm{id}_A\in G(A)$．如果φ是G不动点，则

$$\sum_i x^{-1}(f_i\otimes 1)\otimes_A(w_i\otimes 1)=\sum(f_i\otimes 1)\otimes_A x(w_i\otimes 1),1\in A.$$

于是，对所有$v\in V$，有

$$\sum_i(f_i\otimes\mathrm{id}_A)(x(v\otimes 1))(w_i\otimes 1)$$

$$=\sum_i(f_i\otimes\mathrm{id}_A)(v\otimes 1)(x(w_i\otimes 1)).$$

注意到$x(v\otimes 1)=\tau_V(v)$，$x(w_i\otimes 1)=\tau_W(w_i)$，这里$\tau_V$与$\tau_W$分别是$V$与$W$的余模结构映射，上式即为

$$(\varphi\otimes\mathrm{id}_A)\circ\tau_V(v)=\tau_W\circ\varphi(v),$$

可见φ是G模同态. 反之,如果φ是G模同态,则上述过程可逆推至

$$\sum_i x^{-1}(f_i\otimes 1)\otimes_A(w_i\otimes 1)=\sum(f_i\otimes 1)\otimes_A x(w_i\otimes 1).$$

两边作用 $x\otimes \mathrm{id}_W\otimes \mathrm{id}_A$, 即得

$$\sum f_i\otimes w_i\otimes 1=x(\sum f_i\otimes w_i\otimes 1),$$

即

$$\tau_{V\otimes W}(\sum f_i\otimes w_i)=\sum f_i\otimes w_i\otimes 1,$$

这里 $\tau_{V\otimes W}=(\mathrm{id}_V\otimes \mathrm{id}_W\otimes \mu_A)\circ(23)\circ(\tau_V\otimes\tau_W)$, 可见$\varphi$是$G$不动点.

这样,$n=0$时结论得证. 我们所建立的同构显然是自然的,所以得到函子的自然等价 $\mathrm{Hom}_G(V, -)\cong\mathscr{F}_G(V^*\otimes -)$. V^*显然也是有限生成的射影$\mathscr{R}$模, 所以 $V^*\otimes -$ 是正合函子并且把有理内射G模对应到有理内射G模 (见(12.2.2(3))), 再用(11.3.6)即得一般的结论. 证毕.

(12.1.3)所描述的互反律可以推广为

(12.3.5)命题. 设G与H是$\mathscr{R}$上的仿射群概形, $\varphi: H\to G$是仿射群概形的态射, 则对有理G模V与有理H模W, 有谱序列$\mathbf{E}$,使

$$E_2^{m,n}=\mathrm{Ext}_G^m(V, R^{n-m}\mathrm{Ind}_\varphi W)\Longrightarrow E_\infty^n=\mathrm{Ext}_H^n(\mathrm{Res}_\varphi V, W).$$

证明. 当 $m=n=0$ 时,就是(12.1.3); Ind_φ 把有理内射H模对应到有理内射G模(见(12.2.1)),用(11.3.4)即得上述谱序列. 证毕.

用 Grothendieck 谱序列还可以证明,尽管一般说来不能保证$\mathscr{R}[G]$是有理内射G模(见(11.2.2)), 但是只要$\mathscr{R}$是 Noether 环, 就能保证 $\mathscr{R}[G]$ 对于不动点函子与诱导函子都是零调的. 我们有如下更一般的结论:

(12.3.6)命题. 设$\mathscr{R}$是 Noether 环, H与G是$\mathscr{R}$上的仿射群概形, $\varphi: H\to G$ 是仿射群概形的态射, W是有理H模, 则当$n>0$时,

$$H^n(H, W\otimes_{\mathscr{R}}\mathscr{R}[G]) = R^n\mathrm{Ind}_\varphi(W\otimes_{\mathscr{R}}\mathscr{R}[H]) = 0.$$

证明．据(12.1.3)，我们有自然的同构

$$(W\otimes_{\mathscr{R}}\mathscr{R}[H])^H \cong (\mathrm{Ind}_E^H W)^H \cong \mathrm{Hom}_H(\mathscr{R}, \mathrm{Ind}_E^H W) \cong \mathrm{Hom}_{\mathscr{R}}(\mathscr{R}, W),$$

其中 E 是平凡的仿射群概形；又据(12.2.2(3))，正合函子 $-\otimes_{\mathscr{R}}\mathscr{R}[H]$ 把有理内射 H 模对应到有理内射 H 模；再据(11.3.6)，

$$H^n(H, W\otimes_{\mathscr{R}}\mathscr{R}[G]) \cong \mathrm{Ext}^n_{\mathscr{R}}(\mathscr{R}, W) = 0,\ \forall n > 0,$$

后一个等号的根据是 $\mathscr{R}$ 为自由（从而射影）$\mathscr{R}$ 模．又，据(12.1.5)，有自然的同构

$$\mathrm{Ind}_\varphi(W\otimes_{\mathscr{R}}\mathscr{R}[H]) \cong \mathrm{Ind}_\varphi\mathrm{Ind}_E^H W \cong \mathrm{Ind}_E^G W,$$

同样从(12.2.2(3))与(11.3.6)推出，

$$R^n\mathrm{Ind}_\varphi(W\otimes_{\mathscr{R}}\mathscr{R}[H]) \cong R^n\mathrm{Ind}_E^G W,\ \forall n > 0,$$

后一个等号是从 $\mathscr{R}[G]$ 的平坦性推出．证毕．

还有一些重要的谱序列（如 Lyndon-Hochschild-Serre 谱序列）将在下一小节中证明．

12.4 正规闭子群概形的正合性

本小节内设 $\mathscr{R}$ 是域，G 是 $\mathscr{R}$ 上的仿射群概形，N 是 G 的正规闭子群概形，$H = G/N$．设 $\varphi: N\to G$ 与 $\pi: G\to H$ 都是典范态射，并设 $A = \mathscr{R}[G]$，$B = \mathscr{R}[N]$，$C = \mathscr{R}[H]$．我们将证明 $\mathrm{Ind}_\pi = \mathscr{F}_N\circ\mathrm{Res}_\varphi$，而 Ind_N^G 是正合的．

(12.4.1)引理． 设 V 是有理 G 模，则 V^N 是 V 的 G 子模，并可赋于相容的有理 H 模结构（即所赋予的 H 模结构通过 π 的限制就是原来的 G 模结构）．

证明．如果 G 与 N 都是线性代数群，结论是显然的．在一般情况下，设 $R = B\otimes_{\mathscr{R}}A$，并定义两个 $\mathscr{R}$ 代数同态 $x: A\to R$ 与 $y: B\to R$，使

$$x(a) = 1\otimes a,\ y(b) = b\otimes 1,\ \forall a\in A,\ b\in B.$$

取 $v\in V$，并设

$$\tau_V(v) = \sum_i v_i \otimes a_i$$

(τ_V 为 V 的 A 余模结构映射)，其中 a_i 线性无关，则

$$x(v\otimes 1) = \sum_i v_i \otimes 1 \otimes a_i,$$

$$(yx)(v\otimes 1) = \sum_i v_i \otimes (\mu_R \circ (y\otimes x)\circ(\varphi^{\#}\otimes \mathrm{id}_A)\circ \Delta_A(a_i)).$$

注意到 $\mu_R \circ (y\otimes x) = \mathrm{id}_R$，所以

$$\begin{aligned}(yx)(v\otimes 1) &= (\mathrm{id}_V\otimes\varphi^{\#}\otimes\mathrm{id}_A)\circ(\mathrm{id}_V\otimes\Delta_A)\circ\tau_V(v)\\ &= (\mathrm{id}_V\otimes\varphi^{\#}\otimes\mathrm{id}_A)\circ(\tau_V\otimes\mathrm{id}_A)\circ\tau_V(v)\\ &= \sum_i (\mathrm{id}_V\otimes\varphi^{\#})\circ\tau_V(v_i)\otimes a_i.\end{aligned}$$

因为 $y\in N(R)$，$x\in G(R)$，而 $N(R)$ 是 $G(R)$ 的正规子群，所以，如果 $v\in V^N$，则 $(yx)(v\otimes 1) = x(x^{-1}yx)(v\otimes 1) = x(v\otimes 1)$. 因此，从 $\{a_i\}$ 的线性无关性推出 $(\mathrm{id}_V\otimes\varphi^{\#})\circ\tau_V(v_i) = v_i\otimes 1$，即 $v_i\in V^N$. 由此可见 V^N 是 V 的 G 子模.

取 V^N 的任一有限维子模 W，由 W 的 G 模结构所决定的仿射群概形的态射 $G\to GL_W$ 的核含有 N. 据商的普遍性质，上述态射通过 H 分解，从而在 W 上定义了相容的有理 H 模结构. 显然 H 在每个 $v\in V^N$ 上的作用与 W 的选取无关，从而所有这些有限维有理 H 模的并集(正向极限)在 V^N 上定义了一个相容的有理 H 模结构. 证毕.

(12.4.2)命题. 把 G 在 A 上的左(或右)正则表示限制于 N，则 $C = A^N$.

证明. 因为 $C\cap \mathrm{Ker}\varphi^{\#}\subset \mathrm{Ker}\varepsilon_A$，所以 $\varphi^{\#}$ 在 C 上的限制等于 $\kappa_B\circ\varepsilon_C$，从而对每个 $c\in C$，均有

$$(\mathrm{id}_A\otimes\varphi^{\#})\circ\Delta_A(c) = (\mathrm{id}_A\otimes\kappa_B)\circ(\mathrm{id}_A\otimes\varepsilon_C)\circ\Delta_C(c) = c\otimes 1,$$

从而 $C\subset A^N$.

反过来，据(12.4.1)，A^N 是 A 的 G 子模，并具有相容的有理 H

模结构，所以 $\Delta_A(A^N)\subset A^N\otimes C$，推及 $A^N=(\varepsilon_A\otimes\mathrm{id}_A)\circ\Delta_A(A^N)\subset C$. 这样，我们证明了 $C=A^N$. 证毕.

(12.4.3) 命题. 采用上文的记号与约定，我们有函子的等价 $\mathrm{Ind}_\pi\cong\mathscr{F}_N\circ\mathrm{Res}_\varphi$.

证明. 据(12.4.1)，对有理G模 V，V^N 是有理H模，典范嵌入 $\xi:V^N\to V$ 是G模同态，于是，我们有自然的H模同态

$$\tilde{\xi}:V^N\to\mathrm{Ind}_\pi V,$$

使 $Ev\circ\tilde{\xi}=\xi$. 这里 $Ev:\mathrm{Ind}_\pi V\to V$ 如(12.1.4).

另一方面，$\mathrm{Ind}_\pi V$ 在N的限制是平凡的，所以 Ev 把 $\mathrm{Ind}_\pi V$ 映到 V^N 内，可见我们有H模与G模同态 $\zeta:\mathrm{Ind}_\pi V\to V^N$，使 $\xi\circ\zeta=Ev$. 从而 $\xi\circ\zeta\circ\tilde{\xi}=Ev\circ\tilde{\xi}=\xi$. 因为$\xi$是内射，所以 $\zeta\circ\tilde{\xi}=\mathrm{id}_{V^N}$；又，$Ev\circ(\tilde{\xi}\circ\zeta)=\xi\circ\zeta=Ev$，由(12.1.4)中唯一性断言推出 $\tilde{\xi}\circ\zeta=\mathrm{id}_{\mathrm{Ind}_\pi V}$. 证毕.

下面我们转到讨论 Ind_N^G. 先作如下定义：设V是(右)C模，并在 $B\otimes V$ 上用

$$(b\otimes v)\dashv c=b\otimes(vc),\ \forall b\in B,\ v\in V,\ c\in C$$

定义C模结构. 又设V还是右有理N模，且其B余模结构映射 $\sigma_V:V\to B\otimes V$ 是C模同态，则称V是 (C,N) **双模**. (C,N) 双模间的同态用显然的方法定义.

例 7. 在A上用 $\sigma_A=(\varphi^*\otimes\mathrm{id}_A)\circ\Delta_A$ 定义右N模结构，而C右乘作用在A上，则A是 (C,N) 双模. 要证的是

$$\sigma_A(a)\dashv c=\sigma_A(ac),\ \forall a\in A,\ c\in C.$$

因为 $C=A^N$，所以 $\sigma_A(c)=1\otimes c$；又注意到 σ_A 是 $\mathscr{R}$ 代数同态，我们有

$$\sigma_A(ac)=\sigma_A(a)\sigma_A(c)=\sigma_A(a)(1\otimes c)=\sigma_A(a)\dashv c.$$

例 8. 如果V是 (C,N) 双模，W 是有理N模，则 $W\otimes V$ 可以定义成 (C,N) 双模，只要令N对角地作用在 $W\otimes V$ 上，即用 $\sigma_{W\otimes V}=(\mu_C\otimes\mathrm{id}_{W\otimes V})\circ(23)\circ(\sigma_w\otimes\sigma_V)$ 定义N在 $W\otimes V$ 上的作用(σ_W与σ_V 定义W与V上的右N模结构)，而C只作用在V上. 要证的是

$$(\sigma_{W\otimes V}(w\otimes v))\dashv c=\sigma_{W\otimes V}(w\otimes vc),\ \forall w\in W,\ v\in V,\ c\in C.$$

我们有

$$
\begin{aligned}
\sigma_{W\otimes V}(w\otimes vc) &= (\mu_c\otimes \mathrm{id}_{W\otimes V})\circ(23)(\sigma_W(w)\otimes\sigma_V(vc))\\
&= (\mu_c\otimes \mathrm{id}_{W\otimes V})\circ(23)(\sigma_W(w)\otimes(\sigma_V(v)\dashv c))\\
&= ((\mu_c\otimes \mathrm{id}_{W\otimes C})\circ(23)(\sigma_W(w)\otimes\sigma_V(v)))\dashv c\\
&= (\sigma_{W\otimes V}(w\otimes v))\dashv c.
\end{aligned}
$$

如果V是 (C,N) 双模,则 $H^0(N,V)=V^N$ 是C模,这是因为对 $v\in V$ 与 $c\in C$, 有 $\sigma_V(vc)=\sigma_V(v)\dashv c=1\otimes(vc)$. 我们可以进而在 $H^n(N,V)$ 上自然地定义C模结构: 设 $\boldsymbol{I}=(I^n)_{n\in\mathbf{Z}^+}$ 是一维平凡N模的有理内射分解,据(12.2.2(4)),

$$\boldsymbol{I}\otimes_{\mathscr{R}}V=(I^n\otimes_{\mathscr{R}}V)_{n\in\mathbf{Z}^+}$$

是V的有理内射分解. 根据例 8, 每个 $I^n\otimes V$ 是 (C,N) 双模,并且容易看出 $\boldsymbol{I}\otimes V$ 的微分是由 (C,N) 双模同态组成. 用函子 $\mathscr{F}_N$ 后,得到C模的上链复形 $\mathscr{F}_N(\boldsymbol{I}\otimes V)=((I^n\otimes V)^N)_{n\in\mathbf{Z}^+}$,再作它的上同调,便在 $H^n(N,V)$ 上定义了C模结构. 用同伦理论不难证明,这样得到的C模结构与内射分解 $\boldsymbol{I}$ 的选取无关,并且是自然的,即,当 $\theta:V\to V'$ 是 (C,N) 双模同态时,

$$H^n(\theta):H^n(N,V)\to H^n(N,V')$$

是C模同态.

此外,设V是 (C,N) 双模,M是C模, 因为σ_V是C模同态, $\sigma_V\otimes_C\mathrm{id}_M:V\otimes_C M\to B\otimes_{\mathscr{R}}V\otimes_C M$ 使 $V\otimes_C M$ 成为右有理N模.

(12.4.4)引理. 设M是平坦的C模,则

$$H^n(N,V\otimes_C M)\cong H^n(N,V)\otimes_C M,\ \forall n\geqslant 0.$$

证明. 当 $n=0$ 时, 要证的是 $V\otimes_C M$ 上的恒等映射导出同构 $V^N\otimes_C M\cong(V\otimes_C M)^N$. 我们有正合列

$$0\to V^N\to V\xrightarrow{\sigma_V-\kappa_B\otimes\mathrm{id}_V}B\otimes_{\mathscr{R}}V$$

(注意,因为 $v\in V$ 可以看成 $1\otimes v(1\in\mathscr{R})$, 所以 $\kappa_B\otimes\mathrm{id}_V$ 把 v 映到 $1\otimes v(1\in B)$, 以后类似的符号不再说明), 对这个正合列用正合函子$-\otimes_C M$, 得到正合列

$$0\to V^N\otimes_C M\to V\otimes_C M\xrightarrow{\sigma_V\otimes_C\mathrm{id}_M-\kappa_B\otimes\mathrm{id}_{V\otimes M}}B\otimes_{\mathscr{R}}V\otimes_C M,$$

这表明 $V^N\otimes_C M=\mathrm{Ker}(\sigma_V\otimes_C\mathrm{id}_M-\kappa_B\otimes\mathrm{id}_{V\otimes_C M})=(V\otimes_C M)^N$.

它们之间的映射显然是 $V\otimes_C M$ 的恒等映射导出的.

一般情况下，函子 $V\to V^N\otimes_C M=(V\otimes_C M)^N$ 可以分解为

$$V\longmapsto V^N\longmapsto V^N\otimes_C M \text{ 与 } V\longmapsto V\otimes_C M\longmapsto (V\otimes_C M)^N,$$

每一种分解都是一个正合函子与一个左正合函子的合成，并且前一个函子把内射对象对应到后一个函子的零调对象. 据(11.3.6)，即得引理的结论. 证毕.

(12.4.5) 引理. $A\otimes_C A$ 与 $B\otimes_{\mathscr{R}} A$ 作为 $\mathscr{R}$ 代数同构；如果在这两个 $\mathscr{R}$ 代数上分别用 $\sigma_A\otimes_C\mathrm{id}_A$ 与 $\Delta_B\otimes_{\mathscr{R}}\mathrm{id}_A$ 定义有理N模结构，则它们之间的 $\mathscr{R}$ 代数同构还是N模同构.

证明. 我们有 $\mathscr{R}$ 代数同态 $\sigma_A:A\to B\otimes_{\mathscr{R}}A$ 与把 $a\in A$ 映到 $1\otimes a$ 的 $\mathscr{R}$ 代数同态 $\rho:A\to B\otimes_{\mathscr{R}}A$ 如果 $c\in C$，则

$$\sigma_A(c)=1\otimes c=\rho(c),$$

所以 σ_A 与 ρ 可以合并成 $\mathscr{R}$ 代数同态 $\xi:A\otimes_C A\to B\otimes_{\mathscr{R}}A$，使

$$\xi(a\otimes_C b)=\sum_i\varphi^{\#}(a_i)\otimes a_i'b,\ \forall a,b\in A,$$

$$\Delta_A(a)=\sum_i a_i\otimes a_i'.$$

反过来，我们有 $\mathscr{R}$ 代数同态 $\gamma=\theta\circ(\mathrm{id}_A\otimes\eta_A)\circ\Delta_A:A\to A\otimes_C A$，这里 $\theta:A\otimes_{\mathscr{R}}A\to A\otimes_C A$ 是典范同态. 如果 $c\in C$，用对极律推出 $\gamma(c)=1\otimes(\kappa_A\circ\varepsilon_A)(a)$. 特别，当 $c\in C\cap\mathrm{Ker}\varepsilon_A$ 时，

$$\gamma(c)=0,$$

于是当 $a\in\mathrm{Ker}\varphi^{\#}=A(C\cap\mathrm{Ker}\varepsilon_A)$ 时也有 $\gamma(a)=0$，从而 γ 导出 $\mathscr{R}$ 代数同态 $\bar\gamma:B\to A\otimes_C A$，把 $\varphi^{\#}(a)$ 映到

$$\sum_i a_i\otimes_C\eta_A(a_i'),$$

符号意义同前. 这样，我们便得到了 $\mathscr{R}$ 代数同态

$$\zeta:B\otimes_{\mathscr{R}}A\to A\otimes_C A,$$

使

$$\zeta(\varphi^{\#}(a)\otimes b)=\sum_i a_i\otimes_C\eta_A(a_i')b,$$

$$\forall a,\ b\in A,\quad \Delta_A(a)=\sum_i a_i\otimes a_i'.$$

容易验证 ξ 与 ζ 是互逆的，细节留给读者. 因此，我们得到了 $A\otimes_C A$ 与 $B\otimes_{\mathscr{R}} A$ 的 $\mathscr{R}$ 代数同构 ξ.

要证 ξ 是 N 模同构,就是要证

$$(\mathrm{id}_B\otimes\xi)\circ(\sigma_A\otimes_C\mathrm{id}_A)=(\Delta_B\otimes\mathrm{id}_A)\circ\xi.$$

如果设对于 $a\in A$,

$$(\mathrm{id}_B\otimes\sigma_A)\circ\sigma_A(a)=(\Delta_B\otimes\mathrm{id}_A)\circ\sigma_A(a)=\sum_i b_i\otimes b_i'\otimes a_i'',$$

则上述两个映射都把 $a\otimes b\in A\otimes_C A$ 映到 $\sum_i b_i\otimes b_i'\otimes a_i''b$,所以 ξ 是 N 模同态. 证毕.

要证明 Ind_N^G 的正合性，还需要如下的引理，其证明可参看 [Wat1,Ch.14] 或 [DemG2,Ch.III].

(12.4.6) 引理. A 是忠实平坦的 C 代数.

现在我们证明

(12.4.7)定理. 设 N 是 G 的正规闭子群概形，则 Ind_N^G 是正合函子.

证明. 仍采用上文的记号. 据(12.2.7)及上同调长正合列定理(11.1.8),只要证对任何有理 N 模 W，均有 $H^1(N,W\otimes_{\mathscr{R}}A)=0$, 这里 $W\otimes A$ 上的 N 模结构如 §12.1 所述. 据(12.4.4),(12.4.5)与(12.4.6),我们有

$$\begin{aligned}H^1(N,W\otimes_{\mathscr{R}}A)\otimes_C A&\cong H^1(N,W\otimes_{\mathscr{R}}A\otimes_C A)\\&\cong H^1(N,W\otimes_{\mathscr{R}}B\otimes_{\mathscr{R}}A).\end{aligned}$$

$W\otimes_{\mathscr{R}}B\otimes_{\mathscr{R}}A$ 中的 B 是右正则 N 模,所以它是内射的,推及 $W\otimes_{\mathscr{R}}B\otimes_{\mathscr{R}}A$ 也是有理内射 N 模(据 (12.2.2)).所以 $H^1(N,W\otimes_{\mathscr{R}}A)\otimes_C A=0$. 据(12.4.6), A 是忠实平坦的 C 模，所以 $H^1(N,W\otimes A)=0$, 正如所求. 证毕.

(12.4.7)有如下重要推论:

(12.4.8)命题. 每个有理内射 G 模都是有理内射 N 模.

证明．据(12.2.2)，只要证A是有理内射N模．取有限维有理N模的正合列 $0\to W\to V$，据(12.4.7)，我们有有理G模的正合列 $\mathrm{Ind}_N^G V^*\to \mathrm{Ind}_N^G W^*\to 0$，即

$$(V^*\otimes A)^N\to (W^*\otimes A)^N\to 0.$$

据(12.2.8)，这个正合列就是

$$\mathrm{Hom}_N(V,A)\to \mathrm{Hom}_N(W,A)\to 0.$$

最后，据(12.2.4)，这个结论足以保证A是有理内射N模了．证毕．

我们现在可以把(12.4.1)与(12.4.3)推广．

(12.3.9)推论． 设V是有理G模，则 $H^n(N,V)$ 上具有自然的H模结构，并且有函子的自然等价 $R^n\mathrm{Ind}_\pi\cong(R^n\mathscr{F}_N)\circ\mathrm{Res}_\varphi$，对所有 $n\geqslant 0$．

证明．作V的G有理内射分解，限制到N，据(12.4.8)，我们得到V的N有理内射分解；再用函子$\mathscr{F}_N$，据(12.4.1)，我们得到有理H模的上链复形，于是它的上同调 $H^n(N,V)$ 具有有理H模结构．用同伦理论不难证明 $H^n(N,V)$ 上的H模结构与内射分解的选取无关，并且是自然的． 据(12.4.3)，用函子 $\mathscr{F}_N\circ\mathrm{Res}_\varphi$ 于V的G有理内射分解，就是用函子 Ind_π 于这个内射分解，所得的上链复形的上同调也可以看成 $R^n\mathrm{Ind}_\pi V$．于是，我们有自然的同构 $R^n\mathrm{Ind}_\pi V\cong H^n(N,V)$，即有函子的等价 $R^n\mathrm{Ind}_\pi\cong(R^n\mathscr{F}_N)\circ\mathrm{Res}_\varphi$．证毕．

如果M是有限维有理G模，V是任意有理G模，据(12.2.8)，$\mathrm{Ext}_N^n(M,V)\cong H^n(N,M^*\otimes V)$，从而可以被赋于自然的有理$H$模结构．这样，如下的谱序列是有意义的：

(12.4.10)推论． 设M是有限维有理G模，V是有理G模，W是有理H模，则有谱序列$\mathbf{E}$，使

$$E_2^{m,n}=\mathrm{Ext}_H^m(W,\mathrm{Ext}_N^{n-m}(M,V))\Longrightarrow E_\infty^n=\mathrm{Ext}_G^n(W\otimes M,V).$$

证明．首先，我们有如下一系列自然的同构：

$$\begin{aligned}&\mathrm{Hom}_H(W,\mathrm{Hom}_N(M,V))\cong \mathrm{Hom}_H(W,(M^*\otimes V)^N)\\ &\cong \mathrm{Hom}_H(W,\mathrm{Ind}_\pi(M^*\otimes V))\cong \mathrm{Hom}_G(W,M^*\otimes V)\\ &\cong \mathrm{Hom}_G(W\otimes M,V).\end{aligned}$$

又,如果 I 为有理内射 G 模,则据(12.2.8)与(12.4.3),有

$$\mathrm{Hom}_N(M,I)\cong(M^*\otimes I)^N\cong\mathrm{Ind}_\pi(M^*\otimes I),$$

据(12.2.2)与(12.2.1),这是有理内射 H 模. 所以对函子 $\mathrm{Hom}_G(W\otimes M,-)$ 的分解 $V\longmapsto\mathrm{Hom}_N(M,V)\longmapsto\mathrm{Hom}_H(W,\mathrm{Hom}_N(M,V))$,可以用(11.3.4),即得所需的谱序列. 证毕.

在(12.4.10)中,如果 $M=\mathscr{R}$ 是平凡的 G 模,则得

(12.4.11)推论. 设 V 是有理 G 模,W 是有理 H 模,则有谱序列 **E**,使

$$E_2^{m,n}=\mathrm{Ext}_H^m(W,H^{n-m}(N,V))\Longrightarrow E_\infty^n=\mathrm{Ext}_G^n(W,V).$$

如果更进一步设 $W=\mathscr{R}$ 是平凡的 H 模,则得到如下著名的谱序列:

(12.4.12)推论. (Lyndon-Hochschild-Serre 谱序列). 设 N 是 G 的正规闭子群概形,则对任意有理 G 模 V,有谱序 **E**,使

$$E_2^{m,n}=H^m(G/N,H^{n-m}(N,V))\Longrightarrow E_\infty^n=H^n(G,V).$$

最后,关于诱导函子的正合性,再作如下的说明: 对 G 的任意(不一定正规)闭子群概形 N,如果按 [DemG 2,III] 定义商 G/N(该书中记为 $G\tilde{/}N$),则用类似于证明(12.3.7)所用的方法可以证明: 如果 G 是 $\mathscr{R}$ 上有限型的,且 G/N 是仿射的,则 Ind_N^G 是正合的,参看 [CPS 3]. 如果 G 与 N 都是 $\mathscr{K}$ 上的线性代数群,则 Ind_N^G 正合的充要条件是齐性空间 G/N 是仿射的,参看 [CPS1].

§13. 有理上同调

在 §12.3 中,对仿射群概形 G 与有理 G 模 V,我们定义了有理上同调 $H^n(G,V)$,并讨论了它的一些性质. 本节将进一步讨论有理上同调,并给出它的另一种定义方法以及一些例子. 为方便起见,设 $\mathscr{R}$ 是个域.

13.1 上积与上同调环

我们首先讨论直积的上同调与各因子的上同调的关系. 具体

地说，设G与H都是 $\mathscr{R}$ 上的仿射群概形，我们可以作它们的直积$G\times H$，它的仿射代数 $\mathscr{R}[G\times H]=\mathscr{R}[G]\otimes\mathscr{R}[H]$(见 §7 例 14)；如果$V$与$W$分别是有理$G$模与有理$H$模，则可在 $V\otimes W$ 上典范地定义有理 $G\times H$ 模结构，只要令

$$\tau_{V\otimes W}=(23)\circ(\tau_V\otimes\tau_W),$$

这里 τ_V, τ_W 与 $\tau_{V\otimes W}$ 分别是G模V，H模W与 $G\times H$ 模 $V\otimes W$ 对应的余模结构映射. 我们要讨论的是 $H^n(G\times H, V\otimes W)$ 与 $H^n(G,V)$ 以及 $H^n(H,W)$ 之间的关系.

(13.1.1) 命题. 采用以上的记号与约定，则对任何 $n\in\mathbf{Z}^+$，均有 $\mathscr{R}$ 向量空间的自然同构

$$H^n(G\times H,V\otimes W)\cong\coprod_{s+t=n}H^s(G,V)\otimes H^t(H,W).$$

证明. 分四步证明.

(1) 如果I与J分别是有理内射G模与有理内射H模，则$I\otimes J$ 是有理内射 $G\times H$ 模. 事实上，据(12.2.2(2'))，只要考虑$I=\mathscr{R}[G]$, $J=\mathscr{R}[H]$ 的情况(都是左正则表示)，此时 $I\otimes J=\mathscr{R}[G\times H]$ 正好是 $G\times H$ 的左正则模，所以是有理内射的.

(2) 设 $\boldsymbol{I}=(I^s)_{s\in\mathbf{Z}^+}$ 与 $\boldsymbol{J}=(J^t)_{t\in\mathbf{Z}^+}$ 分别是V与W的有理内射分解，则张量积上链复形 $\boldsymbol{I}\otimes\boldsymbol{J}$ (见 §11.4)是 $V\otimes W$ 的有理内射分解. 事实上，据(1)，$\boldsymbol{I}\otimes\boldsymbol{J}$ 是由有理内射 $G\times H$ 模组成的上链复形，再据(11.4.2)，

$$H^n(\boldsymbol{I}\otimes\boldsymbol{J})\cong\coprod_{s+t=n}H^s(\boldsymbol{I})\otimes H^t(\boldsymbol{J}),$$

推及 $H^0(\boldsymbol{I}\otimes\boldsymbol{J})\cong V\otimes W$，而 $H^n(\boldsymbol{I}\otimes\boldsymbol{J})=0$，对所有 $n>0$，从而 $\boldsymbol{I}\otimes\boldsymbol{J}$ 是 $V\otimes W$ 的有理内射分解.

(3) $(V\otimes W)^{G\times H}=V^G\otimes W^H$. 事实上，如果 τ_V 与 τ_W 分别是V与W的余模结构映射，则 $V\otimes W$ 的余模结构映射是 $\tau_{V\otimes W}=(23)\circ(\tau_V\otimes\tau_W)$，立即推出 $V^G\otimes W^H\subset(V\otimes W)^{G\times H}$. 反之，设

$$\sum_i v_i\otimes w_i\in(V\otimes W)^{G\times H},$$

并假定所出现的 $\{v_i\}$ 与 $\{w_i\}$ 各自线性无关，再把它们扩充为 V 与W的基 $\{v_j\}$ 与 $\{w_k\}$. 设

$$\tau_V(v_i)=\sum_j v_j\otimes a_{ji},\quad \tau_W(w_i)=\sum_k w_k\otimes b_{ki},$$

则

$$\tau_{V\otimes W}(\sum_i v_i\otimes w_i)=\sum_{i,j,k} v_j\otimes w_k\otimes a_{ji}\otimes b_{ki},$$

推及

$$a_{ji}\otimes b_{ki}=\begin{cases}1, & \text{当 } i=j=k \text{ 时},\\ 0, & \text{其他情况}.\end{cases}$$

由此即知 a_{ii}, $b_{ii}\in\mathscr{R}^*$; 再由当 $j\neq i$ 时 $a_{ji}\otimes b_{ii}=0$ 推及此时 $a_{ji}=0$, 同理,当 $k\neq i$ 时 $b_{ki}=0$. 从而 $\tau_V(v_i)=v_i\otimes a_{ii}$, 这里 $a_{ii}\in\mathscr{R}^*$. 进一步,我们有

$$\begin{aligned}v_i\otimes a_{ii}^2\otimes 1&=(\tau_V\otimes\mathrm{id}_A)\circ\tau_V(v_i)=(\mathrm{id}_V\otimes\Delta_A)\circ\tau_V(v_i)\\&=v_i\otimes a_{ii}\otimes 1,\end{aligned}$$

所以 $a_{ii}^2=a_{ii}$, 推出 $a_{ii}=1$. 同理, $b_{ii}=1$. 于是 $\Sigma v_i\otimes w_i\in V^G\otimes W^H$, 证明了 $(V\otimes W)^{G\times H}=V^G\otimes W^H$.

(4) 据 (3), 我们有 $(\boldsymbol{I}\otimes\boldsymbol{J})^{G\times H}=\boldsymbol{I}^G\otimes\boldsymbol{J}^H$, 所以又可用(11.4.2),得出自然同构

$$\begin{aligned}H^n(G\times H,V\otimes W)&=H^n((\boldsymbol{I}\otimes\boldsymbol{J})^{G\times H})=H^n(\boldsymbol{I}^G\otimes\boldsymbol{J}^H)\\&\cong\coprod_{s+t=n}H^s(\boldsymbol{I}^G)\otimes H^t(\boldsymbol{J}^H)\\&=\coprod_{s+t=n}H^s(G,V)\otimes H^t(H,W).\end{aligned}$$

此即所需之结论. 证毕.

根据(13.1.1),对有理G模V与有理H模W,我们有双线性映射

$$\otimes: H^s(G,V)\times H^t(H,W)\to H^{s+t}(G\times H,V\otimes W),$$

特别,如果 $G=H$, 则有双线性映射

$$\otimes: H^s(G,V)\times H^t(G,W)\to H^{s+t}(G\times G,V\otimes W),$$

我们希望从这个双线性映射导出双线性映射

$$H^s(G,V)\times H^t(G,W)\to H^{s+t}(G,V\otimes W),$$

为此,需要下面的命题:

(13.1.2)命题. 设 G 与 H 是 $\mathscr{R}$ 上的仿射群概形,$\varphi:H\to G$ 是仿射群概形的态射,则对有理 G 模 V 与 $n\in\mathbf{Z}^+$,有自然的典范 $\mathscr{R}$ 线性映射

$$\mathrm{Res}_\varphi:H^n(G,V)\to H^n(H,\mathrm{Res}_\varphi V),$$

它与交结同态可交换,即,如果 $0\longrightarrow V'\to V\to V''\to 0$ 是有理 G 模的正合列,则对 $n\geqslant 1$,图

$$\begin{array}{ccc} H^{n-1}(G,V'') & \xrightarrow{\omega} & H^n(G,V') \\ \Big\downarrow{\scriptstyle \mathrm{Res}_\varphi} & & \Big\downarrow{\scriptstyle \mathrm{Res}_\varphi} \\ H^{n-1}(H,\mathrm{Res}_\varphi V'') & \xrightarrow{\omega} & H^n(H,\mathrm{Res}_\varphi V') \end{array}$$

是交换的,这里 ω 是上同调长正合列的交结同态. 此外,如果 ψ: $K\to H$ 与 $\varphi:H\to G$ 是仿射群概形的态射,V 是有理 G 模,则 $\mathrm{Res}_{\varphi\circ\psi}=\mathrm{Res}_\psi\circ\mathrm{Res}_\varphi$.

证明. 作 V 的 G 有理内射分解 $\boldsymbol{I}=(I^n)_{n\in\mathbf{Z}^+}$,它可以看成有理 H 模的零调上链复形;再作 $\mathrm{Res}_\varphi V$ 的 H 有理内射分解

$$\boldsymbol{J}=(J^n)_{n\in\mathbf{Z}^+}.$$

据(11.1.6(1)),V 的恒等映射可以扩充为上链复形的态射 $\boldsymbol{\theta}:\boldsymbol{I}\to\boldsymbol{J}$,因此,我们得到上链复形的态射 $\boldsymbol{\theta}:\boldsymbol{I}^G\to\boldsymbol{J}^H$,从而导出 $\mathscr{R}$ 线性映射

$$\mathrm{Res}_\varphi:H^n(G,V)\to H^n(H,\mathrm{Res}_\varphi V),\ \forall n\in\mathbf{Z}^+.$$

据(11.1.6(2))与(11.1.7(2)),Res_φ 与 $\boldsymbol{I}$,$\boldsymbol{J}$ 以及 $\boldsymbol{\theta}$ 的选取无关,从而是典范的. 根据作法,显然 $\mathrm{Res}_{\varphi\circ\psi}=\mathrm{Res}_\psi\circ\mathrm{Res}_\varphi$.

如果 $0\longrightarrow V'\to V\to V''\to 0$ 是有理 G 模的正合列,则可作 V',V 与 V'' 的 G 有理内射分解 $\boldsymbol{I}'$,$\boldsymbol{I}$ 与 $\boldsymbol{I}''$,使 $0\to\boldsymbol{I}'\to\boldsymbol{I}\to\boldsymbol{I}''\to 0$ 正合;同样,可作 $\mathrm{Res}_\varphi V'$,$\mathrm{Res}_\varphi V$ 与 $\mathrm{Res}_\varphi V''$ 的 H 有理内射分解 $\boldsymbol{J}'$,$\boldsymbol{J}$ 与 $\boldsymbol{J}''$,使 $0\longrightarrow\boldsymbol{J}'\to\boldsymbol{J}\to\boldsymbol{J}''\to 0$ 正合. 我们还可以把

$id_{V'}$, id_V 与 $id_{V''}$ 分别扩充为上链复形的态射 θ'，θ 与 θ''，使下图交换：

$$\begin{array}{ccccccccc}
0 & \longrightarrow & \boldsymbol{I}' & \longrightarrow & \boldsymbol{I} & \longrightarrow & \boldsymbol{I}'' & \longrightarrow & 0 \\
 & & \downarrow{\scriptstyle\theta'} & & \downarrow{\scriptstyle\theta} & & \downarrow{\scriptstyle\theta''} & & \\
0 & \longrightarrow & \boldsymbol{J}' & \longrightarrow & \boldsymbol{J} & \longrightarrow & \boldsymbol{J}'' & \longrightarrow & 0
\end{array}$$

上下两行分别用函子 $\mathscr{F}_G$ 与 $\mathscr{F}_H$，并据(11.1.2)，即得带正合行的交换图

$$\begin{array}{ccccccccc}
0 \to & H^0(G,V') & \to & H^0(G,V) & \to & H^0(G,V'') & \xrightarrow{\omega} & H^1(G,V') & \to \cdots \\
 & \downarrow{\scriptstyle \mathrm{Res}_\varphi} & & \downarrow{\scriptstyle \mathrm{Res}_\varphi} & & \downarrow{\scriptstyle \mathrm{Res}_\varphi} & & \downarrow{\scriptstyle \mathrm{Res}_\varphi} & \\
0 \to & H^0(H,V') & \to & H^0(H,V) & \to & H^0(G,V'') & \xrightarrow{\omega} & H^1(G,V') & \to \cdots
\end{array}$$

这就证明了 Res_φ 的自然性以及与 ω 的可交换性．证毕．

因为 $\mathscr{R}[G]$ 是交换的，所以 $\mu_{\mathscr{R}[G]}$：$\mathscr{R}[G]\otimes\mathscr{R}[G]\to\mathscr{R}[G]$是 Hopf 代数的同态，从而它的余态射 $\delta_G: G\to G\times G$ 是仿射群概形的态射，它称为G的**对角态射**(不难验证，对交换 $\mathscr{R}$ 代数 R，$\delta_G(R)$：$G(R)\to G(R)\times G(R)$ 把 $x\in G(R)$ 映到(x,x)，这是用术语“对角态射”的原因)．这样，如果V与W是有理G模，在 $V\otimes W$ 上像上文那样定义 $G\times G$ 模结构，则 $\mathrm{Res}_{\delta_G}(V\otimes W)$ 就是通常的 $V\otimes W$ 上对角作用的G模结构．据(13.1.2)，我们有 $\mathscr{R}$ 线性映射 $\mathrm{Res}_{\delta_G}: H^n(G\times G, V\otimes W)\to H^n(G, V\otimes W)$．把它与(13.1.1)所建立的双线性映射$\otimes$合成，就得到双线性映射

$$\cup: H^s(G,V)\times H^t(G,W)\to H^{s+t}(G,V\otimes W),$$

把 $(v,w)\in H^s(G,V)\times H^t(G,W)$ 映到 $\mathrm{Res}_{\delta_G}(v\otimes w)=v\cup w$．双线性映射$\cup$称为**上积**．

特别，如果 $V=W=\mathscr{R}$ 是平凡的G模，则 $V\otimes W$ 仍是平凡的G模．这样，我们得到双线性映射

$$\cup: H^s(G,\mathscr{R})\times H^t(G,\mathscr{R})\to H^{s+t}(G,\mathscr{R}).$$

(13.1.3) 定理． $H(G,\mathscr{R})=(H^n(G,\mathscr{R}))_{n\in\mathbf{Z}^+}$ 在上积运算下成为一个结合的阶化 $\mathscr{R}$ 代数，并且

$$x\cup y=(-1)^{st}y\cup x,\ \forall x\in H^s(G,\mathscr{R}),\ y\in H^t(G,\mathscr{R}).$$

证明. 如果证明了 $H(G,\mathscr{R})$ 是结合的 $\mathscr{R}$ 代数，则显然是阶化的. 要证 $H(G,\mathscr{R})$ 是结合的 $\mathscr{R}$ 代数，只要证: (1) $\cup$ 是结合的; (2) 存在恒等元.

(1) $\cup$ 的结合性: 从 $\mathscr{R}[G]$ 的乘法结合律推出 $(\delta_G\times \mathrm{id}_G)\circ\delta_G=(\mathrm{id}_G\times\delta_G)\circ\delta_G$，于是在 $H^r(G,\mathscr{R})\otimes H^s(G,\mathscr{R})\otimes H^t(G,\mathscr{R})\subset H^{r+s+t}(G\times G\times G,\mathscr{R})$ 上有 $\mathrm{Res}_{\delta_G}\circ(\mathrm{Res}_{\delta_G}\otimes \mathrm{id}_{H^t(G,V)})=\mathrm{Res}_{\delta_G}\circ(\mathrm{id}_{H^r(G,V)}\otimes\mathrm{Res}_{\delta_G})$. 此即表明

$$(x\cup y)\cup z=x\cup(y\cup z),\ \forall x\in H^r(G,\mathscr{R}),$$
$$y\in H^s(G,\mathscr{R}),\ z\in H^t(G,\mathscr{R}).$$

(2) 恒等元的存在性: $H^0(G,\mathscr{R})=\mathscr{R}$，它的恒等元即 $H(G,\mathscr{R})$ 的恒等元.

最后，要证明 $\cup$ 的换位公式. 作 $\mathscr{R}$ 的 G 有理内射分解 $\boldsymbol{I}$，则 $\boldsymbol{I}\otimes\boldsymbol{I}$ 是 $\mathscr{R}$ 的 $G\times G$ 有理内射分解. 根据 $\cup$ 的定义，它是由 $\mathrm{id}_{\mathscr{R}}$ 扩充得到的上链复形态射 $\boldsymbol{\theta}:\boldsymbol{I}\otimes\boldsymbol{I}\to\boldsymbol{I}$ 导出的. 据 (11.4.1)，我们有上链复形的自同构 $\boldsymbol{\varphi}:\boldsymbol{I}\otimes\boldsymbol{I}\to\boldsymbol{I}\otimes\boldsymbol{I}$，把 $x\otimes y\in \boldsymbol{I}^s\otimes\boldsymbol{I}^t$ 映到 $(-1)^{st}y\otimes x$. 显然 $\boldsymbol{\varphi}$ 导出 $H^0(\boldsymbol{I}\otimes\boldsymbol{I})\cong\mathscr{R}$ 的恒等映射，所以 $\boldsymbol{\theta}\circ\boldsymbol{\varphi}:\boldsymbol{I}\otimes\boldsymbol{\theta}\to\boldsymbol{I}$ 也是 $\mathrm{id}_{\mathscr{R}}$ 的扩充. 据(11.1.6(2))，$\boldsymbol{\theta}\circ\boldsymbol{\varphi}\simeq\boldsymbol{\theta}$，从而 $\boldsymbol{\theta}\circ\boldsymbol{\varphi}$ 也导出 $\cup:H^s(G,\mathscr{R})\times H^t(G,\mathscr{R})\to H^{s+t}(G,\mathscr{R})$. 另一方面，$\boldsymbol{\varphi}$ 显然导出 $H^{s+t}(G\times G,\mathscr{R})$ 的自同构，把 $x\otimes y\in H^s(G,\mathscr{R})\otimes H^t(G,\mathscr{R})$ 映到 $(-1)^{st}y\otimes x$，所以 $\boldsymbol{\theta}\circ\boldsymbol{\varphi}$ 导出的 $\mathscr{R}$ 线性映射 $H^s(G,\mathscr{R})\times H^t(G,\mathscr{R})\to H^{s+t}(G,\mathscr{R})$ 把 $(x,y)\in H^s(G,\mathscr{R})\times H^t(G,\mathscr{R})$ 映到 $(-1)^{st}y\cup x$. 由此可见

$$x\cup y=(-1)^{st}y\cup x,\ \forall x\in H^s(G,\mathscr{R}),\ y\in H^t(G,\mathscr{R}),$$

换位公式得证. 证毕.

$\mathscr{R}$ 代数 $H(G,\mathscr{R})$ 称为 G 的**上同调环**，并简记为 $H(G)$.

(13.1.4) 命题. (1) $H(-)$ 是从 $\mathscr{R}$ 上仿射群概形范畴到结合的阶化 $\mathscr{R}$ 代数范畴的反变函子.

(2) 如果 G 与 H 都是 $\mathscr{R}$ 上的仿射群概形，则

$$H(G\times H)\cong H(G)\otimes H(H),$$

但 $H(G)$ 的元素与 $H(H)$ 的元素之间的换位按 (13.1.3) 的换位公式进行；特别，如果 $H^n(H,\mathscr{R})=0$，对所有 $n>0$，则有阶化 $\mathscr{R}$ 代数的同构 $H(G\times H)\cong H(G)$.

证明.(1)设 $\varphi: H\to G$ 是仿射群概形的态射. 据(13.1.2)，我们有保阶的 $\mathscr{R}$ 线性映射 $\mathrm{Res}_\varphi: H(G)\to H(H)$，它显然保持乘法恒等元. 又因为有交换图

$$\begin{array}{ccc} H & \xrightarrow{\varphi} & G \\ {\scriptstyle\delta_H}\downarrow & & \downarrow{\scriptstyle\delta_G} \\ H\times H & \xrightarrow{\varphi\times\varphi} & G\times G \end{array}$$

所以在 $H^s(G,\mathscr{R})\otimes H^t(G,\mathscr{R})$ 上 $\mathrm{Res}_{\delta_G}\circ(\mathrm{Res}_\varphi\otimes\mathrm{Res}_\varphi)=\mathrm{Res}_\varphi\circ\mathrm{Res}_{\delta_H}$，即

$$\mathrm{Res}_\varphi(x)\cup\mathrm{Res}_\varphi(y)=\mathrm{Res}_\varphi(x\cup y),$$
$$\forall x\in H^s(G,\mathscr{R}),\ y\in H^t(G,\mathscr{R}),$$

因此 Res_φ 与上积可换. 这就证明了 Res_φ 是 $H(G)$ 到 $H(H)$ 的阶化代数同态. (13.1.2) 的等式 $\mathrm{Res}_{\varphi\circ\psi}=\mathrm{Res}_\psi\circ\mathrm{Res}_\varphi$ 保证了 $H(-)$ 是从 $\mathscr{R}$ 上仿射群概形范畴到结合的阶化 $\mathscr{R}$ 代数范畴的反变函子.

(2)(13.1.1)已有同构 $H(G\times H)\cong H(G)\otimes H(H)$，唯一不显然的事是这个同构与上积运算相容. 如果 $\pi_1: G\times H\to G$ 是射影，则不难看出(13.1.1)的同构正是把 $H(G)$ 与 $\mathrm{Res}_{\pi_1}H(G)$ 等同而实现的，据(1)，Res_{π_1} 保持上积；对 $H(H)$ 情况类似. 证毕.

例 1. 设 G 是 $\mathscr{R}$ 上的仿射群概形，则如下条件等价:

(1) 对任何有理 G 模 V 与 $n>0$，$H^n(G,V)=0$;

(2) 对任何有理 G 模 V，$H^1(G,V)=0$;

(3) 任何有理 G 模都是完全可约的;

(4) 任何有限维有理 G 模都是完全可约的;

(5) G 的左(或右)正则表示是完全可约的.

证明如下: (1)$\Longrightarrow$(2) 是平凡的.

(2)$\Longrightarrow$(4): 设 V 与 V' 都是有限维有理 G 模，则由(12.3.4)，如果(2)

成立，则

$$\mathrm{Ext}_G^1(V,V') = H^1(G,V^*\otimes V') = 0,$$

这等价于说在有限维有理 G 模范畴中，函子 $\mathrm{Hom}_G(V,-)$ 是正合的，从而在这个范畴中 V 是射影的. 由 V 的任意性推知有限维有理 G 模的短正合列都是分裂的，从而有限维有理 G 模都是完全可约的.

(4)$\Longrightarrow$(3): 由局部有限性，如果有理 G 模 V 不是完全可约的，则必有不完全可约的有限维子模，与(4)矛盾.

(3)$\Longrightarrow$(5) 也是平凡的.

(5)$\Longrightarrow$(3): 据(12.1.10)，G 模 V 是 $V\otimes A$ 的子模，并可以认为 $V\otimes A$ 的模结构由 $\mathrm{id}_V\otimes\Delta_A$ 定义. 这样的 G 模 $V\otimes A$ 只是 A 的适当重数的直和，所以是完全可约的，从而它的子模 V 也是完全可约的.

(3)$\Longrightarrow$(1): 据(3)，我们有有理 G 模 V' 使 $V\otimes A\cong V\oplus V'$. 由于 $H^n(G,-)$ 是加性函子，并且当 $n>0$ 时 $H^n(G,V\otimes A)=0$，所以

$$H^n(G,V)\oplus H^n(G,V')\cong H^n(G,V\otimes A) = 0, \forall n>0.$$

可见当 $n>0$ 时总有 $H^n(G,V)=0$.

对于本例所述的仿射群概形 G，上同调环 $H(G,\mathscr{R})$ 特别简单: 它只有零次齐次部分不是零(当然是 $\mathscr{R}$).

例2. 设 Γ 是个有限群，G 是 Γ 所对应的 $\mathscr{R}$ 上的常值仿射群概形，则 $\mathscr{R}\Gamma$ 模范畴与有理 G 模范畴是一致的，所以，如果 V 是个 $\mathscr{R}\Gamma$ 模，把它看成有理 G 模所作的有理上同调 $H^n(G,V)$ 与它作为 $\mathscr{R}\Gamma$ 模所作的上同调(即在 $\mathscr{R}\Gamma$ 模范畴中作不动点函子的导函子) $H^n(\Gamma,V)$ 是一致的. 可见，有理上同调可以说是有限群上同调的推广. 今后对有限群 Γ 我们直接用 $H^n(\Gamma,V)$ 表示有理上同调 $H^n(G,V)$. 据例1以及有限群表示理论的标准结果知道，如果 $\mathrm{char}\mathscr{R}=0$ 或者 Γ 的阶不被 $\mathrm{char}\mathscr{R}$ 整除，则对任何 $\mathscr{R}\Gamma$ 模 V 与 $n>0$，均有 $H^n(\Gamma,V)=0$. 现在设 Γ 是有限 Abel 群，则 Γ 分解为两个子群的直积，其一为 Γ_p，它的阶是 $p=\mathrm{char}\mathscr{R}$ 的幂，其二是 $\Gamma_{p'}$，它的阶与 p 互素. 这样，(13.1.1)与例 1 可以帮助我们求出不少 Γ 模的上同调，或把它归结为 Γ_p 模的上同调. 特别，对所有不可约 Γ 模都可以这样做. 如所周知，不可约 Γ 模都是 1 维的，并且 Γ_p 总是平凡作用的. 因此，如果 V 是不可约 Γ 模，则由(13.1.1)与例 1，$H^n(\Gamma,V)=H^n(\Gamma_p,\mathscr{R})\otimes H^0(\Gamma_{p'},V)$，对所有 $n\in\mathbf{Z}^+$. 如果 V 不是平凡的，则 V 在 $\Gamma_{p'}$ 的限制不是平凡的，从而 $H^0(\Gamma_{p'},V)=V^{\Gamma_{p'}}=0$，因此 $H^n(\Gamma,V)=0$，对所有 $n\in\mathbf{Z}^+$ (用上同调长正合列可把这个结论推广为: 如果 $\mathscr{R}\Gamma$ 模 V 没有平凡的合成因子，则 $H^n(\Gamma,V)=0$，对所有 $n\in$

$\mathbf{Z}^+$). 如果 $V = \mathscr{R}$ 是平凡的，据 (13.1.4)，我们实际上有 $\mathscr{R}$ 代数同构 $H(\Gamma) \cong H(\Gamma_p)$. 由此可见，求 Abel p 群的上同调环在有限 Abel 群的上同调理论中占有举足轻重的地位。更进一步，Γ_p 可以(实质上唯一地)分解成循环 p 群的直积，据(13.1.4)，我们又可以把求 Abel p 群的上同调环的问题继续归结为求循环 p 群的上同调环的问题.

例 3. 现在来求有限循环群的上同调(不局限于求上同调环，也不局限于讨论循环 p 群). 设 Γ 是 m 阶循环群，它的运算用乘法记；又设 x 是 Γ 的生成元，并把 $\mathscr{R}\Gamma$ 的典范基元素 $e(x^r)$ 简记为 x^r. 设 A 是 $\mathscr{R}\Gamma$ 的对偶代数，即 Γ 所对应的 $\mathscr{R}$ 上的常值仿射群概形 G 的仿射代数. 设 $f_r \in A$ 是 x^r 的特征函数，即 $f_r(x^s) = \delta_{r,s}$，这里的 $r, s \in \mathbf{z}/m\mathbf{z}$. 我们有

$$\triangle_A(f_r) = \sum_{s+t=r} f_s \otimes f_t, \quad \forall r \in \mathbf{z}/m\mathbf{z}.$$

把 A 看成左 $\mathscr{R}\Gamma$ 模，Γ 的作用是由 $\triangle_A$ 定义的右作用所对应的左作用，即 x 的作用通过 $(x^{-1} \otimes \mathrm{id}_A) \circ \triangle_A$ 实现，容易推出 $xf_r = f_{r+1}$.

据(12.2.2(1′))，A 是内射 $\mathscr{R}\Gamma$ 模. 定义两个线性映射 $\varphi, \psi: A \to A$，前者是 $1 - x^{-1}$ 的作用，后者是 $1 + x + \cdots + x^{m-1}$ 的作用. 因为 Γ 是交换的，所以 φ 与 ψ 都是 $\mathscr{R}\Gamma$ 模同态. 显然 $\psi \circ \varphi = \varphi \circ \psi = 0$. 所以

$$0 \to A \xrightarrow{\varphi} A \xrightarrow{\psi} A \xrightarrow{\varphi} A \xrightarrow{\psi} \cdots$$

是由内射 $\mathscr{R}\Gamma$ 模组成的上链复形. 此外，因为 $\mathrm{Ker}\varphi = A^\Gamma$，它是由 A 的恒等元 $1 = \sum f_r$ 张成的一维子空间，而 $1 \in \mathrm{Im}\psi$，例如 $\psi(f_0) = 1$. 于是 $\mathrm{Im}\psi = \mathrm{Ker}\varphi$；又，$\mathrm{Im}\varphi$ 是 $m-1$ 维的，而 ψ 不是零映射，迫使 $\mathrm{Im}\varphi = \mathrm{Ker}\psi$. 可见上述复形是平凡 $\mathscr{R}\Gamma$ 模 $\mathscr{R}$ 的内射分解. 现在，设 V 是任一(有限维) $\mathscr{R}\Gamma$ 模. 据(12.2.2(3′))，

$$0 \to V \otimes A \xrightarrow{\mathrm{id}_V \otimes \varphi} V \otimes A \xrightarrow{\mathrm{id}_V \otimes \psi} V \otimes A \xrightarrow{\mathrm{id}_V \otimes \varphi} V \otimes A \xrightarrow{\mathrm{id}_V \otimes \psi} \cdots$$

是 V 的内射分解. 用函子 $\mathscr{F}_\Gamma$，则得如下底行的上链复形

$$\begin{array}{ccccccc}
0 \longrightarrow V & \xrightarrow{\varphi'} & V & \xrightarrow{\psi'} & V & \xrightarrow{\varphi'} & \cdots \\
\downarrow \tau_V & & \downarrow \tau_V & & \downarrow \tau_V & & \\
0 \longrightarrow (V \otimes A)^\Gamma & \xrightarrow{\mathrm{id}_V \otimes \varphi} & (V \otimes A)^\Gamma & \xrightarrow{\mathrm{id}_V \otimes \psi} & (V \otimes A)^\Gamma & \xrightarrow{\mathrm{id}_V \otimes \varphi} & \cdots
\end{array}$$

我们建立一个映射 $\tau_V: V \to (V \otimes A)^\Gamma$，把 $v \in V$ 映到 $\sum_r x^r v \otimes f_r$(事实上，不难验证 τ_V 是 V 的 A 余模结构映射)，它显然是内射；又据 (12.1.10)，

$\dim(V\otimes A)^{\Gamma}=\dim V$，可见 τ_V 是同构. 再定义 φ' 与 ψ' 是使上图交换的线性映射，则

$$H^0(\Gamma,V)=V^{\Gamma},\ H^{2n-1}(\Gamma,V)=\operatorname{Ker}\psi'/\operatorname{Im}\varphi',$$
$$H^{2n}(\Gamma,V)=\operatorname{Ker}\varphi'/\operatorname{Im}\psi',\ \forall n>0.$$

作一些简单的验算可以得知，φ' 与 ψ' 分别是 $1-x$ 与 $1+x+\cdots+x^{m-1}$ 在 V 上的作用. 这样，我们找到了 $H^n(\Gamma,V)$ 的很简单的表达式.

如果 V 是平凡的 $\mathscr{R}\Gamma$ 模 $\mathscr{R}$，则 $\varphi'=0$，而 ψ' 是用纯量 m 乘，记为 μ_m. 此时

$$H^0(\Gamma,\mathscr{R})=\mathscr{R},\ H^{2n-1}(\Gamma,\mathscr{R})=\operatorname{Ker}\mu_m,\ H^{2n}(\Gamma,\mathscr{R})=\operatorname{Coker}\mu_m,$$

这里 $n>0$. 只有两种不同的情况：(1) m 在 $\mathscr{R}$ 中的象是零，则 $H^n(\Gamma,\mathscr{R})=\mathscr{R}$，对所有 $n\in\mathbf{Z}^+$；(2) m 在 $\mathscr{R}$ 中的象不是零，则 $H^0(\Gamma,\mathscr{R})=\mathscr{R}$，而 $H^n(\Gamma,\mathscr{R})=0$，对所有 $n>0$. 当然，情况(2)是例1的特殊情况. 现在，对任意有限 Abel 群 Γ，我们都很容易求出 $\dim H^n(\Gamma,\mathscr{R})$ 了：如果 Γ_p 是平凡的，例1就给出答案；如果 Γ_p 不是平凡的，设它是 r 个循环群的直积(注意，r 是 Γ 的不变量)，则 $\dim H^n(\Gamma,\mathscr{R})$ 是满足条件 $n=k_1\geqslant k_2\geqslant\cdots\geqslant k_r\geqslant 0$ 的整数组 $(k_1,k_2,\cdots,k_r)$ 的个数. 但是，尽管有 (13.1.3)，我们现在还无法确定出 $H(\Gamma)$ 的代数结构，下一小节将继续讨论这个问题.

13.2 Hochschild 上链复形

仍设 G 为域 $\mathscr{R}$ 上的仿射群概形，V 为有理 G 模；又设 $A=\mathscr{R}[G]$. 在本节中，我们要构作一个“标准”的上链复形来求 $H^n(G,V)$.

先考虑 $V=\mathscr{R}$ 是平凡 G 模的情况. 对 $n\in\mathbf{Z}^+$，令

$$I^n=A_0^n\otimes A_1^n\otimes\cdots\otimes A_n^n,\ 其中\ A_i^n=A,\ \forall i.$$

设 A_0^n 为正则右 G 模所对应的左 G 模，而当 $i>0$ 时，把 A_i^n 看成平凡作用的 G 模，再对角地定义 I^n 的 G 模结构. 据(12.2.2)，所有 I^n 都是有理内射 G 模. 我们希望 $\boldsymbol{I}=(I^n)_{n\in\mathbf{Z}^+}$ 成为 $\mathscr{R}$ 的有理内射分解. 为定义微分 $d^n:I^n\to I^{n+1}$，先对 $i=0,1,\cdots,n$，定义 $\Delta_i^n:I^n\to I^{n+1}$，它在 I^n 的因子 A_i^n 上用 Δ_A，而在其余因子上为 id_A (注意，当 $j<i$ 时，$\mathrm{id}_A:A_j^n\to A_j^{n+1}$，而当 $j>i$ 时，id_A: $A_j^n\to A_{j+1}^{n+1}$)；再定义 Δ_{n+1}^n: $I^n\to I^{n+1}$ 为 $x\longmapsto x\otimes 1(1\in$

A_{n+1}^{n+1})，对所有 $x \in I^n$. 现在令

$$d^n = \sum_{i=0}^{n+1} (-)^i \Delta_i^n.$$

(13.2.1)**定理.** $\boldsymbol{I} = (I^n)_{n\in \mathbf{Z}^+}$ 在映射 $\boldsymbol{d} = (d^n)_{n\in \mathbf{Z}^+}$ 下成为平凡有理 G 模 $\mathscr{R}$ 的有理内射分解.

把定理的证明分成三个引理.

(13.2.2) **引理.** $\boldsymbol{d}\circ\boldsymbol{d} = 0$，从而 $\boldsymbol{I}$ 是 $\mathscr{R}$ 向量空间的上链复形.

证明.

$$\begin{aligned}
d^n \circ d^{n-1} &= \left(\sum_{j=0}^{n+1} (-1)^j \Delta_j^n\right)\circ\left(\sum_{i=0}^{n} (-1)^i \Delta_i^{n-1}\right)\\
&= \sum_{i,j} (-1)^{i+j} \Delta_j^n \circ \Delta_i^{n-1}\\
&= \sum_{i=0}^{n} \sum_{j=0}^{i-1} (-1)^{i+j} \Delta_j^n \circ \Delta_i^{n-1}\\
&\quad + \sum_{i=0}^{n} \sum_{j=i+2}^{n+1} (-1)^{i+j} \Delta_j^n \circ \Delta_i^{n-1}\\
&\quad + \sum_{i=0}^{n} (\Delta_i^n \circ \Delta_i^{n-1} - \Delta_{i+1}^n \circ \Delta_i^{n-1}).
\end{aligned}$$

当 $j < i$ 时，Δ_j^n 与 Δ_i^{n-1} 作用在不同的因子上，所以它们可换，但交换后因子编号不同，我们有

$$\Delta_j^n \circ \Delta_i^{n-1} = \Delta_{i+1}^n \circ \Delta_j^{n-1};$$

又，作下标的变换与交换和号，我们可以得到

$$\begin{aligned}
&\sum_{i=0}^{n} \sum_{j=i+2}^{n+1} (-1)^{i+j} \Delta_j^n \circ \Delta_i^{n-1}\\
&= \sum_{i=0}^{n} \sum_{j=i+1}^{n} (-1)^{i+j+1} \Delta_{j+1}^n \circ \Delta_i^{n-1}\\
&= \sum_{j=0}^{n} \sum_{i=0}^{j-1} (-1)^{i+j+1} \Delta_{j+1}^n \circ \Delta_i^{n-1}
\end{aligned}$$

$$= -\sum_{i=0}^{n}\sum_{j=0}^{i-1}(-1)^{i+j}\Delta_{i+1}^{n}\circ\Delta_{j}^{n-1};$$

再者,除在因子 A_i^{n-1} 上外, $\Delta_i^n\circ\Delta_i^{n-1}$ 与 $\Delta_{i+1}^n\circ\Delta_i^n$ 的作用都是平凡的,而在 A_i^{n-1} 上,它们的作用分别是 $(\mathrm{id}_A\otimes\Delta_A)\circ\Delta_A$ 与 $(\Delta_A\otimes\mathrm{id}_A)\circ\Delta_A$, 也是相同的,所以

$$\Delta_i^n\circ\Delta_i^{n-1}=\Delta_{i+1}^n\circ\Delta_i^n.$$

把这些结论代入 $d^n\circ d^{n-1}$ 的表达式,即得 $d^n\circ d^{n-1}=0$. 证毕.

(13.2.3)引理. d^n 是有理 G 模的同态,从而 $\boldsymbol{I}$ 是有理内射 G 模的上链复形.

证明. 因为当 $i>0$ 时, A_i^n 是平凡 G 模, 所以 Δ_i^n 显然是有理 G 模同态. 我们只要再证 Δ_0^n 也是有理 G 模同态, 并可设 A_0^n 是正则右 G 模,但此时余结合律 $(\Delta_A\otimes\mathrm{id}_A)\circ\Delta_A=(\mathrm{id}_A\otimes\Delta_A)\circ\Delta_A$ 即保证了 Δ_0^n 是有理 G 模同态. 证毕.

(13.2.4)引理. $\boldsymbol{I}$ 是零调的上链复形, 并且 $H^0(\boldsymbol{I})=\kappa_A(\mathscr{R})$.

证明. 因为 $d^0: A_0^0\to A_0^1\otimes A_1^1$ 把 $a\in A_0^0$ 映到 $\Delta_A(a)-a\otimes 1$, 所以

$$H^0(I)=\mathrm{Ker}d^0=\{a\in A\mid\Delta_A(a)=a\otimes 1\}=A^G,$$

如所周知,它是 A 的子空间 $\kappa_A(\mathscr{R})$.

为证 I 是零调的,我们建立两个上链复形态射 $\boldsymbol{I}\to\boldsymbol{I}$, 其一为 $\mathbf{id}_I$; 其二为 $\boldsymbol{\theta}=(\theta^n)_{n\in\mathbf{Z}^+}$, 其中 $\theta^0=\kappa_A\circ\varepsilon_A$, 而当 $n>0$ 时, $\theta^n=0$. 要证 θ 是上链复形态射, 只要证 $d^0\circ\theta^0=0$, 这是显然的,因为 $\theta^0(A)=\kappa_A(\mathscr{R})=\mathrm{Ker}d^0$.

现在证明 $\mathbf{id}_I\simeq\boldsymbol{\theta}$. 定义 $\Sigma^n: I^n\to I^{n-1}$ 为 $\varepsilon_A\otimes\mathrm{id}$.

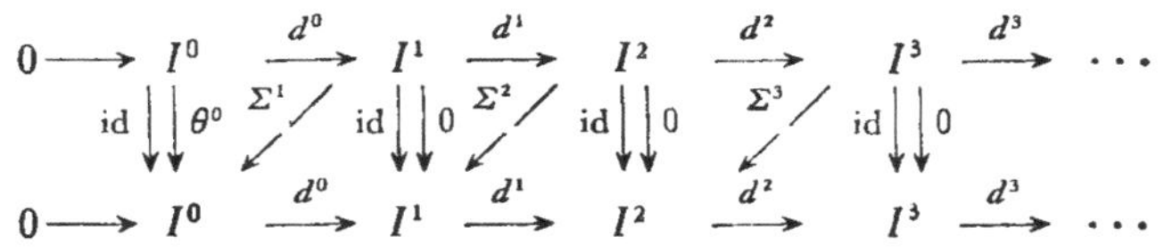

由于作用的因子互不相同,当 $i>0$ 时,总有

$$\Sigma^{n+1}\circ\Delta_i^n=\Delta_{i-1}^{n-1}\circ\Sigma^n;$$

而当 $i=0$ 时,

$$\Sigma^{n+1}\circ\Delta_0^n=((\varepsilon_A\otimes\mathrm{id}_A)\circ\Delta_A)\otimes\mathrm{id}=\mathrm{id}_{I^n}.$$

因此,当 $n>0$ 时,有

$$\begin{aligned}&\Sigma^{n+1}\circ d^n+d^{n-1}\circ\Sigma^n\\&=\Sigma^{n+1}\circ\left(\sum_{i=0}^{n+1}(-1)^i\Delta_i^n\right)+\left(\sum_{i=0}^{n}(-1)^i\Delta_i^{n-1}\right)\circ\Sigma^n\\&=\Sigma^{n+1}\circ\Delta_0^n+\sum_{i=1}^{n+1}(-1)^i\quad(\Sigma^{n+1}\circ\Delta_i^n-\Delta_{i-1}^{n-1}\circ\Sigma^n)\\&=\mathrm{id}_{I^n};\end{aligned}$$

而当 $n=0$ 时,对 $a\in A_0^0$,有

$$\Sigma^1\circ d^0(a)=(\varepsilon_A\otimes\mathrm{id}_A)(\Delta_A(a)-a\otimes 1)=a-\varepsilon_A(a)\cdot 1,$$

这里 $1\in A_0^0$, 可见 $\Sigma^1\circ d^0=\mathrm{id}_A-\theta^0$. 这就完成了同伦 $\mathbf{id}_I\simeq\boldsymbol{\theta}$ 的证明. 因此, 据(11.1.1), 当 $n>0$ 时, $\mathrm{id}:I^n\to I^n$ 与 $0:I^n\to I^n$ 导出同一个映射 $0=\mathrm{id}:H^n(\boldsymbol{I})\to H^n(\boldsymbol{I})$, 迫使 $H^n(\boldsymbol{I})=0$. 因此,$\boldsymbol{I}$ 是零调的. 证毕.

(13.2.1)的证明. 因为 $\kappa_A(\mathscr{R})$ 是 A 的一维平凡 G 子模, 所以,据(13.2.2)—(12.2.4),结论已是显然的了. 证毕.

现在, 设给定任一有理 G 模 V, 它的 A 余模结构映射为 τ_V: $V\to V\otimes A$. 显然 $\boldsymbol{I}_V=(V\otimes I^n)_{n\in\mathbf{Z}^+}$ 是 V 的 G 有理内射分解, 它的微分是 $\boldsymbol{d}_V=(d_V^n)$, 其中 $d_V^n=\mathrm{id}_V\otimes d^n$. 据(12.1.10), 我们有自然的同构 $V\cong(V\otimes A)^G$, 于是

$$\begin{aligned}C^n(G,V)&=(V\otimes I^n)^G\\&=(V\otimes A_0^n)^G\otimes A_1^n\otimes\cdots\otimes A_n^n\\&\cong V\otimes A_1^n\otimes\cdots\otimes A_n^n.\end{aligned}$$

这样, 我们得到一个上链复形 $\boldsymbol{C}(G,V)=C^n(G,V)_{n\in\mathbf{Z}^+}$, 它的上同调是 $H^n(G,V)$. 我们希望明确写出 $\boldsymbol{C}(G,V)$ 的微分.

(13.2.5)命题. 仍用 $\boldsymbol{d}_V=(d_V^n)$ 表示 $\boldsymbol{C}(G,V)$ 的微分, 则

$$d_V^n=\sum_{i=0}^{n+1}(-1)^i\tilde{\Delta}_i^n,$$

其中 $\tilde{\Delta}_0^n$ 是在V上用τ_V，而在所有A_i^n上用 $\mathrm{id}_A: A_i^n\to A_{i+1}^{n+1}$ 的线性映射；当 $0<i\leqslant n$ 时，$\tilde{\Delta}_i^n$ 是在 A_i^n 上用 Δ_A，而在V与 $A_j^n(j\neq i)$ 上用恒等映射的线性映射；$\tilde{\Delta}_{n+1}^n(x)=x\otimes 1$，对所有 $x\in C^n(G, V)$，这里 $1\in A_{n+1}^{n+1}$.

证明. 把V等同于 $(V\otimes A_0^n)^G$，则当 $i>0$ 时 $\mathrm{id}_V\otimes\Delta_i^n$ 在 $C^n(G, V)$的限制显然就是 $\tilde{\Delta}_i^n$. 为了讨论 $\mathrm{id}_V\otimes\Delta_0^n$ 在 $C^n(G,V)$ 的限制，我们仔细考察一下V与 $(V\otimes A_0^n)^G$ 的等同的实现——它是通过(12.1.7)所定义的映射 $\xi=(\mathrm{id}_V\otimes\mu_A)\circ(\tau_V\otimes\mathrm{id}_A)\circ(12)$: $A\otimes V\to V\otimes A$ 在V的限制实现的. 显然 $\xi|_V=\tau_V: V\to V\otimes A$. 另一方面，我们又有交换图

$$\begin{array}{ccc} V & \xrightarrow{\tau_V} & V\otimes A \\ {\scriptstyle\tau_V}\downarrow & & \downarrow{\scriptstyle \mathrm{id}_V\otimes\Delta_A} \\ V\otimes A & \xrightarrow{\tau_V\otimes\mathrm{id}_V} & (V\otimes A)\otimes A \end{array}$$

所以，当把V通过 τ_V 等同于 $(V\otimes A)^G$ 时，$\mathrm{id}_V\otimes\Delta_A$ 的限制正好是 τ_V. 由此可见，$\mathrm{id}_V\otimes\Delta_0^n$ 在 $C^n(G, V)$ 的限制正是命题所述的 $\tilde{\Delta}_0^n$. 现在，我们立即推知 d_V^n 的表达式正如命题所示. 证毕.

上链复形 $\boldsymbol{C}(G,V)$ 称为有理G模V的 **Hochschild 上链复形**，于是，根据我们的构作法，$\boldsymbol{C}(G, V)$ 的第n个上同调是 $H^n(G,V)$. 当然，我们也可以直接作出 Hochschild 上链复形，并把它的上同调定义为有理 (Hochschild) 上同调. 这正是 Hochschild 最初所给的这种上同调的定义.

我们还要指出，如果G是代数闭域 $\mathscr{K}$ 上的线性代数群，则可利用典范同构

$$V\otimes\overbrace{A\otimes A\otimes\cdots\otimes A}^{n\text{个}}\cong \mathrm{Mor}\,(\overbrace{G\times G\times\cdots\times G}^{n\text{个}},V),$$

把后者看作 $C^n(G,V)$ 的定义，则映射 $\tilde{\Delta}_i^n: C^n(G,V)\to C^{n+1}(G, V)$ 应当是

$$(\tilde{\Delta}_i^n f)(x_1, x_2, \cdots, x_{n+1})$$

$$=\begin{cases} x_1 f(x_2, \cdots, x_{n+1}), \text{当 } i=0 \text{ 时}; \\ f(x_1, \cdots, x_i x_{i+1}, \cdots, x_{n+1}), \\ \qquad\qquad \text{当 } i \neq 0,\ n+1 \text{ 时}; \\ f(x_1, x_2, \cdots, x_n), \end{cases}$$

其中

$$f \in \mathrm{Mor}(\overbrace{G \times G \times \cdots \times G}^{n\text{ 个}}, V),\quad x_i \in G.$$

这是定义 Hochschild 上链复形的原始语言，比较直观，但无法推广到一般的仿射群概形.

仍回到G为 $\mathscr{R}$ 上的仿射群概形的一般情况. 我们希望用 Hochschild 上链复形的语言来描述上一小节定义的上同调环 $H(G)$.

(13.2.6)命题. 上同调环 $H(G)$ 的上积是由典范等同

$$C^s(G, \mathscr{R}) \otimes C^t(G, \mathscr{R}) \cong C^{s+t}(G, \mathscr{R})$$

导出的，即，如果 $x \in H^s(G, \mathscr{R})$, $y \in H^t(G, \mathscr{R})$，它们在 $\mathrm{Ker} d_{\mathscr{R}}^s$ 与 $\mathrm{Ker} d_{\mathscr{R}}^t$ 中的代表元分别为 $\tilde{x}$ 与 $\tilde{y}$，则 $x \cup y$ 是 $\tilde{x} \otimes \tilde{y}$（它一定在 $\mathrm{Ker} d_{\mathscr{R}}^{s+t}$ 中）在 $H^{s+t}(G, \mathscr{R})$ 中的典范象.

证明. 先考虑本小节开头定义的 $\mathscr{R}$ 的有理内射分解 $\boldsymbol{I} = (I^n)$. 我们要定义上链复形的态射 $\boldsymbol{\theta} = (\theta^n)$: $\boldsymbol{I} \otimes \boldsymbol{I} \to \boldsymbol{I}$. 设 $s + t = n$，令

$$\theta^n|_{I^s \otimes I^t} = (\mu_{(s+1)} \circ (\mathrm{id}_{I^s} \otimes \hat{\Delta}^s)) \otimes \overbrace{\mathrm{id}_A \otimes \cdots \otimes \mathrm{id}_A}^{t\text{ 个}},$$

这里 $\mu_{(s+1)}$ 是 $\overbrace{A \otimes \cdots \otimes A}^{s+1\text{ 个}}$的乘法运算；而

$$\hat{\Delta}^s : A \to \overbrace{A \otimes \cdots \otimes A}^{s+1\text{ 个}}$$

可以归纳地定义如下:

$$\hat{\Delta}^0 = \mathrm{id}_A,\quad \hat{\Delta}^1 = \Delta_A,$$

$$\hat{\Delta}^s = (\Delta_A \otimes \overbrace{\mathrm{id}_A \otimes \cdots \otimes \mathrm{id}_A}^{s-1\text{个}}) \circ \hat{\Delta}^{s-1}.$$

据余结合律，可以归纳地证明，$\hat{\Delta}^s$ 定义式括号中的 Δ_A 可以移到任何一个因子上，例如

$$\hat{\Delta}^s = (\mathrm{id}_A \otimes \Delta_A \otimes \overbrace{\mathrm{id}_A \otimes \cdots \otimes \mathrm{id}_A}^{s-2\text{个}}) \circ \hat{\Delta}^{s-1}$$

等等. 如果 $u \in I^s$，$b \in A_0^t$，$v \in A_t^1 \otimes \cdots \otimes A_t^t$，则

$$\theta^n(u \otimes b \otimes v) = (u \cdot \tilde{\Delta}^s(b)) \otimes v.$$

容易验证 θ^n 是有理 G 模同态，细节留给读者；下面证明 θ 是上链复形的态射. 用上面的记号，我们有

$$\begin{aligned}
d^{s+t} \circ \theta^n(u \otimes b \otimes v) &= d^{s+t}((u \cdot \hat{\Delta}^s(b)) \otimes v) \\
&= \sum_{i=0}^{s} (-1)^i (\Delta_i^s(u) \cdot \hat{\Delta}^{s+1}(b)) \otimes v \\
&\quad + \sum_{j=1}^{t+1} (-)^{s+j} (u \cdot \hat{\Delta}^s(b)) \otimes \Delta_j^t(v);
\end{aligned}$$

另一方面，

$$\begin{aligned}
&\theta^{n+1} \circ (d^s \otimes \mathrm{id}_{I^t} + (-1)^s \mathrm{id}_{I^s} \otimes d^t)(u \otimes b \otimes v) \\
&= \theta^{n+1} \Big(\sum_{i=0}^{s} (-1)^i \Delta_i^s(u) \otimes b \otimes v \\
&\qquad + (-1)^{s+1} u \otimes 1 \otimes b \otimes v \\
&\qquad + (-1)^s u \otimes \Delta_A(b) \otimes v \\
&\qquad + \sum_{j=1}^{t+1} (-1)^{s+j} u \otimes b \otimes \Delta_j^t(v) \Big) \\
&= \sum_{i=0}^{s} (-1)^i (\Delta_i^s(u) \cdot \hat{\Delta}^{s+1}(b)) \otimes v \\
&\qquad + \sum_{j=1}^{t+1} (-1)^{s+j} (u \cdot \hat{\Delta}^s(b)) \otimes \Delta_j^t(v) \\
&\qquad + (-1)^{s+1} ((u \otimes 1) \cdot \hat{\Delta}^{s+1}(b)) \otimes v \\
&\qquad + (-1)^s ((u \otimes 1) \cdot ((\hat{\Delta}^s \otimes \mathrm{id}_A) \circ \Delta_A(b))) \otimes v.
\end{aligned}$$

注意，θ^{n+1} 号后面的括号中，前两项在 $I^{s+1}\otimes I^t$ 中，后两项在 $I^s\otimes I^{t+1}$ 中，所以 θ^{n+1} 对它们的作用不同. 现在，显然可以看出 $(\hat{\Delta}^s\otimes \mathrm{id}_A)\circ\Delta_A=\hat{\Delta}^{s+1}$. 所以，

$$
\begin{aligned}
& d^{s+t}\circ\theta^n(u\otimes b\otimes v)\\
&=\theta^{n+1}\circ(d^s\otimes \mathrm{id}_{I^t}+(-1)^s\mathrm{id}_{I^s}\otimes d^t)(u\otimes b\otimes v),
\end{aligned}
$$

此即表明 $\boldsymbol{\theta}$ 是上链复形的态射.

显然 $\theta^0=\mu_A$. 如果把 $H^0(\boldsymbol{I}\otimes\boldsymbol{I})$ 与 $H^0(\boldsymbol{I})$ 都典范等同于 $\mathscr{R}$，则 $\boldsymbol{\theta}$ 导出 $\mathrm{id}_{\mathscr{R}}:H^0(\boldsymbol{I}\otimes\boldsymbol{I})\to H^0(\boldsymbol{I})$. 再对 $\boldsymbol{I}\otimes\boldsymbol{I}$ 与 $\boldsymbol{I}$ 分别用函子 $\mathscr{F}_{G\times G}$ 与 $\mathscr{F}_G$，则得上链复形的态射 $\boldsymbol{\theta}:\boldsymbol{C}(G,\mathscr{R})\otimes\boldsymbol{C}(G,\mathscr{R})\to\boldsymbol{C}(G,\mathscr{R})$. 据上积的定义，$\cup$ 即由 $\boldsymbol{\theta}$ 导出. 设 $u\in C^s(G,\mathscr{R})$，$v\in C^t(G,\mathscr{R})$，作为 $I^s\otimes I^t$ 的元素，$u\otimes v$ 应记为 $(1\otimes u)\otimes(1\otimes v)$，用 θ^{s+t} 以后，得到 I^{s+t} 的元素 $1\otimes u\otimes v$，作为 $C^{s+t}(G,\mathscr{R})$ 的元素，它应记为 $u\otimes v$. 由此可见，θ^{s+t}: $C^s(G,\mathscr{R})\otimes C^t(G,\mathscr{R})\to C^{s+t}(G,\mathscr{R})$ 就是典范的等同. 这样，我们所需的结论得证. 证毕.

例 4. 我们继续求有限 Abel 群 Γ 的上同调环 $H(\Gamma)$. 先设 Γ 是 m 阶循环群，m 是 $p=\mathrm{char}\mathscr{R}$ 的倍数，并采用例 3 的记号. 为了把本节所作出的 $\mathscr{R}$ 的内射分解与例 3 所作的内射分解联系起来，我们要建立如下的上链复形态射 ρ:

$$
\begin{array}{ccccccccccc}
0 & \longrightarrow & I^0 & \xrightarrow{d^0} & I^1 & \xrightarrow{d^1} & I^2 & \xrightarrow{d^2} & I^3 & \xrightarrow{d^3} & \cdots\\
 & & \downarrow{\scriptstyle\rho^0} & & \downarrow{\scriptstyle\rho^1} & & \downarrow{\scriptstyle\rho^2} & & \downarrow{\scriptstyle\rho^3} & & \\
0 & \longrightarrow & A & \xrightarrow{\varphi} & A & \xrightarrow{\psi} & A & \xrightarrow{\varphi} & A & \xrightarrow{\psi} & \cdots
\end{array}
$$

先定义两个映射 $\lambda:A\to\mathscr{R}$ 与 $\mu:A\to\mathscr{R}$，它们分别是在 $1-x$ 与 $1+x+\cdots+x^{m-1}$ 的赋值(注意，A 是 $\mathscr{R}\Gamma$ 的对偶代数). 这两个映射的如下性质是很容易验证的:

$$\lambda(1)=\mu(1)=0,\ \lambda\circ\psi=\mu\circ\varphi=0,$$

这里 $1=\sum f_r$ 是 A 的恒等元. 据

$$\Delta_A(f_r)=\sum_{s+t=r}f_s\otimes f_t,$$

我们可以进一步求得

$$(\mathrm{id}_A\otimes\lambda)\circ\triangle_A=\varphi,\ (\mathrm{id}_A\otimes\mu)\circ\triangle_A=\psi.$$

现在定义

$$\rho^n=\begin{cases}\mathrm{id}_A\otimes\lambda\otimes\mu\otimes\lambda\otimes\cdots\otimes\mu\otimes\lambda, & \text{当 } n \text{ 是奇数时},\\ \mathrm{id}_A\otimes\mu\otimes\lambda\otimes\mu\otimes\cdots\otimes\mu\otimes\lambda, & \text{当 } n \text{ 是偶数时}.\end{cases}$$

特别，$\rho^0=\mathrm{id}_A$. 显然 ρ^n 都是 $\mathscr{R}\Gamma$ 模同态.

取 $f_r\in A$，则

$$\begin{aligned}\rho^1\circ d^0(f_r)&=(\mathrm{id}_A\otimes\lambda)\circ\triangle_A(f_r)-(\mathrm{id}_A\otimes\lambda)(f_r\otimes 1)\\&=\varphi(f_r)=\varphi\circ\rho^0(f_r).\end{aligned}$$

现在,对任意 $n\in\mathbf{Z}^+$，设 $f_r\otimes u\in I^n$，其中 $u\in A_1^n\otimes\cdots\otimes A_n^n$. 我们有

$$\begin{aligned}\rho^{n+1}\circ d^n(f_r\otimes u)&=\rho^{n+1}(\triangle_A(f_r)\otimes u-f_r\otimes d^{n-1}(u))\\
&=\begin{cases}((\mathrm{id}_A\otimes\lambda)\circ\triangle_A(f_r))(\mu\otimes\lambda\otimes\cdots\otimes\lambda)(u)-f_r\otimes(\lambda\circ\rho^n\circ d^{n-1}(u))\\((\mathrm{id}_A\otimes\mu)\circ\triangle_A(f_r))(\lambda\otimes\mu\otimes\cdots\otimes\lambda)(u)-f_r\otimes(\mu\circ\rho^n\circ d^{n-1}(u))\end{cases}\\
&=\begin{cases}\varphi(f_r)(\mu\otimes\lambda\otimes\cdots\otimes\lambda)(u)-f_r\otimes(\lambda\circ\psi\circ\rho^{n-1}(u))\\\psi(f_r)(\lambda\otimes\mu\otimes\cdots\otimes\lambda)(u)-f_r\otimes(\mu\circ\varphi\circ\rho^{n-1}(u))\end{cases}\\
&=\begin{cases}\varphi\circ\rho^n(f_r\otimes u), & \text{当 } n \text{ 是偶数时};\\\psi\circ\rho^n(f_r\otimes u), & \text{当 } n \text{ 是奇数时}.\end{cases}\end{aligned}$$

这样,我们证明了 $\rho=(\rho^n)$ 是上链复形的态射.

现在对两个上链复形都用函子 $\mathscr{F}_G$，便得到上链复形与上链复形态射的图

$$\begin{array}{ccccccccc}
0\longrightarrow & C^0(G,\mathscr{R}) & \xrightarrow{d^0_{\mathscr{R}}} & C^1(G,\mathscr{R}) & \xrightarrow{d^1_{\mathscr{R}}} & C^2(G,\mathscr{R}) & \xrightarrow{d^2_{\mathscr{R}}} & \cdots\\
 & \downarrow{\scriptstyle\rho^0} & & \downarrow{\scriptstyle\rho^1} & & \downarrow{\scriptstyle\rho^2} & & \\
0\longrightarrow & \mathscr{R} & \xrightarrow{\ 0\ } & \mathscr{R} & \xrightarrow{\ 0\ } & \mathscr{R} & \xrightarrow{\ 0\ } & \cdots
\end{array}$$

这里 $\rho^0=\mathrm{id}_{\mathscr{R}}$，而当 $n>0$ 时，

$$\rho^n=\begin{cases}\lambda\otimes\mu\otimes\cdots\otimes\mu\otimes\lambda, & \text{当 } n \text{ 是奇数时},\\ \mu\otimes\lambda\otimes\cdots\otimes\mu\otimes\lambda, & \text{当 } n \text{ 是偶数时}.\end{cases}$$

我们利用这个图分析 $H(\Gamma)$ 的构造.

先设 $\mathrm{char}\mathscr{R}\neq 2$. 因为 ρ 导出两个上链复形上同调的同构，可在 $\mathrm{Ker}d^1_{\mathscr{R}}$ 与 $\mathrm{Ker}d^2_{\mathscr{R}}$ 中分别取到元素 $\tilde{v}$ 与 $\tilde{w}$，使 $\rho^1(\tilde{v})=\lambda(\tilde{v})=1$，$\rho^2(\tilde{w})=(\mu\otimes\lambda)(\tilde{w})=1$，则 $\tilde{v}$ 与 $\tilde{w}$ 在 $H^1(\Gamma,\mathscr{R})$ 与 $H^2(\Gamma,\mathscr{R})$中的象 v 与 w 分别张成这两个一维向量空间. 据(13.1.3),我们有

$$v\cup v=0,\ v\cup w=w\cup v.$$

事实上，$H(\Gamma)$ 是由 v 与 w 生成的 $\mathscr{R}$ 代数，并且上述两个等式是生成元之

间的仅有的关系式．因为所有 $H^n(\Gamma,\mathscr{R})$ 都是一维的，我们只要证，对任何 $r\in z^+$，

$$v\cup\overbrace{w\cup w\cup\cdots\cup w}^{2r\text{个}}\neq 0.$$

据(13.2.6)，

$$\begin{aligned}&H^{2r+1}(\rho)(v\cup w\cup w\cup\cdots\cup w)\\&=\rho^{2r+1}(\tilde{v}\otimes\tilde{w}\otimes\tilde{w}\otimes\cdots\otimes\tilde{w})\\&=\lambda(\tilde{v})\cdot(\mu\otimes\lambda)(\tilde{w})\cdot(\mu\otimes\lambda)(\tilde{w})\cdot\cdots\\&\quad\cdot(\mu\otimes\lambda)(\tilde{w})\\&=1.\end{aligned}$$

由此可见 $v\cup w\cup w\cup\cdots\cup w\neq 0$，正如所求．

为了便于推广，上述结果可以改写为

$$H(\Gamma)=\Lambda(V)\otimes S'(W)$$

（代数的张量积），其中 $V=H^1(\Gamma,\mathscr{R})$，$W=H^2(\Gamma,\mathscr{R})$，$\Lambda(V)$ 是 V 的外代数，$S'(W)$ 是 W 的对称代数，不过 W 的元素是 2 阶的．用(13.1.4)，很容易把这个结果推广到任意有限 Abel 群：

$$H(\Gamma)=\Lambda(V)\otimes S'(W),$$

这里 V 仍为 $H^1(\Gamma,\mathscr{R})$，不过 W 不一定是整个 $H^2(\Gamma,\mathscr{R})$ 了，它是子空间 $W'=\{v'\cup v''|v',v''\in V\}$ 在 $H^2(\Gamma,\mathscr{R})$ 中的直和补．请读者自己补出细节．此外，如果 Γ_p 是 r 个循环群的直积，则 V 与 W 的维数都是 r，因此，$H(\Gamma)$ 由 $2r$ 个元素生成．

现在设 $\mathrm{char}\mathscr{R}=2$． 仍先考虑循环群 Γ，它的阶是 2 的倍数． 如果 $v\cup v=0$，则显然仍有 $H(\Gamma)=\Lambda(V)\otimes S'(W)$，$V=H^1(\Gamma,\mathscr{R})$，$W=H^2(\Gamma,\mathscr{R})$；如果 $v\cup v\neq 0$，则容易得出 $H(\Gamma)=S(V)$，这里 $S(V)$ 是 V 的对称代数，V 的元素是1阶的．

如果 Γ 是 2 阶的，则 $\lambda=\mu$，用上文证明 $v\cup w\cup w\cup\cdots\cup w\neq 0$ 的方法可以证得 $v\cup v\cup\cdots\cup v\neq 0$． 再用(13.1.4)可以推出，如果有限 Abel 群 Γ 的 2-部分 Γ_2 是 2 阶循环群的直积，则 $H(\Gamma)=S(V)$，这里 $V=H^1(\Gamma,\mathscr{R})$．

如果 m 是 4 的倍数，则对 m 阶循环群 Γ 一定有 $v\cup v=0$．事实上，此时可把 μ 分解成 $\lambda\circ(1+x^2+\cdots+x^{m-2})$，$\Gamma$ 在 A 上的作用仍为 $xf_r=f_{r+1}$；$\tilde{v}$ 是 $f_1+f_3+\cdots+f_{m-1}$，而 $(1+x^2+\cdots+x^{m-2})\tilde{v}$ 是 $m/2$ 个 $\tilde{v}$ 之和．因为 $m/2$ 是偶数，所以 $(1+x^2+\cdots+x^{m-2})\tilde{v}=0$．这样，$H^2(\rho)(v\cup v)=\rho^2(v\otimes v)=\lambda(v)\mu(v)=0$．因为 $H^2(\rho)$ 是同构，我们推出 $v\cup v=0$．

由此可见，当 $\mathrm{char}\mathscr{R}=2$ 时，对有限 Abel 群 Γ，$H(\Gamma)$ 一般分解成三个

代数的张量积：$H(\Gamma)=\Lambda(V_1)\otimes S(V_2)\otimes S'(W)$，其中 V_1 是由 $H^1(\Gamma,\mathscr{R})$ 中满足 $v'\cup v'=0$ 的向量组成的子空间，而 V_2 是 V_1 在 $H^1(\Gamma,\mathscr{R})$ 中的直和补，W 仍是子空间 $W'=\{v'\cup v''\mid v',v''\in H^1(\Gamma,\mathscr{R})\}$ 在 $H^2(\Gamma,\mathscr{R})$ 中的直和补．如果 Γ_2 是 r 个循环群的直积，其中 s 个是 2 阶的，则 V_1,V_2 与 W 的维数分别是 $r-s$，s 与 $r-s$，因此 $H(\Gamma)$ 由 $2r-s$ 个元素生成．

例 4 中 $H^2(\Gamma,\mathscr{R})$ 的子空间 W 在某些情况下可以自然地构作出来．我们一般地设 G 是 $\mathscr{R}$ 上的仿射群概形，并用 Hochschild 上链复形求它的上同调 $H^n(G,\mathscr{R})$．因为 $d^0_{\mathscr{R}}$ 是零映射，所以 $H^1(G,\mathscr{R})=\mathrm{Ker}\,d^1_{\mathscr{R}}\subset C^1(G,\mathscr{R})$．对于 $a\in A$，$d^1_{\mathscr{R}}(a)=1\otimes a-\Delta(a)+a\otimes 1$，所以，

$$H^1(G,\mathscr{R})=\{a\in A\mid \Delta_A(a)=1\otimes a+a\otimes 1\}.$$

现在设 $\mathrm{char}\,\mathscr{R}=p>0$．定义一个映射 $\beta_0:A\to A\otimes A$：

$$\beta_0(a)=\sum_{\substack{s+t=p\\ s\neq 0,\ t\neq 0}}\frac{(p-1)!}{s!t!}a^s\otimes a^t,\ \forall a\in A.$$

(13.2.7)命题． $\beta_0(H^1(G,\mathscr{R}))\subset \mathrm{Ker}\,d^2_{\mathscr{R}}$，从而 β_0 导出映射 $\beta:H^1(G,\mathscr{R})\to H^2(G,\mathscr{R})$．

证明．设 $a\in H^1(G,\mathscr{R})$，即 $\Delta_A(a)=1\otimes a+a\otimes 1$，则

$$\begin{aligned}
&d^2_{\mathscr{R}}\circ\beta_0(a)\\
&=\sum_{\substack{r+t=p\\ r\neq 0,\ t\neq 0}}\frac{(p-1)!}{r!t!}(1\otimes a^r\otimes a^t-\Delta_A(a^r)\otimes a^t\\
&\qquad +a^r\otimes\Delta_A(a^t)-a^r\otimes a^t\otimes 1)\\
&=\sum_{\substack{r+t=p\\ r\neq 0,\ t\neq 0}}\frac{(p-1)!}{r!t!}(1\otimes a^r\otimes a^t-(1\otimes a+a\otimes 1)^r\otimes a^t\\
&\qquad +a^r\otimes(1\otimes a+a\otimes 1)^t-a^r\otimes a^t\otimes 1)\\
&=\sum_{\substack{r+t=p\\ r\neq 0,\ t\neq 0}}\frac{(p-1)!}{r!t!}\Big(-\sum_{\substack{i+j=r\\ i\neq 0}}\binom{r}{i}a^i\otimes a^j\otimes a^t\\
&\qquad +\sum_{\substack{i+j=t\\ j\neq 0}}\binom{t}{i}a^r\otimes a^i\otimes a^j\Big)
\end{aligned}$$

$$= \sum_{\substack{r+s+t=p \\ r\neq 0,\ t\neq 0}} \frac{(p-1)!}{r!s!t!}(-a^r\otimes a^s\otimes a^t + a^r\otimes a^s\otimes a^t)$$

$$= 0.$$

映射 $\beta: H^1(G, \mathscr{R}) \to H^2(G, \mathscr{R})$ 称为 G 的 **Bockstein 算子**. 并非在任何情况下 Bockstein 算子都是有用的,有时它甚至只是零映射, 但在某些情况下它确实是很有用的. 我们在例 3 与例 4 的基础上,证明如下的命题.

(13.2.8)命题. 设 Γ 为有限 Abel 群, $\mathrm{char}\,\mathscr{R} = p > 0$, 则

(1) β 是半线性的,即

$$\beta(ka + lb) = k^p\beta(a) + l^p\beta(b),\ \forall a, b \in A, l, k \in \mathscr{R};$$

(2) β 是内射当且仅当 Γ_p 是 p 阶循环群的直积;

(3) 如果 Γ_p 是 p 阶循环群的直积, $W = \mathscr{R}\beta(V)$, 则

$$H(\Gamma) = \begin{cases} \Lambda(V)\otimes S'(W), & \text{当}\quad p\neq 2\quad \text{时}, \\ S(V), & \text{当}\quad p = 2\quad \text{时}, \end{cases}$$

这里 $V = H^1(\Gamma, \mathscr{R})$, 记号 Λ, S 与 S' 的意义同例 4.

证明. 先对 m 阶循环群 Γ 证明(1),(2),(3),这里 p 整除 m.

(1) 因为 $H^1(\Gamma, \mathscr{R})$ 是一维的,结论显然.

(2) 用例 3 与例 4 的记号,容易验证

$$v = \sum_{r\in \mathbf{Z}/m\mathbf{Z}} rf_r \in H^1(\Gamma, \mathscr{R}),$$

从而张成 $H^1(\Gamma, \mathscr{R})$. 只要证 $\beta(v) \neq 0$ 当且仅当 m 不是 p^2 的倍数.

$$\begin{aligned} \beta_0(v) &= \sum_{\substack{s+t=p \\ s\neq 0,\ t\neq 0}} \frac{(p-1)!}{s!t!}\left(\sum_{r_1} r_1 f_{r_1}\right)^s \otimes \left(\sum_{r_2} r_2 f_{r_2}\right)^t \\ &= \sum_{\substack{s+t=p \\ s\neq 0,\ t\neq 0}} \frac{(p-1)!}{s!t!}\left(\sum_{r_1} r_1^s f_{r_1}\right)\otimes\left(\sum_{r_2} r_2^t f_{r_2}\right) \\ &= \sum_{\substack{s+t=p \\ s\neq 0,\ t\neq 0}} \frac{(p-1)!}{s!t!} r_1^s r_2^t f_{r_1}\otimes f_{r_2} \end{aligned}$$

(注意, f_r 是互相正交的幂等元). 再用例 4 的映射 $\rho^2 = \lambda\otimes\mu$;

$A\otimes A\to\mathscr{R}$，我们有

$$\rho^2\circ\beta_0(v)=\sum_{\substack{s+t=p\\ s\neq0,\ t\neq0}}\frac{(p-1)!}{s!t!}\left(\sum_{r\in\mathbf{Z}/m\mathbf{Z}}(-r^t)\right).$$

在 $0,1,\cdots,m-1$ 中取 r 的代表元，转到 $\mathbf{Z}$ 中计算：

$$\begin{aligned}&\sum_{\substack{s+t=p\\ s\neq0,\ t\neq0}}\frac{(p-1)!}{s!t!}\left(\sum_{r=0}^{m-1}(-r^t)\right)\\ &=-\sum_{r=0}^{m-1}\frac{(r+1)^p-1-r^p}{p}\\ &=\frac{m}{p}-\frac{1}{p}\sum_{r=0}^{m-1}((r+1)^p-r^p)\\ &=\frac{m}{p}-\frac{m^p}{p}\equiv\frac{m}{p}\pmod{p}.\end{aligned}$$

由此即得 $\rho^2\circ\beta_0(v)\neq0$ 当且仅当 m 不是 p^2 的倍数，所以 $\beta(v)\neq0$ 当且仅当 m 不是 p^2 的倍数.

(3)据(2)，此时 $\beta(V)$ 就是例 4 所说的 W，结论从例 4 得出.

现在设 Γ 是任意有限 Abel 群.

(1) 若 $\Gamma=\Gamma'\times\Gamma''$，则 $A=A'\otimes A''$，这里 A,A' 与 A'' 分别是 $\mathscr{R}\Gamma,\mathscr{R}\Gamma'$ 与 $\mathscr{R}\Gamma''$ 的对偶代数；又，$V=V'\oplus V''$，这里 $V'=H^1(\Gamma',\mathscr{R})$，$V''=H^1(\Gamma'',\mathscr{R})$. 我们只要证，如果 $v'\in V'$，$v''\in V''$，则 $\beta(v'+v'')=\beta(v')+\beta(v'')$. 根据上文对循环群找出的 $H^1(\Gamma,\mathscr{R})$ 的非零元素，我们知道 v' 与 v'' 表为 A 的典范正交基 $f_x(x\in\Gamma)$ 之和时，没有共同的分支(注意，Γ' 与 Γ'' 共同的元素恒等元对应的分支不出现)，所以 $v'v''=0$. 这样，

$$\begin{aligned}\beta_0(v'+v'')&=\sum_{\substack{s+t=p\\ s\neq0,\ t\neq0}}\frac{(p-1)!}{s!t!}(v'+v'')^s\otimes(v'+v'')^t\\ &=\beta_0(v')+\beta_0(v'')\\ &\quad+\sum_{\substack{s+t=p\\ s\neq0,\ t\neq0}}\frac{(p-1)!}{s!t!}(v'^s\otimes v''^t+v''^s\otimes v'^t).\end{aligned}$$

推及

$$u = \sum_{\substack{s+t=p\\ s\neq 0,\ t\neq 0}} \frac{(p-1)!}{s!t!}(v'^s \otimes v''^t + v''^s \otimes v'^t) \in \mathrm{Ker} d^1_{\mathscr{R}}.$$

$d^2_{\mathscr{R}}(u)$ 由如下四部分组成

$$u_1 = \sum_{\substack{s+t=p\\ s\neq 0,\ t\neq 0}} \frac{(p-1)!}{s!t!} d^1_{\mathscr{R}}(v'^s) \otimes v''^t,$$

$$u_2 = -\sum_{\substack{s+t=p\\ s\neq 0,\ t\neq 0}} \frac{(p-1)!}{s!t!} v'^s \otimes d^1_{\mathscr{R}}(v''^t),$$

$$u_3 = \sum_{\substack{s+t=p\\ s\neq 0,\ t\neq 0}} \frac{(p-1)!}{s!t!} d^1_{\mathscr{R}}(v''^s) \otimes v'^t,$$

$$u_4 = -\sum_{\substack{s+t=p\\ s\neq 0,\ t\neq 0}} \frac{(p-1)!}{s!t!} v''^s \otimes d^1_{\mathscr{R}}(v'^t).$$

如果 $\mathfrak{m}'$ 与 $\mathfrak{m}''$ 分别是 A' 与 A'' 的增广理想，容易看出 $v' \in \mathfrak{m}'$，$v'' \in \mathfrak{m}''$. 又据 $d^1_{\mathscr{R}}$ 的表达式，我们得知上述四个元素依次属于 $(A' \otimes \mathfrak{m}' + \mathfrak{m}' \otimes A') \otimes \mathfrak{m}''$，$\mathfrak{m}' \otimes (A'' \otimes \mathfrak{m}'' + \mathfrak{m}'' \otimes A'')$，$(A'' \otimes \mathfrak{m}'' + \mathfrak{m}'' \otimes A'') \otimes \mathfrak{m}'$ 与 $\mathfrak{m}'' \otimes (A' \otimes \mathfrak{m}' + \mathfrak{m}' \otimes A')$. 把 A' 与 A'' 典范地看成 A 的子代数，容易看出，$A \otimes A \otimes A$ 的上述四个子空间是线性无关的. 因此，我们有 $u_1 = u_2 = u_3 = u_4 = 0$，继而推出 $u \in \mathrm{Ker} d^1_{\mathscr{R}} \otimes \mathrm{Ker} d^1_{\mathscr{R}}$. 但 u 关于两个因子是对称的，用(13.1.3)即知，当 $\mathrm{char}\,\mathscr{R} \neq 2$ 时，u 在 $H^2(\Gamma, \mathscr{R})$中的象是零；当 $\mathrm{char}\,\mathscr{R} = 2$ 时，$u = v' \otimes v'' + v'' \otimes v'$，它在 $H^2(\Gamma, \mathscr{R})$ 中的象是 $v' \cup v'' + v'' \cup v' = 0$. 所以，我们总有

$$\beta(v' + v'') = \beta(v') + \beta(v'').$$

(2)与(3)：根据上述结论与例 4，所有结论都是显而易见或只要简单的推理就可得出，细节留给读者. 证毕.

我们指出，如果 $\mathscr{R}$ 是完全域(例如，$\mathscr{R}$ 是素域的代数扩张或 $\mathscr{R}$ 是代数闭域)，则 $W = \beta(V)$.

13.3 例：G_a 及其无穷小闭子群概形的上同调

在 §13.1 与 §13.2 中，我们花了不少篇幅讨论有限 Abel 群的

上同调，除了因为有限 Abel 群本身也是仿射群概形外，还因为这些讨论所得出的结论将在本小节中获得应用。本小节讨论 $\mathbb{G}_a$ 及其无穷小闭子群概形的上同调环. 严格地说，(13.3.4(2))是多余的，因为它可以包括在(13.3.6)中，但(13.3.4(2))的证明与结论都是直观的，对读者理解(13.3.6)有所帮助，所以我们还是保留了.

我们知道（§7 例 2），$\mathscr{R}[\mathbb{G}_a]=\mathscr{R}[t]$，$t$ 是不定元. 记 $A=\mathscr{R}[t]$，则对正整数 n，有典范同构

$$\overbrace{A\otimes A\otimes\cdots\otimes A}^{n\text{个}}\cong\mathscr{R}[t_1,t_2,\cdots,t_n],$$

这里 t_i 是无关的不定元. 在此等同下，A 的余乘法是

$$\Delta_A(f)(t_1,t_2)=f(t_1+t_2),\quad \forall f\in A.$$

现在讨论 $H^n(\mathbb{G}_a,\mathscr{R})$，$\mathscr{R}$ 是平凡的 $\mathbb{G}_a$ 模. 我们有

$$C^n(\mathbb{G}_a,\mathscr{R})=\mathscr{R}[t_1,t_2,\cdots,t_n];$$

对 $f\in C^n(\mathbb{G}_a,\mathscr{R})$，又有

$$\begin{aligned}&(\tilde{\Delta}_i^n f)(t_1,t_2,\cdots,t_{n+1})\\&=\begin{cases}f(t_2,t_3,\cdots,t_{n+1}), & \text{当 } i=0 \text{ 时},\\ f(t_1,\cdots,t_i+t_{i+1},\cdots,t_{n+1}), & \text{当 } 1\leqslant i\leqslant n \text{ 时},\\ f(t_1,t_2,\cdots,t_n), & \text{当 } i=n+1 \text{ 时}.\end{cases}\end{aligned}$$

因此

$$\begin{aligned}&(d_{\mathscr{R}}^n f)(t_1,t_2,\cdots,t_{n+1})\\&\quad=f(t_2,\cdots,t_{n+1})+(-1)^{n+1}f(t_1,\cdots,t_n)\\&\qquad+\sum_{i=1}^{n}(-1)^i f(t_1,\cdots,t_i+t_{i+1},\cdots,t_{n+1}).\end{aligned}$$

我们具体地写出几个 d^n 来：

$$d_{\mathscr{R}}^0=0;$$

$$(d_{\mathscr{R}}^1 f)(t_1,t_2)=f(t_1)-f(t_1+t_2)+f(t_2),\quad \forall f\in\mathscr{R}[t];$$

$$\begin{aligned}(d_{\mathscr{R}}^2 f)(t_1,t_2,t_3)&=f(t_2,t_3)-f(t_1+t_2,t_3)\\&\quad+f(t_1,t_2+t_3)-f(t_1,t_2),\qquad \forall f\in\mathscr{R}[t_1,t_2];\end{aligned}$$

$$\cdots\cdots\cdots\cdots.$$

设 F 是 $\mathscr{R}$ 上的不定元，我们定义 $\mathscr{R}[F]$ 在 $\mathscr{R}[t_1,\cdots,t_n]$ 上的一个作用：$\mathscr{R}$ 在 $\mathscr{R}[t_1,\cdots,t_n]$ 上的作用仍是 $\mathscr{R}[t_1,\cdots,t_n]$ 上固有的 $\mathscr{R}$ 作用；如果 $\mathrm{char}\mathscr{R}=p>0$，定义 F 的作用把映射 $t_i\longmapsto t_i^p$ 扩充为 $\mathscr{R}$ 代数同态；如果 $\mathrm{char}\mathscr{R}=0$，$F$ 在 $\mathscr{R}[t_1,\cdots,t_n]$ 上的作用是恒等变换。不难验证，我们确实定义了多项式环 $\mathscr{R}[F]$ 的作用，使 $\mathscr{R}[t_1,\cdots,t_n]$ 成为 $\mathscr{R}[F]$ 模。

(13.3.1) 引理. 对所有 $n\geqslant 0$，均有 $F\circ d_{\mathscr{R}}^n=d_{\mathscr{R}}^n\circ F$，即 $d_{\mathscr{R}}^n$ 是 $\mathscr{R}[F]$ 模同态，从而 $H^n(\mathbf{G}_a,\mathscr{R})$ 都是 $\mathscr{R}[F]$ 模.

证明. 根据 $\tilde{\Delta}_i^n$ 的表达式与 F 的定义，显然有 $F\circ\tilde{\Delta}_i^n=\tilde{\Delta}_i^n\circ F$，所以 $F\circ d_{\mathscr{R}}^n=d_{\mathscr{R}}^n\circ F$. 证毕.

根据这个引理，我们只要找出 $H^n(\mathbf{G}_a,\mathscr{R})$ 的 $\mathscr{R}[F]$ 模生成元，$H^n(\mathbf{G}_a,\mathscr{R})$ 的结构就可显示出来了.

关于零次与一次上同调群的结论十分简单：

(13.3.2)命题. (1) $H^0(\mathbf{G}_a,\mathscr{R})=\mathscr{R}$；

(2) $H^1(\mathbf{G}_a,\mathscr{R})=\mathscr{R}[F]t$.

证明. (1) $H^0(\mathbf{G}_a,\mathscr{R})=\mathscr{R}$ 是已知的，从 d^0 的表达式也立即可得.

(2) 由于 $d_{\mathscr{R}}^0=0$，我们有

$$H^1(\mathbf{G}_a,\mathscr{R})=\mathrm{Ker}d_{\mathscr{R}}^1=\{f\in\mathscr{R}[t]\,|\,f(t_1+t_2)=f(t_1)+f(t_2)\}.$$

现在设非零的 $f\in\mathscr{R}[t]$ 满足 $f(t_1+t_2)=f(t_1)+f(t_2)$，对 t_1 求导，得

$$f'(t_1+t_2)=f'(t_1).$$

所以 f' 是常数.

如果 $\mathrm{char}\mathscr{R}=0$，则进一步推出 $\deg f\leqslant 1$，因此可设

$$f(t)=rt+s,\quad r,s\in\mathscr{R}.$$

再代入 $f(t_1+t_2)=f(t_1)+f(t_2)$，可以看出这个等式成立的充要条件是 $s=0$. 这样，我们证明了当 $\mathrm{char}\mathscr{R}=0$ 时 $H^1(\mathbf{G}_a,\mathscr{R})=\mathscr{R}t=\mathscr{R}[F]t$.

为了讨论 $\mathrm{char}\mathscr{R}=p>0$ 的情况，我们注意到 $d_{\mathscr{R}}^1$ 是齐次映

射，因此只要讨论 f 是齐次的情况. 显然零次的 f 不满足要求，所以从 f' 为常数推出 $f=rt$ 或 $f=rt^{mp}$，这里 $r\in\mathscr{R}^*$，m 是正整数. 如果 $f=rt^{mp}=F(rt^m)$，我们又有

$$0=d^1_{\mathscr{R}}(f)=d^1_{\mathscr{R}}\circ F(rt^m)=F\circ d^1_{\mathscr{R}}(rt^m).$$

显然在 $\mathscr{R}[t]$ 上 F 是内射，所以 $f_1=rt^m\in \mathrm{Ker}d^1$. 用 f_1 代替 f，又推出 $m=1$ 或 m 是 p 的倍数. 如此续行，我们最终得知 $\deg f$ 是 p 的幂，从而 $f\in\mathscr{R}[F]t$. 反之，

$$d^1(\mathscr{R}[F]t)=\mathscr{R}[F]d^1(t)=0.$$

这样，我们证明了当 $\mathrm{char}\mathscr{R}=p$ 时 $H^1(\mathbf{G}_a,\mathscr{R})=\mathscr{R}[F]t$. 证毕.

下面是个副产品.

(13.3.3)命题. (1)作为乘法半群，$\mathrm{End}(\mathbf{G}_a)\cong\mathscr{R}[F]$；

(2) 作为乘法群，$\mathrm{Aut}(\mathbf{G}_a)\cong\mathscr{R}^*=\mathbf{G}_m(\mathscr{R})$.

证明. (1) End $(\mathbf{G}_a)$ 反同构于 $\mathscr{R}[t]$ 的 Hopf 代数自同态全体所成的半群. 设 $\varphi:\mathscr{R}[t]\to\mathscr{R}[t]$ 是 $\mathscr{R}$ 代数同态，$\varphi(t)=f\in\mathscr{R}[t]$. 我们将证明 φ 是 Hopf 代数同态当且仅当

$$f(t_1+t_2)=f(t_1)+f(t_2).$$

对于 $g\in\mathscr{R}[t]$，我们有

$$(\Delta_A\circ\varphi(g))(t_1,t_2)=\varphi(g)(t_1+t_2)=g(f(t_1+t_2)),$$
$$((\varphi\otimes\varphi)\circ\Delta_A(g))(t_1,t_2)=\Delta_A(g)(f(t_1),f(t_2))$$
$$=g(f(t_1)+f(t_2)),$$

可见 $\Delta_A\circ\varphi=(\varphi\otimes\varphi)\circ\Delta_A$ 当且仅当 $f(t_1+t_2)=f(t_1)+f(t_2)$. 特别，当 φ 是 Hopf 代数同态时有 $f(t_1+t_2)=f(t_1)+f(t_2)$. 反之，如果 $f(t_1+t_2)=f(t_1)+f(t_2)$，则 $\Delta_A\circ\varphi=(\varphi\otimes\varphi)\circ\Delta_A$；又，容易推出 $f(0)=0,f(-t)=-f(t)$，于是，对 $g\in\mathscr{R}[t]$，

$$(\varepsilon_A\circ\varphi)(g)=\varphi(g)(0)=g(f(0))=g(0)=\varepsilon_A(g),$$
$$(\eta_A\circ\varphi)(g)(t)=\varphi(g)(-t)=g(f(-t))=g(-f(t))$$
$$=(\eta_A(g))(f(t))=(\varphi\circ\eta_A)(g)(t),$$

即 $\varepsilon_A\circ\varphi=\varepsilon_A$，$\eta_A\circ\varphi=\varphi\circ\eta_A$. 由此可见 φ 是 Hopf 代数同态.

由以上论证及 (13.2.3) 知，φ 是 Hopf 代数同态当且仅当 $\varphi(t)\in\mathscr{R}[F]t$. 由于 $\mathscr{R}[F]$ 作为 $\mathscr{R}$ 代数同态忠实地作用在

$\mathscr{R}[t]$上，而且一个 $\mathscr{R}$ 代数同态被它在 t 上的作用唯一确定，我们推知 φ 是 Hopf 代数同态当且仅当 $\varphi\in\mathscr{R}[F]$. 因此 End($\mathbf{G}_a$)反同构于$\mathscr{R}[F]$的乘法半群. 但 $\mathscr{R}[F]$是交换的，反同构就是同构.

(2) 是(1)的简单推论，因为 $\mathscr{R}[F]$ 中的可逆元所成的群就是 $\mathscr{R}^*$. 证毕.

注意，$\mathscr{R}[t]$ 的自同态F就是 $\mathbf{G}_a$ 的 Frobenius 自同态的余态射，(13.2.4(1))的同构就是把 Frobenius 自同态对应到它的余态射而实现的. 如果把F直接看成 $\mathbf{G}_a$ 的 Frobenius 自同态，则(13.2.4(1))的同构号可直接写成等号.

现在讨论 $H^2(\mathbf{G}_a,\mathscr{R})$. 如果 char $\mathscr{R}=p>0$，令

$$f_0(t_1,t_2)=\sum_{i=1}^{p-1}\frac{(p-1)!}{i!(p-i)!}\,t_1^it_2^{p-i}=\beta_0(t),$$

$$f_r(t_1,t_2)=t_1t_2^{p^r},r>0.$$

(13.3.4)命题. (1)设 char$\mathscr{R}=0$，则 $H^2(\mathbf{G}_a,\mathscr{R})=0$[1)];

(2) 设 char$\mathscr{R}=p>0$，则 $\mathscr{R}[t_1,t_2]$ 中由所有 $f_r(r\geqslant 0)$ 生成的 $\mathscr{R}[F]$ 子模M是以这些 f_r 为基的自由 $\mathscr{R}[F]$ 模，并且

$$\mathrm{Im}d^1_{\mathscr{R}}\oplus M=\mathrm{Ker}d^2_{\mathscr{R}},$$

因此，作为 $\mathscr{R}[F]$ 模，$H^2(\mathbf{G}_a,\mathscr{R})\cong M$.

证明. $f\in\mathrm{Ker}d^2_{\mathscr{R}}$ 的充要条件是

$$(*)\qquad f(t_1,t_2)+f(t_1+t_2,t_3)=f(t_1,t_2+t_3)+f(t_2,t_3).$$

因为 d^2 是齐次映射，我们仍旧只要考虑齐次多项式. 零次齐次多项式显然在 $\mathrm{Ker}d^2_{\mathscr{R}}$ 中，也显然在 $\mathrm{Im}d^1_{\mathscr{R}}$ 中. 现在设

$$f(t_1,t_2)=a_0t_1^m+a_1t_1^{m-1}t_2+\cdots+a_{m-1}t_1t_2^{m-1}+a_mt_2^m,\ m>0$$

在 $\mathrm{Ker}d^2_{\mathscr{R}}$ 中，因此它满足(∗). 把(∗)的两边对 t_1 求偏导数，并令 $t_1=0$，得到

$$f'_{t_1}(0,t_2)+f'_{t_1}(t_2,t_3)=f'_{t_1}(0,t_2+t_3),$$

其中 f'_{t_1} 是 f 对第一个变量的偏导数. 根据 f 的表达式，

---

1) 最近，[WJ4] 用极简单的方法证明了，若 char$\mathscr{R}=0$，则当 $n\geqslant 2$ 时 $H^n(\mathbf{G}_a,\mathscr{R})=0$，从而 $H(\mathbf{G}_a)$ 的结构已经清楚(1986 年 6 月加注).

$$f'_{t_1}(t_1,t_2)=a_{m-1}t_2^{m-1}+\text{带因子 } t_1 \text{ 的项},$$

所以

$$f'_{t_1}(t_2,t_3)=f'_{t_1}(0,t_2+t_3)-f'_{t_1}(0,t_2)$$
$$=a_{m-1}((t_2+t_3)^{m-1}-t_2^{m-1}).$$

把 t_2,t_3 换回 t_1,t_2，得到

$$f'_{t_1}(t_1,t_2)=a_{m-1}((t_1+t_2)^{m-1}-t_1^{m-1}).$$

同理，把(*)对 t_3 求导，并令 $t_3=0$，得到

$$f'_{t_2}(t_1,t_2)=a_1((t_1+t_2)^{m-1}-t_2^{m-1}).$$

利用 Euler 公式 $mf(t_1,t_2)=t_1f'_{t_1}(t_1,t_2)+t_2f'_{t_2}(t_1,t_2)$，稍加整理后得到

$$(**)\begin{cases} mf(t_1,t_2)=a_1h(t_1,t_2)+(a_{m-1}-a_1)g(t_1,t_2), \\ \quad\text{其中 } h(t_1,t_2)=(t_1+t_2)^m-t_1^m-t_2^m\in \mathrm{Im}d^1, \\ \quad g(t_1,t_2)=t_1(t_1+t_2)^{m-1}-t_1^m. \end{cases}$$

以下分几种情况讨论.

i) 若 $a_1\neq a_{m-1}$，则 $g(t_1,t_2)\in \mathrm{Ker}d^2_{\mathscr{R}}$，因此它满足(*). 把 g 的表达式代入(*)，得到三个不定元的恒等式

$$t_1(t_1+t_2)^{m-1}-t_1^m+(t_1+t_2)(t_1+t_2+t_3)^{m-1}-(t_1+t_2)^m$$
$$=t_1(t_1+t_2+t_3)^{m-1}-t_1^m+t_2(t_2+t_3)^{m-1}-t_2^m.$$

我们可设 $m>1$ (因为当 $m=1$ 时 $g=0$)，因此，如果令

$$t_1=-t_2,$$

则得到两个不定元的恒等式

$$-t_2t_3^{m-1}+t_2(t_2+t_3)^{m-1}-t_2^m=0,$$

所以

$$(t_2+t_3)^{m-1}-t_2^{m-1}-t_3^{m-1}=0.$$

由此推知多项式 t^{m-1} 属于 $H^1(\mathrm{G}_a,\mathscr{K})$.

如果 $\mathrm{char}\mathscr{R}=0$，据(13.2.3(1))，$m=2$，推及 $a_1=a_{m-1}$，这与 $a_1\neq a_{m-1}$ 矛盾. 因此，当 $\mathrm{char}\mathscr{R}=0$ 时必有

$$f(t_1,t_2)=\frac{a_1}{m}h(t_1,t_2)\in \mathrm{Im}d^1_{\mathscr{R}},$$

从而 $H^2(\mathrm{G}_a,\mathscr{R})=0$. 结论(1)得证.

现在起至本证明结束，均假定 $\mathrm{char}\,\mathscr{R}=p>0$. 据(13.2.3(2))，$m-1=p^r$，对某个 $r>0$ ($r=0$ 又导致 $a_1=a_{m-1}$，矛盾). 特别，$m\equiv 1(\mathrm{mod}p)$. 于是，由(**)，

$$f(t_1,t_2)\equiv(a_{m-1}-a_1)g(t_1,t_2)\ (\mathrm{mod}\ \mathrm{Im}d^1_{\mathscr{R}}),$$

而 $g(t_1,t_2)=t_1(t_1+t_2)^{p^r}-t_2^{p^r+1}=t_1t_2^{p^r}=f_r(t_1,t_2)$，所以 $f\in\mathrm{Im}d^1_{\mathscr{R}}+M$.

ii) 如果 $a_1=a_{m-1}$，但 $m\not\equiv 0\ (\mathrm{mod}p)$，据(**)，$f\in\mathrm{Im}d^1_{\mathscr{R}}$.

iii) 如果 $a_1=a_{m-1}\neq 0$，且 $m\equiv 0\ (\mathrm{mod}p)$，则 $m-1$ 的 p 进展开式中 p^0 项的系数为 $p-1$，因此，据(2.3.2)，

$$\binom{m-1}{p-1}\equiv\binom{p-1}{p-1}=1\ (\mathrm{mod}p).$$

这样，如果 $m\neq p$，则 $f'_{t_2}(t_1,t_2)=a_1((t_1+t_2)^{m-1}-t_2^{m-1})$ 中含有一项

$$a_1\binom{m-1}{p-1}t_1^{m-p}t_2^{p-1}=a_1t_1^{m-p}t_2^{p-1}.$$

这是不可能的，因为 $f'_{t_2}(t_1,t_2)$ 中的 $t_1^{m-p}t_2^{p-1}$ 项只能由 $f(t_1,t_2)$ 中 $t_1^{m-p}t_2^p$ 项求导得出，但这一项对 t_2 的偏导是零. 由此可见，对于假设的情况，只能 $m=p$. 现在，直接计算 f_0 的偏导，将得到

$$f'_{t_2}(t_1,t_2)=a_1f'_{0,t_2}(t_1,t_2),$$
$$f'_{t_1}(t_1,t_2)=a_1f'_{0,t_1}(t_1,t_2).$$

于是

$$f(t_1,t_2)=a_1f_0(t_1,t_2)+a_0t_1^p+a_pt_2^p.$$

直接验证可以得知，除 $a_0=a_p=0$ 的情况外，这个多项式都不在 $\mathrm{Ker}d^2_{\mathscr{R}}$ 中. 由此可见 $f=a_1f_0\in M$.

iv) 如果 $a_1=a_{m-1}=0$ 且 $m\equiv 0(\mathrm{mod}p)$，则

$$f'_{t_1}(t_1,t_2)=f'_{t_2}(t_1,t_2)=0,$$

可见 $f=F(\tilde{f})$，对某个 $\tilde{f}\in\mathrm{Ker}d^2_{\mathscr{R}}$，$\deg\tilde{f}=m/p$. 经过有限个步骤，总可以找到一个 $\hat{f}\in\mathrm{Ker}d^2_{\mathscr{R}}$，且满足 i)—iii) 中的某一条. 于是 $\hat{f}\in\mathrm{Im}d^1_{\mathscr{R}}+M$，而有正整数 s 使 $f=F^s(\hat{f})$，所以 $f\in\mathrm{Im}d^1+$

M.

综上所述，$\mathrm{Ker}d_{\mathscr{R}}^2 \subset \mathrm{Im}d_{\mathscr{R}}^1 + M$. 反过来，直接验证表明，每个 $f_r(r \geqslant 0)$ 都在 $\mathrm{Ker}d^2$ 中，所以 $\mathrm{Ker}d_{\mathscr{R}}^2 = \mathrm{Im}d_{\mathscr{R}}^1 + M$. 又，对 $s \in \mathbf{Z}^+$，$r > 0$，我们有

$$\deg F^s(f_0) = p^{s+1}, \ \deg F^s(f_r) = p^s(p^r + 1),$$

所以所有 $F^s(f_r)$ 的次数互不相同，可见它们是 M 的一组 $\mathscr{R}$ 基，从而 $\{f_r\}_{r\geqslant 0}$ 是 M 的一组 $\mathscr{R}[F]$ 自由基. 此外，由 $d_{\mathscr{R}}^1$ 的表达式可以看出，$\mathrm{Im}d_{\mathscr{R}}^1$ 由对称多项式组成，而当 $r > 0$ 时 $F^s(f_r)$ 是次数各异的不对称多项式. 因此，如果 $M \cap \mathrm{Im}d_{\mathscr{R}}^1 \neq 0$，考虑齐次部分，便有某个 $F^s(f_0) \in \mathrm{Im}d_{\mathscr{R}}^1$. 这也是不可能的，因为 $F^s(f_0)$ 是 p^{s+1} 次的，它只能由 $\mathscr{R}[t]$ 中的 p^{s+1} 次元素映到. 但由 d^1 的表达式，$\mathscr{R}[t]$ 中 p^{s+1} 次齐次元素的象为零. 由此可见 $M \cap \mathrm{Im}d_{\mathscr{R}}^1 = 0$，所以 $\mathrm{Ker}d_{\mathscr{R}}^2 = \mathrm{Im}d_{\mathscr{R}}^1 \oplus M$. 证毕.

(13.3.5)推论. 设 $\mathrm{char}\mathscr{R} = p > 0$，则

(1) G_a 的 Bockstein 算子 β 是内射的半线性映射，半线性的意义同(13.2.8)；

(2) 设 $V = H^1(\mathrm{G}_a, \mathscr{R})$，$W = \mathscr{R}_\beta(V)$，则

$$H^2(\mathrm{G}_a, \mathscr{R}) = \begin{cases} S^2(V), & \text{当 } \mathrm{char}\,\mathscr{R} = 2 \text{ 时}, \\ \Lambda^2(V) \oplus W, & \text{当 } \mathrm{char}\mathscr{R} \neq 2 \text{ 时}, \end{cases}$$

S^2 与 Λ^2 分别表示对称代数与外代数的 2 次齐次分量.

证明. (1)据(13.3.2)，V 的基为 $\{t^{p^r} | r \in \mathbf{Z}^+\}$. 设 $r, s \in \mathbf{Z}^+$，则可算出

$$\begin{aligned} &\beta_0(t^{p^r} + t^{p^s}) - \beta_0(t^{p^r}) - \beta_0(t^{p^s}) \\ &= \sum_{i=1}^{p-1} \frac{(p-1)!}{i!(p-i)!} (t_1^{p^r} + t_1^{p^s})^i (t_2^{p^r} + t_2^{p^s})^{p-i} \\ &\quad - \sum_{i=1}^{p-1} \frac{(p-1)!}{i!(p-i)!} t_1^{ip^r} t_2^{jp^r} \\ &\quad - \sum_{i=1}^{p-1} \frac{(p-1)!}{i!(p-i)!} t_1^{ip^s} t_2^{jp^s} \end{aligned}$$

$$= \sum_{\substack{i+j+k+l=p \\ i,j,k,l\text{ 至少} \\ \text{三个} \neq 0}} \frac{(p-1)!}{i!j!k!l!} t_1^{ip^r+jp^s} t_2^{kp^r+lp^s}$$

$$+ \sum_{\substack{j+k=p \\ j\neq 0,\ k\neq 0}} \frac{(p-1)!}{j!k!} t_1^{jp^s} t_2^{kp^r}$$

$$+ \sum_{\substack{i+l=p \\ i\neq 0,\ l\neq 0}} \frac{(p-1)!}{i!l!} t_1^{ip^r} t_2^{lp^s};$$

另一方面,如果令 $f\in A$ 为

$$f(t) = \sum_{i=1}^{p-1} \frac{(p-1)!}{i!(p-i)!} t^{ip^r+(p-i)p^s},$$

则

$$(d_{\mathscr{R}}^1 f)(t_1,t_2)$$

$$= \sum_{i=1}^{p-1} \frac{(p-1)!}{i!(p-i)!} (t_1^{p^r}+t_2^{p^r})^i (t_1^{p^s}+t_2^{p^s})^{p-i}$$

$$- \sum_{i=1}^{p-1} \frac{(p-1)!}{i!(p-i)!} t_1^{ip^r+(p-i)p^s}$$

$$- \sum_{i=1}^{p-i} \frac{(p-1)!}{i!(p-i)!} t_2^{ip^r+(p-i)p^s}$$

$$= \sum_{\substack{i+j+k+l=p \\ i,j,k,l\text{ 至少} \\ \text{三个} \neq 0}} \frac{(p-1)!}{i!j!k!l!} t_1^{ip^r+jp^s} t_2^{kp^r+lp^s}$$

$$+ \sum_{\substack{j+k=p \\ j\neq 0,\ k\neq 0}} \frac{(p-1)!}{j!k!} t_1^{jp^s} t_2^{kp^r}$$

$$+ \sum_{\substack{i+l=p \\ i\neq 0,\ l\neq 0}} \frac{(p-1)!}{i!l!} t_1^{ip^r} t_2^{lp^s}.$$

由此可见 $\beta(t^{p^r}+t^{p^s}) = \beta(t^{p^r}) + \beta(t^{p^s})$. 至于常系数可以 p 次方后移到 β 外则是显然的. 这就证明了 β 的半线性.

β 把 V 的基向量 t^{p^r} 映到 $F^r(f_0)$, 据(13.3.4)即知 β 是内射.

(2) 把(13.3.4)的 M 等同于它在 $H^2(\mathrm{G}_a,\mathscr{R})$ 中的象,则 $W=\mathscr{R}[F]f_0$, 而 $F^s(f_r) = t_1^{p^s}t_2^{p^{r+s}} = t^{p^s}\cup t^{p^{r+s}} = -t^{p^{r+s}}\cup t^{p^s}$ (这里

$r>0$, $s\geqslant 0$)，这些信息连同(13.3.4)足以说明当 char $\mathscr{R}\neq 2$ 时，$H^2(\mathbb{G}_a,\mathscr{R})=\Lambda^2(V)\oplus W$. 当 char $\mathscr{R}=2$ 时，

$$\beta(t_1^{p^r})=t_1^{p^r}\cup t_1^{p^r},$$

立即也可推出 $H^2(\mathbb{G}_a,\mathscr{R})=S^2(V)$. 证毕.

这个推论使我们回忆起 (13.2.8)，我们猜想对 $\mathbb{G}_a$ 也有与(13.2.8)类似的结论成立. 事实确实如此，我们有

(13.3.6)定理. 设 char$\mathscr{R}=p>0$，用(13.3.5)的记号，有

$$H(\mathbb{G}_a,\mathscr{R})=\begin{cases}S(V)，当\ p=2\ 时，\\ \Lambda(V)\otimes S'(W)，当\ p\neq 2\ 时.\end{cases}$$

证明. 设有两个域 $\mathscr{R}_1\subset\mathscr{R}_2$，则容易推出

$$H(\mathbb{G}_a,\mathscr{R}_2)=H(\mathbb{G}_a,\mathscr{R}_1)\otimes_{\mathscr{R}_1}\mathscr{R}_2,$$

这里左右两边的 $\mathbb{G}_a$ 分别看成 $\mathscr{R}_2$ 与 $\mathscr{R}_1$ 上的仿射群概形. 因此，不妨设 $\mathscr{R}$ 是素域的代数闭包，此时 $\mathbb{G}_a$ 可看成 $\mathscr{R}$ 上的线性代数群. 设 Γ_q 是 q (p 的幂)个元素的有限域的加法群，则 Γ_q (所对应的 $\mathscr{R}$ 上的常值仿射群概形)是 $\mathbb{G}_a$ 的闭子群(概形). 嵌入同态 ρ: $\Gamma_q\to\mathbb{G}_a$ 导出了复形的态射

$$\rho^{\#}:\boldsymbol{C}(\mathbb{G}_a,\mathscr{R})\to\boldsymbol{C}(\Gamma_q,\mathscr{R})$$

与阶化 $\mathscr{R}$ 代数的同态

$$\mathrm{Res}_\rho:H(\mathbb{G}_a,\mathscr{R})\to H(\Gamma_q,\mathscr{R}).$$

令 $C^n(\mathbb{G}_a,\mathscr{R};q)$ 为 $\mathscr{R}[t_1,\cdots,t_n]$ 中每个 t_i 的指数都小于 q 的单项式张成的子空间. 据 $d^n_{\mathscr{R}}$ 的定义，我们有

$$d^n_{\mathscr{R}}C^n(\mathbb{G}_a,\mathscr{R};q)=C^{n+1}(\mathbb{G}_a,\mathscr{R};q)\cap d^n_{\mathscr{R}}C^n(\mathbb{G}_a,\mathscr{R}),$$

因此我们得到 $\boldsymbol{C}(\mathbb{G}_a,\mathscr{R})$ 的子上链复形

$$\boldsymbol{C}(\mathbb{G}_a,\mathscr{R};q)=(C^n(\mathbb{G}_a,\mathscr{R};q))_{n\in\mathbf{Z}+},$$

嵌入态射 $\boldsymbol{C}(\mathbb{G}_a,\mathscr{R};q)\hookrightarrow\boldsymbol{C}(\mathbb{G}_a,\mathscr{R})$ 导出嵌入态射 $H(\boldsymbol{C}(\mathbb{G}_a,\mathscr{R};q))\hookrightarrow H(\mathbb{G}_a,\mathscr{R})$，使 $H(\boldsymbol{C}(\mathbb{G}_a,\mathscr{R};q))$ 成为 $H(\mathbb{G}_a,\mathscr{R})$ 的子空间. 不仅如此，容易看出 $C^s(\mathbb{G}_a,\mathscr{R};q)\otimes C^t(\mathbb{G}_a,\mathscr{R};q)$ 典范地等同于 $C^{s+t}(\mathbb{G}_a,\mathscr{R};q)$，因此 $H(\boldsymbol{C}(\mathbb{G}_a,\mathscr{R};q))$ 在上积运算下封闭，从而成为 $H(\mathbb{G}_a,\mathscr{R})$ 的子代数.

由于 Γ_q 只有 q 个元素，Γ_q 上的 $\mathscr{R}$ 值函数都是 $\mathscr{R}[t]$ 中某

个次数小于 q 的多项式在 $\rho^{\#}$ 下的象. 由此可见，$\rho^{\#}$ 把 $C^n(\mathbb{G}_a, \mathscr{R};q)$ 满射地映到 $C^n(\Gamma_q, \mathscr{R})$ 上. 但它们都是 q^n 维的，所以 $\rho^{\#}$ 在 $\boldsymbol{C}(\mathbb{G}_a, \mathscr{R};q)$ 的限制是复形的同构. 推及 Res_ρ 是阶化 $\mathscr{R}$ 代数的同构，所以，由(13.2.8)，

$$H(\boldsymbol{C}(\mathbb{G}_a, \mathscr{R};q)) = \begin{cases} S(V_q), & \text{当 } p = 2 \text{ 时}, \\ \Lambda(V_q) \otimes S'(W_q), & \text{当 } p \neq 2 \text{ 时}. \end{cases}$$

这里 $V_q = H^1(\boldsymbol{C}(\mathbb{G}_a, \mathscr{R};q))$，$W_q = \beta(V_q)$.

显然

$$H(\mathbb{G}_a, \mathscr{R}) = \bigcup_q H(\boldsymbol{C}(\mathbb{G}_a, \mathscr{R};q)).$$

特别，

$$V = \bigcup_q V_q, \quad W = \bigcup_q W_q.$$

最后，作子空间链的并集与作对称代数、外代数可换，结论于是得出. 证毕.

(13.3.6)的结论可稍加推广.

(13.3.7)命题. 设 G 是有限个 $\mathbb{G}_a$ 的直积，G_n 是 G 的第 n 个 Frobenius 核，则把(13.3.6)的 $\mathbb{G}_a$ 换成 G 或 G_n，结论仍然成立. 特别，如果 $G = \mathbb{G}_a$，则 $H^n(G_n, \mathscr{R}) \cong H^n(\Gamma_q, \mathscr{R})$.

证明. 如果 G 是 m 个 $\mathbb{G}_a$ 的直积，把 Γ_q 换成 m 个 Γ_q 的直积 Γ_q^m，则 (13.3.6)的证明对 G 也适用（注意，对 Γ_q^m 仍可用 (13.2.8 (3)).

G_n 是 G 的闭子群，嵌入态射导出复形的态射 $\boldsymbol{C}(G, \mathscr{R}) \to \boldsymbol{C}(G_n, \mathscr{R})$ 及阶化 $\mathscr{R}$ 代数同态 $H(G, \mathscr{R}) \to H(G_n, \mathscr{R})$. 因为 $\mathscr{R}[G] = \mathscr{R}[t_1, \cdots, t_m]$，而 $t_i^{p^n}$ 在 $\mathscr{R}[G_n]$ 中的象为零，所以 $\boldsymbol{C}(G, \mathscr{R};p^n)$ 就满射地映到 $\boldsymbol{C}(G_n, \mathscr{R})$ 了，比较齐次部分的维数，知 $\boldsymbol{C}(G, \mathscr{R};p^n) \cong \boldsymbol{C}(G_n, \mathscr{R})$，从而

$$H(\boldsymbol{C}(G, \mathscr{R};p^n)) \cong H(G_n, \mathscr{R}),$$

作为阶化 $\mathscr{R}$ 代数. 另一方面，我们有

$$H(\boldsymbol{C}(G, \mathscr{R};p^n)) \cong H(\Gamma_{p^n}^m, \mathscr{R}),$$

作为阶化 $\mathscr{R}$ 代数，于是 $H(G_n, \mathscr{R})$ 与 $H(\Gamma_{p^n}^m, \mathscr{R})$ 作为阶化 $\mathscr{R}$ 代数同构. 再用(13.2.8)，得出关于 G_n 的结论. 证毕.

从本节各种例子可以看出，即使有 Hochschild 复形，要计算有理上同调也还是困难重重. 实际上，刻板的计算只能处理一些简单的情况(即使对于有限 Abel 群与 $\mathbb{G}_a$ 这样简单的群，我们也还用了不少理论上的技巧才解决了它们的不可约模的上同调). 对于稍微复杂一点的问题，仍然是束手无策. 以后我们还会采用更加理论化的一些方法，讨论某些特殊的有理上同调群，或者把较复杂的情况化为较简单的情况. 针对具体的群概形与它的模，如何找一个巧妙的方法求它的有理上同调群，这也是当今许多数学家感兴趣的问题之一. 这方面的探索至今还只能说是刚开了个头.

§14. 诱导层及其上同调

诱导表示函子及其导函子可以用更加几何化的方法实现，这种实现并非毫无新意的重复. 我们很快可以看到的一个事实是，由于几何化了，代数几何学上的一些重要结果可以用到代数群表示理论中去，使一些原来难于证明的表示论的结论变得直观而显然了，或者使一些原来只能在某些限制条件下证明的结论能在一般情况下证明了. 本节将要介绍的就是这种几何化的方法. 我们需要较多代数几何学方面的知识，但代数几何学本身是个非常庞大的数学体系，无法用较小的篇幅把我们所需的结论一一论证. 因此，我们只能在 §14.1 中以词汇表的方式把所需的概念与结论罗列出来，个别未在 [Har 1] 中出现的结论，附上简短的证明.

14.1 有关层与层上同调的预备知识

预层: 设 X 是个拓扑空间. 如果对 X 的每个开集 U，给出一个 Abel 群 $\mathscr{F}(U)$，对开集的包含关系 $V\subset U$，给出一个 Abel 群同态 $\rho_{UV}:\mathscr{F}(U)\to\mathscr{F}(V)$. 满足如下条件:

$S0$. $\mathscr{F}(\varnothing)=0$,

$S1$. 对任何开集 U，$\rho_{UU}=\mathrm{id}_U$，

$S2$. 对任何开集的包含关系 $W\subset V\subset U$，有 $\rho_{UW}=\rho_{VW}\circ\rho_{UV}$，则称 $\mathscr{F}$ 为 X 上 Abel 群的预层，$\mathscr{F}(U)$ 中的元素称为 $\mathscr{F}$ 在 U 上的截面，特别 $\mathscr{F}(X)$ 中的元素称为 $\mathscr{F}$ 的整体截面，ρ_{UV} 称为 $\mathscr{F}$ 的限制映射，对 $s\in\mathscr{F}(U)$，$\rho_{UV}(s)$ 可记为 $s|_V$. 类似地定义环的预层、A 模的预层、A 代数的预层等，这里 A 是个环.

预层的茎：设 $\mathscr{F}$ 是拓扑空间 X 上的预层，$x\in X$，则

$$\mathscr{F}_x=\varinjlim_{U\ni x}\mathscr{F}(U)$$

称为 $\mathscr{F}$ 在 x 点的茎.

预层的态射：设 $\mathscr{F}$ 与 $\mathscr{G}$ 都是拓扑空间 X 上的预层，$\mathscr{F}$ 到 $\mathscr{G}$ 的态射 $\varphi:\mathscr{F}\to\mathscr{G}$ 是以 X 的开集为指标的一簇同态 $\varphi=(\varphi_U)$，其中 $\varphi_U:\mathscr{F}(U)\to\mathscr{G}(U)$ 是同态，且对 $V\subset U$ 及 $s\in\mathscr{F}(U)$，$\varphi_U(s)|_V=\varphi_V(s|_V)$（粗略地说，$\varphi$ 与预层的限制映射可换）. 对任何 $x\in X$，φ 均导出茎的同态 $\varphi_x:\mathscr{F}_x\to\mathscr{G}_x$.

层：拓扑空间 X 上的预层 $\mathscr{F}$ 如果还满足：对 U 的每一开覆盖

$$U=\bigcup_i V_i.$$

$S3$. 如果 $s\in\mathscr{F}(U)$ 且 $s|_{V_i}=0$，对每个 i，则 $s=0$，

$S4$. 如果对每个 i 有 $s_i\in\mathscr{F}(V_i)$，且对任意 i,j 均有

$$s_i|_{V_i\cap V_j}=s_j|_{V_i\cap V_j},$$

则必有 $s\in\mathscr{F}(U)$，使 $s|_{V_i}=s_i$，对每个 i，

那么，称 $\mathscr{F}$ 为 X 上的层. 层的态射与茎就是它们作为预层的态射与茎. 注意，如果 X 是 Noether 空间（例如，X 是代数簇），$S3$ 与 $S4$ 只要对有限覆盖验证.

预层的层化：如果 $\mathscr{F}$ 是拓扑空间 X 上的预层，则有 X 上的层 $\mathscr{F}^+$ 与预层态射 $\theta:\mathscr{F}\to\mathscr{F}^+$，满足如下普遍性质：对 X 上的每个层 $\mathscr{G}$ 与每个预层态射 $\varphi:\mathscr{F}\to\mathscr{G}$，存在唯一的层态射 $\psi:\mathscr{F}^+\to\mathscr{G}$，使 $\varphi=\psi\circ\theta$，$\mathscr{F}^+$ 称为 $\mathscr{F}$ 的层化. 用函子语言说，函子 $\mathscr{F}\longmapsto\mathscr{F}^+$ 是层范畴到预层范畴自然嵌入函子的左伴

随. 如果 $\mathscr{F}$ 本身是层, 则 $\mathscr{F}^+\cong\mathscr{F}$. 一般地, 对 $x\in X$, θ_x: $\mathscr{F}_x\to(\mathscr{F}^+)_x$ 总是同构.

子层与商层. 设 $\mathscr{F}$ 与 $\mathscr{G}$ 都是拓扑空间上的 Abel 群的层, 如果每个 $\mathscr{F}(U)$ 都是 $\mathscr{G}(U)$ 的子群, 且 $\mathscr{F}$ 的限制映射是 $\mathscr{G}$ 的限制映射的限制, 则称 $\mathscr{F}$ 为 $\mathscr{G}$ 的子层. 此时, 对应 $U\longmapsto \mathscr{G}(U)/\mathscr{F}(U)$定义了$X$上 Abel 群的预层,它的层化称为$\mathscr{G}$对于 $\mathscr{F}$ 的商层,记为 $\mathscr{G}/\mathscr{F}$. 对A模(A是环)的层,类似地定义子层与商层;对环的层,更感兴趣的是 $\mathscr{F}$ 为理想的层,即每个 $\mathscr{F}(U)$ 是 $\mathscr{G}(U)$ 的理想,此时商层 $\mathscr{G}/\mathscr{F}$ 仍是环的层.

层的态射的核与象;内射与满射; 正合列: 设 $\mathscr{F}$ 与 $\mathscr{G}$ 是拓扑空间X上的层, $\varphi:\mathscr{F}\to\mathscr{G}$ 是层态射,则对应 $U\longmapsto \mathscr{K}er\,\varphi_U$ 定义了 $\mathscr{F}$ 的一个子层(当 $\mathscr{F}$ 与 $\mathscr{G}$ 为环的层时, 为理想的层), 称为φ的核,记为 $\mathscr{K}er\varphi$, 如果 $\mathscr{K}er\varphi=0$, 则称φ是内射; 对应 $U\longmapsto \mathscr{I}m\varphi_U$ 是X上的预层, 它的层化称为φ的象, 记为 $\mathscr{I}m\varphi$, $\mathscr{I}m\varphi$ 是 $\mathscr{G}$ 的子层, 如果 $\mathscr{I}m\varphi=\mathscr{G}$, 则称$\varphi$是满射; 层及其态射的序列

$$\cdots\to\mathscr{F}_n\xrightarrow{\varphi_n}\mathscr{F}_{n+1}\xrightarrow{\varphi_{n+1}}\cdots$$

如果对每个n均有$\mathscr{I}m\varphi_n=\mathscr{K}er\varphi_{n+1}$,则称此序列是正合的. 如果 $\varphi:\mathscr{F}\to\mathscr{G}$ 是内射, 则显是 $\varphi_U:\mathscr{F}(U)\to\mathscr{G}(U)$ 内射,但对满射类似的结论不成立. 一般地说, 层态射φ是内射(对应地, 满射)当且仅当对每个 $x\in X$, φ_x 是内射(对应地,满射); 层及其态射序列

$$\cdots\to\mathscr{F}_n\xrightarrow{\varphi_n}\mathscr{F}_{n+1}\xrightarrow{\varphi_{n+1}}\cdots$$

正合当且仅当对每个 $x\in X$, 导出的序列

$$\cdots\to\mathscr{F}_{n,x}\xrightarrow{\varphi_{n,x}}\mathscr{F}_{n+1,x}\xrightarrow{\varphi_{n+1,x}}\cdots$$

是正合的.

代数簇的构造层: 设X是代数闭域 $\mathscr{K}$ 上的代数簇, 令

$$\mathscr{O}_x(U)=\mathrm{Mor}(U,\mathscr{K}),$$

对每个开集 U,$\mathscr{O}_X(U)$ 自然地定义为 $\mathscr{K}$ 代数, 则$\mathscr{O}_X$ 是X上

$\mathscr{K}$ 代数的层，称为 X 的构造层. 注意 $\mathscr{O}_{X,x}$ 是以 $\mathscr{K}$ 为剩余域的局部环，称为 X 在 x 的局部环.

$\mathscr{O}_X$ 模的层：设 $\mathscr{F}$ 是簇 X 上 Abel 群的层，如果对每个开集 U，$\mathscr{F}(U)$ 都是 $\mathscr{O}_X(U)$ 模，并且对 $V\subset U$ 与 $a\in\mathscr{O}_X(U)$，$s\in\mathscr{F}(U)$，均有 $(as)|_V=(a|_V)(s|_V)$（限制映射与 $\mathscr{O}_X$ 的作用可换），则称 $\mathscr{F}$ 为 X 上 $\mathscr{O}_X$ 模的层. $\mathscr{O}_X$ 模的层的态射是与 $\mathscr{O}_X$ 的作用可换的层态射，它的核与象显然都是 $\mathscr{O}_X$ 模的层. 此外，如果 $\mathscr{F}$ 是 $\mathscr{O}_X$ 模的层，则对 $x\in X$，$\mathscr{F}_x$ 是 $\mathscr{O}_{X,x}$ 模. 更一般地，如果某拓扑空间上有一环的层 $\mathscr{A}$，则可类似地定义 $\mathscr{A}$ 模的层.

$\mathscr{O}_X$ 模层的同态层与对偶层：设 $\mathscr{F}$ 与 $\mathscr{G}$ 是簇 X 上 $\mathscr{O}_X$ 模的层，对应 $U\longmapsto \mathrm{Hom}_{\mathscr{O}_U}(\mathscr{F}|_U,\mathscr{G}|_U)$（即 $\mathscr{F}|_U$ 到 $\mathscr{G}|_U$ 的 $\mathscr{O}_U$ 模的层的态射全体）是 X 上的层，称为 $\mathscr{F}$ 到 $\mathscr{G}$ 的同态层，记为 $\mathscr{H}om_{\mathscr{O}_X}(\mathscr{F},\mathscr{G})$. 它可自然地定义为 $\mathscr{O}_X$ 模的层. 特别，$\mathscr{F}^*=\mathscr{H}om_{\mathscr{O}_X}(\mathscr{F},\mathscr{O}_X)$ 称为 $\mathscr{F}$ 的对偶层.

$\mathscr{O}_X$ 模层的张量积：设 $\mathscr{F}$ 与 $\mathscr{G}$ 是簇 X 上 $\mathscr{O}_X$ 模的层，对应 $U\longmapsto\mathscr{F}(U)\otimes_{\mathscr{O}_X(U)}\mathscr{G}(U)$ 是 X 上的预层，它的层化称为 $\mathscr{F}$ 与 $\mathscr{G}$ 的张量积，记为 $\mathscr{F}\otimes_{\mathscr{O}_X}\mathscr{G}$，它也是 $\mathscr{O}_X$ 模的层.

拟连贯层与连贯层：先设 X 是仿射簇，$A=\mathscr{K}[X]$. 如果 M 是个 A 模，则对应 $U\longmapsto\mathscr{O}_X(U)\otimes_A M$ 是 X 上的预层，它的层化记为 $\widetilde{M}$，它是 $\mathscr{O}_X$ 模的层. 现在设 X 是任意代数簇，$\mathscr{F}$ 是 X 上 $\mathscr{O}_X$ 模的层. 如果有 X 的仿射开覆盖

$$X=\bigcup_i U_i,$$

并且对每个 i，有 $\mathscr{K}[U_i]$ 模 M_i 使 $\mathscr{F}|_{U_i}\cong\widetilde{M}_i$，则称 $\mathscr{F}$ 是 X 上的拟连贯层. 如果每个 M_i 都是有限生成的 $\mathscr{K}[U_i]$ 模，则称 $\mathscr{F}$ 是 X 上的连贯层.

自由层与局部自由层：簇 X 上 $\mathscr{O}_X$ 模的层 $\mathscr{F}$ 如果是 $\mathscr{O}_X$ 的直和（即每个 $\mathscr{F}(U)$ 是 $\mathscr{O}_X(U)$ 的直和，直和项个数与 U 无关，并且 $\mathscr{F}(U)$ 的限制映射由 $\mathscr{O}_X(U)$ 的限制映射导出），则称 $\mathscr{F}$ 为 X 上的自由层，直和项的个数（可以无限）称为 $\mathscr{F}$ 的秩. 如果

有X的开覆盖

$$X = \bigcup_i U_i,$$

使 $\mathscr{F}|_{U_i}$ 是自由层，对每个 i，则称 $\mathscr{F}$ 为X上的局部自由层，$\mathscr{F}|_{U_i}$ 的秩称为 $\mathscr{F}$ 在 U_i 的局部秩，如果局部秩处处相等，则把局部秩的共同值称为 $\mathscr{F}$ 的秩. 特别，当X连通时，局部自由层的秩总存在. 显然，局部自由层一定是拟连贯层，有限秩的局部自由层一定是连贯层.

可逆层与 Picard 群：簇X上秩1的局部自由层称为可逆层. 采用这个术语的理由是，如果 $\mathscr{L}$ 是X上的可逆层，则

$$\mathscr{L} \otimes_{\mathscr{O}_X} \mathscr{L}^* \cong \mathscr{O}_X.$$

事实上，层的张量积运算在可逆层同构类集合上导出一个二元运算，使这个集合成为一个 Abel 群，它称为X的 Picard 群，记为 $\mathrm{Pic}(X)$.

由整体截面生成的层：设 $\mathscr{F}$ 是簇X上的 $\mathscr{O}_X$ 模的层. 如果对每个 $x \in X$，都有 $\mathscr{F}$ 的一组整体截面 $\{s_i\}$，使它们在 $\mathscr{F}_x$ 中的象作为 $\mathscr{O}_{X,x}$ 模生成 $\mathscr{F}_x$，则称 $\mathscr{F}$ 是由整体截面生成的层. 如果X是仿射的，则X上的拟连贯层一定是由整体截面生成的.

富足可逆层：设 $\mathscr{L}$ 是簇X上的可逆层. 如果对X上的每个连贯层 $\mathscr{F}$，存在一个正整数 n_0，使得当 $n \geqslant n_0$ 时，$\mathscr{F} \otimes_{\mathscr{O}_X} \mathscr{L}^n$ 是由整体截面生成的层(这里

$$\mathscr{L}^n = \overbrace{\mathscr{L} \otimes_{\mathscr{O}_X} \cdots \otimes_{\mathscr{O}_X} \mathscr{L}}^{n\text{个}}),$$

则称 $\mathscr{L}$ 是X上的富足可逆层.

富足可逆层的局部判定法：设 $\mathscr{L}$ 是簇X上的可逆层. 如果有 $\mathscr{L}$ 的整体截面 $s_1, s_2, \cdots, s_m$，使

$$X_{s_i} = \{x \in X \mid s_i \text{ 在 } \mathscr{L}_x \text{ 中的象 } \neq 0\}, i = 1, 2, \cdots, m$$

都是X的仿射开集，且

$$X = \bigcup_{i=1}^m X_{s_i},$$

则 $\mathscr{L}$ 是富足可逆层. 证明如下: 设 $\mathscr{F}$ 是 X 上的连贯层,则

$$\mathscr{F}|_{X_{s_i}} \cong \widetilde{M}_i,$$

对某个有限生成的 $\mathscr{K}[X_{s_i}]$ 模 M_i, 于是有 $f_{i1}, \cdots, f_{ir} \in M_i = \mathscr{F}(X_{s_i})$, 它们在每个 $\mathscr{F}_x(x \in X_{s_i})$ 中的象作为 $\mathscr{O}_{X,x}$ 模生成 $\mathscr{F}_x$. 据 [Har1,II,5. 14], 当 n 充分大时,所有

$$f_{ij} \otimes \overbrace{s_i \otimes \cdots \otimes s_i}^{n\text{个}}$$

可提升为 $\mathscr{F} \otimes \mathscr{L}^n$ 的整体截面, 而它们生成了每个 $(\mathscr{F} \otimes \mathscr{L}^n)_x$. 由此可见, $\mathscr{F} \otimes \mathscr{L}^n$ 是由整体截面生成的, 这便证明了 $\mathscr{L}$ 是富足可逆层.

层的正象: 设 $\varphi: X \to Y$ 是簇的态射,$\mathscr{F}$ 是 X 上的层,把 Y 的开集 V 对应到 $\mathscr{F}(\varphi^{-1}(V))$, 定义了 Y 上的层, 它称为 $\mathscr{F}$ 在 φ 下的正象, 并记为 $\varphi_*\mathscr{F}$. 特别, 我们有 $\varphi_*\mathscr{O}_X$, 并容易建立环的层的态射 $\varphi^\#: \mathscr{O}_Y \to \varphi_*\mathscr{O}_X$, 它称为 φ 的余态射. 一般地,如果$\mathscr{F}$ 是 X 上 $\mathscr{O}_X$ 模的层,则 $\varphi_*\mathscr{F}$ 是 Y 上 $\varphi_*\mathscr{O}_X$ 模的层, 从而用 $\varphi^\#$ 在 $\varphi_*\mathscr{F}$ 上定义 $\mathscr{O}_Y$ 模的层的结构. 特别值得一提的是, 拟连贯层的正象还是拟连贯层 ([Har1,II, 5.8]).

层的逆象: 设 $\varphi: X \to Y$ 的簇的态射,$\mathscr{G}$ 是 Y 上的 Abel 群的层,把 X 的开集 U 对应到 $\varinjlim_{\text{开集}V \supset \varphi(U)} \mathscr{G}(V)$, 定义了 X 上 Abel 群的预层. 它的层化记为 $\varphi^{-1}\mathscr{G}$,称为 $\mathscr{G}$ 在 φ 下的逆象. 特别, 我们有 $\varphi^{-1}\mathscr{O}_Y$, 并且有环的层的态射 $\varphi^{-1}\mathscr{O}_Y \to \mathscr{O}_X$. 如果 $\mathscr{G}$ 是 Y 上 $\mathscr{O}_Y$ 模的层, 则 $\varphi^{-1}\mathscr{G}$ 是 X 上 $\varphi^{-1}\mathscr{O}_Y$ 模的层, 于是可作张量积 $\varphi^*\mathscr{G} = \mathscr{O}_X \otimes_{\varphi^{-1}\mathscr{O}_Y} \varphi^{-1}\mathscr{G}$, 它是 $\mathscr{O}_X$ 模的层,称为 $\mathscr{G}$ (作为 $\mathscr{O}_Y$ 模的层)在 φ 下的逆象.

层的粘合: 设 $\{U_i\}$ 是拓扑空间 X 的开覆盖. 如果在每个 U_i 上有层 $\mathscr{F}_i$,在每个 $U_i \cap U_j$ 上有层同构

$$\varphi_{ij}: \mathscr{F}_i|_{U_i \cap U_j} \to \mathscr{F}_j|_{U_i \cap U_j},$$

并且满足: (1) $\varphi_{ii} = \mathrm{id}_{\mathscr{F}_i}$, (2)在 $U_i \cap U_j \cap U_k$ 上 $\varphi_{ik} = \varphi_{jk} \circ \varphi_{ij}$, 则在 X 上有唯一的层 $\mathscr{F}$, 并有层同构 ψ_i: $\mathscr{F}|_{U_i} \to \mathscr{F}_i$, 使

得在 $U_i \cap U_j$ 上 $\psi_j = \varphi_{ij} \circ \psi_i$(见 [Har 1, II, Ex. 1.22]). 可粗略地说 $\mathscr{F}$ 是由 $\mathscr{F}_i$ 粘合而成的.

态射的粘合: 设 $\{U_i\}$ 是拓扑空间 X 的开覆盖, $\mathscr{F}$ 与 $\mathscr{G}$ 是 X 上的层. 如果对每个 U_i, 有层态射 $\varphi_i: \mathscr{F}|_{U_i} \to \mathscr{G}|_{U_i}$, 且在 $U_i \cap U_j$ 上 φ_i 与 φ_j 一致, 则有唯一的层态射 $\varphi: \mathscr{F} \to \mathscr{G}$, 使 φ 在每个 U_i 上就是 φ_i. 证明是直截了当的. 我们也可粗略地说 φ 是由 φ_i 粘合而成的.

层上同调: 拓扑空间 X 上 Abel 群的层的范畴(对应地, 簇 X 上 $\mathscr{O}_X$ 模的层的范畴)是 Abel 范畴, 并有足够的内射对象. 又, 给定 X 的开集 U, 把层 $\mathscr{F}$ 对应到 $\mathscr{F}(U)$, 给出了从 X 上 Abel 群的层的范畴(对应地, $\mathscr{O}_X$ 模的层的范畴)到 Abel 群范畴(对应地, $\mathscr{O}_X(U)$ 模范畴)的一个左正合函子, 我们把这个函子写成 $\Gamma(U, -)$, 而把 $\mathscr{F}(U)$ 改写为 $\Gamma(U, \mathscr{F})$. 特别, 函子 $\Gamma(X, -)$ 称为整体截面函子,它在 Abel 群的层的范畴中(对应地, $\mathscr{O}_X$ 模的层的范畴中)的第 n 个右导函子记为 $H^n(X, -)$, 称为 X 上的第 n 个层上同调. 如果 $\mathscr{F}$ 是簇 X 上 $\mathscr{O}_X$ 模的层, 上文用两种办法定义了它的上同调,并用同一个记号 $H^n(X, \mathscr{F})$ 表示, 这不会引起歧义的, 因为把 $\mathscr{F}$ 作为 $\mathscr{O}_X$ 模的层得到的上同调 $H^n(X, \mathscr{F})$ 与作为 Abel 群的层得到的上同调 $H^n(X, \mathscr{F})$ 作为 Abel 群是自然同构的(以上结论均见 [Har 1, III, §2]).

Grothendieck 消失定理: 设 X 是 N 维 Noether 拓扑空间, 则对所有 $n > N$ 与所有 Abel 群的层 $\mathscr{F}$,均有 $H^n(X, \mathscr{F}) = 0$ (见[Har, III, 2.7]).

软弱层: 设 $\mathscr{F}$ 是拓扑空间 X 上 Abel 群的层. 如果对所有开集的包含关系 $V \subset U$,限制映射 $\mathscr{F}(U) \to \mathscr{F}(V)$ 总是满的, 则称 $\mathscr{F}$ 为 X 上的软弱层. 软弱层是 $\Gamma(X, -)$ 零调的. 软弱层的另一个简单性质是: 软弱层的正象还是软弱层.

Leray 谱序列: 设 X 与 Y 是拓扑空间, $\varphi: X \to Y$ 是连续映射, $\mathscr{F}$ 是 X 上 Abel 群的层,则有谱序列 $\mathbf{E}$,使

$$E_2^{m,n} = H^m(Y, R^{n-m}\varphi_*(\mathscr{F})) \Longrightarrow E_\infty^n = H^n(X, \mathscr{F}).$$

注意 φ_* 是从 X 上层的范畴到 Y 上层的范畴的函子，它也是左正合的. Leray 谱序列的证明很简单：$m=n=0$ 显然对．若 $\mathscr{I}$ 是 X 上的内射层，则 $\mathscr{I}$ 是软弱层（[Har1, III, 2.4]），所以 $\varphi_*\mathscr{I}$ 也是软弱层，从而是 $\Gamma(Y,-)$ 零调的. 再用(11.3.4)即得. Leray 谱序列有如下特例：如果 $\varphi:X\to Y$ 是代数簇的仿射态射（即 Y 有一个仿射开覆盖 $\{U_i\}$，使每个 $\varphi^{-1}(U_i)$ 是仿射的），而 $\mathscr{F}$ 是 X 上的拟连贯层，则对 $n>0$，$R^n\varphi_*(\mathscr{F})=0$（[Har1, III, Ex. 8.2]），从而 $H^m(Y,\varphi_*\mathscr{F})\cong H^m(X,\mathscr{F})$.

仿射簇的层上同调：设 X 是仿射簇，$\mathscr{F}$ 是 X 上的拟连贯层，则对所有 $n>0$，$H^n(X,\mathscr{F})=0$（[Har1, III, 3.5]）.

Serre 有限性定理：设 X 是射影簇，$\mathscr{F}$ 是 X 上的连贯层，则对任何 n，$H^n(X,\mathscr{F})$ 都是有限维 $\mathscr{K}$ 向量空间（[Har1, III, 5.2]）.

富足可逆层的上同调描述：设 X 是射影簇，$\mathscr{L}$ 是 X 上的可逆层，则 $\mathscr{L}$ 为富足可逆层的充要条件是对 X 上的每个连贯层 $\mathscr{F}$，均有正整数 n_0，使得当 $n\geqslant n_0$ 与 $m>0$ 时，均有 $H^m(X,\mathscr{F}\otimes_{\mathscr{O}_X}\mathscr{L}^n)=0$（[Har1, III, 5.3]）.

***$\mathscr{R}$* 代数的 Kähler 微分模**：设 A 是环 $\mathscr{R}$ 上的代数（都是交换的），$\mu_A:A\otimes_{\mathscr{R}}A\to A$ 是 A 的乘积同态，$\mathfrak{a}=\mathrm{Ker}\mu_A$. 定义 A 的 Kähler 微分模为 $\Omega_{A/\mathscr{R}}=\mathfrak{a}/\mathfrak{a}^2$，$\mathscr{R}$ 代数同态 $\lambda_1:A\to A\otimes_{\mathscr{R}}A$ $(\lambda_1(a)=a\otimes 1)$ 使 $\Omega_{A/\mathscr{R}}$ 成为 $\mathscr{R}$ 模. 再定义 $d:A\to\Omega_{A/\mathscr{R}},d(a)$ 为 $1\otimes a-a\otimes 1$（显然在 $\mathfrak{a}$ 中）在 $\Omega_{A/\mathscr{R}}$ 中的典范象，则 d 是 A 到 $\Omega_{A/\mathscr{R}}$ 的 $\mathscr{R}$ 导子. 二元组 $(\Omega_{A/\mathscr{R}},d)$ 具有如下普遍性质：如果 D 是 A 到 A 模 M 的 $\mathscr{R}$ 导子，则有唯一的 A 模同态 $\varphi:\Omega_{A/\mathscr{R}}\to M$，使 $D=\varphi\circ d$. 在 $\Omega_{A/\mathscr{R}}$ 的诸多性质中，我们再强调如下两点：(1)作 Kähler 微分模的过程与作分式模过程可换，即，如果 S 是 A 的可乘集，则 $\Omega_{S^{-1}A/\mathscr{R}}\cong S^{-1}\Omega_{A/\mathscr{R}}$. (2)如果 $\mathfrak{b}$ 是 A 的理想，$A/\mathfrak{b}=B$ 并典范地看成 A 代数，则把 $b\in\mathfrak{b}$ 映到 $d(b)\otimes 1\in\Omega_{A/\mathscr{R}}\otimes_A B$ 定义了一个 A 模同态 $\mathfrak{b}\to\Omega_{A/\mathscr{R}}\otimes_A B$，并把 $\mathfrak{b}^2$ 映到零，于是导出 A 模同态 $\rho:\mathfrak{b}/\mathfrak{b}^2\to\Omega_{A/\mathscr{R}}\otimes_A B$，它的余核是 $\Omega_{B/\mathscr{R}}$. 特别，如果 $\mathscr{R}$ 是域，

A是 $\mathscr{R}$ 上的局部代数，$\mathfrak{m}$ 是 A 的极大理想，且 $A/\mathfrak{m}\cong\mathscr{R}$，则 ρ: $\mathfrak{m}/\mathfrak{m}^2\to\Omega_{A/\mathscr{R}}\otimes_A\mathscr{R}$ 是同构，注意这里的 $\mathscr{R}$ 是通过典范同态 $A\to A/\mathfrak{m}\xrightarrow{\sim}\mathscr{R}$ 看成 A 代数的(均见 [Har1, II, §8]).

簇的微分层：如果 X 是仿射簇，$A=\mathscr{K}[X]$，定义 X 上的微分层为 $\Omega_{X/\mathscr{K}}=\tilde{\Omega}_{A/\mathscr{K}}$. 一般地，设 $\{U_i\}$ 是 X 的仿射开覆盖，在每个 U_i 上定义微分层 $\Omega_{U_i/\mathscr{K}}$. 由于上文提到的 Kähler 微分模的性质(1)，可以在 $U_i\cap U_j$ 上建立层的同构

$$\Omega_{U_i/\mathscr{K}}|_{U_i\cap U_j}\to\Omega_{U_j/\mathscr{K}}|_{U_i\cap U_j},$$

并满足层的粘合所需的条件. 于是，可以把这些 $\Omega_{U_i/\mathscr{K}}$ 粘合成 X 上的 $\mathscr{O}_X$ 模的层 $\Omega_{X/\mathscr{K}}$，它称为 X 上的微分层. 微分层在开子簇的限制是开子簇的微分层，特别，如果 U 是 X 的仿射开集，则

$$\Omega_{X/\mathscr{K}}|_U\cong\tilde{\Omega}_{\mathscr{K}[U]/\mathscr{K}};$$

对每一点 $x\in X$，$\Omega_{X/\mathscr{K}}$ 的茎为 $\Omega_{\mathscr{O}_{X,x}/\mathscr{K}}$；如果 X 是非奇异的不可约簇，则 $\Omega_{X/\mathscr{K}}$ 是秩为 $\dim X$ 的局部自由层 ([Har1, II, §8]).

$\mathscr{O}_X$ 模层的外积与簇的典范层：设 $\mathscr{F}$ 是簇 X 上 $\mathscr{O}_X$ 模的层，对应 $U\longmapsto\wedge^n\mathscr{F}(U)$ (外积是对 $\mathscr{O}_X(U)$ 作的) 是 X 上的预层，它的层化是 X 上 $\mathscr{O}_X$ 模的层，记为 $\wedge^n\mathscr{F}$，并称之为 $\mathscr{F}$ 的第 n 次外积 (类似地可定义 $\mathscr{F}$ 的对称积). 设 X 是非奇异的不可约簇，定义 $\omega_X=\wedge^N\Omega_{X/\mathscr{K}}$，这里 $N=\dim X$. 立即可以看出，ω_X 是 X 上的可逆层，它称为 X 的典范层.

Serre 对偶定理. 设 X 是非奇异的不可约射影簇，则对 X 上的任何局部自由层 $\mathscr{F}$，有自然的同构

$$H^n(X,\mathscr{F})\cong H^{N-n}(X,\mathscr{F}^*\otimes\omega_X)^*,\ \forall n,$$

这里 $N=\dim X$，$\mathscr{F}$ 右上角的 $*$ 表示对偶层，括号外面的 $*$ 表示 $\mathscr{K}$ 向量空间的对偶空间 ([Har1, III 7.7 & 7.12]).

14.2 G/H 上的诱导层及其上同调

设 G 是 $\mathscr{K}$ 上的线性代数群，H 是它的闭子群，$\pi: G\to G/H$ 是商态射. 我们假定 π 是**局部平凡的**，即，对 G/H 的每一点 x，一定有它的开邻域 U_x 以及 $\pi^{-1}U_x$ 的一个子簇 $\tilde{U}_x$，使得乘积态射

$m_G: G\times G\to G$ 导出簇的同构 $\widetilde{U}_x\times H\to\pi^{-1}U_x$. 这时我们可以推出 $\pi|_{\widetilde{U}_x}:\widetilde{U}_x\to U_x$ 是簇的同构. 事实上,对第一分量的射影 $\pi^{-1}(U_x)\cong\widetilde{U}_x\times H\to\widetilde{U}_x$ 的纤维为H的陪集,据商态射的普遍性质,得到一个态射 $U_x\to\widetilde{U}_x$,它是 $\pi|_{\widetilde{U}_x}$ 的逆. 由于这个原因,局部平凡性常常被粗略地描述为"对每点 $x\in G/H$, 有开邻域U_x使 $\pi^{-1}U_x\cong U_x\times H$". 局部平凡性还等价于$G$有含1的子簇$\widetilde{U}$, 使 $\widetilde{U}\cap H=\{1\}$, 且 $\widetilde{U}H$ 是G的开集. 如果π是局部平凡的, 显然这个条件满足;反之,当这条件满足时, $m_G:\widetilde{U}\times H\to\pi^{-1}(\pi\widetilde{U})$ 是同构,而 $U=\pi\widetilde{U}$ 是 $\pi(1)$ 的开邻域,再通过G的平移作用,便对每一点 $x\in G/H$ 得到满足局部平凡条件的U_x与$\widetilde{U}_x$.

从局部平凡性可以推出π是仿射态射, 因为我们总可以把上文的U_x取作仿射的,从而 $\pi^{-1}(U_x)\cong U_x\times H$ 也是仿射的.

现在设M是有理H模. 对 G/H 的开集U,令

$$\Gamma(U,\mathscr{L}(M))=\{f\in \mathrm{Mor}(\pi^{-1}U,M)\mid f(gh)=h^{-1}f(g),\ \forall g\in\pi^{-1}U,\ h\in H\}.$$

(14.2.1)命题[1]. (1) $\mathscr{L}(M)$ 是 G/H 上局部自由的拟连贯的 $\mathscr{O}_{G/H}$ 模的层,对 $\pi^{-1}(U)\cong U\times H$ 的开集 $U\subset G/H$,

$$\mathscr{L}(M)|_U\cong\mathscr{O}_U\otimes_{\mathscr{K}}M;$$

(2) 如果M是有限维的,则 $\mathscr{L}(M)$ 是连贯层,且

$$\mathrm{rank}\,\mathscr{L}(M)=\dim M;$$

(3) $\mathscr{L}$ 是有理H模范畴到 G/H 上拟连贯层范畴的正合函子,它与直和、正向极限、张量积以及外积都可交换;

(4) 如果M是有限维有理H模,则 $\mathscr{L}(M)^*\cong\mathscr{L}(M^*)$, 作为 $\mathscr{O}_{G/H}$ 模的层;

(5) $\mathscr{L}$ 导出 $\mathfrak{X}(H)$ 到 G/H 的 Picard 群 Pic (G/H) 的群同态.

证明. (1)显然 $\mathscr{L}(M)$ 是 G/H 上 Abel 群的预层,并且层

---

1) 由此命题的(1)与(2), 某些文献中把 $\mathscr{L}(M)$ 称为 G/H 上的诱导向量丛,当 $\dim M=1$ 时,又称为诱导线丛,因为在代数几何学中建立了向量丛与局部自由层的一一对应关系,参看 [Har1,II,Ex. 5. 18].

的公理 $S3$ 显然满足．为验证 $S4$，设 $U_i(i=1,2$，下同)是 G/H 的开集，$f_i\in\Gamma(U_i,\mathscr{L}(M))$，且在 $U_1\cap U_2$ 上一致，则 $f_i\in \mathrm{Mor}(\pi^{-1}U_i,M)$且在 $\pi^{-1}(U_1\cap U_2)$上一致，于是 f_1 与 f_2 可以粘合成态射 $f\in \mathrm{Mor}(\pi^{-1}(U_1\cup U_2),M)$．条件 $f(gh)=h^{-1}f(g)$ 显然满足，从而 $f\in\Gamma(U_1\cup U_2,\mathscr{L}(M))$，它在 U_i 的限制就是 f_i． $S4$ 也得证，从而 $\mathscr{L}(M)$ 是 G/H 上 Abel 群的层．由于

$$\Gamma(U,\mathscr{O}_{G/H})=\{a\in \mathrm{Mor}(\pi^{-1}U,\mathscr{K})\mid a(gh)=a(g),\ \forall g\in\pi^{-1}U,\ h\in H\},$$

定义 $\Gamma(U,\mathscr{O}_{G/H})$ 在 $\Gamma(U,\mathscr{L}(M))$ 上的作用为

$$(af)(g)=a(g)f(g),\ \forall a\in\Gamma(U,\mathscr{O}_{G/H}),\ f\in\Gamma(U,\mathscr{L}(M)),\ g\in\pi^{-1}U.$$

容易看出 $af\in\Gamma(U,\mathscr{L}(M))$，且在此作用下 $\mathscr{L}(M)$ 成为 $\mathscr{O}_{G/H}$ 模的层．

设开集 $U\subset G/H$ 满足 $\pi^{-1}U\cong U\times H$，则对开集 $V\subset U$，上述同构导出同构 $\pi^{-1}V\cong V\times H$，而这同构又导出同构 $\Gamma(V,\mathscr{L}(M))\cong \mathrm{Mor}(V,M)\cong\Gamma(V,\mathscr{O}_U)\otimes_{\mathscr{K}}M$．这些同构与层的限制映射可换，所以 $\mathscr{L}(M)|_U\cong\mathscr{O}_U\otimes_{\mathscr{K}}M$．$\mathscr{L}(M)$ 的局部自由性与拟连贯性均由此推出．

(2) 由上述同构 $\mathscr{L}(M)|_U\cong\mathscr{O}_U\otimes_{\mathscr{K}}M$ 即得．

(3) 若 $\varphi: M_1\to M_2$ 为有理H模的同态，对 $f\in\Gamma(U,\mathscr{L}(M_1))$，则 $\varphi\circ f\in\Gamma(U,\mathscr{L}(M_2))$，显然我们把 $\mathscr{L}$ 定义成一个函子． $\mathscr{L}$ 的正合性以及与正向极限的可交换性均从(1)的同构 $\mathscr{L}(M)|_U\cong\mathscr{O}_U\otimes_{\mathscr{K}}M$ 得出，因为函子 $-\otimes_{\mathscr{K}}M$ 具有同样性质．与张量积的可交换性也可得出，因为

$$\begin{aligned}\mathscr{L}(M_1\otimes_{\mathscr{K}}M_2)|_U&\cong\mathscr{O}_U\otimes_{\mathscr{K}}(M_1\otimes_{\mathscr{K}}M_2)\\&\cong(\mathscr{O}_U\otimes_{\mathscr{K}}M_1)\otimes_{\mathscr{O}_U}(\mathscr{O}_U\otimes_{\mathscr{K}}M_2)\\&\cong(\mathscr{L}(M_1)\otimes_{\mathscr{O}_U}\mathscr{L}(M_2))|_U,\end{aligned}$$

第一个层与最后一个层的同构是典范的（即与同构 $\pi^{-1}U\cong U\times H$ 的选取无关)，从而这些同构可以粘合成层的同构

$$\mathscr{L}(M_1\otimes_{\mathscr{K}}M_2)\cong\mathscr{L}(M_1)\otimes_{\mathscr{O}_{G/H}}\mathscr{L}(M_2).$$

与外积的可换性可类似地证明.

(4) 设U为X的开集，$\theta\in\Gamma(U,\ \mathscr{L}(M^*))$，则对$U$的子开集$V$,可定义映射 $\theta'_V:\Gamma(V,\mathscr{L}(M))\to\Gamma(V,\mathscr{O}_U)$,它把 $f\in\Gamma(V,\mathscr{L}(M))$ 映到 $\theta'_V(f):g\longmapsto(\theta(g))(f(g))$，对所有 $g\in\pi^{-1}V$. 如果 $h\in H$，则

$$\begin{aligned}\theta'_V(f)(gh)&=(\theta(gh))(f(gh))=(h^{-1}\theta(g))(h^{-1}f(g))\\&=(\theta(g))(f(g))=\theta'_V(f)(g),\end{aligned}$$

所以确有 $\theta'_V(f)\in\Gamma(V,\mathscr{O}_U)$. 容易验证$\theta'_V$是 $\Gamma(V,\mathscr{O}_U)$ 模的同态,并与U上层的限制映射可换,所以得到 $\mathscr{O}_U$ 模的层的态射 θ': $\mathscr{L}(M)|_U\to\mathscr{O}_U$，即得到 $\theta'\in\Gamma(U,\ \mathscr{L}(M)^*)$. 这样，我们建立了映射 $\varphi_U:\Gamma(U,\mathscr{L}(M^*))\to\Gamma(U,\ \mathscr{L}(M)^*)$，把$\theta$映到$\theta'$. 也容易验证 φ_U 是 $\Gamma(U,\mathscr{O}_{G/H})$ 模的同态,并与层的限制映射可换，从而得到 $\mathscr{O}_{G/H}$ 模的层的态射 $\varphi:\mathscr{L}(M^*)\to\mathscr{L}(M)^*$.

由局部平凡性,当U适当小的时候,对固定的 $g\in\pi^{-1}U$，把f映到 $f(g)$ 的映射 $\Gamma(U,\mathscr{L}(M))\to M$ 是满的. 如果 $\theta\in\Gamma(U,\mathscr{L}(M^*))$ 且 $\theta\neq0$，则有 $g\in\pi^{-1}U$ 使 $\theta(g)\neq0$，进而可以找到 $f\in\Gamma(U,\ \mathscr{L}(M))$，使 $(\theta(g))(f(g))\neq0$，可见 $\theta'_U(f)\neq0$，推及 $\theta'\neq0$. 可见φ_U是内射，从而φ是内射. 又因为 $\mathscr{L}(M^*)$ 与 $\mathscr{L}(M)^*$ 都是秩为 $\dim M$ 的局部自由层，所以φ是同构.

(5) 由(2),$\mathscr{L}$ 导出映射 $\mathscr{L}:\mathfrak{X}(H)\to\mathrm{Pic}(G/H)$. 因为 $\mathfrak{X}(H)$ 与 $\mathrm{Pic}(G/H)$ 的运算都是由张量积导出的,而(3)断言 $\mathscr{L}$ 与张量积可换,所以 $\mathscr{L}:\mathfrak{X}(H)\to\mathrm{Pic}(G/H)$ 是群同态. 证毕.

$\mathscr{L}(M)$ 称为从M**诱导的** $\mathscr{O}_{G/H}$ 模的层.

现在我们可以作 $\mathscr{L}(M)$ 的层上同调: $H^n(G/H,\mathscr{L}(M))=R^n\Gamma(G/H,\ \mathscr{L}(M))$. 根据 Grothendieck 消失定理与关于仿射簇的层上同调的定理,我们立即得到

(14.2.2)命题. (1) 设 $\dim G/H=N$，则对任何有理H模M与任何整数 $n>N$，均有 $H^n(G/H,\ \mathscr{L}(M))=0$;

(2) 如果 G/H 是仿射的，则对任何有理H模M与任何整数 $n>0$，$H^n(G/H,\mathscr{L}(M))=0$.

由 $\Gamma(G/H, -)$ 的左正合性，$H^0(G/H, \mathscr{L}(M))$ 就是 $\mathscr{L}(M)$ 的整体截面空间

$$\Gamma(G/H,\mathscr{L}(M)) = \{f\in \mathrm{Mor}(G,M) \mid f(gh) = h^{-1}f(g), \forall g\in G, h\in H\}.$$

我们可以在它上面定义 G 模结构，只要令

$$(g_1f)(g_2) = f(g_1^{-1}g_2), \ \forall g_1,g_2\in G, \ f\in \Gamma(G/H, \mathscr{L}(M)).$$

显然这样定义的 G 模是有理的. 如果用 g 表示 $g\in G$ 在 G 与 G/H 上的左乘作用，则对 G/H 的开集 U 与 $g\in G$，可以定义 $\Gamma(U,\mathscr{O}_{G/H})$ 模同构

$$g_U^{\#}:\Gamma(U,\mathscr{L}(M)) \to \Gamma(U,g_*\mathscr{L}(M))$$
$$f \longmapsto f\circ g,$$

它与层的限制映射可换，从而得到 $\mathscr{O}_{G/H}$ 模的层的同构

$$g^{\#}:\mathscr{L}(M) \to g_*\mathscr{L}(M).$$

容易验证当 $g,g_1\in G$ 时，$g_*(g_1^{\#})\circ g^{\#} = (gg_1)^{\#}:\mathscr{L}(M)\to(gg_1)_*\mathscr{L}(M)$. 另一方面，对 $g\in G$ 与 $n\in \mathbf{Z}^+$，$H^n(G/H,\mathscr{L}(M))$ 与 $H^n(G/H,g_*\mathscr{L}(M))$ 是同一个 $\mathscr{K}$ 向量空间（当 $n=0$ 时由正象的定义即得；一般地，取 $\mathscr{L}(M)$ 的内射分解，用 g_*，得到 $g_*\mathscr{L}(M)$ 的内射分解，对这两个内射分解都用函子 $\Gamma(G/H,-)$，得到的是同一个上链复形，从而得到结论）. 这样，$\mathscr{O}_{G/H}$ 模的层的同构 $g^{\#}$ 便导出了 $H^n(G/H,\mathscr{L}(M))$ 的线性自同构，并且容易验证 $g_*(g_1^{\#})$ 与 $g_1^{\#}$ 在 $H^n(G/H, \mathscr{L}(M))$ 上导出的线性自同构是一致的，于是，作为 $H^n(G/H,\mathscr{L}(M))$ 上的线性变换，$g_1^{\#}\circ g^{\#}=(gg_1)^{\#}$，可见我们在 $H^n(G/H, \mathscr{L}(M))$ 上定义了右 G 模结构. 如果令 $g^{-1}f = g^{\#}(f)$，对 $f\in H^n(G/H, \mathscr{L}(M))$，则得到左 G 模 $H^n(G/H,\mathscr{L}(M))$. 显然，当 $n=0$ 时，得到的仍是上文用直观方法定义的有理 G 模 $\Gamma(G/H, \mathscr{L}(M))$. 当 $n>0$ 时，$H^n(G/H,\mathscr{L}(M))$ 的有理性不是十分显然的，但从下面的(14.2.3)可得出.

(14.2.3)定理. 对有理 H 模 M，上文所定义的 G 模 $H^n(G/H, \mathscr{L}(M))$ 自然同构于 $R^n\mathrm{Ind}_H^G M$.

我们把定理的证明分成几个引理.

(14.2.4) 引理. 对有理 H 模 M，上文所定义的 G 模 $\Gamma(G/H, \mathscr{L}(M))$ 自然同构于 $\mathrm{Ind}_H^G M$.

证明. 设 i_G 为 G 的求逆运算，定义

$$\eta: \mathrm{Mor}(G, M) \to \mathrm{Mor}(G, M)$$
$$f \longmapsto f \circ i_G,$$

显然 η 是自然的线性空间同构. 作一些例行公事式的验证便可得知 η 导出 $\Gamma(G/H, \mathscr{L}(M))$ 到 $\mathrm{Ind}_H^G M = \mathrm{Mor}_H(G, M)$ 的 G 模同构，细节留给读者. 证毕.

(14.2.5) 引理. 把 $\mathscr{K}[H]$ 用左平移看成有理 H 模，则 $\mathscr{L}(\mathscr{K}[H]) \cong \pi_* \mathscr{O}_G$，作为 $\mathscr{O}_{G/H}$ 模的层.

证明. 设 U 为 G/H 的开集，则

$$\Gamma(U, \mathscr{L}(\mathscr{K}[H])) = \{f \in \mathrm{Mor}(\pi^{-1}U, \mathscr{K}[H]) \mid f(gh) = h^{-1}f(g), \forall g \in \pi^{-1}U, h \in H\},$$

$$\Gamma(U, \pi_* \mathscr{O}_G) = \Gamma(\pi^{-1}U, \mathscr{O}_G) = \mathrm{Mor}(\pi^{-1}U, \mathscr{K}).$$

定义 $\varphi_U: \Gamma(U, \mathscr{L}(\mathscr{K}[H])) \to \Gamma(U, \pi_* \mathscr{O}_G)$ 为

$$\varphi_U(f)(g) = f(g)(1),$$

对 $f \in \Gamma(U, \mathscr{L}(\mathscr{K}[H]))$，$g \in \pi^{-1}U$. 显然 φ_U 为 $\Gamma(U, \mathscr{O}_{G/H})$ 模同态，并且与层的限制映射可换，因此得到 $\mathscr{O}_{G/H}$ 模的层的态射

$$\varphi: \mathscr{L}(\mathscr{K}[H]) \to \pi_* \mathscr{O}_G.$$

只要再作每个 φ_U 的逆就可以了. 为此，定义 $\psi_U: \Gamma(U, \pi_* \mathscr{O}_G) \to \Gamma(U, \mathscr{L}(\mathscr{K}[H]))$ 为 $\psi_U(f')(g)(h) = f'(gh)$，对所有

$$f' \in \Gamma(U, \pi_* \mathscr{O}_G),\ g \in \pi^{-1}U,\ h \in H.$$

仍采用这些记号，并设 $h' \in H$，则有

$$\begin{aligned}\psi_U(f')(gh)(h') &= f'(ghh') = \psi_U(f')(g)(hh') \\ &= (h^{-1}(\psi_U(f')(g)))(h'),\end{aligned}$$

可见 $\psi_U(f') \in \Gamma(U, \mathscr{L}(\mathscr{K}[H]))$. 此外，我们还有

$$(\varphi_U \circ \psi_U)(f')(g) = \psi_U(f')(g)(1) = f'(g),$$

$$\begin{aligned}(\psi_U \circ \varphi_U)(f)(g)(h) &= \varphi_U(f)(gh) = f(gh)(1) \\ &= (h^{-1}f(g))(1) = f(g)(h),\end{aligned}$$

可见 φ_U 与 ψ_U 互逆．证毕．

(14.2.6)推论． 设 I 是有理内射 H 模，则 $\mathscr{L}(I)$ 是 $\Gamma(G/H,-)$ 零调的．

证明． 我们都是同加性函子打交道，据(12.2.2)，只要讨论 $I=\mathscr{K}[H]$ 的情况．由于 π 是仿射态射，我们有

$$H^n(G/H,\pi_*\mathscr{O}_G)\cong H^n(G,\mathscr{O}_G)$$

(Leray 谱序列的特殊情况)，又由于 G 是仿射概形，$H^n(G,\mathscr{O}_G)=0$，对 $n>0$． 于是，(14.2.5) 保证了当 $n>0$ 时 $H^n(G/H,\mathscr{L}(\mathscr{K}[H]))=0$．证毕．

(14.2.3) 的证明． 据 (14.2.4)，(14.2.6)，(14.2.1(3)) 以及 (11.3.4)，即知 $H^n(G/H,\mathscr{L}(M))$ 与 $R^n\mathrm{Ind}_H^G M$ 作为 $\mathscr{R}$ 向量空间自然同构．我们还希望 $g\in G$ 的作用是一致的． 取 M 的有理内射分解 $(I^n)_{n\in \mathbb{Z}^+}$，用函子 $\mathscr{L}$，据(14.2.6)与(14.2.1(3))，得到 $\mathscr{L}(M)$ 的 $\Gamma(G/H,-)$ 零调分解 $(\mathscr{L}(I^n))_{n\in\mathbb{Z}^+}$．容易看出，图

$$\begin{array}{ccccccc}0\to & \mathscr{L}(I^0) & \to & \mathscr{L}(I^1) & \to & \mathscr{L}(I^2) & \to\cdots\\ & \downarrow{\scriptstyle g^\#} & & \downarrow{\scriptstyle g^\#} & & \downarrow{\scriptstyle g^\#} & \\ 0\to & g_*\mathscr{L}(I^0) & \to & g_*\mathscr{L}(I^1) & \to & g_*\mathscr{L}(I^2) & \to\cdots\end{array}$$

是交换的，从而得到上链复形的态射，它是态射

$$g^\#:\mathscr{L}(M)\to g_*\mathscr{L}(M)$$

的扩充．用函子 $\Gamma(G/H,-)$，得到交换图

$$\begin{array}{ccccccc}0\to & \Gamma(G/H,\mathscr{L}(I^0)) & \to & \Gamma(G/H,\mathscr{L}(I^1)) & \to & \Gamma(G/H,\mathscr{L}(I^2)) & \to\cdots\\ & \downarrow{\scriptstyle g^{-1}} & & \downarrow{\scriptstyle g^{-1}} & & \downarrow{\scriptstyle g^{-1}} & \\ 0\to & \Gamma(G/H,\mathscr{L}(I^0)) & \to & \Gamma(G/H,\mathscr{L}(I^1)) & \to & \Gamma(G/H,\mathscr{L}(I^2)) & \to\cdots\end{array}$$

据 (11.1.9)，此图行的上同调是 $H^n(G/H,\mathscr{L}(M))$，g^{-1} 在 $H^n(G/H,\mathscr{L}(M))$ 上的作用由图中的上链复形态射导出，即由 $\Gamma(G/H,\mathscr{L}(I^n))$ 上的 G 模结构导出．又由(14.2.4)，此图行的上同调(连同 G 模结构)自然同构于 $R^n\mathrm{Ind}_H^G M$．可见 $H^n(G/H,\mathscr{L}(M))$ 作为 G 模自然同构于 $R^n\mathrm{Ind}_H^G M$．证毕．

(14.2.7)推论(关于层上同调的谱序列). 设 $H\subset K$ 都是G的闭子群，商态射 $G\to G/H$, $G\to G/K$ 与 $K\to K/H$ 都是局部平凡的,则对任意有理H模 M,有谱序列 $\mathbf{E}$,使

$$E_2^{m,n}=H^m(G/K,\mathscr{L}(H^{n-m}(K/H,\mathscr{L}(M))))$$
$$\Longrightarrow E_\infty^n=H^n(G/H,\mathscr{L}(M)).$$

(14.2.8)推论(广义张量积恒等式). 设V为有理G模,M为有理H模,则有自然的有理G模同构

$$H^n(G/H,\mathscr{L}(M))\otimes V\cong H^n(G/H,\mathscr{L}(M\otimes V)),$$
$$\forall n\geqslant 0.$$

(14.2.7)与(14.2.8)不过是(12.2.5)与(12.2.6)的翻版. 当然,我们又可以反过来把(14.2.2)的结论用诱导函子的语言表述,得到

(14.2.9) 推论. (1) 设 $\dim G/H=N$, 则对任何有理H模M与任何整数 $n>N$, 均有 $R^n\mathrm{Ind}_H^G M=0$;

(2) 如果 G/H 是仿射的，则对任何有理H模M与任何整数 $n>0$, 均有 $R^n\mathrm{Ind}_H^G M=0$.

由此推论可以初步看到诱导函子及其导函子用层上同调函子实现的意义.

本小节要证的最后一个命题是

(14.2.10)命题. 设G与G'都是$\mathscr{K}$上的线性代数群,$\varphi:G\to G'$是代数群同态,H为G的闭子群, H'是G'的含 $\varphi(H)$ 的闭子群，并设商态射 $\pi:G\to G/H$ 与 $\pi':G'\to G'/H'$ 都是局部平凡的. 设 $\bar\varphi:G/H\to G'/H'$ 是由φ导出的簇的态射，M为任意有理H模,则

(1) 存在自然的 $\mathscr{O}_{G/H}$ 模的层的同构

$$\mathscr{L}(\mathrm{Res}_\varphi M)\cong\bar\varphi^*\mathscr{L}(M);$$

(2) 如果$\bar\varphi$是簇的同构,则有自然的G模同构

$$H^n(G/H,\mathscr{L}(\mathrm{Res}_\varphi M))\cong\mathrm{Res}_\varphi H^n(G'/H',\mathscr{L}(M)).$$

即有函子的自然等价 $(R^n\mathrm{Ind}_H^G)\circ\mathrm{Res}_\varphi\cong\mathrm{Res}_\varphi\circ(R^n\mathrm{Ind}_{H'}^{G'})$.

证明. (1)设U是 G/H 的开集,则

$\Gamma(U,\mathscr{L}(\mathrm{Res}_\varphi M))=\{f\in\mathrm{Mor}(\pi^{-1}U,M)|$

$$f(gh)=\varphi(h)^{-1}f(g),\forall g\in\pi^{-1}U,h\in H\}.$$

为求 $\Gamma(U,\bar{\varphi}^{*}\mathscr{L}(M))$，先求 $\Gamma(U,\bar{\varphi}^{-1}\mathscr{L}(M))$，这里 $\bar{\varphi}^{-1}\mathscr{L}(M)$ 表示$\mathscr{L}(M)$ 作为 Abel 群的层的逆象．但 $\bar{\varphi}^{-1}\mathscr{L}(M)$ 是与如下预层 $\mathscr{P}(M)$ 的层化，所以先求

$$\Gamma(U,\mathscr{P}(M))=\varinjlim_{\text{开集}V\supset\bar{\varphi}(U)}\Gamma(V,\mathscr{L}(M)).$$

因为

$$\Gamma(V,\mathscr{L}(M))=\{f'\in \mathrm{Mor}(\pi'^{-1}V,M)\mid f'(g'h')=h'^{-1}f'(g'),\ \forall g'\in\pi'^{-1}V,h'\in H'\},$$

可以定义 Abel 群(甚至 $\mathscr{K}$ 空间)同态

$$\Gamma(V,\mathscr{L}(M))\to\Gamma(U,\mathscr{L}(\mathrm{Res}_{\varphi}M)),$$

把 f' 映到 $f'\circ\varphi$．由正向极限的普遍性质，我们得到 Abel 群的同态 $\Gamma(U,\mathscr{P}(M))\to\Gamma(U,\mathscr{L}(\mathrm{Res}_{\varphi}M))$，它显然与预层的限制映射可换，所以得到预层 $\mathscr{P}(M)$ 到层 $\mathscr{L}(\mathrm{Res}_{\varphi}M)$ 的态射，再根据层化的普遍性质，得到层的态射 $\theta:\bar{\varphi}^{-1}\mathscr{L}(M)\to\mathscr{L}(\mathrm{Res}_{\varphi}M)$．不难证明 θ 为 $\bar{\varphi}^{-1}\mathscr{O}_{G'/H'}$ 模的层的态射，从而有 $\mathscr{O}_{G/H}$ 模的层的态射

$$\tilde{\theta}:\bar{\varphi}^{*}\mathscr{L}(M)=\mathscr{O}_{G/H}\otimes_{\bar{\varphi}^{-1}\mathscr{O}_{G'/H'}}\bar{\varphi}^{-1}\mathscr{L}(M)\to\mathscr{L}(\mathrm{Res}_{\varphi}M).$$

只要再证由 $\tilde{\theta}$ 导出的茎的同态 $\tilde{\theta}_x:(\bar{\varphi}^{*}\mathscr{L}(M))_x\to\mathscr{L}(\mathrm{Res}_{\varphi}M)_x$ 是同构．这里 $x\in G/H$．由(14.1.3(1))，有

$$\begin{aligned}(\bar{\varphi}^{*}\mathscr{L}(M))_x&=\mathscr{O}_{G/H,x}\otimes_{\mathscr{O}_{G'/H',\bar{\varphi}(x)}}\mathscr{L}(M)_{\bar{\varphi}(x)}\\&\cong\mathscr{O}_{G/H,x}\otimes_{\mathscr{O}_{G'/H',\bar{\varphi}(x)}}(\mathscr{O}_{G'/H',\bar{\varphi}(x)}\otimes_{\mathscr{K}}M)\\&\cong\mathscr{O}_{G/H,x}\otimes_{\mathscr{K}}M\\&\cong\mathscr{L}(\mathrm{Res}_{\varphi}M)_x.\end{aligned}$$

不难看出上述同构的映射就是 $\tilde{\theta}_x$，于是(1)得证．

(2) 通过 $\bar{\varphi}$ 把 G/H 与 G'/H' 等同，则 $\mathscr{L}(M)$ 与 $\mathscr{L}(\mathrm{Res}_{\varphi}M)$ 也等同，从而它们的整体截面空间也等同．整体截面空间的等同是通过映射 $f\longmapsto f\circ\varphi\,(f\in\Gamma(G'/H',\mathscr{L}(M)))$ 实现的，立即可以看出它们是作为 G 模等同的，即 $n=0$ 时结论成立．一般情况，如果 I 是内射 H' 模，则 $\mathscr{L}(I)$ 是 $\Gamma(G'/H',-)$ 零调的(见(14.2.6))，从而 $\mathscr{L}(\mathrm{Res}_{\varphi}I)$ 是 $\Gamma(G/H,-)$ 零调的，用(11.3.6)即

得结论. 证毕.

从(14.2.10(2))可以看出,把G与H换成它在某个同态下的象或原象,只要保持商簇不变,对诱导层的上同调(包括模结构)几乎没有影响. 因此,我们可以把G换成性质比较好的群(H也作相应变化),例如换成简约群或半单群,甚至换成单连通半单群,特别在讨论 G/B(B 为 Borel 子群)上的可逆层的上同调时,常常这样做.

14.3 G/P 上的诱导层及其上同调

我们感兴趣的是把§14.2的一般理论用于G是连通线性代数群,P是它的抛物子群(特别是 Borel 子群)的情况. 为此,先要证明如下的命题.

(14.3.1) 命题. 设G是连通线性代数群,P是它的抛物子群,则商态射 $\pi:G\to G/P$ 是局部平凡的.

证明. 取G的 Borel 子群B与极大环面T,使 $P\supset B\supset T$. 设Φ为G关于T的根系(即 $G/R_u(G)$ 关于 $TR_u(G)/R_u(G)$ 的根系). 把$\alpha\in\Phi$对应到$-\alpha$的根系自同构导出G的含T的抛物子群集合的一个2阶置换,设P与B的象分别为P^-与B^-. 令 $\Omega=B^-B$. 如所周知,Ω是G的仿射开集;再令 $\Omega_P=\pi\Omega$,由于π是开映射,Ω_P为 G/P 的开子集. 我们只要证明,有 $\pi^{-1}\Omega_P$ 的子簇 $\tilde{\Omega}_P$,使乘积导出的态射 $\tilde{\Omega}_P\times P\to\pi^{-1}\Omega_P$ 是簇的同构.

先设G是简约的. 取 $\tilde{\Omega}_P=R_u(P^-)$. 因为 $P^-\cap P$ 含有P^-与P的一个共同的 Levi 子群(事实上,$P^-\cap P$ 为P与P^-的共同的 Levi 子群),所以

$$\tilde{\Omega}_PP=\tilde{\Omega}_P(P^-\cap P)P=P^-P=B^-P=\pi^{-1}(\Omega_P).$$

因为$\tilde{\Omega}_P$的维数等于不在P中的根的个数,所以

$$\dim\tilde{\Omega}_P+\dim P=\dim G=\dim\pi^{-1}(\Omega_P).$$

由此推出 $\tilde{\Omega}_P\cap P$ 是零维的;另一方面,$\tilde{\Omega}_P\cap P$ 是 $R_u(B^-)$ 的T稳定的闭子群,所以是连通的(见 [Hum 2, §28.1]). 由此即知

$\tilde{\Omega}_P \times P \to \pi^{-1}(\Omega_P)$ 是簇的同构.

现在设 G 是任意连通线性代数群，则 $R_u(G)$ 是 $R_u(P^-)$ 的连通闭子群. 从幂么群的结构理论（参看 [CPS1]）知道，$R_u(P^-)$ 有一闭子集 $\tilde{\Omega}_P$，使乘积导出的态射 $\tilde{\Omega}_P \times R_u(G) \to R_u(P^-)$ 是同构. 根据上文关于简约群的结论可以推出 $R_u(P^-) \cap P = R_u(G)$，于是 $\tilde{\Omega}_P \cap P = \{1\}$；而我们仍有 $\tilde{\Omega}_P P = R_u(P^-)P = \pi^{-1}\Omega_P$，由此可见乘积导出的态射 $\tilde{\Omega}_P \times P \to \pi^{-1}\Omega_P$ 是簇的同构. 证毕.

如下的命题是层上同调理论在代数群表示论中的一个精彩的应用.

(14.3.2)命题. 设 M 是有限维有理 P 模，则

$$H^n(G/P, \mathscr{L}(M)) \cong R^n \mathrm{Ind}_P^G M$$

是有限维有理 G 模，对所有 $n \geqslant 0$. 特别，§4.1 所定义的 G 模 F_λ 是有限维的.

证明. 据 Serre 有限性定理即得前一结论. 又，由 F_λ 的定义知 $F_\lambda = H^0(G/B^-, \mathscr{L}(\lambda))$，这里我们用 B^- 表示对应负根的 Borel 子群，并把由 $\lambda \in \mathfrak{X}(B^-)$ 决定的一维 B^- 模也记为 λ，关于 F_λ 的结论立即得出. 证毕.

我们希望有 Serre 对偶定理揭示 $H^n(G/P, \mathscr{L}(M))$ 之间的一些对偶关系，因此，我们来证明

(14.3.3) 引理. 设 $X = G/P$，又设 P 伴随作用在 G 与 P 的 Lie 代数 $\mathfrak{L}(G)$ 与 $\mathfrak{L}(P)$ 上，则 X 上的微分层

$$\Omega_{X/\mathscr{K}} = \mathscr{L}((\mathfrak{L}(G)/\mathfrak{L}(P))^*).$$

证明. 对每一点 $x \in X$，令 $\mathscr{O}_{X,x} = A_x$，它的极大理想为 $\mathfrak{m}_x$，当 $x = \pi(1)$ 时，下标略去不写. 设 U 为 X 的开集，对 $s \in \Gamma(U, \Omega_{X/\mathscr{K}})$，定义态射 $f_s: \pi^{-1}U \to \mathfrak{m}/\mathfrak{m}^2$ 如下：对 $g \in \pi^{-1}U$，设 $x = \pi(g)$，$\bar{s}$ 为 s 在 $(\Omega_{X/\mathscr{K}})_x = \Omega_{A_x/\mathscr{K}}$ 中的象，令 $f_s(g) = g_x^{\#} \circ \rho_x^{-1}(\bar{s} \otimes 1)$，这里 $\rho_x: \mathfrak{m}_x/\mathfrak{m}_x^2 \to \Omega_{A_x/\mathscr{K}} \otimes_{A_x} \mathscr{K}$ 是 §14.1 中"$\mathscr{R}$ 代数的 Kähler 微分模"条目中定义的同构，$g^{\#}: \mathscr{O}_X \to g_* \mathscr{O}_X$ 是 g 的左乘态射 $g: X \to X$ 的余态射，它导出 $\mathscr{K}$ 代数同构 $g_x^{\#}: A_x \to A$，进

而导出 $\mathscr{K}$ 向量空间的同构 $g_x^{\#}:\mathfrak{m}_x/\mathfrak{m}_x^2 \to \mathfrak{m}/\mathfrak{m}^2$.

如果 $p\in P$，则

$$f_s(gp) = (gp)_x^{\#}\circ\rho_x^{-1}(\bar{s}\otimes 1) = p_{\pi(1)}^{\#}\circ g_x^{\#}\circ\rho_x^{-1}(\bar{s}\otimes 1)$$
$$= p_{\pi(1)}^{\#}(f_s(g)).$$

$p_{\pi(1)}^{\#}$ 是 $\mathfrak{m}/\mathfrak{m}^2$ 上的线性变换，容易看出这些变换在 $\mathfrak{m}/\mathfrak{m}^2$ 上定义了右 P 模结构。令 $p^{-1}v = p_{\pi(1)}^{\#}(v)$，对 $v\in\mathfrak{m}/\mathfrak{m}^2$，则得到左 P 模 $\mathfrak{m}/\mathfrak{m}^2$. 它是有理的，因为 P 的作用是由 P 在 $\mathscr{K}[G]$ 上的左平移导出的. 于是我们可构作 $\mathscr{L}(\mathfrak{m}/\mathfrak{m}^2)$. 因为我们有

$$f_s(gp) = p^{-1}f_s(g),$$

所以 $f_s\in\Gamma(U,\mathscr{L}(\mathfrak{m}/\mathfrak{m}^2))$. 这样，我们得到映射

$$\varphi_U:\Gamma(U,\Omega_{X/\mathscr{K}})\to\Gamma(U,\mathscr{L}(\mathfrak{m}/\mathfrak{m}^2))$$
$$s\longmapsto f_s.$$

因为 ρ_x 与 $g_x^{\#}$ 都是 $\mathscr{K}$ 线性的，对 $s_1,s_2\in\Gamma(U,\Omega_{X/\mathscr{K}})$，我们有 $f_s(g) = f_{s_1}(g)+f_{s_2}(g)$，对所有 $g\in\pi^{-1}U$，所以 φ_v 是 Abel 群同态；又，如果 $a\in\Gamma(U,\mathscr{O}_x)$，则 $a\bar{s}\otimes 1 = \bar{s}\otimes a(x) = a(x)\bar{s}\otimes 1$（注意，$\mathscr{K}$ 是通过映射 $a\longmapsto a(x)$ 看成 A 代数的)，从而 $f_{as}(g) = a(x)f_s(g)$，右边正是 a 在 $\Gamma(U,\mathscr{L}(\mathfrak{m}/\mathfrak{m}^2))$ 上的作用. 由此可见 φ_v 是 $\Gamma(U,\mathscr{O}_X)$ 模的同态，显然它与层的限制映射可换，所以得到 $\mathscr{O}_X$ 模的层的同态 $\varphi:\Omega_{X/\mathscr{K}}\to\mathscr{L}(\mathfrak{m}/\mathfrak{m}^2)$.

如果 $s\in\Gamma(U,\Omega_{X/\mathscr{K}})$ 且 $s\neq 0$，则有 $x\in U$ 使 $\bar{s}\notin\mathfrak{m}_x\Omega_{A_x/\mathscr{K}}$，所以 $\bar{s}\otimes 1$ 在 $\Omega_{A_x/\mathscr{K}}\otimes_{A_x}\mathscr{K}$ 中不是零，从而 $f_s(g)\neq 0$，对所有 $g\in\pi^{-1}(x)$. 可见 φ 是内射. 最后，由于 $\Omega_{X/\mathscr{K}}$ 与 $\mathscr{L}(\mathfrak{m}/\mathfrak{m}^2)$ 都是秩为 $\dim X$ 的局部自由的 $\mathscr{O}_X$ 模，所以 φ 是同构.

现在只要证 $\mathfrak{m}/\mathfrak{m}^2\cong(\mathfrak{L}(G)/\mathfrak{L}(P))^*$. 作为向量空间，这个同构是已知的（见(5.3.8)). 上文说过 P 在 $\mathfrak{m}/\mathfrak{m}^2$ 上的作用是由 P 在 $\mathscr{K}[G]$ 上的左平移导出的，但也可以认为是由 P 在 $\mathscr{K}[G]$ 上的作用

$$(p\vdash f)(g) = f(p^{-1}gp),\ \forall f\in\mathscr{K}[G],\ p\in P,\ g\in G$$

导出的，因为对 X 的开集 U，$\Gamma(U,\mathscr{O}_X)$ 是由 $\Gamma(\pi^{-1}U,\mathscr{O}_G)$ 中满足 $f(gp) = f(g)$ 的元素组成，从而 $\mathfrak{m}/\mathfrak{m}^2$ 的元素也由满足这个

条件的 f 代表. P 在 $\mathfrak{m}/\mathfrak{m}^2$ 上的这个作用正好对应于 P 在 $(\mathfrak{L}(G)/\mathfrak{L}(P))^*$ 上的作用,结论于是得证. 证毕.

(14.3.4)命题. 设 $X=G/P$, T 为 P 的极大环面, Φ 是 G 关于 T 的根系, Ξ 是不在 $\mathfrak{L}(P)$ 中出现的根的集合,

$$\chi_P=\sum_{\alpha\in\Xi}-\alpha,$$

则 $\chi_P\in\mathfrak{X}(P)$, 且 X 上的典范层 $\omega_X=\mathscr{L}(\chi_P)$, 而对有限维有理 P 模 M, 有自然的有理 G 模同构

$$H^n(G/P,\mathscr{L}(M))\cong H^{N-n}(G/P,\mathscr{L}(M^*\otimes\chi_P))^*,\ \forall n\in\mathbf{Z}^+,$$

这里 $N=|\Xi|=\dim X$, 并把由 χ_P 决定的一维 P 模也记为 χ_P.

证明. $\mathfrak{L}(G)/\mathfrak{L}(P)$ 的权是 $\alpha\in\Xi$, 每个权都是一重, 所以 $(\mathfrak{L}(G)/\mathfrak{L}(P))^*$ 的权是 $-\alpha(\alpha\in\Xi)$, 每个一重,从而

$$\wedge^N(\mathfrak{L}(G)/\mathfrak{L}(P))^*=\sum_{\alpha\in\Xi}-\alpha=\chi_P,$$

它当然是有理 P 模, 从而 $\chi_P\in\mathfrak{X}(P)$. 又, 据典范层的定义与(14.2.1(3)),(14.3.3),我们有

$$\begin{aligned}\omega_X&=\wedge^N\Omega_{X/\mathscr{K}}=\wedge^N\mathscr{L}((\mathfrak{L}(G)/\mathfrak{L}(P))^*)\\&=\mathscr{L}(\wedge^N(\mathfrak{L}(G)/\mathfrak{L}(P))^*)=\mathscr{L}(\chi_P).\end{aligned}$$

据(14.2.1(4)), $\mathscr{L}(M)^*\cong\mathscr{L}(M^*)$, 作为 $\mathscr{O}_X$ 模的层, 所以后一结论即从 Serre 对偶定理推出. 证毕.

我们还有如下结论,它可以仅用诱导函子叙述与证明.

(14.3.5)命题. 设 $P\subset P'$ 都是 G 的抛物子群,则

(1) 设 M 是有理 G 模,则 $H^0(G/P,\mathscr{L}(M))\cong M$, 而

$$H^n(G/P,\mathscr{L}(M))=0,\ \forall n>0;$$

(2) 设 M 是有理 P' 模,则有同构

$$H^n(G/P,\mathscr{L}(\mathrm{Res}_P^{P'}M))\cong H^n(G/P',\mathscr{L}(M)),\ \forall n\geqslant 0;$$

(3) 设 M 是有理 P 模,则有谱序列 $\mathbf{E}$,使

$$\begin{aligned}E_2^{m,n}&=H^m(G/P,\mathscr{L}(\mathrm{Res}_P^{P'}H^{n-m}(P'/P,\mathscr{L}(M))))\\&\Rightarrow E_\infty^n=H^n(G/P,\mathscr{L}(M)).\end{aligned}$$

证明. (1) 关于 H^0 的结论就是(12.1.11). 当 $n>0$ 时, 由

(12.2.7)与(12.1.11)得

$$H^n(G/P,\mathscr{L}(M))\cong H^n(P,M\otimes\mathscr{K}[G])$$
$$\cong H^n(G,M\otimes\mathscr{K}[G])=0,$$

因为 $M\otimes\mathscr{K}[G]$ 是有理内射G模.

(2) 当 $n=0$ 时仍由有理P'模中的P不动点就是P'不动点得出(因为P是P'的抛物子群). 特别, 由 $n=0$ 的结论推出, 有理内射P'模是 $\Gamma(G/P,\mathscr{L}(-))$ 零调的,再由 $\mathrm{Res}_P^{P'}$ 的正合性与(11.3.6),即得结论.

(3)对(14.2.7)的谱序列用(2)的结论,即得. 证毕.

最后,我们再把上述理论特殊化到G是半单线性代数群,$P=B$是它的 Borel 子群而M是一维B模的情况. 我们有

(14.3.6) 定理. 设G是半单线性代数群, B是它的 Borel 子群, T是B的极大环面, Φ是G关于T的根系. 取Φ的序, 使B是对应负根的. 设 $\lambda\in\mathfrak{X}(T)$, 典范地看成一维$B$模 (仍记为 λ), 则

(1) $H^0(G/B,\mathscr{L}(\lambda))\neq 0$ 当且仅当 $\lambda\in\mathfrak{X}(T)^+$; 此时 $H^0(G/B,\mathscr{L}(\lambda))$有唯一的$B^+$(对应正根的 Borel 子群)稳定的直线, 它的权是 λ, 从而 $H^0(G/B,\mathscr{L}(\lambda))$ 有唯一的不可约G子模,它同构于$M(\lambda)$.

(2) $\mathscr{L}(\lambda)$ 为富足层当且仅当 $\lambda-\delta\in\mathfrak{X}_w^+$, 这里$\delta$为正根和之半.

(3) 设N是正根个数,则有G模同构

$$H^n(G/B,\mathscr{L}(\lambda))\cong H^{N-n}(G/B,\mathscr{L}(-\lambda-2\delta)),\ \forall n\geqslant 0.$$

证明. (1)因为 $H^0(G/B,\mathscr{L}(\lambda))=F_\lambda$, 所以 (1) 的结论就是(4.1.5).

(2) 设 $\mathscr{L}(\lambda)$ 为富足层,则对任意 $\mu\in\mathfrak{X}(T)$, 有充分大的n使 $\mathscr{L}(\mu+n\lambda)$ 由整体截面生成,从而 $\mu+n\lambda\in\mathfrak{X}(T)^+$. 由$\mu$的任意性推出 $\lambda-\delta\in\mathfrak{X}_w^+$.

反过来, 设 $\lambda\in\mathfrak{X}(T)$ 使 $\lambda-\delta\in\mathfrak{X}_w^+$. 我们用局部判定法证明 $\mathscr{L}(\lambda)$ 是富足层. 当然此时有 $\lambda\in\mathfrak{X}(T)^+$, 于是可以作出

§4.1 所述的非零函数 $f_\lambda \in H^0(G/B, \mathscr{L}(\lambda))$. 它是这样得到的：把 $M(\lambda)$ 分解成 $M(\lambda)_\lambda \oplus M(\lambda)'$，其中 $M(\lambda)'$ 是异于 λ 的权空间之和；再取 $v^+ \in M(\lambda)_\lambda$，取 $\sigma_\lambda \in M(\lambda)^*$ 使 $\sigma_\lambda(v^+) = 1$，$\sigma_\lambda|_{M(\lambda)'} = 0$，那么

$$f_\lambda(g) = \sigma_\lambda(g^{-1}v^+), \quad \forall g \in G.$$

我们已经知道 f_λ 在 B^+B 上处处不为零，现在要证明 f_λ 在 B^+B 之外处处为零. 把 G 的 Bruhat 分解稍加变形，可得

$$G = \bigcup_{w \in W} B^+ w B,$$

这里 W 为 G 关于 T 的 Weyl 群，不同的 B^+wB 彼此不相交. 因此只要证，当 $w \neq 1$ 时 f_λ 在 B^+wB 上处处为零. 设 $n \in N_G(T)$ 是 w 的代表元，$b_1 \in B^+$，$b_2 \in B$，则 $b_2^{-1}n^{-1}b_1^{-1}v^+ = b_2^{-1}n^{-1}v^+ \in b_2^{-1}M(\lambda)_{w^{-1}\lambda}$. 因为 $\lambda - \delta \in \mathfrak{X}_w^+$，所以 $w^{-1}\lambda \neq \lambda$，从而 $M(\lambda)_{w^{-1}\lambda} \subset M(\lambda)'$，而 b_2^{-1} 稳定 $M(\lambda)'$，所以 $b_2^{-1}n^{-1}b_1^{-1}v^+ \in M(\lambda)'$. 由此推出

$$f_\lambda(b_1 n b_2) = \sigma_\lambda(b_2^{-1}n^{-1}b_1^{-1}v^+) = 0,$$

正如所求. 注意到 $f_\lambda(g) \neq 0$ 当且仅当 f_λ 在 $\mathscr{L}(\lambda)_{\pi(g)}$ 中的象不在 $\mathfrak{m}_{\pi(g)}\mathscr{L}(\lambda)_{\pi(g)}$ 中，这里 $\mathfrak{m}_{\pi(g)}$ 为 $\mathscr{O}_{G/B,\pi(g)}$ 的极大理想. 所以

$(G/B)_{f_\lambda} = \{x \in G/B \mid f_\lambda$ 在 $\mathscr{L}(\lambda)_x$ 中的象不在 $\mathfrak{m}_x\mathscr{L}(\lambda)_x$ 中$\}$ 正好是 $\pi(B^+B)$，众所周知，它是 G/B 的仿射开集(是个仿射空间). 通过 G 的左平移作用，我们得到有限个 $f_1, \cdots, f_n \in \Gamma(G/B, \mathscr{L}(\lambda))$，使 $(G/B)_{f_i}$ 是 G/B 的仿射开集，且

$$G = \bigcup_{i=1}^{n} (G/B)_{f_i}.$$

因此 $\mathscr{L}(\lambda)$ 是富足层.

(3)从(4.3.4)推出，因为 λ 的反轭模为 $-\lambda$，而 $\Xi = \Phi^+$，所以 χ_B 为所有负根之和，即 -2δ. 证毕.

对于代数群表示理论中所用的层上同调，人们最感兴趣的是 $H = B$ 且 M 为一维有理 B 模的情况. (14.3.6) 是这方面的第一个

结论，下一小节将再给出一些例子，其中包括著名的 Bott 定理。

14.4 例：半单秩 1 的情况与特征零的情况

本小节我们将给出 G/B 上的诱导层的两个例子：(1) G 的半单秩为 1 的情况；(2) char $\mathscr{K}=0$ 的情况。我们都只讨论由一维有理 B 模诱导的层。

为方便起见，只要不引起误解，今后我们把 $H^n(G/B,\mathscr{L}(M))$ 简记为 $H^n(M)$，这里 M 是有理 B 模。特别，对 $\lambda\in\mathfrak{X}(B)$，我们将用 $H^n(\lambda)$ 的记号。

先设 $G=SL(2,\mathscr{K})$。如 §4.1 的例 1，固定以下记号：

$$\varepsilon_\alpha(a)=\begin{pmatrix}1 & a\\ 0 & 1\end{pmatrix},\quad h(m)=\begin{pmatrix}m & 0\\ 0 & m^{-1}\end{pmatrix},$$

$$\varepsilon_{-\alpha}(a)=\begin{pmatrix}1 & 0\\ a & 1\end{pmatrix},$$

这里 $a\in\mathscr{K}$，$m\in\mathscr{K}^*$。设 T 为 $h(m)$ 组成的极大环面，B 为 T 与所有 $x_{-\alpha}(a)$ 生成的 Borel 子群，$\omega:h(m)\longmapsto m$ 为基本权。因为 $\dim G/B=1$，当 $n\geqslant 2$ 时，对所有有理 B 模 M 均有

$$H^n(M)=0,$$

所以只要讨论 $H^0(M)$ 与 $H^1(M)$。

(14.4.1) 命题. 设 $n\in\mathbf{Z}^+$，则

(1) $H^0(n\omega)$ 有一组基 $\{v_0,v_1,\cdots,v_n\}$，使

$$h(m)v_i=m^{n-2i}v_i,\quad \forall m\in\mathscr{K}^*,$$

$$\varepsilon_\alpha(a)v_i=\sum_{j=0}^{i}\binom{i}{j}a^{i-j}v_j,\quad \forall a\in\mathscr{K},$$

$$\varepsilon_{-\alpha}(a)v_i=\sum_{j=i}^{n}\binom{n-i}{n-j}a^{j-i}v_j,\quad \forall a\in\mathscr{K};$$

而 $H^1(n\omega)=0$。

(2) $H^1((-n-2)\omega)$ 是最高权为 $n\omega$ 的 Weyl 模，它有一组基 $\{v'_0,v'_1,\cdots,v'_n\}$，使

$$h(m)v'_i = m^{n-2i}v'_i,\ \forall m \in \mathscr{K}^*,$$

$$\varepsilon_\alpha(a)v'_i = \sum_{j=0}^{i}\binom{n-j}{n-i}a^{i-j}v'_j,\ \forall a \in \mathscr{K},$$

$$\varepsilon_{-\alpha}(a)v'_i = \sum_{j=i}^{n}\binom{j}{i}a^{j-i}v'_j,\ \forall a \in \mathscr{K};$$

而 $H^0((-n-2)\omega)=0$.

(3) $H^0(-\omega)=H^1(-\omega)=0$.

证明. 先证所有等于零的结论：据(14.3.6(1)),当 $r\leqslant -1$ 时 $H^0(r\omega)=0$，再用(14.3.6(3))，$H^1((-r-2)\omega)=0$，即当 $r\geqslant -1$ 时 $H^1(r\omega)=0$. 这包含了命题中所有等于零的结论.

其余结论不过是第一章若干例题的总结：

(1) 因为 $H^0(n\omega)=F_{n\omega}$，据 §4 例 1,它就是 §2 的例 1 与例 2,§3 的例 1 所讨论的 $V^{[n]}$，§3 的例 1 与 §2 的例 1 均有上述公式.

(2) 据(14.3.6(3))，$H^1((-n-2)\omega)\cong H^0(n\omega)^*$，据 §3 的例 1，$H^1((-n-2)\omega)$ 是最高权 $n\omega$ 的 Weyl 模，该例列有所需的公式. 证毕.

读者不难把上述结论推广到任意半单秩 1 的连通线性代数群上去(参看(14.2.10)). 为了下文需要,我们强调如下的特殊情况：

(14.4.2)推论. 设 G 是单连通半单线性代数群,T 是它的极大环面,Φ 为 G 关于 T 的根系,B 为对应负根的 Borel 子群. 又设 α 为单根,s_α 为对应的单反射,P_α 为 B 与对应 α 的根子群 U_α 生成的极小抛物子群. 如果 $\lambda\in\mathfrak{X}_w=\mathfrak{X}(B)$ 使 $\langle\lambda,\alpha^\vee\rangle=n\geqslant 0$，则

$$V_\alpha^\lambda = H^0(P_\alpha/B,\mathscr{L}(\lambda))$$

有一组基 $\{v_0^\lambda,v_1^\lambda,\cdots,v_n^\lambda\}$，使

$$tv_i^\lambda = (\lambda - i\alpha)(t)v_i^\lambda,\ \forall t\in T;$$

$$\varepsilon_\alpha(a)v_i^\lambda = \sum_{j=0}^{i}\binom{i}{j}a^{i-j}v_j,\ \forall a\in\mathscr{K};$$

$$\varepsilon_{-\alpha}(a)v_i^\lambda=\sum_{j=i}^{n}\binom{n-i}{n-j}a^{j-i}v_j,\ \forall a\in\mathscr{K};$$

$$uv_i^\lambda=v_i^\lambda,\ \forall u\in R_u(G).$$

这里 $\varepsilon_{\pm\alpha}$ 为 $\mathbf{G}_a$ 到 $U_{\pm\alpha}$ 的同构. 此外,如果 $\langle\lambda,\alpha^\vee\rangle=-1$, 则 $H^r(P_\alpha/B,\mathscr{L}(\lambda))=0$, 对所有 $r\geqslant 0$.

证明. 令 G_α 为所有 $\varepsilon_\alpha(a)$ 与 $\varepsilon_{-\alpha}(a)$ 生成的子群,则 $G_\alpha\cong SL(2,\mathscr{K})$. 令 $B_\alpha=B\cap G_\alpha$, 则嵌入同态$G_\alpha\hookrightarrow P_\alpha$ 导出簇的同构 $G_\alpha/B_\alpha\xrightarrow{\sim}P_\alpha/B$. 由(14.2.10),有 G_α 模同构

$$H^r(G_\alpha/B_\alpha,\ \mathscr{L}(n\omega))\cong H^r(P_\alpha/B,\mathscr{L}(\lambda)),\ \forall r\geqslant 0.$$

当 $\langle\lambda,\alpha^\vee\rangle=-1$ 时的结论由这个同构与(14.4.1(3))即得. 现在考虑 $\langle\lambda,\alpha^\vee\rangle=n\geqslant 0$ 的情况. 在上面的同构中取 $r=0$, 并令 v_i^λ 就是(14.4.1(1))中的 v_i, 则 $\varepsilon_{\pm\alpha}(a)$ 的作用公式马上得出. 如果 T_α 为 G_α 中相应于T的环面,据(14.4.1(1)), $t\in T_\alpha$ 在 v_i^λ 上的作用也正如所示. 我们知道 $T=T_\alpha(\mathrm{Ker}\alpha)^\circ$, 而当 $t\in\mathrm{Ker}\alpha$ 时, 有 $(\lambda-i\alpha)(t)=\lambda(t)$; 另一方面, $R(P_\alpha)=R_u(P_\alpha)\rtimes(\mathrm{Ker}\alpha)^\circ$. 所以,要证明 $t\in(\mathrm{Ker}\alpha)^\circ$ 与 $u\in R_u(P_\alpha)$ 的作用, 只要证对所有 $g\in R(P_\alpha)$ 与 $v\in V_\alpha^\lambda$, 均有 $gv=\lambda(g)v$. 对 $x\in P_\alpha$, 我们有

$$\begin{aligned}(gv)(x)&=v(g^{-1}x)=v(xx^{-1}g^{-1}x)\\&=(x^{-1}gx)v(x)=\lambda(x^{-1}gx)v(x).\end{aligned}$$

当 $g\in R_u(P_\alpha)$ 时, 显然 $\lambda(x^{-1}gx)=\lambda(g)=1$; 当 $g\in(\mathrm{Ker}\alpha)^\circ$ 时,由于 g 在 P_α 的 Levi 子群的中心, 所以可以假定 $x\in R_u(P_\alpha)$, 从而 $\lambda(x^{-1}gx)=\lambda(x^{-1})\lambda(g)\lambda(x)=\lambda(g)$, 正如所求. 证毕.

(14.4.3)推论. 采用 (14.4.2)的记号与约定, 并设 $\langle\lambda,\alpha^\vee\rangle=n>0$, 则有如下四个$B$模的短正合列:

(1) $0\to K_\alpha^\lambda\to V_\alpha^\lambda\to\lambda\to 0$;

(2) $0\to s_\alpha\lambda\to K_\alpha^\lambda\to\overline{V}_\alpha^\lambda\to 0$;

(3) $0\to C_\alpha^\lambda\to\overline{V}_\alpha^\lambda\to I_\alpha^\lambda\to 0$;

(4) $0\to I_\alpha^\lambda\to V_\alpha^{\lambda-\alpha}\to Q_\alpha^\lambda\to 0$.

当 $\mathrm{char}\mathscr{K}=0$ 时, $C_\alpha^\lambda=Q_\alpha^\lambda=0$, $\overline{V}_\alpha^\lambda\cong V_\alpha^{\lambda-\alpha}$; 当 char $\mathscr{K}=$

$P>0$ 时，C_α^λ 与 Q_α^λ 的权的集合都是

$$\{s_\alpha\lambda + rp\alpha \mid 0 < r < n/p\}.$$

证明．由 (14.4.2)，V_α^λ 有一维 B 子模 $\lambda - n\alpha = s_\alpha\lambda$ 与一维 B 商模 λ，因为 $n>0$，这两个模是不同的，由此即得正合列(1)与(2)．为构作正合列(3)与(4)，只要找到适当的 B 模同态 φ_λ: $\bar{V}_\alpha^\lambda \to V_\alpha^{\lambda-\alpha}$，然后再令 $C_\alpha^\lambda = \mathrm{Ker}\varphi_\lambda$，$I_\alpha^\lambda = \mathrm{Im}\varphi_\lambda$，$Q_\alpha^\lambda = \mathrm{Coker}\ \varphi_\lambda$ 即可．

把 v_i^λ 在 $\bar{V}_\alpha^\lambda$ 中的象记为 $\bar{v}_i^\lambda (i = 1, 2, \cdots, n-1)$．令

$$\varphi_\lambda(\bar{v}_i^\lambda) = (n-i)v_{i-1}^{\lambda-\alpha},$$

线性扩充为 $\varphi_\lambda: \bar{V}_\alpha^\lambda \to V_\alpha^{\lambda-\alpha}$．注意到 $\bar{v}_i^\lambda$ 的权是 $\lambda - i\alpha$，而 $v_{i-1}^{\lambda-\alpha}$ 的权是 $\lambda - \alpha - (i-1)\alpha = \lambda - i\alpha$，我们立即得知 φ_λ 是 T 模同态；又，$R_u(P_\alpha)$ 在这两个模上都是平凡作用．所以，要验证 φ_λ 是 B 模同态，只要验证它与 $\varepsilon_{-\alpha}(a)$ 的作用可换．$\varepsilon_{-\alpha}(a)$ 在 $\bar{v}_i^\lambda$ 上的作用是由它在 v_i^λ 上的作用导出，所以

$$\begin{aligned}\varphi_\lambda(\varepsilon_{-\alpha}(a)\bar{v}_i^\lambda) &= \varphi_\lambda\left(\sum_{j=i}^{n-1}\binom{n-i}{n-j}a^{j-i}\bar{v}_j^\lambda\right)\\ &= \sum_{j=i}^{n-1}(n-j)\binom{n-i}{n-j}a^{j-i}v_{j-1}^{\lambda-\alpha}\\ &= \sum_{j=i-1}^{n-2}(n-j-1)\binom{n-i}{n-j-1}a^{j+1-i}v_j^{\lambda-\alpha};\end{aligned}$$

而因为 $\langle\lambda-\alpha, \alpha^\vee\rangle = n-2$，所以

$$\begin{aligned}\varepsilon_{-\alpha}(a)\varphi_\lambda(\bar{v}_i^\lambda) &= (n-i)\varepsilon_{-\alpha}(a)v_{i-1}^{\lambda-\alpha}\\ &= \sum_{j=i-1}^{n-2}(n-i)\binom{n-i-1}{n-j-2}a^{j-i+1}v_j^{\lambda-\alpha}.\end{aligned}$$

我们还有整数的恒等式

$$\begin{aligned}(n-j-1)\binom{n-i}{n-j-1} &= \frac{(n-j-1)\cdot(n-i)!}{(n-j-1)!(j-i+1)!}\\ &= \frac{(n-i)\cdot(n-i-1)!}{(n-j-2)!(j-i+1)!}\end{aligned}$$

$$= (n-i)\binom{n-i-1}{n-j-2},$$

可见 $\varphi_\lambda(\varepsilon_{-\alpha}(a)\bar{v}_i^\lambda) = \varepsilon_{-\alpha}(a)\varphi_\lambda(\bar{v}_i^\lambda)$，即 φ_λ 是 B 模同态.

容易看出 $\bar{V}_\alpha^\lambda$ 与 $V_\alpha^{\lambda-\alpha}$ 具有相同的维数与权. 当 $\mathrm{char}\mathscr{K} = 0$ 时，φ_λ 把每个权空间映到对应的权空间上，所以它是满射，从而是同构. 当 $\mathrm{char}\mathscr{K} = p > 0$ 时，$\bar{v}_i^\lambda \in C_\alpha^\lambda$ 当且仅当 $n-i$ 是 p 的倍数，而 $\bar{v}_i^\lambda$ 的权 $\lambda - i\alpha = s_\alpha\lambda + (n-i)\alpha$，所以 C_α^λ 的权确如推论所示. 显然 Q_α^λ 的权的集合与 C_α^λ 的权的集合相同. 证毕.

(14.4.4) 推论. 采用 (14.4.2) 的记号与约定，如果 $\lambda \in \mathfrak{X}_w$ 使 $\langle\lambda,\alpha^\vee\rangle = -1$，$V$ 是有理 P_α 模，则

$$H^r(G/B,\mathscr{L}(V)\otimes\mathscr{L}(\lambda)) = 0,\ \forall r \geqslant 0.$$

证明. 据张量积恒等式(14.2.8)与(14.4.2)，有

$$H^r(P_\alpha/B,\mathscr{L}(V)\otimes\mathscr{L}(\lambda)) \cong V\otimes H^r(P_\alpha/B,\mathscr{L}(\lambda)) = 0,$$
$$\forall r \geqslant 0,$$

再由(14.2.7)的谱序列，即得结论. 证毕.

设 Φ 是一个抽象根系，取定它的序，令 δ 是正根和之半. 如果 W 是 Φ 的 Weyl 群，$\mathfrak{E}$ 是 Φ 张成的 Euclid 空间，则 W 自然作用在 $\mathfrak{E}$ 上. 除了这个作用以外，我们还将考虑 W 在 $\mathfrak{E}$ 上的另外一个作用:

$$w\cdot x = w(x+\delta) - \delta,\ \forall w \in W,\ x \in \mathfrak{E}.$$

这个作用俗称**"点作用"**. 它不是线性的，也不保持 $\mathfrak{E}$ 中的内积. 如果 $\mathfrak{X}_w$ 是 Φ 的抽象权格，则令

$$\mathfrak{X}_w^+ - \delta = \{\lambda \in \mathfrak{X}_w \mid \lambda + \delta \in \mathfrak{X}_w^+\}.$$

除此之外，我们还用 §9.2 约定过的一些记号，如 $\{\alpha_1,\cdots,\alpha_l\}$ 为 Φ 的基，s_i 为 α_i 对应的单反射，$l(w)$ 为 $w \in W$ 的既约表达式（写成单反射之积的最短表达式）的长度等. 用这些记号与术语，(9.2.4(1))的结论可以改述为: 如果 $w \in W$，$w = s_{i_r}s_{i_{r-1}}\cdots s_{i_2}s_{i_1}$ 是 w 的既约表达式，$\lambda \in \mathfrak{X}_w^+ - \delta$，$\lambda_j = (s_{i_j}\cdots s_{i_1})\cdot\lambda$(特别 $\lambda_0 = \lambda$)，则 $\langle\lambda_{j-1}+\delta,\alpha_{i_j}^\vee\rangle \geqslant 0$; 当 $\lambda \in \mathfrak{X}_w^+$ 时，此不等式是严格的.

现在可以讨论特征零的情况了，我们证明如下著名的定理.

(14.4.5) 定理 (Bott). 设G是特征零的代数闭域$\mathscr{K}$上的单连通半单线性代数群，T是它的极大环面，Φ是G关于T的根系，并采用有关根系的上述记号与约定，特别，把$\mathfrak{X}_w$等同于$\mathfrak{X}(T)$. 设B是对应负根的 Borel 子群，则

(1) 如果 $\lambda\in\mathfrak{X}_w^+$，$w\in W$，则 $H^{l(w)}(w\cdot\lambda)$ 是最高权λ的不可约G模，其余的 $H^n(w\cdot\lambda)=0$ $(n\neq l(w))$.

(2) 如果 $\lambda\in\mathfrak{X}_w^+-\delta$ 但 $\lambda\notin\mathfrak{X}_w^+$，则对所有 $n\in\mathbf{Z}^+$ 与 $w\in W$，均有 $H^n(w\cdot\lambda)=0$.

证明. (1) 设 w_0 是W的最长元素，取 w_0 的任一既约表达式 $w_0=s_{i_N}s_{i_{N-1}}\cdots s_{i_2}s_{i_1}$，如前所述，令 $\lambda_j=(s_{i_j}\cdots s_{i_1})\cdot\lambda$. 我们希望证明

$$(*)\qquad H^n(\lambda_j)\cong H^{n-1}(\lambda_{j-1}),\ \forall n\in\mathbf{Z}^+,\ j>1.$$

如果($*$)得证，则对 $n>0$，我们将推得 $H^n(\lambda)\cong H^{n+N}(\lambda_N)$，而 $N=l(w_0)=\dim G/B$，所以由(14.2.2(1))，$H^{n+N}(\lambda_N)=0$，从而 $H^n(\lambda)=0$；又据(5.4.6)，$H^0(\lambda)=F_\lambda$ 是最高权λ的不可约G模，可见对 $w=1$ 证明了所需的结论. 然后，再根据($*$)，对 $l(w)$ 进行归纳(注意，对任何 $w\in W$，都有 $w'\in W$，使 $w_0=w'w$ 且 $l(w_0)=l(w')+l(w)$，因此，总可以取 w_0 的既约表达式，使 $\lambda_j=w\cdot\lambda$)，即得结论(1).

现在证($*$). 令 $\alpha=\alpha_{i_j}$. 据上文复述的(9.2.4(1))的结论，$\langle\lambda_{j-1}+\delta,\alpha^\vee\rangle>0$. 再由(14.4.3)，有两个$B$模短正合列(注意，$\mathrm{char}\mathscr{K}=0$)：

a₁) $\qquad 0\to K_\alpha^{\lambda_{j-1}+\delta}\to V_\alpha^{\lambda_{j-1}+\delta}\to(\lambda_{j-1}+\delta)\to 0,$

b₁) $\qquad 0\to s_{i_j}(\lambda_{j-1}+\delta)\to K_\alpha^{\lambda_{j-1}+\delta}\to V_\alpha^{\lambda_{j-1}+\delta-\alpha}\to 0.$

把每一项与$-\delta$作张量积，得到B模正合列：

a₂) $\qquad 0\to K_\alpha^{\lambda_{j-1}+\delta}\otimes(-\delta)\to V_\alpha^{\lambda_{j-1}+\delta}\otimes(-\delta)\to\lambda_{j-1}\to 0,$

b₂) $\qquad 0\to\lambda_j\to K_\alpha^{\lambda_{j-1}+\delta}\otimes(-\delta)\to V_\alpha^{\lambda_{j-1}+\delta-\alpha}\otimes(-\delta)\to 0.$

作诱导层并作层上同调. 注意到 $V_\alpha^{\lambda_{j-1}+\delta}$ 与 $V_\alpha^{\lambda_{j-1}+\delta-\alpha}$ 都是P_α模，而 $\langle-\delta,\alpha^\vee\rangle=-1$，据(14.4.4)，有

$$H^n(V_\alpha^{\lambda_{j-1}+\delta}\otimes(-\delta)) = H^n(V_\alpha^{\lambda_{j-1}+\delta-\alpha}\otimes(-\delta)) = 0,$$
$$\forall n \in \mathbf{Z}^+,$$

于是，上同调长正合列变成了如下的G模同构：

a$_3$) $\quad H^{n-1}(\lambda_{j-1}) \cong H^n(K_\alpha^{\lambda_{j-1}+\delta}\otimes(-\delta)),\ \forall n \in \mathbf{Z}^+,$

b$_3$) $\quad H^n(\lambda_j) \cong H^n(K_\alpha^{\lambda_{j-1}+\delta}\otimes(-\delta)),\ \forall n \in \mathbf{Z}^+,$

由此即得(*)．注意，在以上证明中均假定当 $n<0$ 时，

$$H^n(M) = 0,$$

对任意有理B模M．

(2) 在假设条件下必有单根 α_i 使 $\langle\lambda,\ \alpha_i^\vee\rangle = -1$，所以从 (14.4.4) 即得 $H^n(\lambda) = 0$，对所有 $n \in \mathbf{Z}^+$． 在对 $l(w)$ 作归纳时，据 (9.2.4(1))，可能发生两种情况：$\langle\lambda_{j-1}+\delta,\alpha^\vee\rangle > 0$ 或 $\langle\lambda_{j-1}+\delta,\alpha^\vee\rangle = 0$．对前一种情况，(1)的证明仍适用，从而得出(*)；对后一种情况，$\lambda_j = \lambda_{j-1}$．所以归纳过程均可进行．证毕．

G是单连通半单群的假定不过是为了定理的叙述与证明方便而已．事实上，不难把 Bott 定理推广到任意连通线性代数群，根据仍然是(14.2.10)．具体细节留给读者．

最后，我们简单回顾一下 Bott 定理的历史．

定理所讨论的问题最初是在 Lie 群理论中提出的，所以仅讨论 $\mathscr{K} = \mathbf{C}$ 的情况．早在五十年代初期，A. Borel, F. Hirzebruch 与 A. Weil 对 $\mathscr{K} = \mathbf{C}$ 的情况证明了如下结论：如果 $\lambda \in \mathfrak{X}_w$ 使 $\mathscr{L}(\lambda)$ 有非零的整体截面，则 $H^0(\lambda)$ 是以 λ 为最高权的不可约G模，并且当 $n>0$ 时 $H^n(\lambda) = 0$． [BorH 1] 还提出如下猜想：对任意 $\lambda \in \mathfrak{X}_w$，至多有一个 n_0 使 $H^{n_0}(\lambda) \neq 0$；如果 $H^{n_0}(\lambda) \neq 0$，它一定是不可约G模．

1957 年发表的 [Bot 1] 首先证明了这个猜想，实际上得到了更为精确的结论，这就是上文的(14.4.5)，不过仍只考虑 $\mathscr{K} = \mathbf{C}$ 的情况．所以这个定理称为 Bott 定理，或 Borel-Weil-Bott 定理．Bott 的证明十分复杂，要用 Lie 群理论的结果，所以难以推广到其他特征零的代数闭域上．

直到 1968 年，[Dem 1] 才找到一个纯代数的方法证明了

Bott 定理，从而也把结论推广到任意特征零的代数闭域. 1976 年，M. Demazure 又发表了一篇只有两页的论文 [Dem 2],给出了 Bott 定理的一个非常简单的证明. 本小节介绍的就是这个证明.

此外，[Ko 1] 也给出 Bott 定理的一个证明，所用的方法是 Lie 代数的上同调与一些 Lie 群理论.

这就是 Bott 定理的简要历史. Bott 定理的某些结论可以推广到特征 p 的情况,这就是 Kempf 定理; Demazure 证明 Bott 定理所用的方法在特征 p 的情况也有成功的应用，证明了表示理论上的一个重要定理——强连接定理(读者也许注意到,如果仅为了证明 Bott 定理，(14.4.3)的叙述可以大大简化. 我们采用这个叙述方式正是为了在特征 p 时也能用它). 这些内容都将在第四章介绍.

*　　*　　*

本章中我们介绍了代数群表示理论中常用的一些上同调方法,有诱导函子及其导函子、有理上同调、有理扩张函子与诱导层的上同调. 这些上同调方法在代数群表示理论中起着相当大的作用. 这方面,我们还只是初见端倪,第四章起将有更多的事实来支持这个说法.上同调方法的引进又产生了一些新的问题,其中最主要的是: 如何求这些上同调(如有代数群的模的结构,包括如何求它的模结构)? 或退而求其次——如何判断一个上同调是否为零? 我们曾举了几个最简单的例子,从中可以看出,即使对这些最简单的情况,要达到目的也非一蹴而就,其余情况的难度也就可想而知了. 下文我们还将逐步介绍目前已有的一些结果.

到此为止，我们已把代数群表示的经典理论与一些较新的工具与方法作了一番介绍. 事实上,有了这些基础知识,阅读代数群表示理论方面的文献就不会有很大的困难了. 第四章开始，我们将用这些知识对代数群的表示进行更深入的讨论.

上册参考文献

[Ab] E. Abe

[1] *Hopf algebras*, Cambridge University Press, 1977.

[An] H. H. Andersen

[1] Cohomology of line bundles on *G/B*, *Ann. Sci. École Norm. Sup.* **12**(1979), 85—100.

[2] Line bundles on flag manifolds, *in: Tableaux de Young et foncteurs de Schur en algèbre et géometrie, astérisque* 87—88, Soc. Math. de France, 1981.

[AtM] M. F. Atiyah and I. G. Macdonald

[1] *Introduction to commutative algebra,* Addison-Wesley, 1969; 中译本：交换代数导引，冯绪宁、刘木兰、戴宗铎译，万哲先校，科学出版社，1982.

[Bal] J. W. Ballard

[1] Clifford's theorem for algebraic groups and Lie algebras, *Pacific J. Math.*, **106**(1983), 1—15.

[Bor] A. Borel

[1] *Linear algebraic groups*, Benjamin, 1969.

[2] Properties and linear representations of Chevalley groups, *in: Seminar on algebraic groups and related finite groups, Lect. Notes in Math.* **131**, Springer-Verlag, 1970.

[BoH] A. Borel and F. Hirzebruch

[1] Characteristic classes and homogeneous spaces, *Amer. J Math.*, **80** (1958), 458—538; **81** (1959), 315—382; **82** (1960), 491—504.

[BoW] A. Borel and A. Weil

[1] Representation linéaires et espace homogénes Kählerians de Lie compact, *Sem. Bourbaki*, May 1954 (Exposé par J.-P. Serre).

[Bot] R. Bott

[1] Homogeneous vector bundles, *Ann. of Math.*, **66**(1957), 203—248.

[Bou] N. Bourbaki

[1] *Groupes et algébres de Lie,* IV—VI, Paris, 1968.

[BrN] R. Brauer and C. J. Nesbitt

[1] On the modular characters of groups, *Ann. of Math.*, **42**(1942), 556—590.

[Bro] K. S. Brown

[1] *Cohomology of groups, GTM* **87**, Springer-Verlag, 1982.

[CW] 曹锡华，王建磐

[1] Chevalley 群及其表示概述，数学进展，**14**(1985)，1—22.

[CCW] 曹锡华，陈志杰，王建磐

[1] 层、概形及层上同调，华东师范大学研究生讲义，油印本.

[Cae] R. Carter
[1] *Simple groups of Lie type*, Wiley, 1972.
[Che] C. Chevalley
[1] Les systémes linéaires sur G/B, *Sem. Chevalley*, Exposes, **15**(1957).
[2] Sur certains groupes simples, *Tôhoku Math. J.*, 7(1955), 14—66.
[CPS] E. Cline, B. Parshall and L. Scott
[1] Induced modules and affine quotients, *Math. Ann.*, **230**(1977), 1—14.
[2] Induced modules and extensions of representations, *Invent. Math.*, **47**(1978), 41—51; II, *J. London Math. Soc.* (2), **20**(1979), 403—414.
[3] Cohomology, hyperalgebras, and representations, *J. Algebra*, **63** (1980), 98—123.
[4] On the tensor product theorem for algebraic groups, *J. Algebra*, **63**(1980), 264—267.
[CPSK] E. Cline, B. Parshall, L. Scott and W. van der Kallen
[1] Rational and generic cohomology, *Invent. Math.*, 39(1977), 143—163.
[Cu] C. W. Curtis
[1] Representations of Lie algebras of classical type with applications to linear groups, *J. Math. Mech.*, **9**(1960), 307—326.
[CuR] C. W. Curtis and I. Reiner
[1] *Representation theory of finite groups and associative algebras*, Interscience Publishers, 1962.
[Dem] M. Demazure
[1] Une démonstration algébrique d'un théorème de Bott, *Invent. Math.*, **5**(1968), 349—356.
[2] A very simple proof of Bott theorem, *Invent. Math.*, **33**(1976), 271—272.
[DemG] M. Demazure and P. Gabriel
[1] *Introduction to algebraic geometry and algebraic groups*, North-Holland, 1980.
[2] *Groupes algébriques I*, Masson/North-Holland, 1970.
[Don] S. Donkin
[1] Hopf complements and injective comodules for algebraic groups, *Proc. London Math. Soc.* (3), **40**(1980), 298—319.
[Fr] P. Freyd
[1] *Abelian categories, an introduction to the theory of functors*, Harper and Row, 1964.
[Gre] J. A. Green
[1] Locally finite representations, *J. Algebra*, **41**(1976), 137—171.
[Hab] W. J. Haboush
[1] Homogeneous vector bundles and reductive subgroups of reductive algebraic groups, *Amer. J. Math.*, **100**(1978), 1123—1137.
[2] Central differential operators on split semi-simple groups over

fields of positive characteristic, *in: Seminaire d'algèbre P. Dubreil et M.-P. Malliavin*, *Lect. Notes in Math.* 795, Springer-Verlag, 1980.

[Har] R. Hartshorne

[1] *Algebraic geometry*, *GTM* **52**, Springer-Verlag, 1977.

[HiS] P. J. Hilton and U. Stammbach

[1] *A course in homological algebra*, *GTM*4, Springer-Verlag, 1971.

[Hoc] G. Hochschild

[1] Cohomology of algebraic linear groups, *Illinois J. Math.*, **5**(1961), 492—519.

[2] *Basic theory of algebraic groups and Lie algebras*, *GTM* **75**, Springer-Verlag, 1981.

[Hum] J. E. Humphreys

[1] *Introduction to Lie algebras and representation theory*, *GTM* 9, Springer-Verlag, 1972; 中译本：李代数及其表示理论导引，陈志杰译，曹锡华校，上海科学技术出版社，1981.

[2] *Linear algebraic groups*, *GTM* **21**, Springer-Verlag, 1975.

[3] *Representations of algebraic groups*, 在华东师范大学讲学的记录稿，华东师范大学数学系整理印行.

[4] On the hyperalgebra of a semisimple algebraic group, *in: Contributions to Algebra (A collection of papers dedicated to Ellis Kolchin)*, 203—210, Academic Press, 1977.

[5] Modular representations of classical Lie algebras and semisimple groups, *J. Algebra*, **19**(1971), 51—79.

[6] *Ordinary and modular representations of Chevalley groups*, *Lect. Notes in Math.* **528**, Springer-Verlag, 1976.

[7] Symmetry for finite dimensional Hopf algebras, *Proc. Amer. Math. Soc.*, **68**(1978), 143—146.

[Iv] B. Iversen

[1] The geometry of algebraic groups, *Adv. in Math.*, **20**(1976), 57—85.

[Jac] N. Jacobson

[1] *Basic algebra II*, Freeman and company, 1980.

[Jan] J. C. Jantzen

[1] Zur Charakterformel gewisser Darstellungen halbeinfacher Gruppen und Lie-Algebren, *Math. Z.*, **140**(1974), 127—149.

[2] Darstellungen halbeinfacher Gruppen und kontravariante Formen, *J. Reine Ang. Math.*, **290**(1977), 117—141.

[3] Über Darstellungen höherer Frobenius-Kerne halbeinfacher algebraischer Gruppen, *Math. Z.*, **164**(1979), 271—292.

[4] *Modular representations of algebraic groups*, 在华东师范大学讲学的讲义，华东师范大学数学系翻印，1984.

[5] *Representations of algebraic groups I*, a revised version of [4], Mathematisches Institut der Universität Bonn, 1985.

[Ko] B. Kostant

[1] Lie algebra cohomology and generalized Borel-Weil theorem, *Ann.*

Math., 74(1961), 329—387.

[2] Groups over $\mathbb{Z}$, *Proc. Symp. Pure Math. vol.* 9, Providence, Amer. Math. Soc., 1966, 90—98.

[LaS] R. G. Larson and M. E. Sweedler

[1] An associative orthogonal bilinear form for Hopf algebras, *Amer. J. Math.*, 91(1969), 75—94.

[Mat] H. Matsumura

[1] *Commutative algebra*, Benjamin/Cummings, 1980.

[Ser] J.-P. Serre

[1] *Representations linéaires des groupes finis*, Hermann, 1978; 中译本：有限群的线性表示，郝鈵新译，科学出版社，1984.

[Sp] T. A. Springer

[1] *Linear algebraic groups*, Birkhäuser, 1981.

[St] R. Steinberg

[1] *Lectures on Chevalley groups*, Yale University, 1968.

[2] Representations of algebraic groups, *Nagoya Math. J.*, 22(1963), 33—56.

[Su] J. Sullivan

[1] Representations of the hyperalgebra of a semisimple groups, *Amer. J. Math.*, 100(1978), 643—652.

[2] Simply connected groups, the hyperalgebra and Verma's conjecture, *Amer. J. Math.*, 100(1978), 1015—1059.

[Sw] M. E. Sweedler

[1] *Hopf algebras*, Benjamin, 1969.

[Ta] M. Takeuchi

[1] A correspondence between Hopf ideals and sub-Hopf algebras, *Manuscripta Math.*, 7(1972), 251—270.

[2] On coverings and hyperalgebras of affine algebraic groups, *Amer. Math. Soc.*, 211(1975), 249—275.

[3] Tangent coalgebras and hyperalgebras I, *Japan J. Math.*, 42(1974), 1—143.

[Ve] D. N. Verma

[1] Rôle of affine Weyl groups in the representation theory of algebraic Chevalley groups and their Lie algebras, *in*: *Lie groups and their representations* (I. M. Gel'fand, Ed.), 653—705, Halsted, 1975.

[WJ] Wang Jianpan （王建磐）

[1] Coinduced representations and injective modules for hyperalgebra $\mathbf{b}_r$, *Chin. Ann. Math.* (数学年刊), 4B(1983), 357—364.

[2] Sheaf cohomology on G/B and tensor products of Weyl modules, *J. Algebra*, 77(1982), 162—185.

[3] G/P 上诱导层的逆象，华东师范大学学报(自然科学版) 1984 年第 4 期，1—8.

[4] On the cyclicity and cocyclicity of G-modules, priprint.

[Wat] W. C. Waterhouse

[1] *Introduction to affine group schemes*, GTM **66**, Springer-Verlag, 1979.
[Wo] W. J. Wong（黄和伦）
[1] Representations of Chevalley groups in characteristic *p*, *Nagoya Math. J.*, **45**(1972), 39—78.

符　号　表

（所给定义只是提示性的，严格的定义参看正文）

$-^A$——Hopf 代数 A 作用的不动点

Ad——线性代数群或仿射群概形的伴随表示

$\mathfrak{a}^{\phi}$——理想 $\mathfrak{a}$ 通过同态 ϕ 扩张

$\alpha^{\vee}$——α 的对偶根

B, B^+, B^-——Borel 子群

$B_\pi(\mathscr{R})$——Chevalley 群 $G_\pi(\mathscr{R})$ 的 Borel 子群

$\mathfrak{B}_{\mathscr{K}}$——$\mathfrak{U}_{\mathscr{K}}$ 的对应 Borel 子群的子代数

$\mathbf{b}_n$——$\mathfrak{B}_{\mathscr{K}}$ 的有限维子代数

β——(1) 双线性型

(2) Bockstein 算子

β_r, β_l——由双线性型 β 决定的两个线性函数

$\mathbb{C}$——复数域

c_G——G 的共轭态射

$C_G(\ )$——子群的中心化子

$\boldsymbol{C}(G,V)$——系数在 V 中的 Hochschild 上链复形

$C^n(G,V)$——$\boldsymbol{C}(G,V)$ 的 n 分支

ch——形式特征标

char——域的特征

$\mathfrak{C}_0$——基本 Weyl 房

d——态射的微分

det——行列式

diag——对角矩阵

$D(n,\mathscr{K})$——$\mathscr{K}$ 上 n 阶可逆对角矩阵的群

$\mathfrak{D}(\ )$——仿射群概形的广衍代数

$\Delta_{..}$——余乘法

δ——正根和之半

δ_A——有限维 Hopf 代数 A 的模函数

δ_G——仿射群概形 G 的对角态射

E——平凡的仿射群概形

$e(\ )$——群环的典范基元素

$\mathbf{E} = \{(\boldsymbol{E}_r, d_r)\}$——谱序列

E_∞——谱序列 $\mathbf{E}$ 的极限项

$E_r^{m,n}$——E_r 的 (m,n)-分支
$E_r^{m,n} \Rightarrow A^n$——谱序列 E 有限收敛于 $A = (A^n)_{n\in\mathbf{Z}}$
Ev——诱导表示的“赋值”映射
Ext_G^n——有理 n 扩张函子
$\mathrm{Ext}_{\mathscr{R}}^n$——$\mathscr{R}$ 模的 n 扩张函子
$\mathfrak{E}$——根系张成的 Euclid 空间
$\mathfrak{E}(\ )$——Abel 范畴上的谱序列范畴
ε_{--}——增广映射
ε_α——$\mathbb{G}_a$ 到 U_α 的代数群同构
η_-——对极映射
F——Frobenius 自同态
F_λ——$\mathscr{K}[G]$ 的一个与权 λ 有关的子模，$= H^0(\lambda)$
f_λ——F_λ 的极大向量
$\mathscr{F}^+$——预层 $\mathscr{F}$ 的层化
$\mathscr{F}_x$——(预)层 $\mathscr{F}$ 的茎
$\mathscr{F}_G$——G 不动点函子
$\mathfrak{F}(\ )$——Abel 范畴上的上链复形范畴
Φ——根系
Φ^+——正根集
G——(1) 线性代数群
(2) 仿射群概形
$—^G$——G 作用的不动点，即 $\mathscr{F}_G(—)$
$\mathbb{G}_a$——(1) $\mathscr{K}$ 的加法群
(2) 加法群仿射群概形
G_α——U_α 与 $U_{-\alpha}$ 生成的闭子群
$\mathbb{G}_m$——(1) $\mathscr{K}$ 的非零元素乘法群，即一维环面 $GL(1,\mathscr{K})$
(2) 单位乘法群仿射群概形
$GL(\ )$——向量空间的线性自同构群
$GL(n,\mathscr{K})$——n 阶一般线性群
GL_n——n 阶一般线性群概形
G_n——G 的第 n 个无穷小闭子群概形
Gr——阶化函子
$G_\pi(\mathscr{R})$——Chevalley 群
$\mathfrak{g}$——复半单 Lie 代数
$\mathfrak{gl}(\ )$——向量空间的线性变换 Lie 代数
$\mathfrak{gl}(n,\mathscr{K})$——$n$ 阶一般线性 Lie 代数
Γ——有限群
$\Gamma(U,—)$——开集 U 上的截面函子
$\gamma_{\mathscr{R}[G]}$——共轭态射 c_G 的余态射
$H(\ )$——微分对象的同调

$H^n(G,-)$——G 的第 n 个有理上同调函子，即 $R^n\mathscr{F}_G$
$H(G,\mathscr{R})$ 或 $H(G)$——G 的上同调环
$H^n(X,-)$——X 上的第 n 个层上同调函子，即 $R^n\Gamma(X,-)$
$H^n(\ )$——$H^n(G/B,\mathscr{L}(\ ))$ 的简记
H_i——$\mathfrak{g}$ 的 Chevalley 基中 $\mathfrak{h}$ 的基向量
$H_{i,r}=\binom{H_i}{r}\otimes 1$，其中 $1\in\mathscr{R}$
$H_b=\prod_{i=1}^{l}H_{i,b_i}$，其中 $b=(b_i)$，$b_i\in\mathbf{Z}^+$
Hom——同态集合，下标指明所在范畴
$\mathscr{H}om_{\mathscr{O}_X}$——$\mathscr{O}_X$ 模的层的同态层
$\mathfrak{h}$——$\mathfrak{g}$ 的 Cartan 子代数
$\mathfrak{H}(\ )$——仿射群概形的超代数
$\mathfrak{H}_{\mathscr{K}}$——$\mathfrak{U}_{\mathscr{K}}$ 的对应极大环面的子代数
$\mathbf{h}_n$——$\mathfrak{H}_{\mathscr{K}}$ 的有限维子代数
id——恒等映射
i_G——G 的求逆映射
i_x——用 $x\in G$ 的共轭
Im——象
Ind——诱导函子
$I(n,\lambda)=\mathbf{u}_n\otimes_{\mathbf{b}_n}\lambda$，一个射影 $\mathbf{u}_n$ 或 $\hat{\mathbf{u}}_n$ 模
$\mathscr{K}$——代数闭域，作为所讨论的线性代数群及其表示空间的基域
$\mathscr{K}[\ ]$——仿射簇的正则函数环
Ker——核
κ_-——代数的定义同态
l——根系的秩，即 $|\Sigma|$
$l(\ )$——Weyl 群上的长度函数
$\mathscr{L}(\ )$——诱导层
L_x——由 x 决定的左平移
$\varinjlim$——正向极限
$\varprojlim$——逆向极限
Λ——(1) 外积，外代数
(2) 积子
$M(\lambda)$——最高权 λ 的不可约 G 模
$M(n,\lambda)$——“最高权” λ 的不可约 $\mathbf{u}_n$ 模
$\hat{M}(n,\lambda)$——最高权 λ 的不可约 $\hat{\mathbf{u}}_n$ 模
Mor——代数簇的态射集合
Mor_H——H 等变态射的集合
$m_\lambda(\mu)$——Weyl 模 $V(\lambda)$ 中权 μ 的重数

$\mathfrak{m}$——增广理想

μ_{-}——代数的乘法映射

μ_n——n 次单位根仿射群概形

N——正根个数，即 $|\Phi^+|$

$N_G(\ )$——子群的正规化子

$N_{\alpha\beta}$——Chevalley 结构常数

$\mathfrak{N}_{\mathscr{K}}$——$\mathfrak{U}_{\mathscr{K}}$ 的对应 Borel 子群幂么根基的子代数

$\mathbf{n}_n$——$\mathfrak{N}_{\mathscr{K}}$ 的有限维子代数

—^{opp}——反群概形或反代数

$\mathscr{O}_X$——代数簇的构造层

$\otimes_{\mathscr{O}_X}$——$\mathscr{O}_X$ 模的张量积

ω,ω_α——基本权

ω_X——代数簇 X 的典范层

Ω——G 关于 B 的最大双陪集

$\Omega_{A/\mathscr{K}}$——$\mathscr{K}$ 代数 A 的 Kähler 微分模

$\Omega_{X/\mathscr{K}}$——代数簇 X 的微分层

P——抛物子群

P_J,P_α——对应 Σ 的子集 J 或 $\{\alpha\}$ 的标准抛物子群

$\mathbb{P}(\ )$——向量空间的一维子空间组成的射影空间

$P(\ )$——权写成正根的非负整线性组合的写法个数，即 Kostant 划分函数

$P_n(\ )$——权写成正根的非负整线性组合且系数 $<p^n$ 的写法个数，这里 p 是基域 $\mathscr{K}$ 的特征

$pGL(n,\mathscr{K})$——n 阶射影一般线性群

$PSL(n,\mathscr{K})$——n 阶射影特殊线性群

Pic——Picard 群

$\mathbf{Q}$——有理数域

—$^{(q)}$——Frobenius 扭

—$^{[q]}$——理想的元素的 q 次幂生成的理想

$Q(n,\lambda)$——$M(n,\lambda)$ 的 $\mathbf{u}_n$ 射影覆盖与内射包络

$\hat{Q}(n,\lambda)$——$\hat{M}(n,\lambda)$ 的 $\hat{\mathbf{u}}_n$ 射影覆盖与内射包络

$\mathscr{R}$——域或交换环，作为讨论 Chevalley 群或仿射群概形的基域或基环

$R(\ )$——线性代数群的根基

$R_u(\ )$——线性代数群的幂么根基

$\mathscr{R}[\ ]$——仿射群概形的仿射代数

R_x——由 x 决定的右平移

R^n———加性函子的第 n 个右导函子

Res——限制函子

$S(\ )$——对称代数

$S'(\ )$——对称代数，底空间的元素作为 2 阶的

s_α——weyis 群中的反射

S_χ——支配权 χ 的 W 轨道和
$SL(n,\mathscr{K})$——n 阶特殊线性群
$\mathfrak{sl}(n,\mathscr{K})$——$n$ 阶特殊线性 Lie 代数
Spec——环的素谱
Σ——根系 Φ 的基
T——环面，极大环面
$T_\pi(\mathscr{R})$——Chevalley 群 $G_\pi(\mathscr{R})$ 的对角子群
$\mathrm{Tor}_n^{\mathscr{R}}$——$\mathscr{R}$ 模范畴的第 n 个 Tor 函子，即$\otimes$的第 n 个左导函子
U——(1) Borel 子群的幂么根基
(2) 代数簇的开子集
U_α——根子群
$\mathfrak{U}$——$\mathfrak{g}$ 的普遍包络代数
$\mathfrak{U}_{\mathbf{Z}}$——$\mathfrak{U}$ 的 Kostant $\mathbf{Z}$ 形式
$\mathfrak{U}_{\mathscr{K}}=\mathfrak{U}_{\mathbf{Z}}\otimes_{\mathbf{Z}}\mathscr{K}$
$\mathfrak{u}$——$\mathfrak{L}(G)$ 的局限包络代数
$\mathfrak{u}_n$——$\mathfrak{U}_{\mathscr{K}}$ 的有限维子代数
$\hat{\mathfrak{u}}_n$——$\mathfrak{u}_n$-T 的简写
$V(\lambda)_0$——最高权 λ 的不可约 $\mathfrak{g}$ 模
$V(\lambda)$——最高权 λ 的 Weyl 模
$V_\alpha^\lambda=H^0(P_\alpha/B,\mathscr{L}(\lambda))$
V_χ——V 的 χ 权空间
W——Weyl 群
w_0——W 中最长的元素
$w\cdot x$——Weyl 群的点作用，$w\cdot x=w(x+\delta)-\delta$
X_α——$\mathfrak{g}$ 的 Chevalley 基中的根向量
$X_{\alpha,r}=(X_\alpha^r/r!)\otimes 1$，其中 $1\in\mathscr{R}$
$X_c=\prod_{\alpha\in\Phi^+}X_{\alpha,c_\alpha}$，其中 $c=(c_\alpha)$，$c_\alpha\in\mathbf{Z}^+$
$\mathfrak{X}(\ )$——线性代数群的特征标群
$\mathfrak{X}_r$——根格
$\mathfrak{X}_w$——权格
$\mathfrak{X}_w^+$——支配权集
$\mathfrak{X}(T)^+$——极大环面 T 的支配权集
$\mathfrak{X}_n$——$\mathfrak{X}_w^+$ 的一个有限子集
$Y_a=\prod_{\alpha\in\Phi^+}X_{-\alpha,a_\alpha}$，其中 $a=(a_\alpha)$，$a_\alpha\in\mathbf{Z}^+$
$\mathbf{Z}$——有理整数环
$\mathbf{Z}^+$——非负整数集
$\mathbf{Z}_p$——p 进整数环

$\mathbb{Z}\mathfrak{X}(T)$——$\mathfrak{X}(T)$ 的群环

$\mathbb{Z}\mathfrak{X}(T)^W$——$\mathbb{Z}\mathfrak{X}(T)$ 的W不动点子环

$—^{\mathbb{Z}}$——Abel 范畴上的阶化对象范畴

$—^{\mathbb{Z}\times\mathbb{Z}}$——Abel 范畴上的双阶化对象范畴

$Z(n,\lambda)$——"最高权"λ的普遍"最高权"$\mathbf{u}_n$ 模

$\hat{Z}(n,\lambda)$——最高权 λ 的普遍最高权 $\hat{\mathbf{u}}_n$ 模

$\binom{—}{—}$——(1)组合数，即 $\binom{n}{m}=\dfrac{n!}{m!\,(n-m)!}$

(2)用组合数公式定义的多项式，即

$$\binom{T}{m}=\frac{T(T-1)\cdots(T-m+1)}{m!}$$

(——)，(———)等——用循环记号表示的张量积的换位算子

$\langle—,—\rangle$——根空间$\mathfrak{C}$的W不变内积

[—,—]——Lie 代数的换位运算

[—: —]——合成因子重数

$—^*$——(1) 对偶空间，反轭模，余代数的对偶代数，对偶映射，$\mathcal{O}_X$ 模的层的对偶层等

(2) 权在保序对合 $-w_0$ 下的象

(3) 域的非零元素乘法群

(4) 由一个态射决定的 $\mathcal{O}_X$ 模的层的逆象函子

$—_*$——由一个态射决定的 $\mathcal{O}_X$ 模的层的正象函子

$—^{-1}$——(1) 乘法逆元

(2) 由一个态射决定的 Abel 群的层的逆象函子

$—^{\circ}$——(1) 线性代数群的恒等元连通分支

(2) 代数的对偶余代数，Hopf 代数的对偶

$—^{\#}$——余态射

$\ltimes$—— 群的半直积，开口对正规子群

$<$——$\mathfrak{X}_w$中的半序

$\prec$——一个数组各坐标的上界限制

$\Rightarrow$——(1) 逻辑蕴涵

(2) 谱序列的有限收敛

$\forall$——对所有

$\otimes$——张量积，下标指明基环

$\otimes$——复形的张量积

$\oplus$，$\amalg$——直和

$\subset$——含于，可能相等

$\mapsto$——在一个映射下元素的对应关系

$\twoheadrightarrow$——满射

$\hookrightarrow$——内射

$\cup$——上积(另外，如通常那样作为并集记号)

汉英对照术语索引[1]

1) 某些代数学基本概念，如群、环、域、模、代数等，虽在本书中频繁出现，但索引中没有编入(除非这些术语前面带有定语，如外代数、代数群等)；另外一些从代数群结构理论、范畴理论等分支来的术语，如范畴、函子等，本书中未给定义而直接使用，索引一般只注明第一次出现该术语的页码. 另外，本索引中笔划数相同的汉字按起笔类型排列，顺序为、一丨).

三 画

四 画

五 画

六 画

七 画

八 画

九 画

十 画

十一画至十二画

十 三 画

十四画以上

《现代数学基础丛书》已出版书目

1 数理逻辑基础(上册) 1981.1 胡世华 陆钟万 著
2 数理逻辑基础(下册) 1982.8 胡世华 陆钟万 著
3 紧黎曼曲面引论 1981.3 伍鸿熙 吕以辇 陈志华 著
4 组合论(上册) 1981.10 柯 召 魏万迪 著
5 组合论(下册) 1987.12 魏万迪 著
6 数理统计引论 1981.11 陈希孺 著
7 多元统计分析引论 1982.6 张尧庭 方开泰 著
8 有限群构造(上册) 1982.11 张远达 著
9 有限群构造(下册) 1982.12 张远达 著
10 测度论基础 1983.9 朱成熹 著
11 分析概率论 1984.4 胡迪鹤 著
12 微分方程定性理论 1985.5 张芷芬 丁同仁 黄文灶 董镇喜 著
13 傅里叶积分算子理论及其应用 1985.9 仇庆久 陈恕行 是嘉鸿 刘景麟 蒋鲁敏 编
14 辛几何引论 1986.3 J.柯歇尔 邹异明 著
15 概率论基础和随机过程 1986.6 王寿仁 编著
16 算子代数 1986.6 李炳仁 著
17 线性偏微分算子引论(上册) 1986.8 齐民友 编著
18 线性偏微分算子引论(下册) 1992.1 齐民友 徐超江 编著
19 实用微分几何引论 1986.11 苏步青 华宣积 忻元龙 著
20 微分动力系统原理 1987.2 张筑生 著
21 线性代数群表示导论(上册) 1987.2 曹锡华 王建磐 著
22 模型论基础 1987.8 王世强 著
23 递归论 1987.11 莫绍揆 著
24 拟共形映射及其在黎曼曲面论中的应用 1988.1 李 忠 著
25 代数体函数与常微分方程 1988.2 何育赞 萧修治 著
26 同调代数 1988.2 周伯壎 著
27 近代调和分析方法及其应用 1988.6 韩永生 著
28 带有时滞的动力系统的稳定性 1989.10 秦元勋 刘永清 王 联 郑祖庥 著
29 代数拓扑与示性类 1989.11 [丹麦] I.马德森 著
30 非线性发展方程 1989.12 李大潜 陈韵梅 著

31　仿微分算子引论　1990.2　陈恕行　仇庆久　李成章　编
32　公理集合论导引　1991.1　张锦文　著
33　解析数论基础　1991.2　潘承洞　潘承彪　著
34　二阶椭圆型方程与椭圆型方程组　1991.4　陈亚浙　吴兰成　著
35　黎曼曲面　1991.4　吕以辇　张学莲　著
36　复变函数逼近论　1992.3　沈燮昌　著
37　Banach 代数　1992.11　李炳仁　著
38　随机点过程及其应用　1992.12　邓永录　梁之舜　著
39　丢番图逼近引论　1993.4　朱尧辰　王连祥　著
40　线性整数规划的数学基础　1995.2　马仲蕃　著
41　单复变函数论中的几个论题　1995.8　庄圻泰　杨重骏　何育赞　闻国椿　著
42　复解析动力系统　1995.10　吕以辇　著
43　组合矩阵论(第二版)　2005.1　柳柏濂　著
44　Banach 空间中的非线性逼近理论　1997.5　徐士英　李　冲　杨文善　著
45　实分析导论　1998.2　丁传松　李秉彝　布　伦　著
46　对称性分岔理论基础　1998.3　唐　云　著
47　Gel'fond-Baker 方法在丢番图方程中的应用　1998.10　乐茂华　著
48　随机模型的密度演化方法　1999.6　史定华　著
49　非线性偏微分复方程　1999.6　闻国椿　著
50　复合算子理论　1999.8　徐宪民　著
51　离散鞅及其应用　1999.9　史及民　编著
52　惯性流形与近似惯性流形　2000.1　戴正德　郭柏灵　著
53　数学规划导论　2000.6　徐增堃　著
54　拓扑空间中的反例　2000.6　汪　林　杨富春　编著
55　序半群引论　2001.1　谢祥云　著
56　动力系统的定性与分支理论　2001.2　罗定军　张　祥　董梅芳　著
57　随机分析学基础(第二版)　2001.3　黄志远　著
58　非线性动力系统分析引论　2001.9　盛昭瀚　马军海　著
59　高斯过程的样本轨道性质　2001.11　林正炎　陆传荣　张立新　著
60　光滑映射的奇点理论　2002.1　李养成　著
61　动力系统的周期解与分支理论　2002.4　韩茂安　著
62　神经动力学模型方法和应用　2002.4　阮　炯　顾凡及　蔡志杰　编著
63　同调论——代数拓扑之一　2002.7　沈信耀　著
64　金兹堡-朗道方程　2002.8　郭柏灵　黄海洋　蒋慕容　著

65 排队论基础 2002.10 孙荣恒 李建平 著
66 算子代数上线性映射引论 2002.12 侯晋川 崔建莲 著
67 微分方法中的变分方法 2003.2 陆文端 著
68 周期小波及其应用 2003.3 彭思龙 李登峰 谌秋辉 著
69 集值分析 2003.8 李 雷 吴从炘 著
70 强偏差定理与分析方法 2003.8 刘 文 著
71 椭圆与抛物型方程引论 2003.9 伍卓群 尹景学 王春朋 著
72 有限典型群子空间轨道生成的格(第二版) 2003.10 万哲先 霍元极 著
73 调和分析及其在偏微分方程中的应用(第二版) 2004.3 苗长兴 著
74 稳定性和单纯性理论 2004.6 史念东 著
75 发展方程数值计算方法 2004.6 黄明游 编著
76 传染病动力学的数学建模与研究 2004.8 马知恩 周义仓 王稳地 靳 祯 著
77 模李超代数 2004.9 张永正 刘文德 著
78 巴拿赫空间中算子广义逆理论及其应用 2005.1 王玉文 著
79 巴拿赫空间结构和算子理想 2005.3 钟怀杰 著
80 脉冲微分系统引论 2005.3 傅希林 闫宝强 刘衍胜 著
81 代数学中的 Frobenius 结构 2005.7 汪明义 著
82 生存数据统计分析 2005.12 王启华 著
83 数理逻辑引论与归结原理(第二版) 2006.3 王国俊 著
84 数据包络分析 2006.3 魏权龄 著
85 代数群引论 2006.9 黎景辉 陈志杰 赵春来 著
86 矩阵结合方案 2006.9 王仰贤 霍元极 麻常利 著
87 椭圆曲线公钥密码导引 2006.10 祝跃飞 张亚娟 著
88 椭圆与超椭圆曲线公钥密码的理论与实现 2006.12 王学理 裴定一 著
89 散乱数据拟合的模型、方法和理论 2007.1 吴宗敏 著
90 非线性演化方程的稳定性与分歧 2007.4 马 天 汪宁宏 著
91 正规族理论及其应用 2007.4 顾永兴 庞学诚 方明亮 著
92 组合网络理论 2007.5 徐俊明 著
93 矩阵的半张量积:理论与应用 2007.5 程代展 齐洪胜 著
94 鞅与 Banach 空间几何学 2007.5 刘培德 著
95 非线性常微分方程边值问题 2007.6 葛渭高 著
96 戴维-斯特瓦尔松方程 2007.5 戴正德 蒋慕蓉 李栋龙 著
97 广义哈密顿系统理论及其应用 2007.7 李继彬 赵晓华 刘正荣 著
98 Adams 谱序列和球面稳定同伦群 2007.7 林金坤 著

99 矩阵理论及其应用 2007.8 陈公宁 编著
100 集值随机过程引论 2007.8 张文修 李寿梅 汪振鹏 高 勇 著
101 偏微分方程的调和分析方法 2008.1 苗长兴 张 波 著
102 拓扑动力系统概论 2008.1 叶向东 黄 文 邵 松 著
103 线性微分方程的非线性扰动(第二版) 2008.3 徐登洲 马如云 著
104 数组合地图论(第二版) 2008.3 刘彦佩 著
105 半群的 S-系理论(第二版) 2008.3 刘仲奎 乔虎生 著
106 巴拿赫空间引论(第二版) 2008.4 定光桂 著
107 拓扑空间论(第二版) 2008.4 高国士 著
108 非经典数理逻辑与近似推理(第二版) 2008.5 王国俊 著
109 非参数蒙特卡罗检验及其应用 2008.8 朱力行 许王莉 著
110 Camassa-Holm 方程 2008.8 郭柏灵 田立新 杨灵娥 殷朝阳 著
111 环与代数(第二版) 2009.1 刘绍学 郭晋云 朱 彬 韩 阳 著
112 泛函微分方程的相空间理论及应用 2009.4 王 克 范 猛 著
113 概率论基础(第二版) 2009.8 严士健 王隽骧 刘秀芳 著
114 自相似集的结构 2010.1 周作领 瞿成勤 朱智伟 著
115 现代统计研究基础 2010.3 王启华 史宁中 耿 直 主编
116 图的可嵌入性理论(第二版) 2010.3 刘彦佩 著
117 非线性波动方程的现代方法(第二版) 2010.4 苗长兴 著
118 算子代数与非交换 L_p 空间引论 2010.5 许全华 吐尔德别克 陈泽乾 著
119 非线性椭圆型方程 2010.7 王明新 著
120 流形拓扑学 2010.8 马 天 著
121 局部域上的调和分析与分形分析及其应用 2011.4 苏维宜 著
122 Zakharov 方程及其孤立波解 2011.6 郭柏灵 甘在会 张景军 著
123 反应扩散方程引论(第二版) 2011.9 叶其孝 李正元 王明新 吴雅萍 著
124 代数模型论引论 2011.10 史念东 著
125 拓扑动力系统——从拓扑方法到遍历理论方法 2011.12 周作领 尹建东 许绍元 著
126 Littlewood-Paley 理论及其在流体动力学方程中的应用 2012.3 苗长兴 吴家宏 章志飞 著
127 有约束条件的统计推断及其应用 2012.3 王金德 著
128 混沌、Mel'nikov 方法及新发展 2012.6 李继彬 陈凤娟 著
129 现代统计模型 2012.6 薛留根 著
130 金融数学引论 2012.7 严加安 著
131 零过多数据的统计分析及其应用 2013.1 解锋昌 韦博成 林金官 著

132　分形分析引论　2013.6　胡家信　著
133　索伯列夫空间导论　2013.8　陈国旺　编著
134　广义估计方程估计方程　2013.8　周　勇　著
135　统计质量控制图理论与方法　2013.8　王兆军　邹长亮　李忠华　著
136　有限群初步　2014.1　徐明曜　著
137　拓扑群引论(第二版)　2014.3　黎景辉　冯绪宁　著
138　现代非参数统计　2015.1　薛留根　著